高等学校教材
国家精品课程教材

金属工艺学

（第2版）

主　编　罗继相　王志海

武汉理工大学出版社
武汉

内容提要

本教材是根据教育部教学指导委员会“高等教育面向21世纪教学内容和课程体系改革计划”的基本要求以及高等学校机械学科本科专业规范、培养方案和课程教学体系的要求，结合武汉理工大学《金属工艺学教学大纲》及国家精品课程建设内容编写的。全书分5篇，共24章，包括工程材料导论、铸造、金属压力加工、焊接、金属切削加工等内容。每篇都介绍了有关的新工艺和新技术，以展示各种冷、热加工工艺的发展趋势。本书还系统地阐述了工程材料，各种冷热加工工艺的原理、工艺方法、自身的规律、相互联系及结构工艺性等内容。本书注重理论与实践结合、工艺与原理结合，每章开始前都注有教学提示和重点内容，章末都附有复习思考题，以便学生对所学知识进一步巩固和提高。

本书可作为高等工科院校、高等农林院校等机械类、近机类各专业的教材和参考书，也可供机械制造工程技术人员学习参考。

图书在版编目(CIP)数据

金属工艺学/罗继相，王志海主编. —2版. —武汉：武汉理工大学出版社，2010.8
(2014.7重印)

国家精品课程教材

ISBN 978-7-5629-3280-2

Ⅰ.①金… Ⅱ.①罗… ②王… Ⅲ.金属加工-工艺学-高等学校-教材 Ⅳ.①TG

中国版本图书馆CIP数据核字(2010)第158890号

出版发行：武汉理工大学出版社(武汉市洪山区珞狮路122号 邮政编码：430070)
http://www.techbook.com.cn 理工图书网
经 销 者：各地新华书店
印 刷 者：荆州市今印印务有限公司
开 本：787×1092 1/16
印 张：26
字 数：666千字
版 次：2009年2月第1版，2010年8月第2版
印 次：2014年7月第2次印刷 总第4次印刷
印 数：8001～10000册
定 价：38.00元

前　言

《金属工艺学》是高等工业学校机械类各专业必修的技术基础课，是研究零件制造工艺方法的综合性技术学科。它主要研究工程材料的性能及其对加工工艺方法的影响、各种工艺方法自身的规律性及其相互联系与比较、各种加工方法的加工工艺过程和结构工艺性，着重阐述常用工程材料及主要加工方法的基本原理和工艺特点，全面讲述机械零件常用材料的选用、毛坯的选择、机械零件的加工方法和工艺路线的拟订及机械制造的新技术和新工艺。其兼有基础性、实用性、知识性、实践性与创新性等特点，是培养现代复合型人才的重要基础课程之一。

本教材是根据教育部教学指导委员会“高等教育面向21世纪教学内容和课程体系改革计划”的基本要求，结合机械类各专业的实际需要，并适应高新技术的发展，本着理论与实践结合、工艺与原理结合的原则，系统阐述冷、热加工工艺方法、特点、规律性、应用及结构工艺性，以服务于后续课程和生产实践。本书主要内容有：工程材料导论、铸造、金属压力加工、焊接、金属切削加工等。

本教材具有下列特点：

(1)力求符合高等工科院校对本课程的实际需要，做到内容充实、重点突出、着眼实践，为教学和生产服务。各篇自成体系，适应性强，主要使用对象是机械类各专业的学生，同时也适合不同专业、不同学习背景、不同学时、不同层次的学生选用。

(2)本书注重学生获取知识、分析问题、解决工程技术问题能力的培养，注重学生工程素质与创新思维能力的培养。为此，本教材的编写既体现了现代制造技术、材料科学、现代信息技术的密切交叉与融合，又体现了工程材料和制造技术的历史传承和发展趋势。

(3)本书的编写力求适应机械类及近机类专业的应用实际，力求处理好常规工艺与现代新技术的关系，力求全面介绍现代机械制造技术的概念，反映机械制造新工艺和新成就，开阔学生的视野，培养学生的创新素质和能力，并使学生了解其发展趋势。

(4)为加深学生对课程内容的理解，掌握和巩固所学的基本知识，在分析问题和独立解决问题的能力方面得到应有的训练，本书每章后附有习题，供学生学完有关内容后及时进行消化和复习。

参加本书编写的人员有：但永红(第2、3章)；陈云(第9、16章)；熊新红(第10、11、12章)；王玉伏(第18、23章)；王志海(第1、6、7章)；张崧(第5章)；吴有章(第17章，第19章)；胡建华(第13、14章)；史晓亮(第4、20章)；彭兆(第24章)；罗继相(绪论，第8、15、21、22章)。全书由罗继相统稿。

本书在编写过程中参考了有关的教材、专著、资料，并得到众多同志的支持和帮助，在此一并表示衷心的感谢。

由于时间较紧，加之编者水平有限，书中难免有不妥和错误之处，恳请读者批评指正。

编　者

2010年7月

目　录

0　绪论 …… (1)

0.1　本课程的性质、内容和地位 …… (1)

0.2　本课程的目的、任务和特点 …… (2)

0.2.1　本课程的目的 …… (2)

0.2.2　本课程的主要任务 …… (2)

0.2.3　本课程的主要特点 …… (2)

第1篇　工程材料导论

1　金属材料的主要性能 …… (5)

1.1　金属材料的力学性能 …… (5)

1.1.1　强度 …… (5)

1.1.2　塑性 …… (6)

1.1.3　硬度 …… (7)

1.1.4　冲击韧度 …… (8)

1.1.5　疲劳强度 …… (8)

1.2　金属材料的物理、化学性能 …… (9)

1.2.1　物理性能 …… (9)

1.2.2　化学性能 …… (10)

1.3　金属材料的工艺性能 …… (10)

复习思考题 …… (11)

2　铁碳合金 …… (12)

2.1　金属及合金的晶体结构 …… (12)

2.1.1　晶体结构及同素异构转变 …… (12)

2.1.2　合金的晶体结构 …… (14)

2.2　铁碳合金相图及其应用 …… (16)

2.2.1　铁碳合金的基本相及组织 …… (17)

2.2.2　铁碳合金相图分析 …… (17)

2.2.3　相图中的铁碳合金分类 …… (19)

2.2.4　典型铁碳合金的结晶过程分析 …… (20)

2.2.5　碳对铁碳合金平衡组织和性能的影响 …… (25)

2.3　常用的金属材料及选用 …… (27)

2.3.1　钢中常存杂质元素对钢的性能的影响 …… (27)

2.3.2 钢的分类……(28)
2.3.3 碳钢的牌号和用途……(28)
2.3.4 零件选材的一般原则……(29)
复习思考题……(30)
3 钢的热处理……(31)
3.1 概述……(31)
3.2 退火和正火……(32)
3.2.1 退火……(32)
3.2.2 正火(空冷)……(34)
3.2.3 退火和正火的选择……(34)
3.3 淬火和回火……(35)
3.3.1 淬火……(35)
3.3.2 回火……(36)
3.4 表面淬火和化学热处理……(36)
3.4.1 表面淬火……(37)
3.4.2 化学热处理……(37)
复习思考题……(38)
4 非金属材料……(39)
4.1 高分子材料……(39)
4.1.1 工程塑料的组成与分类……(40)
4.1.2 常用工程塑料……(41)
4.2 陶瓷材料……(43)
4.2.1 陶瓷的性能……(43)
4.2.2 常用陶瓷材料及其应用……(44)
4.3 复合材料……(46)
4.3.1 复合材料的性能……(46)
4.3.2 复合材料的种类及其应用……(47)
4.4 纳米材料……(49)
复习思考题……(50)

第2篇 铸造

5 铸造工艺基础……(52)
5.1 液态合金的充型……(52)
5.1.1 合金的流动性……(52)
5.1.2 浇注条件……(54)
5.1.3 铸型填充条件……(54)
5.1.4 铸件结构……(55)
5.2 铸造合金的凝固与收缩……(55)
5.2.1 铸造合金的凝固……(55)

5.2.2　铸造合金的收缩……(57)
5.2.3　铸件中的缩孔与缩松……(58)
5.3　铸造内应力、变形与裂纹……(61)
5.3.1　铸造应力的形成……(61)
5.3.2　铸件的变形……(63)
5.3.3　铸件的裂纹……(64)
5.4　铸件的气孔与偏析……(65)
5.4.1　铸件的气孔……(65)
5.4.2　铸件的偏析……(67)
复习思考题……(68)
6　常用合金铸件的生产……(69)
6.1　铸铁件的生产……(69)
6.1.1　铸铁的结晶过程和石墨化……(70)
6.1.2　灰口铸铁……(73)
6.1.3　可锻铸铁……(77)
6.1.4　球墨铸铁……(78)
6.1.5　蠕墨铸铁……(83)
6.1.6　合金铸铁……(84)
6.2　铸钢件的生产……(85)
6.2.1　铸钢的种类……(85)
6.2.2　铸钢的铸造工艺特点……(86)
6.3　铸造有色合金件的生产……(87)
6.3.1　铝合金铸件的生产……(87)
6.3.2　铜合金铸件的生产……(89)
复习思考题……(91)
7　砂型铸造……(93)
7.1　造型方法的选择……(93)
7.1.1　常见的造型(芯)方法……(94)
7.1.2　造型生产线……(97)
7.2　浇注位置和分型面的选择……(98)
7.2.1　浇注位置的选择原则……(98)
7.2.2　铸型分型面的确定原则……(99)
7.3　铸造工艺参数的选择……(101)
7.3.1　机械加工余量和铸孔……(101)
7.3.2　铸造收缩率……(103)
7.3.3　拔模斜度……(103)
7.3.4　铸造圆角……(103)
7.3.5　型芯及其固定……(104)

7.3.6 浇注系统、冒口和冷铁 …… (105)
7.3.7 铸造工艺图中工艺符号及其表示方法 …… (107)
7.3.8 铸造工艺图的绘制及工艺分析举例 …… (108)
7.4 铸件的结构设计 …… (109)
7.4.1 铸造工艺对铸件结构的要求 …… (109)
7.4.2 合金铸造性能对铸件结构的要求 …… (112)
7.4.3 不同铸造方法对铸件结构的要求 …… (115)
复习思考题 …… (117)
8 特种铸造 …… (118)
8.1 金属型铸造 …… (118)
8.1.1 金属铸型的构造及铸造工艺特点 …… (118)
8.1.2 金属型铸造的特点和应用范围 …… (119)
8.2 压力铸造 …… (120)
8.2.1 压铸机及其工艺过程 …… (120)
8.2.2 压力铸造的特点及适用范围 …… (121)
8.3 低压铸造 …… (123)
8.3.1 低压铸造的工艺过程 …… (123)
8.3.2 低压铸造的特点及适用范围 …… (123)
8.4 离心铸造 …… (124)
8.4.1 工艺过程及分类 …… (124)
8.4.2 离心铸造特点及应用 …… (124)
8.5 熔模铸造 …… (125)
8.5.1 熔模铸造的工艺过程 …… (125)
8.5.2 熔模铸造的特点及适用范围 …… (126)
8.6 陶瓷型铸造 …… (126)
8.6.1 工艺过程 …… (126)
8.6.2 陶瓷型铸造的特点及适用范围 …… (127)
8.7 消失模铸造 …… (127)
8.7.1 消失模铸造成形原理 …… (127)
8.7.2 消失模铸造主要特点及应用 …… (128)
8.8 挤压铸造 …… (128)
8.8.1 挤压铸造工艺原理 …… (128)
8.8.2 挤压铸造工艺特点及应用 …… (129)
8.9 半固态铸造 …… (130)
8.9.1 半固态铸造技术原理 …… (130)
8.9.2 半固态铸造技术特点及应用 …… (131)
8.10 常用铸造方法的比较 …… (131)
复习思考题 …… (133)

第3篇　金属压力加工

9　金属压力加工基础 …………………………………………………… (135)
9.1　金属塑性变形的实质 ……………………………………………… (135)
9.1.1　金属的变形 …………………………………………………… (135)
9.1.2　金属塑性变形的实质 ………………………………………… (135)
9.2　塑性变形对金属组织和性能的影响 ……………………………… (137)
9.2.1　金属的加工硬化与回复、再结晶……………………………… (137)
9.2.2　冷变形与热变形 ……………………………………………… (138)
9.2.3　纤维组织变化 ………………………………………………… (138)
9.3　金属的可锻性 ……………………………………………………… (140)
9.3.1　金属的本质(内在因素) ……………………………………… (140)
9.3.2　加工条件(外在因素) ………………………………………… (140)
复习思考题………………………………………………………………… (142)
10　常用的锻造方法……………………………………………………… (143)
10.1　自由锻……………………………………………………………… (143)
10.1.1　锻造坯料准备………………………………………………… (143)
10.1.2　自由锻的基本工序…………………………………………… (145)
10.1.3　自由锻件结构设计的要求…………………………………… (146)
10.2　模锻………………………………………………………………… (148)
10.2.1　胎模锻………………………………………………………… (149)
10.2.2　固定模锻……………………………………………………… (150)
10.2.3　模锻件结构工艺性…………………………………………… (159)
复习思考题………………………………………………………………… (161)
11　板料冲压……………………………………………………………… (163)
11.1　板料冲压的基本工序……………………………………………… (163)
11.1.1　分离工序……………………………………………………… (163)
11.1.2　变形工序……………………………………………………… (168)
11.2　冲压件结构设计要求……………………………………………… (172)
11.3　板料冲压设备……………………………………………………… (173)
11.4　冲压模具…………………………………………………………… (174)
11.4.1　简单模………………………………………………………… (174)
11.4.2　连续模………………………………………………………… (174)
11.4.3　复合模………………………………………………………… (175)
复习思考题………………………………………………………………… (176)
12　特种压力加工方法简介……………………………………………… (177)
12.1　精密模锻…………………………………………………………… (177)
12.2　高速锤锻造………………………………………………………… (177)
12.3　径向锻造…………………………………………………………… (178)

12.4 轧制……(178)
12.5 挤压……(180)
12.6 拉拔……(182)
12.7 超塑性成形……(182)
12.8 高速高能成形……(184)
复习思考题……(185)

第4篇 焊接

13 焊接工艺基础……(187)
13.1 概述……(187)
13.1.1 焊接方法的分类……(187)
13.1.2 焊接方法的特点……(188)
13.1.3 焊接方法的应用……(189)
13.2 电弧焊工艺基础……(189)
13.2.1 焊接电弧……(189)
13.2.2 电弧焊冶金过程及特点……(190)
13.2.3 焊条……(191)
13.3 焊接接头组织与性能……(194)
13.4 焊接应力与变形……(196)
13.4.1 焊接应力与变形的产生……(196)
13.4.2 焊接变形的基本形式……(197)
13.4.3 防止和减小焊接变形的措施……(197)
复习思考题……(199)
14 常用的焊接方法……(200)
14.1 手工电弧焊和埋弧焊……(200)
14.1.1 手工电弧焊……(200)
14.1.2 埋弧焊……(201)
14.2 气体保护焊……(202)
14.2.1 氩弧焊……(202)
14.2.2 CO_2 气体保护焊……(203)
14.3 电渣焊……(203)
14.4 等离子弧焊与切割……(204)
14.4.1 等离子弧焊接……(205)
14.4.2 等离子弧切割……(205)
14.5 压力焊……(205)
14.5.1 电阻焊……(205)
14.5.2 摩擦焊……(207)
14.6 钎焊……(207)
复习思考题……(208)

15　常用金属材料的焊接……………………………………（209）
15.1　金属材料的焊接性……………………………………（209）
15.1.1　金属焊接性的概念……………………………………（209）
15.1.2　金属焊接性的评定……………………………………（209）
15.2　碳钢的焊接……………………………………（211）
15.2.1　低碳钢的焊接……………………………………（211）
15.2.2　中碳钢的焊接……………………………………（211）
15.2.3　高碳钢的焊接……………………………………（212）
15.3　合金结构钢的焊接……………………………………（212）
15.3.1　合金结构钢的焊接……………………………………（212）
15.3.2　珠光体耐热钢的焊接……………………………………（212）
15.3.3　不锈钢的焊接……………………………………（213）
15.4　铸铁的补焊……………………………………（213）
15.4.1　铸铁的补焊方法……………………………………（213）
15.4.2　铸铁补焊时产生白口的原因及预防措施……………………………………（214）
15.5　有色金属的焊接……………………………………（215）
15.5.1　铝及铝合金的焊接……………………………………（215）
15.5.2　铜及铜合金的焊接……………………………………（216）
15.6　焊接缺陷与检验……………………………………（217）
15.6.1　焊缝常见缺陷……………………………………（217）
15.6.2　焊接检验过程……………………………………（218）
15.6.3　焊接接头检验方法……………………………………（218）
15.6.4　常用非破坏检验方法……………………………………（219）
复习思考题……………………………………（220）
16　焊接件的结构设计……………………………………（221）
16.1　焊接规范……………………………………（221）
16.1.1　分析工作条件并提出性能要求……………………………………（221）
16.1.2　提出设计方案和优化设计……………………………………（221）
16.1.3　按照设计内容分步进行设计……………………………………（221）
16.2　焊接方法的选择……………………………………（221）
16.3　焊接结构件材料的选择……………………………………（225）
16.4　焊接接头工艺设计……………………………………（225）
16.4.1　焊接接头及坡口形式的确定……………………………………（225）
16.4.2　焊缝的合理布置……………………………………（227）
16.5　焊接件结构工艺设计……………………………………（230）
16.5.1　结构工艺性……………………………………（230）
16.5.2　改善结构工艺性的实例……………………………………（232）
复习思考题……………………………………（233）

第5篇 金属切削加工

17 金属切削加工基础知识……………………………………………………(235)
17.1 切削运动及切削要素………………………………………………(235)
17.1.1 零件表面的形成及切削运动………………………………(235)
17.1.2 切削用量……………………………………………………(236)
17.1.3 切削层参数…………………………………………………(238)
17.2 刀具材料及结构……………………………………………………(238)
17.2.1 刀具材料……………………………………………………(238)
17.2.2 刀具几何参数………………………………………………(241)
17.2.3 刀具结构……………………………………………………(246)
17.3 金属切削过程………………………………………………………(247)
17.3.1 切屑形成过程及切屑种类…………………………………(247)
17.3.2 积屑瘤………………………………………………………(248)
17.3.3 切削力和切削功率…………………………………………(249)
17.3.4 切削热和切削温度…………………………………………(251)
17.3.5 刀具磨损和刀具耐用度……………………………………(252)
17.4 切削加工技术经济简析……………………………………………(254)
17.4.1 切削加工主要技术经济指标………………………………(254)
17.4.2 切削用量的合理选择………………………………………(257)
17.4.3 切削液的选用………………………………………………(260)
17.4.4 材料切削加工性的改善……………………………………(261)
复习思考题……………………………………………………………………(262)
18 常用金属切削加工方法……………………………………………………(264)
18.1 车削加工……………………………………………………………(264)
18.1.1 车削的工艺特点……………………………………………(264)
18.1.2 车削的应用…………………………………………………(265)
18.2 钻削和镗削加工……………………………………………………(266)
18.2.1 钻削加工……………………………………………………(267)
18.2.2 镗孔…………………………………………………………(271)
18.3 刨削和拉削加工……………………………………………………(274)
18.3.1 刨削…………………………………………………………(274)
18.3.2 拉削…………………………………………………………(275)
18.4 铣削加工……………………………………………………………(277)
18.4.1 铣削的工艺特点……………………………………………(277)
18.4.2 铣削方式……………………………………………………(277)
18.4.3 铣削的应用…………………………………………………(279)
18.5 磨削加工……………………………………………………………(281)
18.5.1 磨削过程……………………………………………………(281)

18.5.2 磨削的工艺特点…………………………………………………………(282)
18.5.3 磨削的应用和发展……………………………………………………(283)
复习思考题……………………………………………………………………(289)
19 数控加工基础………………………………………………………………(290)
19.1 数控的基本原理……………………………………………………………(290)
19.1.1 数控机床的工作原理及基本组成……………………………………(290)
19.1.2 数控机床加工的插补原理……………………………………………(292)
19.1.3 数控加工程序段格式及程序结构……………………………………(292)
19.2 数控机床的分类……………………………………………………………(293)
19.2.1 按工艺用途分类………………………………………………………(293)
19.2.2 按运动的方式分类……………………………………………………(294)
19.2.3 按伺服系统的类型分类………………………………………………(294)
19.3 数控加工工艺特点…………………………………………………………(295)
19.4 数控加工工艺设计需考虑的因素…………………………………………(296)
19.5 数控加工方法………………………………………………………………(297)
19.5.1 平面孔系零件的加工…………………………………………………(298)
19.5.2 旋转体类零件的加工…………………………………………………(298)
19.5.3 平面轮廓零件的加工…………………………………………………(298)
19.5.4 立体轮廓表面的加工…………………………………………………(298)
复习思考题……………………………………………………………………(300)
20 零件典型表面加工方法的选择……………………………………………(301)
20.1 外圆面的加工方法…………………………………………………………(301)
20.1.1 外圆表面的车削加工…………………………………………………(301)
20.1.2 外圆表面的磨削加工…………………………………………………(303)
20.1.3 外圆表面的光整加工…………………………………………………(303)
20.1.4 外圆表面加工方案的选择……………………………………………(304)
20.2 孔的加工方法………………………………………………………………(305)
20.2.1 钻、扩、铰、镗、拉孔…………………………………………………(306)
20.2.2 磨孔……………………………………………………………………(307)
20.2.3 孔的光整加工…………………………………………………………(307)
20.2.4 孔的加工方案的选择…………………………………………………(307)
20.3 平面的加工方法……………………………………………………………(308)
20.3.1 平面的车削加工………………………………………………………(308)
20.3.2 平面的铣、刨加工 ……………………………………………………(309)
20.3.3 平面的拉削加工………………………………………………………(309)
20.3.4 平面磨削………………………………………………………………(309)
20.3.5 平面研磨………………………………………………………………(310)
20.3.6 平面加工方法的选择…………………………………………………(310)
20.4 成形面的加工方法…………………………………………………………(311)

20.4.1 成形刀具法加工成形面……………………………………………………(311)
20.4.2 运动轨迹法加工成形面……………………………………………………(312)
20.4.3 成形刀具与运动轨迹复合成形法加工成形面………………………………(314)
20.5 螺纹的加工方法………………………………………………………………(314)
20.5.1 车螺纹………………………………………………………………………(314)
20.5.2 铣螺纹………………………………………………………………………(315)
20.5.3 用丝锥、板牙加工螺纹 ……………………………………………………(315)
20.5.4 磨削螺纹……………………………………………………………………(316)
20.5.5 滚压螺纹……………………………………………………………………(316)
20.6 齿轮加工(齿轮齿形加工)方法………………………………………………(318)
20.6.1 概述 ………………………………………………………………………(318)
20.6.2 滚齿法和插齿法……………………………………………………………(320)
复习思考题……………………………………………………………………………(323)
21 机械加工工艺的基本知识……………………………………………………(324)
21.1 基本概念………………………………………………………………………(324)
21.1.1 生产过程和工艺过程………………………………………………………(324)
21.1.2 生产纲领与生产类型………………………………………………………(326)
21.1.3 制定零件机械加工工艺规程的原则、内容及步骤 ………………………(327)
21.2 毛坯选择的一般原则…………………………………………………………(328)
21.2.1 材料的使用性能原则………………………………………………………(328)
21.2.2 材料的工艺性能原则………………………………………………………(329)
21.2.3 经济性原则…………………………………………………………………(330)
21.2.4 毛坯的种类…………………………………………………………………(330)
21.2.5 毛坯种类的选择……………………………………………………………(331)
21.3 工件的安装与夹具……………………………………………………………(334)
21.3.1 工件的安装方式……………………………………………………………(334)
21.3.2 基准及其选择………………………………………………………………(335)
21.3.3 工件的定位原理……………………………………………………………(339)
21.4 工艺路线的拟定………………………………………………………………(341)
21.4.1 加工方法的选择……………………………………………………………(341)
21.4.2 加工阶段的划分……………………………………………………………(343)
21.4.3 工序的集中与分散…………………………………………………………(344)
21.4.4 加工顺序的安排……………………………………………………………(345)
21.5 典型零件的加工工艺过程实例………………………………………………(346)
21.5.1 轴的机械加工工艺的制定…………………………………………………(346)
21.5.2 圆柱齿轮的机械加工工艺过程的制定……………………………………(348)
复习思考题……………………………………………………………………………(349)
22 特种加工简介………………………………………………………………(351)
22.1 特种加工方法的特点及分类…………………………………………………(351)

22.2　电火花加工…………………………………………………………………………(352)
22.2.1　电火花加工的基本原理……………………………………………………………(352)
22.2.2　电火花加工的特点…………………………………………………………………(353)
22.2.3　电火花加工的应用…………………………………………………………………(353)
22.3　电火花线切割加工……………………………………………………………………(354)
22.3.1　电火花线切割加工原理……………………………………………………………(354)
22.3.2　电火花线切割加工的特点及应用…………………………………………………(355)
22.4　电解加工…………………………………………………………………………………(355)
22.4.1　电解加工的基本原理………………………………………………………………(355)
22.4.2　电解加工的特点及应用……………………………………………………………(356)
22.5　激光加工…………………………………………………………………………………(356)
22.5.1　激光加工的基本原理………………………………………………………………(356)
22.5.2　激光加工的工艺特点………………………………………………………………(357)
22.5.3　激光加工的应用……………………………………………………………………(357)
22.6　超声波加工……………………………………………………………………………(358)
22.6.1　超声波加工的基本原理……………………………………………………………(358)
22.6.2　超声波加工的工艺特点及应用……………………………………………………(359)
22.7　电子束加工……………………………………………………………………………(359)
22.7.1　电子束加工原理……………………………………………………………………(359)
22.7.2　电子束加工的工艺特点及应用……………………………………………………(360)
22.8　离子束加工……………………………………………………………………………(361)
22.8.1　离子束加工原理……………………………………………………………………(361)
22.8.2　离子束加工的工艺特点及应用……………………………………………………(361)
复习思考题……………………………………………………………………………………(363)
23　零件的结构工艺性……………………………………………………………………(364)
23.1　结构工艺性的基本概念………………………………………………………………(364)
23.2　切削加工对零件结构工艺性的要求…………………………………………………(365)
23.2.1　尽量采用标准化参数………………………………………………………………(365)
23.2.2　便于装夹……………………………………………………………………………(366)
23.2.3　便于加工……………………………………………………………………………(367)
23.2.4　便于提高生产效率…………………………………………………………………(370)
23.2.5　便于测量……………………………………………………………………………(372)
23.3　装配结构工艺性………………………………………………………………………(372)
23.3.1　便于装配……………………………………………………………………………(373)
23.3.2　便于拆卸……………………………………………………………………………(374)
23.3.3　应有正确的装配基面………………………………………………………………(374)
复习思考题……………………………………………………………………………………(375)
24　金属切削机床的基础知识……………………………………………………………(376)
24.1　金属切削机床的分类及编号…………………………………………………………(376)
24.1.1　金属切削机床的分类………………………………………………………………(376)
24.1.2　金属切削机床型号的编制方法简介………………………………………………(376)

24.2 机床的基本传动方法…………(380)
24.2.1 机床上常用的传动副及其传动关系…………(380)
24.2.2 各种传动件的符号…………(383)
24.2.3 传动链及其传动比…………(384)
24.3 机床的变速机构…………(384)
24.3.1 滑动齿轮变速机构…………(384)
24.3.2 离合器式齿轮变速机构…………(385)
24.4 普通车床的传动系统分析…………(385)
24.4.1 主运动分析…………(386)
24.4.2 进给运动分析…………(387)
24.5 机床的液压传动…………(388)
24.5.1 外圆磨床液压传动简介…………(388)
24.5.2 机床液压传动的组成…………(389)
24.5.3 液压传动的优缺点…………(390)
复习思考题…………(390)
附录…………(391)
参考文献…………(400)

0 绪　论

金属工艺学是一门介绍有关制造金属零件工艺方法的综合性技术基础课。它主要传授各种工艺方法本身的规律性及其在机械制造中的应用和相互联系、金属零件的加工工艺过程和结构工艺性、常用金属材料性能对加工工艺的影响、工艺方法的综合比较等内容。

0.1　本课程的性质、内容和地位

金属工艺学是学生要学习的机械制造系列课程中必不可少的先修课程，是机械类专业学生必修的一门主干技术基础课程，也是近机类和部分非机类专业普遍开设的一门课程。金属工艺学是一门实践性很强的技术基础课程，是研究产品从原材料到合格零件或机器的制造工艺技术的科学。机械制造的生产过程一般是先用铸造、压力加工或焊接等成形方法将材料制作成零件的毛坯（或半成品），再经切削加工制成尺寸精确的零件，最后把零件装配成为机器。毛坯材料和成形方法的选用直接影响零件的质量、成本和生产率。要合理选择毛坯种类和成形方法，必须掌握各种材料的性能、特点、应用及各种成形方法的工艺实质、成形特点和选择方法。

机械制造的概念是指将毛坯（或材料）和其他辅助材料作为原料，经过存储、运输、加工、检验等环节，最后形成符合要求的零件或产品。概括地讲，机械制造就是将原材料转变为成品的各种劳动总和。其过程如图 0-1 所示。

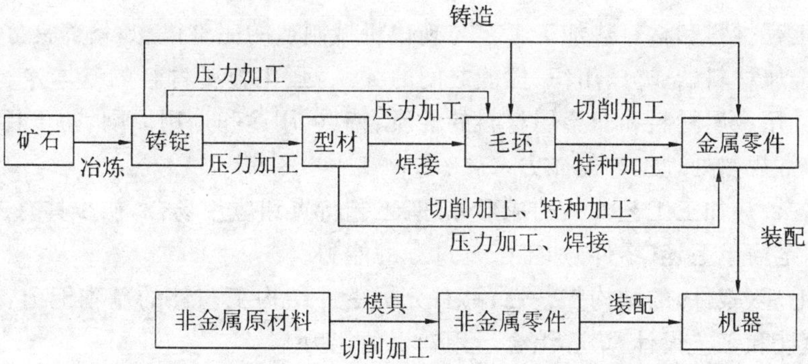

图 0-1　机械制造框图

从图 0-1 可以看出，多数零件是先用铸造、压力加工或焊接等方法制成毛坯，再用切削加工的方法加工而成。为了改善材料的加工性能，在各工序中间常穿插各种不同的热处理。与此相对应，本书分 5 大篇：第 1 篇为“工程材料导论”，主要讲述工程材料的性能、金属的内部结构与结晶、热处理方法和常用工程材料的种类及其选择；第 2、3、4 篇分别为“铸造”、“压力加工”和“焊接”，分别讲述了各自的工艺基础、常用成形方法、特点和零件的结构设计；第 5 篇为

"金属切削加工",主要讲述零件加工方法的基础知识、常用加工方法综述、数控加工基础、零件典型表面加工方法的选择、机械加工工艺的基础知识、精密加工和特种加工、零件的结构设计等。

0.2 本课程的目的、任务和特点

金属工艺学是实践性很强的技术基础课,它有利于对学生进行技能训练,有利于培养学生的动手能力和开拓精神。通过本课程的学习,学生将在工程实践过程中通过独立实践操作和综合工艺过程训练将所获得的丰富的感性知识条理化,并将其上升到理性知识层面。工科院校是培养工程师的摇篮,金属工艺学是提供工程师所应具备的基本知识和工程素质、实践能力、创新设计能力的基础课程。

金属工艺学是研究常用机械零件制造工艺方法的综合性课程,是工科院校、高职高专机械类各专业必修的课程。它主要传授各种工艺方法本身的规律性及其在机械制造中的应用和相互联系,金属零件的加工工艺过程和结构工艺性,常用工程材料的性能、改性、应用及对加工工艺的影响,工艺方法的综合分析等内容。

0.2.1 本课程的目的

(1)提高三个能力,即选材能力、选毛坯和切削加工方法的能力以及工艺分析能力。

(2)两个了解,即了解各种主要加工方法所用设备与工具的组成、结构和工作原理;了解现代机械制造的新技术和发展方向。

0.2.2 本课程的主要任务

本课程的任务是使学生获得常用工程材料及机械零件加工工艺的基础知识,培养工艺实践的初步能力,为学习其他有关课程和以后从事涉及机械设计及加工制造方面的工作奠定必要的基础。

(1)掌握工程材料和材料热加工工艺与现代机械制造的完整概念,培养良好的工程意识。

(2)掌握金属材料的成分、组织、性能之间的关系,强化金属材料的基本途径,钢的热处理原理和方法,常用金属材料和非金属材料的性质、特点、用途和选用原则,初步具有正确选用常用金属材料和常规热处理工艺的能力。

(3)掌握各种热加工工艺方法的成形原理、工艺特点和应用场合,初步具有选用毛坯种类、成形方法和制定简单毛坯(零件)加工工艺过程的能力。

(4)掌握毛坯(零件)的结构工艺性,具有分析零件结构工艺性的基本能力,能够进行简单产品的结构设计和工艺设计,培养综合运用知识的能力。

(5)了解金属切削过程的物理现象和规律,掌握各种切削方法,正确地选择机械加工工艺过程。

0.2.3 本课程的主要特点

(1)综合性强

本课程系统地介绍了从工程材料到成形技术,包括铸造、压力加工、焊接、热处理等工艺在内的机械产品生产过程。它既具有高度浓缩的基础理论知识,也具有实践性很强的应用技术知识。这门课不像数学那样有严谨的逻辑性和绝对性，而是广泛存在着合理与不合理、先进与不先进、可行与不可行等需要因时因地适当选择的问题，而不是绝对的对与错。因此，学好这门课将有效地促进学生思维方法的转变，克服绝对化、片面性，使学生认识到事物的复杂性。这无疑对学生的成才颇有益处。

(2)传统知识与现代知识的结合

材料成形技术历史悠久，但由于现代科学技术的发展使传统的材料成形技术日益受到现代制造技术的严峻挑战。同时，现代制造技术又要以传统的材料成形技术为基础。因此，本课程将以传统的材料成形工艺为主，以先进的材料成形技术为辅。传统的材料成形技术的使用在当今的工业规模生产中仍然占有相当大的比重，然而，现代制造技术在大中型制造类企业的生产中所占的比例也在不断提高，因此，除了充分掌握传统材料成形技术的基本知识外，还要努力学习先进的材料成形工艺和制造技术。

第1篇　工程材料导论

材料是人类生产和生活的物质基础，是人类社会发展水平的一个重要标志，是用来制作各种产品的物质，是先于人类存在的。人类社会的发展、人类文明的进步与材料的发明和发展密不可分。在工农业生产、国防、科学技术、日常生活中，材料无处不在，无处不有。它已深深地扎根于我们的生活、生产、文化和思想领域。

材料科学技术是支撑人类文明大厦的四大支柱技术（材料科学与技术、生物科学与技术、能源科学与技术、信息科学与技术），是现代文明的重要支柱之一。

材料科学的发展进程是一个漫长而又曲折的过程，是一个由简单到复杂、由单一性能向综合性能、由结构材料向功能材料、由单一材料向复合材料发展的过程。人类最早使用的是石头、泥土、木头、竹子、草、树枝、野兽皮等天然材料；由于火的发明和使用，人类发明了陶器、瓷器；随着社会的进步，人类又发明了青铜器、铁器等。因而，它们的名字也成为人类文明的标志，例如石器时代、青铜时代和铁器时代。

天然材料和人造材料已经成为与我们生活不可分割的组成部分，它已经与食物、居住空间、能源和信息并列组成人类的基本资源。它们不仅在我们的日常生活中作用重大，而且在国家的昌盛和安全中也起着举足轻重的作用。金属材料、非金属材料、复合材料等都得到飞速发展，形成了一个种类繁多的现代工程材料体系。随着人类科技水平的提高和对宏观、微观世界研究的深入，必将发现和研制出更多性能优异的新型工程材料。世界各国对材料科学都非常重视，它已经成为衡量一个国家科学技术和经济水平、现代化程度及综合国力的重要标志之一。

材料种类繁多，五花八门，材料科学发展日新月异，新材料、新技术、新能源层出不穷。而今人类已经跨进了人工合成材料的新时代，金属材料、高分子材料、陶瓷材料、复合材料等高速发展，为现代社会的发展奠定了重要的物质基础。

本篇主要介绍金属材料的成分、组织、性能及其相互关系，了解强化金属材料的基本途径，熟悉常用金属材料的牌号、成分、组织、性能及用途，为正确选用材料提供理论依据，为后续专业课程的学习提供材料方面的知识。

考虑到学生在学习本课程以前有的专业尚未学习金属材料课程内容，为了便于本课程的教学和学生学习本教材后续内容，并考虑到教材内容的衔接性，本篇编制了金属材料的主要性能、铁碳合金、钢的热处理、非金属材料等四章内容，以供教学使用。

1 金属材料的主要性能

【教学提示】

工程上所用的各种金属材料、非金属材料和复合材料统称为工程材料。迄今为止，人类发现和使用的材料种类繁多，但应用最多的还是金属材料。金属材料在工业生产中被广泛应用的最主要原因是它具有良好的性能。金属材料的性能包括材料的使用性能（物理、化学、力学性能）和工艺性能（铸造性能、压力加工性能、焊接性能、切削加工性能、热处理性能等）。为了便于材料的生产、应用与管理，也为了便于材料的研究与开发，有必要对材料进行分类并研究其性能。

【教学要求】

了解工程材料的分类、性能及测试方法。重点了解工程材料的力学性能指标和测试方法，以及各个指标的物理意义。设计零件和材料选择时要考虑零件的工作环境，根据零件或材料承受的载荷情况重点考虑某些力学性能指标。

1.1 金属材料的力学性能

金属材料的力学性能是材料在外力作用下所表现出的性能。力学性能对材料的实用性能和工艺性能有着非常重要的影响。金属的主要力学性能有强度、硬度、塑性、韧性、疲劳强度等。

1.1.1 强度

材料在外力作用下抵抗变形和断裂的能力称为材料的强度。根据外力的作用方式不同，材料的强度分为抗拉强度、抗压强度、抗弯强度和抗剪强度等。在使用中一般多以抗拉强度作为基本的强度指标，常简称为强度。强度单位为 MPa。

材料的强度、塑性是依据国家标准（GB 6397—1986）通过静拉伸试验测定的。它是把一定尺寸和形状的试样装夹在拉力试验机上，然后对试样逐渐施加拉伸载荷，直至把试样拉断为止。拉伸前后的试样如图 1-1 所示。标准试样的截面有圆形和矩形两种。其中圆形试样用得较多，圆形试样有长试样（$l_0=10d_0$）和短试样（$l_0=5d_0$）两种。一般拉伸试验机上都带有自动记录装置，可绘制出载荷（F）与试样伸长量（Δl）之间的关系曲线，并据此可测定应力（σ）-应变（ε）关系：$\sigma=F/S$（S 为试样原始截面），$\varepsilon=[(l-l_0)/l_0]\times100\%$。图 1-2 为低碳钢的应力-应变曲线（$\sigma$-$\varepsilon$ 曲线）。研究表明，低碳钢在外加载荷作用下的变形过程一般可分为三个阶段，即弹性变形、塑性变形和断裂。

（1）弹性极限

在图 1-2 中，OE 段为弹性阶段，即去掉外力后，变形立即恢复，这种变形称为弹性变形，其应变值很小，E 点的应力 σ_e 称为弹性极限。OE 线中 OP 部分为一斜直线，因为应力与应变始

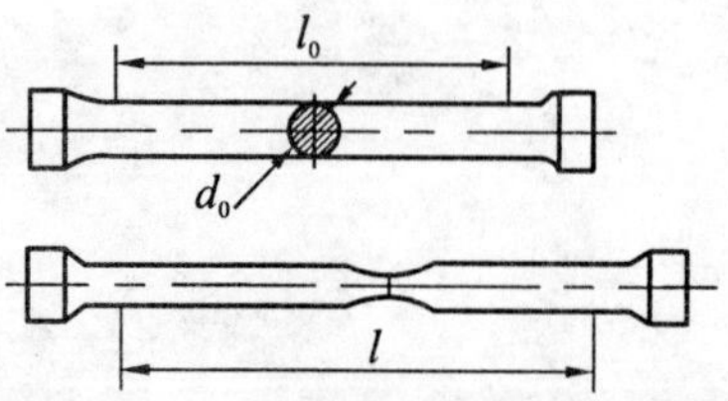

图 1-1　拉伸试样

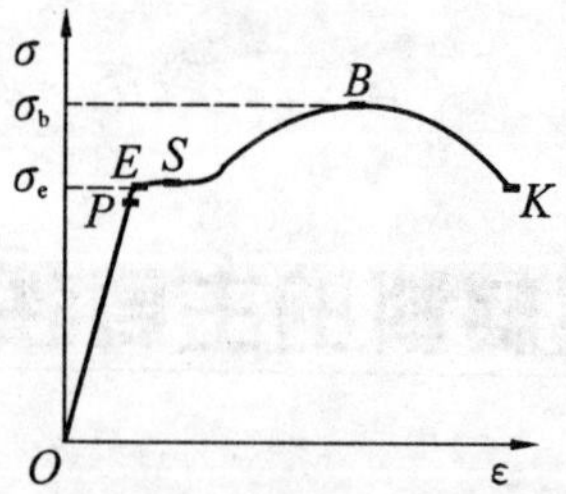

图 1-2　低碳钢的应力-应变曲线图

终成比例,所以 P 点的应力 σ_P 称为比例极限。由于 P 点和 E 点很接近,一般不作区分。

在弹性变形范围内,应力与应变的比值称为材料的弹性模量 E(MPa)。弹性模量 E 是衡量材料产生弹性变形难易程度的指标,工程上常把它叫做材料的刚度。E 值越大,则使其产生一定量弹性变形的应力也越大,亦即材料的刚度越大,说明材料抵抗产生弹性变形的能力越强,越不容易产生弹性变形。

(2)屈服点

在 S 点附近,曲线较为平坦,不需要进一步的增大外力,便可以产生明显的塑性变形,该现象称为材料的屈服现象,S 点称为屈服点,σ_s 称为屈服强度。

工业上使用的某些材料(如高碳钢、铸铁和某些经热处理后的钢等)在拉伸试验中没有明显的屈服现象发生,故无法确定屈服强度 σ_s。国家标准规定,可用试样在拉伸过程中标距部分产生 0.2%塑性变形量的应力值来表征材料对微量塑性变形的抗力,称为屈服强度,即所谓的"条件屈服强度",记为 $\sigma_{0.2}$。

(3)抗拉强度

经过一定的塑性变形后,必须进一步增加应力才能继续使材料变形。当达到 B 点时,σ_b 为材料能够承受的最大应力,称为强度极限。超过 B 点后,试样的局部迅速变细,产生颈缩现象,迅速伸长,应力明显下降,达到 K 点后断裂。

铸铁、陶瓷等脆性材料只有弹性变形阶段,中、高碳钢没有屈服阶段。

σ_e、σ_s、σ_b 是机械零件、构件设计和选材的主要依据。

1.1.2　塑性

塑性是指金属材料产生塑性变形而不破坏的能力,通常以伸长率和断面收缩率来表示。

(1)伸长率

在拉伸试验中,试样拉断后,标距的伸长与原始标距的百分比称为伸长率,用符号 δ 表示。

$$\delta=\frac{\Delta l}{l_0}\times 100\%=\frac{l-l_0}{l_0}\times 100\%$$

式中:δ——伸长率(%);

l——试样拉断后最终标距长度(mm);

l_0——试样的原始标距长度(mm);

Δl——最大伸长量(mm)。

(2)断面收缩率

试样拉断后,缩颈处截面积的最大收缩量与原横截面积的百分比称为断面收缩率,用符号 Ψ 表示。

$$\Psi=\frac{A_0-A}{A_0}\times 100\%$$

式中：Ψ——断面收缩率(%)；

A_0——试样原始截面积(mm^2)；

A——试样受拉伸断裂后的截面积(mm^2)。

δ 或 Ψ 数值越大，表示材料的塑性越好。

长试样($l_0=10d_0$)的伸长率写成 δ 或 δ_{10}，短试样($l_0=5d_0$)的伸长率须写成 δ_5。同一种材料 $\delta_5>\delta$，对不同材料，δ 值和 δ_5 值不能直接比较。一般把 $\delta>5\%$ 的材料称为塑性材料，$\delta<5\%$ 的材料称为脆性材料。铸铁是典型的脆性材料，而低碳钢是黑色金属中塑性最好的材料。金属材料良好的塑性使其在工业生产中被广泛应用。首先，其具有良好的成形性，可以进行轧制、锻造、冲压等，可以获得形状复杂的零件；其次，在使用过程中，如果超载也可通过塑性变形来提高材料的强度，不至于造成突然断裂，材料安全性较好。

1.1.3 硬度

金属材料受压时抵抗局部变形，特别是塑性变形、压痕的能力，即抵抗更硬的外物压入其内的能力，称为硬度(综合性能指标)。硬度试验方法很多，常用的有布氏硬度、洛氏硬度等几种。

(1)布氏硬度(HBS)

$$HBS=\frac{P}{\pi D(D-\sqrt{D^2-d^2})}$$

式中：P——加载力(kN)；

D——钢球压头直径(m)；

d——凹陷压痕直径(m)。

这种方法适用于未经淬火的钢、铸铁、有色金属或质地轻软的轴承合金。

图 1-3 为布氏硬度测试原理图。将一定直径的球体(淬火钢球或硬质合金球)在一定载荷作用下压入试样表面，保持一定时间后卸除载荷，测量其压痕直径，通过查表或计算得到硬度值。

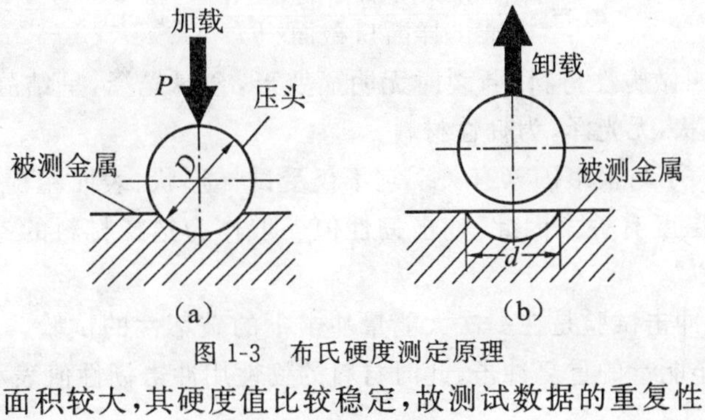

图 1-3 布氏硬度测定原理

布氏硬度因压痕面积较大，其硬度值比较稳定，故测试数据的重复性好，准确度较高。缺点是测量费时，压痕面积大，不适合成品零件的测量。

(2)洛氏硬度(HRC)

图 1-4 为洛氏硬度测试原理图。将锥角为 120°的金刚石压头，在先后施加两个载荷(预载荷和总载荷)的作用下压入金属表面。总载荷为预载荷和主载荷之和。卸去主载荷后，测量其残余压痕深度来计算洛氏硬度值。

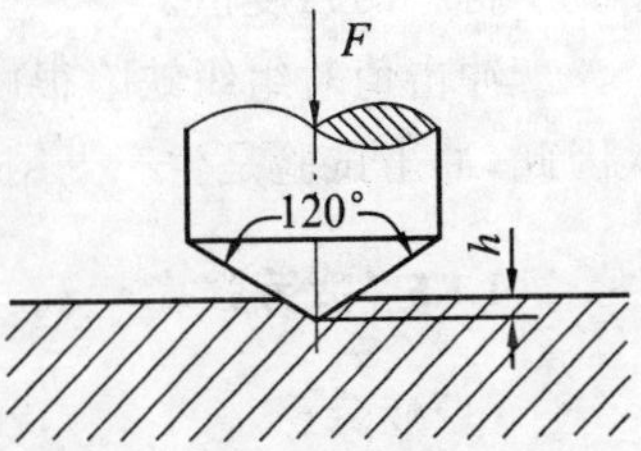

图 1-4 洛氏硬度测试原理图

洛氏硬度测试简单、迅速,压痕小,可用于成品检验。其缺点是测量的硬度值代表性差,必须多测几个点求其平均值。这对于组织不均匀或存在偏析的材料尤为重要。

1.1.4　冲击韧度

以很大速度作用于机件上的载荷称为冲击载荷,许多机器零件和工具在工作过程中,往往受到冲击载荷的作用,如蒸汽锤的锤杆、冲床上的一些部件、柴油机曲轴、飞机的起落架等。瞬时冲击的破坏作用远远大于静载荷的破坏作用,所以在设计受冲击载荷件时还要考虑抗冲击性能。材料在冲击载荷作用下抵抗变形和断裂的能力称为冲击韧度(a_k),常采用一次冲击试验来测量。

冲击韧性是在冲击试验机上测得的。在冲击试验机上,使处于一定高度的摆锤自由落下,将带有缺口的试样冲断,并以试样缺口处单位面积上所吸收的冲击功表示冲击韧性,如图 1-5 所示。

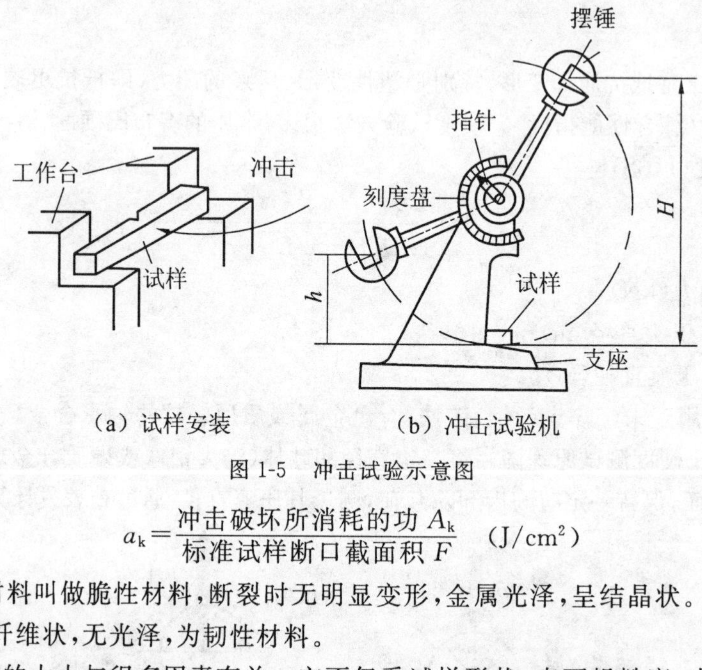

图 1-5　冲击试验示意图

$$a_k=\frac{冲击破坏所消耗的功\ A_k}{标准试样断口截面积\ F}\quad (\mathrm{J/cm^2})$$

a_k 值低的材料叫做脆性材料,断裂时无明显变形,金属光泽,呈结晶状。a_k 值高,明显塑变,断口呈灰色纤维状,无光泽,为韧性材料。

冲击韧性值的大小与很多因素有关。它不仅受试样形状、表面粗糙度、内部组织的影响,还与实验时的环境温度有关。因此,冲击韧性值一般作为选择材料的参考,不直接用于强度计算。

必须强调的是,冲击试验是在一次大能量冲击下的破坏性的试验。而生产中绝大多数零件承受的是无数次小能量的重复冲击,此时材料的韧性用冲击韧性值表示就不太合适,而是取决于材料的强度值。

冲击值对组织缺陷很敏感,它能反映出材料的品质、宏观缺陷和纤维组织等方面的变化,因此,冲击试验是生产上用来检验冶炼、热加工、热处理等工艺质量的有效方法。

1.1.5　疲劳强度

(1)疲劳

材料承受载荷的大小和方向随时间作周期性变化,即材料在交变应力作用下,往往在远小于强度极限，甚至小于屈服极限的应力下发生断裂。而且材料断裂前没有预兆，突然断裂，非常危险。生活中80%的材料断裂由疲劳造成。如图1-6所示，当材料所受载荷不超过材料的疲劳极限时，可认为能够无限循环下去，不会发生疲劳破坏。但应注意不得随意提高一定疲劳极限下材料所受的应力，否则应力循环次数会急剧下降。

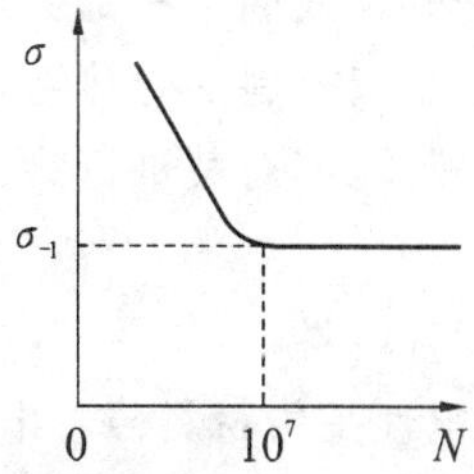

图1-6　钢铁材料的疲劳曲线

(2)疲劳极限

疲劳极限是材料经无数次应力循环而不发生疲劳断裂的最高应力值。

(3)条件疲劳极限

条件疲劳极限是材料经受10^7应力循环而不致断裂的最大应力值。

陶瓷、高分子材料的疲劳强度很低，金属材料疲劳强度较高，纤维增强复合材料也有较好的抗疲劳性能。

一般认为，产生疲劳破坏的原因是材料的某些缺陷，如夹杂物、气孔等所致。交变应力作用下，缺陷处首先形成微小裂纹，裂纹逐步扩展，导致零件的受力截面减小，以致突然产生破坏。零件表面的机械加工刀痕和构件截面突然变化部位，均会产生应力集中。交变应力作用下，应力集中处易于产生显微裂纹，也是产生疲劳破坏的主要原因。为了防止或减少零件的疲劳破坏，除应合理设计结构防止应力集中外，还要尽量减小零件表面粗糙度值，采取表面硬化处理等措施来提高材料的抗疲劳能力。

1.2　金属材料的物理、化学性能

1.2.1　物理性能

工程材料的物理性能包括密度、熔点、导热性、导电性、热膨胀性和磁性等。各种机械零件由于用途不同，对材料的物理性能要求也有所不同。

(1)密度

密度是指某种材料单位体积的质量。密度是工程材料的重要特性之一，工程上通常用密度来计算零件毛坯的质量。材料的密度直接关系到由它所制成的零件或构件的重量或紧凑程度，这点对于要求减轻机件自重的航空和宇航工业制件具有特别重要的意义，如飞机、火箭等。用密度小的铝合金制作零件，比用钢材制造的同种零件重量可减轻1/4～1/3。

(2)熔点

熔点是指材料由固态转变为液态时的熔化温度。金属都有固定的熔点，而合金的熔点取决于成分。例如，钢是铁和碳组成的合金，含碳量不同，熔点也不同。根据熔点的不同，金属材料又分为低熔点金属和高熔点金属。熔点高的金属称为难熔金属(如W、Mo、V等)，可用来制造耐高温零件。例如，喷气发动机的燃烧室需用高熔点合金来制造。熔点低的金属(如Sn、Pb等)，可用来制造印刷铅字和电路上的熔丝等。对于热加工材料，熔点是制定热加工工艺的重要依据之一。例如，铸铁和铸铝熔点不同，它们的熔炼工艺有较大区别。

(3)导热性

导热性是指材料传导热量的能力。导热性能是工程上选择保温或热交换材料的重要依据之一，也是确定机件热处理保温时间的一个参数。如果热处理件所用材料的导热性差，则在加热或冷却时,表面与心部会产生较大的温差,造成不同程度的膨胀或收缩,导致机件破裂。一般来说,金属材料的导热性远高于非金属材料,而合金的导热性比纯金属差。例如,合金钢的导热性较差,当对其进行锻造或热处理时,加热速度应慢一些,否则会形成较大的内应力而产生裂纹。

(4)导电性

导电性是指材料传导电流的能力。电导率是表示材料导电能力的性能指标。在金属中,以银的导电性为最好,其次是铜和铝,合金的导电性比纯金属差。导电性好的金属适于制作导电材料(如纯铝、纯铜等),导电性差的材料适于制作电热元件。

(5)热膨胀性

热膨胀性是指材料随温度变化体积发生膨胀或收缩的特性。一般材料都具有热胀冷缩的特点。在实际工程中,许多场合要考虑热膨胀性。例如,相互配合的柴油机活塞和缸套之间间隙很小,既要允许活塞在缸套内往复运动又要保证气密性,这就要求活塞与缸套材料的热膨胀性要相近,才能避免二者卡住或漏气;铺设铁轨时,两根钢轨衔接处应留有一定空隙,让钢轨在长度方向有伸缩的余地;制定热加工工艺时,应考虑材料的热膨胀影响,尽量减小工件的变形和开裂等。

1.2.2 化学性能

金属及合金的化学性能主要指它们在室温或高温时抵抗各种介质的化学侵蚀的能力,主要有耐腐蚀性、抗氧化性和化学稳定性。

(1)耐腐蚀性

耐腐蚀性是指金属材料在常温下抵抗氧、水蒸气等化学介质腐蚀破坏作用的能力。腐蚀对金属的危害很大。

(2)抗氧化性

几乎所有的金属都能与空气中的氧作用形成氧化物,这称为氧化。如果氧化物膜结构致密(如 Al_2O_3),则可保护金属表层不再进行氧化,否则金属将受到破坏。

(3)化学稳定性

化学稳定性是金属材料的耐腐蚀性和抗氧化性的总称。在高温下工作的热能设备(如锅炉、气轮机、喷气发动机等)上的零件应选择热稳定性好的材料制造;在海水、酸、碱等腐蚀环境中工作的零件,必须采用化学稳定性良好的材料,例如,化工设备通常采用不锈钢来制造。

1.3 金属材料的工艺性能

材料的工艺性能是物理、化学和力学性能的综合,指的是材料对各种加工工艺的适应能力,或者说是用某种工艺方法对材料进行成型、加工、处理等,使之达到所要求的形状、尺寸和性能的难易程度。

它包括铸造性能、锻压性能、焊接性能、切削加工性能和热处理性能。工艺性能的好坏直接影响零件的加工质量和生产成本,所以它也是选材和制定零件加工工艺必须考虑的因素之一。有关工艺性能的内容在后续章节会专门讨论。

金属材料的力学性能是工程上设计和制造金属机件的重要依据,只有了解了各个力学性能指标的物理意义才能正确地设计零件,做到万无一失。

复习思考题

1.1 什么是应力？什么是应变？

1.2 在做材料的拉伸试验时是否一定要做成标准试样？为什么？

1.3 缩颈现象发生在拉伸图的哪一点？如果没有出现缩颈现象，是否表示该试样没有发生塑性变形？

1.4 试样已经发生了明显的塑性变形，在外力卸掉后，弹性变形是否会恢复？

1.5 将钟表发条拉直是弹性变形还是塑性变形？怎样判别它的变形性质？

1.6 材料的塑性是一个很重要的性能指标，如何理解塑性在生产中的实际意义？

1.7 如何理解冲击韧性在生产中的实际意义？

1.8 如何理解疲劳强度在生产中的实际意义？

1.9 简述下列符号所表示的力学性能指标的名称和含义：σ_b、σ_s、σ_{-1}、$\sigma_{0.2}$、δ、a_k、HRC。

2 铁碳合金

【教学提示】

铁碳合金是最重要的工程材料,如钢和铸铁是制造机器设备的主要金属材料,与其他材料相比,其资源广泛、冶炼方便、价格低廉、性能优越。因此,金属材料在工业生产中仍然占主导地位。铁碳合金是以铁、碳为主要组元组成的合金。其中,铁的含量大于95%,是最基本的组元。要了解钢和铸铁的本质,首先必须了解纯铁的晶体结构。金属的内部结构和组织状态是决定金属材料性能的一个重要因素。金属在固态下通常都是晶体,了解和掌握金属的晶体结构、结晶过程及其组织特点,是零件设计时合理选材的根本依据。

【教学要求】

了解金属的晶体结构、晶体缺陷、纯金属的结晶与铸锭及合金的相结构。

2.1 金属及合金的晶体结构

2.1.1 晶体结构及同素异构转变

2.1.1.1 晶体结构

晶体中原子(离子或分子)规则排列的方式称为晶体结构。可以把原子排列抽象成一种空间格子,每个原子中心处在空间格子的结点上,这种假想的空间格架称为晶格。为了便于研究,从晶格中取出能够完整反映晶格特征的最小几何单元称为晶胞。晶胞在三维空间的重复排列构成晶格。晶格可以看成是由无数个晶胞堆砌而成,晶胞的基本特征即表征晶体结构的特点。因此,在研究晶体结构时,只需对单个的晶胞分析即可。

晶胞的几何特征可以用晶胞的三条棱边的边长 a、b、c 和三条棱边的夹角 α、β、γ 六个参数来描述。其中 a、b、c 为晶格常数,其大小以 μm 来度量($1\mu m = 10^{-6} m$)。不同元素组成的金属晶体因晶格形式和晶格常数的不同,表现出不同的物理、化学和力学性能。空间规则排列的原子→刚球模型→晶格(刚球抽象为晶格结点)构成如图 2-1 所示的晶体、晶格、晶胞示意图。

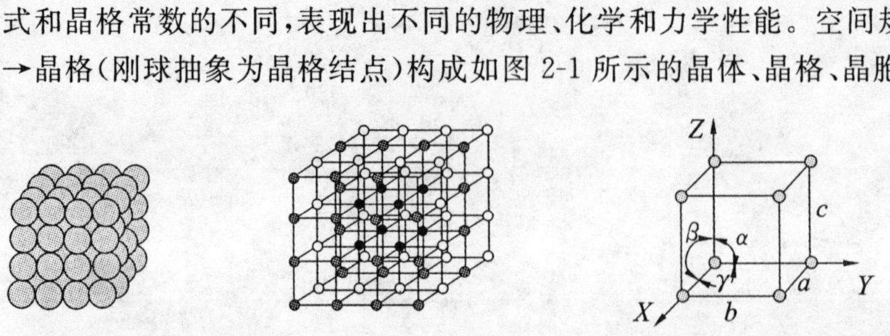

(a) (b) (c)

图 2-1 晶体、晶格、晶胞示意图

(a)晶体;(b)晶格;(c)晶胞

金属常见的晶格有体心立方、面心立方和密排六方三种。

(1)体心立方晶胞 BCC(Body-Centered Cube)(图 2-2)

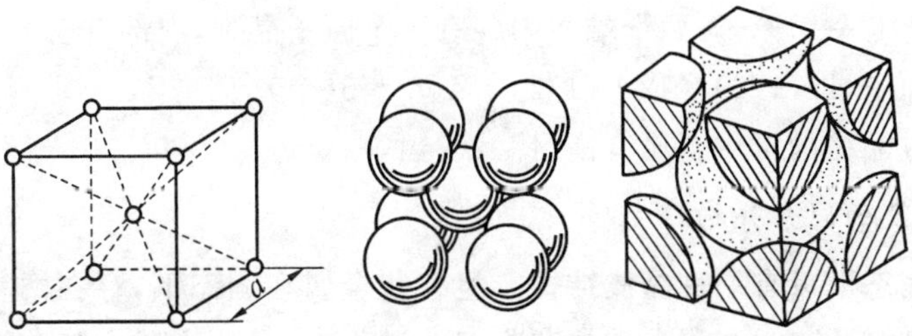

(a) (b) (c)

图 2-2 体心立方晶胞示意图

(a)晶格模型;(b)刚球模型;(c)晶胞原子数

对于体心立方晶格的晶胞,$a=b=c$,$\alpha=\beta=\gamma=90°$,八个原子处于立方体的角上,一个原子处于立方体的中心。每个体心立方晶胞中原子个数为两个,即$(1/8)\times8+1=2$(个)。

纯铁在高温下的 δ-Fe 和低温下的 α-Fe 都是这种结构。

属于体心立力晶格的常用金属有 α 铬、钨、钼、钒、α 铁、β 钛、铌等。

(2)面心立方晶胞 FCC(Face-Centered Cube)(图 2-3)

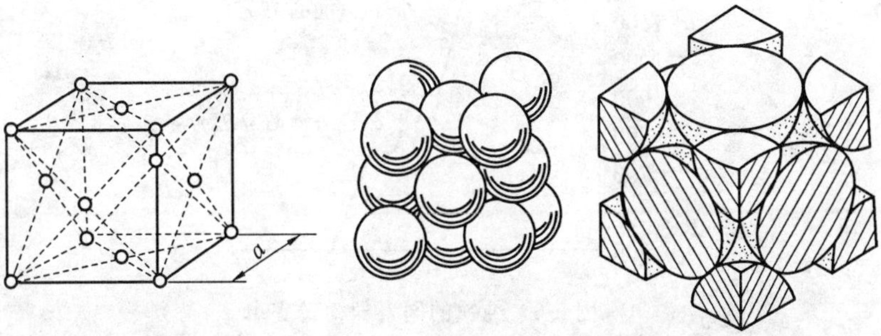

(a) (b) (c)

图 2-3 面心立方晶胞示意图

(a)晶格模型;(b)刚球模型;(c)晶胞原子数

对于面心立方晶格的晶胞,$a=b=c$,$\alpha=\beta=\gamma=90°$,八个原子处于立方体的角上,在立方体六个面的中心各有一个原子。每个面心立方晶胞中有四个原子,即$(1/8)\times8+(1/2)\times6=4$(个)。

γ-Fe 就是面心立方结构。

属于面心立方晶格的常用金属有 γ 铁、铝、铜、镍、金、银、铂、锗、γ 锰、铅等。

(3)密排六方晶格(图 2-4)

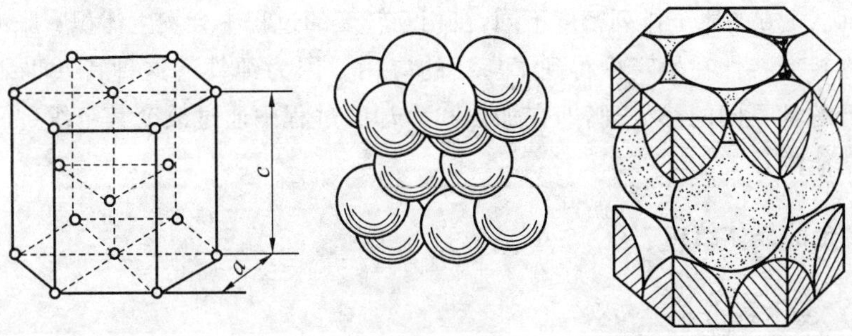

(a) (b) (c)

图 2-4 密排六方晶胞示意图

(a)晶格模型;(b)刚球模型;(c)晶胞原子数

密排六方晶格属于六方(角)晶系。晶格参数为 $a=b\neq c,\alpha=\beta=90°,\gamma=120°$。在六棱柱晶胞十二个角上各有一个原子,两个端面内各有一个原子晶胞,内部有三个原子。每个密排六方晶胞中有六个原子,即(1/6)×12+(1/2)×2+3=6(个)。

属于密排六方晶格的常用金属有镁、锌、铁、锡等。

2.1.1.2 纯铁的同素异构转变

许多金属在固态下只有一种晶体结构。但有些金属在固态下,存在两种或两种以上的晶格形式,如铁、钛、钴等,这类金属在加热和冷却的过程中,晶格形式会随着温度的变化而发生改变。金属在固态下随着温度的改变,由一种晶格转变为另一种晶格的现象,称为同素异构转变。纯铁的同素异构转变如图 2-5 所示。

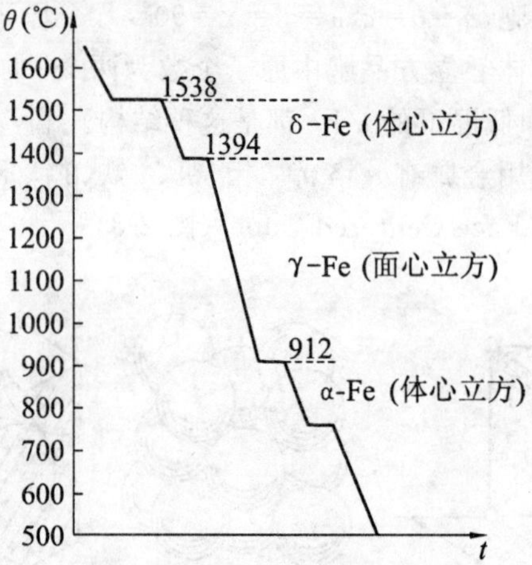

图 2-5 纯铁的同素异构转变

从纯铁的冷却曲线中可看出,液态纯铁在 1538℃结晶时,得到具有体心立方晶格的 δ-Fe;δ-Fe 继续冷却至 1394℃时发生同素异构转变,成为面心立方晶格的 γ-Fe;γ-Fe 在冷却至 912℃又发生一次同素异构转变,成为体心立方晶格的 α-Fe。

金属的同素异构转变与液态金属的结晶过程相似,通常称为二次结晶或重结晶。在发生同素异构转变时金属也有过冷现象,也会放出结晶潜热,也伴随着形核和核长大,并具有固定的转变温度,所以纯铁的冷却曲线上会出现三个水平台阶。同素异构转变是在固态下进行的,因此转变需要较大的过冷度。并且晶格变化会导致金属体积发生变化,转变时会产生较大的内应力。体心立方和面心立方的原子排列密度不同,在相互转变的过程中会发生体积膨胀或缩小。

同素异构转变特性在生产中得到了广泛的应用。因为纯铁的这种特性也影响到钢,所以可以对钢进行各种不同的热处理,即在加热和冷却的过程中通过改变其组织(晶体结构),最终达到改善其性能的目的。

2.1.2 合金的晶体结构

2.1.2.1 基本概念

(1)合金

由两种或两种以上的金属元素或金属元素与非金属元素组成的具有金属特性的物质称为“合金”。例如,黄铜是铜和锌组成的合金,碳钢和铸铁是铁和碳组成的合金。

(2)组元

组成合金的最基本、独立的物质称为“组元”。组元可以是纯元素，也可以是稳定的化合物。金属材料的组元多为纯元素，陶瓷材料的组元多为化合物。

(3)合金系

由给定组元可按不同比例配制出一系列不同成分的合金，这一系列合金就构成一个合金系统，简称合金系，如两组元组成的为二元系，三组元组成的为三元系等。

(4)相

材料中具有同一聚集状态、同一化学成分、同一结构并与其他部分有界面分开的均匀组成部分称为“相”。若材料是由成分、结构相同的同种晶粒构成，尽管各晶粒之间有界面隔开，但它们仍属同种相。若材料由成分、结构都不相同的几部分构成，则它们应属不同的相。例如，纯金属是单相合金，钢在室温下由铁素体和渗碳体两相组成，普通陶瓷由晶相、玻璃相(即非晶相)与气相三相组成。“相结构”指的是相中原子的具体排列规律。液态物质为液相，固态物质为固相。研究合金的晶体结构，即研究合金的相结构。固态合金中有两类基本相:固溶体和金属化合物。

(5)组织

通常人眼看到或借助于显微镜观察到的材料内部的微观形貌(图像)称为组织。人眼(或放大镜)看到的组织为宏观组织，用显微镜所观察到的组织为显微组织。

组织是与相有紧密联系的，相是构成组织的最基本组成部分，当相的大小、形态与分布不同时，会构成不同的微观形貌(图像)，各自成为独立的单相组织，或与别的相一起形成不同的复相组织。组织是材料性能的决定性因素。相同条件下，材料的性能随其组织的不同而变化。因此在工业生产中，控制和改变材料的组织具有相当重要的意义。

2.1.2.2 固溶体

合金组元通过溶解形成一种成分和性能均匀的，且结构与组元之一相同的固相称为固溶体。与固溶体晶格相同的组元为溶剂，一般在合金中含量较多，另一组元为溶质，含量较少。图 2-6 中 A 为溶剂，B 为溶质。在铁碳合金中，铁是溶剂，碳是溶质，合金仍保持铁原有的晶格类型。

按溶质原子在溶剂晶格中的位置不同，固溶体可分为置换固溶体和间隙固溶体两种。置换固溶体中溶质原子替换了溶剂晶格中某些结点上的原子，间隙固溶体中溶质原子嵌入溶剂晶格的间隙之中。

间隙原子和置换原子会造成周围原子偏离平衡位置。如图 2-6 所示。

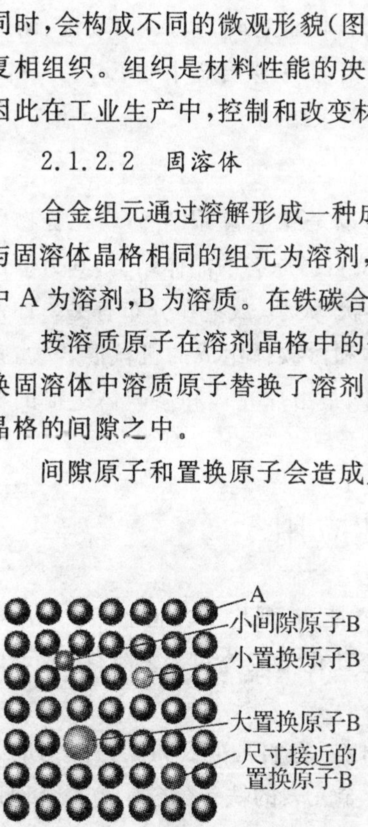

图 2-6 固溶体示意图

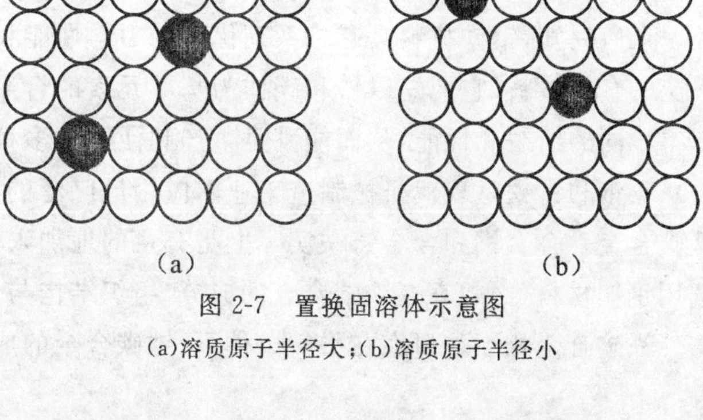

(a) (b)

图 2-7 置换固溶体示意图

(a)溶质原子半径大;(b)溶质原子半径小

置换固溶体(图 2-7)可根据溶质原子半径的大小不同,形成有限固溶体或者无限固溶体,如间隙固溶体[图 2-7(b)]因其间隙有限,只能形成有限固溶体。固溶体随着溶质原子的溶入,不论溶质原子半径大或小,都会致使晶格发生畸变,如图 2-8 所示。晶格畸变随溶质原子浓度的增高而增大。晶格畸变增大了位错运动的阻力,使金属滑移变形变得困难,导致材料的强度、硬度升高。这种通过形成固溶体使金属强度、硬度提高的现象称为固溶强化。固溶强化是金属强化的一种重要手段。碳可溶入 α-Fe、γ-Fe、δ-Fe,分别形成不同的固溶体。

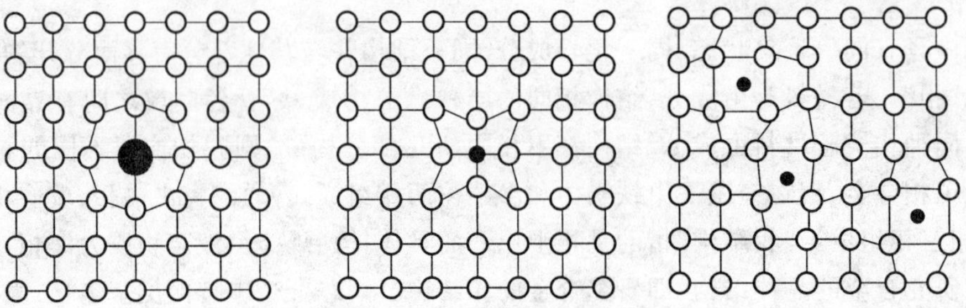

(a) (b)

图 2-8 形成固溶体时的晶格畸变

(a)置换固溶体;(b)间隙固溶体

2.1.2.3 金属化合物

金属化合物是合金组元相互作用形成的晶格类型和晶格特征完全不同于任一组元的新相。金属化合物一般熔点高、硬度高、脆性大。合金中含有金属化合物时,其强度、硬度、耐磨性提高,塑性、韧性下降。金属化合物是许多合金的重要组成相,如铁碳合金中的 Fe_3C。Fe_3C 的结构既不是铁的结构,也不是碳的结构,而是其自身的一种复杂结构。

2.1.2.4 机械混合物

机械混合物是由结晶过程所形成的两相混合组织。它可以是纯金属、固溶体或化合物各自的混合,也可以是它们之间的混合。机械混合物各相均保持自身原有的晶体结构,其力学性能介于各相之间,取决于各相的性能和比例,并且与各相的形状、大小、数量和分布有关。如铁碳合金中机械混合物有珠光体和莱氏体。珠光体是由铁素体和渗碳体组成的机械混合物,莱氏体是由奥氏体和渗碳体组成的机械混合物,室温下的莱氏体是由珠光体和渗碳体组成的机械混合物。

2.2 铁碳合金相图及其应用

众所周知,钢铁材料具有一系列优良的力学性能和工艺性能,是现代工农业生产中应用最广泛的金属材料,它们是以铁和碳作为基本元素的合金,改变其化学成分和工艺条件,就可以获得不同的组织和性能,从而能满足生产和使用的多种需要。

碳钢和铸铁是现代机械制造工业中应用最广泛的金属材料,它们是由铁和碳为主构成的铁碳合金。合金钢和合金铸铁实际上是有目的地加入一些合金元素的铁碳合金。为了合理地选用钢铁材料,必须掌握铁碳合金的成分、组织结构与性能之间的关系。

铁碳合金相图是研究在平衡条件下,铁碳合金的成分、组织和性能之间的关系及变化规律的重要手段。这里的平衡是指极其缓慢的冷却。铁碳相图是在长期的生产和科学实践中总结出来的,是研究钢铁材料,制定热加工工艺的重要理论依据和工具。

合金的结晶过程比纯金属要复杂很多,不能只用一条简单的冷却曲线来描述。通常运用合金的状态图来分析合金的结晶过程。状态图本身就是由一系列不同成分合金的冷却曲线组成的。状态图表示不同成分的合金在不同温度下所处的状态,或者是表明合金系中相的平衡条件和相与相之间的关系的一种简明图示,所以也叫平衡图或者相图。铁碳合金的结晶过程比纯铁要复杂得多,而且不同含碳量的铁碳合金的结晶过程差别很大。

2.2.1 铁碳合金的基本相及组织

铁碳合金在液态时铁和碳可以无限互溶;在固态时根据含碳量的不同,碳可以溶解在铁中形成固溶体,也可以与铁形成化合物,或者形成固溶体与化合物组成的机械混合物。因此,铁碳合金在固态下出现以下几种基本组织:

(1)铁素体

铁素体是碳溶解在 α-Fe 中形成的间隙固溶体,常用符号“F”表示。铁素体的溶碳能力很小,随着温度的升高溶碳能力增加,727℃时溶碳能力最大,达到 0.0218%。铁素体的力学性能接近纯铁,强度、硬度很低,塑性和韧性很好。所以含有较多铁素体的铁碳合金(如低碳钢),易于进行冲压等塑性变形加工。

(2)奥氏体

奥氏体是碳溶解在 γ-Fe 中形成的间隙固溶体,常用符号“A”表示。奥氏体在 1148℃时其溶碳能力最大,达到 2.11%。在单纯铁碳合金中奥氏体存在于 727℃以上。奥氏体的硬度不高,塑性极好。因此通常把钢加热到奥氏体状态进行锻造。

(3)渗碳体

渗碳体是铁和碳形成的金属化合物 Fe_3C。渗碳体中碳的质量分数为 6.69%,其硬度高(>800HBW),脆性大,塑性很差。因此,铁碳合金中的渗碳体量过多将导致材料力学性能变坏。一定量的渗碳体若细小而均匀地分布于基体之上,可以提高材料的强度和硬度。渗碳体在一定的条件下,能分解形成石墨状的自由碳和铁,即 $Fe_3C \rightarrow 3Fe + C$(石墨)。这一过程对铸铁具有重要的意义。

(4)珠光体

珠光体是铁素体和渗碳体两相组织的机械混合物,常用符号“P”表示。碳的质量分数为 0.77%。常见的珠光体形态是铁素体与渗碳体片层相间分布的,片层越细密,强度越高。

(5)莱氏体

莱氏体是由奥氏体(或珠光体)和渗碳体组成的机械混合物,常用符号“Ld”表示。碳的质量分数为 4.3%,莱氏体中的渗碳体较多,脆性大,硬度高,塑性很差。

2.2.2 铁碳合金相图分析

铁碳合金相图是研究铁碳合金的基础。$W_C > 6.69\%$ 的铁碳合金脆性极大,没有使用价值。另外,渗碳体中 $W_C = 6.69\%$,是个稳定的金属化合物,可以作为一个组元。因此,铁碳合金相图实际上是 $Fe\text{-}Fe_3C$ 相图,如图 2-9 所示。

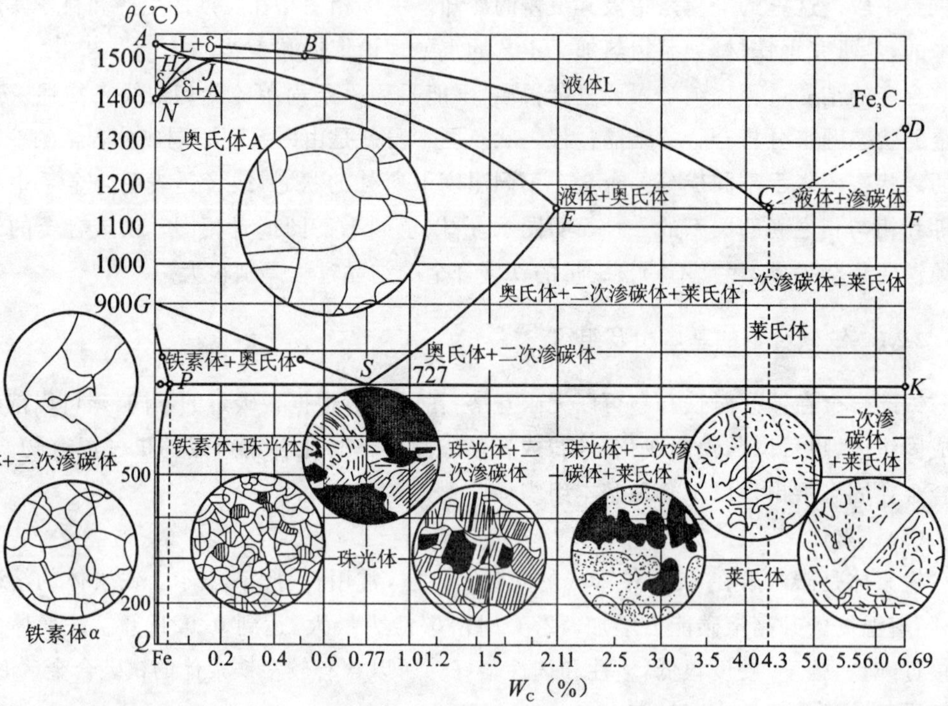

图 2-9　铁碳合金状态图

(1)点的含义

相图中各主要点的温度、含碳量及含义见表 2-1。

表 2-1　$Fe\text{-}Fe_3C$ 相图中各主要点的温度、含碳量及含义

点的符合	温度(℃)	含碳量(%)	说　明
A	1538	0	纯铁的熔点
B	1495	0.53	包晶转变时液态合金成分
C	1148	4.3	共晶点
D	1227	6.69	渗碳体的熔点
E	1148	2.11	碳在 γ-Fe 中的最大溶解度
F	1148	6.69	渗碳体的成分
G	912	0	α-Fe⇔γ-Fe 同素异构转变点
H	1495	0.09	碳在各 δ-Fe 中的最大溶解度
J	1495	0.17	包晶点
K	727	6.69	渗碳体的成分
N	1394	0	γ-Fe⇔δ-Fe 同素异构转变点
P	727	0.0218	碳在 α-Fe 中的最大溶解度
S	727	0.77	共析点
Q	室温	0.0008	室温时碳在 α-Fe 中的溶解度

表 2-1 中有两个重要的转变点：

①共晶点，温度 1148℃，4.30%C，在这一点上发生共晶转变，反应式：$L_C \Longleftrightarrow A_E + Fe_3C$，当

冷却到1148℃时具有 C 点成分的液体中同时结晶出具有 E 点成分的奥氏体和渗碳体的两相混合物——莱氏体：$(L_E) \rightarrow (A_E + Fe_3C)$。

②共析点，温度727℃，0.77%C，在这一点上发生共析转变，反应式：$A_S \Longleftrightarrow F_P + Fe_3C$，当冷却到727℃时从具有 S 点成分的奥氏体中同时析出具有 P 点成分的铁素体和渗碳体的两相混合物——珠光体：$P(F_P + Fe_3C)$。

(2)线的分析(见图2-10)

ABCD 线：液相线，*ABCD* 线以上全部是液体，合金冷却至该线以下便开始结晶。

AECF 线：固相线，固相线以下全部是固体，加热时温度达到该线后合金开始熔化。

整个相图主要是由共晶和共析两个恒温转变组成。

①*ECF* 线：共晶转变线，在这条线上发生共晶转变 $L_C \Longleftrightarrow A_E + Fe_3C$，转变产物 $(L_E) \rightarrow (A_E + Fe_3C$ 混合物)。含碳量为2.11%～6.69%的铁碳合金冷却到1148℃时都有共晶转变发生。

②*PSK* 线：共析转变线，在这条线上发生共析转变 $A_S \Longleftrightarrow F_P + Fe_3C$，产物为珠光体(P)。含碳量为0.02%～6.69%的铁碳合金冷却到727℃时都有共析转变发生。

此外 $Fe\text{-}Fe_3C$ 相图中还有三条重要的固态转变线。

③*ES* 线：碳在奥氏体中的溶解度曲线，又称 A_{cm} 温度线。随温度的降低，碳在奥氏体中的溶解度减少，多余的碳以 Fe_3C 形式析出，所以具有0.77%～2.11%C的钢冷却到 A_{cm} 线与 *PSK* 线之间时的组织 $A + Fe_3C_{II}$，从A中析出的 Fe_3C 称为二次渗碳体。

④*GS* 线：不同含碳量的奥氏体冷却时析出铁素体的开始线称 A_3 线，*GP* 线则是铁素体析出的终了线，所以 *GSP* 区的显微组织是F+A。

⑤*PQ* 线：碳在铁素体中的溶解度曲线。随温度的降低，碳在铁素体中的溶解度减少，多余的碳以 Fe_3C 形式析出，从F中析出的 Fe_3C 称为三次渗碳体 Fe_3C_{III}。由于铁素体含碳很少，析出的 Fe_3C_{III} 很少，一般忽略，认为从727℃冷却到室温的显微组织不变。

(3)相区分析

相图中有5个基本相，相应的有5个单相区：液相区(L)、δ固相区、奥氏体(A)相区、铁素体(F)相区、渗碳体(Fe_3C)相区。

相图中有7个两相区：$L+\delta$，$L+A$、$L+Fe_3C_I$，$\delta+A$，$A+F$，$A+Fe_3C_{II}$，$F+Fe_3C_{III}$。

相图中三相共存区：*HJB* 线($L+\delta+A$)，*ECF* 线($L+A+Fe_3C$)，*PSK* 线($A+F+Fe_3C$)。

2.2.3 相图中的铁碳合金分类

$Fe\text{-}Fe_3C$ 相图中不同成分的铁碳合金在室温下将得到不同的显微组织，其性能也不同。通常根据图中的 P 点和 E 点将铁碳合金分为工业纯铁、钢及白口铸铁三类。

(1)工业纯铁

工业纯铁是指室温下为铁素体和少量三次渗碳体的铁碳合金，在 P 点以左(含碳量小于0.0218%)。

(2)钢

钢是指高温固态组织为单相固溶体的一类铁碳合金，在 P 点成分与 E 点成分之间(含碳量0.0218%～2.11%)，具有良好的塑性，适于锻造、轧制等压力加工，根据室温组织的不同又分为三种：

①亚共析钢，是 P 点成分与 S 点成分之间(含碳量0.0218%～0.77%)的铁碳合金，室温

组织为铁素体＋珠光体，随含碳量的增加，组织中珠光体的量增多。

②共析钢，是 S 点成分(含碳量 0.77%)的铁碳合金，室温组织全部是珠光体的铁碳合金。

③过共析钢，是 S 点成分与 E 点成分之间(含碳量 0.77%～2.11%)的铁碳合金，室温组织为珠光体＋渗碳体，渗碳体分布于珠光体晶粒的周围(即晶界)，在金相显微镜下观察呈网状结构，故又称网状渗碳体。含碳量越高，渗碳体层越厚。

(3)白口铸铁

白口铸铁是指 E 点成分以右(含碳量 2.11%～6.69%)的铁碳合金，有较低的熔点，流动性好，便于铸造，脆性大。根据室温组织的不同又分为三种：

①亚共晶白口铸铁，是 E 点成分与 C 点成分之间(含碳量 2.11%～4.3%)的铁碳合金，室温组织为低温莱氏体＋珠光体＋二次渗碳体。

②共晶白口铸铁，是 C 点成分(含碳量 4.3%)的铁碳合金，室温组织为低温莱氏体。

③过共晶白口铸铁，是 C 点成分以右(含碳量 4.3%～6.69%)的铁碳合金，室温组织为低温莱氏体＋一次渗碳体。

2.2.4 典型铁碳合金的结晶过程分析

为了认识工业纯铁、钢和白口铸铁组织的形成规律，现选择几种典型的合金，分析其平衡结晶过程及组织变化。图 2-10 中标有①～⑦的 7 条垂直线，分别是工业纯铁、钢和白口铸铁三类铁碳合金中的典型合金所在位置。

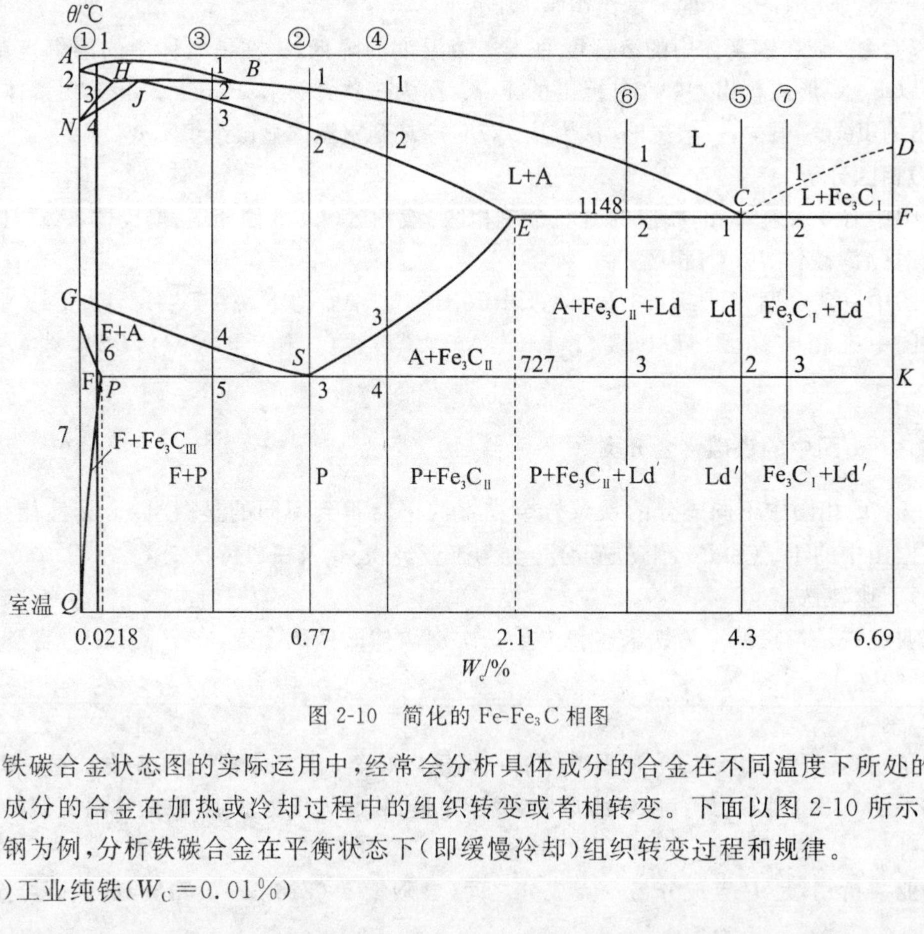

图 2-10 简化的 $Fe\text{-}Fe_3C$ 相图

在铁碳合金状态图的实际运用中，经常会分析具体成分的合金在不同温度下所处的状态，即不同成分的合金在加热或冷却过程中的组织转变或者相转变。下面以图 2-10 所示的典型成分碳钢为例，分析铁碳合金在平衡状态下(即缓慢冷却)组织转变过程和规律。

(1)工业纯铁(W_C＝0.01%)

此合金为图 2-10 中的①,工业纯铁结晶过程如图 2-11 所示。

$$L \rightarrow L+A \rightarrow A \rightarrow A+F \rightarrow F+Fe_3C_{Ⅲ}$$

相组成物:$F+Fe_3C_{Ⅲ}$。

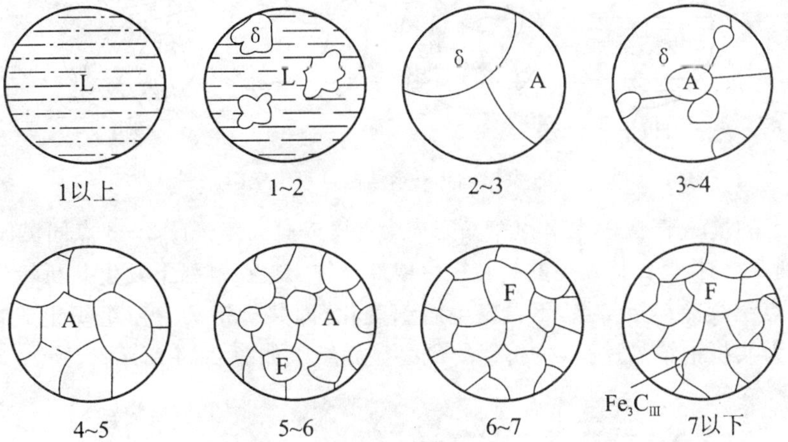

图 2-11 工业纯铁结晶过程示意图

工业纯铁结晶时,合金溶液在 1～2 点温度区间按匀晶转变结晶出 δ 固溶体。δ 固溶体冷却到 3 点时发生固溶体的同素异构转变,δ→A,A 不断地在 δ 固溶体的晶界上形核并长大,这一转变在 4 点结束,合金全部呈单相 A。冷却到 5～6 间又发生同素异构转变 A→F,F 同样在 A 的晶界上形核并长大,6 点以下全部是铁素体。冷到 7 点时,碳在铁素体中的溶解量达到饱和,将从铁素体中析出三次渗碳体 $Fe_3C_{Ⅲ}$。图 2-11 为工业纯铁结晶过程,最终的显微组织如图 2-12 所示。

图 2-12 纯铁的显微组织

(2)共析钢($W_C=0.77\%$)

此过程为图 2-10 中的②,共析钢结晶过程如图 2-13 所示。

$$L \rightarrow L+A \rightarrow A \rightarrow A+P \rightarrow P$$

相组成物:F 和 Fe_3C。

组织组成物:P。

1 点以上合金为液态,于 1 点起开始从液态中结晶出奥氏体 A,随着温度的下降,奥氏体的量

$$A_S \xrightleftharpoons[\text{恒温}]{1148℃} P(F+Fe_3C)$$

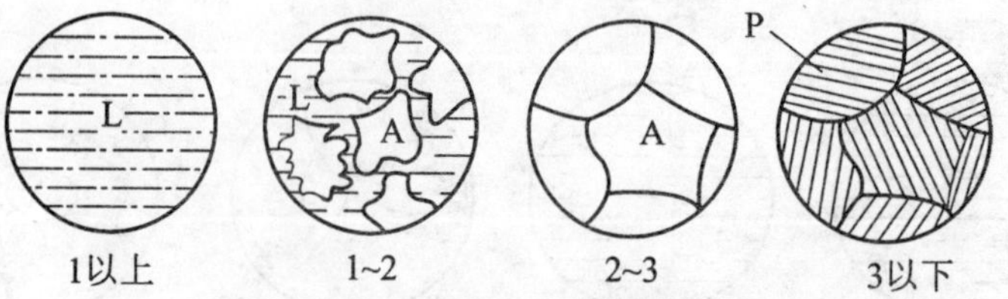

图 2-13　共析钢结晶过程示意图

越来越多，液态的量越来越少，至 2 点结晶完毕全部变成奥氏体。在 2～3 点间奥氏体继续冷却，保持不变。到 3 点时，奥氏体发生共析转变生成珠光体 P。在恒温下发生共析转变，$A_{0.77} \rightarrow F_{0.02} + Fe_3C$，从 3 点继续冷却至 4 点，不再发生组织变化，即共析钢的室温组织组成物全部为珠光体。图 2-13 为共析钢结晶过程，共析钢的最终显微组织如图 2-14 所示。

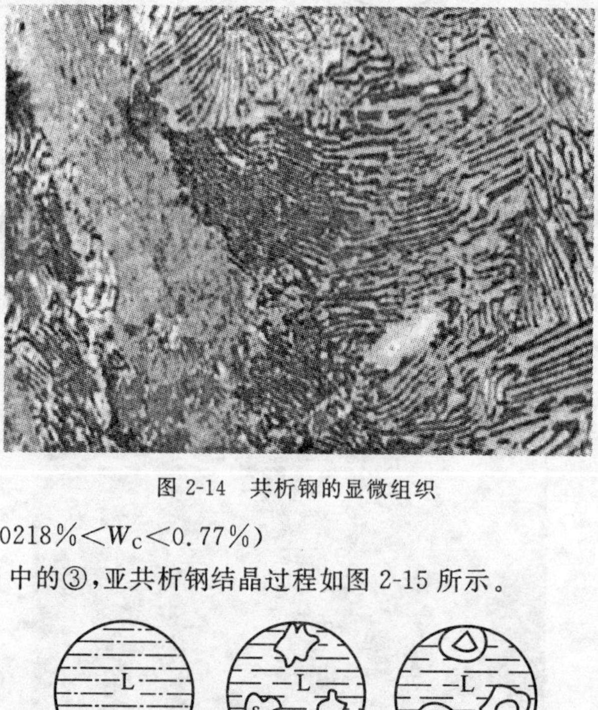

图 2-14　共析钢的显微组织

(3)亚共析钢($0.0218\% < W_C < 0.77\%$)

此过程为图 2-10 中的③，亚共析钢结晶过程如图 2-15 所示。

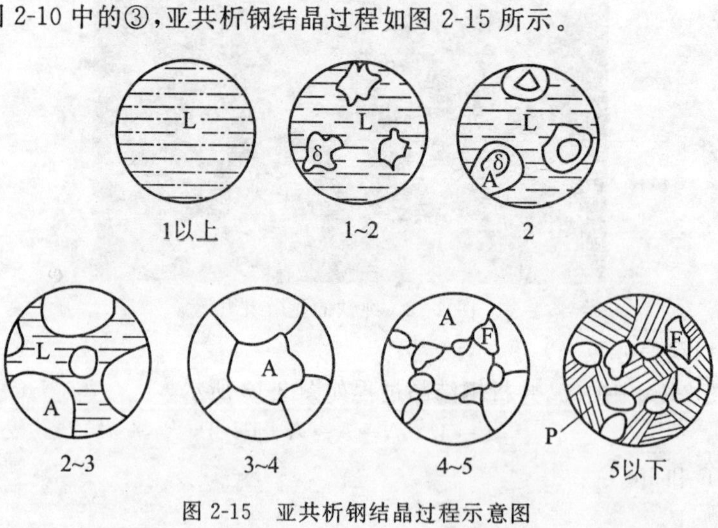

图 2-15　亚共析钢结晶过程示意图

$$L \rightarrow L+A \rightarrow A \rightarrow A+F \rightarrow A+P+F \rightarrow P+F$$

相组成物：F 和 Fe_3C。

组织组成物：F 和 P。

图 2-16 为亚共析钢显微组织。

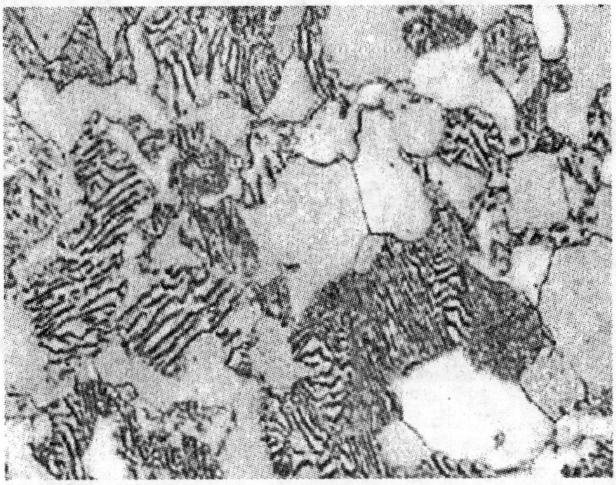

图 2-16　亚共析钢显微组织

亚共析钢指在 S 点成分以左的合金，合金冷却时，1 点以上合金为液态 L，于 1 点起开始从液态中结晶出奥氏体 A，随着温度的下降，至 2 点结晶完毕全部变成奥氏体。在 2～3 点间奥氏体继续冷却，保持不变。当温度降低至 3 点以后，从奥氏体中会逐渐析出铁素体。铁素体和奥氏体的成分会分别沿 GS 线和 GP 线变化。当温度下降至 4 点时，剩余的奥氏体具备了发生共析转变的成分和温度条件，即奥氏体变成珠光体，先析出的铁素体不发生变化。4 点以下其组织不发生变化。即亚共析钢的最终室温组织为铁素体和珠光体。

(4)过共析钢($W_C=1.2\%$)

此过程为图 2-10 中的④，图 2-17 为过共析钢的结晶过程。

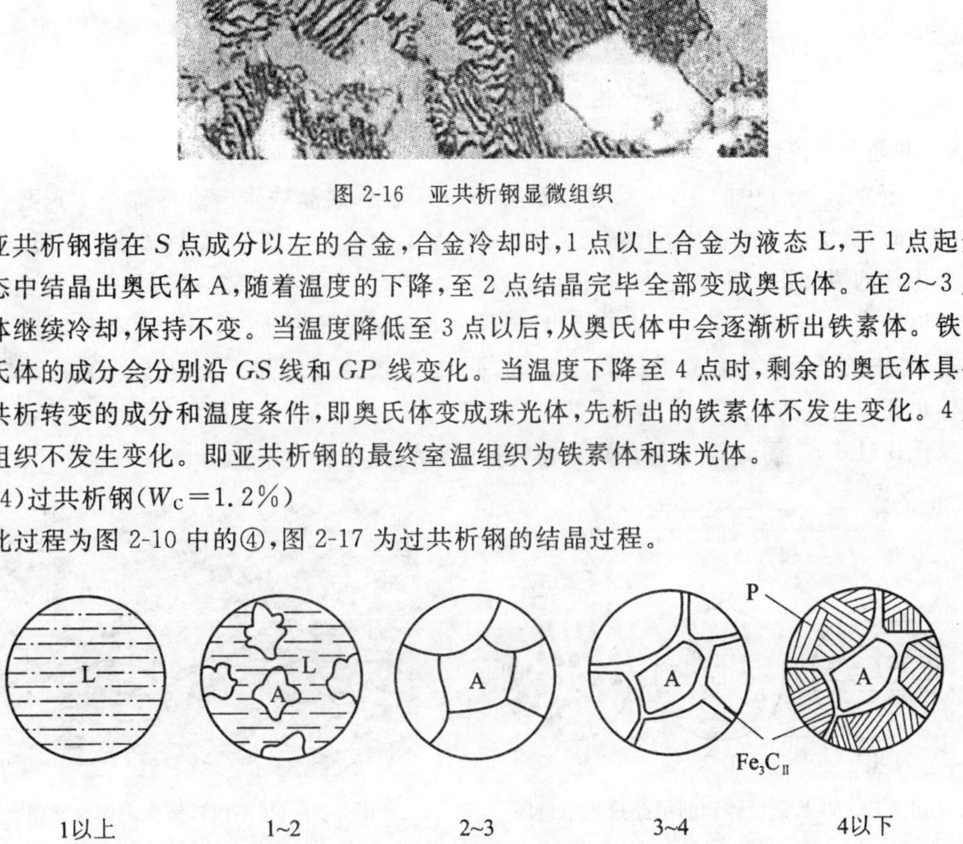

图 2-17　过共析钢结晶过程示意图

$$L \rightarrow L+A \rightarrow A \rightarrow A+Fe_3C_{II} \rightarrow A+P+Fe_3C_{II} \rightarrow P+Fe_3C_{II}$$

相组成物：F 和 Fe_3C。

组织组成物：P 和 Fe_3C_{II}。

图 2-18 为过共析钢显微组织。

过共析钢指超过 S 点成分的钢。合金冷却至 3 点之前，其结晶过程与共析钢和亚共析钢相同。当温度降低至 3 点以后，从奥氏体里析出 Fe_3C_{II}，Fe_3C_{II} 呈网状分布在奥氏体的晶界上，冷却至 4 点时，剩余的奥氏体具备了发生共析转变的成分和温度条件，变成珠光体，而先析出的 Fe_3C_{II} 不变化。过共析钢室温平衡组织为 $Fe_3C_{II}+P$。

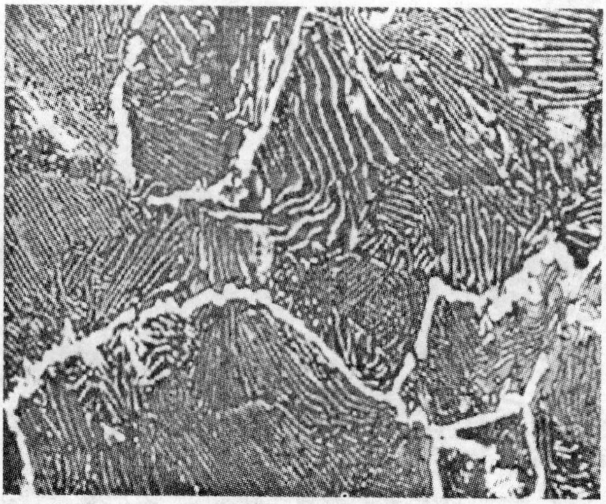

图 2-18　过共析钢显微组织

(5)共晶白口铸铁(W_C=4.3%)

此合金为图 2-10 中的⑤,结晶过程如图 2-19 所示。共晶铁碳合金冷却至 1 点共晶温度(1148℃)时,将发生共晶反应,生成莱氏体(Ld),在 1 点至 2 点温度间,随着温度降低,莱氏体中的奥氏体的成分沿 *ES* 线变化,并析出二次渗碳体(它与共晶渗碳体连在一起,在金相显微镜下难以分辨)。随着二次渗碳体的析出,奥氏体的含碳量不断下降,当温度降至 2 点(727℃)时,莱氏体中的奥氏体的含碳量达到 0.77%,此时,奥氏体发生共析反应转变为珠光体,于是莱氏体也相应转变为低温莱氏体 Ld′($P+Fe_3C_{II}+Fe_3C$)。因此,共晶白口铸铁的室温组织为低温莱氏体(Ld′)。图 2-20 为共晶白口铸铁显微组织。

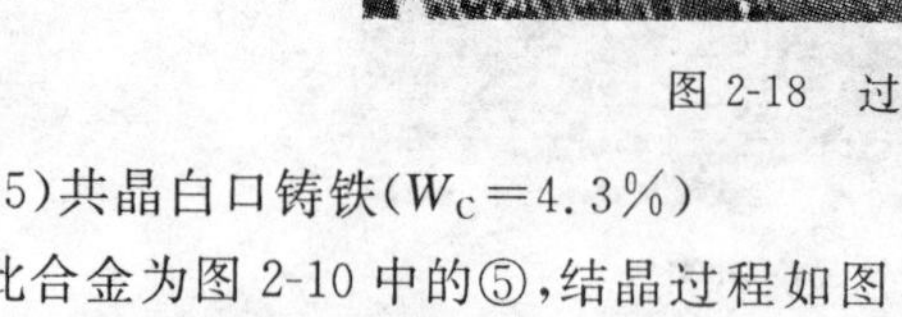

图 2-19　共晶白口铸铁的结晶过程示意图

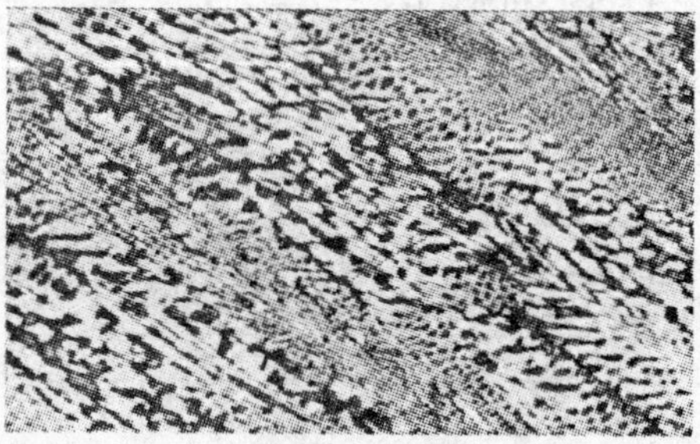

图 2-20　共晶白口铸铁组织金相图

(6)亚共晶白口铸铁(2.11%<W_C<4.3%)

此合金为图 2-10 中的⑥,结晶过程如图 2-21 所示。1 点温度以上为液相,当合金冷却至 1 点温度时,从液体中开始结晶出初生奥氏体。在 1 点至 2 点温度间,随着温度的下降,奥氏体不断增加,液体的量不断减少,液相的成分沿 *BC* 线变化。奥氏体的成分沿 *JE* 线变化。当温度至 2 点(1148℃)时,剩余液体发生共晶反应,生成 Ld($A+Fe_3C$),而初生奥氏体不发生变化。从 2 点至 3 点温度间,随着温度降低,奥氏体的含碳量沿 *ES* 线变化,并析出二次渗碳体。当温度降至 3 点(727℃)时,奥氏体发生共析反应转变为珠光体(P),从 3 点温度冷却至室温,合金的组织不再发生变化。因此,亚共晶白口铸铁室温组织为 $P+Fe_3C_{II}+Ld'$,如图 2-22 所示。图中黑色带树枝状特征的是 P,分布在 P 周围的白色网状的是 Fe_3C_{II},具有黑色斑点特征的是 Ld′。

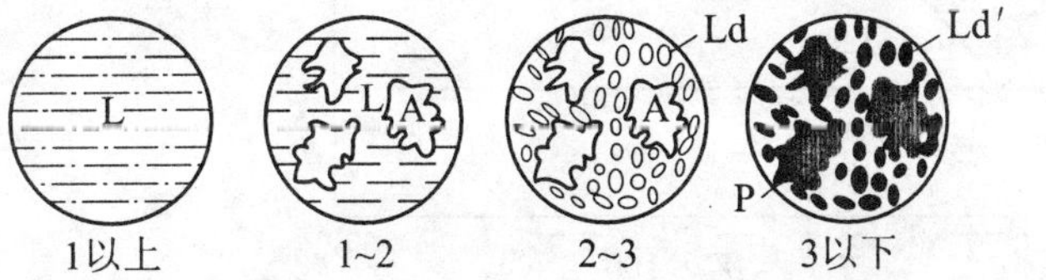

图 2-21　亚共晶白口铸铁的结晶过程示意图

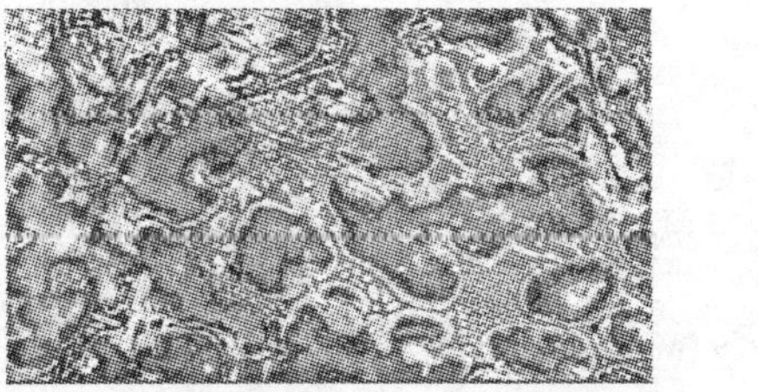

图 2-22　亚共晶白口铸铁组织金相图

(7)过共晶白口铸铁($4.3\% < W_C < 6.69\%$)

此合金为图 2-10 中的⑦,结晶过程如图 2-23 所示。1 点温度以上为液相,当合金冷却至 1 点温度时,从液体中开始结晶出一次渗碳体。在 1 点至 2 点温度间,随着温度的下降,一次渗碳体不断增加,液体的量不断减少,当温度至 2 点(1148℃)时,剩余液体的成分沿 *DC* 线变为 *C* 点成分(4.3%),发生共晶反应,生成 Ld($A+Fe_3C$),而一次渗碳体不发生变化。从 2 点至 3 点温度间,莱氏体中的奥氏体的含碳量沿 *ES* 线变化,并析出二次渗碳体。当温度降至 3 点(727℃)时,奥氏体的含碳量达到 0.77%,发生共析反应转变为珠光体(P),从 3 点温度冷却至室温,合金的组织不再发生变化。因此,过共晶白口铸铁的室温组织为 $Fe_3C_Ⅰ+Ld'$。图 2-24 是过共晶白口铸铁的显微组织,图中白色带状的是 $Fe_3C_Ⅰ$,具有黑色斑点状特征的是 Ld′。

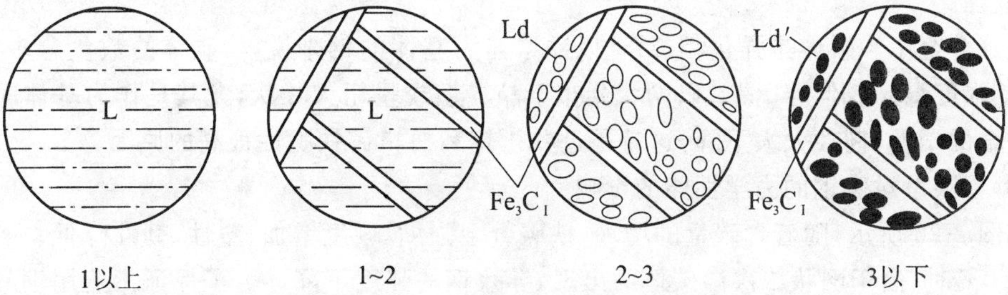

图 2-23　过共晶白口铸铁结晶过程示意图

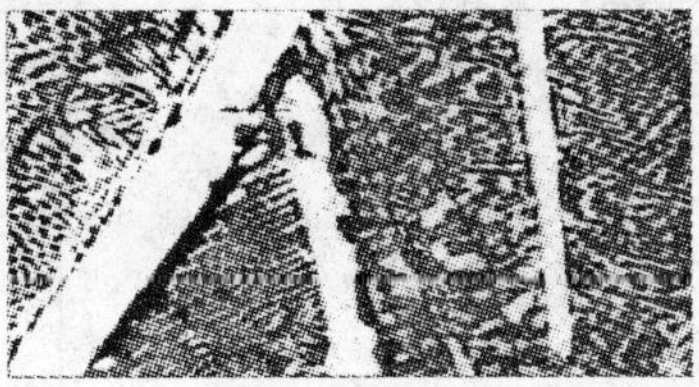

图 2-24　过共晶白口铸铁组织金相图

2.2.5　碳对铁碳合金平衡组织和性能的影响

(1)含碳量对平衡组织的影响

铁碳合金随含碳量增高,其组织发生如下变化:

$$F+Fe_3C_{Ⅲ} \rightarrow F+P \rightarrow P \rightarrow P+Fe_3C_{Ⅱ} \rightarrow P+Fe_3C_{Ⅱ}+L'_d \rightarrow L'_d \rightarrow Fe_3C_Ⅰ+L'_d$$

此外,如图 2-25 所示,随着含碳量的增加,铁素体的量越来越少,渗碳体的量会越来越多,其相组成和组织组成都会发生变化,不仅其组织中的渗碳体的数量增加,而且渗碳体的分布和形态也在发生变化。

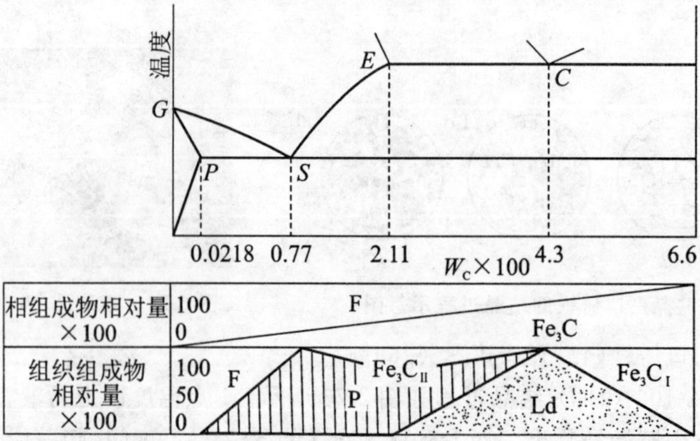

图 2-25　含碳量对平衡组织和相组成的影响

Fe_3C_{III}(沿 F 晶界分布的基片)→共析 Fe_3C(分布在铁素体内的片层状)→Fe_3C_{II}(沿 A 晶界呈网状分布)→共晶 Fe_3C(为莱氏体的基体)→Fe_3C_I(分布在莱氏体上的粗大片状)。

(2)含碳量对铁碳合金力学性能的影响

室温下铁碳合金由铁素体和渗碳体两个相组成,铁素体是软、韧的相,渗碳体是硬、脆的相,当两者以层片状组成珠光体时,珠光体兼具两者的优点,即具有较高的硬度、强度和良好的塑性、韧性。

铁碳合金中渗碳体是强化相,对于以铁素体为基体的钢来说,渗碳体的数量愈多,分布愈均匀,其强度愈高。但若 Fe_3C 以网状分布于晶界上或呈粗大片状,尤其是作为基体时就使得铁碳合金的塑性、韧性大大下降,这就是过共析钢和白口铸铁脆性很高的原因。

(3)含碳量对碳钢的力学性能的影响

如图 2-26 所示,随着含碳量的增加,铁碳合金强度、硬度增加,塑性、韧性降低。当含碳量大于 1.0%时,由于网状二次渗碳体的出现,导致钢的强度下降。为了保证工业用钢具有足够的强度和适当的塑性、韧性,其含碳量一般不超过 1.3%～1.4%。

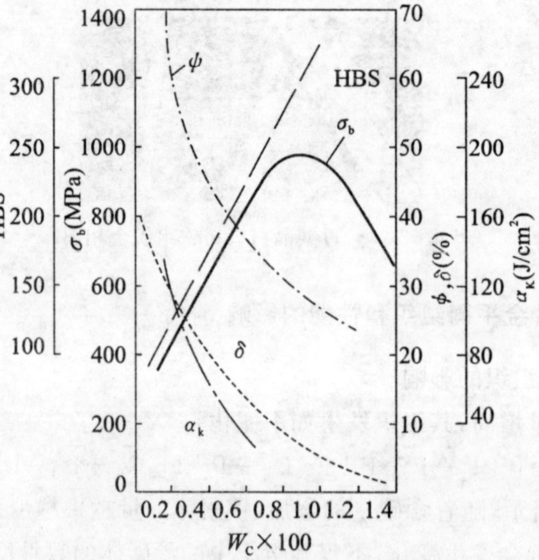

图 2-26　含碳量对力学性能的影响

含碳量大于 2.11%的铁碳合金，即白口铸铁，由于其组织中存在大量的渗碳体，具有很高的硬度和脆性，难以切削加工，除少数耐磨件外很少应用。

2.3 常用的金属材料及选用

在工业上使用的钢铁材料中，碳钢占有重要的地位。铁碳合金中含碳量小于 2.11%的合金称为钢。由于其资源广泛、冶炼方便、容易加工、价格低廉、性能良好，在工业生产中得到了广泛的应用。为了在生产上合理选择，正确使用各种碳钢，必须简单地了解我国碳钢的分类、编号和用途，以及一些常存的杂质元素的影响。

2.3.1 钢中常存杂质元素对钢的性能的影响

钢中常存的杂质元素有 Si、Mn、S、P、O、N、H 几种。

(1)Mn

钢中的锰来自炼钢生铁及脱氧剂锰铁。一般认为 Mn 在钢中是一种有益的元素。在碳钢中含锰量通常小于 0.8%；在含锰合金钢中，含锰量一般控制在 1.0%～1.2%范围内。Mn 大部分溶于铁素体中，形成置换固溶体，并使铁素体强化；另一部分 Mn 溶于 Fe_3C 中，形成合金渗碳体，这都使钢的强度提高，Mn 与 S 化合成 MnS，能减轻 S 的有害作用。当 Mn 含量不多，在碳钢中仅作为少量杂质存在时，它对钢的性能影响并不明显。

(2)Si

硅也是来自炼钢生铁和脱氧剂硅铁，在碳钢中含硅量通常小于 0.35%，Si 与 Mn 一样能溶于铁素体中，使铁素体强化，从而使钢的强度、硬度、弹性提高，而塑性、韧性降低。有一部分 Si 则存在于硅酸盐杂质中。当 Si 含量不多，在碳钢中仅作为少量杂质存在时，它对钢的性能影响并不显著。

(3)S

硫是生铁中带来的而在炼钢时又未能除尽的有害元素。硫不溶于铁，而以 FeS 形式存在，FeS 会与 Fe 形成共晶，并分布于奥氏体的晶界上，当钢材在 1000～1200℃压力加工时，由于 FeS-Fe 共晶(熔点只有 989℃)已经熔化，并使晶粒脱开，钢材将变得极脆，这种脆性现象称为热脆。为了避免热脆，钢中含硫量必须严格控制，普通钢含硫量应小于或等于 0.055%，优质钢含硫量应小于或等于 0.040%，高级优质钢含硫量应小于或等于 0.030%。

在钢中增加含锰量，可消除 S 的有害作用，Mn 能与 S 形成熔点为 1620℃的 MnS，而且 MnS 在高温时具有塑性，这样能避免热脆现象。

(4)P

磷也是生铁中带来的而在炼钢时又未能除尽的有害元素。磷在钢中全部溶于铁素体中，虽可使铁素体的强度、硬度有所提高，但却使室温下的钢的塑性、韧性急剧降低，并使钢的脆性转化温度有所升高，使钢变脆，这种现象称为“冷脆”。磷的存在还会使钢的焊接性能变坏，因此钢中含磷量应严格控制，普通钢含磷量应小于或等于 0.045%，优质钢含磷量应小于或等于 0.040%，高级优质钢含磷量应小于或等于 0.035%。

但是，在适当的情况下，S、P 也有一些有益的作用。对于 S，当钢中含硫量较高(0.08%～0.3%)时，适当提高钢中含锰量(0.6%～1.55%)，使 S 与 Mn 结合成 MnS，切削时易于断屑，能改善钢的切削性能，故易切钢中含有较多的硫。对于 P，如与 Cu 配合能增加钢的抗大气腐蚀能力,改善钢材的切削加工性能。

2.3.2 钢的分类

(1)按含碳量分类

①低碳钢:含碳量小于或等于0.25%的钢,0.01%~0.25%≤W_C≤0.25%。

②中碳钢:含碳量为0.30%~0.55%的钢,0.25%<W_C≤0.6%。

③高碳钢:含碳量大于0.6%的钢,0.6%~1.3%≥W_C>0.6%。

(2)按质量分类(即按含有杂质元素S、P的多少分类)

①普通碳素钢:S含量小于或等于0.055%,P含量小于或等于0.045%。

②优质碳素钢:S、P含量小于或等于0.040%。

③高级优质碳素钢:S含量小于或等于0.03%;P含量小于或等于0.035%。

(3)按用途分类

①碳素结构钢:用于制造各种工程构件,如桥梁、船舶、建筑构件等,以及机器零件,如齿轮、轴、连杆、螺钉、螺母等。

②碳素工具钢:用于制造各种刀具、量具、模具等,一般为高碳钢,在质量上都是优质钢或高级优质钢。

2.3.3 碳钢的牌号和用途

(1)普通碳素结构钢

普通碳素结构钢主要保证力学性能,牌号体现力学性能,用"Q"+"数字"表示,"Q"表示屈服点,数字表示屈服点数值。如:Q275表示屈服点为275MPa。若牌号后面标注字母A、B、C、D,则表示钢材质量等级不同,即S、P含量不同,A、B、C、D质量依次提高。字母后可以标注字母F、B,"F"表示沸腾钢,"B"为半镇静钢,不标"F"和"B"的为镇静钢。如:Q235-A·F表示屈服点为235MPa的A级沸腾钢,Q235-C表示屈服点为235MPa的C级镇静钢。

普通碳素结构钢一般情况下都不经热处理,而是在供应状态下直接使用。通常Q195(A1)、Q215(A2)、Q235(A3)含碳量低,有一定强度,常轧制成薄板、钢筋、焊接钢管等,用于桥梁、建筑等钢结构,也可制造普通的铆钉、螺钉、螺母、垫圈、地脚螺栓、轴套、销轴等。Q255(A4)和Q275(A5)钢强度较高,塑性、韧性较好,可进行焊接。通常轧制成型钢、条钢和钢板作结构件以及制造连杆、键、销、简单机械上的齿轮、轴节等。

(2)优质碳素结构钢

优质碳素结构钢能同时保证钢的化学成分和力学性能。其牌号是采用两位数字表示的,表示钢中平均含碳量为万分之几。如45钢表示钢中含碳量为0.45%,08钢表示钢中含碳量为0.08%。若钢中含锰量较高,须将锰元素标出,如0.45%C,Mn 0.70%~1.00%的钢即45Mn。

优质碳素结构钢主要用于制造机械零件。一般都要经过热处理以提高力学性能,根据含碳量不同,有不同的用途。08、08F、10、10F钢,塑性、韧性好,具有优良的冷成型性能和焊接性能,常冷轧成薄板,用于制作仪表外壳、汽车和拖拉机上的冷冲压件,如汽车车身、拖拉机驾驶室等;15、20、25钢用于制作尺寸较小、负荷较轻、表面要求耐磨、心部强度要求不高的渗碳零件,如活塞钢、样板等;30、35、40、45、50钢经热处理(淬火+高温回火)后具有良好的综合力学性能,即具有较高的强度和较高的塑性、韧性,用于制作轴类零件;55、60、65钢热处理(淬火+

中温回火)后具有高的弹性极限,常用作弹簧。

(3)碳素工具钢

这类钢的牌号是用“碳”或“T”字后附数字表示。数字表示钢中平均含碳量为千分之几。T8、T10分别表示钢中平均含碳量为0.80%和1.0%的碳素工具钢。若为高级优质碳素工具钢,则在钢号最后附以“A”字,如T12A。

碳素工具钢用于制造各种量具、刃具、模具等。碳素工具钢经热处理(淬火+低温回火)后具有高硬度,用于制造尺寸较小,要求耐磨性的量具、刃具、模具等。

T7、T7A、T8、T8A、T8MnA用于制造要求较高韧性、承受冲击负荷的工具,如小型冲头、凿子、锤子等。

T9、T9A、T10、T10A、T11、T11A用于制造要求中韧性的工具,如钻头、丝锥、车刀、冲模、拉丝模、锯条等。

T12、T12A、T13、T13A钢具有高硬度、高耐磨性,但韧性低,用于制造不受冲击的工具,如量规、塞规、样板、锉刀、刮刀、精车刀等。

(4)合金钢

合金钢是在碳钢的基础上,加入了一种或几种合金元素冶炼而成,比碳钢的性能优越,弥补了碳钢在淬透性低、强度和屈强比低、回火稳定性差、不能满足特殊性能要求等方面的缺点,因此,在工业生产中得到了更为广泛的应用。

①合金结构钢

合金结构钢比碳素钢有更好的力学性能,特别是热处理性能优良,因此便于制造尺寸较大、形状复杂,或要求淬火变形小的零件。

合金结构钢的编号原则是“数字+合金元素符号+数字+合金元素符号+数字等”,牌号开头的两位数字表示平均含碳量为万分之几,符号表示合金元素的种类,后面的数字表示合金元素含量为百分之几。高级优质钢则在牌号后面加上“A”。

②合金工具钢

合金工具钢主要用来制造各种刃具、量具和模具。其合金元素的主要作用是增加钢的淬透性、耐磨性和红硬性。与碳素工具钢相比,它适合制造形状复杂、尺寸较大、切削速度较高或工作温度较高的工具和模具。

合金工具钢的编号原则与合金结构钢基本相同,当含碳量小于1.0%时,前面用一位数字表示钢中平均含碳量为千分之几,当含碳量大于1.0%时,则不标出。例如,9SiCr的平均含碳量为0.9%,CrWMn的平均含碳量为1.0%。

9SiCr、9Mn2V等广泛用于制造各种低速切削刃具,如板牙、丝锥等,也常用作冷冲模。W18Cr4V是典型的高速钢,因其热硬性较好,热处理时的脱碳和过热倾向小,在生产中被广泛用来做形状复杂、切削速度较高的刃具。

③特殊性能钢

特殊性能钢包括不锈钢、耐热钢、耐磨钢等,其中不锈钢在食品、化工、石油、医药工业等方面得到了广泛的应用。

2.3.4 零件选材的一般原则

机械设计不仅包括零件的结构设计,同时也包括所用材料的选择和工艺设计。正确选材直接关系到产品的质量和成本。优异的使用性能、良好的工艺性能和便宜的价格是机械零件选材的最基本的原则。

(1)使用性能原则

使用性能是保证零件完成规定功能(即满足零件达到工作要求)的必要条件。零件的工作条件包括承载情况(载荷类型,如静载、动载、单调载荷或交变载荷等;载荷形式,如拉伸、压缩、弯曲或扭转等)、工作温度(如低温、高温、常温或变温等)、环境介质(如有无腐蚀性)等。使用性能是指零件在使用状态下材料应具有的力学性能、物理性能、化学性能等,其中主要考虑材料的力学性能。

(2)工艺性能原则

材料的工艺性能表示材料加工(如铸造、锻造、焊接、切削加工和热处理等)的难易程度。在选材中,与使用性能比较,工艺性能常处于次要地位。但在某些特殊情况下却正好相反,如一种材料即使使用性能很好,但若加工极困难,或者加工费用太高,也是不可取的。材料的工艺性能应满足生产工艺的要求,这是选材必须考虑的问题。

(3)经济性原则

材料的经济性是选材的根本原则。采用价格便宜的材料,有利于把总成本降至最低,取得最大的经济效益,使产品在市场上具有最强的竞争力。其原则是能用便宜的就不用昂贵的材料,能用碳钢就不用合金钢,能用普通钢就不用特殊钢,并立足于积极采用国内资源。

复习思考题

2.1 根据 Fe-Fe_3C 相图,说明产生下列现象的原因。

(1)含碳量为1.0%的钢比含碳量为0.5%的钢硬度高。

(2)在室温下,含碳量为0.8%的钢,其强度比含碳量为1.2%的钢高。

(3)在1100℃,含碳量为0.4%的钢能进行锻造,而含碳量为4.0%的生铁不能锻造。

(4)绑扎物件一般用铁丝(镀锌低碳钢丝),而起重机吊重物却用钢丝绳(用60、65、70、75等钢制成)。

(5)钳工锯T8、T10、T12等钢料时比锯10、20钢费力,且锯条容易磨钝。

(6)钢适宜于通过压力加工成形,而铸铁适宜于通过铸造成形。

2.2 金属晶粒的粗细对其力学性能有何影响?

2.3 何谓同素异构转变?同素异构转变的意义何在?

2.4 什么是固溶体和化合物?它们的特性如何?

2.5 纯铁的三个同素异构体是什么?其晶体结构如何?

2.6 α-Fe和铁素体有何区别?γ-Fe和奥氏体有何区别?

2.7 分析含碳量分别为0.2%、0.6%、0.77%的铁碳合金从液态缓冷至室温时的结晶过程和室温组织。

3 钢的热处理

【教学提示】

钢的热处理是通过加热、保温和冷却改变金属内部或表面的组织，从而获得所需性能的工艺方法。本章首先阐明了钢的热处理的基本原理，由于组织转变是热处理的核心问题，因此钢在加热和冷却过程中组织转变的基本规律是讨论的重点，也是理解和掌握各种热处理工艺方法的基础。普通常用钢的热处理工艺有退火、正火、淬火、回火及表面热处理等。在机械制造业中，通过热处理才能充分发挥材料的潜能，延长零件的使用寿命。因此，本章还介绍了钢的普通热处理工艺、表面热处理工艺以及金属材料的表面改性。

【教学要求】

掌握钢在加热和冷却过程中组织转变的基本规律，并能熟练应用钢的等温转变曲线和连续转变曲线来解决问题。在理解钢的热处理的基本原理的基础上，掌握退火、正火、淬火、回火热处理工艺的工艺参数及各阶段组织特征，了解表面热处理和化学热处理等热处理工艺。当在生产实际中遇到具体问题时，应根据热处理的基本原理，针对具体情况进行具体分析，合理地、灵活地应用这些工艺来解决问题。

3.1 概　　述

热处理是将固态金属或合金在一定的介质中加热、保温和冷却，以改变材料整体或表面组织，从而获得所需性能的工艺方法。

工业生产中对材料的性能不断提出更高、更新的要求，而材料的原始性能难以达到和满足这些要求，如果只是利用材料自身的性能去满足这些要求，通常是不经济的，甚至是不可能的。热处理就是挖掘材料潜能、改善材料性能、保证材料质量、延长使用寿命的一种高效、廉价、快捷的工艺方法。热处理使普通材料达到所需性能成为可能，可大幅度改善金属材料的工艺性能和使用性能，是一种非常重要的、非常有意义的工艺方法，工业生产中大多数机械零件都要经过热处理。

热处理根据加热温度的高低、保温时间的长短、冷却速度的不同形成各种不同的热处理工艺。常用的热处理工艺有以下几种，如图 3-1 所示。

- 热处理
  - 普通热处理
    - 退火
    - 正火
    - 淬火
    - 回火
  - 表面热处理
    - 表面淬火
      - 火焰加热表面淬火
      - 感应加热表面淬火
    - 化学热处理
      - 渗碳
      - 渗氮
      - 碳氮共渗

图 3-1　常用的热处理工艺

在制定热处理工艺时,加热温度的选择是根据铁碳合金状态图确定的。大多数热处理工艺需要将钢加热到临界温度以上,获得全部或部分奥氏体组织,即进行奥氏体化,然后以不同的冷却速度进行冷却获得不同的组织,最终获得所需要的性能。

在热处理的加热和冷却过程中,都会有一定的速度,不可能无限缓慢,并且相对于铁碳合金的平衡状态图上的临界温度线都会有一个稍滞后的偏离,即加热时比临界温度稍高,冷却时比临界温度偏低,如图 3-2 所示。

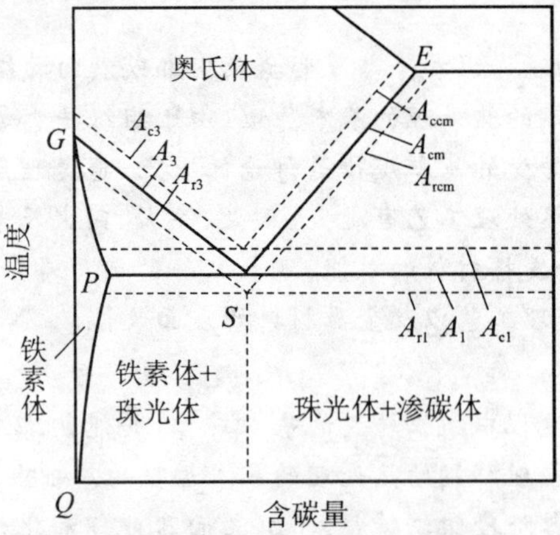

图 3-2 加热和冷却速度对钢的临界温度的影响

显然,欲将共析钢完全变成奥氏体,必须将钢加热至 A_{c1} 线温度以上,欲将亚共析钢完全变成奥氏体,必须将钢加热至 A_{c3} 线温度以上。否则,难以达到应有的热处理效果。

3.2 退火和正火

3.2.1 退火

将钢加热至临界温度,保温一定时间,然后缓慢冷却(一般为随炉冷却),以获得接近平衡状态组织的热处理工艺叫做退火。

退火的目的如下:

(1)降低硬度,以利于切削加工或其他种类加工;

(2)细化晶粒,提高钢的塑性和韧性;

(3)消除内应力,为淬火工序做好组织准备。

实际生产中,各种工件在制造过程中有不同的工艺路线,如铸造(或锻造)→退火(正火)→切削加工→成品,或铸造(或锻造)→退火(正火)→粗加工→淬火→回火→精加工→成品。可见,退火与正火是应用非常广泛的热处理工艺。为什么将其安排在铸造或锻造之后,切削加工之前呢?原因如下:

(1)在铸造或锻造之后,钢件中不但残留有铸造或锻造应力,而且还往往存在着成分和组织上的不均匀性,因而机械性能较低,还会导致以后淬火时的变形和开裂。经过退火和正火后,便可得到细而均匀的组织,并消除应力,改善钢件的机械性能并为随后的淬火作了准备。

(2)铸造或锻造后,钢件硬度经常偏高或偏低,严重影响切削加工。经过退火与正火后,钢的组织接近于平衡组织,其硬度适中,有利于下一步的切削加工。

(3)当工件的性能要求不高时，如铸件、锻件或焊接件等，退火或正火常作为最终热处理。

根据处理的目的和要求不同，钢的退火可分为完全退火、等温退火、球化退火、扩散退火和去应力退火等。碳钢的各种退火的加热温度范围和工艺曲线如图 3-3 所示。

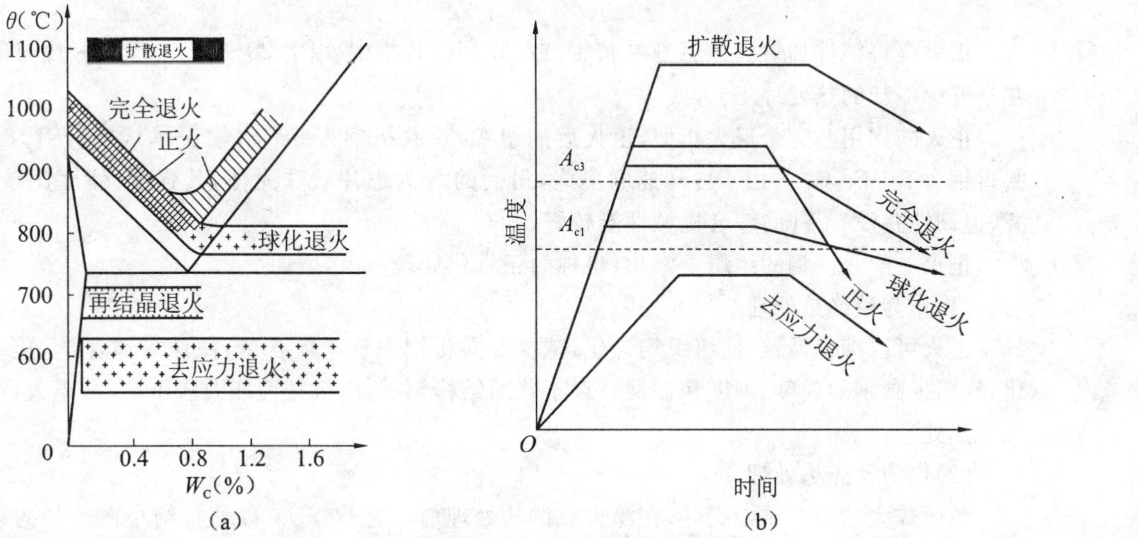

图 3-3　碳钢各种退火和正火工艺规范示意图

(a)加热温度范围；(b)工艺曲线

(1)完全退火

完全退火又称重结晶退火，是将钢加热至 A_{c3} 以上 20～30℃，保温一段时间后缓慢冷却(随炉冷却或埋入石灰或砂中冷却)，以获得接近平衡组织的热处理工艺。

完全退火通过完全重结晶，使热加工中造成的粗大晶粒、不均匀组织细化和均匀化，提高材料的塑性和韧性；使中碳以上的碳钢和合金钢接近平衡状态组织，以降低硬度，改善切削加工性能。并且由于冷却速度慢，可消除铸件和锻件的内应力。

完全退火主要用于亚共析钢，过共析钢不宜采用，因为加热至 A_{ccm} 以上缓慢冷却时，二次渗碳体会以网状形式沿奥氏体晶界析出，使钢的韧性大大下降，并可能在以后的热处理中引起开裂。

(2)球化退火

球化退火是使钢中碳化物球化的热处理工艺。

球化退火时，将钢加热至 A_{c1} 以上 20～30℃，以便保留较多的未熔碳化物粒子或使较大的奥氏体中碳浓度分布不均匀，促进球状碳化物的形成。球化退火需要较长的保温时间来保证二次渗碳体的自发球化。碳钢保温后随炉缓慢冷却，致使奥氏体进行共析转变时，以未熔渗碳体粒子为核心形成粒状渗碳体。

球化退火主要用于过共析钢，目的是使二次渗碳体及珠光体中的渗碳体球化，以降低硬度，改善切削加工性能，并为以后的淬火做好组织准备。

(3)扩散退火

为减少钢锭、铸件和锻件化学成分和组织的不均匀性，将其加热至略低于固相线的温度，长时间保温并进行缓慢冷却的热处理工艺，称为扩散退火或均匀化退火。

扩散退火后钢的晶粒很粗大，一般还需再进行完全退火或正火处理。

(4)去应力退火

为消除铸造、锻造、焊接、机加工、冷变形等冷热加工在工件中造成的残余内应力而进行的低温退火,称为去应力退火。去应力退火加热温度一般为 500～600℃。碳钢长时间保温,随炉缓慢冷却,不发生组织变化。其主要作用是消除内应力,减小变形。

3.2.2　正火(空冷)

正火是将钢件加热到 A_{c3}(亚共析钢)或 A_{ccm}(过共析钢)以上 30～50℃,保温一段时间后,在空气中冷却的热处理工艺。

正火的作用与完全退火相似,正火后的组织,亚共析钢为 F＋S(索氏体),共析钢为 S,过共析钢为 S＋Fe_3C_{II}。由于冷却速度快些,得到的 S 为细片状珠光体,其强度、硬度比珠光体高,但韧性并没有下降,综合机械性能较好。

正火一般是使钢的组织正常化,也称为正常化处理,其作用如下:

(1)作为最终热处理

正火可以细化晶粒,使组织均匀化,减少亚共析钢中铁素体含量,使珠光体含量增多并细化,从而提高钢的强度、硬度和韧性。对于普通结构钢零件,机械性能要求不高时,正火可作为最终热处理。

(2)作为预先热处理

截面较大的合金结构钢件,在淬火或调质处理前常进行正火,以获得细小而均匀的组织。对于过共析钢则可减少二次渗碳体的量,且由于冷却速度较快,抑制了二次渗碳体呈网状析出,为球化退火做组织准备。

(3)取代部分完全退火

正火是炉外冷却,占用设备时间短,生产效率高,而且得到的组织性能比退火要好,故应尽量用正火取代退火。低碳钢或低合金结构钢退火后硬度太低,不便于切削加工,正火可提高其硬度,改善其切削加工性能。

3.2.3　退火和正火的选择

综上所述,退火与正火在某种程度上有相似之处,在实际生产中又可替代。那么,在设计时根据什么原则进行选择呢?可以从以下三方面予以考虑:

(1)从切削加工性上考虑

切削加工性又包括硬度、切削脆性、表面粗糙度及对刀具的磨损等。

一般金属的硬度在 HB 170～230 范围内,切削性能较好。高于它过硬,难以加工,且刀具磨损快;过低则切屑不易断,造成刀具发热和磨损,加工后的零件表面粗糙度很大。对于低、中碳结构钢以正火作为预先热处理比较合适,高碳结构钢和工具钢则以退火为宜。至于合金钢,由于合金元素的加入,使钢的硬度有所提高,故中碳以上的合金钢一般都采用退火以改善切削加工性。

(2)从使用性能上考虑

如工件性能要求不太高,随后不再进行淬火和回火,那么往往用正火来提高其机械性能。但若零件的形状比较复杂,正火的冷却速度有形成裂纹的危险,则应采用退火。

(3)从经济上考虑

正火比退火的生产周期短,耗能少,且操作简便,故在可能的条件下,应优先考虑以正火代替退火。

3.3 淬火和回火

3.3.1 淬火

淬火是将钢加热到临界温度 A_{c3}（亚共析钢）、A_{c1}（过共析钢）以上 30～50℃（如图 3-4 所示），保温一段时间，然后快速冷却以获得高硬度的马氏体(M)的热处理工艺。淬火是钢最重要的一种强化方法。但淬火必须和回火相配合，否则淬火后得到了高硬度、高强度，但韧性、塑性低，不能得到优良的综合机械性能。

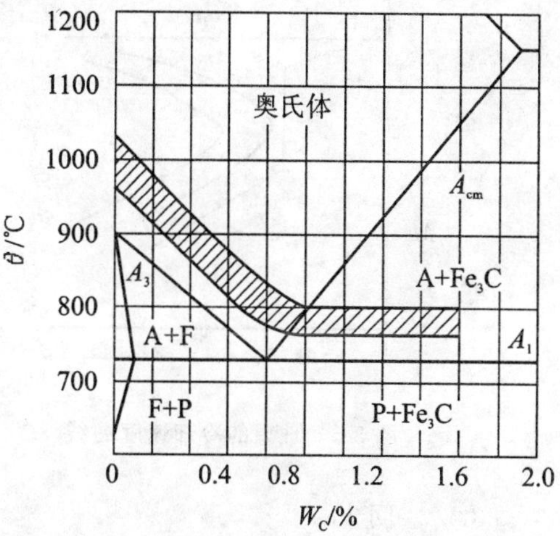

图 3-4 淬火加热温度范围示意图

马氏体是一种高硬度的组织，其硬度取决于钢中的含碳量，含碳量越高，马氏体的硬度越高。马氏体是一种含碳量过饱和的 α 固溶体，过饱和的碳造成了马氏体晶格的严重畸变，致使其变形抗力增大。因此，马氏体具有高的硬度和耐磨性。绝大多数要求高硬度、高耐磨性的中、高碳钢和合金钢都要进行淬火工艺处理。

淬火是一种复杂的热处理工艺，又是决定产品质量的关键工序之一，淬火后要得到细小的马氏体组织又不致产生严重的变形和开裂，必须根据钢的成分、零件的大小、形状等，结合 C 曲线合理地确定淬火加热和冷却的方法。

(1)淬火温度的选择

亚共析钢加热温度为 A_{c3}＋(30～50℃)，淬火后的组织为均匀而细小的马氏体。若加热到 A_{c3} 以下时，淬火组织中会保留自由铁素体，使钢的硬度降低。过共析钢加热温度为 A_{c1}＋(30～50℃)，加热到 A_{c1} 以上两相区时，组织中会保留少量的二次渗碳体，有利于增强钢的硬度和耐磨性。并且，由于它降低了奥氏体中的含碳量，可以改变马氏体的形态，从而降低马氏体的脆性。此外，它还可减少淬火后残余奥氏体的量，保证淬火组织的硬度。若淬火温度太高，会形成粗大的马氏体，使机械性能恶化，同时会增大淬火应力，使变形和开裂倾向增大。

(2)加热时间的确定

加热时间包括升温和保温两个阶段。通常以装炉后炉温达到淬火温度所需的时间为升温阶段，并以此为保温时间的开始。保温阶段是指钢件温度均匀并完成奥氏体化所需的时间。

(3)淬火冷却介质的选择

常用的淬火冷却介质是水和油。水的冷却能力强，使钢易于获得马氏体，同时也易造成零件的变形和开裂。油的冷却能力低，工件不易产生变形和开裂，但不利于钢的淬硬，一般只能作为合金钢的淬火介质。

淬火冷却是决定淬火质量的关键，为了使工件获得马氏体组织，淬火冷却速度必须大于临界冷却速度 V_c，而快冷会产生很大的内应力，容易引起工件的变形和开裂。所以既不能使冷速过大又不能使冷速过小。理想的冷却速度应是如图 3-5 所示的速度，但到目前为止还没有找到十分理想的冷却介质能符合这一理想的冷却速度的要求。

生产中淬火方法的选择非常重要，为了使工件淬火成马氏体并防止变形和开裂，单纯依靠选择淬火介质是不行的，还必须采取正确的淬火方法。

常用的淬火方法通常有单液淬火1、双液淬火2、分级淬火3、等温淬火4等，其冷却速度如图3-6所示，应根据不同的要求选择。生产中最常用的是单液淬火，它是指在一种介质中(水或油)连续冷却至室温。单液淬火操作简单，易于实现机械化和自动化操作，在生产中应用最广。对于易于产生变形的工件可采用双液淬火(先水后油)或分级淬火或其他的淬火方法。

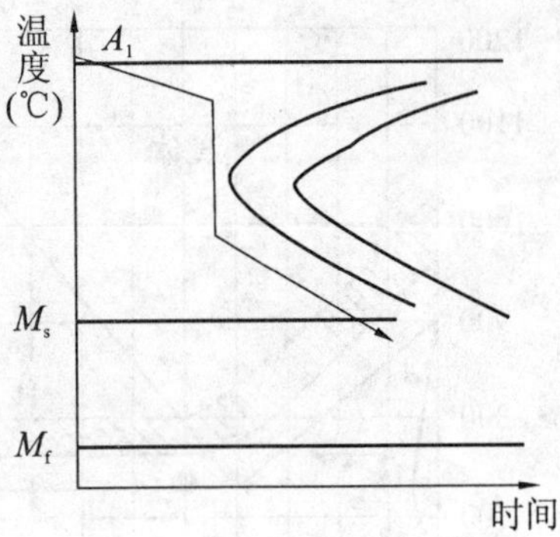

图 3-5　理想的冷却速度曲线

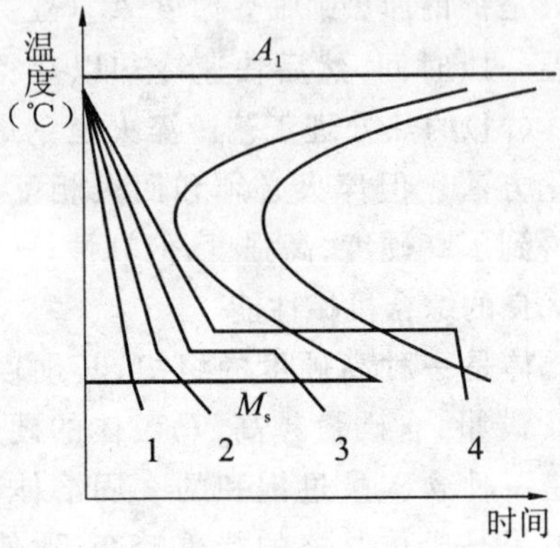

图 3-6　不同淬火方法冷却速度示意图

3.3.2　回火

钢件淬火后，为了消除内应力并获得所要求的组织和性能，将其重新加热至 A_{c1} 以下某一温度，保温一段时间，然后冷却至室温的热处理工艺叫回火。

淬火钢一般不能直接使用，必须进行回火。这是因为：首先，淬火后得到的马氏体和残余奥氏体组织都是不稳定的组织，在工作中有自发向稳定组织转变的倾向，会导致零件尺寸的变化；其次，马氏体的硬度高、脆性大，并存在很大的内应力，易造成工件的变形和开裂；最后，回火能获得所要求的强度、硬度、塑性和韧性，以满足零件的使用要求。

根据回火温度的高低不同，可将回火分为三种：

(1)低温回火(150～250℃)

低温回火将得到回火马氏体。其目的是降低淬火应力和脆性，提高工件韧性，保证淬火后的高硬度和耐磨性。它主要用于处理各种高碳钢工具、模具、滚动轴承以及渗碳及表面淬火的耐磨件。

(2)中温回火(350～500℃)

中温回火将得到回火屈氏体。其目的是提高弹性极限和屈服强度，保持较高硬度和一定韧性。它主要用于各种弹簧、发条、锻模等。

(3)高温回火(500～650℃)

高温回火将得到回火索氏体。回火索氏体综合机械性能最好。通常把淬火加高温回火称为调质处理，它广泛用于各种重要的结构件，特别是受交变载荷的中碳钢重要构件，如连杆、轴、齿轮等。

3.4　表面淬火和化学热处理

一些在弯曲、扭转、冲击载荷、摩擦条件区工作的齿轮等机器零件，它们要求具有表面硬、耐磨,而心部韧,能抗冲击的特性,仅从选材方面去考虑是很难达到此要求的。如用高碳钢,虽然表面硬度高,但心部韧性不足,若用低碳钢,虽然心部韧性好,但表面硬度低,不耐磨。所以工业上广泛采用表面热处理来满足上述要求。

3.4.1　表面淬火

表面淬火是仅对钢的表面加热、冷却,不改变其表面化学成分,只改变其表面组织,而心部仍保持未淬火状态的一种局部热处理方法。表面淬火通过快速加热,使钢件表面层很快达到淬火温度,表层被淬硬为马氏体,并在热量来不及传到工件心部就立即冷却,实现局部淬火,而中心仍保持原来的退火、正火或调质状态的组织。

表面淬火的目的在于获得高硬度、高耐磨性的表层,而心部仍保持原来良好的韧性,常用于要求性能表硬里韧的工件,如齿轮、曲轴等。

表面淬火按其加热方式有感应加热、火焰加热、电接触加热和激光加热等,最常用的是前两种。

感应加热的基本原理是在感应圈中通以交流电时,在其内部和周围产生与电流频率相同的交变磁场,置于磁场中的工件就会产生同频率的感应电流,并由于电阻的作用而被加热。由于交流电的集肤效应,感应电流在工件截面上的分布是不均匀的,靠近表面的电流密度大,而中心几乎为零,从而达到表面淬火的目的。电流渗透工件表层的深度,与电流频率有关。感应电流频率越高,集肤效应越强烈,故高频感应加热用途最广。

3.4.2　化学热处理

化学热处理是将钢置于一定温度的活性介质中加热和保温,使一种或几种活性元素渗入工件表层,以改变其化学成分和组织,达到改善表面性能,满足技术要求的热处理工艺过程。与表面淬火相比,化学热处理的主要特点是表面层不仅有组织的变化,而且有成分的变化。

按照表面渗入元素的不同,化学热处理可以分为渗碳、渗氮、碳氮共渗等,其中渗碳应用最广。化学热处理能有效地提高钢件表层的耐磨性、耐蚀性、抗氧化性能及疲劳强度等。

化学热处理的基本程序如下:

(1)将工件加热到一定的温度,使其有利于吸收渗入元素的活性原子。

(2)由化合物分解或离子转化而得到渗入元素的活性原子。

(3)活性原子被吸附,并溶入工件表面,形成固溶体,在活性原子浓度很高时,还可形成化合物。

(4)渗入原子在一定温度下,由表层向内扩散,形成一定的扩散层。

目前在汽车、拖拉机和机床制造中,最常用的化学热处理工艺有渗碳、氮化和气体碳氮共渗。

通常当材料的成分一定时,其组织和性能也是一定的。但是当进行某种热处理时,就可以充分挖掘材料的潜能,使普通材料达到其自身难以达到的更优越的性能。因此,生产中可以对材料进行各种不同组合的热处理,以得到所预期的组织和性能,这是非常有实际意义的。

复习思考题

3.1 何谓热处理？热处理的意义何在？

3.2 共析钢经正常淬火得到什么组织？它们经过 200℃、400℃、600℃回火后得到什么组织？

3.3 试比较表面淬火和化学热处理之间的异同。

3.4 某汽车齿轮选用 20CrMnTi 制造，其工艺路线为：下料→锻造→正火①→切削加工→渗碳②→淬火③→低温回火④→喷丸→磨削。请说明①、②、③、④四项热处理工艺的目的。

3.5 请说明固溶强化的强化原理。

3.6 钢经过淬火处理后，为什么一定要回火？

3.7 谈谈退火和正火的异同。

3.8 碳钢在油中淬火的后果如何？为什么合金钢通常不在水中淬火？

3.9 在普通热处理中，加热后进行保温的作用是什么？感应加热表面淬火是否需要保温？化学热处理的保温有何特点？为什么？

4 非金属材料

【教学提示】

本章介绍了除金属材料外的其他工程材料，包括塑料、陶瓷和复合材料的基本知识，阐述了常用工程塑料的组成、分类、性能特点及其应用领域和制品等内容。

【教学要求】

了解除金属材料外的其他工程材料，包括塑料、陶瓷和复合材料的基本知识，熟悉常用工程塑料、工业陶瓷及复合材料的分类、性能特点及应用，学会在生产实践中正确选择并应用这些材料。

除金属材料之外的材料，广义地称之为非金属材料。它主要包括高分子材料、陶瓷材料（如陶器、瓷器、耐火材料、玻璃等）和复合材料等。在目前机械制造业中，广泛使用的是金属材料，而且在今后相当长的时间内，还将以金属材料为主要材料。但是，非金属材料的生产成本将会随着科学技术的发展不断降低，性能将会不断完善，加上它具有金属材料无法相比的特性，因此非金属材料的应用领域将会与日俱增。

本章主要介绍机械制造中应用较广的高分子材料（工程塑料）、陶瓷、复合材料等。

4.1 高分子材料

高分子材料是指分子量很大的化合物，它们的分子量可达几千甚至几百万以上。高分子材料包括塑料、橡胶、合成纤维等，其分类如图 4-1 所示。其中塑料具有原材料丰富、成本低、加工方便等优点，发展极为迅速，目前在工业上得到广泛应用，并将越来越多地被采用。

- 高分子材料
  - 热塑性塑料
    - 缩聚物：尼龙、聚酯等
    - 加聚物：聚丙烯、聚乙烯等
    - 共聚物：醋酸聚氯乙烯、氯化聚醚等
  - 热固性塑料
    - 缩聚物：酚醛树脂、硅酮树脂
    - 共聚物：环氧树脂、交联聚氨酯等
  - 弹性材料
    - 天然橡胶
    - 人工合成橡胶：苯乙烯-丁二烯橡胶、异丁橡胶

图 4-1 不同系列的高分子材料

塑料是以树脂（天然或者合成）为基体，再加入其他添加剂，在一定温度与压力下塑制成形的一种非金属材料。按其热行为分为热塑性和热固性两类。前者如聚乙烯塑料，冷却成形后，受热（温度足够时）可再软化或熔化；后者如酚醛和环氧树脂等塑料，它一经塑制成形，再加热也不软化（温度过高只能产生分解破坏），故只能塑制一次。按使用性能又可分为普通塑料（制造一般塑料制品）和工程塑料（制造工程结构与机械零件）两类。

4.1.1 工程塑料的组成与分类

4.1.1.1 工程塑料的组成

塑料制品是合成树脂和其他添加剂的组成物。其中合成树脂是塑料的主要成分,它对塑料的性能有着重要的影响。

(1)合成树脂

合成树脂是具有可塑性的高分子化合物,在常温下呈固态或黏稠液体,但受热时软化或呈熔融状态。它可以把塑料中其他物质黏结起来,所以又叫黏料。它是组成塑料的最基本的成分,因为它不仅决定塑料的类型,还决定塑料的主要性能(如物理性能、化学性能、力学性能和电性能等)。常用塑料的性能如表 4-1 所示。

表 4-1　常用塑料的性能

类别	名称	代号	性能			
			密度 $(g \cdot cm^{-3})$	抗拉强度 (MPa)	缺口冲击韧度 $(J \cdot cm^{-2})$	使用温度 (℃)
热塑性塑料	聚乙烯	PE	0.91～0.965	3.9～38	>0.2	−70～100
	聚氯乙烯	PVC	1.16～1.58	10～50	0.3～1.1	−15～55
	聚苯乙烯	PS	1.04～1.10	50～80	1.37～2.06	−30～75
	聚丙烯	PP	0.90～0.915	40～49	0.5～1.07	−35～120
	聚酰胺	PA	1.05～1.36	47～120	0.3～2.68	<100
	聚甲醛	POM	1.41～1.43	58～75	0.65～0.88	−40～100
	聚碳酸酯	PC	1.18～1.2	65～70	6.5～8.5	−100～130
	聚砜	PSF	1.24～1.6	70～84	0.69～0.79	−100～160
	共聚丙烯腈-丁二烯-苯乙烯	ABS	1.05～1.08	21～63	0.6～5.3	−40～90
	聚四氟乙烯	PTFE	2.1～2.2	15～28	1.6	−180～260
	聚甲基丙烯酸甲酯	PMMA	1.17～1.2	50～77	0.16～0.27	−60～80
热固性塑料	酚醛树脂	PF	1.37～1.46	35～62	0.05～0.82	<140
	环氧树脂	EP	1.11～2.1	28～137	0.44～0.5	−89～155

(2)添加剂

各种添加剂的加入与加入量的多少,都要根据塑料品种的性能和用途的不同而确定,一般有下列几类添加剂:

①填充剂(填料),主要起增强作用,可以改善塑料的性能,降低成本,扩大其应用范围。

②增塑剂,其作用是进一步提高树脂的可塑性,以增加塑料在成形时的流动性,并提高制品的柔软性和弹性,从而减小其脆性。

③固化剂(硬化剂),使塑料制品有一定的坚硬性。

④稳定剂,阻滞氧和紫外线对塑料的老化作用。

⑤润滑剂,提高塑料制品的表面光泽和美观性。

⑥着色剂,使塑料制品具有鲜艳和美丽的色彩。

除了上述添加剂外,根据某些需要,有时还加入阻燃剂、发泡剂、抗静电剂等,这样可以得到多种多样、性能各异的塑料制品。

4.1.1.2　工程塑料的分类(按塑料制品的功能分)

(1)一般结构零件用塑料

这类塑料主要有ABS、聚乙烯和聚丙烯等,用以制作承受低载荷的结构零件,如机械设备的框架、罩壳、盖板、管接头、手轮及手柄等。

(2)传动零件用塑料

这类塑料主要有尼龙、聚甲醛和聚碳酸酯等。它们具有较高的强度、韧性、耐磨性和耐疲劳性,用以制作蜗轮、蜗杆、齿轮、螺母和联轴器等零件。

(3)耐磨零件用塑料

这类塑料主要有低压聚乙烯和聚四氟乙烯等,用以制作活塞环、密封圈、轴承、衬套及滑动导轨等耐磨零件。

(4)电气绝缘用塑料

这类塑料主要有尼龙、低压聚乙烯和聚四氟乙烯等,用以制作继电器和线圈的骨架、电机端盖、高低压开关、电气接插件、机座和外壳等。

(5)耐腐蚀零部件用塑料

这类塑料有聚四氟乙烯、氯化聚醚、聚丙烯和低压聚乙烯等,用以制作化工容器、管道、泵、阀门等。

(6)高强度结构零件用塑料

这类塑料有聚砜塑料和各种氟塑料等,用以制作受力较大并在高温下工作的零件,如燃气轮机的叶片、泵叶片和高速风扇叶片等。

4.1.2　常用工程塑料

4.1.2.1　工程塑性具有的特性

(1)质量轻、吸水率小

塑料的密度一般在0.9～2.3g/cm^{3}范围内,仅为钢铁的1/8～1/4。泡沫塑料比水还轻,密度约为0.02～0.3g/cm^3。

(2)电气绝缘性能好

几乎所有的塑料都有优良的电气绝缘性和耐电弧特性,在电机、电器和电子工业上具有独特的作用。

(3)耐蚀性良好

塑料一般都能耐酸、碱、油、水、大气及化学药物等物质的侵蚀,其中尤以聚四氟乙烯塑料为最好(在王水中也能耐蚀),在化工机械设备制造上具有重要作用。

(4)力学性能良好

塑料的强度、硬度和冲击韧性虽不如金属材料,但也能满足要求不太高的机械零件的需求。有些塑料的比强度(抗拉强度/密度)可达5600,比钢铁还要高。

(5)减摩性、耐磨性和消音吸振性良好

大多数塑料的摩擦系数都较低,并能耐磨、抗蚀,而且能消减噪音和振动。

4.1.2.2　常用的几种工程塑料

(1)聚酰胺(PA)

聚酰胺塑料通常称为尼龙,是目前机械工业中应用较广泛的一种塑料,也是最先发现的能承受载荷的热塑性塑料。它是由氨基酸脱水制成内酰胺再聚合而得,或者由二元胺与二元酸聚合而成。尼龙是根据胺与酸中的碳原子数来命名的。如尼龙 6 是含有 6 个碳原子的己酰胺自身聚合而得名,而含 6 个碳原子的己二胺与含 10 个碳原子的癸二酸的聚合物,就称尼龙 610。聚酰胺的主要性能包括:有较高的机械强度(若以玻璃纤维强化,抗拉强度可达 200MPa),抗冲击性高,耐折叠;较好的耐腐蚀性,它不溶于普通溶剂,可耐许多化学药品,不受弱酸、醇、矿物油等介质的影响;优良的耐磨、自润滑性,它可耐固体微粒的摩擦,甚至能在摩擦、无润滑状态下使用;热稳定性差,在负载情况下使用温度为 70～80℃;导热系数很低,只相当于金属的百分之一。

现在的尼龙品种很多,但在机械工业中用得较广的有 PA6、PA66、PA610、PA1010、铸型尼龙(MC 尼龙)和芳香尼龙等,可制造螺钉、垫圈、密封圈、齿轮及轴承等机械零件。铸型尼龙 MC 可制造大型齿轮、蜗轮及轴套,芳香尼龙可制造高温耐磨零件、绝缘件和宇航服等。

(2)聚甲醛(POM)

聚甲醛塑料是继尼龙之后发展的又一种优良品种,是一种具有优异综合性能的材料。它的耐疲劳性在所有热塑性塑料中是最高的,耐磨性和自润滑性也比绝大多数工程塑性优越,并且还具有高的弹性模量和硬度,尺寸稳定性好,具有良好的电绝缘性,价格也比尼龙便宜。但它的热稳定性差,收缩率大,遇火会燃烧,在大气中曝晒还会老化。

聚甲醛由于具有良好的抗摩擦、磨损性能,所以常代替有色金属及合金用来制造各种摩擦件和结构件,如轴承、齿轮、辊子、阀门、泵叶片和农药喷雾器零件等。

(3)聚碳酸酯(PC)

聚碳酸酯是 20 世纪 60 年代初发展起来的一种新型热塑性工程塑料,常被人们誉为“透明金属”,其透明度为 86%～92%。

它的性能上最突出的优点是抗冲击、韧性高,并且具有较高的耐热及耐寒性,可在－100～130℃范围内使用,有良好的电性能、抗化学腐蚀性和耐磨性。其导热系数小,但热膨胀系数比金属大。

聚碳酸酯不但可代替某些金属材料,还可代替玻璃和木材等。

(4)ABS 塑料

ABS 塑料是由丙烯腈(A)、丁二烯(B)和苯乙烯三种单体组成的三元共聚物,因此兼有三种组元的共同特性。它具有坚韧、质硬、刚性好的特点。调节三种单体加入量的比例,还可以得到不同性能的品种。

ABS 塑性具有良好的耐蚀性(特别是丙烯腈量增多时),耐热性、电绝缘性、尺寸稳定性及耐冲击性好(特别是丁二烯量增多时),电镀性和成型加工性良好(特别是苯乙烯量增多时)。

ABS 塑料被广泛用于制造齿轮、轴承、管道、仪表盘、电冰箱和冷藏室的衬里,雷达、电视机等电子设备的外壳与制件。

(5)聚四氟乙烯(PTEE,俗称 F4)

聚四氟乙烯是氟塑料中的一种。氟塑料是含氟塑料的总称。

F4 的性能特点是:突出的耐高、低温性能(能在－180～＋260℃长期使用),是目前热塑性塑料中使用温度范围最宽的一种;几乎所有的化学药品对它都不腐蚀,即使在氧化性强的王水中煮沸也不起变化;摩擦系数极低,仅为 0.04,因而可作为良好的减摩、自润滑材料;它还不吸水,电绝缘性能良好,因此有“塑性王”之美称。

F4 的缺点是强度较其他工程材料低,刚性差,当温度达到 50℃以上时,会放出剧毒气体,成型加工困难,导热性差,热膨胀系数大,且价格较贵,因此其应用受到一定的限制。

F4 主要用于特殊性能要求的零部件,如冷冻工业的低温设备;化工上的耐蚀泵、反应罐、过滤板、各类管子、阀门、接头等;耐磨自润滑轴承以及各种耐磨件,如密封环、垫圈、阀座、活塞环等。

(6)有机玻璃(PMMA)

PMMA的性能特点是透光性特强,强度和耐磨性较好,但易脆断、划伤和拉毛,吸水性较大,电绝缘性能差。

PMMA主要用于制造一定强度的透明零件,如油环、油标、铭牌、光学镜片、车船及飞机的座舱和仪表部件等。

(7)聚砜(PSF)

聚砜是1965年后才出现的一种很有发展前途的热塑性工程塑料。它的特点是具有高的热稳定性和抗高温蠕变性,可在$-100\sim150$℃下长期工作,同时它的强度高、尺寸稳定,具有优良的力学性能和电性能。

但聚砜加工成型性能不好,高温(330～380℃)下流动性差,制件易裂,耐磨性不太高,这些有待于改进。

聚砜主要用于制造要求高强度、耐热、抗蠕变的结构材料及耐蚀零部件和电气绝缘件等,如精密齿轮、真空泵叶片、汽车用的防护板以及仪表的罩壳等。

(8)酚醛塑料(PF)

常用的酚醛塑料是固态塑料粉(又称胶木粉或电木),是一种广泛应用的热固性塑性。

酚醛塑料广泛用于制作各种电信器材、仪器仪表盒盖等,也可代替金属材料制作各种耐热、耐磨、耐腐蚀零件,如汽车刹车片、皮带轮及无声齿轮等。

耐高温的酚醛塑料具有优异的耐烧蚀性能,耐瞬时高温可达3000℃以上,这对宇航工业有十分重大的意义。

酚醛塑料的缺点是性脆、不耐碱、着色性差。近年来人们对它进行了改进,以扩大其应用范围。

(9)氨基塑料(UF、MF)

氨基塑料也是热固性塑料中产量很大的品种。其特点是着色性好,制品表面光泽如玉(因此俗称"电玉"),广泛用于制造日用装饰品,且电绝缘性好,也常用作工业或民用绝缘材料。此外,它还具有突出的耐电弧性,可制作开关板、插头、防爆电器配件等。

4.2　陶瓷材料

陶瓷是一种由金属氧化物和不含氧的金属化合物所组成的无机非金属材料。陶瓷制品的生产工艺都是先成型后烧结。其工艺过程大致分为原料配制→坯料成型→高温烧结三个阶段。

陶瓷的种类很多,但按原料、用途、性能大致可分为:

按原料不同来分:普通陶瓷(硅酸盐材料)、特种陶瓷(人工合成材料);

按用途不同来分:日用陶瓷、结构陶瓷、功能陶瓷;

按性能不同来分:高强度陶瓷、高温陶瓷、耐磨陶瓷、耐酸陶瓷、压电陶瓷、光学陶瓷、半导体陶瓷、磁性陶瓷、生物陶瓷等。

4.2.1　陶瓷的性能

(1)高硬度

陶瓷的硬度一般为1000～5000HV,而淬火钢为500～800HV,因而它具有优良的耐磨性;陶瓷的弹性模量高,刚度大,是各种材料中最高的。由于晶界的存在,陶瓷的实际强度比理论值要低得多;陶瓷的抗拉强度很低,抗弯强度稍高,抗压强度很高,一般比抗拉强度高10倍。

陶瓷的塑性、韧性低,脆性大,在室温下几乎没有塑性。

(2)电绝缘性好

除少量陶瓷具有半导体特性外,一般陶瓷是绝缘体。这是由于在陶瓷的晶体结构中,原子间的结合是离子键或共价键,而不是金属键,因而无大量的自由电子存在,使陶瓷具有极高的电阻率。

(3)熔点很高

陶瓷的熔点大多在 2000℃以上,具有很高的耐热性;线膨胀系数小,导热性和抗热震性都较差,受热冲击时容易破裂;化学稳定性高,抗氧化性优良,对酸、碱、盐具有良好的耐腐蚀性;有各种电学性能,大多数陶瓷具有高电阻率,少数陶瓷具有半导体性质。许多陶瓷具有特殊的性能,如光学性能、电磁性能等。但陶瓷的导热性差,经不起骤热急冷。

4.2.2 常用陶瓷材料及其应用

4.2.2.1 普通陶瓷

普通陶瓷是以黏土、长石、石英等为原料烧结而成的。这类陶瓷质地坚硬、不氧化、耐腐蚀、不导电、成本低,但强度较低,耐热性及绝缘性不如其他陶瓷。

普通工业陶瓷有建筑陶瓷、电瓷、化工陶瓷等。电瓷主要用于制作隔电、机械支持及连接用瓷质绝缘器件。化工陶瓷主要用于化学、石油化工、食品、制药工业中制造实验器皿、耐蚀容器、反应塔、管道等。常用陶瓷的性能见表 4-2。

表 4-2 常用陶瓷的性能

类别	材料		性能				
			密度 ($g\cdot cm^{-3}$)	抗弯强度 (MPa)	抗拉强度 (MPa)	抗压强度 (MPa)	断裂韧性 ($MPa\cdot m^{-2}$)
普通	普通工业陶瓷		2.2~2.5	65~85	26~36	460~680	—
	化工陶瓷		2.1~2.3	30~60	7~12	80~140	0.98~1.47
特种陶瓷	氧化铝陶瓷		3.2~3.9	250~490	140~150	1200~2500	4.5
	氧化硅陶瓷	反应烧结	2.20~2.27	200~340	141	1200	2.0~3.0
		热压烧结	3.25~3.35	900~1200	150~275	—	7.0~8.0
	碳化硅陶瓷	反应烧结	3.08~3.14	530~700	—	—	3.4~4.3
		热压烧结	3.17~3.32	500~1100	—	—	—
	氮化硼陶瓷		2.15~2.3	53~109	110	233~315	—
	立方氧化锆陶瓷		5.6	180	148.5	2100	2.4
	氧化镁陶瓷		3.0~3.6	160~280	60~98.5	780	—
	莫来石陶瓷		2.79~2.88	128~147	58.8~78.5	687~883	2.45~3.43

4.2.2.2 特种陶瓷

特种陶瓷是以人工制造的化合物(如氧化物、碳化物、氮化物及硅化物等)为原料,经加工成型与烧结而成,常用的品种有:

(1)氧化铝陶瓷

氧化铝陶瓷的主要成分是 Al_2O_3+少量 SiO_2。根据 Al_2O_3 含量不同可分为刚玉-莫来瓷(75 瓷,$W_{Al_2O_3}=75\%$)和刚玉瓷(95 瓷、99 瓷)。

氧化铝陶瓷具有以下特点:硬度很高,耐磨性很好;耐高温,能在1600℃高温下长期工作;具有良好的耐腐蚀性和绝缘性能,在高频下的电绝缘性能尤为突出;韧性低、脆性大、抗热震性差;具有光学特性和离子导电特性。它用于制作装饰瓷、内燃机的火花塞、电路基板、管座、石油化工泵的密封环、机轴套、导纱器、喷嘴、火箭和导弹的导流罩、切削工具、模具、磨料、轴承、人造宝石、耐火材料、坩埚、炉管、热电偶保护套等,还可用于制作人工骨骼、透光材料、激光振荡元件、微波整流罩、太阳能电池材料和蓄电池材料等。

(2)氮化硅陶瓷

氮化硅陶瓷是将硅粉经反应烧结或将 Si_3N_4 经热压烧结而形成的。前者通常称为反应烧结氮化硅,后者称为热压氮化硅。它们化学稳定性好、硬度高、摩擦系数小,并且有自润滑性和优良的电绝缘性能,抗热震性比其他陶瓷材料好。它可用于制造切削刀具、高温轴承、泵密封环、热电偶保护套、缸套、活塞顶、电磁泵管道和阀门等。

还有一种碳化硅陶瓷是以 SiC 为主要成分的陶瓷,具有很高的高温强度,在1400℃时抗弯强度仍保持在500~600MPa,工作温度可达1700℃,并且有很好的热稳定性、抗蠕变性、耐磨性、耐蚀性和良好的导热性、耐辐射性。

它可用于制作火箭尾喷管喷嘴、浇注金属的浇道口、轴承、轴套、密封阀片、轧钢用导轮、内燃机器件、热电偶保护套管、炉管、核燃料包封材料等。

(3)氮化硼陶瓷

氮化硼陶瓷通常是由 BN 粉末经冷压法和各种热压法制成的。它是一种导热性、化学稳定性和高温下电绝缘性都很好的高温陶瓷材料。一般制作熔炼金属用的坩埚、热电偶套管、切削刀具、高温模具和磨料等。

(4)氧化锆陶瓷

氧化锆陶瓷热导率小、化学稳定性好、耐腐蚀性高,可用于制造高温绝缘材料、耐火材料,如熔炼铂和铑等金属的坩埚、喷嘴、阀芯、密封器件等;硬度高,可用于制造切削刀具、模具、剪刀、高尔夫球棍头等。另外,由于 ZrO_2 具有敏感特性,氧化锆陶瓷可做气敏元件,还可作为高温燃料电池固体电解隔膜、钢液测氧探头等。

(5)氧化镁、氧化钙、氧化铍陶瓷

MgO、CaO 陶瓷抗金属碱性熔渣腐蚀性好,但热稳定性差,且 MgO 高温易挥发,CaO 易水化。MgO、CaO 陶瓷可用于制造坩埚、热电偶保护套、炉衬材料等。BeO 具有优良的导热性,热稳定性高,具有消散高温辐射的能力,但强度不高,可用作真空陶瓷、高频电炉的坩埚、有高温绝缘要求的电子元件和核反应堆用陶瓷。

(6)莫来石陶瓷

莫来石陶瓷具有高的高温强度和良好的抗蠕变性能,低的热导率。高纯莫来石陶瓷韧性较低,不宜作为高温结构材料,主要用于1000℃以上高温氧化气氛下工作的长喷嘴、炉管及热电偶套管。

莫来石陶瓷加入 ZrO_2 可形成氧化锆增韧莫来石(ZTM),或加入 SiC 颗粒、晶须形成复相陶瓷。ZTM 具有较高的强度和韧性,可作为刀具材料或绝热发动机的某些零部件。

(7)压电陶瓷

铁电陶瓷在外加电场作用下出现宏观的压电效应,称为压电陶瓷。目前所用的压电陶瓷主要有钛酸钡、钛酸铅、锆酸铅、锆钛酸铅等。

压电陶瓷在工业、国防及日常生活中应用十分广泛,如压电换能器、压电马达、压电变压器、电声转换器件等。利用压电效应将机械能转换为电能或把电能转换为机械能的元件称为换能器。

(8)半导体陶瓷

半导体陶瓷是导电性介于导电和绝缘介质之间的陶瓷材料,主要有钛酸钡陶瓷,具有正电阻温度系数,应用非常广泛,如用于电动机、收录机、计算机、复印机、变压器、烘干机、暖风机、电烙铁、彩电消磁、燃料的发热体、阻风门、化油器、功率计、线路温度补偿等。

(9)生物陶瓷

氧化铝陶瓷和氧化锆陶瓷与生物肌体有较好的相容性,耐腐蚀性和耐磨性能都较好,因此常用于生物体中承受载荷部位的矫形整修,如人造骨骼等。

4.3 复合材料

国际标准化组织对复合材料的定义是:"由两种以上在物理和化学上不同的物质结合起来而得到的一种多相固体材料"。有些钢和陶瓷材料也可以看做是复合材料,但现代复合材料的概念主要是指经人工特意复合而成的材料,而不包括天然复合材料及钢和陶瓷材料这一类多相体系。不同的材料复合后,由于保留了各自的特点,因而具有优良的综合性能。

复合材料按基体材料不同分类有:树脂基(又称聚合物基,如塑料基、橡胶基等)、金属基(如铝基、铜基、钛基等)、陶瓷基、水泥基、碳/碳基。

4.3.1 复合材料的性能

复合材料一般是由强度高、刚度大但很脆的增强剂(如碳纤维、玻璃纤维等)与强度低、刚度小且韧性好的基体(树脂、金属等)所构成的。目前机械工业应用比较重要的、应用最广的复合材料是树脂基纤维增强复合材料,通常称为塑料基复合材料。

复合材料可以通过选配一定种类的基体材料和增强材料相互取长补短,从而获得较佳的性能。其主要性能如下:

(1)比强度高和比模量大

材料的强度与密度之比(σ_b/ρ)称为比强度,材料的弹性模量与密度之比(E/ρ)称为比模量。材料的比强度高,则所制成的零件的重量和尺寸可减小;材料的比模量大,则零件的刚性大。在同样强度和刚度的情况下,用复合材料制成的构件比用钢制作的重量可减轻70%左右。

(2)抗疲劳性好

大多数金属材料的疲劳极限是抗拉强度的30%～50%,而纤维增强的复合材料则可达70%～80%。

(3)减摩、耐磨、自润性好

由塑料与钢板复合而成的复合材料可作耐磨构件,如作轴承材料等,其减摩性与耐磨性都比钢铁显著提高。

(4)破损安全性好

如果纤维复合材料基体中有大量独立的纤维,当构件超载并有少量纤维断裂时,其载荷会迅速重新分配到未破坏的纤维上。

此外,复合材料的化学稳定性好,具有隔热性、耐烧蚀性高以及具有电、光、磁等特殊性能。

在产品制造时，复合材料还适合一次整体成型，具备良好的加工工艺性能。

(5)密度低，膨胀系数小

许多复合材料具有导电、导热、压电效应、换能、吸波等特殊性能。有些复合材料还具有良好的耐热性和化学稳定性。几种复合材料与金属材料的性能对比如表 4-3 所示。

表 4-3 几种复合材料与金属材料的性能对比

类别	材料	性能				
		密度 $(g\cdot cm^{-3})$	抗拉强度 (MPa)	弹性模量 (GPa)	比强度 $(10^5 N\cdot m\cdot kg^{-1})$	比模量 $(10^6 N\cdot m\cdot kg^{-1})$
金属	钢	7.8	1020	210	1.29	27
	铝合金	2.8	470	75	1.68	26.8
	钛合金	4.5	1000	110	2.22	24.4
复合材料	碳纤维/环氧树脂	1.45	1500	140	10.34	97
	碳化硅纤维/环氧树脂	2.2	1090	102	4.96	46.4
	硼纤维/环氧树脂	2.1	1344	206	6.4	98
	硼纤维/铝	2.65	1000	200	3.78	75
	玻璃钢	2.0	1040	40	5.2	20

4.3.2 复合材料的种类及其应用

按复合材料结构形态不同，一般将复合材料分为塑料基复合材料、金属基复合材料和其他复合材料。

4.3.2.1 塑料基复合材料

(1)玻璃纤维树脂复合材料

玻璃纤维树脂复合材料俗称玻璃钢，是目前机械工业中应用最广的一类复合材料。它以合成树脂为基体，以玻璃纤维或其他制品(如玻璃布、玻璃带和玻璃毡等)为增强材料而制成。如用玻璃纤维增强剂与环氧或酚醛等热固性树脂作基料复合而成的热固性玻璃钢，其密度为 1.2～1.4g/cm³(比钢铁轻)，强度为 100～341MPa(比普通钢材高)，耐蚀性与耐热性也好。此外，还有玻璃纤维与热塑性树脂复合而成的热塑性玻璃钢。玻璃钢常用来制作减摩与耐磨件、密封件、化工管道及泵、阀等。

(2)碳纤维树脂复合材料

碳纤维与玻璃纤维相比，碳纤维的相对密度更小，而弹性模量却比玻璃纤维高 4～5 倍，强度也略高，因此，比模量和比强度均优于玻璃纤维。碳纤维树脂复合材料不仅保留了玻璃钢的许多优点，而且有些性能远远超过玻璃钢。

碳纤维树脂复合材料在机械工业中常用来制造磨床的磨头、齿轮，还可用来制造摩擦系数低、耐磨性能好，且具有自润滑性能的轴承、密封圈、连杆活塞等。同时，碳纤维树脂复合材料具有在宇航、航海等领域内作为结构材料被采用的趋势，它可以取代或部分取代某些金属或其他非金属材料，用来制造某些比强度、比模量高的零部件。

(3)硼纤维树脂复合材料

硼纤维树脂复合材料是 20 世纪 60 年代开始使用的一种新型复合材料，目前只有少数几个国家做了较多的研究工作,其生产规模仍然很小。

硼纤维树脂复合材料是由硼纤维作增强剂与环氧树脂基料复合而成的。其性能特点是强度高(可达2000MPa)、耐高温(在无氧化条件下可耐1000℃以下的高温),故广泛用于宇航工业中制作喷气发动机与火箭发动机的零部件。

4.3.2.2 金属基复合材料

金属基复合材料是指增强材料与金属基体组成的复合体,它与非金属复合材料组成了两大类别的复合材料。金属基复合材料克服了单一金属及合金在性能上的某些缺点,与目前应用的塑料基复合材料相比,具有高强度、高比模量、高韧性、横向力学性能好和层间剪切强度高等特点。此外,它还具有工作温度高、耐磨、导电、不吸湿、尺寸稳定和力学性能再现性好等优点。

特别是硼铝、碳铝和定向凝固共晶高温合金等复合材料的研制成功,对材料科学的发展和应用起到了推动作用。目前在卫星、涡轮喷气发动机等产品的构件与零件上的成功应用,已受到人们的极大重视。

金属基复合材料可分为纤维增强金属基复合材料、层状复合材料和颗粒增强金属复合材料等。

由于金属基复合材料制造工艺复杂,价格较贵,在发展水平上还落后于树脂基复合材料,因此目前仍还处于研制和试用阶段。

4.3.2.3 其他复合材料

(1)碳/碳复合材料

碳/碳复合材料是由碳或石墨作为基体,用碳纤维或石墨作为增强材料的一种新的特种工程复合材料。

这种复合材料的碳基体是通过合成树脂、焦油沥青、石油沥青等有机物质经过热分解获得的。因为材料是由碳组成,所以在性能上具有能承受极高的温度、极高的加速度和极好的耐热冲击的能力,在尺寸稳定性方面也十分优越,但它垂直于纤维方向的强度较低,纤维与基体的结合力不够理想。

碳/碳复合材料的应用仍在探索中,目前主要应用于制造超音速飞机的鼻锥、前缘及其他部位的防热件等。

(2)陶瓷复合材料

陶瓷复合材料是以陶瓷为基体,加上增强材料而组成的。陶瓷具有良好的性能在前一节已作介绍,如果在陶瓷中加入适量的纤维增强材料而组成复合材料,便能有效地克服陶瓷的缺点,成为优良的耐高温材料。

目前研究的纤维增强陶瓷复合材料有多种,如碳纤维增强无定型二氧化硅陶瓷复合材料等,已试用于燃气轮机和内燃机的零件上。

(3)塑料/金属多层复合材料

塑料/金属多层复合材料是指通过烧结的方法把金属粘连在一起,并用浸渗的方法将合成树脂覆在金属表面上而制成的复合材料。如SF型三层复合材料是以钢板为基体,多孔性青铜为中间层,塑料为表面层的一种自润滑复合材料。

SF型三层复合材料应用较多的型号有SF1和SF2。前者用聚四氟乙烯作为表面塑料,后者是以聚甲醛为塑性层的材料。目前它们被用作各种车辆、矿山、化工机械等产品中的轴承材料。

(4)功能复合材料

功能复合材料是指具有特殊物理性能的复合材料。目前得到发展和应用的主要有压电型功能复合材料、吸收屏蔽型复合材料(亦称隐身复合材料)、自控发热功能复合材料、导电功能复合材料、导磁功能复合材料、密封功能复合材料等。前面所述的碳(石墨)纤维增强铜(或铜合金)基复合材料就是一种功能复合材料。

复合材料的发展极为迅猛,不仅在尖端科学方面已成为不可缺少的材料,而且已应用于其他各个工业部门,特别是在减轻机器自重(如汽车、航天飞机等)方面显示出很大的优越性。由于复合材料发展历史较短,在复合理论、复合工艺、降低成本等方面还有许多问题有待进一步研究。

4.4 纳米材料

纳米材料是 20 世纪 80 年代初发展起来的新材料领域,它具有奇特的性能和广阔的应用前景,被誉为 21 世纪的新材料。纳米材料又称超微细材料,其核子粒径范围在 1～100nm ($1nm=10^{-9}m$)之间,即指至少在一维方向上受纳米尺度(0.1～100nm)限制的各种固体超细材料。纳米技术是研究电子、原子和分子运动规律、特性的高新技术学科。纳米材料的分类见图 4-2。

- 纳米材料
  - 按结构分
    - 零维纳米材料——具有原子簇和原子束结构
    - 一维纳米材料——具有纤维结构
    - 二维纳米材料——具有层状结构
    - 三维纳米材料——晶粒尺寸至少一个方向在几个纳米范围内
  - 按化学组分
    - 纳米金属
    - 纳米晶体
    - 纳米陶瓷
    - 纳米玻璃
    - 纳米高分子
    - 纳米复合材料
  - 按材料特性分
    - 纳米半导体
    - 纳米磁性材料
    - 纳米非线性光学材料
    - 纳米铁电体
    - 纳米超导材料
    - 纳米热电材料
  - 按应用分
    - 纳米电子材料
    - 纳米光电子材料
    - 纳米生物医用材料
    - 纳米敏感材料
    - 纳米储能材料

图 4-2　纳米材料的分类

纳米材料具有一系列优异的电、磁、光、力学、化学等宏观特性,从而使其作为一种新型材料在电子、冶金、宇航、生物和医学领域展现出广阔的应用前景。

复习思考题

4.1　填空题

(1)按应用范围分类,塑料可以分为________、________、________。

(2)陶瓷的生产过程一般都要经过________、________与________三个阶段。

(3)传统陶瓷的基本原料是________、________和________。

(4)玻璃钢是________和________的复合材料。

4.2　试简述常用工程塑料的主要特性和主要应用。

4.3　什么是陶瓷？主要种类有哪些？

4.4　试根据陶瓷材料的特性说明它在切削刀具上的应用。

4.5　何谓复合材料？有哪些类型？有何特点？简述常用复合材料的应用。

4.6　什么是热塑性塑料？什么是热固性塑料？试举例说明。

4.7　何谓工程塑料？由哪些组成物组成？各组成物的作用是什么？

第2篇 铸 造

将熔炼好的液态金属浇注到与零件的形状和尺寸相适应的铸型型腔中，待其冷却凝固后，所获得毛坯或零件的成型方法，称为铸造。

铸造是历史最为悠久的金属成型方法，而且至今仍然是毛坯生产的基本方式。它之所以获得广泛的应用，是由于这种生产方法具有许多优点：

(1)用铸造方法可以制成形状复杂，特别是具有复杂内腔的毛坯，如箱体、汽缸体、机座、机床床身等。

(2)铸造的适应性很广。工业中常用的金属材料，如碳素钢、合金钢、铸铁、青铜、黄铜、铝合金等，都可用于铸造，其中应用极广的铸铁，只能用铸造方法来制造毛坯。铸件可轻仅几克，或重至数百吨，壁厚可由 0.5mm 至 1m。在大件生产中，铸造的优越性尤为显著。

(3)铸造所用的原材料大都来源广泛，价格低廉，并可直接利用报废的机件、废钢和切屑生产。

(4)铸件的形状和尺寸与零件非常相近，因而节约金属，减少了切削加工的工作量，降低了铸件成本。

由于铸造生产具有上述各项优点，因而在工业生产中得到了广泛的应用。在各类机械工业中，铸件所占比例很大。例如，在机床、内燃机、重型机器中，铸件重量占 70%～90%；在风机、压缩机中占 60%～80%；在拖拉机中占 50%～70%；在农业机械中占 40%～70%；在汽车中占 20%～30%。

铸造是一个比较复杂的生产过程，影响铸件质量的因素很多，废品率一般较高。例如，在金属成型过程中，铸件容易出现浇不足、缩孔、缩松、夹渣、气孔、裂纹、晶粒粗大等缺陷。这些缺陷对铸件质量有着严重的影响。而且，工人的劳动条件较差。但随着现代铸造技术的不断发展，这些缺点正在逐步地得到改善。

在铸造生产中，有许多种生产方法，如砂型铸造、熔模铸造、金属型铸造、压力铸造、离心铸造、壳型铸造等，但最基本的生产方法是砂型铸造。目前，砂型铸件的年产量占铸件总产量的 80%以上。

5 铸造工艺基础

【教学提示】

铸造合金除应具有符合要求的力学、物理和化学性能外，还应具有良好的铸造性能。合金的铸造性能主要指充型能力、收缩性、偏析、吸气等。合金的铸造性能是衡量铸造合金优劣的标志之一，是保证铸件质量的重要因素。本章内容包括液态合金的充型，铸造合金的凝固与收缩，铸造内应力、变形与裂纹，铸件的气孔与偏析，铸件质量的综合控制等。

【教学要求】

通过本章学习，要重点掌握铸造合金液体的充型能力与流动性及其影响因素，缩孔与缩松的产生与防止，铸造内应力、变形与裂纹的产生与防止，并掌握铸件质量的综合控制方法。

铸造生产过程非常复杂，影响铸件质量的因素也非常多，其中合金铸造性能的优劣对能否获得优质铸件有着重要影响。在铸造生产中很少采用纯金属，通常使用的是合金材料，例如铸铁、铸钢和有色合金等。铸造合金除应具有符合要求的力学、物理和化学性能外，还应具有良好的铸造性能。铸造合金在铸造过程中表现出的工艺性能，称为铸造性能。合金的铸造性能主要指充型能力、收缩性、偏析、吸气等。其中液态合金的充型能力和收缩性是影响成型工艺及铸件质量的两个最基本的问题。合金的铸造性能是衡量铸造合金优劣的标志之一，是保证铸件质量的重要因素。

5.1 液态合金的充型

液态合金充满型腔并使铸件形状完整、轮廓清晰的能力，称为合金的充型能力。实践表明，充型能力首先与合金本身的流动性有关，同时也受外界条件，如浇注条件、铸型填充条件、铸件结构等许多因素的影响。

5.1.1 合金的流动性

合金的流动性是指液态金属本身的流动能力。这种能力是合金的主要铸造性能之一。合金的流动性愈好充型能力愈强，愈便于浇铸出轮廓清晰、薄而复杂的铸件，同时，也有利于非金属夹杂物和气体的上浮与排除，还有利于对合金冷凝过程所产生的收缩进行补缩。因此，在铸件设计、选择合金和制定铸造工艺时，常需考虑合金的流动性。

液态合金的流动性以螺旋形试样的长度来衡量。如图 5-1 所示，可以看出，它是以一个特定条件的铸型铸出的。型腔上每隔 50mm 有一个凸点，用于计量长度。显然，在相同的浇注条件下，所浇出的试样越长，合金的流动性就越好。试验得知，灰铸铁在浇铸温度为 1300℃时，试样长度为 1800mm；铸钢在浇注温度为 1600℃时，试样长度为 100mm。在常用铸造合金中，灰铸铁、硅黄铜的流动性最好，铸钢的流动性最差。决定合金流动性的因素主要有合金的种类、合金的成分、杂质与含气量等。合金的熔点、导热系数、合金液的黏度等物理性能也都影响合金的流动性。铸钢的熔点高，在铸型中散热快，凝固快，流动性差；铝合金导热性能好，流动性较差。同种合金中，成分不同时，流动性也不同，共晶成分合金的流动性较好。

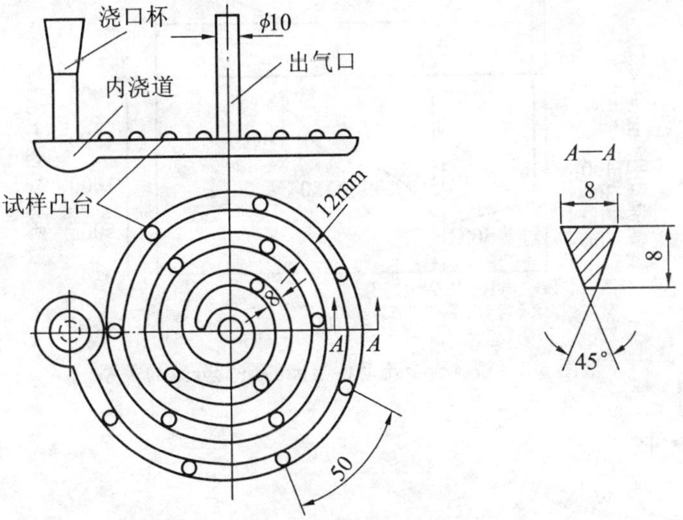

图 5-1　螺旋形试样

影响合金流动性的因素有很多，但是化学成分的影响最为显著。共晶成分合金和纯金属的结晶是在恒温下进行的，此时，液态合金从表层逐层向中心凝固，由于已结晶的固体层内表面比较光滑，如图 5-2(a)所示，对金属液的阻力较小，同时，共晶成分合金的凝固温度最低，相对来说，合金的过热度大，推迟了合金的凝固，故流动性最好。除纯金属外，其他成分合金是在一定温度范围内逐步凝固的，即经过液、固并存的两相区。此时，结晶是在截面上一定宽度的凝固区内同时进行的。由于初生的树枝状晶体使已结晶固体层内表面粗糙，如图 5-2(b)所示，所以，合金的流动性变差。合金成分愈远离共晶成分，结晶温度范围愈宽，流动性愈差。

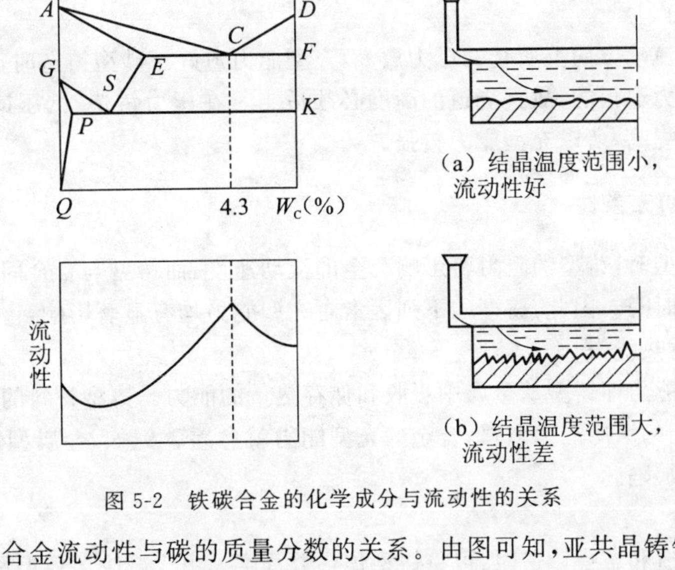

图 5-2　铁碳合金的化学成分与流动性的关系

图 5-3 为铁碳合金流动性与碳的质量分数的关系。由图可知，亚共晶铸铁随含碳量增加，结晶间隔减小，流动性提高。合金成分愈接近共晶成分，愈容易铸造。

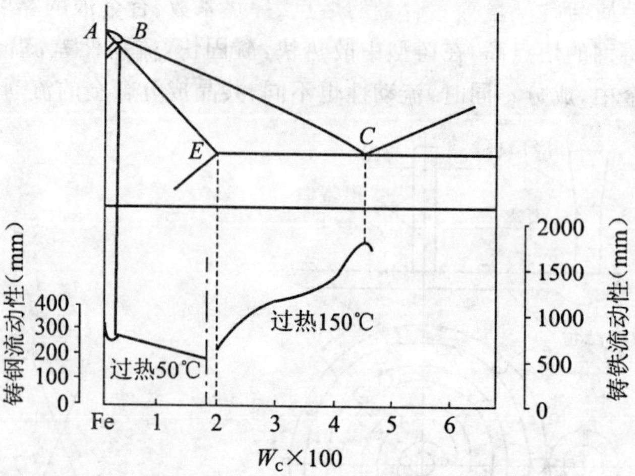

图 5-3　铁碳合金流动性与碳的质量分数的关系

5.1.2　浇注条件

(1)浇注温度

浇注温度对合金的流动性的影响极为显著。浇注温度高,液态合金的含热量多,在相同的冷却条件下,合金保持在液态的时间就长,在液态合金停止流动之前,传给铸型的热量多,从而使铸型的温度升高,降低了液态合金的冷却速度。液态合金的黏度随温度的升高而降低。这些都有利于提高合金的流动性。因此,提高浇注温度是改善合金流动性的重要措施。但浇注温度过高,会使合金的总收缩量增加,氧化严重,吸气量增多,反而会使铸件容易产生缩孔、缩松、气孔、粘砂等缺陷。因此,在保证流动性足够的条件下,应尽可能地降低浇注温度。生产上常采用"高温出炉,低温浇注"来保证铸件质量。每种合金都规定有一定的浇注温度范围,例如铸铁为 1230～1450℃,铸钢为 1520～1620℃,铝合金为 680～780℃。薄壁复杂件取上限,厚大件取下限。

(2)充型压力

液态合金在流动方向上所受的压力愈大,充型能力愈好。砂型铸造时,充型压力是由直浇道所产生的静压力取得的,故直浇道的高度必须适当。在压力铸造、低压铸造和离心铸造时,因充型压力得到提高,所以充型能力较强。

5.1.3　铸型填充条件

液态合金充型时,铸型的阻力将影响合金的流动速度,而铸型与合金间的热交换又将影响合金保持流动的时间。因此,铸型的下列因素对充型能力均有显著影响:

(1)铸型的蓄热能力

铸型的蓄热能力即铸型从金属中吸收和储存热量的能力。铸型材料的导热系数和比热容愈大,对液态合金的激冷能力愈强,合金的充型能力就愈差。例如,金属型铸造较砂型铸造容易产生浇不足等缺陷。

(2)铸型温度

在金属型铸造和熔模铸造时,可将铸型预热数百度。由于减少了铸型和金属液间的温差,减缓了冷却速度,故使充型能力得到提高。

(3)铸型中的气体

在金属液的热作用下,型腔中的气体膨胀,型砂中的水分汽化,煤粉和其他有机物燃烧,将产生大量气体。如果铸型的排气能力差,则型腔中气体的压力增大,以致阻碍液态合金的充型。为减小气体的压力,除应设法减少气体来源外,应使型砂具有良好的透气性,并在远离浇口的最高部位开设出气口。

5.1.4　铸件结构

当铸件壁过薄、壁厚急剧变化或有大的水平平面结构时,都会使金属液流动困难。因此设计铸件时,铸件的壁厚必须大于规定的最小允许壁厚。有时铸件需设计工艺孔。

综上所述,为提高合金的流动性,应尽量选用共晶成分合金或结晶温度范围窄的合金;尽量提高金属液质量,金属液愈纯净,含气体、杂质愈少,流动性愈好。当合金确定之后,需从其他方面采取措施来提高流动性,如提高浇注温度和压力,合理设置浇注系统和改进铸件结构等。

5.2　铸造合金的凝固与收缩

铸造合金的凝固方式与收缩形式对铸件的质量影响很大,许多铸造缺陷都是由它们引起的,因此,了解它们的形成过程和影响因素是非常必要的。

5.2.1　铸造合金的凝固

在铸造合金的凝固过程中,其铸件的断面上一般存在三个区域,即固相区、凝固区和液相区。其中,对铸件质量影响较大的主要是液相和固相并存的凝固区的宽窄。铸造合金的"凝固方式"就是依据凝固区的宽窄来划分的,如图 5-4 所示。

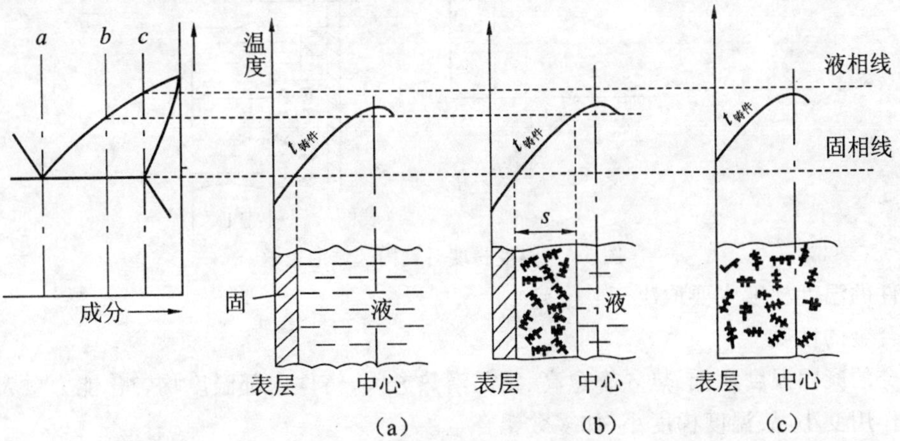

图 5-4　铸件的凝固方式

(a)逐层凝固;(b)中间凝固;(c)糊状凝固

5.2.1.1　凝固方式

(1)逐层凝固

纯金属或共晶成分合金在凝固过程中因不存在液、固并存的凝固区,如图 5-4(a)所示,故断面上外层的固体和内层的液体由一条界限(凝固前沿)清楚地分开。随着温度的下降,固体层不断加厚,液体层不断减少,直到到达铸件中心为止。这种凝固方式称为逐层凝固。

(2)糊状凝固

如果合金的结晶温度范围很宽,且铸件的温度分布较为平坦,则在凝固的某段时间内,铸件表面并不存在固体层,而液、固并存的凝固区贯穿整个断面,如图 5-4(c)所示。由于这种凝固方式与水泥类似,即先呈糊状而后固化,故称为糊状凝固。

(3)中间凝固

大多数合金的凝固介于逐层凝固和糊状凝固之间,如图 5-4(b)所示,称为中间凝固。铸件质量与其凝固方式密切相关。一般说来,逐层凝固时,合金的充型能力强,便于防止缩孔和缩松;糊状凝固时,难以获得组织致密的铸件。

5.2.1.2 影响凝固方式的因素

影响铸件凝固方式的主要因素是合金的结晶温度范围和铸件的温度梯度。

(1)合金的结晶温度范围

如前所述,合金的结晶温度范围愈小,凝固区域愈窄,愈倾向于逐层凝固。如砂型铸造时,低碳钢为逐层凝固;高碳钢因结晶温度范围甚宽,为糊状凝固。

(2)铸件的温度梯度

在合金结晶温度范围已定的前提下,凝固区域的宽窄取决于铸件内外层间的温度梯度,如图 5-5 所示。若铸件的温度梯度由小变大(图中 $T_1 \rightarrow T_2$),则其对应的凝固区由宽变窄。

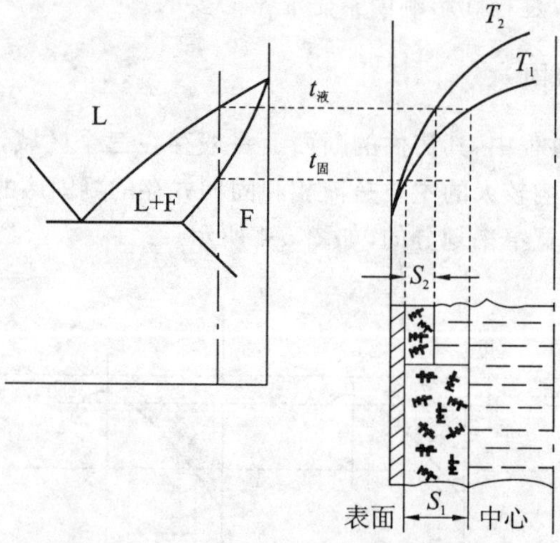

图 5-5 温度梯度对凝固区域的影响

铸件的温度梯度主要取决于:

①合金的性质

合金的凝固温度愈低、热导率愈高、结晶潜热愈大,铸件内部温度均匀化能力愈大,而铸型的激冷作用变小,故温度梯度小,如多数铝合金。

②铸型的蓄热能力

铸型蓄热能力愈强,激冷能力愈强,铸件温度梯度愈大。

③浇注温度

浇注温度愈高,因带入铸型中热量增多,铸件的温度梯变减小。

通过以上讨论可以得出,倾向于逐层凝固的合金(如灰口铸铁、铝硅合金等)便于铸造,应尽量选用。若必须采用糊状凝固的合金(如锡青铜、铝铜合金、球墨铸铁等)时,可考虑采用适当的工艺措施(如选用金属型铸造),以减小其凝固区域。

5.2.2 铸造合金的收缩

液态金属浇入铸型后，由于铸型的吸热，金属温度下降，空穴数量减少，原子间距离缩短，液态金属的体积减小。温度继续下降时，液态金属凝固，发生由液态到固态的状态变化，金属体积显著减小。金属凝固完毕后，在固态下继续冷却时，原子间距离还要缩短，固态的金属体积进一步减小。

铸件在液态、凝固态和固态冷却过程中所发生的体积减小的现象，称为收缩。收缩是铸造合金本身的物理性质。

收缩是铸件中许多缺陷，如缩孔、缩松、热裂、应力、变形和冷裂等产生的基本原因。因此，它又是获得符合要求的几何形状和尺寸以及致密优质铸件的重要铸造性能之一。

5.2.2.1 收缩阶段

任何一种液态金属注入铸型以后，从浇注温度冷却到室温都要经历三个互相联系的收缩阶段，如图 5-6 所示，即：

(1)液态收缩

从浇注温度到凝固开始温度(即液相线温度)间的收缩。

(2)凝固收缩

从凝固开始温度到凝固终止温度(即固相线温度)间的收缩。

(3)固态收缩

从凝固终止温度到室温间的收缩。

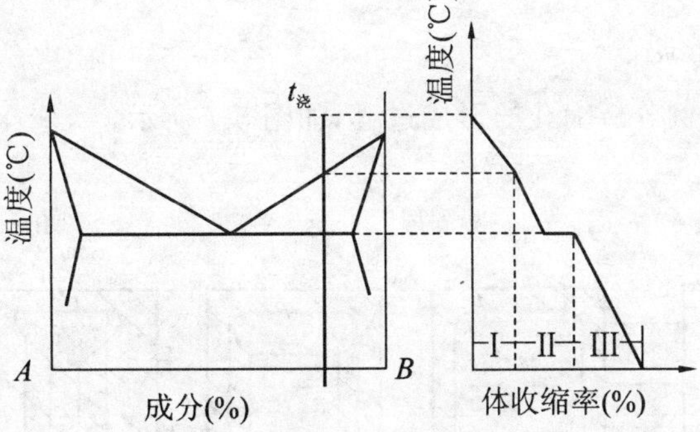

图 5-6 铸造合金的收缩阶段

Ⅰ—液态收缩；Ⅱ—凝固收缩；Ⅲ—固态收缩

合金的总收缩率为上述三种收缩的总和。合金的液态收缩和凝固收缩表现为合金的体积缩小，常称为体收缩；合金的固态收缩能引起铸件尺寸的缩小，常称为线收缩。

不同合金的收缩率不同。在常用合金中，铸钢的收缩率最大，灰口铸铁最小。表 5-1 所示为几种铁碳合金的收缩率值。

表 5-1 几种铁碳合金的收缩率

合金种类	含碳量(%)	浇注温度(℃)	液态收缩(%)	凝固收缩(%)	固态收缩(%)	总体积收缩(%)
铸造碳钢	0.35	1610	1.6	3	7.8	12.4
白口铸铁	3.00	1400	2.4	4.2	5.4～6.3	12～12.9
灰铸铁	3.50	1400	3.5	0.1	3.3～4.2	6.9～7.8

5.2.2.2 影响收缩的因素

影响合金收缩的主要因素有以下几个方面：

(1)化学成分

铸铁中促进石墨形成的元素增加，收缩减小；阻碍石墨形成的元素增加，收缩增大。例如，在灰口铸铁中，碳是形成石墨的元素，硅是促进石墨形成的元素。石墨的比体积较大，在结晶过程中，因石墨析出所产生的体积膨胀，抵消了部分凝固收缩，故灰口铸铁的收缩较小。硫是强烈阻碍石墨化的元素，因此，含硫愈多，析出的石墨愈少，铸铁的收缩增大。锰可抵消硫对石墨化的阻碍作用，故适量的锰可使铸铁的收缩减小。

(2)浇注温度

合金的浇注温度越高，过热度越大，液态收缩量也越大，故总收缩量增加。通常在满足流动性要求的前提下，应尽量采用低温浇注以减少液态收缩。

(3)铸件结构与铸型条件

合金在铸型中的线收缩大多不是自由收缩，而是受阻收缩。这些阻力来源于铸件各部分收缩时受到的相互制约及铸型和型芯对铸件收缩的阻碍。因此，铸件的实际收缩率比合金自由线收缩率要小。

5.2.3 铸件中的缩孔与缩松

液态金属在铸型内凝固过程中，由于液态收缩和凝固收缩导致体积缩小，若其收缩得不到补充，就在铸件最后凝固的部分形成孔洞。大而集中的孔洞称为缩孔，细小而分散的孔洞称为缩松。

5.2.3.1 缩孔的形成

现以圆柱体铸件为例分析缩孔的形成过程，如图5-7所示。

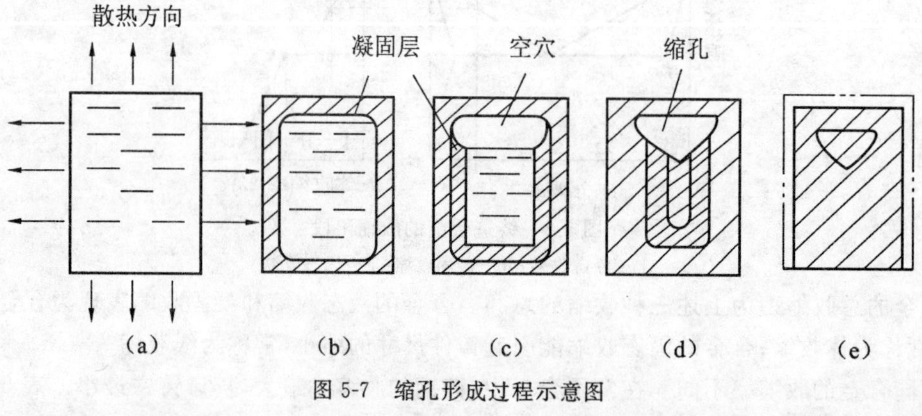

图5-7 缩孔形成过程示意图

如图5-7(a)所示，液态合金充满型腔，降温时发生液态收缩，可以从浇注系统得到补偿。如图5-7(b)所示，当铸件表面散热条件相同时，表面层先凝固结壳，此时内浇口被冻结。如图5-7(c)所示，当继续冷却时，内部液体发生液态和凝固态收缩，使液面下降。同时外壳进行固态收缩，使铸件外形尺寸缩小。如果两者的减少量相等，则凝固外壳仍和内部液体紧密接触。但由于液态收缩和凝固收缩远超过外壳的固态收缩，因此合金液将与硬壳顶面脱离。如图5-7(d)所示，硬壳不断加厚，液面不断下降，当铸件全部凝固后，在上部形成一个倒圆锥形缩孔。如图5-7(e)所示，当继续降温至室温时，整个铸件发生固态收缩，缩孔的绝对体积略有减小,但相对体积不变。

由上可知,缩孔形成的条件是:铸件呈逐层凝固方式凝固,成分为纯金属或共晶成分的合金。缩孔产生的基本原因是合金的液态收缩和凝固收缩值大于固态收缩值,且得不到补偿。

缩孔产生的部位在铸件最后凝固区域,如壁较厚大的上部或铸件两壁相交处,这些地方称为热节处。热节位置可用画内接圆的方法确定,如图 5-8 所示。

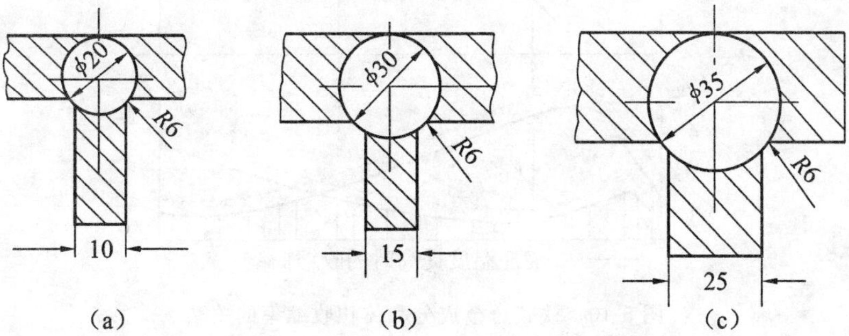

图 5-8 用画内切圆法确定缩孔位置

5.2.3.2 缩松的形成

图 5-9 所示为缩松形成过程的示意图。

图 5-9(a)所示为合金液体充满型腔,并向四处散热。

图 5-9(b)所示为铸件表面结壳后,内部有一个较宽的液相和固相共存的凝固区域。

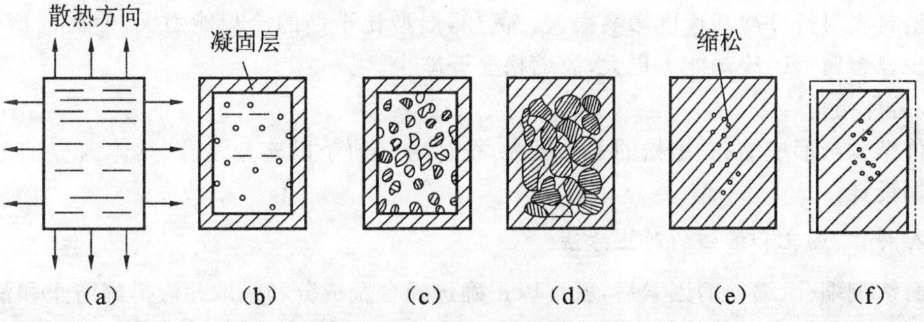

图 5-9 缩松形成过程示意图

图 5-9(c)、(d)所示为继续凝固,固体不断长大,直至相互接触。此时合金液被分割成许多小的封闭区。图 5-9(e)所示为封闭区内液体凝固收缩时,得不到补充,而形成许多小而分散的孔洞。图 5-9(f)所示为固态收缩。

由上可知,缩松形成的条件是:铸件主要呈糊状凝固方式凝固,成分为非共晶成分或有较宽结晶温度范围的合金。形成缩松的基本原因也是合金的液态收缩和凝固收缩值大于固态收缩值。缩松一般出现在铸件壁的轴线区域、冒口根部、热节处,也常分布在集中缩孔的下方。

5.2.3.3 影响缩孔、缩松形成的因素

(1)合金成分

结晶温度范围越小的合金,产生缩孔的倾向越大;结晶温度范围越大的合金,产生缩松的倾向越大。由此可知,缩孔、缩松的形成倾向与化学成分密切相关。如图 5-10 所示为铁碳合金成分与总体积收缩率以及形成缩孔、缩松倾向的关系。由图可知,纯铁、共晶铸铁容易形成缩孔。若浇口设置恰当,缩孔可全部转移到冒口中,从而获得致密铸件。远离共晶成分的亚共

晶铸铁,易形成缩松,基体组织的致密性差。

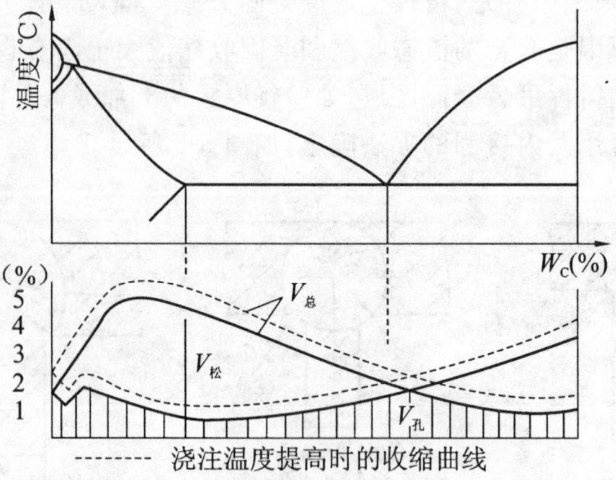

图 5-10 铁碳合金成分和体积收缩率的关系

$V_总$—总体积收缩容积;$V_孔$—缩孔容积;$V_松$—缩松容积

(2)浇注条件

提高浇注温度时,合金的总体积收缩和缩孔倾向增大,如图 5-10 中虚线所示。浇注速度很慢或向冒口中不断补浇高温合金液,使铸件液态和凝固收缩及时得到补偿,铸件总体积收缩减小,缩孔容积也减小。

(3)铸型材料

铸型材料对铸件冷却速度影响很大。例如,湿型比干型的冷却能力大,使凝固区域变窄,缩松减少。金属型的冷却能力更大,故缩松显著减少。

(4)铸件结构

铸件结构与形成缩孔、缩松的关系极大,设计时必须予以充分注意,具体内容见 7.4 节铸件的结构设计。

5.2.3.4 缩孔和缩松的防止方法

了解影响缩孔、缩松的因素后,就可以正确选择合金成分和采取相应措施防止和消除缩孔和缩松。如对于耐高压的铸件,要求质地致密,合金成分最好选在共晶成分附近。但是,实际上合金成分、铸型、铸件结构都是确定的,这就需要采取合理的工艺措施防止缩孔和缩松。

(1)控制铸件的凝固过程

收缩是铸造合金的物理本质,因此,产生缩孔是必然的。但是通过控制铸件的凝固过程,使之符合"顺序凝固"或"同时凝固"原则,在铸件最后凝固的地方,设置冒口来补缩,是获得致密而健全铸件的有效工艺措施。

顺序凝固原则是指采用各种工艺措施,使铸件上从远离冒口的部分到冒口之间建立一个逐渐递增的温度梯度,从而实现由远离冒口的部分向冒口的方向顺序地凝固,如图 5-11 所示。这样,铸件上每一部分的收缩都能得到稍后凝固部分的合金液的补充,缩孔则产生在最后凝固的冒口内。冒口是多余部分,切除后便得到无缩孔的致密铸件。

顺序凝固原则适用于收缩大或壁厚差别较大,易产生缩孔的合金铸件,如铸钢、高强度灰口铸铁和可锻铸铁等。冒口补缩作用好,冷却速度不一致,易产生铸造应力、变形及裂纹等缺陷;冒口消耗金属多,降低了铸件的出品率,并且冒口切割较为困难。

同时凝固原则就是从工艺上采取必要的措施,使铸件各部分的冷却速度尽量相等,以达到铸件各部分几乎同时凝固完结。具体方法是将浇口开在铸件薄壁处以减缓冷却速度，而在厚壁处放置冷铁以加快其冷却速度，如图5-12所示。同时凝固时，铸件出现裂纹、应力和变形的倾向性小，不必设置冒口，既能使工艺简化，又能节省金属材料，而且提高了铸造的出品率。同时凝固原则适用于碳、硅含量较高的灰口铸铁和球墨铸铁。对于结晶温度范围宽，不易实现冒口补缩，而对气密性要求又不高的锡青铜铸件，以及壁厚均匀的薄铸件，也常采用同时凝固原则。

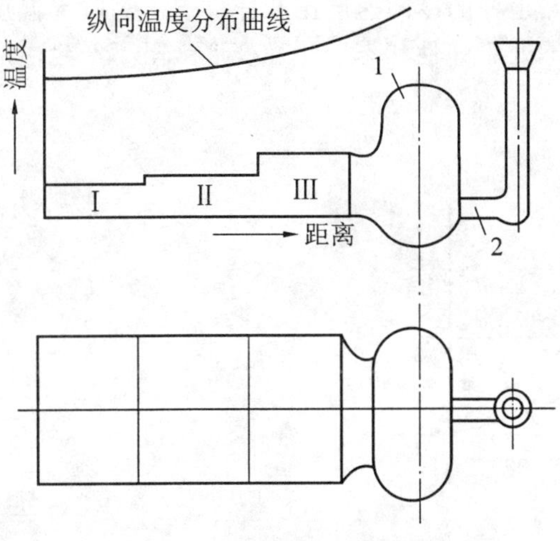

图5-11 顺序凝固原则示意图

1—冒口；2—内浇口

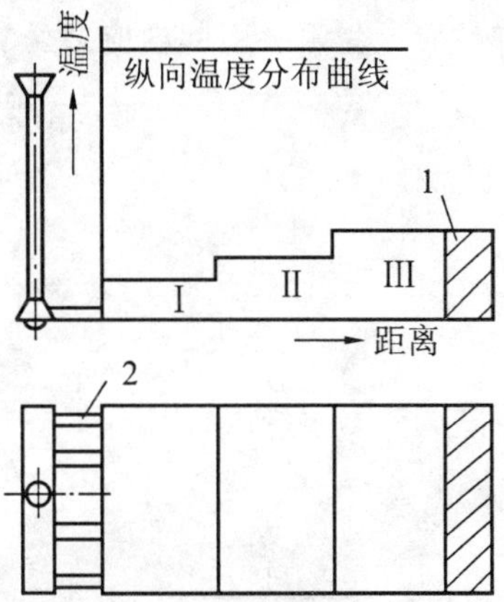

图5-12 同时凝固原则示意图

1—冷铁；2—内浇口

(2)合理应用冒口、冷铁等工艺措施

冒口一般设置在铸件厚壁处和热节部位，是防止缩孔、缩松最有效的措施。冒口的尺寸应保证冒口比铸件补缩部位凝固得晚，并有足够的金属液供给。冒口的形状多采用圆柱形，因其散热表面积较小，补缩效果好，取模方便。

冷铁通常是用铸铁、钢和铜等金属材料制成的激冷物，放入铸型内，用以加大铸件某一部分的冷却速度，调节铸件的凝固顺序。它与冒口相配合，可扩大冒口的有效补缩距离。

冒口、冷铁的综合运用是消除缩孔、缩松的有效措施。图5-13所示为阀体铸件的补缩方案。

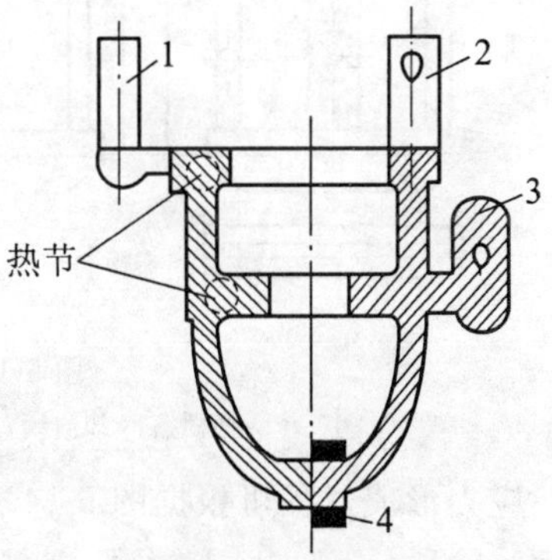

图5-13 阀体铸件的冒口和冷铁位置

1—浇口；2—明冒口；3—暗冒口(或边冒口)；4—冷铁

5.3 铸造内应力、变形与裂纹

铸件在冷却过程中，其固态收缩受到阻碍时，就会在铸件内部产生应力，称为铸造应力。

5.3.1 铸造应力的形成

铸造应力按产生原因的不同分为热应力和机械应力(有时也称收缩应力)两种。

(1)热应力

由于铸件壁厚不均匀，各部分的冷却速度也不相同，以致在同一时间内，铸件各部分的收缩不一致而造成铸件内部产生的应力，称为热应力。

现以框形铸件为例说明热应力的形成过程。如图 5-14(b)所示，铸件由一根粗杆Ⅰ和两根细杆Ⅱ所组成。两根细杆的冷却速度和收缩完全相同，为方便叙述，把三根杆用符号Ⅰ杆和Ⅱ杆表示。

假设凝固后两杆从同一温度 t_H 开始冷却，最后达到同一温度 t_0，两杆的固态冷却曲线如图 5-14(a)所示。由于Ⅰ杆厚Ⅱ杆薄，所以冷却前期Ⅱ杆的冷却速度比Ⅰ杆快，导致Ⅱ杆温度低于Ⅰ杆；但两杆最终温度相同，冷却后期必然Ⅰ杆的冷却速度比Ⅱ杆快。t_K 为临界温度，在此温度以上，合金处于塑性状态，在此温度以下处于弹性状态。塑性变形受阻不产生内应力，而弹性变形受阻会引起内应力。

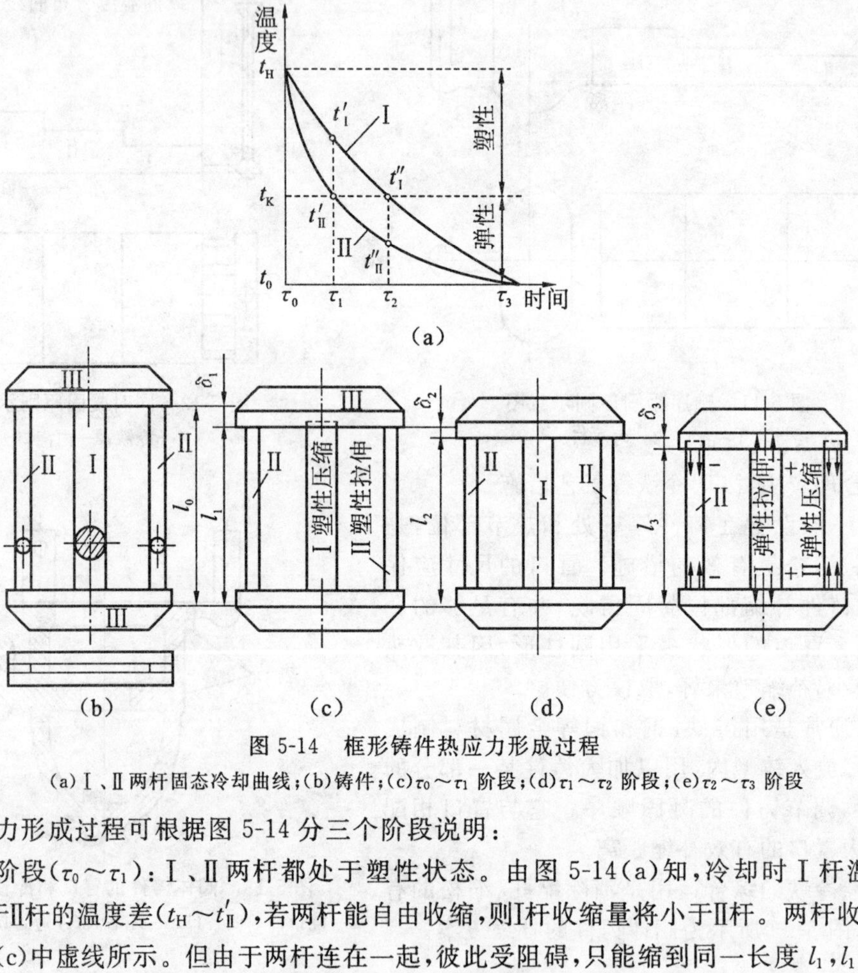

图 5-14　框形铸件热应力形成过程

(a)Ⅰ、Ⅱ两杆固态冷却曲线；(b)铸件；(c)$\tau_0 \sim \tau_1$ 阶段；(d)$\tau_1 \sim \tau_2$ 阶段；(e)$\tau_2 \sim \tau_3$ 阶段

热应力形成过程可根据图 5-14 分三个阶段说明：

第一阶段($\tau_0 \sim \tau_1$)：Ⅰ、Ⅱ两杆都处于塑性状态。由图 5-14(a)知，冷却时Ⅰ杆温度差($t_H \sim t'_{Ⅰ}$)小于Ⅱ杆的温度差($t_H \sim t'_{Ⅱ}$)，若两杆能自由收缩，则Ⅰ杆收缩量将小于Ⅱ杆。两杆收缩后长度如图 5-14(c)中虚线所示。但由于两杆连在一起，彼此受阻碍，只能缩到同一长度 l_1，l_1 比Ⅰ杆短、比Ⅱ杆长。因此，Ⅰ杆被压缩一些，Ⅱ杆被拉长一些。因为都是塑性变形，铸件内无应力产生。

第二阶段($\tau_1 \sim \tau_2$)：Ⅰ杆处于塑性状态，Ⅱ杆温度降至 t_K 以下，转变为弹性状态。由于弹性杆的变形比塑性杆要困难得多，所以整个铸件的收缩由Ⅱ杆所确定，长度缩短到 l_2，如图 5-14(d)所示。Ⅰ杆随之收缩，虽收缩仍受限制，因是塑性变形，仍不产生内应力。

第三阶段($\tau_2 \sim \tau_3$)：Ⅰ、Ⅱ两杆都处于弹性状态。Ⅰ杆的温度差($t''_{Ⅰ} \sim t_0$)大于Ⅱ杆的温度差($t''_{Ⅱ} \sim t_0$)，故Ⅰ杆的自由收缩量大于Ⅱ杆，两杆收缩后的长度如图 5-14(e)中虚线所示。但由于两杆连在一起，彼此受限制，所以只能收缩到同一长度 l_3，l_3 比Ⅰ杆长、比Ⅱ杆短。于是Ⅰ杆被拉长一些，Ⅱ杆被压缩一些。因为是弹性变形，所以Ⅰ杆内产生拉应力(以正号表示)，而Ⅱ杆内产生压应力(以负号表示)。这就构成铸件内的残留热应力。由此可知，热应力是由于尺寸差别较大的两杆的自由收缩受到阻碍而引起的。

残留热应力和合金的弹性模量 E、线收缩系数 a_1、铸件各部分壁厚差别及温度差成正比。铸钢的 E、a_1 值比灰口铸铁大，故铸钢件的热应力比灰口铸铁件要大。壁厚差别大且按顺序凝固原则凝固的铸件易形成热应力。

(2)机械应力(收缩应力)

铸件冷却到弹性状态以后，由于受到铸型、型芯和浇口、冒口等的机械阻碍而产生的应力，称机械应力。如图 5-15 所示，法兰及内孔在固态收缩中，受到舂制过紧的砂型凸出部分及型芯的阻碍，产生拉应力。

机械应力一般都是拉应力。由于它是在铸件处于弹性状态时产生的，因而形成应力的原因一经消除，如落砂、打断浇口、冒口后，应力也随之消失。因此，机械应力是一种临时应力。但是如果临时拉应力和残留热应力同时作用在某瞬间且超过铸件的强度极限时，铸件将产生裂纹。铸件在有应力的情况下，如受到落砂、清理或运输中的碰撞或加热过快时，也会引起裂纹，冬季尤易发生。对这类铸件操作要特别注意。

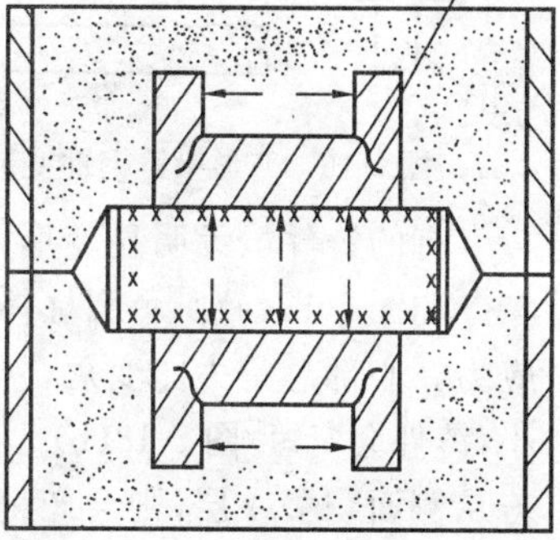

图 5-15 法兰的机械应力

铸造应力对铸件质量危害很大。它使铸件的精度和使用寿命大大降低。在存放、加工甚至使用过程中铸件内的残余应力将重新分布，使铸件发生翘曲变形或裂纹。它还降低铸件的耐腐蚀性，因此必须尽量减小和消除应力。

(3)减小和消除铸造应力的方法

①基本方法是采用合理的铸造工艺，使铸件的凝固过程符合同时凝固原则。图 5-12 为同时凝固原则示意图。浇口开在铸件薄壁处，厚壁处安放冷铁以加速冷却，使铸件各部分温度尽量相等，从而实现同时凝固。由于各部分温差很小，因而铸件残留内应力也较小，且不用冒口，工艺简单，节省金属。但同时凝固往往使铸件中心区域出现缩松，影响铸件致密性。因此，同时凝固原则主要用于收缩较小的普通灰口铸铁，也用于结晶范围大、不易实现冒口补缩、对气密性要求不高的锡青铜铸件或各种合金壁厚均匀的薄壁铸件(冷却速度快、冒口补缩效果差)，如铸钢件等。

②造型工艺上，采取相应措施以减小铸造应力，如改善铸型、型芯的退让性(型芯、砂内加入木屑、焦炭末等附加物，控制舂砂松紧度)，合理设置浇、冒口等。

③铸件结构上，尽量避免牵制收缩的结构，使铸件各部分能自由收缩。如壁厚均匀，壁和壁之间连接均匀、热节小而分散的结构，可减小铸造应力。

④去应力退火。将铸件加热到塑性状态，对灰口铸铁中、小件为 550～660℃，保温 3～6h 后缓慢冷却，可消除残留铸造应力。去应力退火通常是在粗加工以后进行，这样可将原有的铸造应力和粗加工产生的应力一并消除。

5.3.2 铸件的变形

对于厚薄不均匀、截面不对称及具有细长特点的杆类、板类及轮类等铸件，当残留铸造应力超过铸件材料的屈服极限时，往往产生翘曲变形。如前述框形铸件，粗杆Ⅰ受拉伸，细杆Ⅱ受压缩，但两杆都有恢复自由状态的趋向，即杆Ⅰ总是力图压缩，杆Ⅱ总是力图伸长。如果连接两杆的横梁刚度不够，结果会出现如图 5-16 所示的翘曲变形。变形使铸造应力重新分布，残留应力会减小一些，但不会完全消除。

图 5-16 所示 T 形梁铸钢件，当板Ⅰ厚、板Ⅱ薄时，浇注后板Ⅰ受拉、板Ⅱ受压。各自都有

力图恢复原状的趋势,板Ⅰ力图缩短一些,板Ⅱ力图伸长一些。若铸钢件刚度不够,将发生板Ⅰ内凹、板Ⅱ外凸的变形。反之,当板Ⅰ薄、板Ⅱ厚时,将发生反向翘曲。

对于形状复杂的铸件,也可应用上述分析方法来确定它的变形方向。图5-17所示车床床身的导轨部分厚,侧壁部分薄,铸造后导轨产生拉应力,侧壁产生压应力,往往发生导轨面下凹变形。

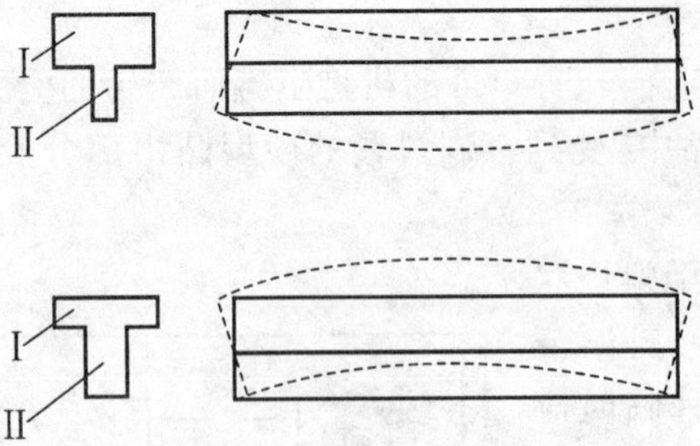

图5-16　T形梁铸钢件变形示意图

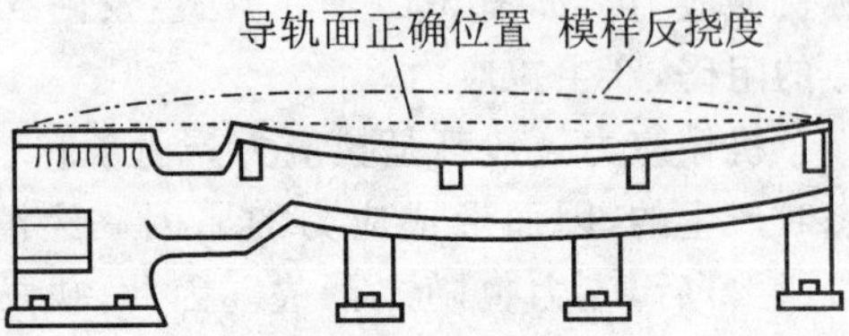

图5-17　床身导轨面的挠曲变形

有的铸件虽无明显变形,但经切削加工后,破坏了铸造应力的平衡,又产生变形甚至裂纹。

如图5-18(a)所示圆柱体铸件,由于心部冷却比表层慢,结果心部产生拉应力,表层产生压应力。心部总是力图变短,外层总是力图变长。当外表面被加工掉一层后,心部所受拉应力减小,铸件会变短[图5-18(b)]。当在心部钻孔后,表层所受压应力减小,铸件会变长[图5-18(c)]。若从侧面切去一层,则会产生图5-18(d)所示的弯曲变形。

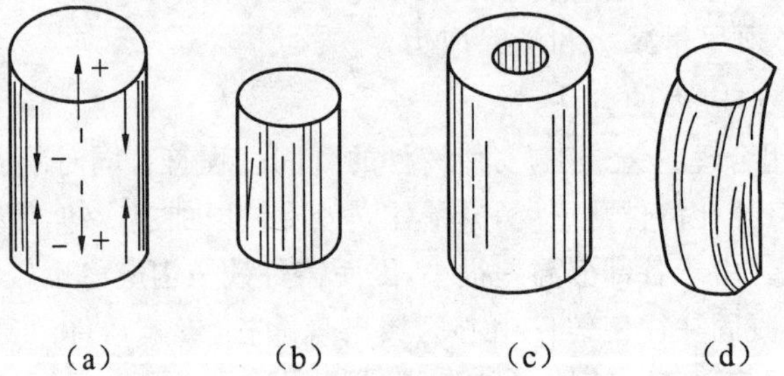

图5-18　圆柱体铸件变形示意图

铸件产生翘曲变形以后,常因加工余量不够或因铸件放不进夹具无法加工而报废。因此必须防止铸件产生变形。前述防止铸造应力的方法,也是防止变形的根本方法。此外,工艺上还可采取某些措施,如反变形法,即在模样上做出与挠曲量相等但方向相反的预变形量来消除床身导轨的变形,如图5-17所示;对某些重要的易变形铸件,可采取提早落砂,落砂后立即将铸件放入炉内焖火的办法消除机械应力。

5.3.3　铸件的裂纹

当铸造应力超过金属的强度极限时,铸件便产生裂纹。裂纹是严重的铸造缺陷,必须设法防止。按裂纹形成的温度范围不同,可分为热裂和冷裂两种。

5.3.3.1　热裂

热裂是在凝固末期高温下形成的裂纹。裂纹表面与空气接触而被氧化,呈氧化色。裂纹沿晶粒边界产生和发展,外形曲折而不规则。热裂是铸钢件、可锻铸铁坯件(白口铸铁)和某些铝合金铸件常见的缺陷之一。在铸钢件废品、次品总数中,由热裂引起的约占20%以上。

凝固末期,合金绝大部分已成固体,但其强度和塑性很低,当铸件收缩受到机械阻碍后产生很小的铸造应力就能引起热裂。热裂一般分布在应力集中部位(尖角或断面突变处)或热节处。很明显,合金的收缩率大且高温强度低、铸件结构不合理、铸型和型芯机械阻力大以及铸造工艺不合理,都使铸件易形成热裂。

防止热裂的方法是使铸件结构合理,如图 5-19 所示,改善铸型和型芯的退让性,减小浇、冒口对铸件收缩的机械阻碍,内浇口设置应符合同时凝固原则。此外,减少合金中有害杂质硫、磷含量可提高合金高温强度。特别是硫会增加合金的热脆性,使热裂倾向大大提高。

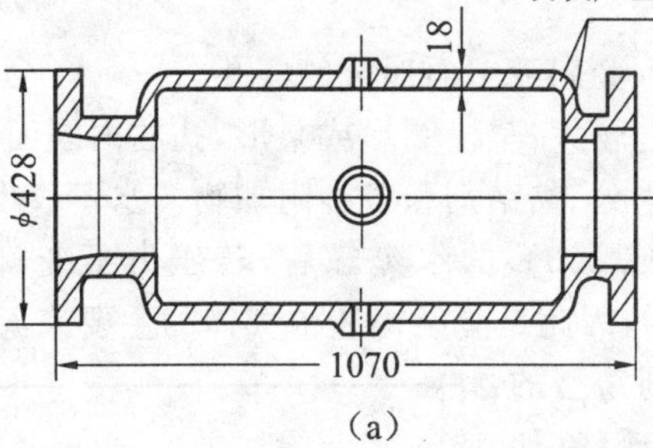

图 5-19 铸钢件结构对热裂的影响

(a)结构不合理;(b)结构合理

5.3.3.2 冷裂

冷裂是铸件处于弹性状态即在低温时形成的裂纹。冷裂纹特征与热裂纹不同。冷裂纹表面光滑,具有金属光泽或呈微氧化色,穿过晶粒而发生,外形规则,常是圆滑曲线或直线状。脆性大、塑性差的合金,如白口铸铁、高碳钢及某些合金钢最易产生冷裂纹,大型复杂铸件也易形成冷裂纹。冷裂往往出现在铸件受拉应力部位,特别是在应力集中的地方。

图 5-20 是带轮和飞轮铸件的冷裂现象。带轮的轮缘、轮辐比轮毂薄,因此冷却速度较快,比轮毂先收缩。当铸件冷至弹性状态后,轮毂的收缩却受到先冷却的轮缘的阻碍,使轮辐中产生拉应力,拉应力过大时轮辐发生断裂。飞轮的轮缘较厚,轮辐和轮毂较薄,往往在轮缘中产生拉应力引起冷裂。

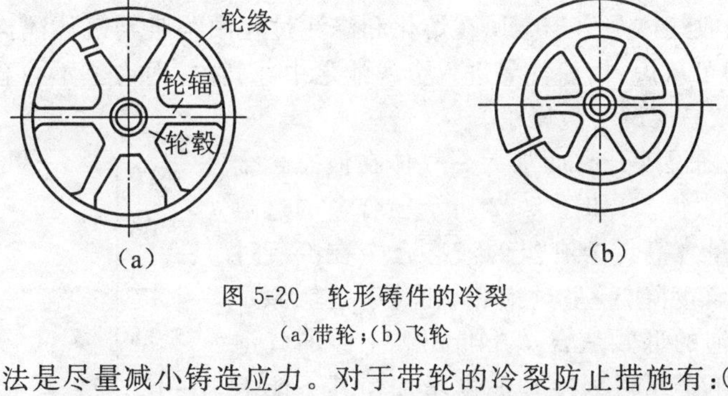

图 5-20 轮形铸件的冷裂

(a)带轮;(b)飞轮

防止冷裂的方法是尽量减小铸造应力。对于带轮的冷裂防止措施有:①把内浇口开在薄的轮辐处,以实现同时凝固;②较早打箱,以去除铸型对收缩的阻碍,打箱后立即用沙子埋好铸件,使其缓慢冷却;③修改结构,加大轮辐和轮缘的连接圆角,以增加强度和减少应力集中。

5.4 铸件的气孔与偏析

5.4.1 铸件的气孔

气孔是铸件中最常见的缺陷,据统计,因气孔所造成的废品常占废品总数的 1/3 左右。因此,它是生产中十分关切的问题。

气孔是气体在铸件中形成的孔洞。气孔破坏了金属的连续性,减少了承载的有效面积,并在气孔附近引起了应力集中,因而降低了铸件的力学性能,特别是冲击韧性和疲劳强度显著降低。弥散性气孔还可促使显微缩松的形成,降低了铸件的气密性。

按照气体的来源不同,气孔可分为侵入气孔、析出气孔和反应气孔三类。

5.4.1.1　侵入气孔

侵入气孔是由于砂型表面层聚集的气体侵入金属液中而形成的气孔。

侵入气孔的特征是:多位于上表面附近,尺寸较大,呈椭圆形或梨形,孔的内表面被氧化。

侵入铸件中的气体主要来自造型材料中的水分、黏结剂和各种附加物。水不仅发气量大,且发气的临界温度最低。计算表明,水被加热成100℃的水蒸气后,若压力不变,体积增大1600倍,这种剧烈膨胀使砂粒空隙中的气压猛增,因此是湿型铸造中气体的主要来源。

侵入气孔的形成过程如下:当金属液浇入到铸型的初期,型壁表层的水分汽化,并向型壁里层 δ 处迁移(如图5-21所示),形成一层水饱和凝聚区(水幕)。这时,气流只能沿着被烘干的表层 δ、分型面或通气孔等处排出,或者在表层聚积成许多高气压中心点。若铸型的排气不良,聚积的气压就会愈来愈高,当气压超过了金属液的静压力时,部分气体就会侵入到金属液中。已进入金属液的气泡一部分穿过金属液逸出,其余留在铸件内部形成气孔。预防侵入气孔的基本途径是降低型砂(型芯砂)的发气量和增加铸型的排气能力。

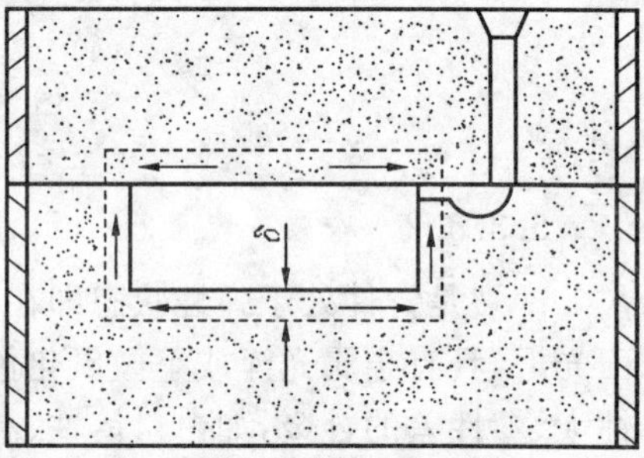

图5-21　水幕对气流的影响

5.4.1.2　析出气孔

溶解于金属液中的气体在冷凝过程中,因气体溶解度下降而析出,铸件因此而形成的气孔称为析出气孔。

金属之所以吸收气体是由于金属在熔化和浇注过程中很难与气体隔离,一些双原子气体(如 H_2、N_2、O_2 等)可从炉料、炉气等进入金属液之中。其中,因为氢不与金属形成化合物,且原子直径最小,故较易溶解于金属中。

合金的吸气性随温度升高而加大。气体在液态合金中的溶解度较固态大得多,如图5-22所示。合金的过热度愈高,气体的含量愈高。溶有氢的液态合金在冷凝过程中,由于氢的溶解度降低,呈过饱和状态,于是氢原子结合成分子,以气泡的形式从合金中析出。上浮的气泡若遇有阻碍,或由于金属液因冷却黏度增加使其不能上浮,铸件中就产生了气孔。

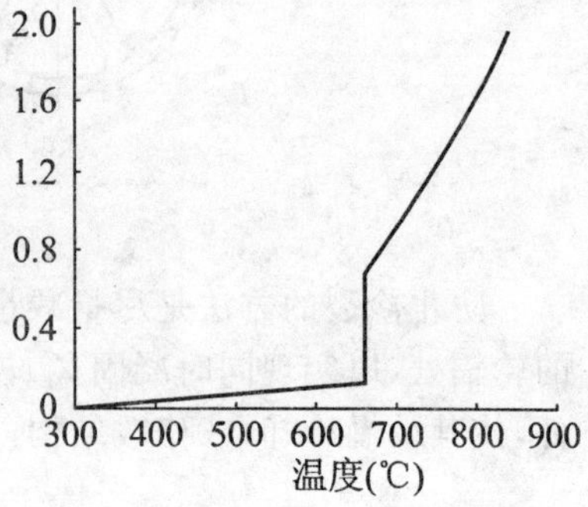

图5-22　氢在纯铝中的溶解度

析出气孔的特征是:分布面积较广,有时遍及整个铸件截面,而气孔的尺寸甚小。析出气孔在铝合金中最为多见,其直径多小于1mm。这不仅影响合金的力学性能,并将严重影响铸件的气密性。

5.4.1.3　反应气孔

浇入铸型中的金属液与铸型材料、型芯撑、冷铁或熔渣之间,因化学反应产生气体而形成的气孔,统称反应气孔。

反应气孔的种类甚多,形状各异。如金属液与砂型界面因化学反应生成的气孔,多分布在铸件表层下 1～2mm 处,称皮下气孔。

冷铁、型芯撑若有锈蚀,与灼热的钢、铁液接触时将发生如下化学反应:

$$Fe_3O_4 + 4C \rightarrow 3Fe + 4CO\uparrow$$

产生的 CO 气体常在冷铁、型芯撑附近(图 5-23)形成气孔。因此,冷铁、型芯撑表面不得有锈蚀、油污,并应保持干燥。

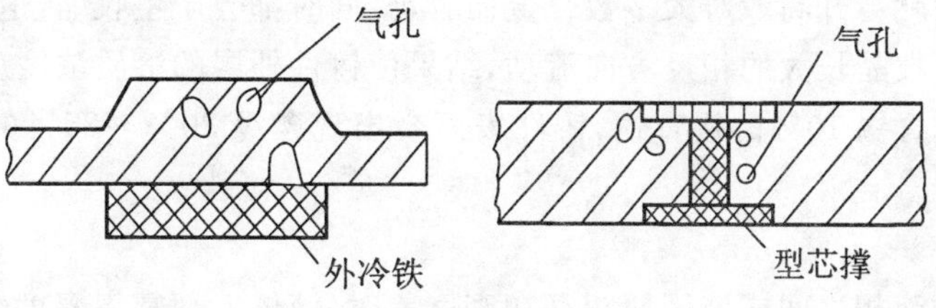

图 5-23 冷铁气孔

5.4.2 铸件的偏析

在铸件凝固后,其截面上的不同部位,以至晶粒内部,产生化学成分的不均匀现象,称为铸造偏析。

铸造偏析可分为微观偏析和宏观偏析两大类。

5.4.2.1 微观偏析

微小范围内化学成分不均匀的现象称为微观偏析,如枝晶偏析(晶内偏析)、晶界偏析等。

在实际铸造条件下,由于冷却速度较快,溶质来不及充分扩散,因此,凝固后所得到的固溶体常按树状枝晶的形式长大。先结晶的枝干部分与后结晶的分枝部分,其化学成分就有差别,称为枝晶偏析。晶界富集较多的溶质成分或其他低熔点和高熔点物质,则称为晶界偏析。

微观偏析会使晶粒范围内的物理、化学性能产生差异,影响铸件的力学性能,如铸造高速钢和工具钢中出现的碳化物偏析,会显著地降低工具的使用寿命。化学成分不均匀,还会导致合金的抗蚀性能下降。晶界偏析(低熔点物质集中在晶界上),既增加了铸件产生热裂的倾向,又降低了铸件的塑性。

枝晶偏析取决于冷却速度和溶质元素的扩散能力。其他条件相同时,若冷却速度足够大,溶质元素的扩散系数愈小,则偏析愈严重。人们常将铸件加热到固相线以下 100～200℃,长时间保温(称为扩散或均匀化退火),可消除枝晶偏析。此外,如冷却速度达到 106～107K/s 时,偏析来不及形成,可获得成分均匀的非晶态组织。

5.4.2.2 宏观偏析

在较大范围内化学成分不均匀的现象称为宏观偏析,又称区域偏析,如正偏析、反偏析和比重偏析等。

(1)正偏析

铸件凝固时,散热方向与型壁垂直,在铸件断面上形成一个由外往里逐步递增的温度梯度,凝固从型壁开始。

当溶质平衡分配系数($k=C_s/C_L$,其中 C_s 为某温度 T 时固相的溶质成分;C_L 为该温度时液相的溶质成分)$k<1$ 的合金凝固时,固液界面的液相中,随温度的降低,溶质的浓度增高,即

愈是后来结晶的固相,溶质浓度愈高;当溶质平衡分配系数 $k>1$ 的合金凝固时,固液界面的液相中,随温度的降低,溶质的浓度降低,即愈是后来结晶的固相,溶质浓度愈低,这种偏析称为正偏析。

利用溶质形成正偏析的规律,可以使金属达到精炼提纯的目的,"区域熔炼"就是利用正偏析的原理发展起来的。

(2)反偏析

由铸件的凝固过程可知,最后凝固的液体将富集溶质,如果存在着明显的树枝状长大,则枝晶间的溶质浓度就会升高。对大多数合金而言,凝固时都会产生收缩,迫使富集溶质的液体沿枝晶间的通道向枝晶长大的相反方向流动,结果使铸件外层的溶质浓度反常地升高,这种偏析称为反偏析。如含锡10%的锡青铜,铸件表面会出现含锡20%~25%的"锡汗",就是反偏析的典型例子。

(3)比重偏析

当互不混合的液相之间或液固两相存在密度差时,液体上部富集密度较低的组元,而底部则富集密度较高的组元,这种偏析称为比重偏析。比重偏析产生在合金凝固之前,或刚刚开始凝固之时,如铅青铜。液态时,铜、铅由于密度不同而分层存在,浇注前,虽经仔细搅拌,凝固后,铸件上部仍然含铜较多,就是比重偏析的例子。

宏观偏析会使铸件的力学性能、气密性和切削加工性能变坏。

合金凝固时,具有一个凝固温度范围,是形成宏观偏析的先决条件。凝固温度范围较小,倾向于生成正偏析;凝固温度范围较大,冷却速度缓慢,合金凝固所受压力较大,则促使反偏析的形成。

宏观偏析是区域性的偏析,在实用的温度和时间范围内,不可能使偏析元素远距离扩散。由于偏析元素集中,又受到晶界的阻碍,即使采用扩散退火也无法消除。因此,只有采取预防性措施来防止铸件产生宏观偏析。

复习思考题

5.1 什么是液态合金的充型能力?它与合金的流动性有何关系?不同化学成分的合金为何流动性不同?

5.2 铸件有哪些凝固方式?影响凝固方式的因素是什么?

5.3 何谓合金的收缩?合金的收缩分为哪几个阶段?影响的因素有哪些?

5.4 什么是缩孔和缩松?它们是如何形成的?对铸件质量有何影响?怎样防止或减小它们的危害?

5.5 铸造内应力、变形和裂纹是怎样形成的?如何减小它们的危害?

5.6 什么是顺序凝固原则?什么是同时凝固原则?它们各需采用什么措施来实现?这两种凝固原则各适用于哪种场合?

5.7 试从铸件结构、型砂、铸造工艺等方面考虑如何防止铸件产生内应力和裂纹。

5.8 何谓铸造偏析?它是怎样产生的?

5.9 铸件的气孔有哪几种?析出气孔的产生原因是什么?

6 常用合金铸件的生产

【教学提示】

在铸造生产中，所使用的合金种类很多，它们的特性和生产方法也不尽相同。本章的主要内容包括铸铁件的生产、铸钢件的生产、铸造有色合金件的生产。由于铸铁件应用广泛，约占铸件总重的70%～75%，所以本章重点介绍各种铸铁的化学成分、组织、性能、使用范围和铸造工艺特点。对于铸钢、铜、铝合金的铸造特点也做简单的介绍。

【教学要求】

掌握各种铸铁的生产方法、牌号的表示方法、组织、性能、使用范围和铸造工艺特点。

6.1 铸铁件的生产

铸铁是含碳量大于2.11%的铁碳合金。工业上常用的铸铁一般含碳量在2.4%～4.0%范围内，此外，还含有Si(0.6%～3.0%)、Mn(0.4%～1.2%)、P(≤0.3%)、S(≤0.15%)等元素。

铸铁具有许多优良的性能，如良好的铸造性、减磨性、减振性、切削性及低的缺口敏感性等，而且生产简便，价格低廉。近年来，由于球墨铸铁的发展，更进一步扩大了它的使用范围。过去用碳钢或合金钢制造的一些重要零件，如曲轴、连杆、凸轮轴、主轴、齿轮等，现在有的采用球墨铸铁来制造，这不仅节省了大量优质钢材，还可以减少机械加工工时，降低产品成本。但是铸铁的强度一般都比钢低，特别是韧性和塑性较差，有待进一步研究提高。

根据碳在铸铁中所存在的形式[一种是化合碳——渗碳体(Fe_3C)，另一种是游离碳——石墨]不同，铸铁可分为以下几类：

(1)白口铸铁

在白口铸铁中的碳除极少量溶入铁素体中外，其余的都以化合碳——Fe_3C形式存在，因其断口呈银白色，故称为白口铸铁。其示意图如图6-1(a)所示。

由于白口铸铁中存在大量硬而脆的Fe_3C，故白口铸铁的性能非常硬和脆，不能切削加工。因此，工业上很少直接用它来制造机械零件，而主要用作炼钢的原料，或用于制造可锻铸铁的毛坯。

(2)麻口铸铁

在麻口铸铁中的碳一部分以Fe_3C形式存在，另一部分以石墨形式存在，断口为灰白相间色。其性能介于白口铸铁和灰口铸铁之间，既难加工，又无特殊优点，故一般很少应用。

(3)灰口铸铁

在灰口铸铁中的碳主要以石墨形态出现，其断口呈暗灰色。由于石墨的形态及结晶生长过程的不同，灰口铸铁又可分为：

①普通灰口铸铁

普通灰口铸铁的石墨呈片状，强度低，塑性差，但铸造性能好，在铸铁材料中应用最广泛。其示意图如图6-1(b)所示。

②可锻铸铁

可锻铸铁中的碳主要以团絮状石墨形态出现，因有较高的塑性和韧性而得名，其实是不可锻的，主要用于受冲击和振动的薄壁小件。其示意图如图6-1(c)所示。

③球墨铸铁

球墨铸铁中的碳大部分或全部呈球状石墨出现。其强度、塑性均比可锻铸铁高，抗拉强度甚至高于碳钢，是一种高性能的铸铁材料，主要用于受力复杂的重要零件，可代替可锻铸铁和部分碳钢件。其示意图如图 6-1(d)所示。

④蠕墨铸铁

蠕墨铸铁中的碳大部分呈蠕虫状石墨出现，这种石墨形态介于片状石墨和球状石墨之间。因而蠕墨铸铁同时具有片状灰口铸铁及球墨铸铁的性能特点，主要应用于经受热循环载荷的铸件及结构复杂、强度要求较高的铸件。其示意图如图 6-1(e)所示。

为什么碳在铸铁中有不同的形态？什么因素影响碳的存在形态？为说明这些问题需要了解铸铁的结晶过程。

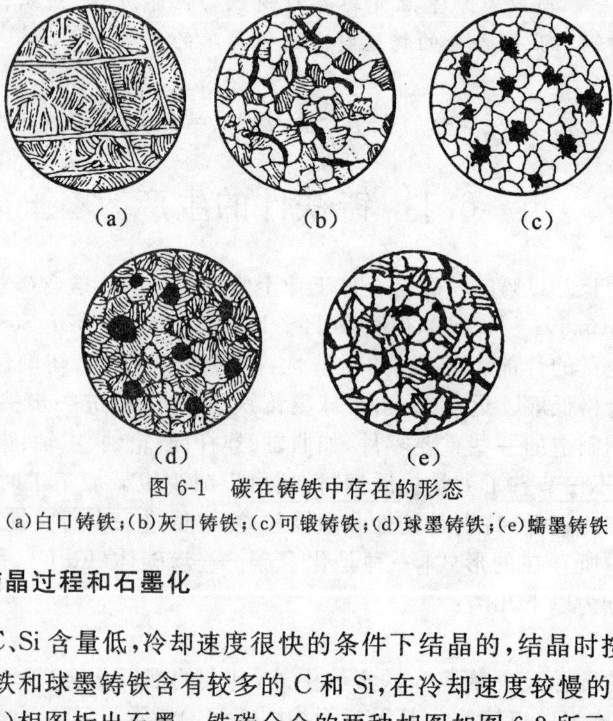

图 6-1　碳在铸铁中存在的形态

(a)白口铸铁；(b)灰口铸铁；(c)可锻铸铁；(d)球墨铸铁；(e)蠕墨铸铁

6.1.1　铸铁的结晶过程和石墨化

白口铸铁是在 C、Si 含量低，冷却速度很快的条件下结晶的，结晶时按照 $Fe\text{-}Fe_3C$ 相图析出 Fe_3C。而灰口铸铁和球墨铸铁含有较多的 C 和 Si，在冷却速度较慢的条件下结晶时，将按照 Fe-G(G 表示石墨)相图析出石墨。铁碳合金的两种相图如图 6-2 所示，图中虚线即为 Fe-G 相图。石墨析出的过程称为石墨化。

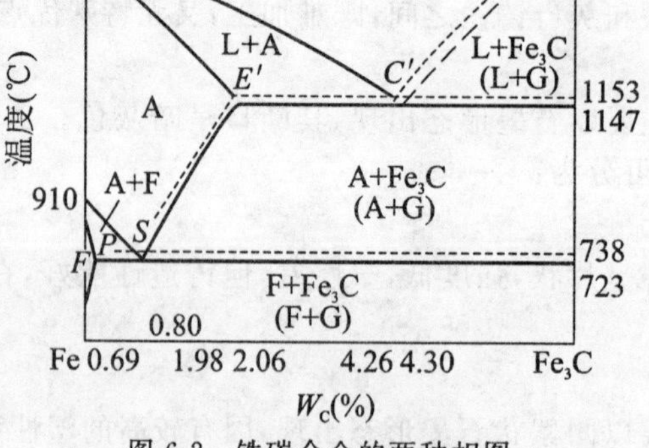

图 6-2　铁碳合金的两种相图

6.1.1.1　一次结晶过程和共晶石墨化

铸铁液体温度下降到液相线至固相线时的结晶称一次结晶。白口铸铁一次结晶后组织为奥氏体和渗碳体，灰口铸铁一次结晶后组织为奥氏体和石墨。现以共晶成分的灰口(球墨)铸铁为例来说明一次结晶过程。如图6-3所示，灰口铸铁共晶转变时析出片状石墨和奥氏体的共晶体，因呈球状又称共晶团。共晶团不断长大，新核心不断生成，转变结束时，各共晶团的奥氏体相互衔接形成连续的金属基体，石墨片也相互连接成簇，共晶团的界线消失。同样，共晶球墨铸铁一次结晶时析出球状石墨和奥氏体的共晶团，结晶后组织为奥氏体基体上分布着球状石墨。共晶团大小、数目对铸铁组织、性能影响很大，共晶团的尺寸愈小、数量愈多，则石墨片(球)愈细小，铸铁力学性能愈高。可见，一次结晶决定了石墨形态、分布特征和共晶团的尺寸、数目。

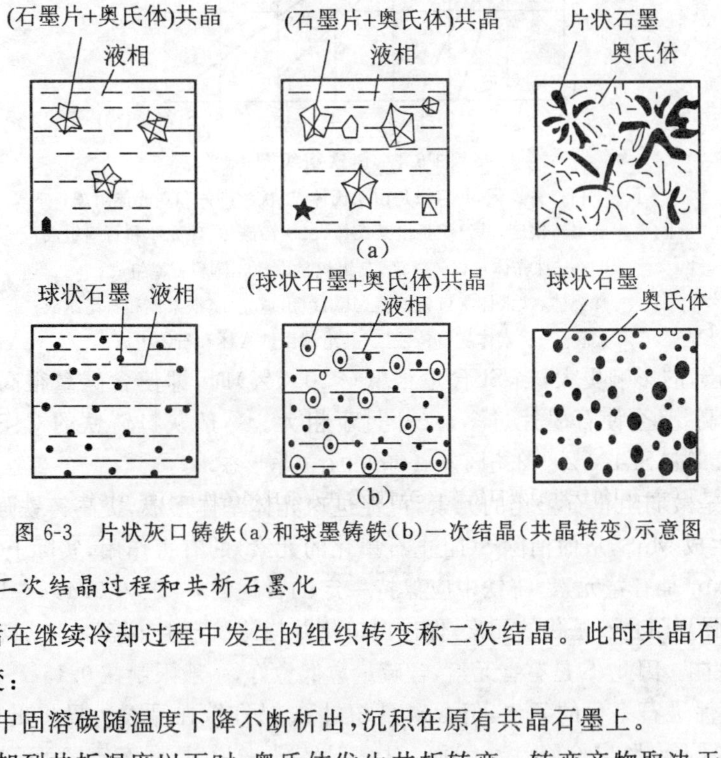

图6-3　片状灰口铸铁(a)和球墨铸铁(b)一次结晶(共晶转变)示意图

6.1.1.2　二次结晶过程和共析石墨化

铸铁凝固后在继续冷却过程中发生的组织转变称二次结晶。此时共晶石墨不再变化，奥氏体将继续转变：

(1)奥氏体中固溶碳随温度下降不断析出，沉积在原有共晶石墨上。

(2)铸铁冷却到共析温度以下时，奥氏体发生共析转变。转变产物取决于具体条件，当铸铁石墨化倾向较大、冷却速度较慢时，石墨能充分析出，奥氏体转变为铁素体和石墨；当铸铁石墨化倾向较小、冷却速度较快时，石墨不能充分析出，奥氏体转变为珠光体和石墨。在一定条件下，奥氏体可能变为珠光体＋铁素体＋石墨，共析石墨也沉积于原有石墨上。可见二次结晶决定了铸铁的基体组织，有铁素体、珠光体、铁素体＋珠光体三种类型。

白口铸铁二次结晶时奥氏体转变为珠光体，其最终组织为珠光体＋渗碳体。

6.1.1.3　影响铸铁石墨化的因素

铸铁的石墨化程度决定了铸铁的组织和性能，因而影响石墨化的因素就是影响铸铁组织和性能的因素。影响石墨化的因素主要有：

(1)化学成分

铸铁成分中C、Si为主要元素，对石墨化起决定性作用，其他元素也有一定影响。

①C和Si。它们是强烈促进石墨化的元素。C是产生石墨的基础，Si促进石墨析出。C、

Si 含量愈高，石墨数量就愈多，尺寸愈粗大，基体中铁素体也愈多，结果铸铁强度和硬度愈低；反之，C、Si 含量愈低，石墨数量愈少，尺寸愈小，基体中珠光体愈多，则铸铁强度和硬度愈高。但是 C、Si 含量过低会使石墨化无法进行，反而形成白口组织，如图 6-4 所示。

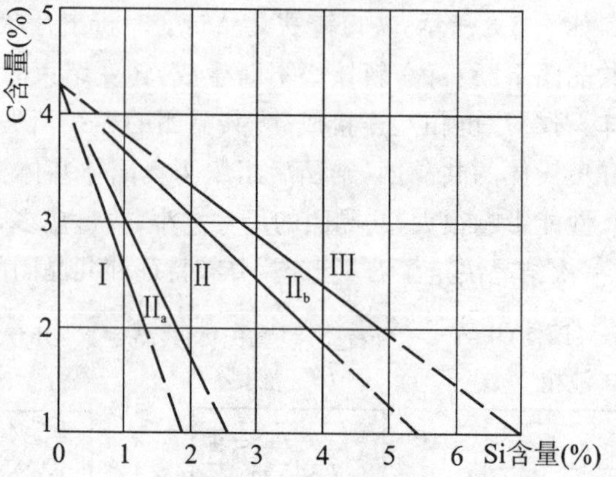

图 6-4 铸铁组织图

Ⅰ——白口铸铁区，其组织是由莱氏体、二次渗碳体和珠光体组成；

Ⅱa——麻口铸铁区，其组织是由莱氏体、二次渗碳体、珠光体和石墨组成；

Ⅱ——珠光体灰口铸铁区，其组织是由珠光体和石墨组成；

Ⅱb——珠光体、铁素体灰口铸铁区，其组织由珠光体、铁素体和石墨组成；

Ⅲ——铁素体灰口铸铁区，其组织由铁素体和石墨组成

C 与 Si 中，Si 的影响更大，当 Si 含量很低(＜0.5％)时，即使含碳量很高，也不能进行石墨化；Si 含量过高，又会使石墨片过多，尺寸过于粗大。一般灰口铸铁的 C、Si 含量控制范围是：C 2.7％～3.6％，Si 1.1％～2.5％。

②Mn。它是微弱阻止石墨化的元素，可促进珠光体基体形成，提高铸铁强度和硬度。Mn 还能与 S 作用生成 MnS，从而消除 S(阻止石墨化的元素)的有害作用，实际上又起促进石墨化的作用。所以 Mn 是有益元素，铸铁中应保持一定的含锰量，一般为 0.4％～1.2％。

③S。它是强烈阻止石墨化的元素，促进白口化并使铸铁产生热脆性，增加热裂倾向，恶化铸造性能和力学性能。因此，S 是有害元素，含硫量愈低愈好，一般限制在 0.1％～0.15％内。

④P。它是促进石墨化的元素，但含磷量超过 0.3％时，在晶粒边界将出现硬而脆的磷共晶，使铸铁强度下降，形成冷脆性。因而，对一般铸铁来说，P 属有害元素，应限制其含量在 0.2％以下。

⑤碳当量(C_E)。它为综合各成分的石墨化能力(S 含量很低，Mn 的影响较小，可以忽略不计)，评价某一成分的铸铁接近共晶点的程度，引入了碳当量的概念。把各元素按其对石墨化影响的程度折算成 C 的相当含量，其总和叫碳当量。碳当量的公式为：

$$C_E = C + (Si + P)/3 \quad (\%)$$

式中化学符号表示该元素在铸铁中的百分含量。

当 C_E 等于 Fe-G 相图的共晶碳量 4.26％时，该铸铁为共晶成分；当 C_E 小于 4.26％时，为亚共晶成分；当 C_E 大于 4.26％时，为过共晶成分。

(2)冷却速度

减小冷却速度可以促进石墨化，增大冷却速度则阻止石墨化。与冷却速度有关的工艺因素主要是铸件壁厚。当其他条件(如化学成分、铸型材料和浇注温度等)一定时，铸件愈厚，冷却速度愈慢，则石墨化倾向愈大，易得到粗大石墨片和铁素体基体；反之，铸件愈薄，冷却速度

愈快，则石墨化倾向愈小，易得到细小石墨片和珠光体基体。当铸件壁厚小到一定程度时，因冷却速度过快，石墨化不能进行，将产生白口组织。由此可见，随着壁厚的增加，石墨片数量和尺寸都增加，铸铁强度、硬度反而下降。这一现象称为壁厚(对力学性能的)敏感性。日常生产中经常会遇到这种情况：用同一包铁水浇注不同铸型时，金属型铸件和薄壁铸件往往出现不希望得到的白口组织，而砂型铸件和厚壁铸件则容易得到符合要求的灰口组织。

化学成分、铸件壁厚和组织之间的综合关系如图 6-5 所示。由图中可看出，在化学成分一定时，随着壁厚增加，石墨化程度增加，铸件组织依次为白口铸铁、麻口铸铁、珠光体铸铁、珠光体＋铁素体灰口铸铁和铁素体灰口铸铁。

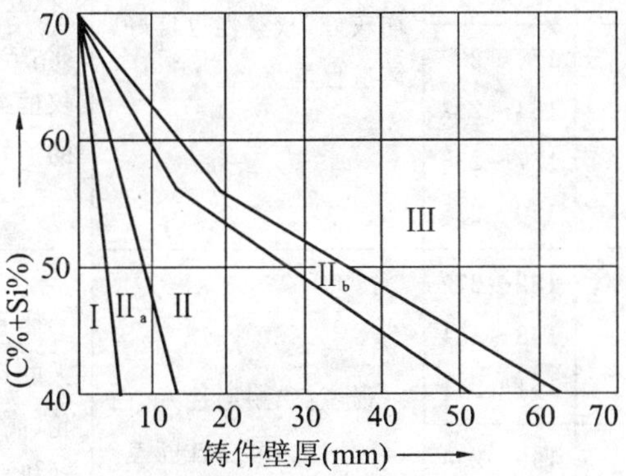

图 6-5　铸件壁厚和化学成分对铸件组织的影响

6.1.2　灰口铸铁

6.1.2.1　灰口铸铁的牌号

灰口铸铁的牌号用 HT×××表示。其中“HT”为灰口铸铁代号，由“灰铁”两个汉语拼音的第一个字母组成，后面三位数字表示 ϕ30mm 试棒的最低抗拉强度值(MPa)。我国国家标准 GB 9439—88 规定了六个灰口铸件牌号及不同壁厚灰口铸件的力学性能参考值，如表 6-1 所示。铸件设计时，应根据铸件受力处的主要壁厚或平均壁厚选择牌号。例如，某铸件主要壁厚为 20～30mm，要求抗拉强度 200MPa，应选择 HT250，而不能选择 HT200。

表 6-1　灰口铸铁牌号、不同壁厚铸件的力学性能和用途

牌号	铸件壁厚 (mm) >	抗拉强度 σ_b (MPa) ≥	硬度 (HBS)	主要特点	用途举例
HT100	2.5～10	130	110～167	铸造性能好，工艺简便，铸造应力小，不用人工时效处理，有一定的机械强度和良好的减震性	盖、外罩、油盘、手轮、支架、底板、镶导轨的机床等对强度无要求的零件
	10～20	100	93～140		
	20～30	90	87～131		
	30～50	80	82～122		
HT150	2.5～10	175	136～205		底座，床身，与 HT200 相配的溜板、工作台、泵壳、容器、法兰，工作压力不太大的管件
	10～20	145	119～179		
	20～30	130	110～176		
	30～50	120	105～157		

续表 6-1

牌号	铸件壁厚 (mm) >	抗拉强度 σ_b (MPa) ≥	硬度 (HBS)	主要特点	用途举例
HT200	2.5～10	220	157～236	强度、耐热性、耐磨性均较好，减震性也良好，铸造性能好	要求高强度和一定耐蚀能力的泵壳、容器、法兰、硝化塔、机床床身、立柱、平尺、画线平板、汽缸、齿轮、活塞、刹车轮、联轴器盘、水平仪框架，以及压力为 80MPa 以下的油缸、泵体、阀门
	10～20	195	148～222		
	20～30	170	134～200		
	30～50	160	129～192		
HT250	4～10	270	174～262		
	10～20	240	164～247		
	20～30	220	157～236		
	30～50	200	150～225		
HT300	10～20	290	182～272	强度高、耐磨性好、白口倾向大，铸造性能差	床身导轨、车床、冲床等受力较大的床身、机床、主轴箱、卡盘、齿轮、高压油缸、水缸、凸轮、大型发动机曲轴、汽缸体、汽缸盖、锻模、冷冲模
	20～30	250	168～251		
	30～50	230	161～241		
HT350	10～20	340	199～298		
	20～30	290	182～272		
	30～50	260	171～257		

6.1.2.2　灰口铸铁的组织和性能特点

灰口铸铁的显微组织是由金属基体和石墨片所组成的，其中基体部分与碳钢组织完全相同。所以可以把灰口铸铁的组织看成为在钢的基体中嵌入大量石墨片，石墨片是影响灰口铸铁性能的决定性因素。与碳钢相比，灰口铸铁具有以下性能特点：

(1)力学性能较差

由于石墨的力学性能很差，抗拉强度低($\sigma_b \leqslant 20$MPa)，塑性近于零，硬度极低(3HBS)，因此，灰口铸铁的组织如同在钢的基体中分布着大量裂纹和孔洞，大大地减小了基体的有效承载面积。同时，石墨片尖角处因应力集中现象而成为裂纹源，即使在较小拉应力作用下，裂纹也会迅速扩展导致铸件断裂。由于石墨片的破坏作用，使灰口铸铁的抗拉强度、塑性比碳钢低得多。但石墨片对承受压应力的有害影响较小，故灰口铸铁的抗压强度和硬度仍与同基体的碳钢差不多。然而，石墨的作用具有两重性，它一方面使灰口铸铁的力学性能变差，而另一方面使灰口铸铁具有其他的特殊性能。

(2)耐磨性好

因为石墨磨掉后形成大量显微凹坑，可以储存润滑油，而且石墨本身也是一种润滑剂，所以灰口铸铁的耐磨性比碳钢好得多。珠光体加细小而均匀的石墨片组织具有最好的耐磨性，这对于工作在摩擦条件下的零件，如机床导轨、刀架、发动机缸套等十分重要。

(3)减震性好

减震性是指材料在交变负荷作用下本身吸收(衰减)振动的能力。石墨片割裂了金属基体，可阻止振动传播，并能把它转化为热能而消失。石墨对基体破坏越严重，它的减震性愈好，所以灰口铸铁的减震性优于球墨铸铁，更优于碳钢，如图 6-6 所示。灰口铸铁常用来制造机床床身、机座等零件，以减小机床运动过程中的振动，保证零件加工精度。

(4)缺口敏感性小

材料在有缺口时强度明显低于无缺口时的强度，这种现象称为缺口敏感性。灰口铸铁中的石墨片，相当于存在大量裂口，使其对外来缺口的敏感性变小。因此，在有外来切口(如内部缺陷、断面突变、加工表面不光洁、偶然碰伤等)情况下，灰口铸铁强度变化很小，而铸钢的性能反而得不到充分发挥。

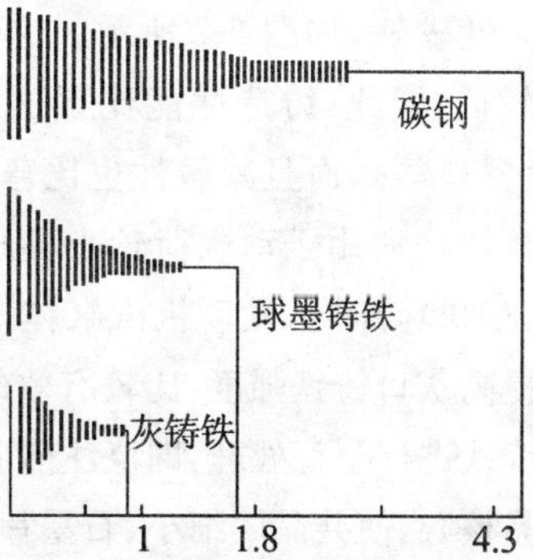

图 6-6 灰口铸铁、球墨铸铁和碳钢的振动衰减图

(5)铸造性能和切削加工性能良好

灰口铸铁是共晶型合金，具有良好的流动性。同时，由于灰口铸铁结晶时伴有石墨化，石墨析出时体积发生膨胀而抵消了部分收缩，因此，灰口铸铁的线收缩率较小，一般为 0.9%～1.3%左右。碳当量愈接近共晶点，灰口铸铁的铸造性能愈好。

由于石墨的润滑及割裂作用，使灰口铸铁很易切削加工，屑片易断，刀具磨损少。上述的良好工艺性能是灰口铸铁获得广泛应用的主要原因之一。

但是，灰口铸铁的其他工艺性能较差，如不能锻造和冲压，焊接性能较差，热处理性能也差。其原因是热处理只能改变金属基体组织，不能改变石墨形状和分布特征，因此，不能根本改变灰口铸铁的强度。

6.1.2.3 灰口铸铁的分类

按照铁水处理方法的不同，灰口铸铁可分为普通灰口铸铁和孕育铸铁两类。

(1)普通灰口铸铁

其铁水不经任何处理，如 HT100 和 HT200 都属于这一类。其性能如表 6-1 所示。

由于普通灰口铸铁的 C、Si 含量较高(C 3.0%～3.7%；Si 1.8%～2.4%)，组织中有大量的较为粗大的片状石墨，因此，强度不高，故也称为低强度灰口铸铁。普通灰口铸铁的主要缺点是壁厚敏感性较大。铸件壁厚愈大时，石墨片愈粗大，强度愈低。当截面增加到 100mm 时，强度可下降 50%左右，故普通灰口铸铁不宜做壁厚大件，适用于受力较小，形状复杂的中小铸件，如机座、箱体、支架、阀体、带轮等。

(2)孕育铸铁

其铁水需经孕育处理，如 HT250 及其以上的牌号都属于这一类。其组织特点是细小珠光体基体上均匀分布着细小石墨片，由于石墨的割裂作用比普通灰口铸铁弱，故强度和硬度明显提高。因此，孕育铸铁也称为高强度灰口铸铁。孕育铸铁的性能如表 6-1 所示。

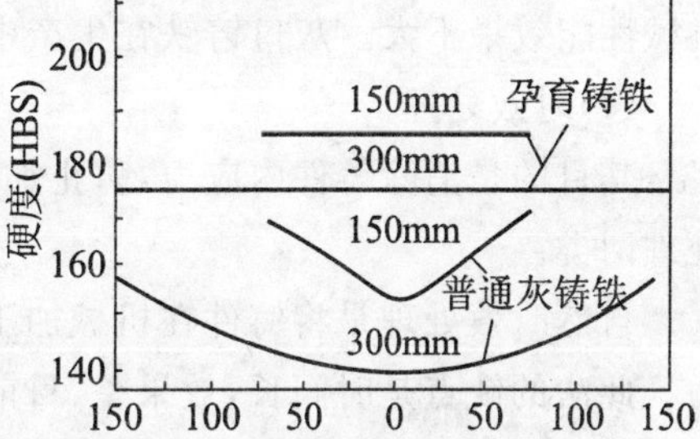

图 6-7 孕育铸铁和灰口铸铁截面上硬度的分布

孕育铸铁与普通灰口铸铁相比，耐磨性好，组织和性能均匀，壁厚敏感性小，同一截面上力学性

能的均一性较好,如图6-7所示。这一性能对于厚壁铸件是十分重要的。由于孕育铸铁的C、Si含量较低,因此,铸造性能比普通灰口铸铁差,铸造工艺较复杂(浇注温度较高、线收缩较大、需设冒口等),而且减震性也比普通灰口铸铁差。

孕育铸铁适用于动载荷较小、静载荷较大、要求耐磨性和减震性好的重要铸件,特别是厚大铸件,如机床床身、发动机汽缸体等。

为提高灰口铸铁强度,比较有效的措施是降低C、Si含量。为防止低C、Si造成白口组织,需对灰口铸铁进行孕育处理,即浇注前向铁水内加入少量促进石墨化元素(称孕育剂),从而大大增加了结晶核心,使共晶团细小、石墨片尺寸及分布状况得到改善。这就是孕育处理的实质。

①铁水中C、Si含量要低

一般为C 2.8%~3.2%,Si 1.0%~2.0%,厚件取下限,薄件取上限。

②铁水出炉温度要高

出炉温度应不低于1420~1440℃,因为较高的过热度使铁水纯净,孕育效果好,流动性提高。低C、Si铁水本来流动性就差,孕育处理时还会降温,流动性更差。

③孕育剂

常用的孕育剂为含Si 75%的硅铁,破碎至3~10mm块度(浇包愈大,块度愈大)。硅铁加入量为铁水重量的0.2%~0.5%(厚件取下限,薄件取上限)。

④孕育处理方法

常用方法是在出铁槽内加入孕育剂,铁水应在此后15~20min内浇完。此方法缺点是孕育剂加入量大,会出现孕育衰退现象——随时间延续孕育效果消失,铸铁白口倾向重新加大,强度反而下降。因此,近年来出现许多瞬时孕育方法,如用硅铁棒插入铁水流中,将硅铁块插入铸型内(型内孕育)等。

对于壁厚差别很大的铸件或耐磨、耐压的重要铸铁件,可采用合金灰口铸铁,即向孕育铸铁中加入低含量合金元素,如Si、Mn、P、Cr、Ni、Mo、Cu、V、Sn、Ti、B等,使组织更加细化,强度、耐磨、耐热性明显提高,壁厚敏感性降低。如对于要求耐磨性的汽缸套、活塞环、机床床身等零件,常用含磷灰口铸铁、磷铜钛灰口铸铁、钡钛灰口铸铁、铬钼铜灰口铸铁等。对于石油、化工工业中的某些零件,可采用高硅耐腐蚀灰口铸铁、含铝(及铬、镍)灰口铸铁以及中硅、中铝含铬耐热灰口铸铁等。

6.1.2.4 灰口铸铁件的热处理

铸铁的热处理原理与钢大致相同。用于钢的各种热处理工艺,原则上也可用于铸铁。但热处理只能改变铸铁基体组织,却不能改变石墨的形状。因而通过热处理来提高灰口铸铁的机械性能效果不大。灰口铸铁在生产中常用的热处理工艺有以下几种:

(1)时效处理

其目的是消除铸件内应力,防止加工后产生变形。时效处理又分为自然时效与人工时效处理两类。

自然时效处理是将铸件在机械加工前放置在室外一段时间,使铸件自行消失一部分内应力。此法的缺点是时间长,效果差,目前应用的很少。

人工时效处理是将冷却后的铸件放在100~200℃的炉中,随炉升温至500~600℃,经较长时间保温后,缓慢地冷却下来,这样可消除90%以上的内应力。

(2)软化退火

它是将铸件加热至850～900℃,保温2～5h,使铸铁中的白口组织的渗碳体分解为石墨,然后随炉冷至850～500℃,再置于空气中冷却。

(3)表面淬火

为了提高某些铸件(如机床导轨的表面和汽缸套内壁等)的表面硬度和耐磨性,可采用表面淬火法。最常用的表面淬火法有高(中)频表面淬火法及接触电热表面淬火法。

6.1.3　可锻铸铁

可锻铸铁又称玛钢或玛铁,它是将白口铸铁坯件经长时间高温退火而得到的一种较高塑性和韧性的铸铁。在球墨铸铁出现以前,可锻铸铁曾是力学性能最高的铸铁。

6.1.3.1　可锻铸铁的分类、组织、性能特点和牌号

按退火工艺不同,可锻铸铁分为两类:

(1)黑心可锻铸铁和珠光体可锻铸铁

它们由白口坯件在中性气氛中经石墨化退火而得到的。

①黑心可锻铸铁

黑心可锻铸铁退火中渗碳体全部分解为团絮状石墨,基体为铁素体,其显微组织的示意图如图6-8(a)所示。因其断口心部呈暗黑色,故而得名。

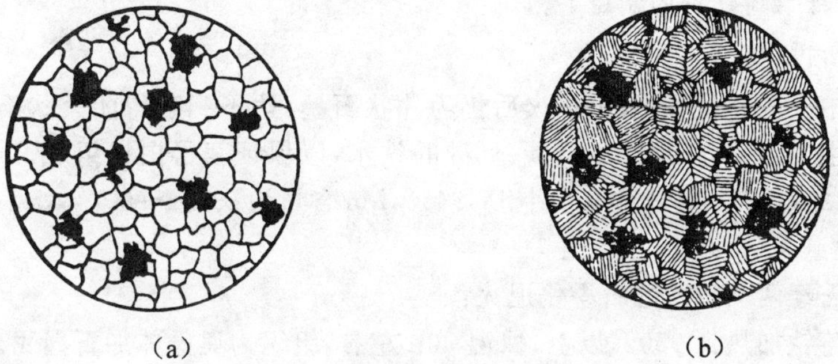

(a)　(b)

图6-8　可锻铸铁显微组织示意图

(a)铁素体基体;(b)珠光体基体

②珠光体可锻铸铁

珠光体可锻铸铁退火时冷却速度较快,共析渗碳体未石墨化,组织为珠光体基体上分布着团絮状石墨,其显微组织的示意图如图6-8(b)所示。

(2)白心可锻铸铁

白心可锻铸铁是由白口坯件在氧化气氛中经脱碳退火而得到的。其大部分碳被氧化脱除,组织与钢相近,表层为铁素体,心部为铁素体+少量团絮状石墨,有时还有少量自由渗碳体,断口呈银白色,故而得名。

我国目前以生产黑心可锻铸铁为主,也生产少量珠光体可锻铸铁,白心可锻铸铁很少使用。

由于团絮状石墨对基体的破坏作用大大减轻,因而可锻铸铁的强度和塑性比灰口铸铁明显提高。黑心可锻铸铁强度较高,塑性好,如σ_b为300～370MPa,δ为6%～12%,多用于制造承受冲击、振动和扭转等复杂负荷的零件。珠光体可锻铸铁强度、硬度高,有一定的塑性,如σ_b为450～700MPa,δ为2%～6%,可用于制造高强度和耐磨零件,但国内用得较少。这类零件多用球墨铸铁制造,效果更好。

可锻铸铁的牌号、力学性能和用途见表 6-2。

表 6-2 可锻铸铁的牌号、性能及用途举例

<table>
<tr><th rowspan="2">牌号</th><th>抗拉强度
σ_b</th><th>屈服强度
σ_s</th><th rowspan="2">断后伸长率
δ(%)
($L_0=3d$)</th><th rowspan="2">硬度
(HBS)</th><th rowspan="2">用途举例</th></tr>
<tr><th colspan="2">(MPa)</th></tr>
<tr><td>KTH300-06</td><td>300</td><td>—</td><td>6</td><td rowspan="4">不大于 150</td><td>弯头、三通、管件、中压阀门等</td></tr>
<tr><td>KTH330-08</td><td>330</td><td>—</td><td>8</td><td>输电线路件、农机件的犁刀、车轮壳及纺织机的盘头、龙肋等</td></tr>
<tr><td>KTH350-10</td><td>350</td><td>200</td><td>10</td><td rowspan="2">汽车、拖拉机的前后轮毂、差速器壳、转向节壳、制动器,农机件及冷暖器接头等</td></tr>
<tr><td>KTH370-12</td><td>370</td><td>—</td><td>12</td></tr>
<tr><td>KTZ450-06</td><td>450</td><td>270</td><td>6</td><td>150～200</td><td rowspan="4">曲轴、凸轮轴、连杆、齿轮、摇臂、活塞环、轴套、犁片、耙片、万向接头、棘轮、扳手、传动链条、矿车轮等</td></tr>
<tr><td>KTZ550-04</td><td>550</td><td>340</td><td>4</td><td>180～230</td></tr>
<tr><td>KTZ650-02</td><td>650</td><td>430</td><td>2</td><td>210～260</td></tr>
<tr><td>KTZ700-02</td><td>700</td><td>530</td><td>2</td><td>240～290</td></tr>
</table>

注:KTH 代表黑心可锻铸铁,KTZ 代表珠光体可锻铸铁,符号后的第一组数字表示最低抗拉强度,第二组数字表示最低延伸率。

6.1.3.2 可锻铸铁件的制造

(1)铸出白口坯件

坯件组织中出现片状石墨,则退火后仍为片状石墨,达不到获得团絮状石墨的要求,将会导致废品的产生。因此,必须采用低碳、低硅的铁水,以保证获得白口组织。可锻铸铁化学成分为:C 含量为 2.4%～2.8%,Si 含量小于 1.4%,Mn 含量为 0.5%～0.7%,S 和 P 的含量很少。

(2)石墨化退火

可锻铸铁需经两个阶段的石墨化退火:

①将白口铸铁加热到 950℃以上,保温 30h 左右,组织为奥氏体加石墨团。

②降温至 710～730℃,保温 20h 左右,共析渗碳体全部石墨化。随炉冷至 500～600℃,空冷,整个退火周期为 40～70h 左右。而珠光体可锻铸铁只有第一阶段石墨化,即高温保温后随炉冷至 820～880℃,出炉空冷,退火周期大为缩短。

(3)铸造工艺特点

可锻铸铁原铁水为白口成分,铸造性能差,容易产生缩孔、缩松、裂纹等缺陷,应特别注意冒口和冷铁的设置。通常采用暗冒口。

6.1.4 球墨铸铁

球墨铸铁是 20 世纪 40 年代末期研制发展起来的一种新型的铸铁材料。它是通过在浇铸前向铁水中加入一定量的球化剂(如纯镁或镍镁、稀土镁等合金)和孕育剂(如硅铁或硅钙合金),以促进碳呈球状石墨结晶,而获得的一种具有较高强度及较好塑性的铸铁。由于球墨铸铁的生产工艺简便,成本低廉,力学性能优良,因而在研制后的短短几十年中,在国内外得到了迅速发展,应用日益广泛。

6.1.4.1 球墨铸铁牌号、力学性能和用途

球墨铸铁的牌号、力学性能和用途如表 6-3 所示,可作为设计、生产和使用时选材的依据。

6.1.4.2　球墨铸铁的组织和性能特点

随着化学成分、冷却速度和热处理方法的不同，球墨铸铁可得到不同的性能，如表 6-3 所示。最常用的是珠光体基体和铁素体基体的球墨铸铁，其显微组织的示意图如图 6-9 所示。

表 6-3　球墨铸铁的牌号、性能及用途举例

牌号	抗拉强度 σ_b (MPa)	屈服强度 σ_s (MPa)	断后伸长率 δ (%)	硬度 (HBS)	基体组织	用途举例
	≥					
QT400-18	400	250	18	130～180	铁素体	汽车、拖拉机的轮毂、驱动桥壳体、离合器壳、差速器壳、拨叉等，犁柱、犁托、牵引架，以及阀体、阀盖、输水管道等
QT400-15	400	250	15	130～180	铁素体	
QT450-10	450	310	10	160～210	铁素体	
QT500-7	500	320	7	170～230	珠光体＋铁素体	内燃机泵齿轮、水轮机阀体、机车轴瓦、输电联板等
QT600-3	600	370	3	190～270	珠光体＋铁素体	大型内燃机曲轴、轻型机的凸轮、汽缸套、连杆等，农机的齿条、齿轮机床的主轴等，通用机械的曲轴、缸体、缸套及冶金、矿山机械的球磨机曲轴、矿车轮等，小型水轮机曲轴
QT700-2	700	420	2	225～305	珠光体	
QT800-2	800	480	2	245～335	珠光体或回火组织	
QT900-2	900	600	2	280～360	贝氏体或回火马氏体	

注：QT 为球墨铸铁代号，后面第一组数字表示最小抗拉强度值，第二组数字表示最小延伸率值。

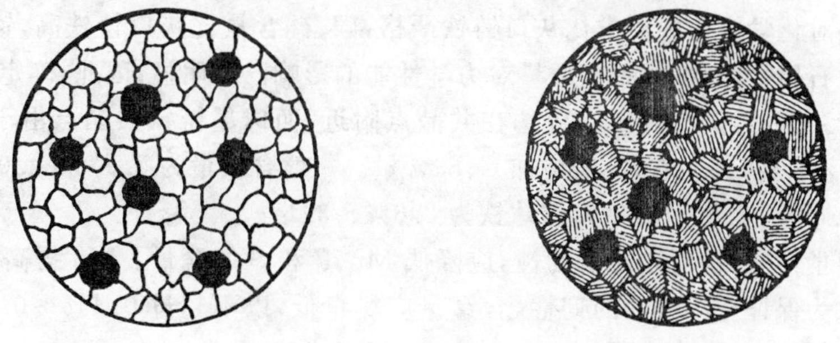

(a)　　　　(b)

图 6-9　球墨铸铁显微组织示意图

(a)铁素体基体；(b)珠光体基体

由于石墨呈球状，对基体的缩减和割裂作用减至最低限度，基体强度的利用率可达 70%～90%，因此球墨铸铁具有比片状灰口铸铁高得多的力学性能，抗拉强度可以和钢媲美，塑性和韧性大大提高，通常 σ_b＝400～900MPa，δ＝2%～18%。同时，球墨铸铁仍保持灰口铸铁的优良性能，如良好的耐磨性和减震性，缺口敏感性小，铸造性能和切削加工性能良好等。此外球墨铸铁的焊接性能和热处理性能都优于其他灰口铸铁。

6.1.4.3　常用球墨铸铁

应用最广泛的球墨铸铁是珠光体球墨铸铁和铁素体球墨铸铁。

(1)珠光体球墨铸铁

珠光体球墨铸铁是指基体组织中珠光体量占 80%以上,其余为铁素体的球墨铸铁,通常经正火处理而得到,典型牌号是 QT600-3、QT700-2 和 QT800-2。它们的特点是:

①抗拉强度很高,特别是屈服强度高,而且屈强比高于 45 号钢。这在机械设计中是最重要的力学性能指标之一。但珠光体球墨铸铁延伸率低于 45 号钢。

②疲劳强度较高。交变负荷使零件产生疲劳,实践和试验都证明珠光体球墨铸铁的疲劳强度和 45 号钢几乎相同,甚至超过 45 号钢。

③硬度和耐磨性远比高强度灰口铸铁好,在有些情况(做曲轴)下优于锻钢。因而,珠光体球墨铸铁可以代替碳钢制造某些受较大交变负荷和受摩擦的重要零件,如曲轴、连杆、凸轮、蜗轮、蜗杆等。

(2)铁素体球墨铸铁

铁素体球墨铸铁是指基体中含铁素体 80%以上,其余为珠光体的球墨铸铁。通常经退火处理得到,典型牌号为 QT400-18 和 QT450-10。其抗拉强度比珠光体球墨铸铁低,但塑性及冲击韧性高。由于铁素体球墨铸铁的力学性能优于可锻铸铁,我国主要用于代替可锻铸铁制造汽车、拖拉机底盘的许多零件(如后桥壳等),其次是农机具零件,中、低压阀门和电力线路金属用具等。国外则大量用于铸管,如上、下水管道及输气管道等。

同样,为提高球墨铸铁的特殊性能,可以加入合金元素,成为合金球墨铸铁。如含 Mn 4.5%~9.5%的中锰合金球铁,为抗磨铸铁,可做犁、铧、球磨机衬板、磨球等。此外还有中硅耐热球墨铸铁(含 Si 3.4%~6.5%)、含铝耐热球墨铸铁(含 Al 19%~25%)等。

6.1.4.4 球墨铸铁的生产特点

球墨铸铁在一般铸造车间均可生产,但在熔炼技术、处理工艺上比灰口铸铁要求更高。

(1)严格控制化学成分

球墨铸铁对化学成分的要求比灰口铸铁严格,碳、硅含量比灰口铸铁高,锰、磷、硫含量比灰口铸铁低。石墨呈球状后,石墨数量对力学性能的影响已不明显,因此,确定碳、硅含量主要考虑铸造性能。为此,碳当量(C_E)应选在共晶点附近,而球墨铸铁共晶点由于球化元素的影响已移至 4.6%~4.7%左右,故需增加 C、Si 含量。一般含碳量为 3.6%~4.0%,含硅量对珠光体球铁为 2.0%~2.5%,对铁素体球铁为 2.6%~3.1%。

为提高力学性能,特别是冲击韧性,应降低 Mn、P 和 S 的含量。Mn 提高了铸铁强度,但降低了韧性。为保证球墨铸铁的韧性,含锰量应尽量低,以不超过 0.4%~0.6%为宜。P 增加冷脆性,应限制在 0.1%以下。

S 是非常有害的元素,S 含量高会消耗较多的球化剂,严重影响球化。因为球化元素都是强有力的脱硫剂,加入铁水后首先和硫作用,再起球化作用。S 还会引起球化衰退和皮下气孔等铸造缺陷。因此 S 的含量愈低愈好,国内要求控制在 0.06%以下,国外为 0.02%以下。铁水含硫量高低是关系到能否生产出优质球墨铸铁件的一个非常关键的因素。

(2)较高的出铁温度

铁水处理过程中温度要下降 50~100℃,为保证浇注温度,球墨铸铁出铁温度要在 1420℃以上。

(3)球化处理

①球化处理即往铁水中加入球化剂——能使石墨成球状的添加剂。我国目前普遍使用的球化剂是稀土镁合金。Mg 是强球化元素,但密度小、沸点低(1107℃),若直接加入铁水中会

剧烈沸腾，烧损严重，也不安全。稀土是镧(La)、铈(Ce)、钇(Y)、钪(Sc)等17个元素的总称，其球化作用较镁差，但沸点高于铁水温度，密度较大，作用平稳，没有沸腾现象。稀土镁合金综合了两者优点，其加入量大致为铁水量的1.3%～1.8%。

②球化处理方法用得最多的是冲入法，如图6-10(a)所示，将球化剂放入堤坝式浇包内，上面覆盖硅铁粉和稻草灰，铁水分两次冲入，第一次冲入量为1/3～1/2，待球化剂作用后，再冲入其余铁水，经孕育处理、搅拌、扒渣后即可浇注。

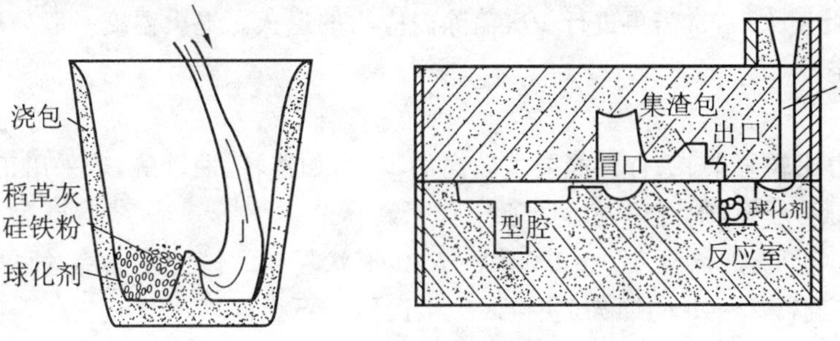

图6-10 球化处理方法

(a)冲入法示意图；(b)型内球化法示意图

此外，还有型内球化法，如图6-10(b)所示，把球化剂放置在浇注系统内的反应室中，流经此室的铁水和球化剂作用后进入型腔。此法优点是石墨球细小，球化率较高，消耗球化剂较少，球墨铸铁的力学性能较高。其关键问题是反应室的结构设计及浇注系统的挡渣措施要合理。

(4)孕育处理

孕育处理的作用是促进石墨化，消除球化元素造成的白口倾向，细化石墨球，增加共晶团数量。其常用的孕育剂和孕育方法与孕育铸铁相似，但孕育剂加入量要比孕育铸铁的加入量大。珠光体球墨铸铁为铁水量的0.5%～1.0%，铁素体球墨铸铁为0.8%～1.6%。

6.1.4.5 球墨铸铁的热处理

球墨铸铁的热处理主要是用来改变它的基体组织和性能的，与钢大致相同。

球铁常用的热处理工艺有：

(1)退火

退火的目的是为了获得铁素体球墨铸铁。球墨铸铁在浇铸后，其铸态组织中常出现P+F+Fe_3C这种混合的基体组织，不仅力学性能低，且难以切削加工。为了获得高塑性的铁素体组织，消除铸造应力，就必须进行退火，使组织中的渗碳体和珠光体能够分解。根据球墨铸铁的铸态组织的不同，退火工艺可分为高温退火和低温退火两种。

①高温退火

当铸态组织为F+P+Fe_3C+G时，应进行高温退火。其方法是将铸件加热至共析温度范围以上，即900～950℃，保温2～4h，使渗碳体分解，然后随炉缓冷至600℃，再出炉空冷。

②低温退火

当铸态组织仅为F+P+G而没有渗碳体时，则可采用低温退火，使珠光体中的渗碳体分解，从而获得F+G的球墨铸铁。低温退火时将铸件加热至共析温度范围附近，即720～750℃，经3～6h保温后随炉缓冷至600℃，出炉空冷。

(2)正火

正火的目的是为了提高球墨铸铁基体组织中的珠光体量，以提高其强度和耐磨性。球墨

铸铁铸态下具有 $F+P+Fe_3C$ 这种混合的基体组织,为了获得高强度的珠光体球墨铸铁,铸件应进行高温正火,即加热至880～920℃,保温1～3h,然后在空气中冷却,获得 P+G 的球墨铸铁。通过正火后应得到细珠光体和石墨的组织,但往往其中会混有少量的铁素体,常分布在球墨铸铁石墨的周围,呈牛眼状。在珠光体球墨铸铁中,铁素体的含量一般不允许超过15%,过多的铁素体会降低球墨铸铁的强度。增加正火时的冷却速度将会显著减少铁素体量。因此,正火时的冷却方法除空冷外,还可采用风冷或喷雾冷却等。由于正火时冷却速度的加大,常会在铸件中引起内应力,因此正火后,常需再进行一次消除内应力的退火。退火温度一般为550～600℃,保温1～2h,然后空冷。

(3)调质处理

对于一些受力比较复杂、综合性能要求较高的零件,如连杆、曲轴等,若采用正火处理后其强度和韧性配合得不理想,则可用调质处理。

调质处理的工艺是:加热至870～920℃后淬火,形状复杂的铸件用油冷,简单的铸件用水冷,在550～600℃进行2～4h的回火,获得回火索氏体+石墨组织。

(4)等温淬火

对于既要求高的强度和韧性,又要求高的硬度和耐磨性,外形复杂,热处理易变形或开裂的零件,如传动齿轮、凸轮轴等,可采用等温淬火。

等温淬火工艺是:加热温度与淬火相同,即870～920℃,适当保温后,迅速在250～300℃的等温盐浴中进行30～90min等温处理,然后取出空冷,一般不再进行回火。等温淬火后的组织为下贝氏体+石墨。由于等温淬火盐浴的冷却能力有限,故一般仅适用于截面尺寸不大的零件。

6.1.4.6　球墨铸铁铸造工艺特点

球墨铸铁的凝固过程、铸造性能和灰口铸铁有明显不同,因而铸造工艺也不同。

(1)流动性比灰口铸铁差。因为球化和孕育处理使铁水温度大大下降,因此球墨铸铁需要较高的浇注温度及较大的浇口尺寸。

(2)收缩较灰口铸铁大。其主要原因为:①糊状凝固特征。球墨铸铁共晶凝固范围比灰口铸铁宽,截面上存在相当宽的液固共存的同时凝固区,浇注后较长时间外壳不够结实。②石墨化膨胀值较大。每析出1%的石墨,体积增加2%,此数值大于灰口铸铁。当砂型刚度较小时,石墨膨胀力使型壁移动,引起铸件外形胀大,结果原有浇、冒口失去补缩作用,很易产生缩松、缩孔。而当砂型刚度较大时,铸件外形不会胀大,石墨膨胀值将补偿铸铁收缩值,不需冒口即可得到内部致密的铸件,如图6-11所示。所以球墨铸铁的收缩率随砂型条件(刚度)而变,一般在灰口铸铁和钢之间变动。

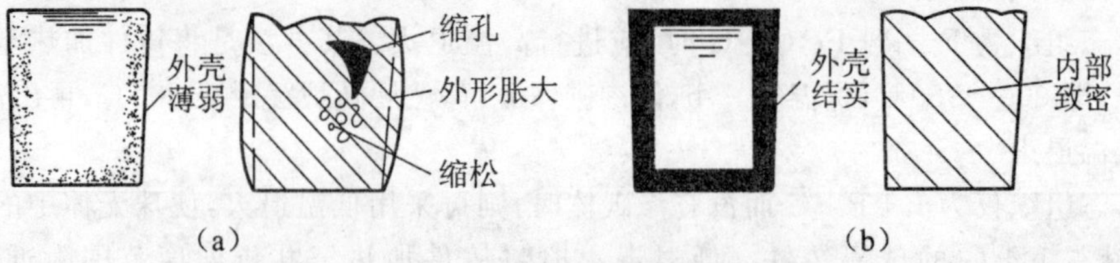

图 6-11　两种铸铁件外壳强度和缩孔的关系

(a)刚度小的砂型;(b)刚度大的砂型

球墨铸铁件多应用冒口和冷铁,采用顺序凝固原则处理。在铸型刚度很好的条件下,也可采用同时凝固原则处理，不用冒口或用较小冒口。为此，球墨铸铁砂型紧实度、透气性应比灰口铸铁高，型砂水分不能过高，型腔排气能力要好。

球墨铸铁容易出现夹渣（MgS、MgO 等）和皮下气孔等缺陷，浇注系统一般用半封闭形式，以保证铁水迅速、平稳地流入型腔，并多采用滤渣网、集渣包等结构加强挡渣效果。

6.1.5 蠕墨铸铁

蠕墨铸铁是近十几年来开始研究和应用的一种新型铸铁材料。

6.1.5.1 蠕墨铸铁的组织、性能特点和用途

蠕墨铸铁的组织为金属基体上分布着蠕虫状石墨。这种石墨形态介于片状石墨和球状石墨之间，在光学显微镜下看，石墨短而厚，头部较圆，形似蠕虫。在扫描电子显微镜下看，石墨是相互联系在一起的立体分枝形。

蠕墨铸铁在性能上具有灰口铸铁和球墨铸铁的一系列优点：

(1)力学性能（强度和韧性）比灰口铸铁高，与铁素体球墨铸铁相近。

(2)壁厚敏感性比灰口铸铁小得多，当截面由 30mm 增加到 200mm 时，σ_b 下降 20%～30%，其绝对值仍为 300MPa 左右。图 6-12 所示为蠕墨铸铁和灰口铸铁对壁厚的敏感性比较。

(3)导热性和耐热疲劳性比球墨铸铁高得多，与灰口铸铁相近。

(4)耐磨性比灰口铸铁好，为 HT300 的 2.2 倍以上。

(5)减震性比球墨铸铁高，不如灰口铸铁。

(6)工艺性能良好，铸造性能近于灰口铸铁，切削加工性能近于球墨铸铁。

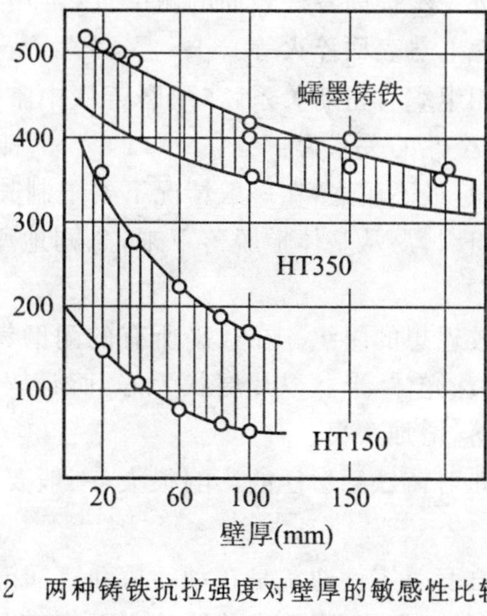

图 6-12 两种铸铁抗拉强度对壁厚的敏感性比较

蠕墨铸铁有着广阔发展前景，主要用来代替高强度灰口铸铁、合金铸铁、铁素体球墨铸铁和铁素体可锻铸铁生产复杂的大型铸件，如大型柴油机机体、大型机床立柱等；还可制造在热循环负荷（忽冷忽热）作用下工作的零件，如大型柴油机汽缸盖、排气管、制动盘、钢锭模及金属型腔等；还可制造要求结构致密的铸件，如液压阀阀体等。

6.1.5.2 蠕墨铸铁的制造

蠕墨铸铁的制造过程和球墨铸铁相同。

(1)铁水的化学成分

蠕墨铸铁铁水的化学成分和球墨铸铁基本相似:高 C、Si,低 Mn、P、S。一般成分为:C 3.0%～4.0%,Si 2.0%～3.0%,Mn 0.4%～0.8%,P<0.08%,S<0.04%。

(2)蠕化处理和孕育处理

蠕化处理也是采用冲入法把蠕化剂加入铁水中。蠕化剂的质量是关键,国外多用镁合金为蠕化剂,我国多用稀土合金,如稀土硅铁合金、稀土硅钙合金等。改变石墨形状后,和球墨铸铁一样要进行孕育处理。

蠕墨铸铁的研制和应用历史较短,应用中主要问题是蠕虫状石墨是一种过渡形式,生产中难以控制:蠕化剂少了,石墨不变形,仍保持片状,由于含碳、硅量高,铸铁强度很低,铁水只能报废;蠕化剂多了,石墨又变成球状,原设计的铸型浇、冒口工艺不适合,也会导致铸件报废。

6.1.6　合金铸铁

随着工业的发展,人们对铸铁的性能要求愈来愈高。不但要求铸铁有更高的力学性能,有时还要求它具有某种特殊的性能,如耐磨、耐热等。为了获得这些性能,主要方法是向铸铁(灰口铸铁或球墨铸铁等)中加入一定量的合金元素。这种加有合金元素的铸铁称为合金铸铁,以下仅作一些简单的介绍。

6.1.6.1　耐磨合金铸铁

为了提高铸铁的耐磨性,常常加入 Cu、Mn、Cr、Mo、Si、P 等元素,可单独加入也可复合加入。常用的耐磨铸铁有高磷铸铁、铬钼铜铸铁、磷铜钛铸铁、钒钛铸铁、铜钼合金球墨铸铁、中锰耐磨球墨铸铁、稀土球墨铸铁等。

通过表面热处理可以进一步提高零件表面的耐磨性,常用于铸铁零件表面热处理的方法有氮化处理、高频淬火、接触电热表面淬火等。

铸铁的耐磨性与其金相组织有密切关系,在耐磨铸铁中常见的组织有铁素体、渗碳体、珠光体、磷共晶等。它们和耐磨性的关系为:

铁素体是一种软的组织,最不耐磨,在一般情况下要限制其数量。

渗碳体是一种硬脆的组织,易从基体上脱落下来,急剧地增加磨损,在一般情况下不允许这种自由渗碳体存在。

珠光体是耐磨铸铁中较理想的组织。在几乎所有的耐磨铸铁中,尤其是处于滑动摩擦的零件中,均规定基体必须为珠光体,形状以片层状为好,而且碳化物愈细愈好。但粒状珠光体中的碳化物易从基体上脱落,增加磨损。

磷共晶的形态大小分布对铸铁耐磨性的影响很大,一般要求呈断续碎网状分布在珠光体基体上。

机床导轨、活塞环、汽缸套等零件通常是在动摩擦和有润滑的条件下工作的。这类零件若选用高磷耐磨铸铁,其理想的组织是:在珠光体基体上分布着呈断续网状的磷共晶和中、小片状石墨,无渗碳体。

而对于犁铧、抛丸机叶片、护板以及球磨机零件,它们是在干摩擦以及磨料磨损条件下工作的,要求铸铁件的表面硬度很高,这类零件常用白口铸铁来制造。有时加入 Cr、Mn、V、Ti、W、Mo 等合金元素形成合金白口铸铁。由于在组织中可析出硬度高的碳化物,并经热处理后可得到马氏体基体,因而其硬度高,耐磨性好,但脆性大,不能承受冲击。对于受冲击的零件可采用奥氏体基体的白口铸铁或通过等温淬火得到贝氏体基体的白口铸铁。

6.1.6.2 耐热合金铸铁

有些铸铁件是在高温下进行工作的，如炉条、蒸汽锅炉换热器、热处理炉内运输用的链条及钢锭模等，必须选用耐热铸铁。

为了提高铸铁的耐热性，与耐热钢一样，可以往铸铁中加入 Al、Si、Cr 等合金元素。常用耐热铸铁有高铬耐热铸铁、中硅耐热铸铁等。

耐热合金铸铁之所以能够提高耐热性，一方面由于它们在铸铁表面可生成 Al_2O_3、SiO_2、Cr_2O_3 的致密氧化膜，以保护内层不被继续氧化；另一方面是由于 Cr 可形成稳定的碳化物，Cr 的含量愈高，铸铁热稳定性愈好。Si、Al 还会提高铸铁的临界点，使铸铁在使用的温度范围内不发生固态相变。一般耐热铸铁的组织是以单相铁素体为基体的球墨铸铁，而且球状石墨的分布互不相连，不致构成氧化性气体渗入铸铁内引起氧化。

合金铸铁种类繁多，必须根据零件工作条件的具体要求及材料经济性来选用。

6.2 铸钢件的生产

铸钢是一种重要的铸造合金，它的应用仅次于铸铁，铸钢件的产量约占铸件总产量的15%左右。铸钢的主要优点是力学性能高，强度特别是塑性和韧性比铸铁高很多（$\sigma_b=400\sim650$MPa，$\delta=10\%\sim25\%$，$a_k=20\sim60$J/cm^2），焊接性能优良，适于采用铸、焊联合工艺制造重型铸件。但其铸造性能、减震性和切口敏感性都比铸铁差。铸钢主要用于制造承受重载荷及冲击载荷的零件，如铁路车辆上的摇枕、侧架、车轮及车钩，重型水压机横梁，大型轧钢机机架、大齿轮等。

6.2.1 铸钢的种类

常用铸钢有碳素铸钢、低合金铸钢和高合金铸钢三种。

6.2.1.1 碳素铸钢

在铸钢中碳素铸钢用得最多，表 6-4 所示为碳素铸钢的化学成分和力学性能。低碳铸钢 ZG15 熔点高，铸造性能差，通常仅利用其软磁特性制造电机零件或渗碳件。中碳铸钢 ZG25～ZG45 具有良好的性能，应用最多。高碳铸钢 ZG55 熔点低，铸造性能较中碳铸钢好，但塑性、韧性差，仅用于少量耐磨件。

表 6-4 碳素铸钢的化学成分和力学性能

合金种类	含碳量(%)	浇注温度(℃)	液态收缩(%)	凝固收缩(%)	固态收缩(%)	总体积收缩(%)
铸造碳钢	0.35	1610	1.6	3	7.8	12.4
白口铸铁	3.00	1400	2.4	4.2	5.4～6.3	12～12.9
灰铸铁	3.50	1400	3.5	0.1	3.3～4.2	6.9～7.8

6.2.1.2 低合金铸钢

低合金铸钢中合金元素总量小于等于 5%。加入少量合金元素后，铸钢的强度、耐磨性和耐热性都明显提高，因而能减轻铸件重量、节约钢材、提高使用寿命。我国主要采用锰系、锰硅系及铬系钢种，如 ZG40Mn、ZG30MnSi、ZG30CrMnSi 等，用于制造齿轮、水压机工作缸、水轮机转子及船用零件等。ZG40Cr 常用来制造高强度齿轮、轴等重要受力零件。

合金铸钢的牌号按 GB 5613—85 规定,"ZG"后面一组数字表示铸钢的名义万分含碳量,但当平均含碳量大于1%时,不注数字。合金元素符号后面数字表示该元素名义百分含量。锰平均含量为0.9%～1.4%时,只标符号不标数字,其他合金元素含量在此范围内含量时,在该元素符号后标数字1。

6.2.1.3　高合金铸钢

高合金铸钢中合金元素总量大于10%。大量合金元素的加入,使钢的组织发生根本的变化,因而具有耐磨、耐热和耐腐蚀等特殊性能。其中高锰钢 ZGMn13(含C 0.9%～1.3%,Mn 11%～14%)是一种抗磨钢,主要用来制造在干摩擦下工作的机器零件,如挖掘机的抓斗前壁及抓斗齿、拖拉机和坦克的履带板等。铬镍不锈钢 ZG1Cr18Ni9 和铬不锈钢 ZG1Cr13 及 ZGCr28 等,对硝酸的耐蚀性很高,主要用在化工、石油、化纤、食品及医药设备中的阀、泵及容器等。

6.2.2　铸钢的铸造工艺特点

钢的铸造性能差,熔点高,钢液易氧化;流动性不好;收缩较大,体收缩约为灰口铸铁的三倍,线收缩约为灰口铸铁的两倍,因此铸钢较铸铁铸造困难。为保证铸件质量,避免出现缩孔、缩松、裂纹、气孔和夹渣等缺陷,必须采取更为复杂的工艺措施。

(1)对型砂性能如强度、耐火性和透气性要求更高。原砂要采用耐火度很高的人造石英砂。中、大件的铸型一般都采用强度较高的 CO_2 硬化水玻璃砂型和黏土砂干型。为防止粘砂,铸型表面应涂刷一层耐火涂料。

(2)铸型工艺上大都采用顺序凝固原则,冒口、冷铁用得很多。如图6-13所示的大型铸钢齿轮,由于壁厚不均匀,在最厚的中心轮毂处及轮缘与辐板连接的热节处(一整圈)极易形成缩孔,铸造时必须保证对这两部分的充分补缩。该工艺在整体上实行由外(辐板)向内(轮毂)的顺序凝固,轮毂部分由一个顶冒口补缩。而轮缘热节部位由于齿轮直径太大,需实行分段顺序凝固:每段末端放一冷铁,始端放一空气压力冒口(补缩作用更大),可以有效地防止缩孔。对薄壁或易产生裂纹的铸钢件,一般采用同时凝固原则。

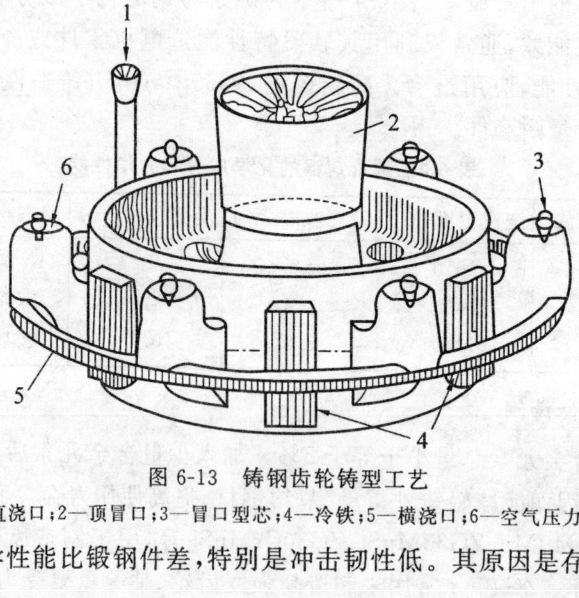

图6-13　铸钢齿轮铸型工艺

1—直浇口;2—顶冒口;3—冒口型芯;4—冷铁;5—横浇口;6—空气压力冒口

(3)铸钢件的力学性能比锻钢件差,特别是冲击韧性低。其原因是存在铸造缺陷(缩孔、缩松、裂纹、气孔等)以及金相组织缺点,如晶粒粗大和魏氏组织(铁素体成长条形状分布在晶粒内部),使塑性大大降低。此外铸钢件内存在较大的铸造应力。

为了细化晶粒,消除魏氏组织,消除铸造应力,提高力学性能,铸钢件铸后必须进行退火和正火。退火适于含碳量大于或等于0.35%或结构特别复杂的铸钢件,因为这类铸件塑性较差,残留铸造应力较大,铸件易开裂。正火适用于含碳量小于0.35%的铸钢件,因为这类铸件塑性较好,冷却时不易开裂。铸钢正火后的力学性能较高,生产效率也较高,但残留内应力较退火后的大。为进一步提高铸钢件的力学性能,还可采用正火+高温回火。铸钢件不宜淬火,淬火时极易发生开裂。

6.3 铸造有色合金件的生产

由于铝、铜合金具有优良的物理、化学性能,以及良好的工艺性能和独特的力学性能,所以,它们也是铸造生产中常用的合金材料。

6.3.1 铝合金铸件的生产

在机械制造业中,一般不使用纯铝来制造机器零件,而是使用铝合金材料。铸造铝合金比重小,导热性、耐蚀性良好,有足够高的强度和塑性,良好的铸造性能和切削加工性能,大多数铸造铝合金可通过热处理来强化。铝合金既可用于砂型铸造,又可用于压力铸造、金属型铸造和低压铸造。近年来铝合金铸件的应用范围不断扩大。

6.3.1.1 铸造铝合金的牌号、成分、性能和应用

(1)铸造铝合金的牌号及其表示方法

牌号:ZL101~ZL111,ZL201~ZL203,ZL301~ZL302,ZL401~ZL402。

(2)几种铸造铝合金的牌号、成分、性能特点和应用举例(如表6-5所示)。

表 6-5 几种铸造铝合金的牌号、名称、成分、性能和用途

牌号	代号	化学成分	力学性能			用途举例
			σ_b(MPa)	δ(%)	HBS	
ZAlSi12	ZL102	Si 10%~13%,余为Al	143	4	50	化油器、泵壳、仪表壳等中载荷薄壁复杂件
ZAlSi7Mg	ZL101	Si 6.5%~7.5%,Mg 0.25%~0.45%,余为Al	153	12	50	低载荷薄壁复杂件及要求耐蚀、气密性良好的零件,如活塞等
ZAlCu10	ZL202	Cu 9%~11%,余为Al	104	—	50	较高工作温度的零件(活塞、缸头),金属模样等

①铝硅类合金(Si≥5%),又称为硅铝明。它具有优良的铸造性能,经过变质处理后,还具有良好的力学性能、物理性能和切削加工性能,是铸造铝合金中品种最多、用量最大的一类合金。

②铝铜类合金(Cu≥4%)。它具有较高的室温和高温力学性能,但耐蚀性差,铸造性能差(流动性差、收缩大、形成缩孔和热裂的倾向大),故多作为耐热和高强度合金使用。

③铝镁合金(Mg≥5%)。它是在铸造铝合金中比重最小的合金,耐蚀性好(在海水和空气中),力学性能高,但熔炼、铸造工艺比较复杂,铸造性能差(流动性较差、收缩大、形成缩孔的倾向大、气密性差),故多用作耐蚀合金,也可作为发展高强度铝合金的基础。

④铝锌合金。锌在铝中的溶解度很大,含锌量大于 10%时,能显著地提高合金的强度。铝锌合金在铸态下,经自然时效就可以获得较高的力学性能,铸造性能较好(流动性较好、形成缩孔的倾向小),但比重大、耐蚀性差、热裂倾向大,可作汽车、拖拉机的发动机零件。

6.3.1.2　铸造铝合金的工艺特点

(1)铝合金的熔炼

铝合金常用的熔炼设备有坩埚炉、反射炉、电弧炉和感应炉等。我国使用较多的是坩埚炉。

铝合金熔炼时易氧化而生成 Al_2O_3,其熔点为 2050℃,相对密度为 3.9～4.0,呈固态夹杂物浮悬在合金液中,很难去除。既恶化了合金的铸造性能,又降低了合金的力学性能,特别是冲击韧性和疲劳极限。另外,铝合金熔炼时容易吸气,主要是氢气。虽然氢气在铝液中溶解度有限,但由于液态变为固态时溶解度变化极大,凝固时气体来不及逸出,便在铸件内形成气孔(针孔),这些气、针孔将严重影响铸件的气密性,并使力学性能降低。为了保证铸件质量,必须采取如下措施:

①为减缓铝合金的氧化和吸气,必须采用熔剂保护,如熔化时加入 KCl、NaCl 等盐类作为熔剂,将铝液覆盖,与炉气隔离进行熔炼。

②为了排出吸入的气体,在熔炼后期要进行去气精炼。精炼方法很多,最简便、常用的方法是六氯乙烷(C_2Cl_6)精炼法。将 C_2Cl_6 压成 40～100g 的小块放入钟罩装置内,在铝液出炉之前,用钟罩分批压入铝液中,C_2Cl_6 和铝液发生反应,形成大量气泡,在气泡上浮过程中将铝液中的气体 H_2 及夹杂物一起带出液面。使用 C_2Cl_6 精炼效果较好,且 C_2Cl_6 不吸湿,使用保管很方便。其缺点是 C_2Cl_6 遇热分解出 Cl_2,有部分 Cl_2 来不及反应即逸出铝液,与 C_2Cl_4 一起成为强烈的刺激性炉气。这种气体有毒性,要求生产现场通风良好或具有排烟除尘设备。目前生产铝合金的企业已普遍采用无毒精炼剂对铝液进行精炼处理。

③为了改善铝硅合金的力学性能,需要进行变质处理,以细化共晶硅或过共晶硅。在浇铸之前向合金溶液中加入占合金重量 2%～3%的变质剂(如 2/3NaF+1/3NaCl),变质剂撒在合金液面上,静置 10～12min,再将变质剂压入合金液中,任其结壳上浮后清渣出炉。其浇注温度为 690～760℃。处理后铝液必须在 30～45min 内浇完,否则变质作用失效。

(2)铝合金铸造工艺特点

铸造铝合金熔点低,流动性好,故可铸形状复杂的薄壁铸件。由于浇注温度低,选用一般天然细石英砂做型(芯)砂就可以满足耐火度的要求,并可使铸件表面光洁。对于铸造性能较差的铝铜、铝镁合金,要采取必要的工艺措施,如顺序凝固、冒口补缩等方能获得满意的结果。

由于铝合金导热快、易氧化和吸气,因此,对浇注系统的要求是充填时间短、铝液流动平稳、撇渣能力强。为此,常采用开放式浇注系统,并多开内浇口,直浇口常用蛇形或鹅颈形等特殊形状,如图 6-14 所示。

各种铸造方法都适用于铝合金铸件,当生产数量较少时,可用砂型铸造,大量生产的重要铸件,则采用特种铸造。金属型铸造效率高,铸件质量好。低压铸造适用于要求致密性高的耐水压铸件。压力铸造可用于薄壁复杂小件。

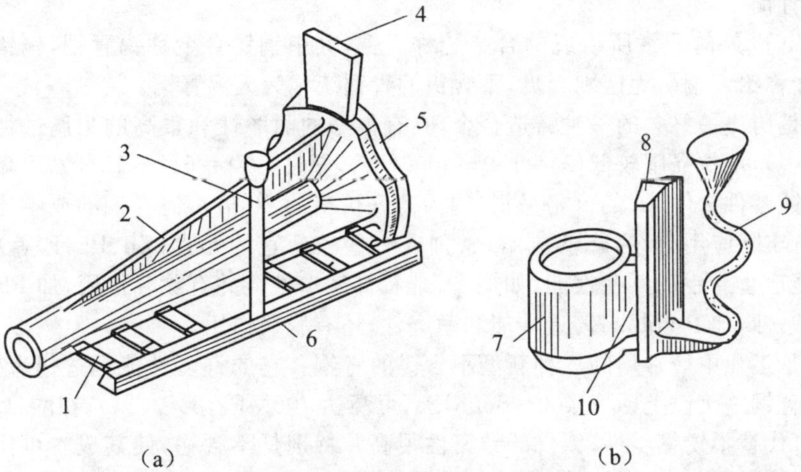

图 6-14 铝合金铸件的浇注系统

(a)支管(ZL104)砂型工艺;(b)转子壳体金属型工艺

1—内浇口;2、7—铸件;3—直浇口;4—冒口;5—冷铁;6—横浇口;

8—集渣冒口;9—蛇形直浇口;10—缝隙式内浇口

6.3.2 铜合金铸件的生产

铜是重金属,相对密度为 8.93。纯铜的导电、导热性能很好,塑性高(δ=30%~38%),但强度较低(σ_b=200MPa),故多用于电气工业。铜合金的耐蚀性能好,我国古代许多具有高度艺术价值的青铜器件,能完好地保存至今,就是例证。铜合金耐磨性好,且具有一定的强度,用途较纯铜更为广泛。

6.3.2.1 铸造铜合金的分类、牌号、成分、性能和应用

(1)铜合金的分类

铸造铜合金分为铸造黄铜和铸造青铜两大类。铸造黄铜又分为普通黄铜和特殊黄铜。普通黄铜是铜锌合金;特殊黄铜是在普通黄铜中加入 Si、Pb、Al、Fe、Mn 等元素而成。铸造青铜又分为锡青铜和特殊青铜。锡青铜除含锡外,还含有 Zn、Pb、P 和 Ni 等元素;特殊青铜是以 Al、Pb 等元素部分或全部取代 Sn 的青铜;完全不含锡的特殊青铜又称无锡青铜。

(2)几种铸造铜合金的牌号、成分、性能和应用举例(如表 6-6 所示)。

表 6-6 几种铸造铜合金的牌号、名称、成分、性能和用途

牌号	合金名称	化学成分	力学性能			用途举例
			σ_b(MPa)	δ(%)	HBS	
ZCuZn38	38 黄铜	Zn38%,余为 Cu	295	30	59	轴承、衬套
ZCuZn31Al2	31-2 铝黄铜	Zn31%,Al2%~3%,余为 Cu	295	12	78.5	海船及机械上的耐蚀件
ZCuSn10Pb1	10-1 锡青铜	Sn10%,Pb0.5%~1%,余为 Cu	220	3	78.5	重要轴承、衬套、齿轮
ZCuAl9Mn2	9-2 铝青铜	Al9%,Mn2%,余为 Cu	390	20	83.5	重要用途的耐磨、耐蚀件,如齿轮、衬套等

①铸造青铜

Cu 和 Zn 以外的元素所组成的合金统称青铜,其中铜锡合金称锡青铜,铜铝合金称铝青铜,铜铅合金称铅青铜。为区别起见,不含锡的青铜统称为无锡青铜。

锡青铜是历史最悠久的一种铸造合金,具有很好的耐磨性和很高的耐腐蚀性(在蒸汽、海水及碱溶液中),抗拉强度较低(σ_b=150~300MPa),塑性好(δ=6%~12%),可做一般条件下的耐磨和耐蚀零件。但 Sn 的价格昂贵(约为铸铁价格的 20 倍),锡青铜的成本比其他铜合金都高。因此,实际应用时,为降低成本,常加入一些较便宜的元素(Zn、Pb、P 等)来取代部分 Sn,这样还能改善青铜的某些性能,如加 Zn 能提高铸造性能并有除气作用,加 Pb 可提高耐磨性和组织致密性,加 P 可提高铸造性能和耐磨性,还有脱氧作用。

铝青铜是工业中最常用的一种新型不含锡的青铜。它的许多性能超过锡青铜:强度和塑性都高于锡青铜一倍以上(σ_b=400~500MPa,可高达 700MPa,δ>20%);在酸、碱中的耐腐蚀性能很高,可代替不锈钢零件;铸件的致密性很高。特别是不含锡,使其成本可比锡青铜下降 20%~25%。其缺点是耐磨性较差,导热性差,不耐高温蒸汽腐蚀,易氧化和吸气,收缩很大,所以铝青铜不可能完全取代锡青铜。

②铸造黄铜

Cu 和 Zn 组成的合金统称为黄铜。其中铜锌二元合金称为普通黄铜,普通黄铜中再加入 Mn、Al、Fe、Si、Pb、Sn 等元素所组成的多元黄铜称特殊黄铜。

与青铜比较,黄铜的优点是:强度高,这是由于黄铜中含锌量高(45%~47%),Zn 在 Cu 中固溶强化效果好;成本低,这是由于 Zn 的价格比 Cu、Sn 和 Al 都低;铸造性能好,介于锡青铜和铝青铜之间。因此,铸造黄铜比铸造青铜应用更广,产量更大,品种更多。但黄铜的耐磨性和耐腐蚀性不如青铜,特别是普通黄铜更差。工业上多用特殊黄铜。

6.3.2.2 铸造铜合金的铸造工艺特点

(1)铜合金的熔炼

铜合金可在坩埚炉或电炉中进行熔炼。铜合金熔炼时,应使金属料不与燃料直接接触,以减少铜及合金元素的氧化。为防止氧化,熔炼青铜时,应以玻璃、硼砂作为熔剂覆盖,熔炼后期,用磷铜脱氧。熔炼黄铜时,由于合金本身含有的 Zn 就能脱氧,所以在熔炼过程中不需另加熔剂和脱氧剂。

(2)铜合金的铸造工艺特点

各种成分的铜合金的结晶特征不同,铸造性能不同,铸造工艺特点也不同。

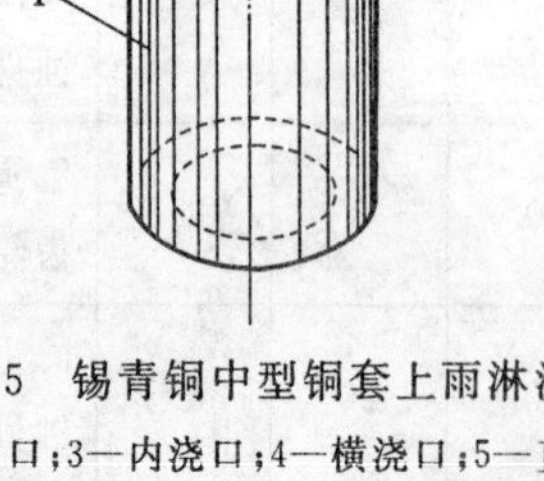

图 6-15 锡青铜中型铜套上雨淋浇注系统

1—铸件;2—冒口;3—内浇口;4—横浇口;5—直浇口;6—出气口

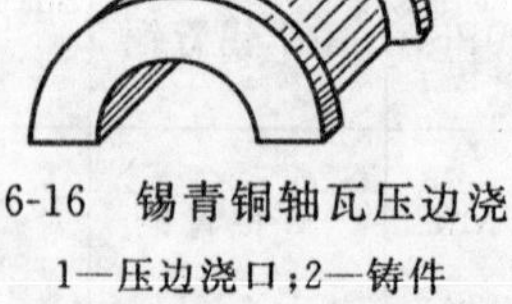

图 6-16 锡青铜轴瓦压边浇口

1—压边浇口;2—铸件

①锡青铜的结晶温度范围很大,同时凝固区域很宽,流动性较差,易产生缩松。但其氧化倾向不大,这是因为所含 Sn、Pb 等元素不易氧化。故锡青铜铸造时要着重解决疏松问题,对壁厚较大的重要铸件(蜗轮、阀体等)必须严格采取顺序凝固,对形状复杂的薄壁件和一般壁厚件,若致密性允许降低,可采用同时凝固。对大、中型圆柱套类铸件,以采用顶注雨淋浇口为宜,如图 6-15 所示。对短的套类、轴瓦等小铸件,可采用湿型压边浇口,如图 6-16 所示。

②铝青铜、铝黄铜等含铝较高的铜合金,结晶温度范围很小,呈逐层凝固特征,故流动性较好,易形成集中缩孔,且极易氧化。铸造时要解决的主要问题是防止氧化夹杂和消除缩孔。浇注系统应具有很强的撇渣能力,如用带过滤网、集渣包的底注式浇口,先封闭后开放式的浇注系统,以及用敞开式顶冒口。为消除缩孔,必须使铸件顺序凝固。图 6-17 所示为铝青铜蜗轮铸造工艺,铸件周围及底面设置一定厚度的冷铁圈,上部采用砂型大冒口。

③硅黄铜的铸造性能介于锡青铜和铝青铜之间,是特殊黄铜中铸造性能最好的合金。图 6-18所示为阀体顺序凝固工艺,一般用中注式浇注系统,暗冒口尺寸较小。

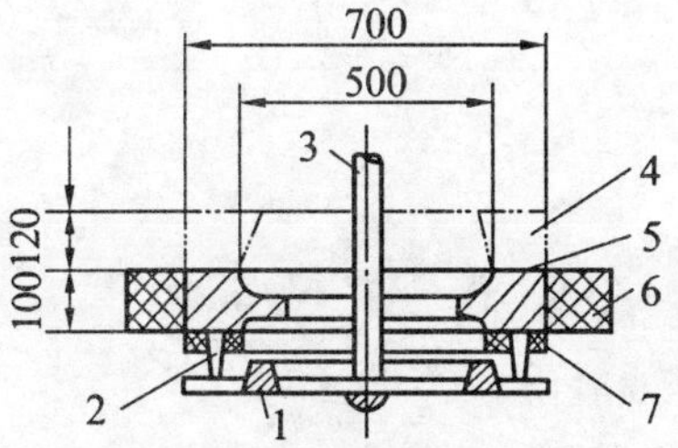

图 6-17 铝青铜蜗轮铸造工艺

1—横浇口;2—内浇口;3—直浇口;4—冒口圈;5—铸件;6—冷铁圈;7—冷铁

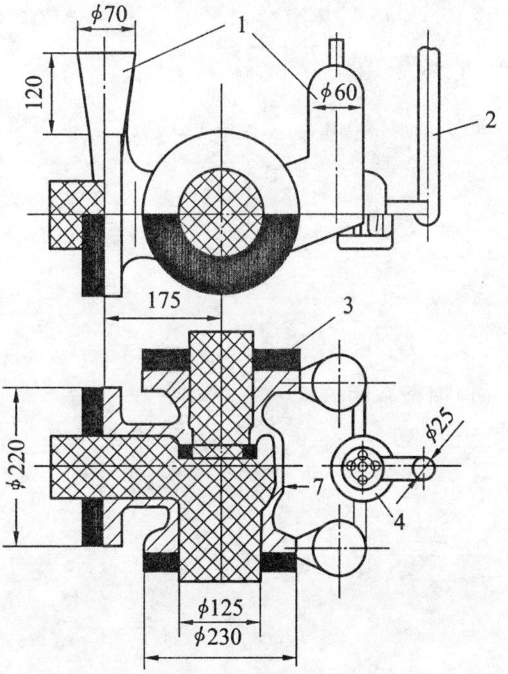

图 6-18 硅黄铜阀体铸造工艺

1—冒口;2—直浇口;3—冷铁;4—过滤网

复习思考题

6.1 什么是铸铁?与碳钢比较,铸铁在化学成分和显微组织上有何不同?

6.2 铸铁有哪几类?它们的基本区别是什么?

6.3 什么是石墨化?铸铁结晶时,石墨化是怎样进行的?结晶后铸铁的显微组织是怎样的?

6.4 试从石墨的存在来分析灰口铸铁的力学性能和其他特殊性能。灰口铸铁最适宜制造哪类铸件?

6.5 影响铸铁石墨化的主要因素是什么?为什么铸铁的牌号不用化学成分来表示?

6.6 化学成分和铸件壁厚对铸铁石墨化及其力学性能有何影响?

6.7　孕育处理的实质是什么？孕育铸铁和普通灰口铸铁在组织、性能和制造工艺上有何差别？

6.8　为什么球墨铸铁的强度和塑性比灰口铸铁高，而铸造性能比灰口铸铁差？

6.9　为什么灰口铸铁不能用热处理来提高力学性能，而球墨铸铁可以呢？

6.10　蠕墨铸铁的显微组织和性能有何特点？它是如何制造出来的？适用于何种铸件？

6.11　下列铸铁件宜采用何种铸铁？试选择铸铁牌号并说明理由。

缝纫机架、自来水三通、汽车发动机曲轴、汽缸套、手轮、普通车床床身。

6.12　铸钢的铸造性能怎样？铸造工艺上的主要特点是什么？

6.13　铝合金的铸造性能怎样？铸造工艺上的主要特点是什么？

6.14　铜合金的铸造性能怎样？铸造工艺上的主要特点是什么？

6.15　铸造铝合金和铸造铜合金熔炼工艺特点是什么？各采取什么方法除气、除渣？

6.16　下列合金牌号表示什么材料？后面的数字表示什么意思？

HT200，HT350，QT400-18，QT700-2，KTH3000-6，KTZ7000-2，ZG45，ZL104，ZL201，ZL301，ZL401，ZQSn66-3，ZH62，ZHPb59-1。

7 砂型铸造

【教学提示】

在铸造生产中,有许多种生产方法。但最基本的生产方法是砂型铸造。本章主要内容有造型方法的选择、浇注位置和分型面的选择、工艺参数的选择、铸件的结构设计等。在学习本章内容时,应与"金工实习"中实际操作的工艺相联系,理论联系实际。

【教学要求】

了解常用的机械造型方法;掌握砂型铸造工艺及铸造工艺图的表示方法,并能正确选择铸造工艺参数;根据砂型铸造工艺特点,能够正确地设计铸件的结构。

目前,砂型铸件的年产量占铸件总产量的90%以上。因此,本章我们以介绍砂型铸造的基本工艺为主,通过分析合金的铸造性能,了解铸件的主要缺陷产生的原因及预防方法。

7.1 造型方法的选择

砂型铸造的基本工艺过程可归纳为如图7-1所示的框图。

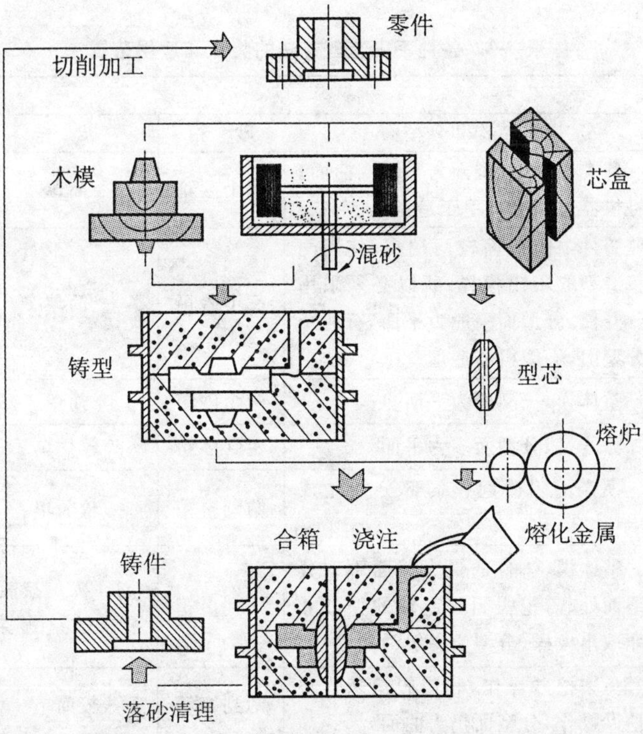

图7-1 砂型铸造基本工艺过程框图

在砂型铸造中铸型的制造是最重要的过程。其中,造型材料的配置、造型方法和型芯的确定、浇注系统的布置等是否合理,对铸件的质量和成本有着重要的影响。

7.1.1 常见的造型(芯)方法

在砂型铸造中,造型和造芯是最基本的工序。它们对铸件的质量、生产率和成本影响很大。根据造型生产方法的特点,通常将造型方法分为手工造型和机器造型两大类。表7-1列出了手工造型和机器造型的特点及应用范围。

表7-1 手工造型和机器造型的特点及应用范围

造型方法	特点	应用范围
手工造型	用手工或手动工具完成紧砂、起模、修型工序。其特点为:①操作灵活,可按铸件尺寸、形状、批量与现场生产条件灵活地选用具体的造型方法;②工艺适应性强;③生产准备周期短;④生产效率低;⑤质量稳定性差,铸件尺寸精度、表面质量较差;⑥对工人技术要求高,劳动强度大	单件、小批量铸件或难以用造型机械生产的、形状复杂的大型铸件
机器造型	采用机器完成全部操作,或至少完成紧砂操作的造型方法。效率高、铸型和铸件质量好,但投资较大。	大量或成批生产的中小铸件

7.1.1.1 手工造型

手工造型时紧砂和起模是用手工来进行的,其操作灵活、适应性强,模型成本低、生产准备时间短,但铸件质量较差,生产率低,且劳动强度大。因此,这种方法主要用于单件、小批量铸件的生产。

在实际生产中,由于铸件的尺寸、形状、生产批量、铸件的使用要求以及生产条件的不同,手工造型有着各式各样的造型方法。合理地选择造型方法,对于获得合格铸件、减少制模和造型工作量、降低铸件成本和缩短生产周期都是非常重要的。表7-2所示为各种手工造型方法的特点和适用范围。

表7-2 各种手工造型方法的特点和适用范围

分类	造型方法	特点			应用范围
		模样结构和分型面	砂箱	操作	
按砂箱特征	两箱造型	各类模样,分型面为平面或曲面,可机器造型也可手工造型	两个砂箱	简单	较广
	三箱造型	铸件中间截面较两端小,使用两箱造型取不出模样,所以必须采用分开模,分型面一般为平面,有两个分型面,不能机器造型	三个砂箱	简单	较广
按模样特征	整模造型	整体模,分型面为平面	两个砂箱	简单	较广
	分模造型	分开模,分型面多为平面	两到多箱	较简单	回转类铸件
	活块造型	模样上阻碍起模的部分需做成活块	两到多箱	较简单	各种单件、小批量中小件
	挖砂造型	整体模,铸件的最大截面不在分型面处,需挖去阻碍起模的型砂才能取出模样,分型面一般为曲面	两到多箱	对工人的技能要求较高,复杂	单件、小批量中小件
	假箱造型	免去挖砂操作,利用假箱来代替挖砂操作,分型面仍为曲面	两到多箱	较简单	成批生产的需挖砂件
	刮板造型	用和铸件截面相适应的木板代替模样,分型面为平面	两个砂箱	对工人的技能要求较高,复杂	大中型轮类、管类单件小批量生产

7.1.1.2　机器造型

机器造型生产效率高，砂型质量好（紧实度高而均匀，型腔轮廓清晰），铸件质量也好。但设备和工艺装备费用高，生产准备时间较长，只适用于中、小铸件的成批或大量生产。

按照紧砂原理分，有下列几类常见的机器造型方法：

(1)震压造型

这种机器的示意图如图 7-2 所示。其紧砂原理是：多次使充满型砂的砂箱、震击活塞、汽缸等抬起几十毫米后自由下落，撞击压实汽缸。多次震击后砂箱下部型砂由于惯性力的作用而紧实，上部较松散的型砂再用压头压实。

这种方法所用机器结构简单，价格低廉，应用较普遍。但其噪声大；压实比压（砂型表面单位面积上所受的压实力）较低，为 0.15～0.4MPa；砂型紧实度不高。由于震压造型铸件质量和生产率不能满足日益增长的要求，因而出现了微震压实造型机。

(2)微震压实造型

微震压实造型的紧砂原理是对型砂压实的同时进行微震。微震紧砂与震击紧砂不同之处在于震击缸是向上运动撞击震击活塞的，震动频率较高（480～900 次/min），振幅较小（数毫米至数十毫米）。

微震压实造型机的工作过程如图 7-3 所示。图 7-3(a)为压实工序。压缩空气由进气口 f 进入压实缸内，推动压实活塞、工作台、模板和砂箱上升，型砂被压头压实。图 7-3(b)为压实微震工序。压缩空气经孔 $a \rightarrow b \rightarrow c$ 到达工作台下部，使震击缸（涂黑部分）连同弹簧一起下降一段距离 s 后，经排气孔 d 排走。此时震击缸内气压很快下降，震击缸在弹簧恢复力作用下向上运动，撞击工作台。然后进气口 b 又打开，重复微震。

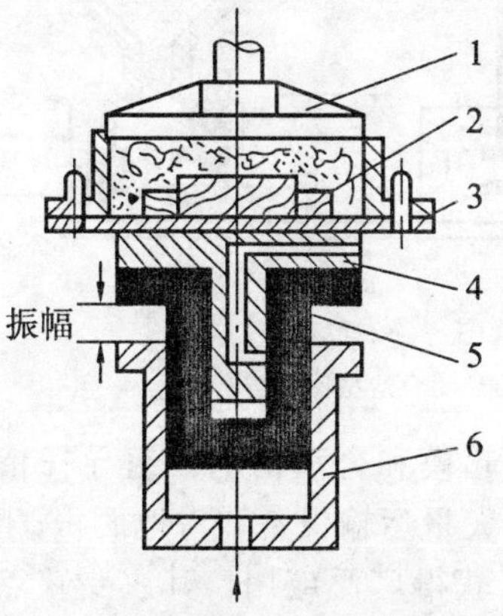

图 7-2　震压造型机示意图

1—压头；2—模板；3—砂箱；4—震击活塞；5—震击汽缸；6—压实汽缸

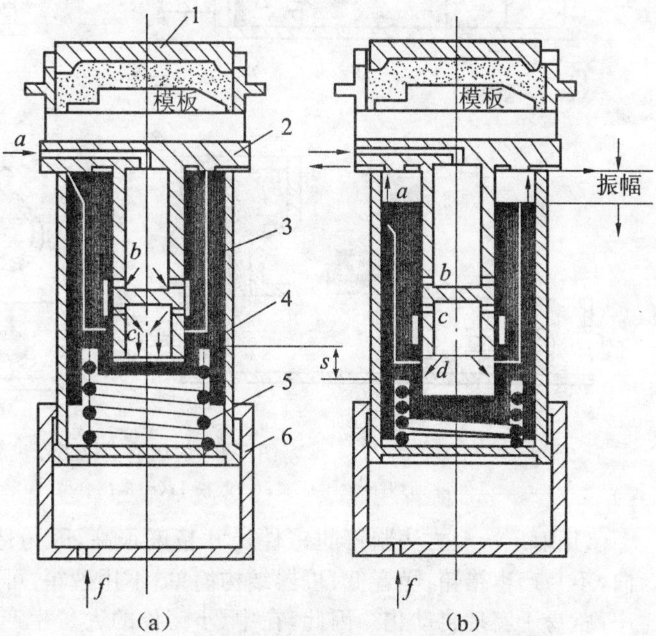

图 7-3　微震压实造型机工作过程示意图

(a)压实；(b)压实微震

1—压头；2—工作台震击活塞；3—震击缸；4—压实活塞；5—弹簧；6—压实缸

砂型紧实后固定不动,工作台下降时取出模型。

微震压实造型机的造型紧实度比震压造型机高而均匀,生产率较高。但其噪音仍较大,压实比压仍较低,砂型紧实度仍不能满足高质量铸件的要求,因而出现了高压造型。

(3)射压造型

射压造型采用射砂和压实复合方法紧实型砂。如图 7-4 所示为垂直分型无箱射压造型机的工作过程:型砂被压缩空气高速射入造型室内,再由液压系统进行高压压实,形成一个高强度带有左、右型腔的砂型块。然后,起出模板 1,推出合型,再起出模板 2,最后形成一串无砂箱的垂直分型的铸型。浇注可同时连续进行。

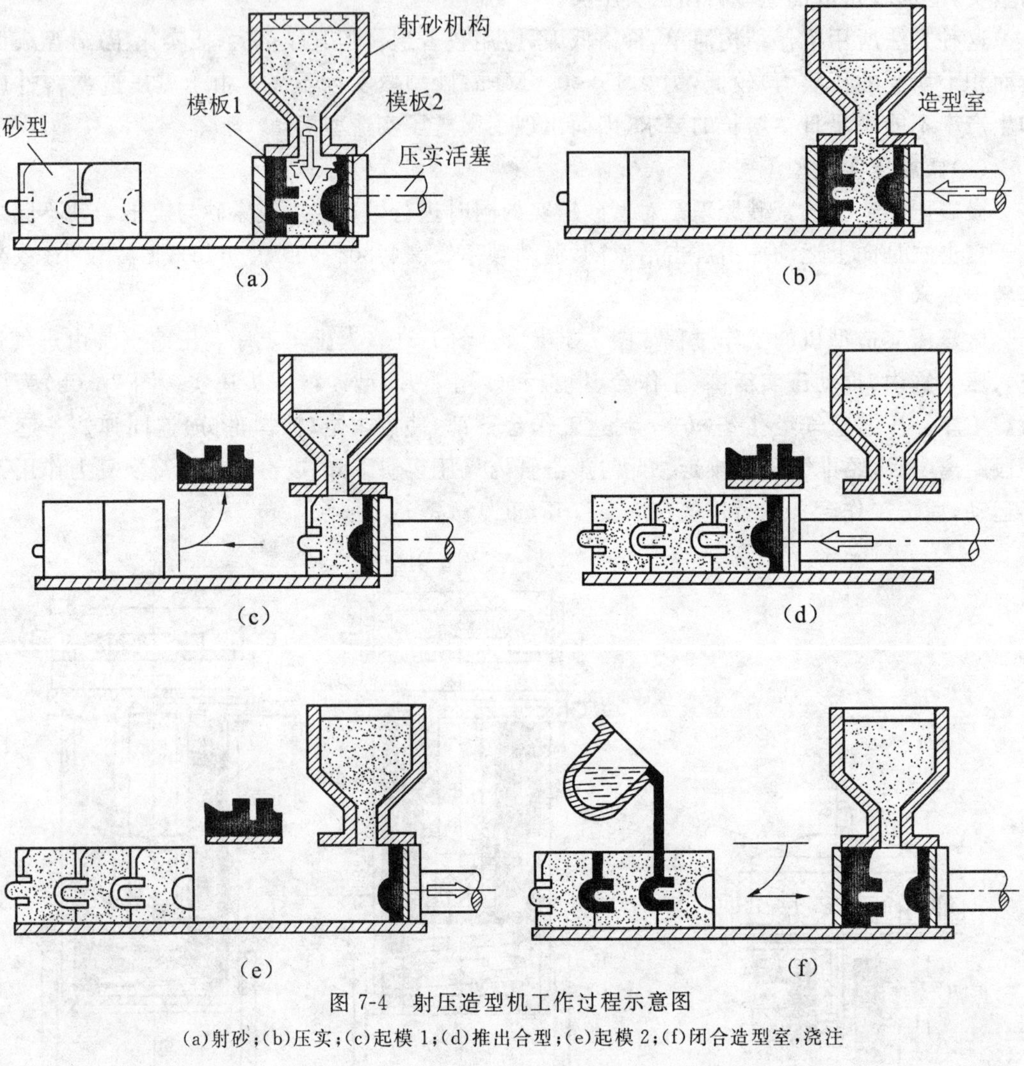

图 7-4　射压造型机工作过程示意图

(a)射砂;(b)压实;(c)起模 1;(d)推出合型;(e)起模 2;(f)闭合造型室,浇注

用射压造型方法制得的铸件尺寸精度很高,因为造型、起模和合型由同一组导杆精确导向,不易产生错箱;噪音低;机器结构简单;不用砂箱,可节省大量运输设备和占地面积;生产效率高,易于实现自动化。因此,在中、小铸件的大量生产中已获得广泛应用。其主要缺点是分型面垂直,不能沿原有水平分型工艺,给铸造车间的技术改造带来困难;下芯较困难。

(4)抛砂造型

前述造型机由于设备能力的限制,只能造中、小砂型,而制造大砂型可选用抛砂机。抛砂机的工作过程如图 7-5 所示,型砂送入抛砂头后,被高速旋转的叶片接住,由于离心力的作用而压实成团，随后被高速(30～60m/s)抛到砂箱中紧实。抛砂机结构较简单，抛砂头由小臂和大臂带动可在水平方向和铅垂方向移动一定距离，因此砂箱尺寸可在很大范围内变化。抛砂机造型对工艺装备要求不高，可用于中、小铸件批量生产，特别是对于大件造型，可大大减轻劳动强度和节省劳动力。

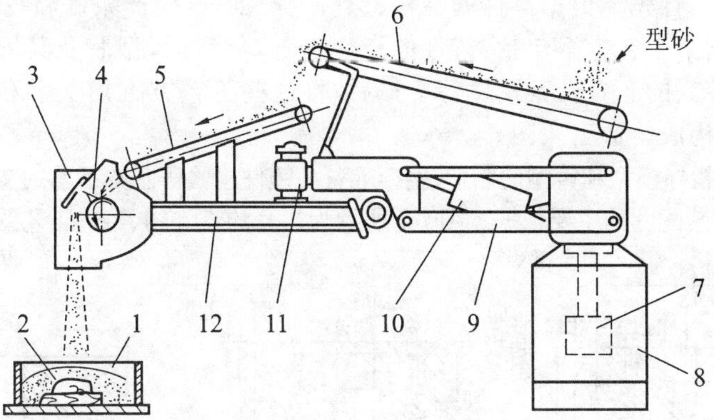

图 7-5 抛砂机工作过程示意图

1—砂箱；2—模板；3—抛砂头；4—叶片；5、6—胶带运输机；7—大臂回转油缸；8—底座；9—大臂；10—升降油缸；11—小臂回转油缸；12—小臂

7.1.2 造型生产线

造型机具有很高的生产效率，如震压造型机的生产率为 50～80 型/h，多触头高压造型机的生产率为 140～240 型/h，射压造型机则为 200～360 型/h。但造型机只能实现紧砂和起模的机械化和自动化，其他辅助工序如翻箱、下芯、合箱、压铁、浇注、落砂和砂箱运输等也需实行机械化，才能完全发挥出造型机的效率。在大量生产时，均采用造型生产线来组织生产，即将造型和其他辅机按照铸造工艺流程，用运输设备(铸型输送机、辊道等)联系起来，组成一套机械化、自动化铸造生产系统。图 7-6 所示为一条造型生产线示意图，上、下箱造型机为两台微震压实造型机，该生产线效率为 130～150 型/h。

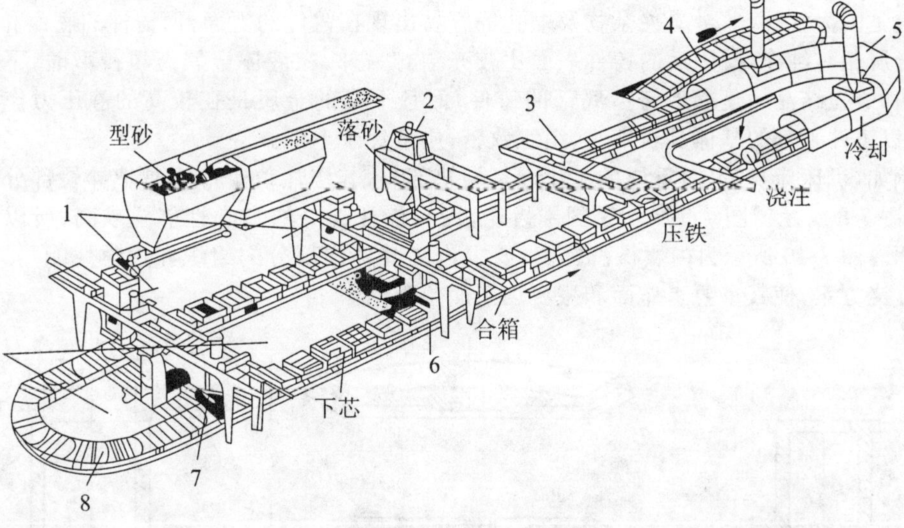

图 7-6 造型生产线示意图

1—加砂机；2—捅箱机；3—压铁传送机；4—铸件传送机；5—冷却罩；6—合箱机；7—下箱翻箱、落箱机；8—铸型输送机；9—下箱造型机

7.2　浇注位置和分型面的选择

在铸造生产时，首先要根据零件的结构特点、生产批量、生产条件和技术要求等因素，确定铸造工艺方案。这个工艺方案包括：铸件的浇注位置，分型面，型芯及其固定方法，工艺参数，浇注系统，冒口、冷铁的布置及其尺寸等。最后，将这些工艺方案用文字和各色工艺符号在零件图上表示出来，构成铸造工艺图。

铸造工艺图是指导模型和铸型的制造、生产准备和铸件检验等基本工艺的文件，是绘制铸件图、模型(或模板)图、铸型装配图的主要依据。图7-7所示为衬套的零件图、铸造工艺图、铸件图的关系。

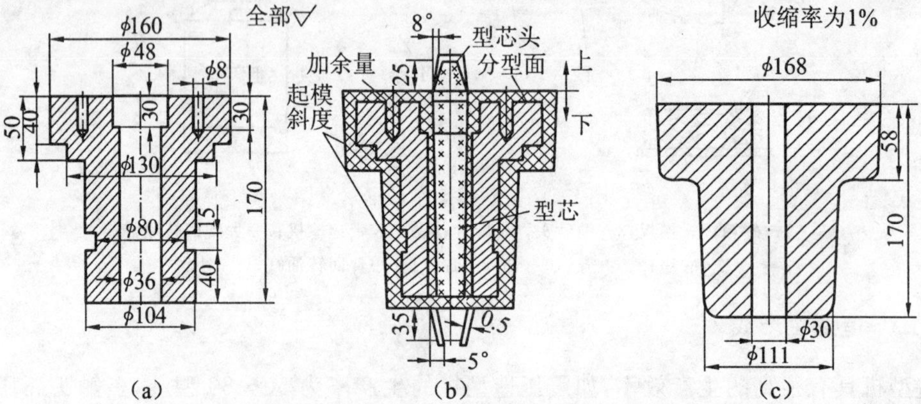

图7-7　衬套的零件图、铸造工艺图、铸件图

(a)零件图；(b)铸造工艺图；(c)铸件图

7.2.1　浇注位置的选择原则

铸件的浇注位置是指浇注时铸件在铸型中所处的位置。这个位置选择是否正确，对铸件质量影响很大。因此，在选择浇注位置时应考虑下列原则：

(1)铸件的重要工作面、主要的加工面应朝下或侧立放置。

这是因为气孔、非金属夹杂物及缩孔等容易出现在铸件的上面，而铸件的底面和侧立面的液体金属相对纯净，凝固后的铸件表面比较光洁。另外，在液体金属充填铸型时，下面的凝固速度快，最先结晶的是靠近铸型底部的铸件，而且下部的金属是在较高的静压力作用下结晶的，所以铸件下部的基体晶粒细小、组织致密，质量优于上部。

例如，机床床身铸件，重要的工作面是导轨部分，其浇注位置应当是把导轨部分放到最下面，如图7-8所示。图7-9所示是圆锥齿轮，因为齿牙部分的力学性能要求高，所以应将其放到下面。图7-10所示为内燃机汽缸套，要求汽缸套外圆部分的组织和力学性能均匀一致，故采用立浇方案，使其重要工作面和主要加工面位于侧面。

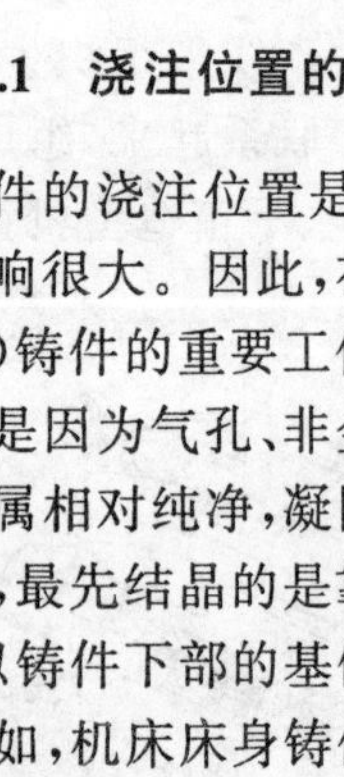

图7-8　C620床身浇注位置

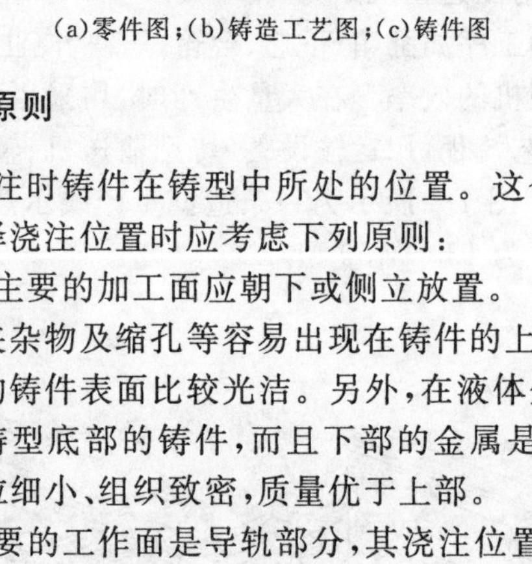

图7-9　圆锥齿轮浇注位置

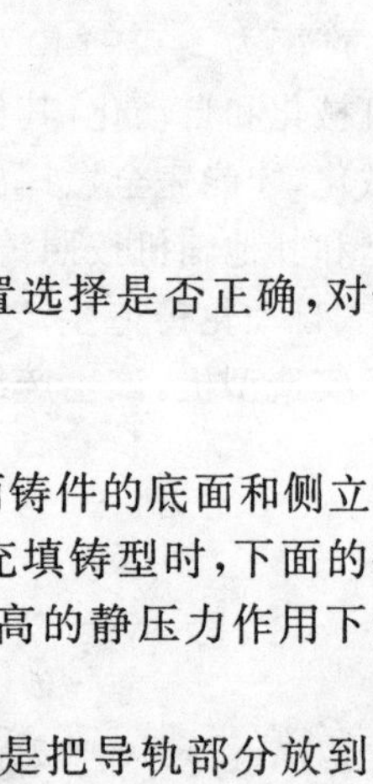

图7-10　汽缸套的浇注位置

(2)铸件的大平面应朝下，以免形成夹渣和夹砂等缺陷。

这是因为在浇注过程中，高温液体对铸型上表面有强烈的辐射作用，可能会引起铸型型腔表面拱起或裂纹，使铸件表面产生夹砂等缺陷，平面愈大这种现象愈严重。因此，应使这种大平面朝下，如图 7-11 所示。

(3)应将铸件薄而大的平面放在下部、侧面或倾斜位置，以利于合金液填充铸型。

在浇注薄壁件时要求金属液到达薄壁处所经过的路程或所需的时间愈短愈好，以防止出现浇不足和冷隔等缺陷。对流动性差的铸造合金应特别注意这个问题。图 7-12 所示为电机端盖的浇注位置。

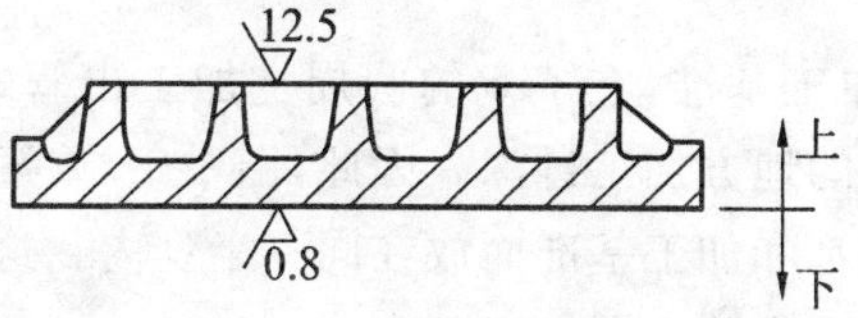

图 7-11　平板铸件

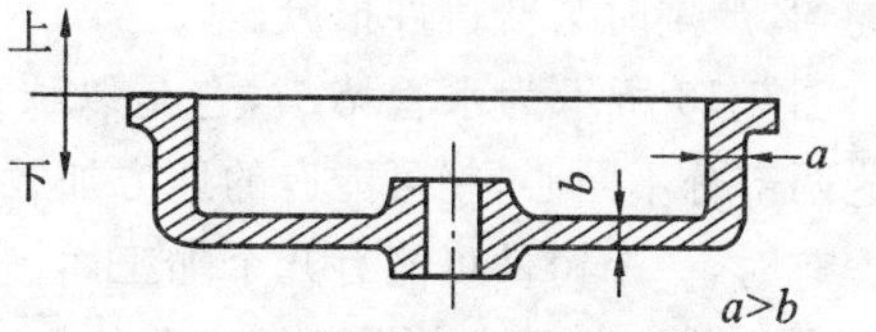

图 7-12　电机端盖浇注位置

(4)应将铸件的厚大部分放在上部或侧面，以获得组织致密、外形完整的铸件。

对于体收缩较大的合金，或壁厚不均匀而易形成缩孔和缩松以及对质量要求较高的铸件，浇注位置的选择应有利于实现顺序凝固。应把铸件的厚大部分置于铸件最上方或侧面，以便安置冒口和更好地发挥冒口的补缩效果，实现自下而上的顺序凝固，如图 7-13 所示。

(5)确定浇注位置时应尽量减少型芯的数量，要有利于型芯的安装、固定、检查和排气。

如图 7-14(a)所示的床腿，需要一个很大的型芯，从而增加了制模、造芯、烘干及合箱的工作量，铸件成本较高。图 7-14(b)所示的方案省去了专门制芯的工序，而是由一个自带型芯来代替，使造型工艺大大简化。图 7-14 中(b)方案比(a)方案合理，便于合箱，型芯固定可靠，排气方便。

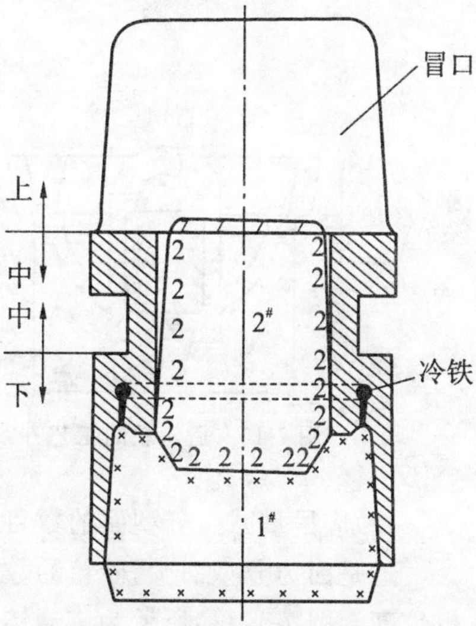

图 7-13　双排链轮的浇注位置(铸钢)

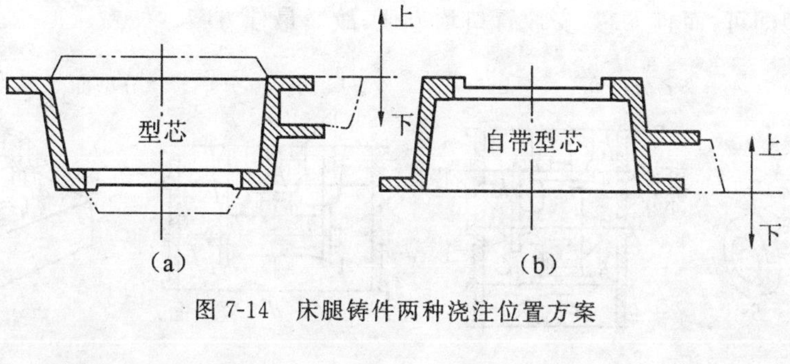

图 7-14　床腿铸件两种浇注位置方案

7.2.2　铸型分型面的确定原则

铸型的分型面是指两半铸型相互接触的表面。

分型面一般在确定浇注位置后再选择。但分析各种分型面方案的优劣之后,可能需重新调整浇注位置。生产中,浇注位置和分型面有时是同时确定的。分型面的优劣,在很大程度上影响铸件的尺寸精度、成本和生产率。因此,应仔细分析、对比,慎重选择。

(1)为了方便起模而不损坏铸型,分型面应选在铸件的最大截面上。

(2)尽可能使全部或大部分铸件,或者加工基准面与重要的加工面处于同一半型内,以防止错型,减小铸件尺寸偏差。

图 7-15 中的方案(2)是大量生产汽车后轮毂的实例。若按方案(1),由于加工基准 $\phi350$ 的圆周与铸件内孔分别由两个半型成型,合型时若发生错型(错箱),会造成加工后内孔的壁厚不均匀,严重时会使铸件报废。

图 7-16 所示为水管堵头,它是以顶部方头为加工基准,在 $\phi46$ 的圆周上加工出管螺纹。若这两部分不同心,就可能有的地方加工不到,而有的地方加工过深。因此,图中(c)方案较合理。有时,一个铸件可能有几个加工面,它们不可能都和加工基准面放在同一半型内。这时只能使大多数加工面或者保证较重要的加工面与加工基准面在同一半型内。

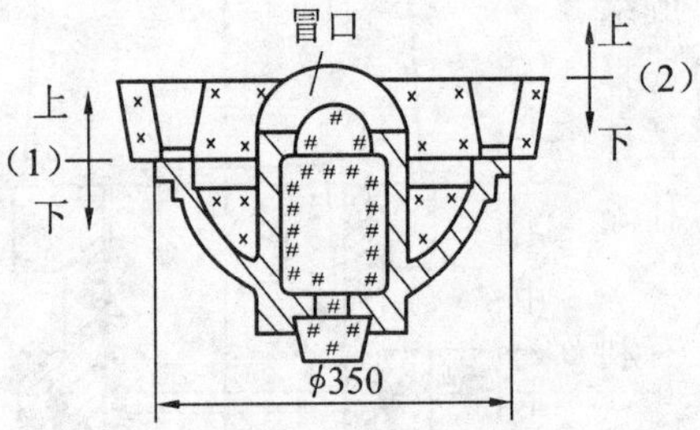

图 7-15　后轮毂的工艺方案

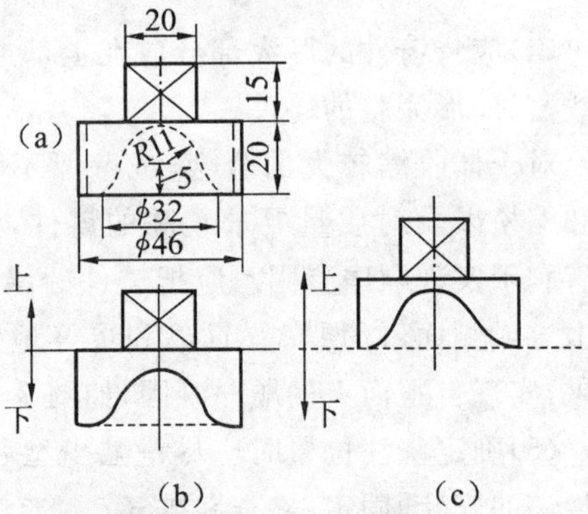

图 7-16　水管堵头件的分型面

(a)零件示意图;(b)不正确;(c)正确

(3)应尽量减少分型面的数目。

这是因为分型面少,砂箱的数量少,铸件尺寸的偏差就小,铸件精度容易保证,而且生产率也较高。图 7-17(a)所示为三通铸钢件,其内腔需采用型芯来形成,但不同的分型方案其分型面数量不同。当中心线 ab 垂直时,铸件有三个分型面,如图 7-17(b)所示,需四箱造型;cd 垂直时,有两个分型面,如图 7-17(c)所示,需三箱造型;ef 垂直时,仅一个分型面,如图 7-17(d)所示,两箱造型即可,而且下芯、安放冒口均方便,故属最佳方案。

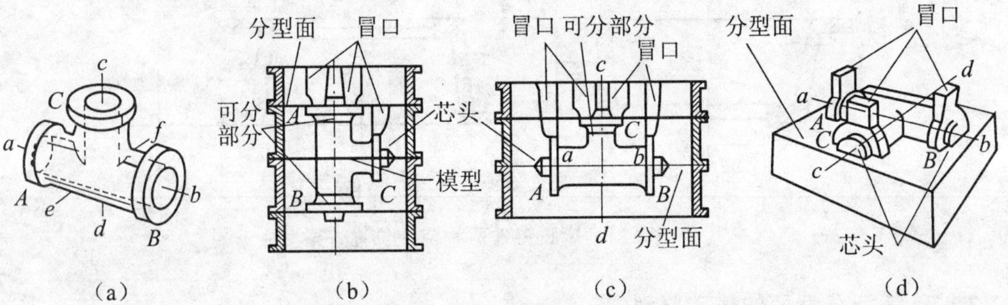

图 7-17　三通铸件的分型面选择

(a)铸件;(b)四箱造型;(c)三箱造型;(d)两箱造型

一般机器造型多采用一个分型面、两箱造型进行生产，在不便于起模的地方采用砂芯而不采用多箱造型和活块，如图 7-18 所示。

(4)分型面应尽量选用平面。

平直分型面可简化造型过程和模板制造，易于保证铸件精度，图 7-19 所示为起重臂铸件，如果选用顶视图，如图 7-19(a)所示的弯曲分型面，则须采用挖砂或假箱造型，不利于生产。正确的分型面方案应为图 7-19(b)所示，以平面为分型面。

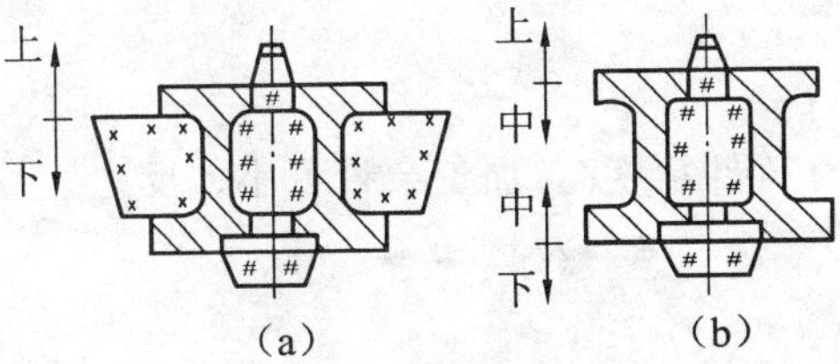

图 7-18 采用砂芯而不采用多箱造型

(a)合理；(b)不合理

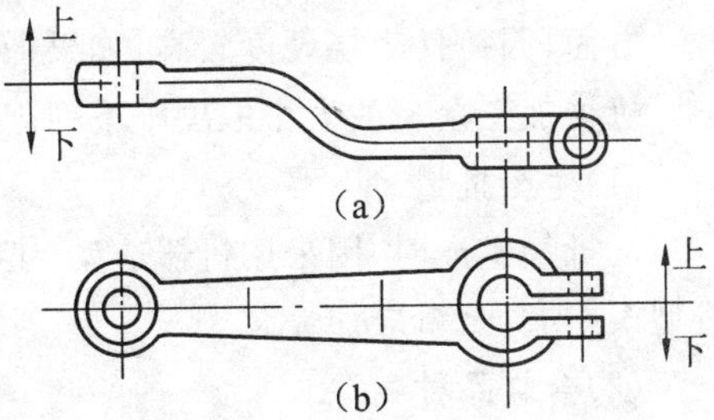

图 7-19 起重臂的分型面

(a)不合理；(b)合理

(5)分型面的选择应尽量减少型芯及活块的数量。

这是为了使制模、制芯、造型和合箱等工序简化，以提高生产率和铸件的力学性能。图 7-20 所示为一接头铸件，若按(a)图所示对称分型则必须制作型芯。但按(b)图分型，内孔可以自带型芯，这就简化了生产工艺，而且铸件披缝少，易清理，外形整齐美观。

(6)为便于造型、下芯、合箱及检验铸件壁厚，应尽量使型腔及主要型芯位于下箱。但下箱型腔也不宜过深，并且应力求避免使用吊芯和大的吊砂。

图 7-21 所示为一机床支柱铸件的两个分型方案。可以看出，方案(a)与方案(b)同样也便于在下芯时检查铸件的壁厚，但方案(b)型腔及型芯大部分位于下箱，上箱型腔浅，且形状简单，这样可降低上箱高度，有利于起模及翻箱操作。因此，方案(b)是合理的。

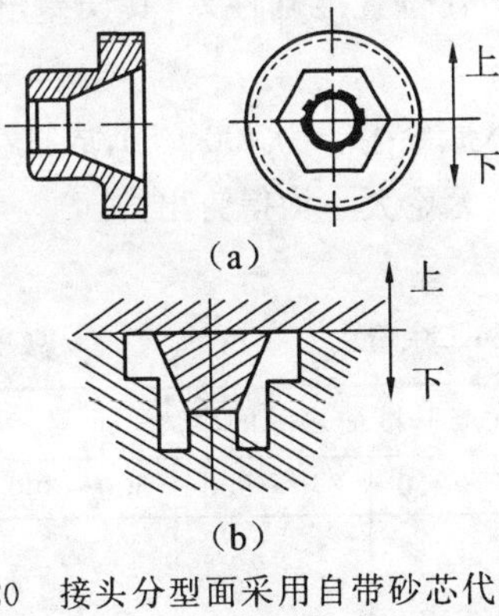

图 7-20 接头分型面采用自带砂芯代替砂芯

(a)不合理；(b)合理

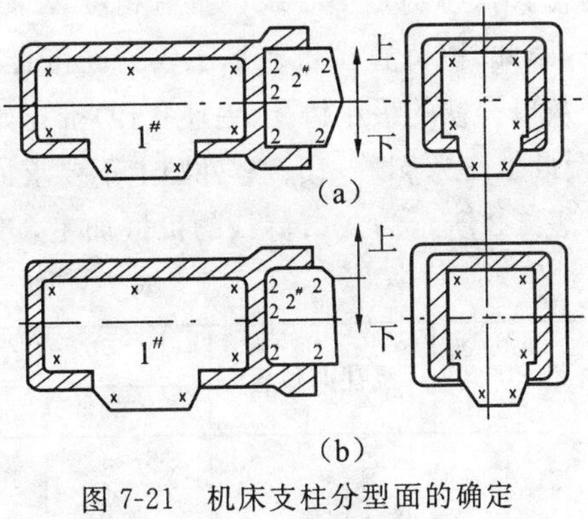

图 7-21 机床支柱分型面的确定

(a)不合理；(b)合理

7.3 铸造工艺参数的选择

铸造方案确定之后，还必须选定铸件的机械加工余量、收缩率和拔模斜度等工艺参数。

7.3.1 机械加工余量和铸孔

机械加工余量是指在铸件加工表面上留出的、准备用机械加工方法切去的金属层的厚度。

目的是获得精确的尺寸和光洁的表面,以符合设计的要求。

正确地确定加工余量是一项很重要的工作。因为过大的加工余量不仅会增加金属材料的消耗和机械加工的工作量。而且由于铸件表面层的金属组织一般较为致密,故力学性能、耐压和耐腐蚀性能都比较好,过大的加工余量就会使铸件加工后的表面质量下降。因此应尽量使铸件表面做到不加工或少加工。但机械加工余量也不能太小,这是因为一方面目前普通砂型铸造的铸件精度比较低,而且有时铸件还会产生变形和表面缺陷,这就要靠加工余量来弥补;另一方面,因铸件表层硬度较高,如果加工余量过小,将加速切削刀具的磨损。

机械加工余量的大小取决于下列因素:

(1)生产批量

大批量生产时,因采用机器造型,工艺装备齐全,铸件精度高,加工余量可小。反之,手工造型误差大,余量应加大。

(2)合金品种

铸钢件的表面粗糙,其加工余量应比铸铁大;有色合金价格昂贵,而铸件表面较光洁,其加工余量应比铸铁小。

(3)铸件尺寸

铸件愈大,误差愈大,其加工余量也应加大。

(4)加工面位置

浇注时朝上的表面缺陷多,其加工余量应比底面和侧面大。

(5)加工面与基准面的距离

加工面与基准面距离愈大,误差也愈大,加工余量也应加大。

铸件上的孔、槽是否需要铸出,不仅要考虑工艺上的可能性,尤其应结合铸件的批量分析其必要性。一般说来,较大的孔、槽应当铸出,以减少机械加工余量和减少铸件上的热节。较小的孔、槽,特别是中心线位置有精度要求的孔,由于铸孔位置准确性差,其误差虽经扩孔也难纠正,因此,留待直接机械加工较为经济合理。

灰口铸铁的最小铸孔(毛坯孔径)推荐如下:单件、小批量生产为 $\phi30\sim50$,成批生产为 $\phi15\sim30$,大量生产为 $\phi12\sim15$。零件图上不要求加工的孔、槽,无论大小均得铸出。

表7-3所示为灰口铸铁的机械加工余量。

表 7-3 灰口铸铁的机械加工余量 (单位:mm)

铸件最大尺寸	浇注时位置	加工面与基准面之间的距离					
		<50	50~120	120~260	260~500	500~800	800~1250
<120	顶面	3.5~4.5	4.0~4.5				
	底、侧面	2.5~3.5	3.0~3.5				
120~260	顶面	4.0~5.0	4.5~5.0	5.0~5.5			
	底、侧面	3.0~4.0	3.5~4.0	4.0~4.5			
260~500	顶面	4.5~6.0	5.0~6.0	6.0~7.0	6.5~7.0		
	底、侧面	3.5~4.5	4.0~4.5	4.5~5.0	5.0~6.0		
500~800	顶面	5.0~7.0	6.0~7.0	6.5~7.5	7.0~8.0	7.5~9.0	
	底、侧面	4.0~5.0	4.5~5.0	4.5~5.5	5.0~6.0	6.5~7.0	
800~1250	顶面	6.0~7.0	6.5~7.5	7.0~8.0	7.5~8.0	8.0~9.0	8.5~10
	底、侧面	4.0~5.5	5.0~5.5	5.0~6.0	5.5~6.0	5.5~7.0	6.5~7.5

7.3.2 铸造收缩率

由于合金在冷却过程中要发生固态收缩(线收缩),这将使铸件各部分尺寸小于模样原来的尺寸。因此,为了使铸件冷却后的尺寸与铸件图示尺寸一致,需要在模样或芯盒上加上其收缩的尺寸。加大的这部分尺寸为铸件的收缩量,一般用铸造收缩率表示。铸造收缩率计算公式如下:

$$K=[(L_{模样}-L_{铸件})/L_{模样}]\times 100\%$$

式中:$L_{模样}$——模样尺寸;

$L_{铸件}$——铸件尺寸。

在制造模样时,常用特制的“收缩尺”作量度工具。收缩尺的刻度比普通尺长一个收缩量,收缩尺分 0.8%、1%、1.5%、2%等各种规格,可根据实际需要选用。

铸造收缩率的大小除了和合金的种类与成分有关外,还和铸件收缩时是否受阻以及受到阻力的大小有关,如铸件的大小、结构形状、壁厚、铸型及型芯的容让性、浇冒口类型及开设位置、砂箱结构及箱带位置等,均对铸造收缩率影响很大。如果铸造收缩率选择不当,不仅影响铸件尺寸精度,甚至可能导致铸件报废。在实际生产中,应充分考虑到各种因素的影响,力求选择正确。表 7-4 为几种铁碳合金的体积收缩率。

表 7-4 几种铁碳合金的体积收缩率

合金种类	含碳量(%)	浇注温度(℃)	液态收缩(%)	凝固收缩(%)	固态收缩(%)	总体积收缩(%)
铸造碳钢	0.35	1610	1.6	3	7.8	12.4
白口铸铁	3.00	1400	2.4	4.2	5.4～6.3	12～12.9
灰口铸铁	3.50	1400	3.5	0.1	3.3～4.2	6.9～7.8

7.3.3 拔模斜度

为了在造型和制芯时便于起模而不致损坏砂型和砂芯,凡垂直于分型面的立壁,在制造模型时,必须留出一定的倾斜度,此斜度称为拔模斜度,如图 7-22 所示。

拔模斜度(α)的大小取决于垂直壁的高度、造型方法、模型材料等。垂直壁愈高,斜度愈小;机器造型的斜度应比手工造型小;铸件孔内壁的拔模斜度应比外壁大。拔模斜度的形式如图 7-23 所示。

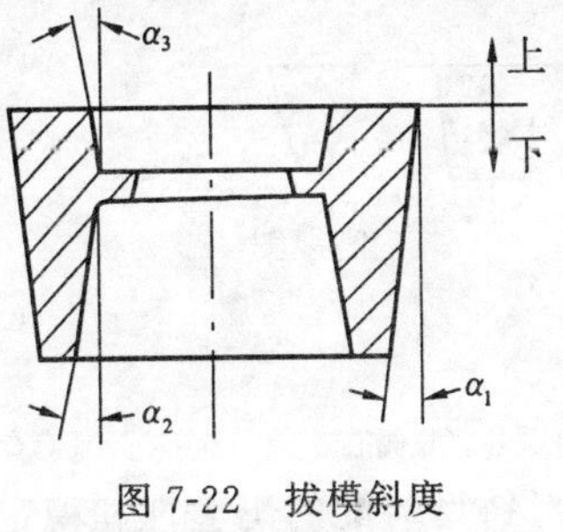

图 7-22 拔模斜度

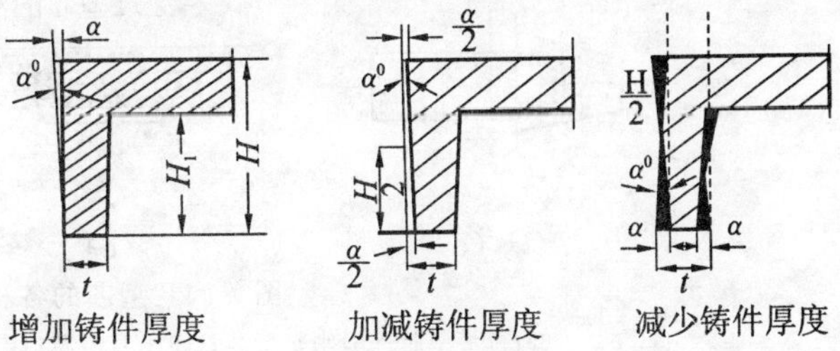

图 7-23 拔模斜度的形式

7.3.4 铸造圆角

制造模型和设计铸件时,壁的连接和转角处都要做成圆弧过渡,称为铸造圆角。铸造圆角在造型和浇注时,可避免铸型尖角损坏而形成砂眼,也可防止铸件交角处粘砂或由于应力集中而产生裂纹。有时零件上并不需要圆角,为了铸造工艺的需要,也要做成圆角,但铸型分型面处则不宜做成圆角。

铸造圆角有内、外之分,铸件上两壁相交构成内圆角,两面相交则形成外圆角。铸造圆角的大小,必须与铸件壁厚、表面的最小边尺寸和夹角的大小相适应。表 7-5 列举出夹角为 90°的铸造内圆角半径的部分数据,详细数据可查阅有关铸造方面的手册。

表 7-5　铸件的内圆角半径 R 值　　　　(单位:mm)

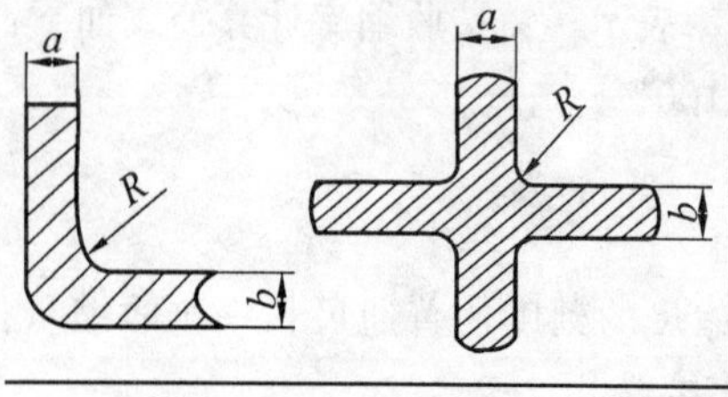

$(a+b)/2$	<8	8~12	12~16	16~20	20~27	27~35	35~45	45~60
铸铁	4	6	6	8	10	12	16	20
铸钢	6	6	8	10	12	16	20	25

7.3.5　型芯及其固定

在砂型铸造生产中,为了形成铸件的内腔形状或为了简化模型的外形,以制出铸件上妨碍起模的凸台、凹槽等,经常使用型芯。

型芯有多种形式,如图 7-24 所示。图中(a)为自带型芯(湿型芯),它是在起模后自然形成的,因此不需制芯、烘干、下芯等工序。显然,采用这种型芯可降低铸件成本,但它仅适用于型芯高度小于直径的特定条件下。图中其他型芯是通常的型芯,它们是由型芯盒制出,烘干后放入铸型之中。图中(b)为水平型芯,图中(c)为垂直型芯。图中(d)为悬臂型芯,其芯头较长,以平衡型芯的重量。图中(e)是盖在型腔上的型芯,称盖芯。它比吊在上箱上的型芯下芯省工、位置稳定,有时还可省略上箱,用于大批量生产。图中(f)为侧芯,用它可使铸件制出低于(或高于)分型面的孔、槽或凹台。

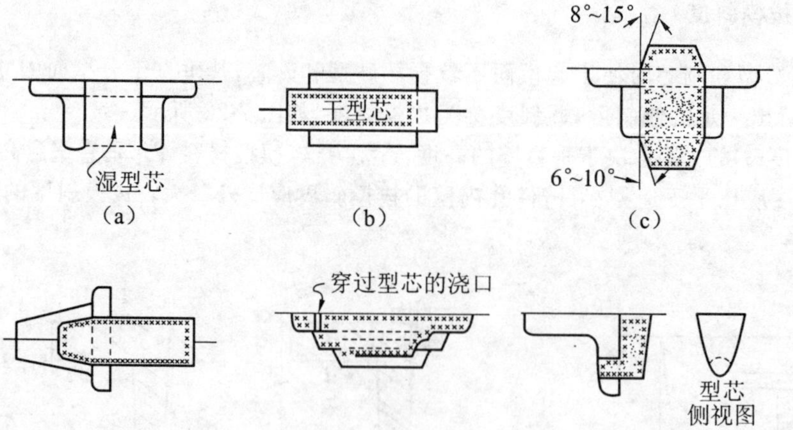

图 7-24　型芯的各种形式

(a)自带型芯;(b)水平型芯;(c)垂直型芯;(d)悬臂型芯;(e)盖芯;(f)侧芯

型芯是依靠型芯头来定位和排气的。型芯头的形状和尺寸对铸型装配的工艺性和稳定性有很大的影响。一般的型芯头可分为垂直芯头和水平芯头两大类。

垂直芯头一般都有上下芯头,如图 7-25(a)所示,但短而粗的型芯也可以不留出上芯头。芯头的高度 H 主要取决于型芯头的直径 d。芯头必须留有一定的斜度 α。下芯头斜度应小些(5°~10°),高度应大些,以便增强型芯的稳定性;而上芯头斜度应大些(6°~15°),高度应小些,以易于合箱。

水平芯头如图 7-25(b)所示,长度 L 主要取决于型芯头的直径 d 和型芯的长度。为便于下芯及合箱,铸型上的型芯座端部也应留有一定斜度 α。悬臂型芯头必须做得比较长而大,以平衡支持型芯,防止型芯下垂或被液体金属抬起。

型芯头与铸型型芯座之间应留有1～4mm间隙(S),以便于铸型的装配。

有些型芯仅仅依靠型芯头尚难以牢固地定位,此时可用型芯撑来加固,如图7-26所示。但型芯撑虽可与浇入金属相熔合,但常因熔合不牢或附近产生气孔使铸件发生渗漏。同时,型芯撑还影响加工表面的表面质量。因此,有耐压要求的铸件和加工表面,通常不用型芯撑。

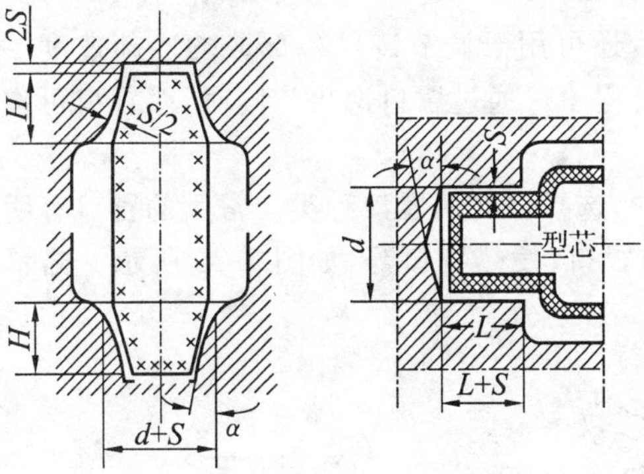

(a) (b)

图7-25 型芯头的构造

(a)垂直芯头;(b)水平芯头

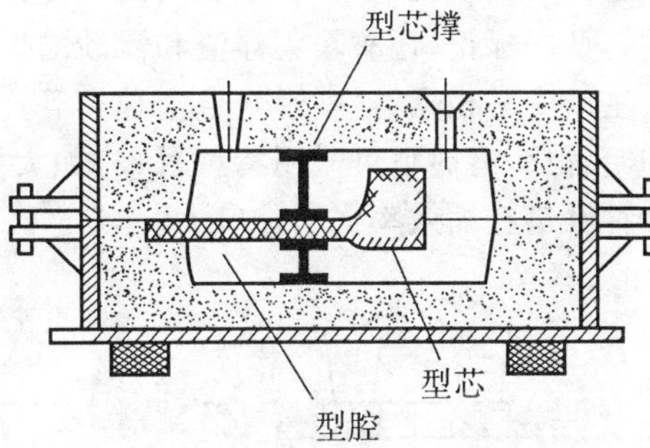

图7-26 型芯撑的应用

7.3.6 浇注系统、冒口和冷铁

7.3.6.1 浇注系统

浇注系统是引导金属液进入铸型的一系列通道的总称。铸铁件浇注系统的典型结构如图7-27所示,它是由浇口杯(外浇口)、直浇道、横浇道和内浇道等部分组成。它们各自的作用分别叙述如下。

(1)浇口杯

浇口杯主要的作用是方便浇注、缓和金属液对铸型的冲击、挡住部分熔渣杂质进入直浇道,形状多为漏斗形或池形。

(2)直浇道

直浇道主要用来调节金属液流入型腔的速度和对型腔的压力。直浇道愈高,则金属液流入型腔的速度愈快,对型腔产生的压力也愈大。其形状一般为上大下小的圆锥体。

(3)横浇道

横浇道除了将金属液分流到各个内浇口外,主要作用是挡渣。由于横浇道是水平的,金属液体较长距离的水平流动,使熔渣易于向上浮起。其常用的截面形状为梯形、圆形及半圆形等。为加强挡渣作用,亦可在横浇道内安放过滤网,或做成节流式,或在末端设集渣包。

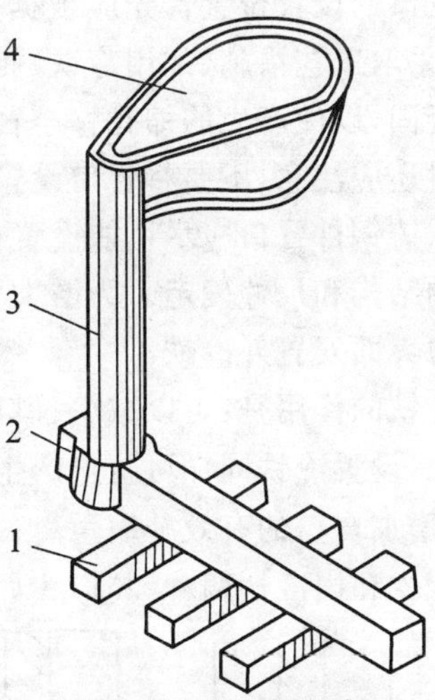

图7-27 浇口的组成

1—内浇道;2—横浇道;3—直浇道;4—浇口杯

(4)内浇道

内浇道的主要作用是控制金属液体充填铸型的速度与方向,并且控制铸件的冷却速度与凝固方式。其截面形状有扁平梯形、三角形、方梯形及半圆形等,以扁平梯形为主。

目前，在铸造生产中常用的浇注系统有顶注式、底注式、中注式和多层式几种。

7.3.6.2　冒口和冷铁

在铸造工艺设计时，为防止铸件产生缩孔、缩松等铸造缺陷，保证铸件质量，除正确设计浇注系统外，还应在铸件的厚实部位设置冒口，并按顺序凝固原则使冒口最后凝固；而在铸件的厚薄交接处常常按同时凝固原则设置冷铁来加速冷却。

冒口的作用主要是在铸件凝固期间进行补缩，还可用于调节铸件各部分的冷却速度。明冒口还具有出气孔的作用，型腔内的气体在浇注过程中可通过冒口逸出。同时，明冒口可作为浇满铸型的标记，还有聚集浮渣和浮砂的作用。

生产中常根据铸件结构、合金种类等具体条件，选择不同的冒口种类。常用的冒口有明冒口和暗冒口，有时也可采用特种冒口，如大气压力冒口、发热冒口等，如图 7-28 所示。暗冒口和特种冒口补缩效率比明冒口大。

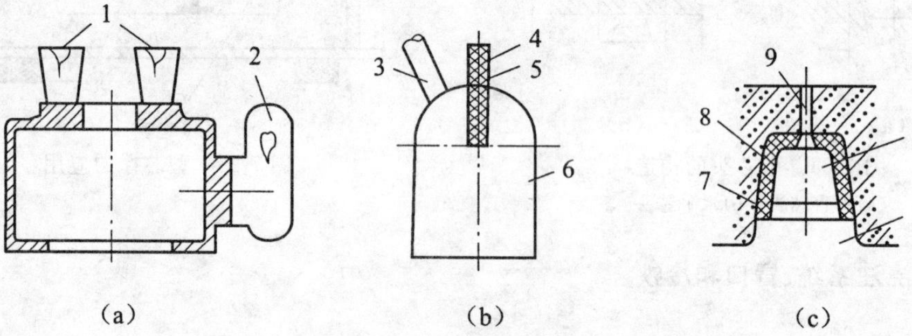

图 7-28　常见冒口种类

(a)明冒口和暗冒口；(b)大气压力冒口；(c)发热冒口

1—明冒口；2、6、10—暗冒口；3—出气孔；4—砂芯出气孔；5—大气压砂芯；

7—砂圈；8—发热套；9—出气孔；11—铸件

冒口的设置位置首先应根据产生缩孔的位置来选定。凡易产生缩孔的位置都应设置冒口，并采取工艺措施(如用冷铁)使铸件远离冒口处先凝固，然后逐渐凝固至冒口处，冒口金属最后凝固，以使产生的缩孔移至冒口内。冒口在铸件落砂后清理时去除。在确定冒口的设置位置时还应注意，不要将冒口设置在铸件重要的或受力较大的部位，以防组织粗大，降低该处强度。铸钢件冒口应尽可能设置在加工面上，以减少清理冒口的工作量。冒口的数量应根据铸件的结构和尺寸确定。为增大冒口的有效补缩距离，减少冒口数量，还可同时在冒口作用区域的边界面安置外冷铁。

冷铁的作用是：可以减少冒口的数量和尺寸，提高金属利用率；在铸件难以设置冒口的厚实部位，设置冷铁同样可防止产生缩孔和缩松；在铸件的适当部位安放冷铁可控制铸件的凝固顺序，增加冒口的有效补缩距离；使用冷铁可消除局部热应力，防止裂纹的产生。常用的冷铁有外冷铁和内冷铁两种，其形式如图 7-29 所示。

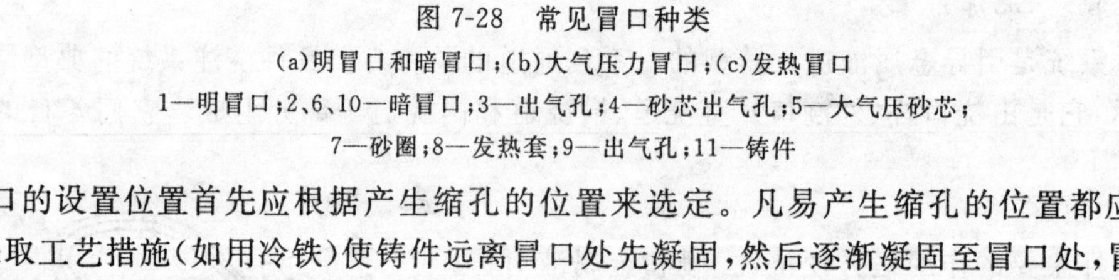

图 7-29　常见冷铁形式

(a)、(b)、(c)外冷铁形式；(d)内冷铁形式

冷铁一般放置在铸件壁厚过大,需较快凝固或铸件的热节部位。冷铁在铸型中固定要可靠,使用前表面应除锈蚀和水油等污物,外冷铁还要上涂料。对承受高温、高压和质量要求很高的铸件,不宜用内冷铁。内冷铁在铸件加工后不得暴露。冷铁的尺寸和数量与铸件结构、壁厚、形状尺寸、热节圆的直径及合金种类等因素有关。尤其外冷铁厚度十分重要,太薄只在凝固初期起微弱的激冷作用,甚至与铸件熔合在一起,太厚则铸件易裂。一般外冷铁厚度为铸件壁厚的 0.5～0.7 倍或凸台厚度的 0.8 倍左右。圆钢外冷铁直径取值接近于铸件壁厚。

7.3.7　铸造工艺图中工艺符号及其表示方法

铸造工艺图上分型面、机械加工余量、型芯、活块、浇注系统等工艺符号的表示方法如表 7-6 所示。

表 7-6　铸造工艺图中符号及其表示方法

名　称	符　号	说　明
分型面	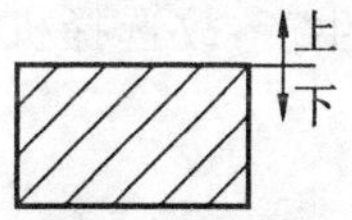	用箭头和红线或蓝线表示
机械加工余量	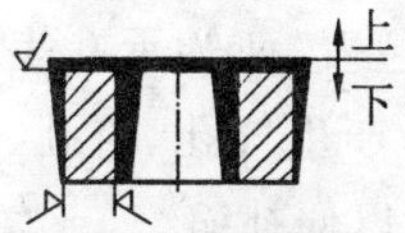	用红线画出轮廓,剖面处全涂以红色(或细网纹格),加工余量值用数字表示,有起模斜度时,一并画出
不铸出的孔和槽	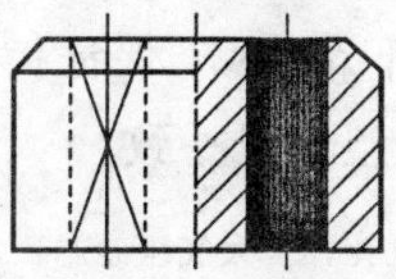	用红色“×”表示,剖面处涂以红色(或以细网格表示)
型芯	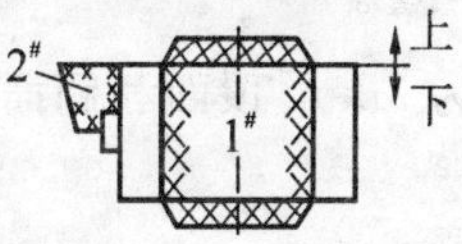	用蓝线画出芯头,注明尺寸,不同型芯用不同剖面线,型芯应按下芯顺序编号
活块	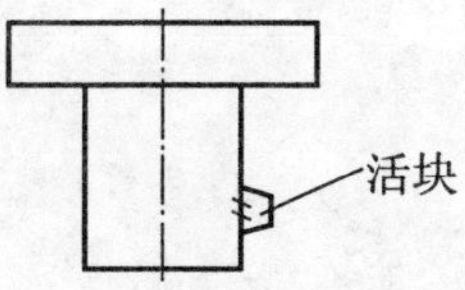	用红线表示,并注明“活块”
型芯撑	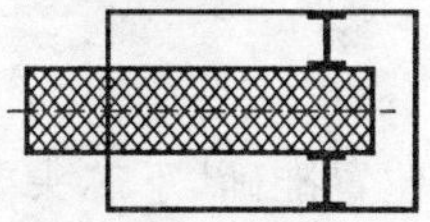	用红色或蓝色表示
浇注系统	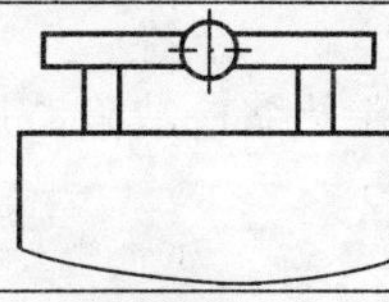	用红线画出,并注明主要尺寸
冷铁	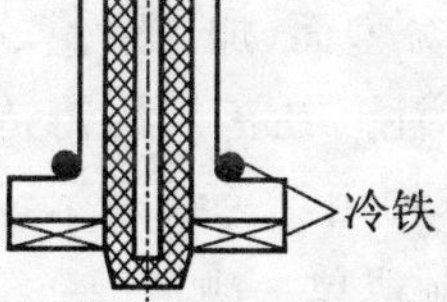	用绿色或蓝色画出,注明“冷铁”

7.3.8 铸造工艺图的绘制及工艺分析举例

铸造工艺图是在零件图上以规定的红、蓝等色符号表示铸造工艺内容所得到的图形,它决定了铸件的形状、尺寸、生产方法和工艺过程。因此,铸造工艺图是铸造生产过程的指导性文件。

现以车轮轮毂零件为例,说明绘制铸造工艺图的步骤。

(1)分析铸件质量要求和结构特点

车轮毂是和车轮一起做旋转运动并支撑车身,两内孔($\phi90$ 和 $\phi100$)装有轴承,是加工要求最高的表面,不允许有任何铸造缺陷。其形状尺寸要求如图 7-30 所示。

轮毂结构为带法兰盘的圆套类零件。铸件主要壁厚为 14mm,法兰盘厚度为 19mm。法兰盘和轮毂本体相交处形成厚实的热节区。法兰盘上有五个 $\phi35$、厚度为 34mm 的凸台,也是最厚实的部分。

(2)铸件重 13.6kg,材料为孕育铸铁 HT200,大批量生产,故选择机器造型(芯)。若生产量很少可用手工造型(芯)。

(3)选择浇注位置和分型面

浇注位置有两种方案:第一种是轮毂(轴线)呈垂直位置,两轴承孔表面处于直立位置,易于保证质量;第二种是轮毂呈水平位置,两轴承孔表面易产生气孔、渣孔、砂眼等缺陷,故此方案不合理。因此,这里选择第一种方案,并使法兰盘朝上以便补缩。

分型面选在法兰盘的上平面处,使铸件大部分位于下箱,便于保证铸件精度,合型前便于检查壁厚是否均匀、型芯是否稳固,同时使浇注位置与造型位置一致。

(4)确定工艺参数

①加工余量

根据生产条件,参照有关表格确定加工余量,底面为 3mm,顶面和侧面为 4mm。

②拔模斜度

铸件外壁设计时已带有结构斜度,不必另设拔模斜度。

③不铸孔

法兰盘上五个 $\phi18$ 小孔与其余小螺纹孔不铸。

④铸造收缩率

按灰口铸铁自由收缩取 1%。

(5)设计型芯

整个铸件只需中间一个直立型芯,为保证四根肋条位置准确,下芯头要求定位。

(6)设计浇、冒口系统

对于灰口铸铁件,可以采用压边冒口,以避免出现缩孔及缩松缺陷。压边冒口安在轮毂上部厚实处,压边宽度 4mm。铁水由浇口经过冒口进入型腔。

(7)绘制铸造工艺图

如图 7-30 所示,图中粗实线为零件图;细实线表示分型面、加工余量、拔模斜度、不铸孔及型芯;浇、冒口系统则以双点画线表示;收缩率以文字标注。在正规的铸造工艺图中除了型芯和冷铁的轮廓线用蓝色线表示外,其余的铸造工艺符号均用红色线表示。如果铸造工艺图需长期保存或大量复制,也可用墨线绘制在描图纸上,晒制成单一颜色线条的铸造工艺图。

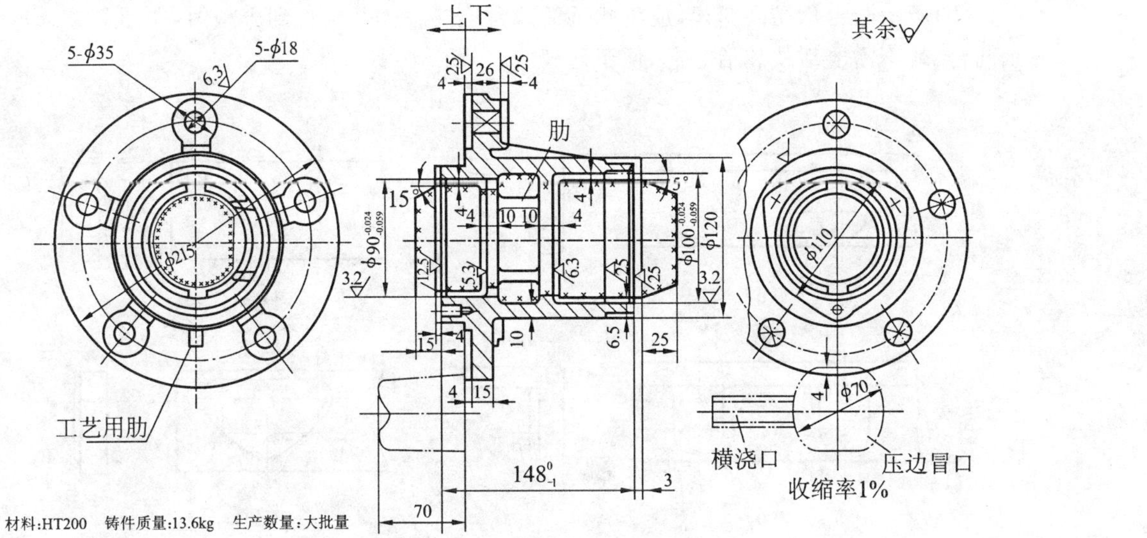

图 7-30　车轮轮毂铸造工艺图

7.4　铸件的结构设计

在进行铸件结构的设计时，除了要保证铸件的工作性能和力学性能要求外，还必须考虑铸造生产的工艺性，使合理的铸件结构与生产工艺相适应，以提高生产率和经济效益。为此，设计者必须了解铸造工艺的各个环节和合金的铸造性能要求，以便经济合理地生产铸件。

7.4.1　铸造工艺对铸件结构的要求

在满足零件工作要求的前提下，铸件的结构设计应尽量地使制模、造型、制芯、装配、合箱和清理等过程简化，以便保证铸件质量、节约工时、降低成本，并为铸件的机械化生产创造条件。因此在设计铸件的外形和内腔时，必须考虑以下几方面的问题：

7.4.1.1　铸件的外形必须力求简单，造型方便

(1)避免外部侧凹

铸件在起模方向上若有侧凹，必须增加分型面的数量，这样不仅使砂箱数量和造型工时增加，也使铸件容易产生错型，影响铸件的外形和尺寸精度。如图 7-31(a)所示的端盖，由于上下法兰的存在，使铸件产生侧凹，铸件具有两个分型面，所以必须采用三箱造型，或增加环状外型芯，使造型工艺复杂。改为图 7-31(b)所示结构，取消了上部法兰，使铸件只有一个分型面，可采用两箱造型，这样可以显著提高造型效率。

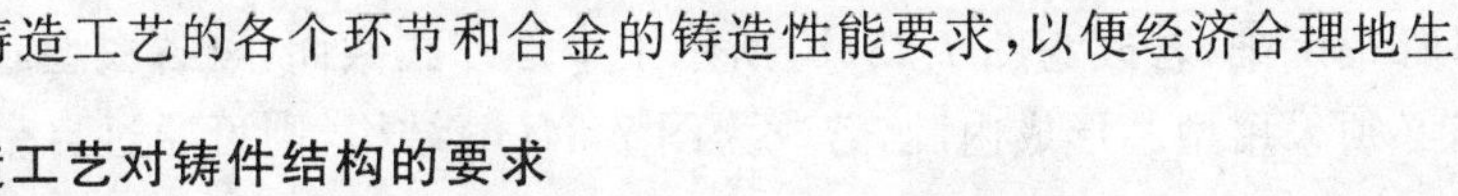

(a)　　(b)

图 7-31　端盖的设计

(2)凸台、肋板的设计

设计铸件侧壁上的凸台、肋板时，要考虑到起模方便，尽量避免使用活块和型芯。图 7-32

(a)、(b)所示凸台均妨碍起模，应将相近的凸台连成一体并延长到分型面，如图7-32(c)、(d)所示凸台，就不需要活块和活型芯，便于起模。

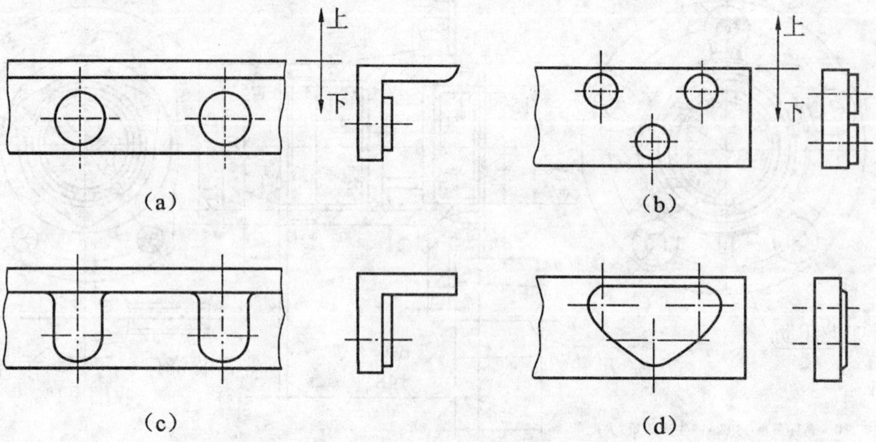

图7-32　凸台的设计

7.4.1.2　合理设计铸件内腔

铸件的内腔通常由型芯形成，型芯处于高温金属液的包围之中，工作条件恶劣，极易产生各种铸造缺陷。故在铸件内腔的设计中，应尽可能地避免或减少型芯。

(1)尽量避免或减少型芯

图7-33(a)所示悬臂支架采用方形中空截面，为形成其内腔，必须采用悬臂型芯，型芯的固定、排气和出砂都很困难，若改为图7-33(b)所示工字形开式截面，可省去型芯。图7-34(a)带有向内的凸缘，必须采用型芯形成内腔，若改为图7-34(b)结构，则可通过自带型芯形成内腔，使工艺过程大大简化。

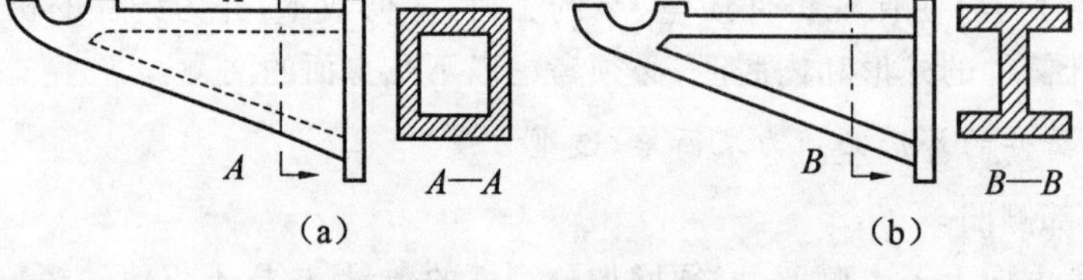

图7-33　悬臂支架

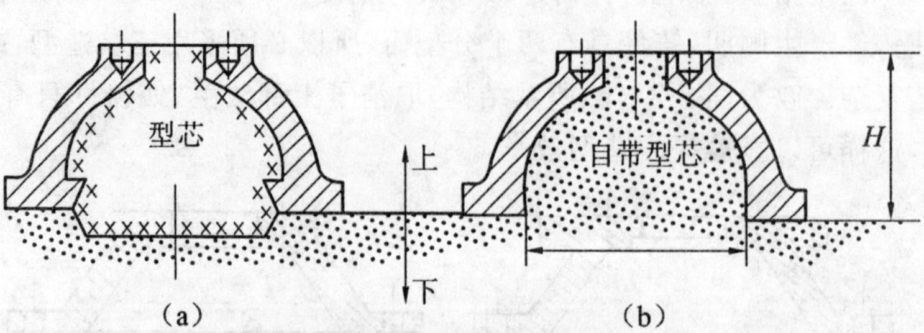

图7-34　内腔的两种设计

(a)不合理；(b)合理

(2)型芯要便于固定、排气和清理

型芯在铸型中的支撑必须牢固，否则型芯容易经不住浇注时金属液的冲击而产生偏芯缺陷，造成废品。如图 7-35(a)所示轴承架铸件，其内腔采用两个型芯，其中较大的呈悬臂状，需用型芯撑来加固。如将铸件的两个空腔打通，改为图 7-35(b)所示结构，则可采用一个整体型芯形成铸件的空腔，型芯既能很好地固定，而且下芯、排气、清理都很方便。

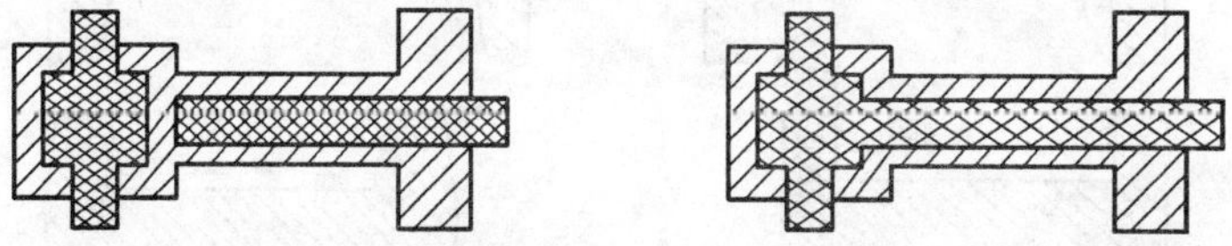

(a) (b)

图 7-35 轴承架铸件

(a)不合理;(b)合理

(3)应避免封闭内腔

图 7-36(a)所示铸件为封闭空腔结构，其型芯安放困难、排气不畅、无法清砂、结构工艺性极差。若改为图 7-36(b)所示结构，上述问题迎刃而解，结构设计是合理的。

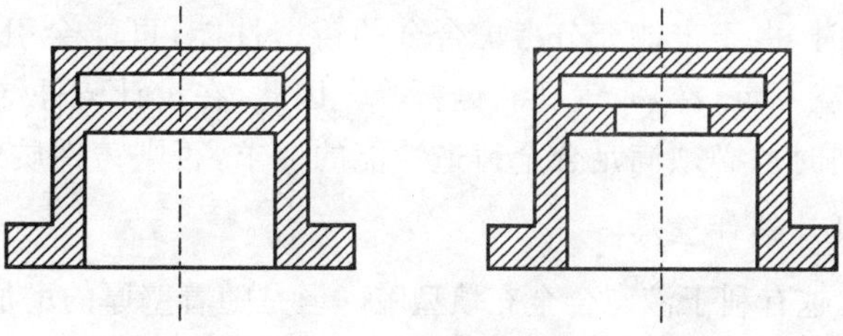

(a) (b)

图 7-36 铸件结构避免封闭内腔示意图

(a)不合理;(b)合理

7.4.1.3 分型面尽量平直

分型面如果不平直，造型时必须采用挖砂或假箱造型，而这两种造型方法生产率低。图 7-37(a)所示杠杆铸件的分型面是不直的，改为图 7-37(b)所示结构，分型面变成平面，方便了制模和造型，分型面设计是合理的。

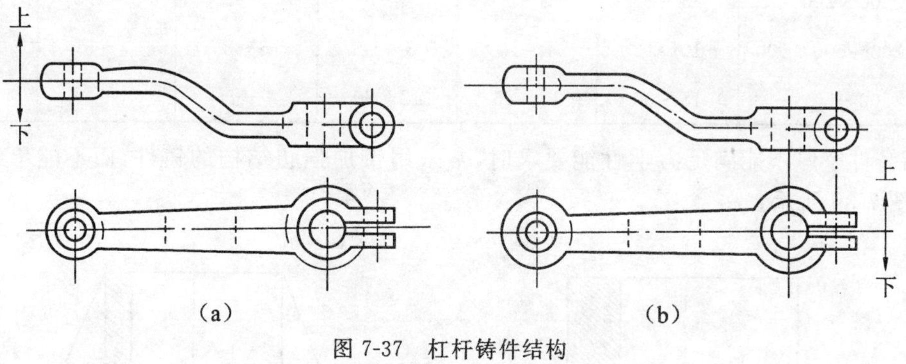

(a) (b)

图 7-37 杠杆铸件结构

(a)不合理;(b)合理

7.4.1.4 铸件要有结构斜度

铸件垂直于分型面的不加工表面，应设计出结构斜度，图 7-38(a)所示为无结构斜度的不合理结构。而图 7-38(b)所示结构，在造型时容易起模，不易损坏型腔，是合理的。

铸件的结构斜度和起模斜度不能混淆。结构斜度是在零件的非加工面上设置的，直接标注在零件图上，且斜度值较大。起模斜度是在零件的加工面上设置的，在绘制铸造工艺图或模样图时使用，切削加工时将被切除。

图 7-38 铸件结构斜度

(a)不合理;(b)合理

7.4.2 合金铸造性能对铸件结构的要求

在铸件结构设计时,由于未能充分考虑合金的铸造性能,可能会引起许多铸造缺陷,如缩孔、缩松、变形、裂纹、浇不足、冷隔、气孔和偏析等。因此,在设计铸件结构时,除了考虑造型工艺等方面的要求外,同时也必须满足合金铸造性能的要求,否则铸件质量就不能保证。

7.4.2.1 合理设计铸件壁厚

铸件的壁厚越大,越有利于液态合金充填型腔。但是随着壁厚的增加,铸件心部的晶粒越来越粗大,而且凝固收缩时没有金属液的补充,易产生缩孔、缩松等缺陷,其承载力并不随着壁厚的增加而成比例地提高。铸件壁厚减小,有利于获得细小晶粒,但不利于液态合金充填型腔,容易产生冷隔、浇不足等缺陷。为了获得完整、光滑的合格铸件,铸件壁厚设计应大于该合金在一定铸造条件下所能得到的"最小壁厚"。表 7-7 列出了砂型铸造条件下铸件的最小壁厚。

表 7-7 砂型铸造铸件最小壁厚的设计 (单位:mm)

铸件尺寸	铸钢	灰口铸铁	球墨铸铁	可锻铸铁	铝合金	铜合金
<200×200	5~8	3~5	4~6	3~5	3~3.5	3~5
200×200~500×500	10~12	4~10	8~12	6~8	4~6	6~8
>500×500	15~20	10~15	12~20	—	—	—

当铸件壁厚不能满足力学性能要求时,常采用带加强肋结构的铸件,而不能单纯增加壁厚,如图 7-39 所示。

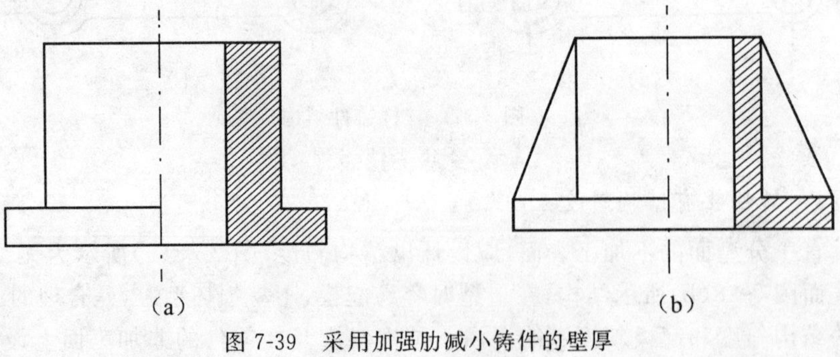

图 7-39 采用加强肋减小铸件的壁厚

(a)不合理;(b)合理

7.4.2.2　壁厚应尽可能均匀

铸件各部分壁厚若相差过大，将在局部厚壁处形成金属积聚的热节，导致铸件产生缩孔、缩松等缺陷。同时，不均匀的壁厚还将造成铸件各部分的冷却速度不同，冷却收缩时各部分相互阻碍，产生热应力，易使铸件薄弱部位产生变形和裂纹，如图 7-40 所示。因此在设计铸件时，应力求做到壁厚均匀。所谓壁厚均匀，是指铸件的各部分具有冷却速度相近的壁厚，故内壁的厚度要比外壁厚度小一些。

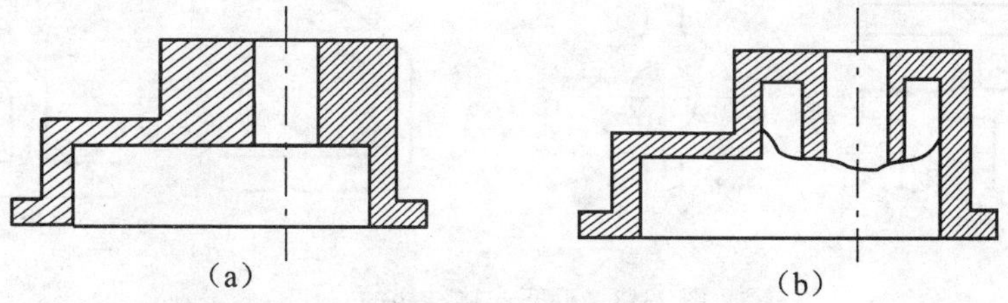

图 7-40　铸件的壁厚设计

(a)壁厚不均匀；(b)壁厚均匀

7.4.2.3　铸件壁的连接方式要合理

(1)铸件壁之间的连接应有结构圆角。直角转弯处易形成冲砂、砂眼等缺陷，同时也容易在尖锐的棱角部分形成结晶薄弱区。此外，直角处还因热量积聚较多(热节)容易形成缩孔、缩松，如图 7-41 所示。因此要合理地设计内圆角和外圆角。铸造圆角的大小应与铸件的壁厚相适应。

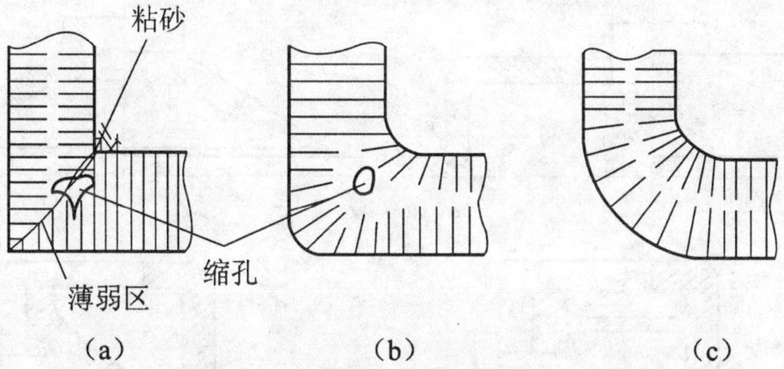

图 7-41　直角与圆角对铸件质量的影响

(a)不好；(b)较差；(c)良好

(2)铸件壁厚不同的部分进行连接时，应力求平缓过渡，避免截面突变，以减小应力集中，防止产生裂纹，如图 7-42 所示。

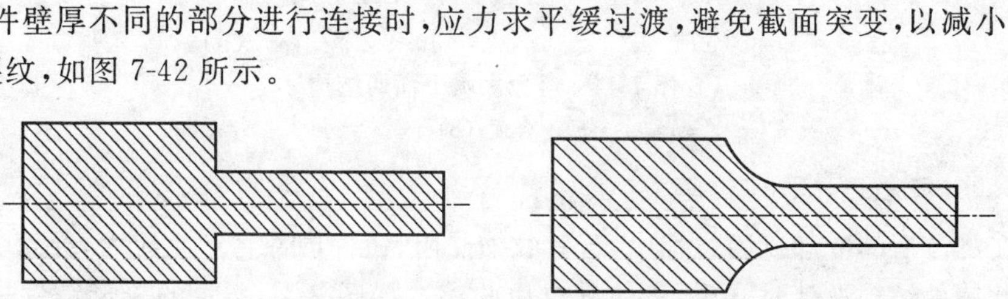

图 7-42　铸件壁厚的过渡形式

(a)不合理；(b)合理

(3)连接处避免集中交叉和锐角。两个以上的壁连接处热量积聚较多，易形成热节，铸件容易形成缩孔。因此当铸件两壁交叉时，中、小铸件应采用交错接头，大型铸件应采用环形接头,如图7-43(c)所示。当两壁必须锐角连接时,应采用图7-43(d)所示的过渡形式。

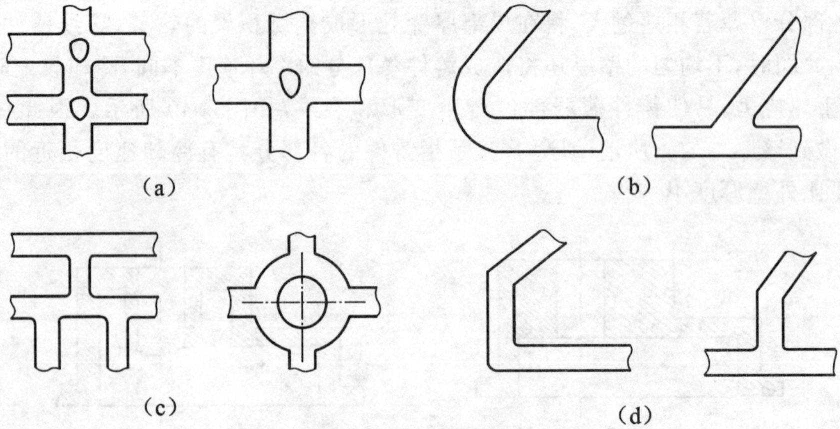

图7-43 壁间连接结构的对比

(a)不合理;(b)不合理;(c)合理;(d)合理

7.4.2.4 避免大的水平面

铸件上的大平面不利于液态金属的充填,易产生浇不足、冷隔等缺陷。而且大平面上方的砂型受高温金属液的烘烤,容易掉砂而使铸件产生夹砂等缺陷;金属液中的气孔、夹渣上浮并滞留在上表面,产生气孔、渣孔。如将图7-44(a)的水平面改为图7-44(b)的斜面则可减少或消除上述缺陷。

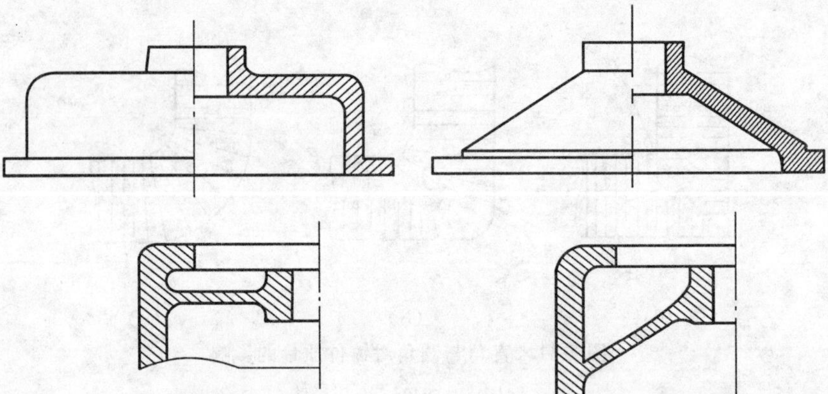

图7-44 避免大水平面的结构

(a)不合理;(b)合理

7.4.2.5 避免铸件收缩受阻

铸件在浇注后的冷却凝固过程中,若其收缩受阻,铸件内部将产生应力,导致变形、裂纹的产生。因此铸件结构设计时,应尽量使其自由收缩。如图7-45所示的轮形铸件,轮缘和轮毂较厚,轮辐较薄,铸件冷却收缩时,极易产生热应力。图7-45(a)轮辐对称分布,虽然制作模样和造型方便,但因收缩受阻易产生裂纹,改为图7-45(b)所示奇数轮辐或图7-45(c)所示弯曲轮辐,可利用铸件微量变形来减少内应力。

以上介绍的只是砂型铸造铸件结构设计的特点,在特种铸造方法中,应根据不同的铸造方法及其特点进行相应的铸件结构设计。

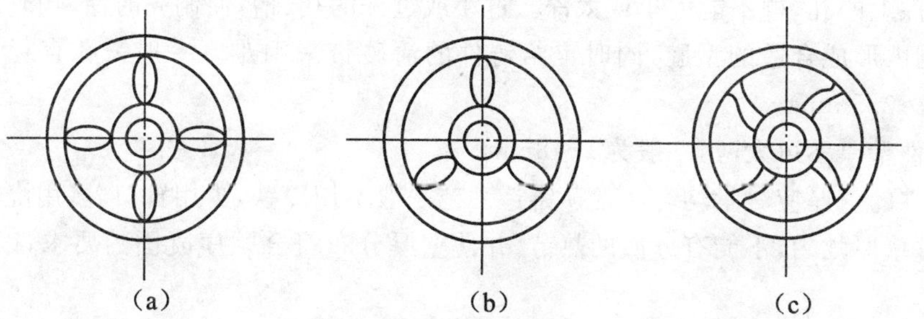

图 7-45 轮辐的设计
(a)不合理;(b)合理;(c)合理

7.4.3 不同铸造方法对铸件结构的要求

对于采用特种铸造方法生产的铸件,不同的铸造方法对铸件结构有着不同的要求。设计采用特种铸造方法生产的铸件结构时,除了考虑上述铸件结构的合理性和铸件结构的工艺性等一般原则外,还必须充分考虑不同特种铸造方法的特点所决定的一些特殊要求。

7.4.3.1 熔模铸件

(1)便于蜡模的制造。如图 7-46(a)所示铸件的凸缘朝内,注蜡后无法从压型中取出型芯,使蜡模制造困难,而改成图 7-46(b)所示结构,把凸缘取消则可克服上述缺点。

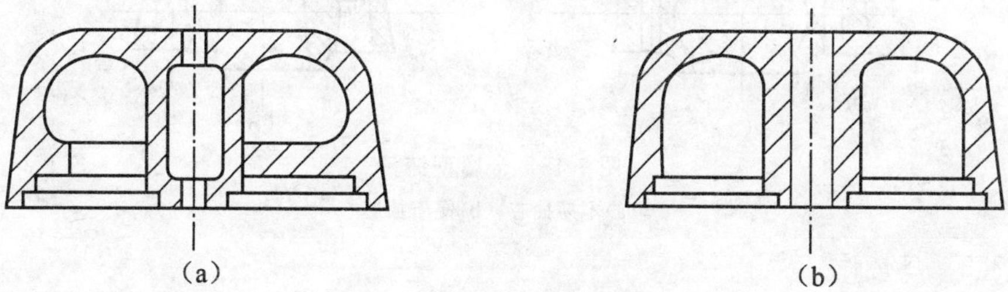

图 7-46 便于抽出型芯的设计
(a)不合理;(b)合理

(2)尽量避免大平面结构。由于熔模铸造的型壳高温强度较低,型壳易变形,而大面积平板型壳的变形尤甚。故设计铸件结构时,应尽量避免采用大的平面。当因功能所需必须有大的平面时,应在大平面上设计工艺肋或工艺孔,以增强型壳的刚度,如图 7-47 所示。

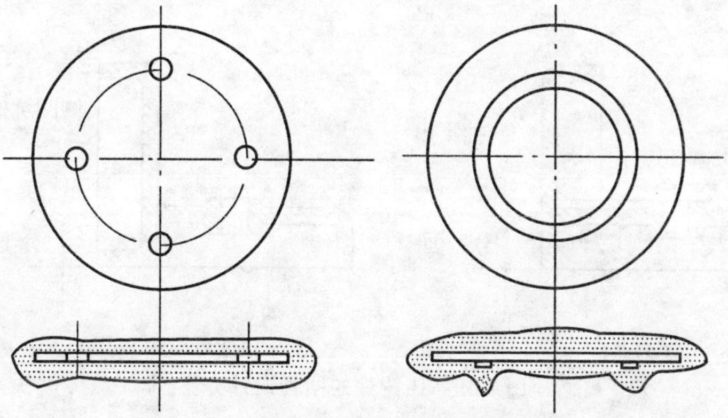

图 7-47 大平面上的工艺孔和工艺肋

(3)铸件上的孔、槽不能太小或太深。过小或过深的孔、槽,使制壳时涂料和砂粒很难进入蜡模的孔洞内形成合适的型腔,同时也给铸件的清砂带来困难。一般铸孔直径应大于2mm(薄件壁厚>0.5mm)。

(4)铸件壁厚不可太薄,一般为2～8mm。

(5)铸件的壁厚应尽量均匀。熔模铸造工艺一般不用冷铁,少用冒口,多用浇口直接补缩,故要求铸件壁厚均匀,不能有分散的热节,并使壁厚分布符合顺序凝固的要求,以便利用浇口补缩。

7.4.3.2 金属型铸件

(1)铸件结构一定要保证能顺利出型。由于金属型铸造的铸型和型芯采用金属制作,故铸型和型芯都不具有退让性,且导热性好,铸件冷却速度快。为保证铸件能从铸型中顺利取出,铸件结构斜度应较砂型铸件大。图7-48是一组合理结构和不合理结构的示例。

(2)金属型导热快,为防止铸件出现浇不足、缩松、裂纹等缺陷,铸件壁厚要均匀,但不能过薄(Al-Si合金壁厚为2～4mm,Al-Mg合金壁厚为3～5mm)。

(3)铸孔的孔径不能过小、过深,以便于金属型芯的安放和抽出。通常铝合金的最小铸出孔径为8～10mm,镁合金和锌合金的孔径均为6～8mm。

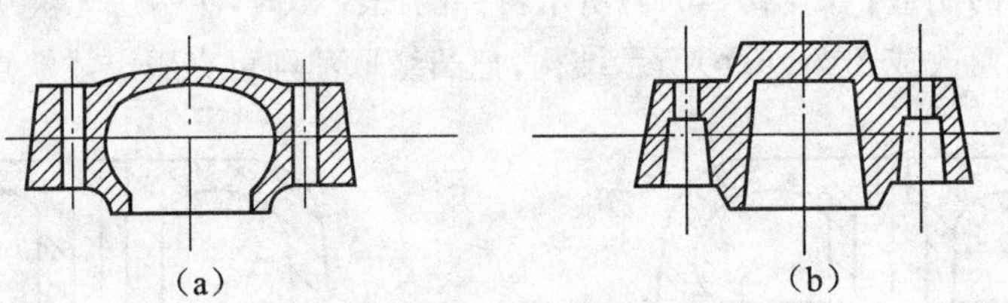

图7-48 金属型铸件

(a)不易抽芯;(b)便于抽芯

7.4.3.3 压铸件

(1)压铸件上应尽量避免侧凹和深腔,以保证压铸件从压型中顺利取出。图7-49所示的压铸件的两种设计方案中,图7-49(a)的结构因侧凹朝内,侧凹处无法抽芯。若改为图7-49(b)结构后,侧凹朝外,可按箭头方向抽出外型芯,这样铸件便可从压型中顺利取出。

(2)应尽可能采用薄壁并保证壁厚均匀。由于压铸工艺的特点,金属浇注和冷却速度都很快,厚壁处不易得到补缩而形成缩孔、缩松。压铸件适宜的壁厚,锌合金为1～4mm,铝合金为1.5～5mm,铜合金为2～5mm。

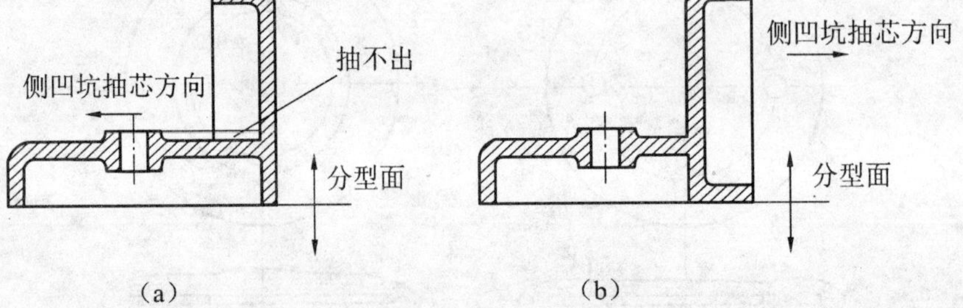

图7-49 压铸件的两种设计方案

(a)不合理;(b)合理

(3)对于复杂而无法取芯的铸件或局部有特殊性能(如耐磨、导电、导磁和绝缘等)要求的铸件，可采用镶嵌铸法，把镶嵌件先放在压型内，然后和压铸件铸合在一起。为使镶嵌件在铸件中连接可靠，应将镶嵌件镶入铸件部分制成凹槽、凸台或滚花等。

复习思考题

7.1 型砂应具备哪些性能？这些性能对铸件质量有哪些影响？

7.2 何谓浇注位置？选择浇注位置时应注意的原则有哪些？

7.3 何谓铸型分型面？确定分型面的原则有哪些？

7.4 浇注系统由哪几部分组成？它们各自有哪些作用？

7.5 何谓冒口？冒口的作用是什么？

7.6 试对图 7-50 轴座铸件选择两个可能的分型面，用符号表示在图上，并比较其优缺点。然后按你认为最好的分型面用符号表示出浇注位置、加工余量、拔模斜度和型芯的轮廓，并指出造型方法。

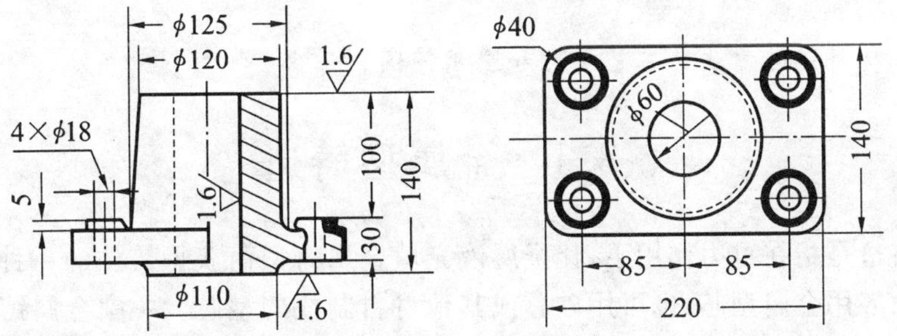

图 7-50

7.7 什么是铸件的结构斜度？它与拔模斜度有何不同？

7.8 图 7-51 中所示铸件结构有何缺点？如何改进？

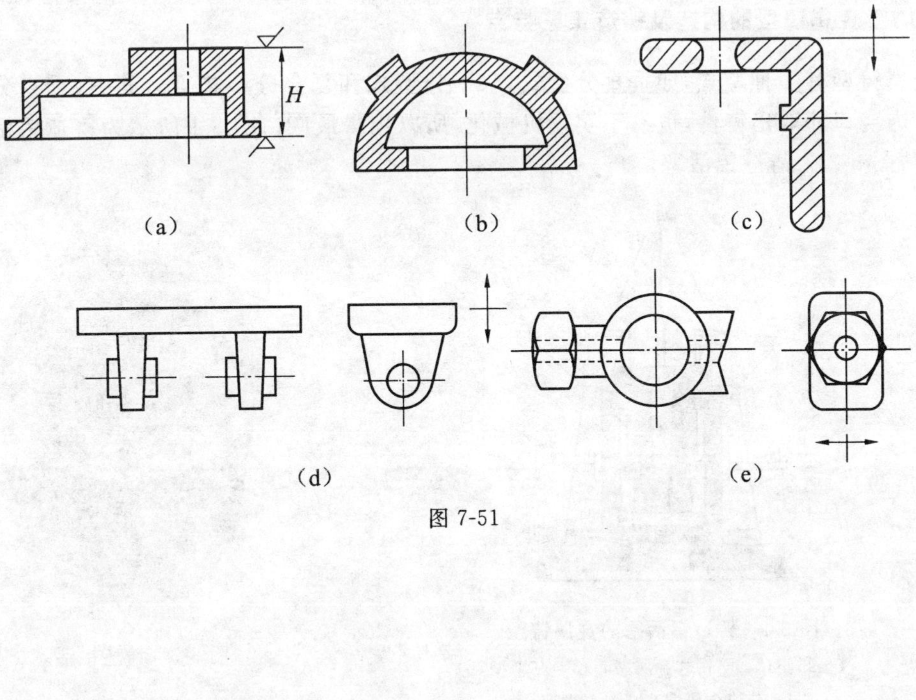

图 7-51

8 特种铸造

【教学提示】

特种铸造是指与普通砂型铸造不同的一些铸造方法。本章重点介绍金属型铸造、压力铸造、低压铸造、离心铸造、熔模铸造、陶瓷型铸造、消失模铸造、挤压铸造、半固态铸造等。每种特种铸造方法在提高铸件精度、降低表面粗糙度、改善合金性能、提高劳动生产率、改善劳动条件和降低铸件成本等方面，各有其优越之处。近些年来，特种铸造在我国发展特别迅速，方法也日益增多，在铸造生产中占有相当重要的地位。

【教学要求】

了解各种特种铸造方法的工艺特点和应用范围。

8.1 金属型铸造

金属型铸造是指在重力作用下，让金属液充填金属铸型而获得铸件的一种铸造方法。金属型铸造一般多用金属型芯，也可用砂芯或其他材料制成的型芯。一副金属铸型可浇注几百次乃至数万次，故也称永久型铸造。使用金属铸型省掉了造型工序，和砂型铸造相比大大提高了生产效率。由于受铸型使用寿命的限制，金属型铸造主要用于铝合金、锌合金、镁合金、铜合金铸件的生产。

8.1.1 金属铸型的构造及铸造工艺特点

金属铸型有多种型式，如垂直分型式、水平分型式和复合分型式等。其中，垂直分型式便于开设内浇口和取出铸件，也易于实现机械化，所以用得最广。图 8-1 所示为铸造铝活塞的金属铸型，图 8-2 为铸造铝活塞。

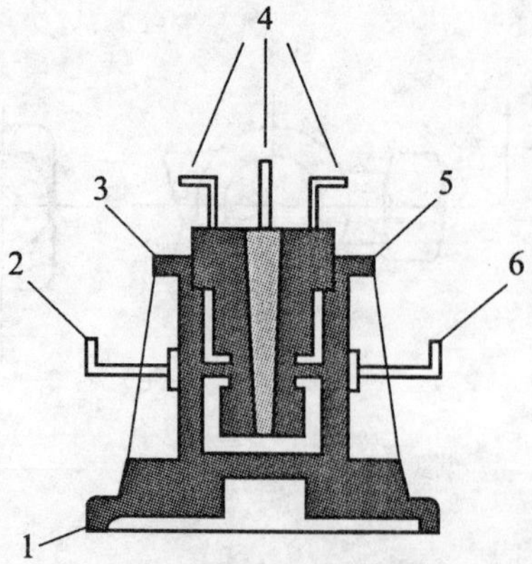

图 8-1 铸造铝活塞的金属铸型

1—底座；2、6—销孔金属型芯；3—左半型；4—分块金属型芯；5—右半型

图 8-2 铸造铝活塞

金属铸型导热速度快、无退让性、无透气性，耐火性比型砂差，易产生浇不足、冷隔、裂纹及白口等缺陷。金属铸型反复受灼热金属液的冲刷，寿命会降低，应采用相应的工艺措施。

8.1.1.1　喷刷涂料

(1)隔绝液态金属与金属型型腔的直接接触，方便铸件出型。

(2)避免高温液体金属直接冲刷金属铸型型腔表面，减弱液体金属对铸型热冲击的作用，延长铸型的使用寿命。

(3)减缓铸件的冷却速度，防止铸件产生裂纹和白口组织等缺陷。

8.1.1.2　金属铸型应保持合适的工作温度

对金属铸型要预热才能使用，预热温度为铸铁件250～350℃，有色金属件100～250℃。预热的目的是减缓铸型对金属的激冷作用，利于金属液的充型，避免铸件产生浇不足、裂纹或白口等缺陷，减小所浇金属与铸型的温差，提高铸型的寿命。

8.1.1.3　控制出型时间

浇注后出型太晚，铸型会阻碍铸件收缩而使其产生裂纹，增大取件和抽出型芯的难度。但出型过早也会影响铸件成形，使铸件变形过大。通常出型时间为10～60s。

8.1.1.4　浇注灰口铸铁件要防止产生白口组织

灰口铸铁件壁厚应大于15mm，铁水中的C、Si总量应高于6%，涂料中应掺有硅铁粉，以使铸件表面的含硅量稍高而减弱白口倾向，铸件出型后应缓冷。对于已经产生白口组织的铸件要利用铸件的自身余热及时进行退火处理。

8.1.2　金属型铸造的特点和应用范围

(1)一型多铸，节省造型材料、设备及工时，生产效率高，便于自动化生产。

(2)简化了工序，易实现机械化和自动化操作，生产效率高，改善了劳动条件。

(3)金属型的热导率和热容量大，浇入的金属液冷却速度快于砂型铸造，所得铸件组织致密，晶粒细小，力学性能优于砂型铸造。但它又使金属液较快地丧失了流动性，降低了金属液充填铸型的能力。

(4)铸件尺寸精度高，能获得较高尺寸精度IT6～IT9级和较低表面粗糙度R_a 12.5～6.3μm的铸件，并且质量稳定性好，废品率低，工艺出品率高。

(5)铸型制造周期长、成本高、工艺要求严格，易出现大量同一缺陷的废品，多用于生产有色金属。

(6)金属型无透气性，必须采取措施导出型腔中的气体。

(7)金属型无退让性，铸件凝固时易产生裂纹和变形，不适用于热裂倾向大的合金，同时铸件应尽早从型腔中取出。

金属型铸造适用于熔点较低的有色金属的大批量生产铸件或形状不太复杂的尺寸较精确的中小型铸件，特别在铝、镁合金成批或大量生产中应用最广泛，如飞机、汽车、内燃机等用的铝合金活塞、汽缸体、汽缸盖、水泵壳体及铜合金轴瓦、轴套等。黑色金属类铸件只限于简单的中、小型铸铁件。在航空工业中为追求铸件高质量，可做较复杂铸件，并不受生产批量的限制。金属型铸造有时也可用于某些铸铁和铸钢件生产。

8.2 压力铸造

压力铸造简称压铸，它是将熔融的金属在高压(30～70MPa)下，快速(充型时间为0.1～0.2s)地压入金属型(压型)中，并在压力下凝固，以获得铸件的方法。

8.2.1 压铸机及其工艺过程

压铸是在压铸机上进行的。压铸机的种类繁多，但其工作原理类似。图8-3所示为热室式压铸机。图8-4为热室式压铸机的工作原理，图中左半部为储存金属液的保温炉及压射机构，金属液通过压室上小孔进入压室，并保持必要的液面高度。压铸时，金属液在压射柱塞的推动下，经固定半型(静型)的浇口压入型腔。图中右半部分为合型机构，其活塞可带动另外半型(动型)做水平移动，以开合压型；合型机构的另一作用是在压铸时顶住压型，以防高压的金属液自分型面漏出。压铸机的规格通常以其合型力的吨位来表示。由于热室式压铸机的压室长时间浸渍在金属液之中，因此，仅可用于低熔点合金(如锌、镁、铅)的压铸。目前广泛应用的是冷室式压铸机，由于这种压铸机的压室不包括坩埚炉，仅是在倾入金属的短暂时间内接触金属液，故称冷室式压铸机。冷室式压铸机是以高压油来驱动的，其合型力比热室式压铸机大，通常为0.25～2.5MN，主要用来压铸铝、铜等熔点较高的合金铸件。图8-5为其压铸工艺过程。

图8-3　热室式压铸机

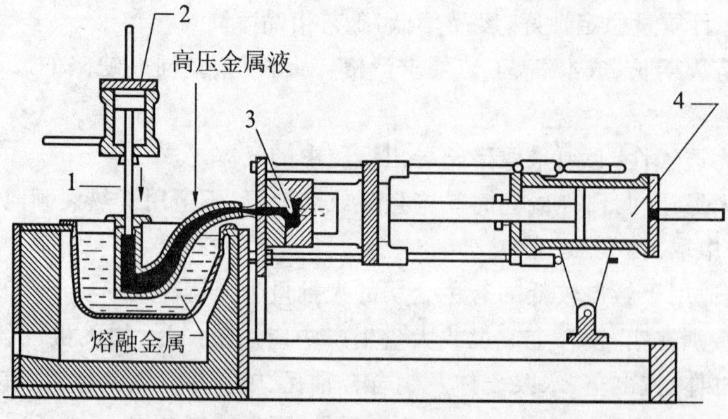

图8-4　热室式压铸机工作原理

1—柱塞；2—压射汽缸；3—压型型腔；4—开合压型汽缸

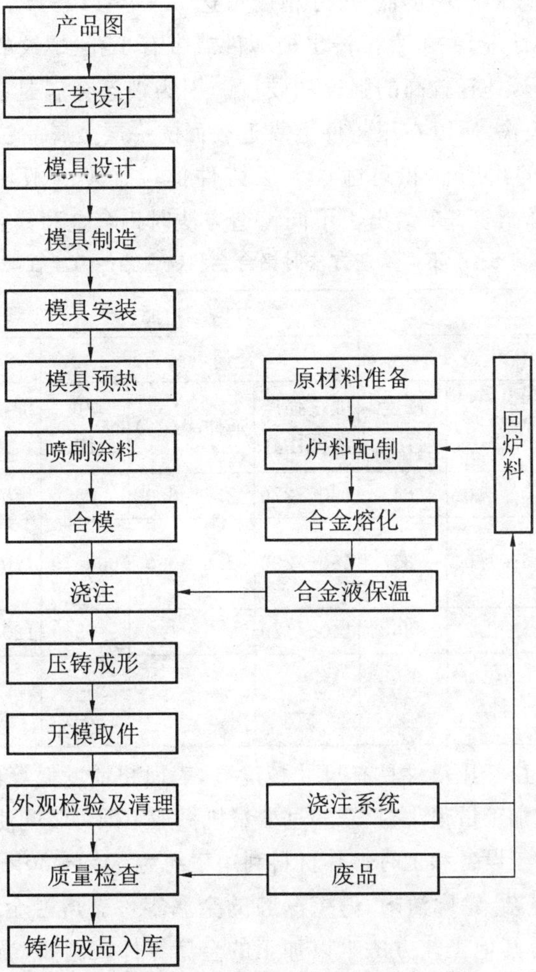

图 8-5　冷室式压铸机压铸工艺过程

(1)注入金属——将动型闭合，金属型芯及用于顶出铸件的推杆伸到相应的部位。金属液经小孔倾注入压室中。

(2)压入金属——压射柱塞向前推进，将金属液压入压型中。

(3)开型——向外抽出金属型芯，动型向后平移而开型。由于开型过程中顶杆未动作，于是在顶杆的作用下，铸件被推出压型。

压型是压铸重要而关键的工艺装备，其结构复杂而精密。为承受高温、高速金属液的冲刷，必须选用专用的合金工具钢来制造，并需进行严格的热处理。压铸时，压型应保持 120～280℃的工作温度，并喷刷涂料。

8.2.2　压力铸造的特点及适用范围

与其他铸造方法相比，压力铸造有其自身的特点：

(1)生产率极高。压铸生产易实现机械化和自动化操作，生产周期短，效率高，适用于大批量生产。在所有铸造方法中，压铸是生产率最高的一种方法。例如，一般冷压室压铸机平均每班可压铸 600～700 次，小型热室压铸机平均每班可压铸 3000～7000 次。另外，压铸寿命长。一副压型压铸铝合金寿命可达几十万次，甚至上百万次。

(2)铸件的精度高,表面粗糙度低,尺寸精度可达IT11～IT13,R_a值可达3.2～0.8μm,有时达0.4μm。产品互换性好,并可直接铸出极薄件或带有小孔、螺纹的铸件。

(3)压铸件组织致密,具有较高的强度和硬度。因为液态金属是在高压下凝固的,又因充型时间很短,冷却速度极快,所以在压铸件上靠近表面的一层金属晶粒较细,组织致密,使表面硬度提高,并具有良好的耐磨性和耐蚀性。压铸件抗拉强度一般比砂型铸件提高25%～30%,但延伸率有所下降。表8-1给出了不同铸造方法时铝合金和镁合金的力学性能。

表8-1　不同铸造方法时铝合金和镁合金的力学性能

合金	力学性能								
	压力铸造			金属型铸造			砂型铸造		
	抗拉强度 σ_b(MPa)	延伸率(%)	硬度(HBS)	抗拉强度 σ_b(MPa)	延伸率(%)	硬度(HBS)	抗拉强度 σ_b(MPa)	延伸率(%)	硬度(HBS)
铝硅合金	200～250	1.0～2.0	84	180～220	2.0～6.0	65	170～190	4.0～7.0	60
铝硅合金(含铜0.8%)	200～230	0.5～1.0	85	180～220	2.0～3.0	60～70	170～190	2.0～3.0	65
铝合金	200～220	1.5～2.2	86	140～170	0.5～1.0	65	120～150	1.0～2.0	60
镁合金(含铝10%)	190	1.5	—	—	—	—	150～170	1.0～2.0	—

(4)材料利用率高。由于压铸件具有尺寸精度高,表面粗糙度低等优点,一般不再进行机械加工而直接装配使用,或加工量很小,只需经过少量机械加工即可装配使用。这既提高了金属利用率,又减少了大量的加工设备和工时。其材料利用率约为60%～80%,毛坯利用率达90%。

(5)可以制造形状复杂、轮廓清晰、薄壁深腔的金属零件。熔融金属在高压高速下保持高的流动性,因而能够获得其他工艺方法难以加工的金属零件。例如,当前锌合金压铸件最小壁厚可达0.3mm,铝合金铸件可达0.5mm,最小铸出孔直径为0.7mm,可铸出的螺纹最小螺距为0.75mm。

(6)压铸机费用高,压型铸造成本高昂、工艺准备时间长,因此不适宜单件、小批量生产。

(7)由于压型寿命原因,目前压铸尚不适用于钢、铸铁等高熔点合金的铸造。

(8)压铸件内部存有气孔、缩孔和缩松等缺陷。这是由金属浇注和冷凝速度过快,型腔内气体难以完全排出,厚壁处得不到补缩所致。因此,在压铸件的设计和使用中,应注意如下几个方面的问题:

①为防止缩孔、缩松等缺陷,应使铸件壁厚均匀,并以3～4mm薄壁铸件为宜,最大壁厚应小于6～8mm。

②因气孔是在高压下形成的,因此,压铸件不能进行热处理或在高温下工作。否则,气体受热膨胀,可导致铸件发生变形或破坏。

③由于铸件内部疏松,所以塑性、韧性差,不适于制造承受冲击件。

④尽量避免机械加工,以防内部孔洞外露。

近些年来,人们已研究出真空压铸、加氧压铸等新工艺,它们可减少铸件中的气孔、缩孔、缩松等缺陷,提高铸件力学性能。同时,由于压型材料的改善,黑色金属压铸也取得一定程度的发展。因此,压铸的使用范围在日益扩大。

压力铸造是近代加工工艺中发展较快的一种高效率、少或无切削的金属成形精密铸造方法。由于上述压力铸造的优点，这种工艺方法已广泛应用在国民经济的各行业中，压铸件除用于汽车和摩托车、仪表、工业电器外，还广泛地应用于家用电器、无线电、通信、机床、运输、造船、照相机、计算机、纺织器械等行业。图 8-6 为铝合金压铸件。

图 8-6　铝合金压铸件

目前，压铸方法可用于生产铝、锌、镁、铜等合金。由于目前尚缺乏理想的耐高温模具材料，黑色金属的压铸受到限制，其应用尚处于研究试验阶段。

8.3　低压铸造

低压铸造是介于金属型铸造和压力铸造之间的一种铸造方法。它是在 0.02～0.07MPa(0.2～0.7 大气压)压力作用下，将金属液注入型腔，并在压力下凝固以获得铸件的方法。因使用的压力较低故称低压铸造。

8.3.1　低压铸造的工艺过程

低压铸造装置如图 8-7 所示。其下部为一密闭的保温坩埚炉，用于储存熔炼好的金属液。坩埚炉的顶部紧固着铸型(通常为金属型)，垂直的升液管使金属液与朝下的浇口相通。金属型在浇注之前必须预热到工作温度，并喷刷涂料。压铸时，先缓缓地向坩埚室内通入压缩空气，迫使金属液从升液管平稳上升。直到注满型腔，才使气压上升到规定的工作压力，使金属在压力下结晶。当铸件凝固之后，使坩埚室与大气相通，由于撤掉了压力，于是，升液管和浇口中尚未凝固的金属液在重力作用下流回坩埚。最后，开启上型，取出铸件。

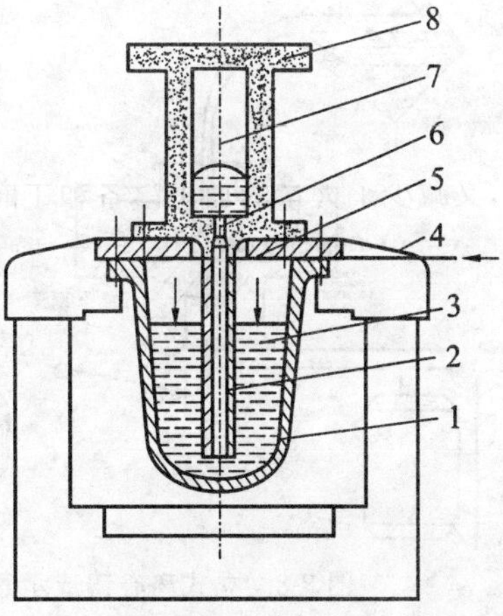

图 8-7　低压铸造

1—坩埚；2—升液管；3—金属液；4—进气管；5—密封圈；6—浇道；7—型腔；8—铸型

低压铸造时，铸件不需另设冒口，而由浇口兼起补缩作用。为使铸件实现自上而下的顺序凝固，浇口的截面尺寸必须足够大，且应开在铸件的厚壁处。

选择合适的增压速度、工作压力及保持压力时间，对于保证铸件质量是非常重要的。

8.3.2　低压铸造的特点及适用范围

低压铸造方法易于获得优质铸件，并可弥补压力铸造的某些不足。其主要优点如下：

(1)浇注时的压力和速度便于调节，故可适应各种不同的铸型(如金属型、砂型、熔模型壳等)。同时，其充型平稳，对铸型的冲刷力小，气体较易排除。

(2)便于实现顺序凝固，以防止缩孔和缩松，尤能有效地克服铝合金的针孔缺陷。

(3)铸件的表面质量高于金属型(IT12～IT14，R_a 值 12.5～3.2μm)，可生产出壁厚为 1.5～2mm 的薄壁铸件。

(4)由于不用冒口，金属的利用率可提高到90%～98%。

此外，其设备费用远较高压铸低。

低压铸造现已在许多部门中广泛应用，目前主要用于铝合金铸件的大批量生产，如汽缸体、缸盖、活塞、曲轴箱、壳体、粗砂锭翼等，也可用于球墨铸铁、铜合金等较大铸件的生产。

8.4 离心铸造

将液体金属浇入高速旋转的铸型中，使金属在离心力作用下填充铸型和结晶，这种铸造方法称为离心铸造。

8.4.1 工艺过程及分类

根据铸型旋转轴空间位置的不同，离心铸造分为立式和卧式两种基本形式，如图8-8(立式离心铸造)和图8-9(卧式离心铸造)所示。离心铸造的铸型主要使用金属型，也可以用砂型。立式离心铸造其铸型绕垂直轴旋转，壁厚不均匀，内表面呈抛物形，用于生产高度小的圆环铸件。卧式离心铸造其铸型绕水平轴旋转或与水平线交角很小(<15°)，壁厚均匀，用于生产长度大于直径的管类和套类铸件。

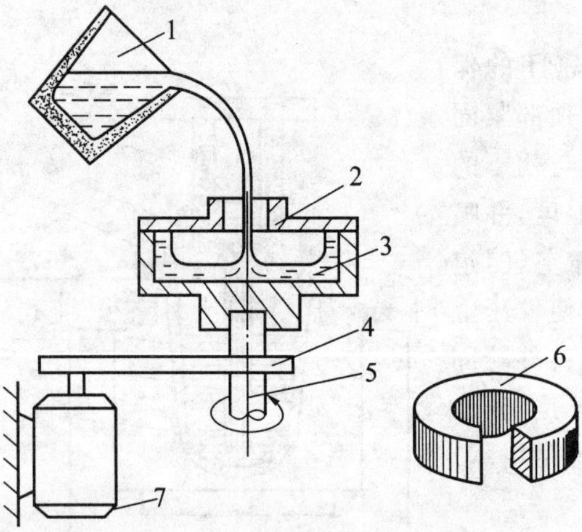

图8-8　立式离心铸造示意图

1—浇包；2—铸型；3—液体金属；4—皮带轮和皮带；5—旋转轴；6—铸件；7—电动机

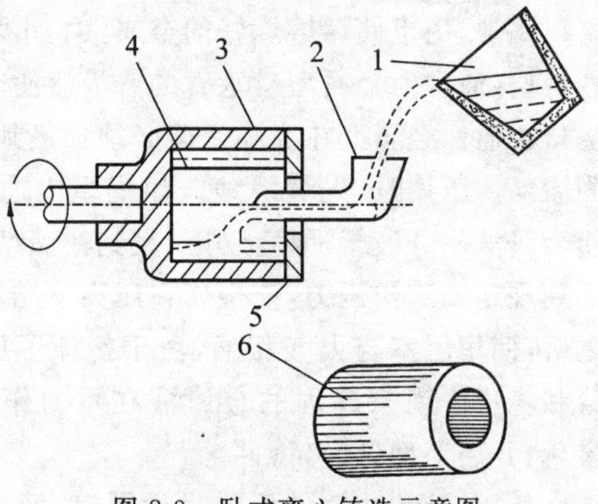

图8-9　卧式离心铸造示意图

1—浇包；2—浇注槽；3—铸型；4—液体金属；5—端盖；6—铸件

8.4.2 离心铸造特点及应用

离心铸造可以用金属型，也可以用砂型。它既适合浇铸中空铸件，又能铸造成形铸件。从离心铸造结晶过程的特点可以看出，在离心力作用下，金属中的气体、熔渣等夹杂物因比重轻均集中在内表面，而金属的结晶则从外向内呈方向性结晶(即顺序凝固)，因而铸件结晶细密，无缩孔、缩松、气孔、夹渣等缺陷，力学性能好。当铸造具有圆形内腔的铸件时，可省去型芯和浇注系统，这比普通砂型铸造既省工，又省料。离心铸造还便于铸造“双金属”铸件，如钢套镶铜轴承等，其结合面牢固，耐磨，又节约许多贵重金属材料。离心铸造的不足之处是铸出的内孔不准确，内表面质量比较差，但这并不妨碍一般管道的使用要求，对于内孔待加工的机器零件，则可采用加大内孔加工余量的方法来解决。

目前离心铸造已广泛用于制造铸铁管、缸套及滑动轴承，也可采用熔模型壳离心浇铸刀具、齿轮等成形铸件。

8.5　熔模铸造

熔模铸造是用易熔材料制成模型，然后用造型材料将其包住，经过硬化，再将模型熔失，从而获得无分型面的铸型。由于熔模广泛采用蜡质材料来制造，故又常把这种方法称为“失蜡铸造”。

8.5.1　熔模铸造的工艺过程

熔模铸造工艺过程包括制造蜡模、制出耐火型壳、造型和浇注等。如图 8-10 所示为熔模铸造的工艺过程。

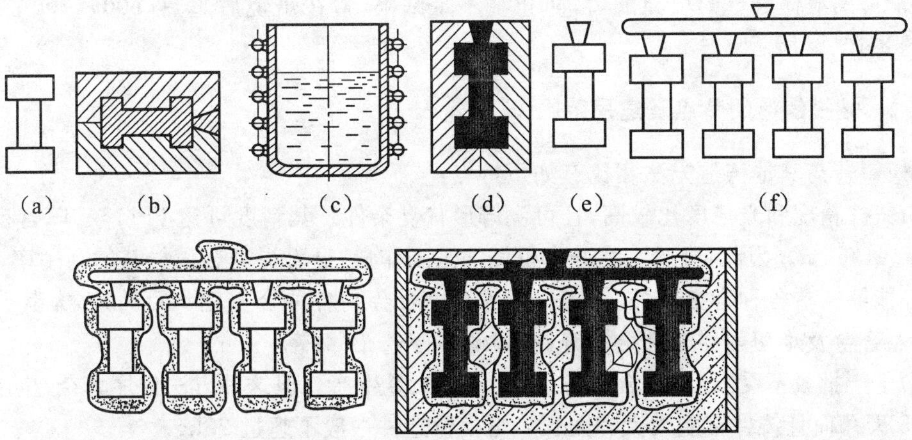

图 8-10　熔模铸造工艺过程

(a)母模；(b)压型；(c)熔蜡；(d)铸造蜡模；(e)单个蜡模；(f)组合蜡模；(g)结壳、熔失蜡模；(h)造型、浇注

(1)母模

母模[如图 8-10(a)]是铸件的基本模样，多是用钢或黄铜经机械加工制成，它是用来制造易熔合金压型的。

(2)压型

压型是用来制造蜡模的特殊铸型。为了保证蜡模质量，压型必须有很高的精度和光洁度，且型腔尺寸必须包括蜡料和铸造合金双重线收缩率。压型可分为两类：①机械加工压型——它是用钢或铝经机械加工而成，主要用于大批量生产或高精度铸件生产；②易熔合金压型——它是利用母模用易熔合金(Sn、Pb、Bi 合金)直接浇铸出来，如图 8-10(b)所示，用于精度要求不高的铸件。此外，在单件生产中还可采用石膏压型。

(3)蜡模制造

制造蜡模的材料有石蜡、蜂蜡、硬脂酸和松香等，常采用的是 50%石蜡和 50%硬脂酸。

将熔好的蜡料[图 8-10(c)]挤入压型，如图 8-10(d)所示，冷凝后取出，修去毛刺，即得单个蜡模。为一次能铸出多个铸件，还需将单个蜡模黏合到蜡质浇注系统上，制成蜡模组，如图 8-10(f)所示。

(4)铸型的制造

铸型的制造包括结壳、脱模、造型、焙烧等。

结壳是在蜡模上涂挂耐火涂料层,并使其成为具有一定强度的耐火型壳的过程。它是先用黏合剂(多用水玻璃)和石英粉配成涂料,将蜡模组浸挂涂料后,向其表面撒一层石英砂,然后将黏附石英砂的蜡模组放入硬化剂(通常为氯化铵溶液)中,利用反应生成的硅酸溶胶将砂粒黏牢而硬化。如此重复涂挂3～7次,至结成5～10mm硬壳为止。

制好型壳后便可进行脱蜡。通常是将型壳浸泡在85～95℃的热水中,蜡模熔化而脱出,型壳则形成了铸型空腔,如图8-10(g)所示。

为了提高型壳的强度,防止浇注时变形或破裂,有时还需进行造型。造型就是将型壳置于铁箱中,周围用干砂填紧。

为了进一步排除型壳的残余挥发物,提高铸造质量,造型后还需将铸型在850～950℃的温度下焙烧。

(5)金属的浇注

为了提高液体合金的填充能力,防止浇不足缺陷,常在焙烧后趁热(600～700℃)进行浇注,如图8-10(h)所示。

8.5.2　熔模铸造的特点及适用范围

熔模铸造与其他铸造方法相比有如下特点:

(1)铸件精度和光洁度比较高,且可浇铸形状复杂件。其精度可达IT11～IT14,粗糙度达R_a 12.5～1.6μm。因此,可以大大减少机械加工工作量,显著提高金属材料的利用率。

(2)能够铸造各种合金铸件。从铜、铝等有色合金到各种合金钢均可铸造,尤其适用于那些高熔点合金及难切削加工合金的铸造,如耐热合金、磁钢等。

(3)生产批量不受限制,适合单件、小批量到大量生产。但这种方法工序繁杂,生产周期较长(4～5天),而且铸件不能太大和太长。熔模铸造件一般不超过25kg。

熔模铸造是少切削、无切削加工工艺的重要方法,主要用于制造汽轮机、燃气轮机、涡轮发动机叶片和叶轮,切削刀具,汽车、拖拉机、纺织机、风动工具和机床的小型零件等。目前,它的应用范围还在日益扩大。

8.6　陶瓷型铸造

陶瓷型铸造是在砂型铸造和熔模铸造的基础上发展起来的一种精密铸造方法。

8.6.1　工艺过程

陶瓷型铸造有多种不同的工艺方法,较为普遍的如图8-11所示。

(1)砂套造型

为节省昂贵的陶瓷材料和提高铸型的透气性,通常先用水玻璃砂制出砂套(相当于砂型铸造的背砂)。制造砂套的木模B比铸件的木模A应增大一个陶瓷料厚度,如图8-11(a)所示。砂套的制造方法与砂型铸造类似,如图8-11(b)所示。

(2)灌浆与胶结

这一工艺即制造陶瓷面层。其过程是将铸件木模固定于平板上,刷上分型剂,扣上砂套,将配制好的陶瓷浆由浇注口注满,如图8-11(c)所示,经数分钟后,陶瓷浆便开始结胶。

陶瓷浆由耐火材料(如刚玉粉、铝矾土等)、黏结剂(硅酸乙酯水解液)、催化剂(如

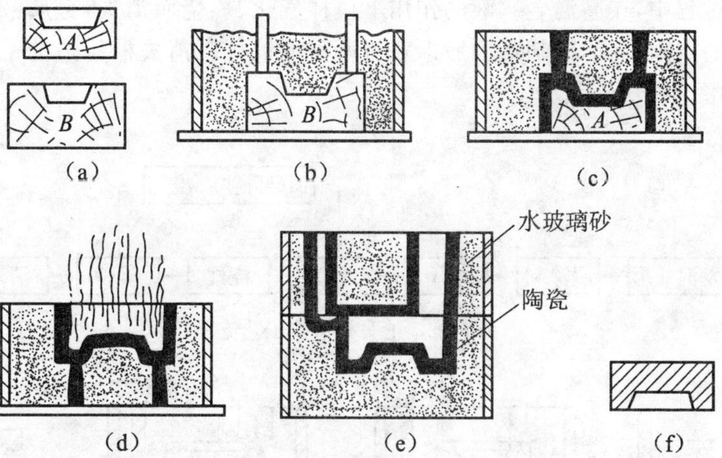

图 8-11 陶瓷型铸造工艺过程

(a)模型;(b)砂套造型;(c)灌浆;(d)喷烧;(e)合箱;(f)铸件

$Ca(OH)_2$、MgO)、透气剂(双氧水)等组成。

(3)起模与喷烧

灌浆 5～15min 后,趁浆料尚有一定弹性便可起出模型。为加速固化过程,必须用明火均匀地喷烧整个型腔,如图 8-11(d))所示。

(4)熔烧与合箱

陶瓷型要在浇注前加热到 350～550℃,焙烧 2～5h,以烧去残存的乙醇、水分等,并使铸型的强度进一步提高。

(5)浇注

浇注温度可略高,如图 8-11(e)所示,以便获得轮廓清晰的铸件[图 8-11(f)]。

8.6.2 陶瓷型铸造的特点及适用范围

(1)陶瓷型铸造具有熔模铸造的许多优点。因为在陶瓷层处于弹性状态下起模,且陶瓷型高温时变形小,故铸件的尺寸精度和表面粗糙度与熔模铸造相近。此外,陶瓷材料耐高温,故也可浇注高熔点合金。

(2)陶瓷型铸件的大小几乎不受限制,从几千克到数吨,而熔模铸件最大仅几十千克。

(3)在单件、小批量生产条件下,需要的投资少、生产周期短,在一般铸造车间较易实现。

陶瓷型铸造的不足是:不适于批量大、重量轻或形状复杂铸件,且生产过程难以实现机械化和自动化。

目前陶瓷型铸造主要用于生产厚大的精密铸件,广泛用于铸造冲模、锻模、玻璃器皿模、压铸模、模板等,也可用于生产中型铸钢件。

8.7 消失模铸造

消失模铸造又称气化模铸造或实型铸造、无型腔铸造。

8.7.1 消失模铸造成形原理

它是采用泡沫塑料模样(EES)代替普通模样紧实造型,造好铸型后不取出模样,直接浇入金属液。浇注过程中,在高温金属液的作用下模样气化、燃烧而消失,金属液取代原来泡沫塑料模样所占据的空间位置,冷却凝固后即获得所需的铸件。消失模铸造的工艺流程和工作原理如图 8-12 和图 8-13 所示。

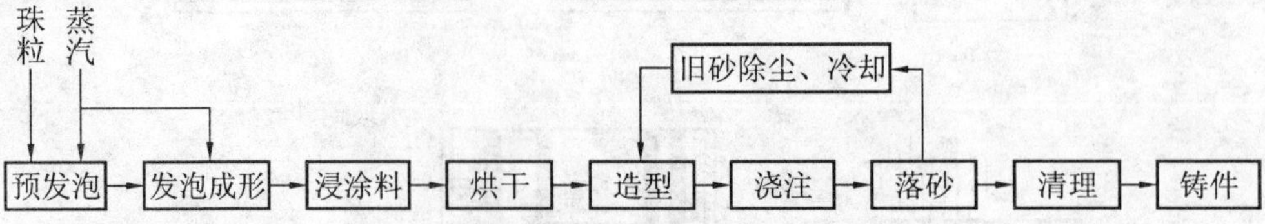

图 8-12　消失模铸造工艺流程

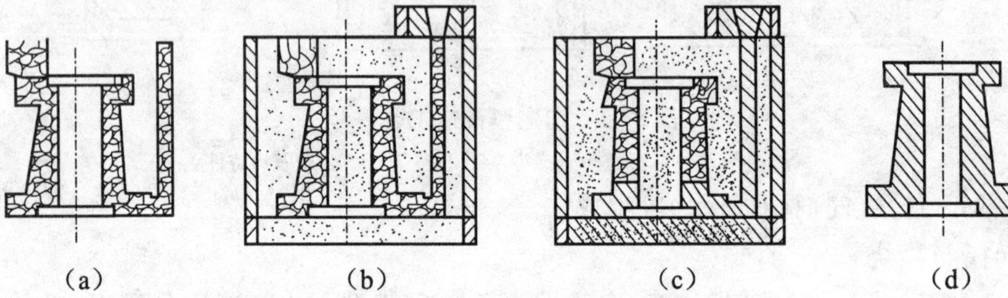

图 8-13　消失模铸造工作原理

(a)组装后的泡沫塑料模样;(b)紧实好的待浇铸型;(c)浇注充型过程;(d)去除浇、冒口后的铸件

8.7.2　消失模铸造主要特点及应用

(1)铸件的尺寸精度高、表面粗糙度低。因铸型紧实后不用起模、分型,没有起模斜度和活块,取消了砂芯,因此避免了普通砂型铸件的尺寸误差和错型等缺陷;同时由于泡沫塑料模样的表面粗糙度较低,故消失模铸件的表面粗糙度也较低。铸件的尺寸精度可达 IT5～IT6 级,铸件尺寸公差较小,表面粗糙度可达 R_a 12.5～6.3μm。

(2)增大了铸件结构设计的自由度。消失模铸造由于没有分型面,也不存在下芯、起模等问题,许多在普通砂型铸造中难以铸造的铸件结构在消失模铸造中不存在任何困难。

(3)简化了铸件生产工序,提高了劳动生产率,容易实现清洁生产。因消失模铸造不用砂芯,省去了芯盒制造、芯砂配制、砂芯制造等工序;型砂不需要黏结剂,铸件落砂及砂处理系统简便;同时,劳动强度降低,工作环境改善;消失模铸造型砂中无化学黏结剂,低温下泡沫塑料对环境完全无毒,浇注时排放的有机物也很少,而且排放时间短、地点集中,便于集中收集处理,大大减少了清理工作量,减少了车间噪音和粉尘。

(4)减少了材料消耗,降低了成本。消失模铸造不用黏结剂,干砂造型,可节省大量黏结剂,旧砂可以再利用。而且,消失模铸造简化了工序,需要的生产工人数量减少,易实现机械化、自动化,改变了传统铸造的"苦、脏、累"形象,并降低投资及生产成本。

8.8　挤压铸造

挤压铸造又称液态金属模锻,是一种铸、锻结合的少切屑或无切屑工艺。

8.8.1　挤压铸造工艺原理

这种工艺方法是合金液在较高的压力作用下充型、凝固并产生少量塑性变形,从而获得轮廓清晰、表面光洁、尺寸精确、组织紧密、晶粒细小、力学性能优良产品的方法。挤压铸造生产的主要工艺流程如图 8-14 所示。挤压铸造按压力的传递方式和液流的充型方式不同，一般分为直接式和间接式两种，如图 8-15(a)、(b)所示。

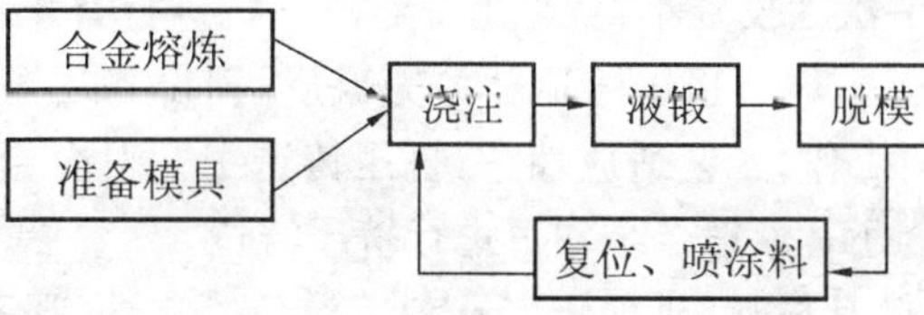

图 8-14 挤压铸造工艺流程图

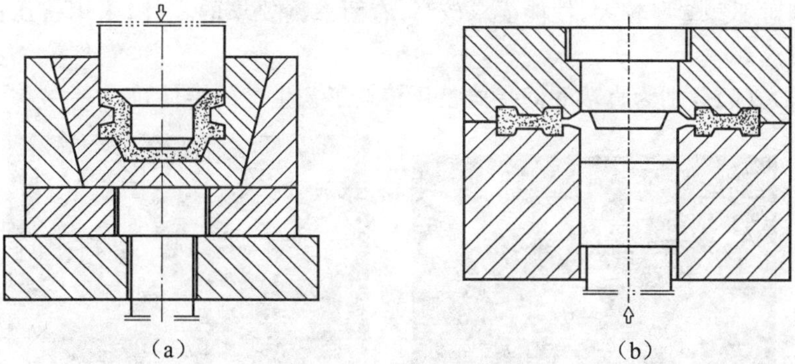

图 8-15 挤压铸造方式

(a)直接式；(b)间接式

8.8.2 挤压铸造工艺特点及应用

挤压铸造与压力铸造、低压铸造、离心铸造等一样，是一种加压的铸造工艺。但与其他几种加压铸造工艺又有明显的区别。其主要具有如下特点：

(1)品质优良

挤压铸造件一般无铸件中常见的气孔、疏松、缩孔等缺陷；内部组织紧密、均匀、晶粒细小；能用热处理方法进一步提高其力学性能，其力学性能可以和锻件相媲美，可靠性高；产品轮廓清晰，表面粗糙度低、尺寸精度高，能生产出一般模锻方法无法生产的形状复杂的零件，甚至螺纹也能通过挤压铸造生产出来而不需要加工。

(2)生产效率高

挤压铸造工艺生产过程简单，操作容易，便于组织机械化、自动化生产；生产周期短，一套设备班产 100～400 件。此外，挤压铸造工艺生产的成品率高达 90%以上，所以生产率也相应提高。

(3)材料消耗少，节能显著

直接挤压铸造加压冲头直接作用在正在成形的液态金属上，没有浇、冒口系统，可节省大约 10%以上的合金液。生产相同数目、品种的产品时，可大大减少熔炼时间及其所消耗的能源。挤压铸造产品表面光洁、尺寸精确，机械加工余量很少，能较大地节省机械加工工时、电力及机床设备的投资。挤压铸造产品性能高、重量轻，用于船舶、车辆及飞行器上有明显的节能效益。

(4)间接挤压铸造浇口短，截面积大，金属液充填速度低，流程阻力小，减少了气体带入量，所以间接挤压铸件通常也能进行固溶热处理，可进一步提高零件的综合力学性能。另外，铸件凝固时所受的机械压力大,补缩能力强,避免了缩孔、缩松的产生。

(5)挤压铸造过程中,金属液是在液态下充型,塑性变形量少,塑性变形温度高,因此,对于同样品种的产品,所需的力仅为热模锻的1/5～1/8。挤压铸造模具结构简单,制造容易,模具费用约为压铸模的2/3～3/4;一次性投资小,可采用普通液压机进行挤压铸造,其投资费用比具有相同能力的压铸设备少1/6～1/4,挤压铸造任务完成后,该设备还可用于冲压、挤压、模锻、塑料制品及粉末冶金等多项工作;工艺适应性广,挤压铸造工艺对合金材料的工艺性能没有严格的要求,无论是铸造合金还是液锻合金均可进行挤压铸造。

尽管当前挤压铸造工艺在模具材料、机理研究及专用设备等方面,还存在着不少问题,但它已在机电、汽车、船舶、五金工具、轻工、化工机械、航空、航天、军工等行业中得到了相当广泛的应用。特别对那些壁厚较大、性能要求较高、有耐渗漏要求的零件,采用挤压铸造工艺生产是最理想的方法。

图8-16(a)、(b)分别为直接和间接式挤压铸造工艺生产的铸件。

(a)

(b)

图8-16　挤压铸造件

(a)直接式;(b)间接式

8.9　半固态铸造

8.9.1　半固态铸造技术原理

半固态铸造技术的基本原理是:在液态金属的凝固过程中进行强烈的搅动,使普通铸造易于形成的树枝状晶网络骨架被打碎而形成分散的颗粒状组织形态,从而制得半固态金属浆料,然后将其压铸成毛坯或铸件。它是由传统的铸造技术与锻造技术融合而成的新的成形技术。图8-17为半固态铸造成形基本工艺流程。

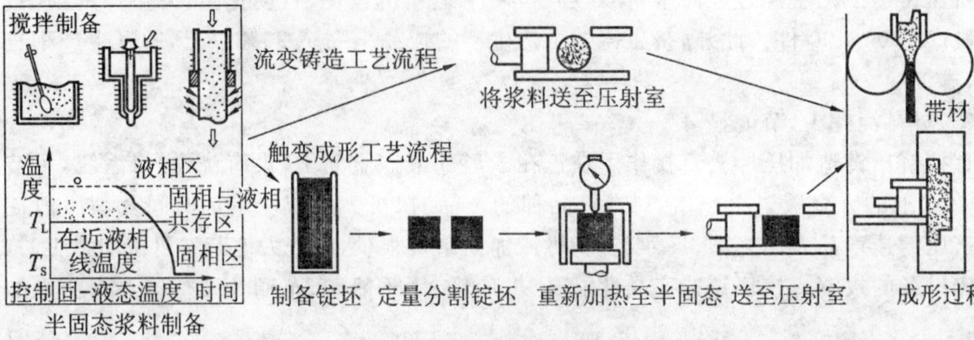

图8-17　半固态铸造成形基本工艺流程

8.9.2　半固态铸造技术特点及应用

8.9.2.1　半固态铸造技术的特点

(1)金属液充型平稳,加工温度低,凝固时间短,生产率高。

(2)铸件表面质量好,晶粒细小,组织致密,气孔和偏析少,力学性能与锻件相近。

(3)凝固收缩小,尺寸精度高,可实现近净成形加工。

(4)流动应力小,成形速度高,可成形较为复杂的零件。

(5)变形抗力低,消耗能量小,减少了对模具的挤压作用,提高了模具寿命。

近年来,半固态铸造技术的工业应用已取得很大进展。世界上有许多国家都已开始了半固态铸造成形技术的研究和应用开发,半固态铸造成形技术已到了工业应用阶段。特别是半固态浆料与坯料的制备工艺及技术都有很大进展,使用电磁搅拌技术已能批量生产出半固态金属坯料,建成了半固态金属成形生产线,大批量生产出汽车上使用的铝合金半固态成形件,如图 8-18 和图 8-19 所示。从 20 世纪 70 年代末起,我国的一些科研院所相继开始进行半固态金属理论与技术的研究工作,在半固态金属浆料制备技术与成形工艺方面都取得了一定的进展,利用电磁搅拌设备已能生产出一定尺寸的铝合金半固态坯料。

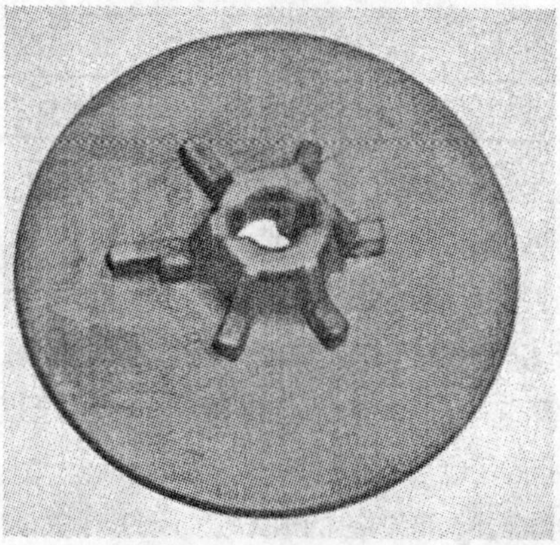

图 8-18　半固态铸造成形汽车制动器推盘

图 8-19　半固态铸造成形轿车驾驶转向节

8.9.2.2　半固态铸造技术适用范围

(1)适用于半固态加工的合金:铝合金、镁合金、锌合金、镍合金、铜合金和钢铁合金。

(2)制造金属基复合材料:利用半固态金属的高黏度,可有效使不同材料混合,制成新的复合材料。

8.10　常用铸造方法的比较

各种铸造方法都有其优、缺点,各适用于一定范围,因而不管哪种方法都不是万能的。在选择铸造方法时,首先要熟悉各种铸造方法的基本特点,其次应从技术、经济、生产条件三方面综合分析比较,以确定哪种铸造方法较为合理,即选用较低成本,在现有或可能的生产条件下制造出合乎质量要求的铸件。这里仅对常用的几种铸造方法的基本特点进行比较,如表 8-2 所示。

表 8-2　常用铸造方法的比较

比较项目	铸造方法				
	砂型铸造	熔模铸造	金属型铸造	压力铸造	低压铸造
适用金属	铸铁、铸钢、铸造有色金属等	任何金属,以铸钢为主	以有色金属为主	铝、锌、镁等低熔点合金	基本不限制,以有色金属为主
铸件大小	从几克到几百吨重的金属都可以生产	以小件为主,铸钢件一般不超过25kg	以中、小铸件为主	主要用于小型铸件,铝合金铸件一般不超过10kg	以中、小型铸件为主
最小壁厚	铸铁 3mm,铸钢 5mm	通常为0.7mm	铝合金 2mm,铸铁 4mm	0.5～1.0mm	一般为2mm
表面质量	表面质量最差,粗糙度最高	表面质量好,粗糙度 R_a 为6.3～1.6μm	表面质量较好,粗糙度 R_a 为12.5～6.3μm	表面质量最好,粗糙度 R_a 为3.2～0.8μm	表面质量好,粗糙度 R_a 为12.5～1.6μm
内部质量	晶粒粗大	晶粒粗大	晶粒细小	晶粒细小,但铸件内部多有细小的气孔	晶粒细小,组织致密
加工余量	大	小或不加工	小	小或不加工	较小
生产批量	不限制	成批生产	大批大量生产	大批大量生产	成批生产
生产效率	低、中	低、中	中、高	最高	中

在适用合金种类方面,主要取决于铸型的耐热状况。砂型铸造所用石英砂耐火度达1700℃,比碳钢的浇注温度还高100～200℃,因此砂型铸造可用于铸钢、铸铁、有色合金等各种材料。熔模铸造的型壳是由耐火度更高的纯石英粉和石英砂制成,因此它还可以用于熔点更高的合金钢铸件。金属型铸造、压力铸造和低压铸造一般都使用金属铸型和金属型芯,即使表面刷上耐火涂料,铸型寿命也不高,因此一般只用于有色合金铸件。

在适用铸件大小方面,主要与铸型尺寸、金属熔炉、起重设备的吨位等条件有关。砂型铸造限制较小,可铸造小、中、大件。熔模铸造由于难以用蜡料做出较大模样及受型壳强度和刚度所限,一般只适宜于生产小件。对于金属型铸造、压力铸造和低压铸造,由于制造大型金属铸型和金属型芯较困难及设备吨位的限制,一般用来生产中、小型铸件。

在铸件的尺寸精度和表面粗糙度方面,主要与铸型的精度与表面粗糙度有关。砂型铸件的尺寸精度最差,表面粗糙度 R_a 值最大。熔模铸造因压型加工得很精确、光洁,故蜡模也很精确,而且型壳是个无分型面的铸型,所以熔模铸件的尺寸精度很高,表面粗糙度 R_a 值很低。压力铸造由于压铸型加工得较准确,且在高压高速下成形,故压铸件的尺寸精度也很高,表面粗糙度 R_a 值很低。金属型铸造和低压铸造的金属铸型(型芯)不如压铸型精确、光洁,而且是重力或低压下成形,铸件的尺寸精度和表面粗糙度都不如压铸件,但优于砂型铸件。

凡是采用砂型和砂芯生产铸件,可以做出形状很复杂的铸件。压力铸造采用结构复杂的压铸型也能生产出复杂形状的铸件,这只有在大量生产时才是合算的。因为压铸件节省大量切削加工工时,综合计算零件成本还是下降的。离心铸造较适用于管、套等这一类特定形状的铸件。

复习思考题

8.1　简述熔模铸造工艺过程、生产特点和适用范围。

8.2　金属型铸造与砂型铸造相比，在生产方法、造型工艺和铸件结构方面有何特点？适用于何种铸件？为什么金属型铸造未能广泛取代砂型铸造？金属型铸造有何特点？为什么浇铸铸铁件时，常出现白口组织？应采取哪些措施？

8.3　压力铸造工艺过程有何特点？它最适合于制造哪些铸件？

8.4　什么是离心铸造和低压铸造？它们的特点和适用范围如何？

8.5　试比较熔模铸造与陶瓷型铸造工艺过程。为何在模具制造中陶瓷型铸造更为重要？

8.6　消失模铸造的本质是什么？适用于哪些场合？

8.7　低压铸造的工作原理与压力铸造有何不同？为什么低压铸造发展较为迅速？为何铝合金较多采用低压铸造？

8.8　下列铸件在大批量生产时以采用什么铸造方法为宜？

铝活塞、缝纫机头、汽轮机叶片、车床床身、汽缸套、摩托车汽缸体、汽车发动机缸体、大口径铸铁污水管、大模数齿轮滚刀。

第3篇　金属压力加工

金属压力加工是指固态金属在外力作用下产生塑性变形，获得具有一定形状、尺寸和力学性能的原材料、毛坯或零件的生产方法，又称金属塑性加工。压力加工是锻造和冲压的总称。塑性变形是压力加工的基础。具有一定塑性的钢及大多数有色金属及其合金都适用压力加工方法成形。压力加工包括轧制、挤压、拉拔、自由锻、模锻和板料冲压等，其中，轧制、挤压和拉拔主要用于生产型材、棒材、板材、带材和线材等，而自由锻、模锻和板料冲压又统称为锻压，主要用于生产毛坯或零件。

压力加工与其他加工方法相比，具有以下特点：

(1)改善金属的组织，提高力学性能。金属材料经压力加工后，其组织、性能都得到改善和提高，压力加工能消除金属铸锭内部的气孔、缩松和树枝状晶等缺陷，且由于金属的塑性变形和再结晶，可使粗大晶粒细化，得到致密的金属组织，从而提高金属的力学性能。在零件设计时，若正确选用零件的受力方向与纤维组织方向，可以提高零件的抗冲击性能。

(2)材料的利用率高。金属塑性成形主要是靠金属内部的形体组织相对位置重新排列，而不需要切除金属。

(3)较高的生产率。压力加工一般是利用压力机和模具进行成形加工的。例如，利用多工位冷镦工艺加工内六角螺钉，比用棒料切削加工工效提高约400倍以上。

(4)毛坯或零件的精度较高。应用先进的技术和设备，可实现少切削或无切削加工。例如，精密锻造的伞齿轮齿形部分可不经切削加工直接使用，复杂曲面形状的叶片精密锻造后只需磨削便可达到所需精度。

(5)压力加工所用的金属材料应具有良好的塑性，以便在外力作用下产生塑性变形而不破裂。常用的金属材料中，铸铁属脆性材料，塑性差，不能用于锻压。钢和非铁金属中的铜、铝及其合金等可以在冷态或热态下压力加工。

(6)不适合成形形状较复杂的零件。压力加工是在固态下成形的，与铸造相比，金属的流动受到限制，一般需要采取加热等工艺措施才能实现。制造形状复杂，特别是具有复杂内腔的零件或毛坯较困难。

由于压力加工具有上述特点，因此承受冲击或交变应力的重要零件(如机床主轴、齿轮、曲轴、连杆等)，都应采用锻件毛坯加工。所以锻压加工在机械制造、军工、航空、轻工、家用电器等行业得到广泛应用。例如，飞机上的塑性成形零件的质量分数占85%，汽车、拖拉机上的锻件质量分数占60%～80%。

随着工业发展，近年来在压力加工生产方面出现了精密模锻、轧制、挤压、拉拔、超塑性成形及高能率成形等许多新工艺和新技术，并得到迅速推广，使压力加工不仅可以生产毛坯，而且也可直接生产很多零件。

9　金属压力加工基础

【教学提示】

金属材料经过压力加工之后，其内部组织发生很大变化，金属的性能得到改善和提高。通过锻造可以消除金属铸锭内部的气孔、缩松和树枝状晶等缺陷。为了正确选用压力加工方法、合理设计压力加工成形的零件，必须了解金属塑性变形的实质和组织变化规律。学习本章前，应预习工程材料中有关二元相图、塑性变形与再结晶的内容，学习过程中，应与“金工实习”中实际操作相联系，理论联系实际。

【教学要求】

了解金属塑性变形的有关理论基础，特别是塑性变形对金属组织和性能的影响、金属可锻性的影响因素等。

9.1　金属塑性变形的实质

9.1.1　金属的变形

金属的变形分为弹性变形和塑性变形两种。金属在外力作用下产生的弹性变形，当外力消失后，应力消失，弹性变形也随之消失。当外力增大到使金属内部产生的应力超过该金属的弹性极限时，即使外力去除，也只有弹性变形能够恢复，而最终留下永久变形，不会消失，即塑性变形。

金属材料的塑性通常用断面收缩率(Ψ)和延伸率(δ)来表示。Ψ 或 δ 越大，则金属的塑性越好。良好的塑性是金属材料进行塑性加工的前提条件。

9.1.2　金属塑性变形的实质

金属塑性变形的实质可用晶粒内部、晶粒间产生滑移和晶粒发生转动来解释。在常温和低温下单晶体的塑性变形主要是通过滑移、孪生等方式进行的。

9.1.2.1　单晶体塑性变形

(1)滑移

单晶体的滑移变形是晶体在切应力作用下晶体的一部分相对于另一部分沿着一定晶面(称滑移面)和晶向(称滑移方向)发生相对滑动的结果，如图 9-1 所示。

上述理论所描述的滑移运动，相当于滑移面上下两部分晶体彼此以刚性整体作相对运动。实现这种滑移所需的外力要比实际测得的数据大几千倍，这说明实际晶体结构及其塑性变形并不完全如此。

近代物理学证明，实际晶体内部存在大量缺陷。其中，以位错[图 9-2(a)]对金属塑性变形的影响最为明显。由于位错的存在，部分原子处于不稳定状态。在比理论值低得多的切应力作用

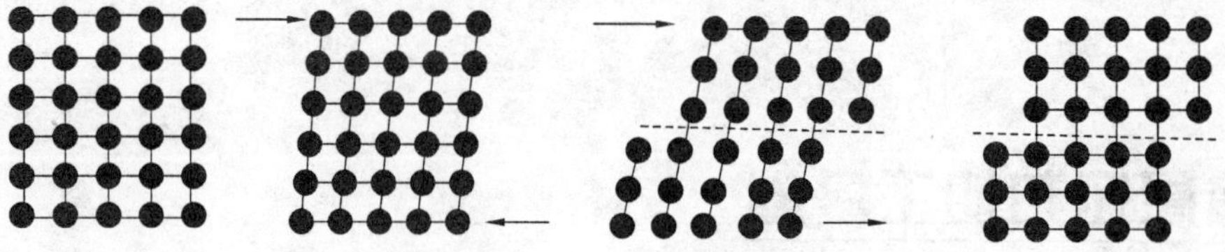

图 9-1　单晶体滑移变形示意图

(a)未变形;(b)弹性变形;(c)弹、塑性变形;(d)塑性变形

下,处于高能位的原子很容易从一个相对平衡的位置上移动到另一个位置上[图 9-2(b)],形成位错运动。位错运动的结果,就实现了整个晶体的塑性变形[图 9-2(c)]。

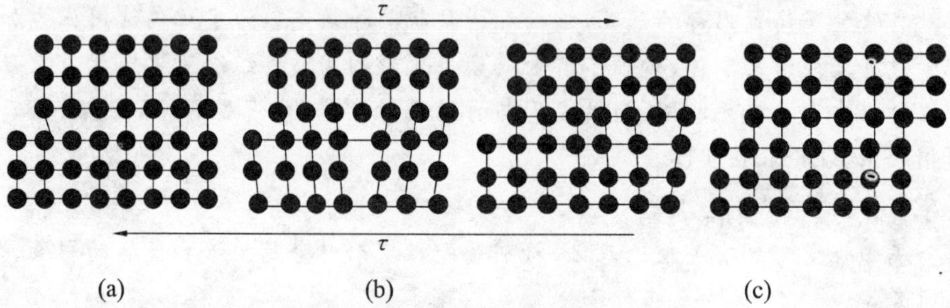

图 9-2　位错运动引起塑性变形示意图

(a)未变形;(b)位错变形;(c)塑性变形

(2)孪生

孪生是在切应力的作用下,晶体的一部分相对于另一部分沿一定的晶面(孪生面)和晶向(孪生方向)产生一定角度的均匀切变过程。孪生变形使晶体内已变形部分与未变形部分以孪生面为分解面形成了镜面对称的位向关系,如图 9-3 所示。与滑移相比,产生孪生所需的切应力很高,因此,只有在滑移很难进行的条件下,晶体才发生孪生变形。孪生变形本身对晶体塑性变形的直接影响并不大,但可使其中某些原来处于不利滑移的取向转变为有利于发生滑移的位向,从而激发滑移变形的进一步进行,使金属的变形能力得到提高。

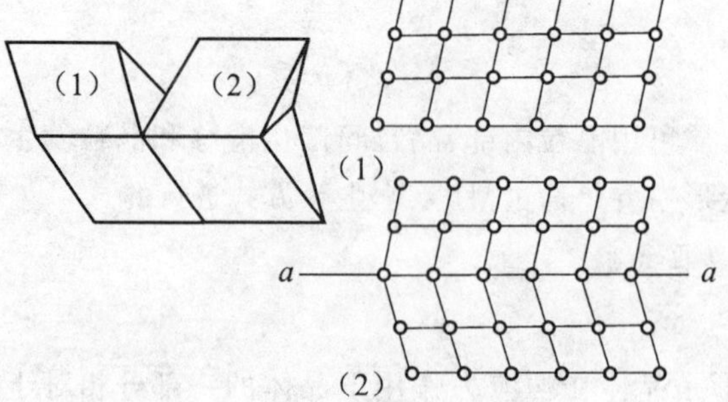

图 9-3　孪生变形示意图

(1)孪生变形前;(2)孪生变形后(a—a 表示孪生面)

9.1.2.2　多晶体塑性变形

机械制造中使用的金属材料大多数是多晶体,多晶体是由许多小的单晶体——晶粒构成的。其变形抗力远远高于单晶体。多晶体塑性变形的基本方式仍然是滑移,但是由于多晶体中各个晶粒的空间取向互不相同以及晶界的存在,使多晶体的塑性变形过程比单晶体更为

复杂。

多晶体塑性变形首先在取向最有利的晶粒中进行，随着滑移程度的增大，位错运动将受到晶界阻碍，使滑移不能直接延续到相邻晶粒。为了协调相邻晶粒之间的变形，使滑移能够继续进行，晶粒间将会发生相对移动和转动，因此多晶体的塑性变形既有晶内变形（滑移和孪生），又有晶粒间的滑移和转动（晶间变形），如图 9-4 所示。每个晶粒内部都存在许多滑移面，因此整块金属的变形量可以比较大。低温时，多晶体的晶间变形不可过大，否则将引起金属的破坏。

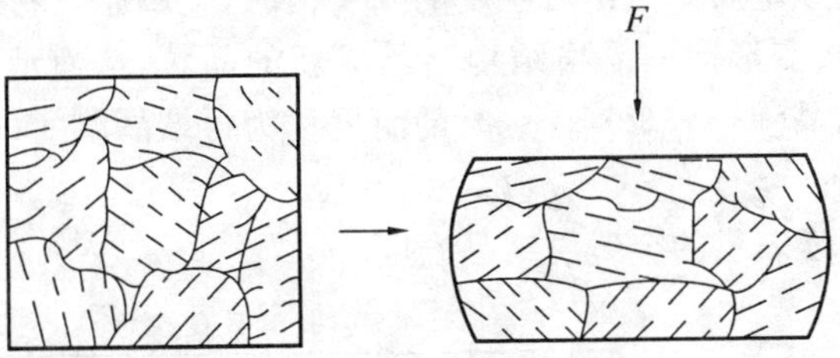

图 9-4 多晶体塑性变形示意图

由此可知，金属内部有了应力就会发生弹性变形。应力增大到一定程度后使金属产生塑性变形。当外力去除后，弹性变形将恢复，称“弹复”现象。这种现象对有些压力加工件的变形和工件质量有很大影响，必须采取工艺措施来保证产品的质量。

9.2 塑性变形对金属组织和性能的影响

9.2.1 金属的加工硬化与回复、再结晶

金属在常温下经过塑性变形后，内部组织将发生变化：①晶粒沿最大变形的方向伸长；②晶格与晶粒均发生扭曲，产生内应力；③晶粒间产生碎晶。

金属的力学性能随其内部组织的改变而发生明显变化。变形程度增大时，金属的强度及硬度升高，而塑性和韧性下降（图 9-5）。其原因是单晶体发生晶内滑移，使晶格扭曲，内应力增大，即滑移阻力增大；晶粒间有碎晶，使晶粒滑动阻力增大，结果使得进一步变形困难，宏观表现即强度、硬度升高。这种随变形程度增大，强度和硬度上升而塑性下降的现象称为冷变形强化，又称加工硬化。

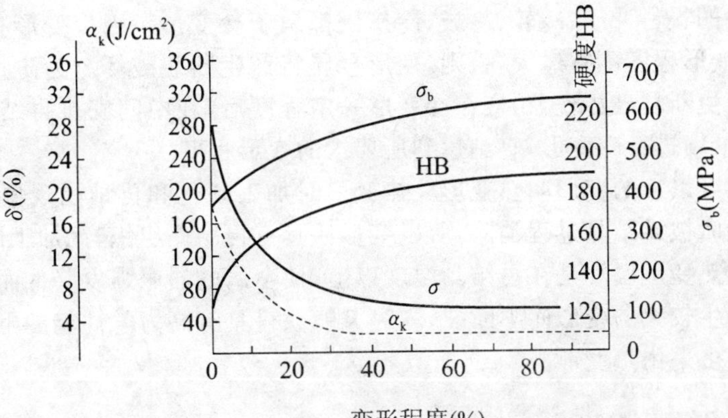

图 9-5 常温下塑性变形对低碳钢力学性能的影响

加工硬化是一种不稳定现象,具有自发地回复到稳定状态的倾向,但在室温下不易实现。当提高温度时,原子因获得热能,热运动加剧,使原子排列回复到正常状态,从而消除了晶格扭曲,致使加工硬化得到部分消除。这一过程称为“回复”[图 9-6(b)]。这时的温度称为回复温度,即:

$$T_{回}=(0.25\sim0.3)T_{熔}$$

式中:$T_{回}$——以绝对温度表示的金属回复温度;

$T_{熔}$——以绝对温度表示的金属熔点温度。

当温度继续升高到该金属熔点绝对温度的 0.4 倍时,金属原子获得更多的热能,开始以某些碎晶或杂质为核心,按变形前的晶格结构结晶成新的晶粒,从而消除了全部冷变形强化现象。这个过程称为再结晶[图 9-6(c)]。这时的温度称为再结晶温度,即:

$$T_{再}=0.4T_{熔}$$

式中:$T_{再}$——以绝对温度表示的金属再结晶温度。

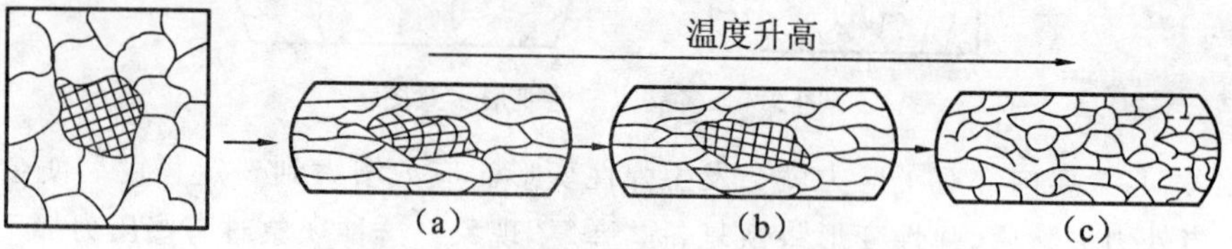

图 9-6　金属的回复和再结晶示意图

(a)塑性变形后的组织;(b)金属回复后的组织;(c)再结晶组织

利用金属的加工硬化可提高金属的强度和硬度,这是工业生产中强化金属材料的一种重要手段。但在压力加工生产中,加工硬化给金属继续进行塑性变形带来困难,应加以消除。在实际生产中,常采用加热的方法使金属发生再结晶,从而再次获得良好塑性。这种工艺操作称为再结晶退火。

当金属在大大高于再结晶的温度下受力变形时,加工硬化和再结晶过程同时存在。此时变形中的强化和硬化随即被再结晶过程所消除。

9.2.2　冷变形与热变形

由于金属在不同温度下变形对其组织和性能的影响不同,因此金属的塑性变形分为冷变形和热变形两种。

在再结晶温度以下的变形叫冷变形。变形过程中无再结晶现象,变形后的金属具有加工硬化现象,可获得较高的强度、硬度和低粗糙度值,但易发生破裂,变形程度一般不宜过大。

工业生产中的板料冲压、冷轧、冷拔、冷挤压都属于冷变形。因冷变形有加工硬化现象产生,故每次的冷变形程度不宜过大,否则,变形金属将产生断裂破坏。为防止加工硬化后的金属继续变形而产生断裂破坏现象,应在冷变形一定程度后,在中间安排再结晶退火,消除加工硬化现象,然后继续进行冷变形,直到达到所要求的变形程度。

在再结晶温度以上的变形叫热变形。热变形时加工硬化和再结晶现象会同时出现,不过加工硬化过程随时被再结晶过程消除,所以变形后具有再结晶组织,无加工硬化现象。

由于金属的热变形温度是在再结晶温度以上,使金属的屈服强度降低而塑性增加,能以较小的力和能量产生较大的变形而不断裂,同时又能获得具有高力学性能的再结晶组织。因此,金属的锻压加工多采用热变形。

9.2.3　纤维组织变化

金属压力加工生产采用的最初坯料是铸锭,其内部组织很不均匀,晶粒较粗大,并存在气孔、缩松、非金属夹杂物等缺陷。铸锭加热后经过压力加工，由于塑性变形及再结晶，从而改变了极大、不均匀的铸态结构[图 9-7(a)]，获得细化了的再结晶组织。同时可以将铸锭中的气孔、缩松等压合在一起，使金属更加致密，力学性能得到很大提高。

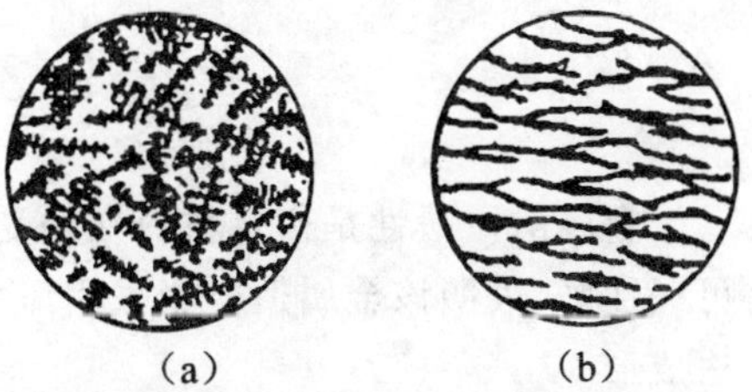

图 9-7　铸锭热变形前后的组织

(a)变形前原始组织；(b)变形后纤维组织

此外，铸锭在压力加工中产生塑性变形时，基体金属的晶粒形状和沿晶界分布的杂质形状都发生了变形，它们都将沿着变形方向被拉长，呈纤维形状。这种结构叫纤维组织[图 9-7(b)]。

纤维组织使金属在性能上具有了方向性，对金属变形后的质量也有影响。纤维组织越明显，金属在纵向(平行纤维方向)上塑性和韧性提高，而在横向(垂直纤维方向)上塑性和韧性降低。纤维组织的明显程度与金属的变形程度有关。变形程度越大，纤维组织越明显。压力加工过程中，常用锻造比(y)来表示变形程度。

拔长时的锻造比为　$y_{拔}=A_0/A$

镦粗时的锻造比为　$y_{镦}=H_0/H$

式中：H_0、A_0——分别为坯料变形前的高度和横截面积；

H、A——分别为坯料变形后的高度和横截面积。

纤维组织的稳定性很高，不能用热处理方法加以消除，只有经过压力加工使金属变形后才能改变其方向和形状。因此，为了获得具有最好力学性能的零件，在设计和制造零件时，都应使零件在工作中产生的最大正应力方向与纤维方向重合，最大切应力方向与纤维方向垂直。并使纤维分布与零件的轮廓相符合，尽量使纤维组织不被切断(表 9-1)。

表 9-1　45 钢经热变形后的力学性能与纤维方向的关系

钢坯取样的方向	σ_b(MPa)	$\sigma_{0.2}$(MPa)	δ(%)	Ψ(%)	A_k(J)
纵向	715	470	17.5	62.8	50
横向	670	440	10.0	310	2.5

例如，当采用棒料直接经切削加工制造螺钉时，螺钉头部与杆部的纤维被切断，不能连贯起来，受力时产生的切应力顺着纤维方向，故螺钉的承载能力较弱[图 9-8(a)]。当采用同样棒料经局部镦粗方法制造螺钉时[图 9-8(b)]，则纤维不被切断，连贯性好。纤维方向也较为有利，故螺钉质量较好。

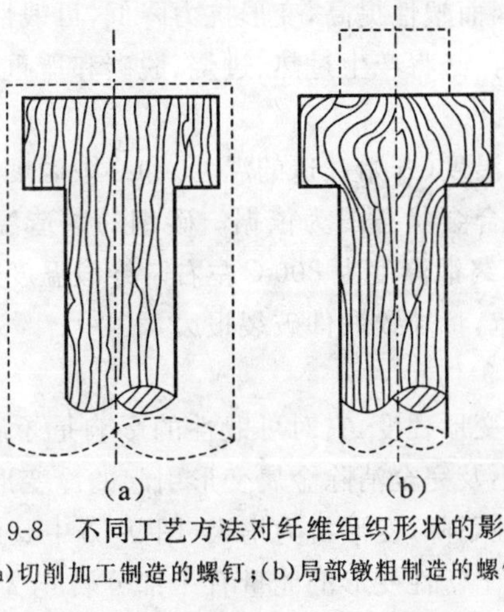

图 9-8　不同工艺方法对纤维组织形状的影响

(a)切削加工制造的螺钉；(b)局部镦粗制造的螺钉

9.3 金属的可锻性

金属的可锻性是衡量材料在经受压力加工时获得优质制品难易程度的工艺性能。金属的可锻性好,表明该金属适合于采用压力加工成形;可锻性差,表明该金属不宜选用压力加工方法成形。

可锻性常用金属的塑性和变形抗力来综合衡量。塑性越好,变形抗力越小,则金属的可锻性好;反之则差。

金属的塑性用金属的断面收缩率 Ψ、伸长率 δ 等来表示。变形抗力是指在压力加工过程中变形金属作用于施压工具表面单位面积上的压力。变形抗力越小,则变形中所消耗的能量越少。

金属的可锻性取决于金属的本质和加工条件。

9.3.1 金属的本质(内在因素)

(1)化学成分的影响

不同化学成分的金属其可锻性不同。一般情况下,纯金属的可锻性比合金好;碳钢的含碳量越低,可锻性越好;钢中含有形成碳化物的元素(如铬、钼、钨、钒等)时,其可锻性显著下降。

(2)金属组织的影响

金属内部的组织结构不同,可锻性也会有很大差别。纯金属及单一固溶体(如奥氏体)组成的合金的可锻性好;而碳化物(如渗碳体)的可锻性差;由多种性能不同的组织组成的合金,锻造时由于各组织的变形不均匀,容易导致裂纹,故可锻性差;铸态柱状组织和粗晶粒结构不如晶粒细小而均匀的组织的可锻性好。

9.3.2 加工条件(外在因素)

(1)变形温度的影响

提高金属变形时的温度是改善金属可锻性的有效措施,并对生产率、产品质量及金属的有效利用等均有极大的影响。

金属在加热过程中,随温度的升高,金属原子的运动能力增强(热能增加,处于极为活泼的状态中),很容易进行滑移,因而塑性提高,变形抗力降低,可锻性明显改善,更加适宜进行压力加工。但温度过高,对钢而言,必将产生过热、过烧、脱碳和严重氧化等缺陷,甚至使锻件报废,所以应该严格控制锻造温度。

锻造温度范围是指始锻温度(开始锻造的温度)和终锻温度(停止锻造的温度)间的温度区间。锻造温度范围的确定以合金状态图为依据。碳钢的锻造温度范围如图 9-9 所示,其始锻温度比 AE 线低 200℃左右,终锻温度为 800℃左右。终锻温度过低,金属的可锻性急剧变差,使加工难以进行,若强行锻造,将导致锻件破裂报废。

(2)变形速度的影响(图 9-10)

变形速度即单位时间的变形程度,它对可锻性的影响是矛盾的。一方面随着变形速度的增大,回复和再结晶速度来不及完全消除金属变形引起的冷变形强化,于是残留的冷变形强化作用逐渐积累,使金属的塑性下降,变形抗力增大(图 9-10 中 a 点以左),可锻性变差。另一方面,金属在变形过程中,消耗于塑性变形的能量有一部分转化为热能(称为热效应现象),改善

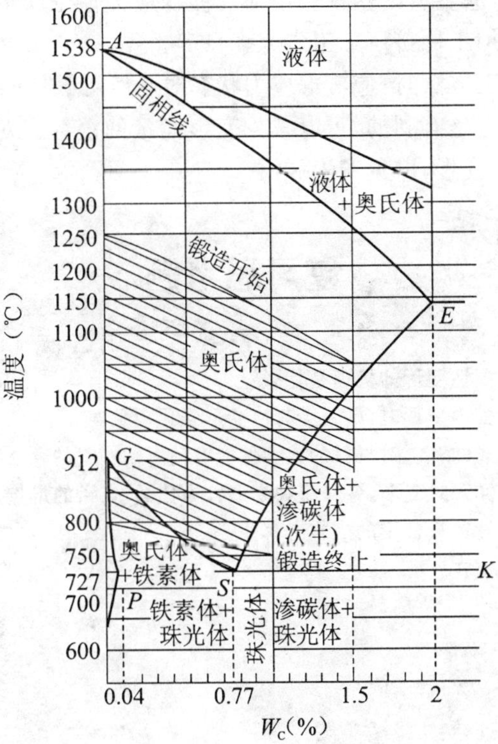

图 9-9 碳钢的锻造温度范围

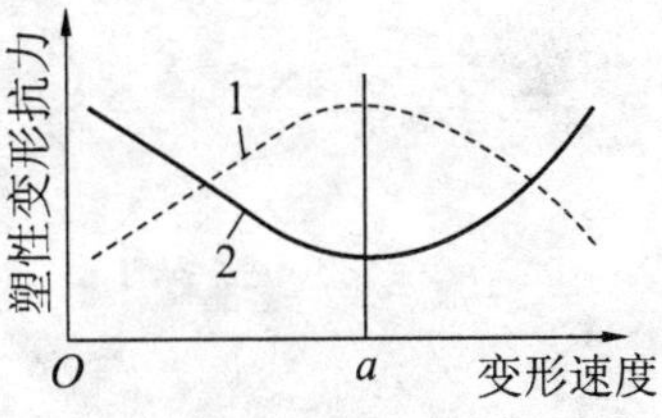

图 9-10 变形速度对塑性及变形抗力的影响

1-变形抗力曲线；2-塑性变形曲线

着变形条件。变形速度越大，热效应现象越明显，使金属的塑性提高、变形抗力下降（图 9-10 中 a 点以右），可锻性变得更好。但这种热效应现象除在高速锤等设备的锻造中较明显外，一般压力加工的变形过程中，因变形速度低，不易出现。

(3)应力状态的影响

金属在经受不同方法变形时，所产生的应力性质（压应力或拉应力）和大小是不同的。例如，挤压变形时（图 9-11）为三向受压状态，而拉拔时（图 9-12）则为两向受压、一向受拉的状态。

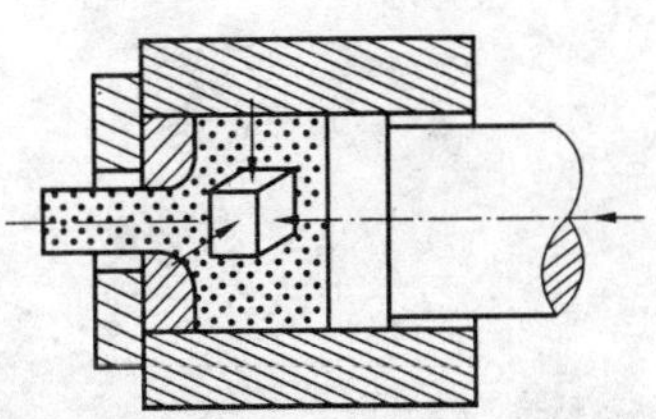

图 9-11 挤压时金属应力状态

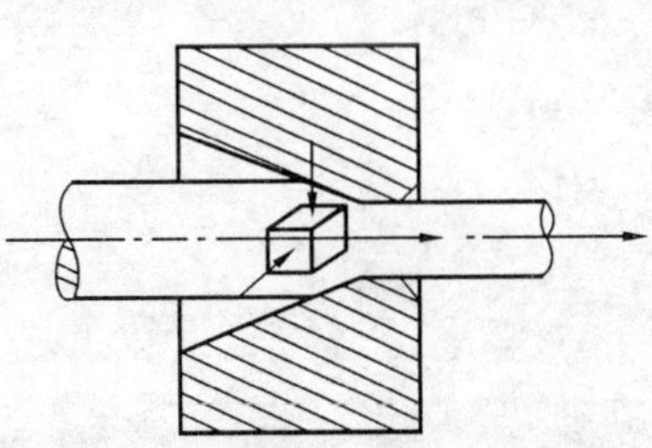

图 9-12 拉拔时金属应力状态

实践证明，三个方向的应力中，压应力的数目越多，则金属的塑性越好；拉应力的数目越多，则金属的塑性越差。同号应力状态下引起的变形抗力大于异号应力状态下的变形抗力。拉应力使金属原子间距增大，尤其当金属的内部存在气孔、微裂纹等缺陷时，在拉应力作用下，缺陷处易产生应力集中，使裂纹扩展，甚至达到破坏报废的程度。压应力使金属内部原子间距离减小,不易使缺陷扩展,故金属的塑性会增加。但压应力使金属内部摩擦阻力增大,变形抗力亦随之增大,所以拉拔加工比挤压加工省力。

因此,在选择具体加工方法时,应考虑应力状态对金属可锻性的影响。对于本质塑性较好的金属,变形时出现拉应力是有利的,可以减少变形能量的消耗。对于本质塑性较差的金属,则应尽量在三向压应力下变形,以免产生裂纹。

复习思考题

9.1 什么是塑性变形?塑性变形的机理是什么?

9.2 碳钢在锻造温度范围内变形时,是否会有冷变形强化现象?

9.3 纤维组织是怎样形成的?它对材料的力学性能有何影响?它的存在有何利弊?

9.4 铅在20℃、钨在1100℃时变形,各属哪种变形?为什么?(铅的熔点为327℃、钨的熔点为3380℃)

9.5 如何提高金属的塑性?最常用的措施有哪些?

9.6 "趁热打铁"的含义何在?

10 常用的锻造方法

【教学提示】

锻造是毛坯成形的重要手段，尤其在工作条件复杂、力学性能要求高的重要结构零件的制造中，具有重要地位。锻造是使加热好的金属坯料，在外力的作用下发生塑性变形，通过控制金属的流动，使其成形为所需形状、尺寸和组织的方法，根据变形时金属流动的特点不同，可以分为自由锻和模锻两大类。本章将分别介绍它们的成形过程、特点及锻件结构设计和工艺性等内容。

【教学要求】

初步掌握自由锻和模锻的基本工序、特点及应用，能够根据自由锻和模锻设备、工具及工艺特点，合理地设计自由锻和模锻件结构。

10.1 自 由 锻

只用简单的通用性工具，或在锻造设备的上、下砧间直接使坯料变形而获得所需的锻件，这种方法称为自由锻。其中使用手工工具使坯料变形的方法称为手工自由锻。这种方法所用设备工具简单，通用性大，成本低，工艺灵活，但锻件尺寸精度低，加工余量大，生产效率低，劳动强度大，劳动条件差，目前在小型锻件、单件生产及修配中尚有应用，在现代化的大生产中则广泛采用机器自由锻。自由锻可锻造几十克至数百吨的锻件，在重型机械中，还是生产大型和特大型锻件的唯一方法。

10.1.1 锻造坯料准备

10.1.1.1 锻造用坯料

锻造中、小型锻件一般用圆形、方形等截面的型材，如方钢、圆钢、扁钢等。大型钢锻件多用钢锭或钢坯。锻造前要把选定的原材料用剪切、锯切、冷折、电火花线切割等方法切成所需的长度，而后加热锻造。

下坯料时除了根据锻件图计算锻件重量外，还要考虑加热烧损中的重量损失，以及工艺结构上要去除的部分重量，如冲孔、切边等。根据坯料重量确定坯料尺寸时，还要考虑到锻造比的要求，并应该考虑变形工序对坯料尺寸的限制。如镦粗时，为避免镦弯，坯料的高径比（H_0/D_0）不得超过 2.5，而为了下料方便，坯料高径比应该大于 1.25。具体可以按国家标准进行修正，选用标准值，最终确定坯料的尺寸。

10.1.1.2 坯料的加热

(1)加热目的

坯料加热的目的是提高金属的塑性，降低变形抗力，以改善金属的锻造性能，使之易于流动成形并获得良好的锻后组织。加热对提高锻造生产率、保证锻件质量以及提高金属的利用率都有重要的影响。

(2)锻造温度

金属坯料是在一定的温度范围内进行锻造的。温度的控制对于锻造工艺非常重要,在保证坯料均匀热透的前提下,应尽量缩短加热时间,以减少氧化和脱碳。当金属的加热温度超过其允许的最高加热温度时,奥氏体晶粒会聚集长大,这种现象称为过热。过热使锻件的晶粒粗大,力学性能降低。过热可以通过反复锻击破碎晶粒,或采用锻后退火来消除。如将坯料继续加热到接近熔点则易使晶界氧化造成过烧,导致坯料一锻即碎而报废,无法补救,只得重熔。碳钢的始锻温度一般低于其固相线 AE 约 200℃左右,如图 9-9 所示。碳钢的始锻温度是随含碳量的增加而降低的。金属坯料的终锻温度也应限制。终锻温度过低,其锻压性能降低,不仅锻造困难,还可能导致锻裂。终锻温度也不能太高,一则未能充分利用其有利的变形条件进行成形,增加了火次和金属烧损,更重要的是坯料在较高温度下停锻,工件冷却时晶粒会继续长大,使其力学性能降低。一般碳钢的终锻温度大约在 800℃左右。从图 9-9 可知,低碳钢在两相区仍有足够的塑性,因此部分碳钢在 A_3 线以下仍可继续锻造。含碳量较高的过共析钢,为了击碎沿晶界分布的网状渗碳体,在 A_{cm} 线以下仍要锻造。

不同的金属,其锻造温度范围是不同的。几种常用金属及合金的锻造温度范围如表 10-1 所示。

表 10-1　常用金属及合金的锻造温度范围

合金种类	牌号	始锻温度(℃)	终锻温度(℃)
碳钢	15,25,	1250	800
	40,45,	1200	800
	T9A,T10	1100	770
合金结构钢	20Cr,40Cr,	1200	800
	20CrMnTi,	1200	800
	30Mn2	1200	800
合金工具钢	9SSiCr,	1100	800
	Cr12	1080	840
不锈钢	1Cr13,2Cr13,	1150	750
	1Cr18Ni9Ti	1180	850
紫铜	T1～T4	950	800
黄铜	H68	830	700
硬铝	LY1,LY11,LY12	470	380

(3)加热方法

根据坯料加热时所用热源不同,坯料加热方法可分为火焰加热与电加热两类。

火焰加热用的燃料有固体燃料(如煤、焦炭)、液体燃料(如重油、柴油)、气体燃料(如煤气)等。

火焰加热常用的设备有箱式炉和连续式加热炉。前者主要用于单件小批生产,而成批大量生产时多采用连续式加热炉。实习车间有的还用结构简单的手锻炉。

火焰加热的优点是:炉子结构较简单,燃料价廉且资源丰富,加热费用较低,对坯料的适应范围广。但其加热质量难以控制,加热速度慢,劳动条件差。

电加热是通过把电能转变为热能来加热金属坯料的。电加热具有温度易于控制,加热质量好等优点。在现代化的工厂中广泛采用电加热方法。

常用的电加热方法有电阻加热、电接触加热以及电感应加热等。

10.1.2 自由锻的基本工序

根据工序的作用不同,自由锻工序可分为基本工序、辅助工序和修整工序三大类。

使金属坯料实现较大变形以获得锻件所需的基本形状和尺寸的工序称为基本工序,主要有镦粗、拔长、冲孔、弯曲、切割、错移和扭转等。为了完成基本工序而使坯料预先产生少量局部变形的工序称为辅助工序,如压肩、压钳口、钢锭倒棱等。而用来精整锻件尺寸和形状,使锻件完全达到锻件图要求的工序称为修整工序,如滚圆、校直和平整端面等。

下面就自由锻基本工序镦粗、拔长、冲孔、弯曲、扭转、切割分别进行介绍。

10.1.2.1 镦粗

使坯料高度减小、横断面积增大的锻造工序称为镦粗,主要用于成形饼块类锻件、盘套类锻件及某些重要的轴杆类锻件。

镦粗的方法主要有平砧镦粗和局部镦粗。平砧镦粗是沿坯料整个高度进行的镦粗。局部镦粗是在坯料上某一部分进行的镦粗,常用于制造带凸座的盘类锻件。

为了保证镦粗的顺利进行,镦粗时应注意:

(1)镦粗前坯料镦粗部分的高度不得大于其直径的2.5～3倍,以防止产生双鼓形、折叠或镦弯。

(2)坯料端面要平整且垂直于轴线,坯料放置要正,以避免坯料镦歪。

(3)坯料的加热温度应均匀,终锻温度不能太低,打击力不能太轻,避免坯料产生细腰或不均匀变形。

10.1.2.2 拔长

使坯料横断面积减小、长度增加的锻造工序称为拔长,主要用于轴杆类锻件的成形。为了提高拔长的效率,锻合芯部缺陷,有时可采用上下V形砧拔长。芯轴拔长是在空心坯料中加芯轴进行拔长,以减小坯料外径(壁厚)而增加其长度的锻造工序,用于锻造长筒类锻件。为了提高平砧间拔长效率及锻件质量,拔长时应注意:

(1)拔长的送进量应合理,一般送进量 l 应小于坯料宽度 b_0,以保证拔长时金属送进方向(纵向)的流动大于横向流动,使拔长效率提高。

(2)将圆形断面坯料拔长为圆形断面锻件时,应先拔长为较大断面的方坯,再拔长成小方坯,最后倒角滚圆成所需截面的圆棒。

(3)拔长过程中要经常翻转坯料90°,翻转前的压下量应使工件的宽度与高度之比小于2.5。拔长的单边压下量应等于或小于送进量,避免产生折叠。

长轴类坯料拔长时,可由中间向两端进行,短坯料则可从一端开始顺序拔长。

10.1.2.3 冲孔

在坯料上冲出通孔或盲孔的锻造工序称为冲孔。冲孔主要用于带孔的饼块类锻件及长筒类锻件的成形过程中。孔径大于400mm的则可采用空心冲子冲孔;对于薄饼类锻件上的孔则在垫环上进行单面冲孔。

圆环类锻件在冲孔后还要进行扩孔。除用冲子扩孔外,还可用马扛扩孔。它是利用上砧和芯轴对空心坯料沿圆周依次连续压缩而实现扩孔的,也称为芯轴扩孔。

为了保证冲孔质量,冲孔应先将坯料镦粗并使坯料端面平整,冲子应找准位置并垂直于端面放置,打击力要平稳,防止将孔冲偏、冲歪。

10.1.2.4 弯曲

弯曲时,考虑弯曲区断面积有所减小,因此可取断面比锻件稍大的坯料,先拔长不弯曲的部分到锻件所要求的断面积,然后弯曲成形。弯曲前应对被弯曲部分均匀加热。当锻件有多处需弯曲时,应按一定的顺序弯曲,以保证获得较准确的外形。

自由锻的基本工序除以上所述外,还有用来下料、切割出锻件所需形状的切割工序及锻制多拐曲轴、麻花钻锻件的扭转工序等。

锻好的锻件必须合理冷却。一般中、小型碳钢件可在空气中冷却,高合金钢锻件及大锻件有的需要埋在砂坑中冷却,有的需要放在炉中随炉缓慢冷却。一般锻件中的碳及合金元素的含量越高,锻件尺寸越大,形状越复杂,冷却速度应越缓慢。

10.1.3　自由锻件结构设计的要求

根据自由锻造设备、工具及工艺特点,在设计自由锻造的零件时,除满足其使用性能的要求外,还必须具有良好的结构工艺性。锻件结构合理,可达到锻造方便、节约材料、保证锻件质量、提高生产率的目的。

(1)要避免窄的凹槽、圆锥面等结构设计(如图 10-1(a)所示),因为锻打这类形状的锻件是不方便的。加余块简化外形后(如图 10-1(b)所示),就较为合理了。

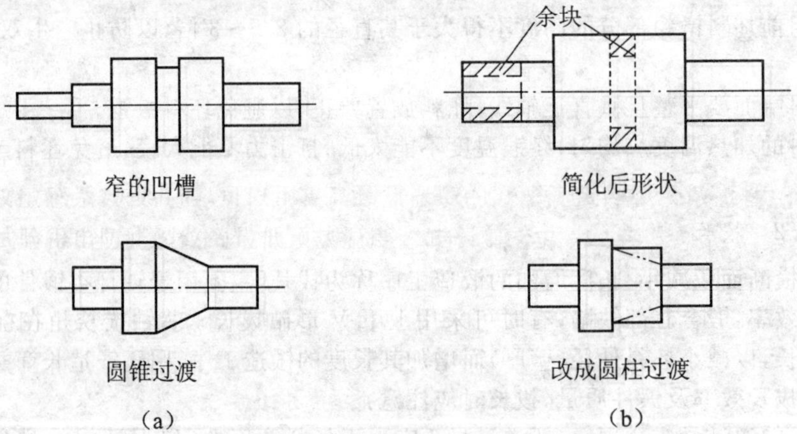

图 10-1　应避免的自由锻件结构举例

(a)应避免窄槽、圆锥面;(b)加余块简化外形

(2)锻件上不允许有肋、小凸台和相贯线等异形结构,如图 10-2(a)、(c)、(e)中所示。改成图 10-2(b)、(d)、(f)所示的结构后,就比较合理。

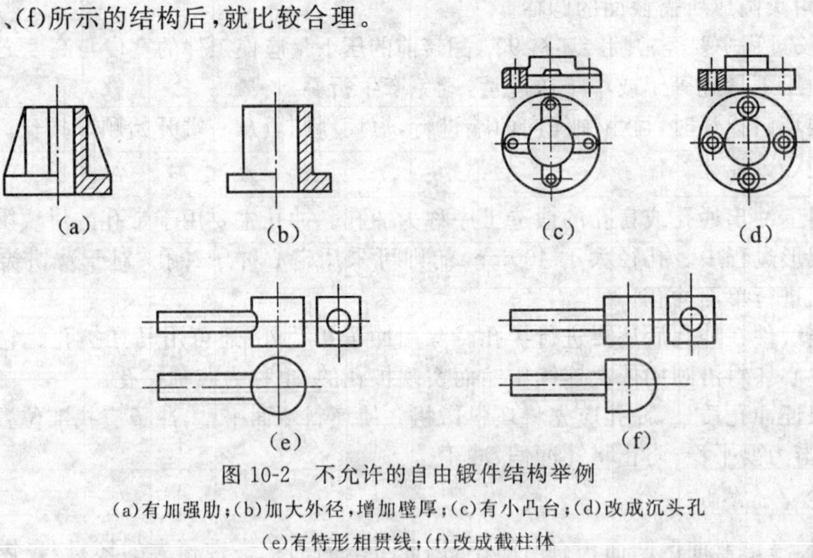

图 10-2　不允许的自由锻件结构举例

(a)有加强肋;(b)加大外径,增加壁厚;(c)有小凸台;(d)改成沉头孔

(e)有特形相贯线;(f)改成截柱体

用自由锻成形锻件的实例如表 10-2、表 10-3 所示。

表 10-2 和表 10-3 分别为螺母和传动轴的锻造过程示例。

表 10-2　螺母的锻造过程

序号	火次	操作工序	简图	工具	备注
1		下料	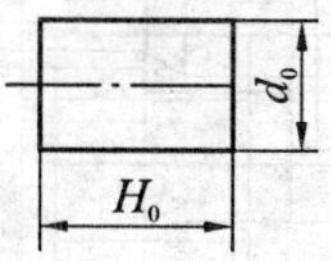	锯子或剪床	按锻件图尺寸，考虑料头烧损，计算坯料尺寸，并使 $H_0/d_0<2.5$
2	1	镦粗	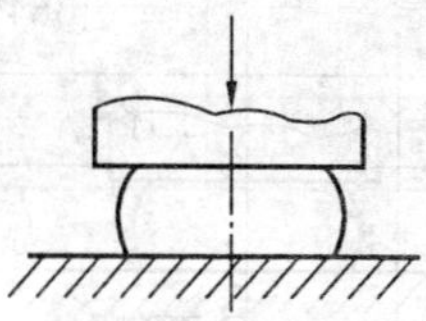	尖口钳	
3	2	冲孔	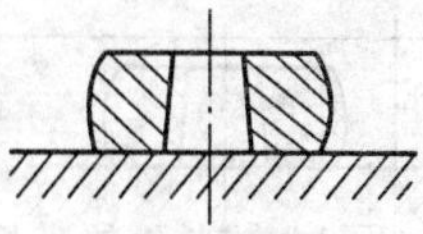	尖口钳、圆口钳、冲子	
4		锻六角	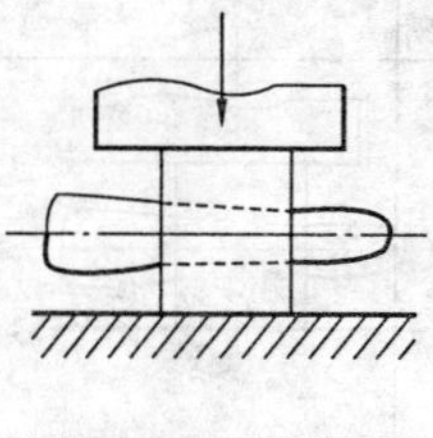	芯棒、六角凹刻	用芯棒插入孔中，锻好一面后转 60°锻第二面，再转 60°，即锻好
5		罩圆、倒角	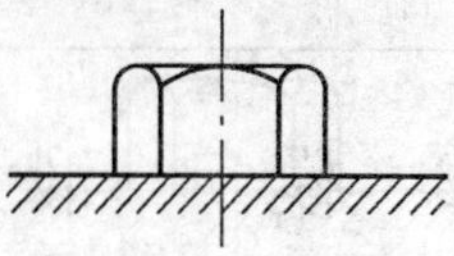	尖口钳、罩圆凹刻	
6		修光	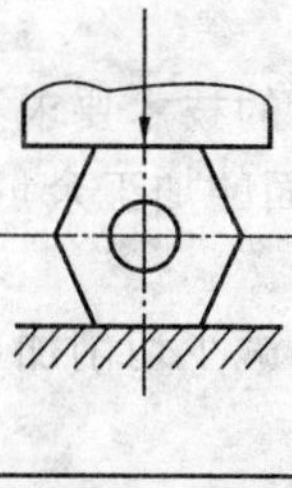	芯棒、平锤	修光温度可略低于 800℃

自由锻主要用于简单形状锻件的单件、小批生产，也是生产大型锻件的唯一方法。但自由锻生产率不高，锻件精度不高，表面粗糙。因此，对于成批大量生产、精度要求较高的锻件，则广泛采用模锻。

表 10-3　传动轴的锻造过程

锻件图	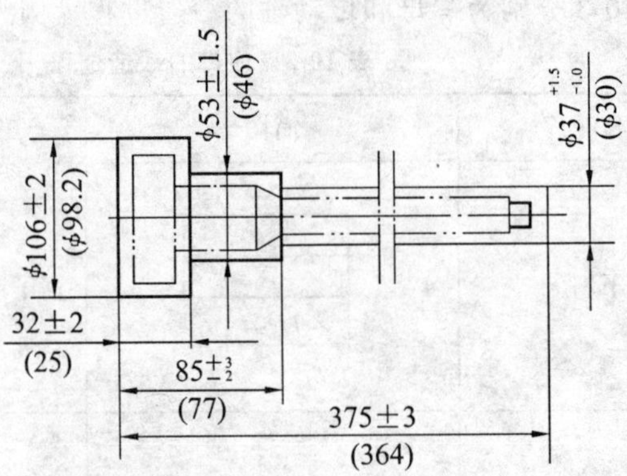				
序号	工序	简图	序号	工序	简图
1	压肩	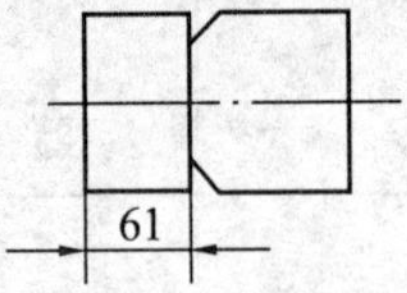	4	侧面滚圆	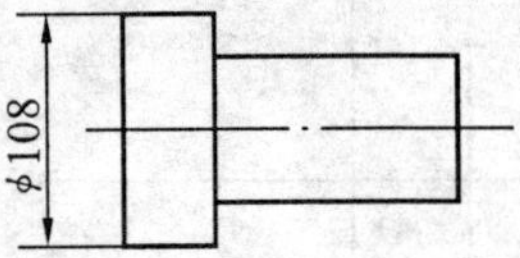
2	拔长一端	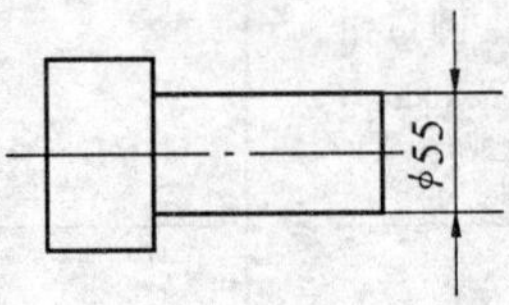	5	压肩、拔长至所需长度	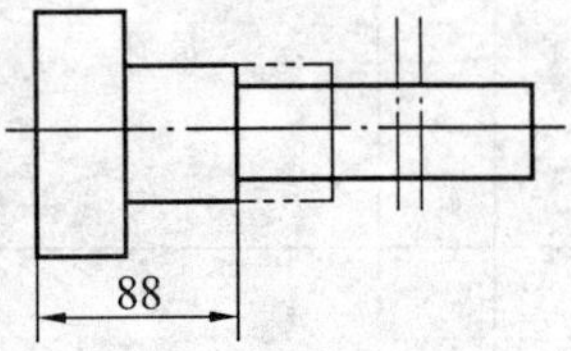
3	局部镦粗	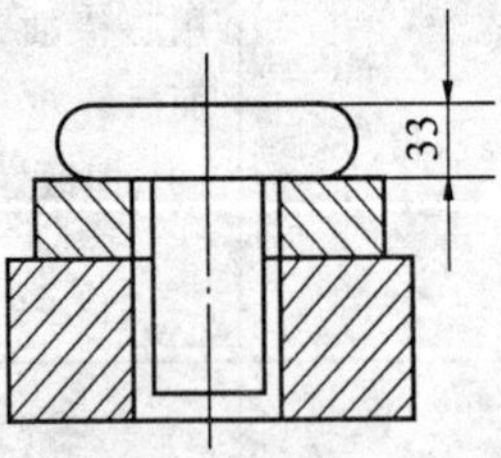	6	修光、校正	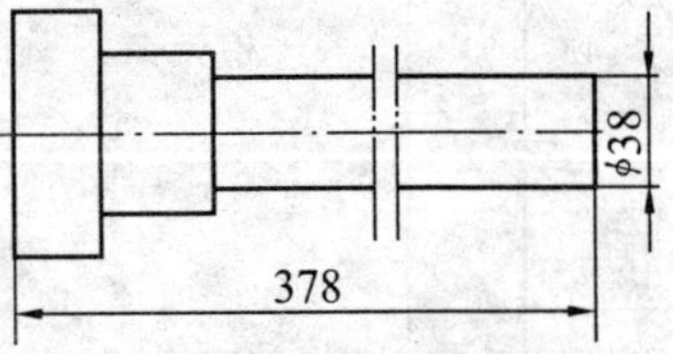

10.2　模　　锻

利用模具使坯料变形而获得锻件的锻造方法称为模锻。

模型锻造与自由锻造相比有如下优点：

(1)锻件形状和精度由模膛保证,对工人的技术要求不高,所以生产率高。

(2)锻件尺寸精确,表面光洁,因而加工面的加工余量可以减小。

(3)可锻出形状复杂的锻件,而且敷料少。

由于上述原因,模型锻造可以节省金属,减少切削加工余量,当锻件达到一定批量时,其成本明显降低。

模型锻造的不足之处在于：

(1)所用锻模价格较高。一方面是因为需用较贵重的模具钢,另一方面是模具的加工复杂。一套锻模只能锻造一种锻件。因此,模型锻造只适用于成批和大量生产。

(2)需要能力较大的专用设备。由于模型锻造是整体变形,故需要设备的能力较大。目前，由于设备能力所限，模锻件一般在150kg以下。

模锻分为胎模锻和固定模锻两类。

10.2.1 胎模锻

胎模锻是在自由锻设备上使用可移动模具生产模锻件的一种方法。胎模不固定在锤头或砧座上，只是在使用时才放上去，它介于自由锻和模锻之间，在我国应用广泛。

胎模成形工艺灵活，既可制坯，又可成形，既可整体成形，也可局部变形，不但能锻造形状简单的锻件，也可成形较为复杂形状的锻件，因而胎模的结构既简单又变化多样。

10.2.1.1 胎模的种类

胎模按用途主要分为制坯整形模、成形模和切边冲孔模三大类。

(1)制坯整形模

这类模具结构简单，形式多样，通用性强，主要用于非旋转体工件局部变形或整体成形的制坯工序。

(2)成形模

这类模具主要用于锻件的终锻成形。根据锻件形状不同有多种成形模，如旋转体锻件多用套模成形，非旋转体锻件一般采用合模成形。

(3)切边冲孔模

这类模具结构简单，一般由凹模和冲头组成，用于切除锻件的飞边和连皮。

10.2.1.2 胎模锻的工艺举例

(1)锥齿轮坯的胎模锻过程如图10-3所示。其中图10-3(a)为锥齿轮坯锻件。模锻时，下模放在下砧上，把加热好的坯料放入下模的模膛中，如图10-3(b)所示；然后如图10-3(c)所示将上模合上；锤击上模，使金属坯料充满模膛，见图10-3(d)，便获得锥齿轮坯锻件。

(2)图10-4为双联齿轮坯的胎模锻造过程，其中10-4(a)为双联齿轮坯锻件图。将加热好的坯料放入垫模内锻出上凸缘，如图10-4(b)所示，调头放入外垫模，再在坯料上套入可分式内垫环，经锻造便可成形，如图10-4(c)所示。

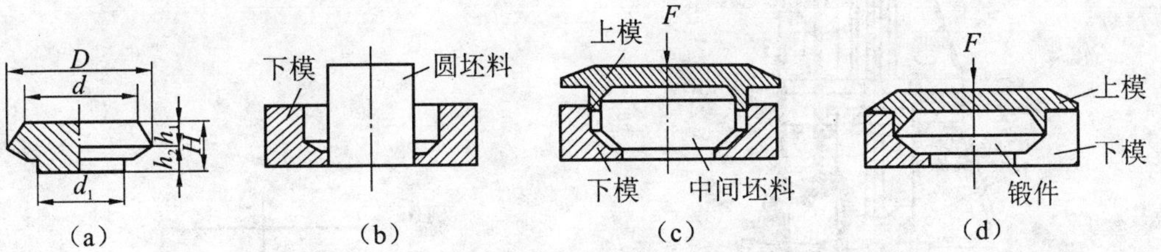

图10-3 锥齿轮坯的胎模锻过程

(a)锥齿轮坯；(b)坯料放入下模；(c)把上模合上；(d)成形锻件

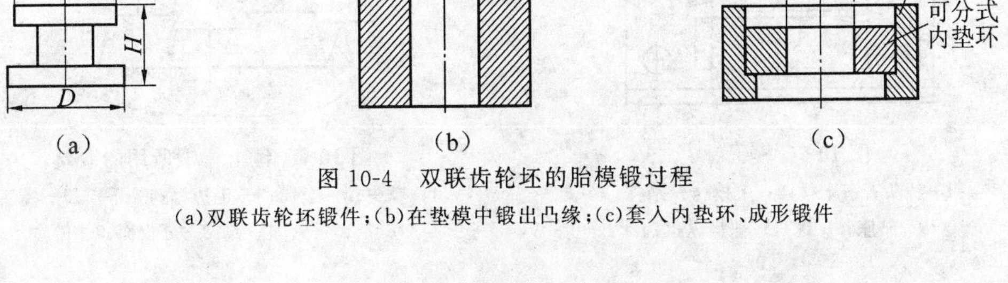

图10-4 双联齿轮坯的胎模锻过程

(a)双联齿轮坯锻件；(b)在垫模中锻出凸缘；(c)套入内垫环、成形锻件

胎模锻与自由锻相比，锻件尺寸精度有了一定的提高，表面粗糙度也有一定的改善，因而锻件加工余量减小，锻造生产率也有相应的提高。胎膜锻造不需要采用昂贵的设备，可以扩大自由锻设备的应用范围；工艺操作灵活，可以局部成形，从而可以利用较小的设备锻造出较大的锻件；胎膜结构简单，制造容易，周期短，可降低锻件成本。但由于需将胎模频繁地搬上取下，因而工人劳动强度大；胎膜容易损坏，生产率不高，故胎模仅限于小型锻件的中、小批量生产。

10.2.2 固定模锻

固定模锻时，上、下锻模是分别固定在锻压设备的锤头（或滑块）及下砧（或工作台）上的。由于所用设备的刚度好，导向精度较高，还有防止上、下模错移的装置等，所以锻件的精度及生产率进一步提高，采用多模膛锻模可锻制形状复杂的锻件。但由于设备及模具都很昂贵，只适于成批大量生产中、小型锻件。

固定模锻根据所用设备不同可分为锤上模锻和压力机上模锻两种。锤上模锻是我国当前模锻生产的基本方法。

10.2.2.1 锤上模锻

锤上模锻是在模锻锤上进行，因设备成本较低，使用较为广泛。其最常用的设备是蒸汽-空气模锻锤，如图10-5所示。另外，还有无砧座锤和高速锤等。蒸汽-空气模锻锤的工作原理与自由锻造用的蒸汽-空气锤基本相同，只是由于模锻的锻模在锻造时需上下模准确对正，精度要求较高，故模锻锤的锤头与导轨之间的间隙比自由锻锤的小得多，而且机架直接与砧座连接，这样能使锤头运动精确，保证上下模对正。

模锻锤的吨位以锤头落下部分的质量标定，一般为0.5～160t。模锻件质量为0.5～150kg。

锤上模锻所用的锻模是由带有燕尾的上模和下模组成，如图10-6所示。锻模由上模2和

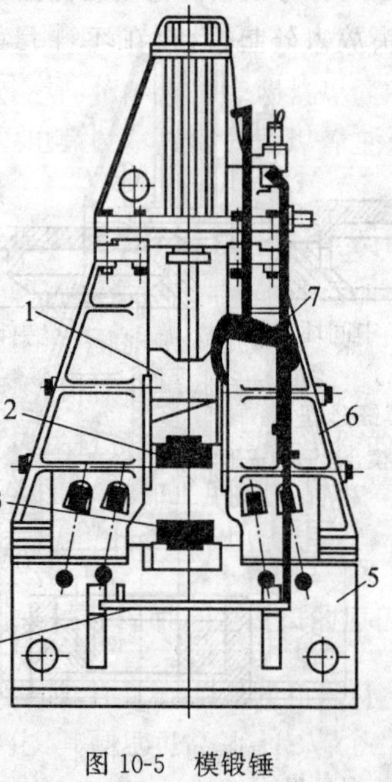

图10-5 模锻锤

1—锤头；2—上模；3—下模；4—踏杆；5—砧座；6—锤身；7—操纵机构

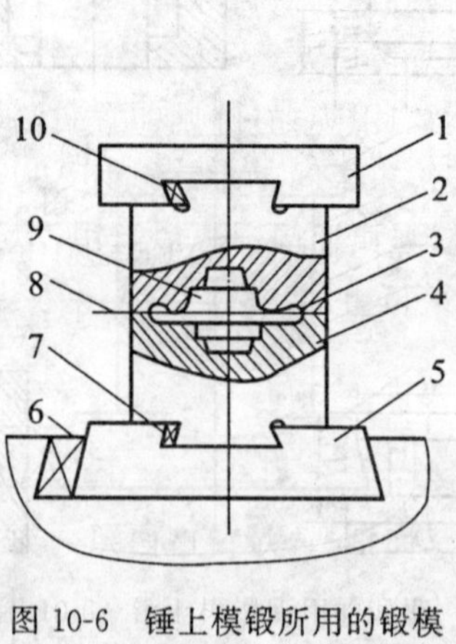

图10-6 锤上模锻所用的锻模

1—锤头；2—上模；3—毛边槽；4—下模；5—模垫；6、7、10—紧固楔铁；8—分模面；9—模膛

下模 4 两部分组成。下模 4 紧固在模垫 5 上，上模 2 紧固在锤头 1 上，并与锤头 1 一起作上下运动。9 为模膛，锻造时毛坯放在模膛中，上模 2 随着锤头 1 的向下运动对毛坯施加冲击力，使毛坯充满模膛，最后获得与模膛形状一致的锻件。

锻件从模膛取出后，多数是带有毛边的，还需用切边模切除，才能获得完整的锻件。

模锻生产的工艺过程包括模锻锻件图制定、锻模模膛设计、毛坯计算、工序确定、设备选择、毛坯加热、锻模及模锻件的修整工序等。

(1)锻件图制定

锻件图是用作设计及制造锻模、计算毛坯以及检验锻件的依据，对模锻件的生产有很大影响。在制定锻件图时应注意以下几个问题：

①分模面

分模面即上下锻模在模锻件上的分界面。锻件分模面的位置选择正确与否，关系到锻件成形、锻件出模、材料利用率等一系列问题，故制定锻件图时，必须考虑以下几个问题：

a. 要保证模锻件能从模膛中取出。

b. 使模膛深度最浅。

c. 分模面的上下模膛外形要一致。

d. 使所需的敷料最少。

e. 分模面要选择平面。

图 10-7 所示是一模锻件分模面的几种方案。方案 a、b、c 都存在各种问题，只有方案 d 最为合理。

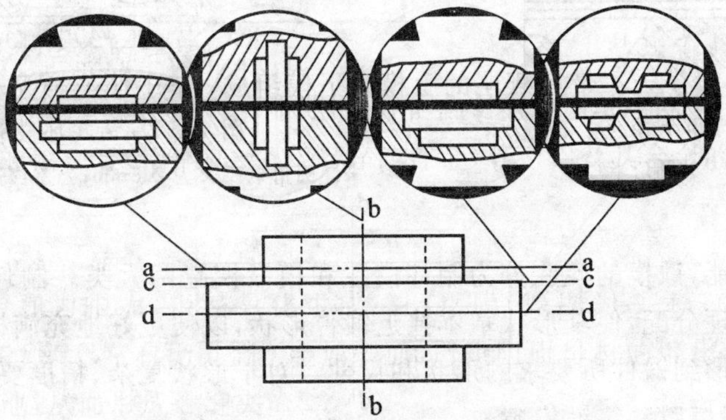

图 10-7　分模面的选择比较图

②余量、公差和敷料

模型锻造时，由于锻件尺寸比较精确，表面粗糙度低，因此，余量和公差的数值比自由锻造小得多，余量一般为 1～4mm，公差在 0.3～3mm 之间。

对带孔锻件需留有连皮，如图 10-8 所示。模锻后再冲孔，将连皮冲掉。当孔径为 30～80mm 时，连皮厚度为 4～8mm。当孔径小于 30mm 时，则锻模的冲孔部分太弱，容易折断，一般不直接锻出。

③模锻斜度

为了使锻件易于从模膛中取出，锻件与模膛侧壁接触部分需带一定斜度。锻件上的这一斜度称为模锻斜度，如图 10-9 所示。模膛深度与宽度比值(h/b)愈大时，模锻斜度相应地也应取大值。内壁斜度 α_2 应比外壁斜度 α_1 大。锤上模锻件的模锻斜度一般为 3°～15°。

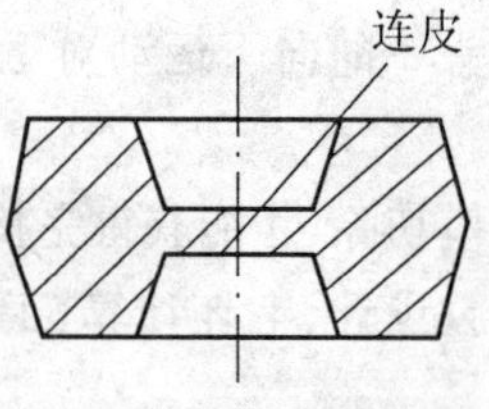

图 10-8　连皮

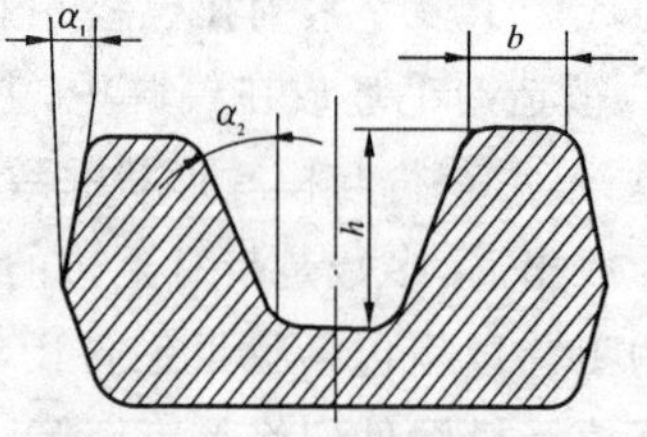

图 10-9　模锻斜度

④圆角半径

在锻件上所有两平面的交角处均应做成圆角,如图 10-10 所示,这样可增大锻件强度。模锻时金属易于流动而充满模膛,设置圆角避免了锻模上的内尖角处产生裂纹,减缓了锻模外尖角处的磨损,从而提高了锻模的使用寿命。钢锻件内圆角半径 r 取 1～4mm,外圆角半径 R 是内圆角半径的 3～4 倍。模膛愈深,圆角半径取值愈大。

图 10-11 是齿轮坯模锻件图。双点画线为零件轮廓外形,分模面选在锻件水平方向的中部。零件轮辐部分不加工,故不留加工余量。孔的中间留有冲孔连皮。

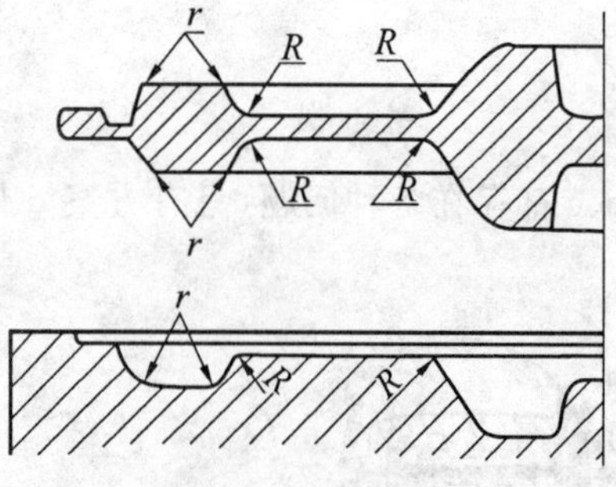

图 10-10　圆角半径

r—内圆角半径;R—外圆角半径

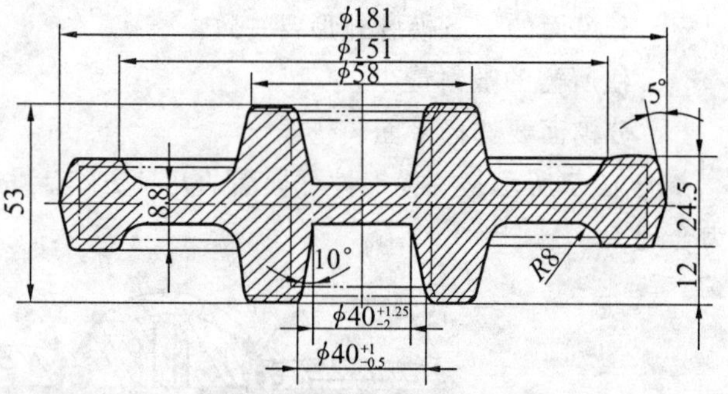

图 10-11　齿轮坯模锻件图

未注圆角半径 R 为 2.5mm;公差:高度$^{+1.5}_{-0.75}$,水平$^{+1.75}_{-1.15}$

(2)锻模模膛

根据模膛的功能,锻模的模腔分为制坯模膛和模锻模膛两大类。制坯模膛的作用是使坯料预变形而达到合理分配,使其形状基本接近锻件形状,以便更好地充满模锻模腔。模锻模膛的作用是使坯料变形到锻件所要求的形状和尺寸。对于形状复杂、精度要求较高、批量较大的锻件,还要分为预锻模膛和终锻模膛。

①模锻模膛

模锻模膛又分为预锻模膛和终锻模膛两种。

a. 预锻模膛:预锻模膛的作用是使毛坯变形到接近于锻件的形状和尺寸。这样在进行终锻时,金属容易填满模膛而获得锻件所需要的尺寸,同时减少终锻模膛的磨损,延长锻模的使用寿命。对于形状简单的锻件或批量不大时可不设预锻模膛。预锻模膛的圆角和斜度要比终锻模膛大,而且没有飞边槽。

b. 终锻模膛:终锻模膛的作用是使毛坯最后变形到锻件所要求的形状和尺寸。因此,它的形状应和锻件的形状相同,但因锻件冷却时要收缩,故终锻模膛的尺寸应比锻件尺寸放大一个收缩量。钢锻件收缩量取 1.5%。另外,沿模膛四周有飞边槽,用以增加金属从模膛中流出的阻力,促使金属充满模膛,同时容纳多余的金属。带孔的模锻件在模锻时不能直接获得通孔,在该部位留有一层较薄的金属连皮。把连皮和飞边冲掉后,才能得到有通孔的完整模锻件。带有连皮和飞边的模锻件如图 10-12 所示。

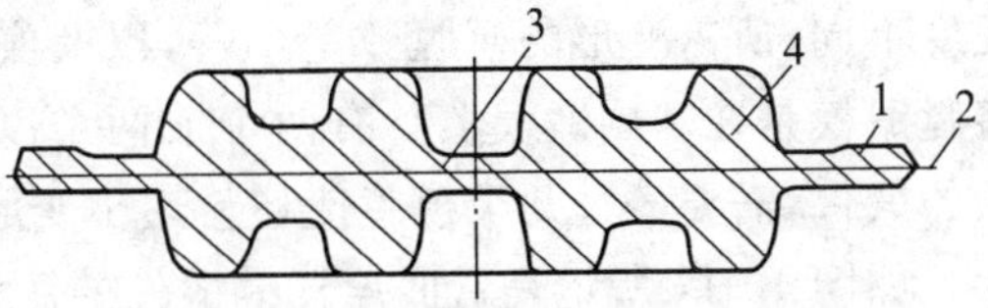

图 10-12　带有冲孔连皮及飞边的模锻件

1—飞边；2—分模面；3—冲孔连皮；4—锻件

②制坯模膛

对于形状复杂的锻件，为了使毛坯形状基本符合锻件形状，以便使金属能合理分布和很好地充满模膛，就必须预先在制坯模膛内制坯。制坯模膛有以下几种类型：

a. 拔长模膛：它用来减少毛坯某部分的横截面积，以增加该部分的长度。拔长模膛分为开式和闭式两种，如图 10-13 所示。操作时毛坯除送进外还需翻转。

b. 滚压模膛：它用来减少毛坯某一部分的横截面积，以增加另一部分的横截面积，从而使金属按锻件形状来分布。滚压模膛分为开式和闭式两种，如图 10-14 所示。当模锻件沿轴线截面相差不很大或做修整拔长后的毛坯时，可采用滚压模膛。操作时每击一次毛坯要翻转一下。

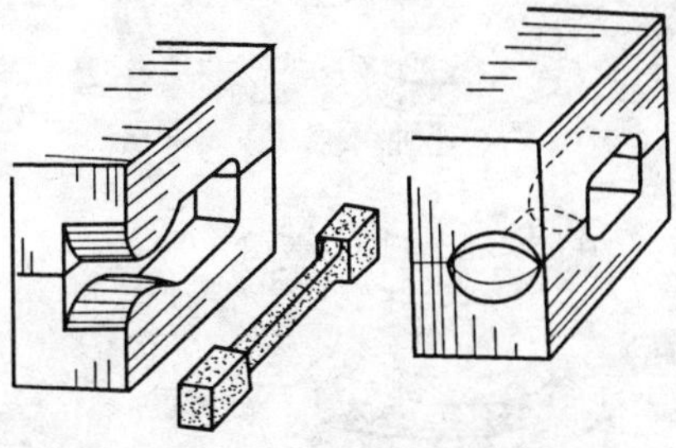

(a)　(b)

图 10-13　拔长模膛

(a)开式；(b)闭式

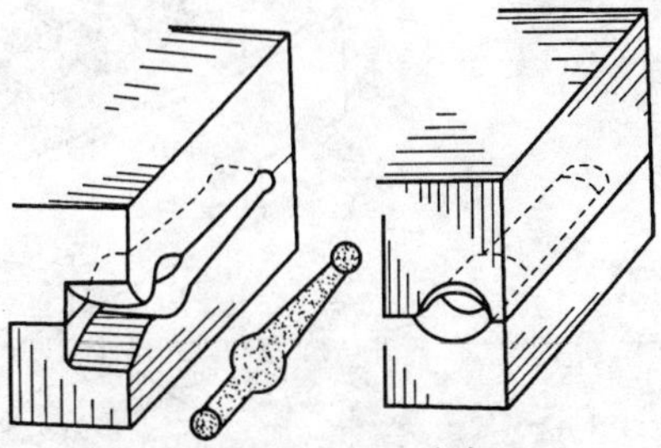

(a)　(b)

图 10-14　滚压模膛

(a)开式；(b)闭式

c. 弯曲模膛：对于弯曲的杆类模锻件，需用弯曲模膛来弯曲毛坯，如图 10-15 所示。毛坯可直接或先经其他制坯工序后放入弯曲模膛进行弯曲变形。弯曲后的毛坯须翻转 90°再放入模锻模膛成形。

d. 切断模膛：它在上模与下模的角上组成一对刃口，用来切断金属，如图 10-16 所示。当一个毛坯要模锻成两个以上锻件时，它可以把锻好的锻件从毛坯上切下，以便使毛坯能继续锻造。

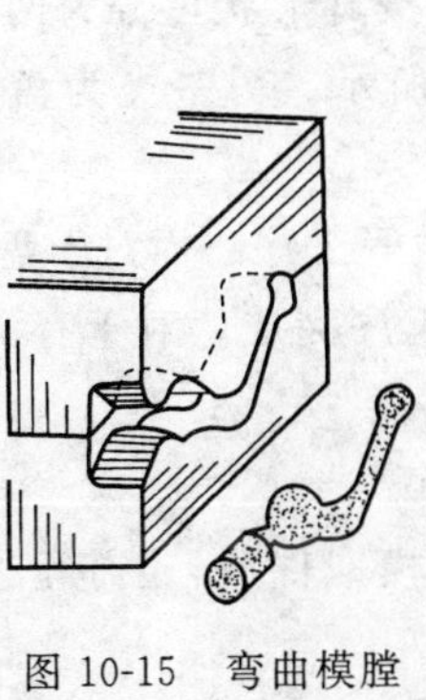

图 10-15　弯曲模膛

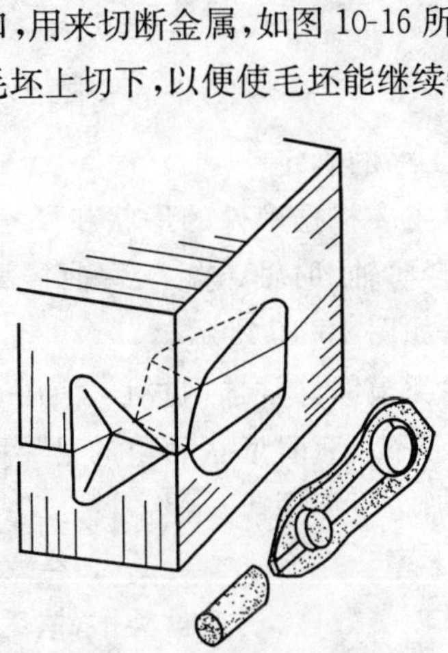

图 10-16　切断模膛

此外,常用的制坯模膛还有成形模膛、镦粗台及击扁面等制坯模膛。

根据模锻件的复杂程度不同、所需变形的模膛数量不等,以及实际生产需要,可将锻模设计成单膛或多膛锻模。多膛锻模是在一副锻模上具有两个或两个以上模膛的锻模,但最多不超过7个模膛。形状复杂的锻件,需要经过几个模膛使坯料逐步变形,最后在终锻模膛中达到锻件所要求的形状和尺寸。如图10-17所示是弯曲连杆模锻件的锻模,即为多膛锻模。

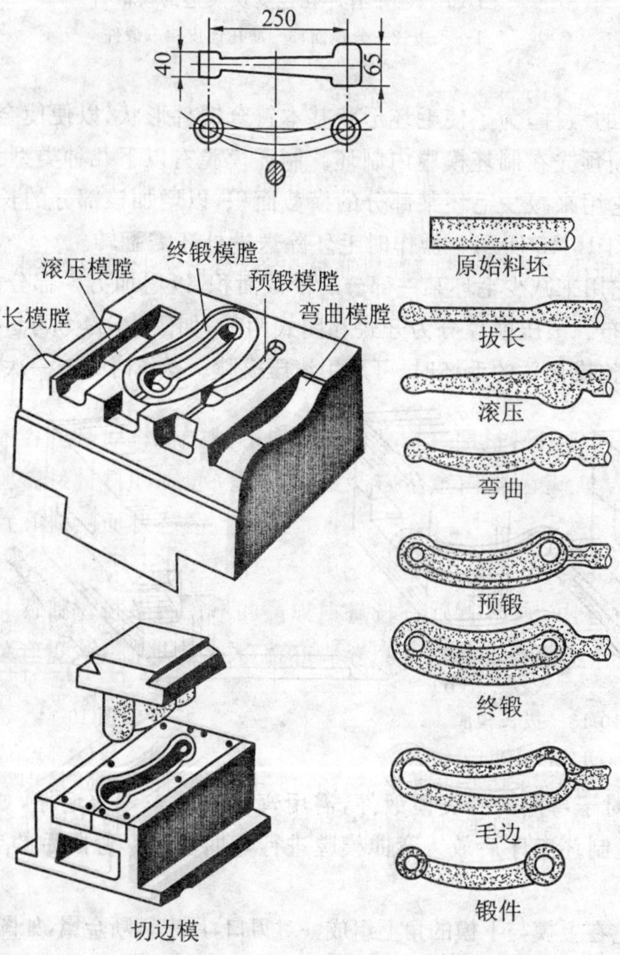

图10-17　弯曲连杆锻造过程

(3)模锻工序的确定

模锻工序主要根据锻件的形状和尺寸来确定。模锻件按其形状可分为两大类:一类是长轴类锻件,如台阶轴、曲轴、连杆、弯曲摇臂等,如图10-18所示。另一类为盘类模锻件,如齿轮、法兰盘等,如图10-19所示。

一般长轴类模锻件常选用拔长、滚压、弯曲、预锻和终锻等工序。而对于盘类锻件,常选用镦粗、终锻等工序。有时形状简单的盘类锻件可只用终锻工序完成。对于有深孔和高肋的复杂锻件,应增加镦粗工序。

(4)修整工序

不论是长轴类锻件,还是盘类锻件,毛坯在锻模内制成模锻件后,还需经过一系列修整工序,以保证并提高锻件质量。修整工序包括如下内容:

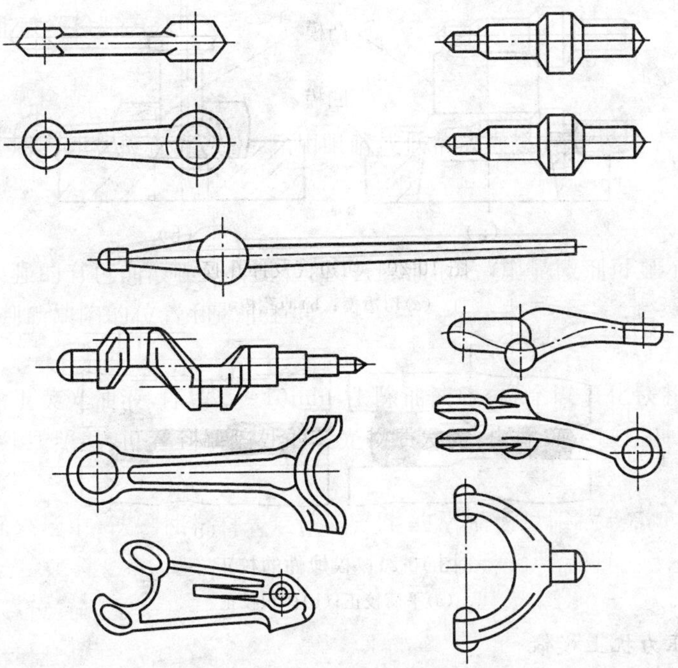

图 10-18 长轴类锻件

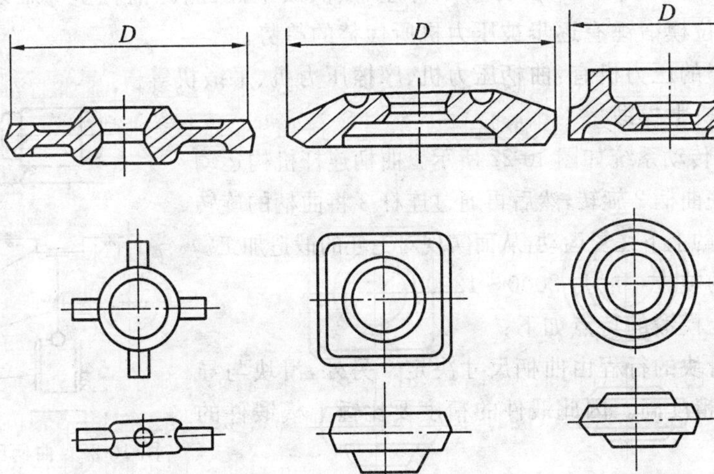

图 10-19 盘类锻件

①切边和冲孔

刚锻制成的模锻件一般都带有飞边和连皮，须在压力机上将它们切除，如图 10-20 所示。小型锻件可在冷态下进行切边和冲孔，这样锻件变形较小。对于大型锻件，为了减小切断力，常利用模锻后的余热立即进行切边和冲孔，这样锻件变形较大，对精度要求高的锻件切边冲孔后还需进行校正。

②校正

在切边及其他工序中都会引起锻件变形，特别是形状复杂的锻件变形更严重。因此，需对锻件进行校正，如图 10-21 所示。校正可在终锻模膛或专门的校正模膛内进行。

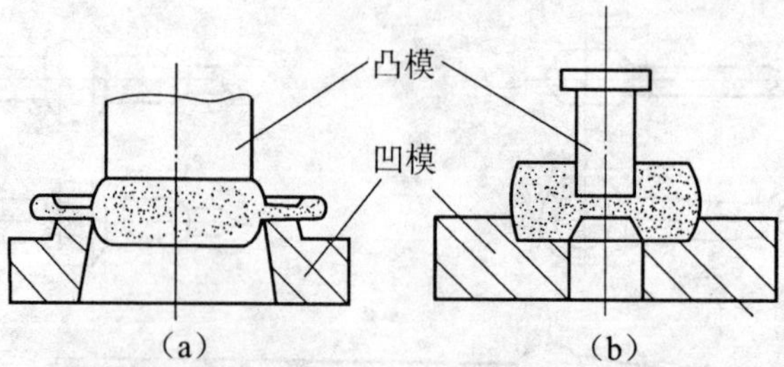

图 10-20　切边模及冲孔模

(a)切边模;(b)冲孔模

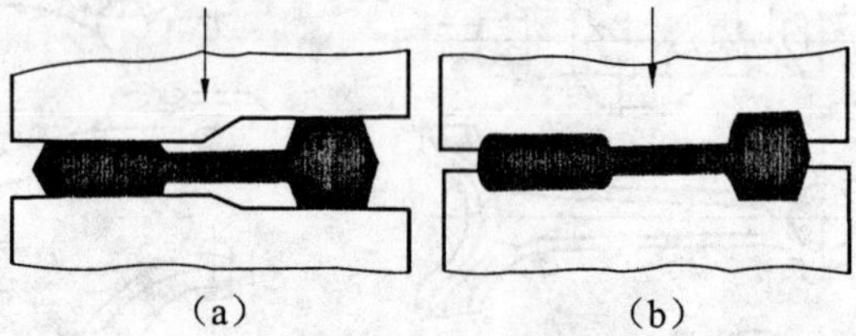

图 10-21　模锻件的校正

(a)平面校正;(b)体积校正

10.2.2.2　压力机上模锻

锤上模锻具有工艺适应性广的特点，目前仍在锻压生产中得到广泛的应用。但是，锤上模锻在生产过程中有振动和噪声大、劳动条件差、蒸汽效率低、能源消耗多等难以克服的缺点。因此，近年来大吨位模锻锤有逐步被压力机所代替的趋势。

用于模锻生产的压力机有：曲柄压力机、摩擦压力机、平锻机等。

(1)曲柄压力机上模锻

曲柄压力机的传动系统如图 10-22 所示。曲柄连杆机构运动由离合器 1 控制，使曲柄 2 旋转，然后再通过连杆 3 将曲柄的旋转运动转换成滑块 4 的上下往复运动，从而实现对毛坯的锻造加工。

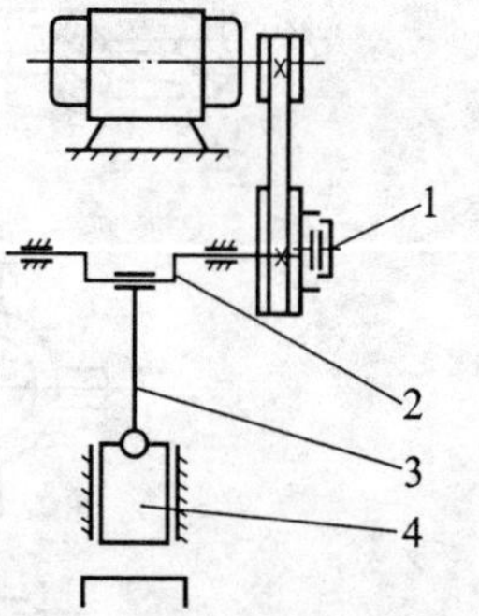

图 10-22　曲柄压力机传动图

1—离合器;2—曲柄;3—连杆;4—滑块

曲柄压力机的吨位一般为 2000～12000kN。

曲柄压力机上模锻的特点如下：

①精度高。滑块的行程由曲柄尺寸决定。另外，滑块与导轨的间隙小，装配精度高。因此锻件的精度要比锤上模锻件的精度高。

②振动、噪声小。曲柄压力机作用于金属上的变形力是静压力，且变形抗力由机架本身承受，不传给地基，因此曲柄压力机工作时振动、噪声小。另外，坯料的变形速度较低，有利于成形低塑性材料，如耐热合金和镁合金等。

③生产率高。滑块运动精度高，并设有上、下顶出装置，能使锻件自动脱模，便于实现机械化和自动化。

但是，曲柄压力机上模锻的滑块行程和压力不能随意调节，不宜进行拔长、滚挤等操作，而且设备构造复杂，造价高，只适于大批量生产，目前我国仅一些大型工厂中采用，如汽车、机车、拖拉机等厂采用。

曲柄压力机的工艺特点决定了采用这种机器进行模锻时应注意以下问题：

①因曲柄压力机的滑块行程一定，不论在什么模膛中都是一次成形，这使得毛坯表面形成

的氧化皮不易被吹掉，而压入到锻件表面上，影响锻件质量。要解决这一问题，可以在电加热后清除氧化皮来提高锻件质量。

②由于是一次成形，金属变形量过大，不易使金属填满终锻模膛。因此，变形应该逐步进行，终锻前应采用预成形及预锻等。如图 10-23 所示，左半图为毛坯变形过程。图 10-23(a)为预成形，图 10-23(b)为预锻，图 10-23(c)为终锻，图 10-23(d)为切除飞边和冲孔连皮后的齿轮模锻件。右半图为相对应的模膛。

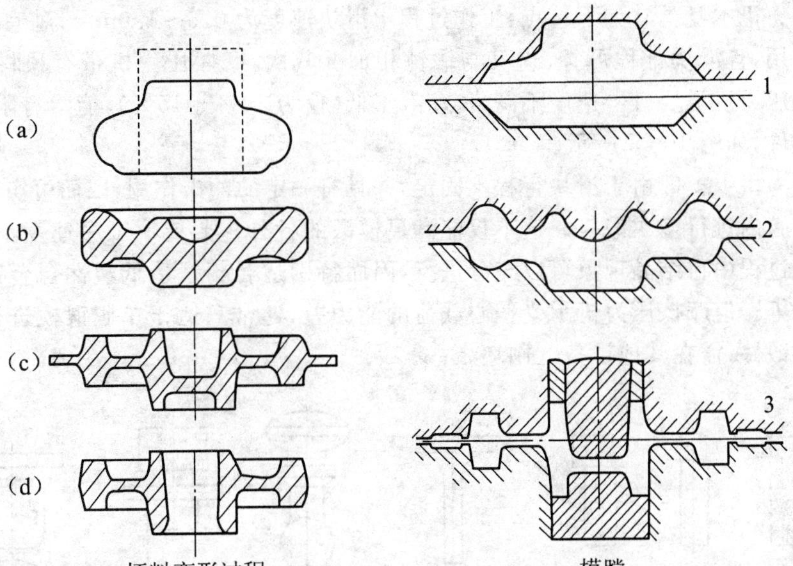

图 10-23 曲柄压力机上模锻齿轮工序

曲柄压力机上模锻的零件，其结构工艺性基本上与锤上模锻相同。

(2)摩擦压力机上模锻

摩擦压力机的传动系统如图 10-24 所示。锻模分别安装在滑块 7 和机座 9 上。滑块与螺

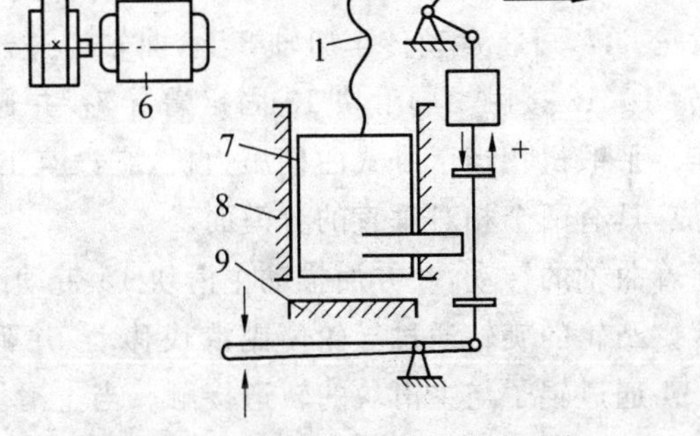

图 10-24 摩擦压力机的传动系统

1—螺杆；2—螺母；3—飞轮；4—圆轮；5—皮带；6—电动机；7—滑块；8—导轨；9—机座

杆1相连，沿导轨8上下滑动。螺杆穿过固定在机架上的螺母2，螺杆1上端固定着飞轮3，下端用轴承与压力机滑块7相连。主轴上装有两个圆轮4，它由电动机6带动旋转，用操纵杆可使主轴沿轴向作一些移动，这样就可使其中一个圆轮与飞轮的边缘靠紧而带动飞轮旋转，从而带动滑块在导轨8中作上下运动。

在这类压力机上模锻，主要是靠飞轮、螺杆及滑块向下运动时积蓄的能量来实现。摩擦压力机的吨位一般为1000～3500kN，最大吨位可达10000kN。

摩擦压力机本身具有如下特点：工作过程中滑块速度为0.5～1.0m/s，对毛坯变形具有一定的冲击作用，且滑块行程可控，这又与锻锤相似。其次，摩擦压力机带有顶料装置，取件容易。但摩擦压力机滑块打击速度不高，传动效率低(仅为10%～15%)，能力有限，故多用于锻造中小型锻件，如图10-25所示。

摩擦压力机上模锻由于滑块行程不固定，并具有一定的冲击作用，因而可实现轻打、重打，可在一个模膛内进行多次锻打。这不仅能满足模锻的各种主要成形工序速度不高的要求，而且金属变形过程中再结晶现象可以充分进行，因而特别适合于锻造低塑性合金钢和非铁合金(如铜合金)等。但摩擦压力机承受偏心载荷的能力差，通常只适于单膛锻模进行模锻。对于形状复杂的锻件，需在其他设备上制坯。

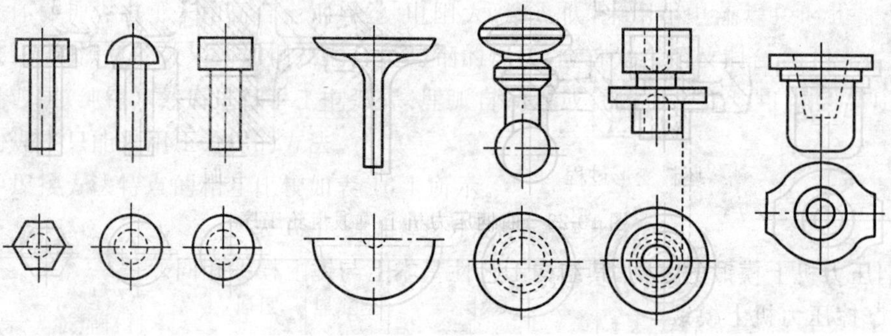

图10-25　摩擦压力机上模锻件

综上所述，摩擦压力机具有结构简单、造价低、使用维修方便、基建要求不高、工艺用途广泛等特点，所以我国中小型机械厂都拥有这类设备，用它来代替模锻锤、平锻机、曲柄压力机进行模锻生产。

(3)平锻机上模锻

平锻机的主要结构与曲柄压力机相同，只因滑块是作水平方向运动，故称为平锻机，如图10-26所示。电动机1通过皮带2将运动传给带轮3，带轮带有离合器4一同装在传动轴5上，传动轴另一端装有齿轮6、7，可将运动传至曲轴8上，曲轴通过连杆与主滑块15相连。凸轮11装在曲轴上，与导轮10、12接触。副滑块13固定着导轮，并通过连杆系统18、19、20与副滑块和活动模17相连。平锻机相当于卧式曲柄压力机，它没有工作台，锻模由固定凹模、活动凹模和凸模三部分组成，具有两个相对垂直的分模面。

运动传至曲轴后，随着曲轴的转动，一方面推动主滑块15带动凸模作前后往复运动，同时曲轴又驱使凸轮11旋转。凸轮的旋转通过导轮使副滑块移动，并驱使活动模运动，实现锻模的闭合或开启。挡料板14通过辊子与主滑块的轨道接触。当主滑块向前运动(工作行程)时，轨道斜面迫使辊子上升，带动挡料板绕其轴线转动，挡料板末端便移至一边，给凸模让出位置。

平锻机的吨位以冲头最大压力来表示，一般是500～31500kN，可锻造$\phi 25$～230的棒料。

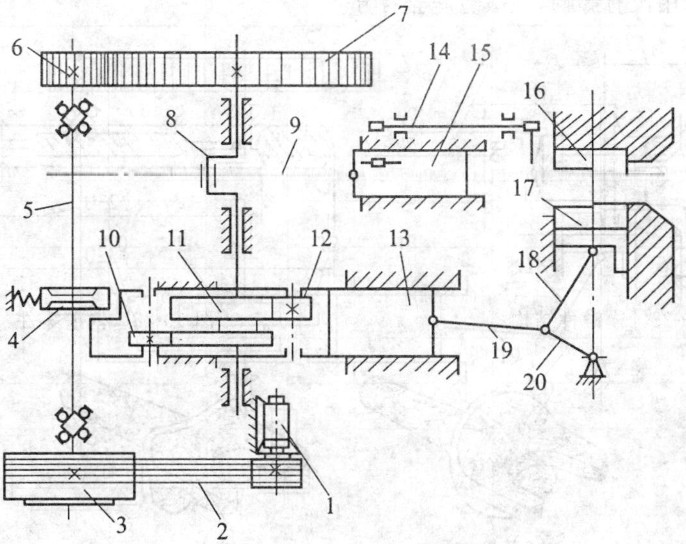

图 10-26 平锻机传动图

1—电动机;2—皮带;3—带轮;4—离合器;5—传动轴;6、7—齿轮;
8—曲轴;9—连杆;10、12—导轮;11—凸轮;13—副滑块;14—挡料板;
15—主滑块;16—固定模;17—副滑块和活动模;18、19、20—连杆系统

锻件的形状是带头部的杆类和有孔(通孔或盲孔)的锻件,如汽车半轴、倒车齿轮等。

平锻机上模锻的特点如下:

①与锤上模锻相比,平锻机上模锻所用坯料多是棒料和管材,可锻造出曲柄压力机所不能锻造的长杆类锻件,并能锻出通孔,特别是一端带法兰的较长轴;锻模有两个分模面,可以锻出其他设备上无法成形的侧面带有凸台和凹槽的锻件;锻件无飞边,精度高。

②自动化程度高,每小时可锻制 400～900 件。

③节省金属,材料利用率可达 85%～95%。

④但是对非回转体及中心不对称的锻件难以锻造,且平锻机造价较高,投资大,仅适用于大批量生产。

10.2.3 模锻件结构工艺性

由于模锻件是在锻模模膛中最终成形的,模锻件的成形条件比自由锻件优越,因此,模锻件的形状可以比自由锻件复杂。例如,模锻件上可以允许有圆锥面、空间相贯曲线、合理的台阶、工字形截面等轮廓形状。但是模锻件的结构仍然受到模锻设备和工艺特点的限制,设计时应遵循以下几条原则:

(1)必须保证模锻件能从模膛中取出。为此,须有一个合理的分模面,使敷料最少、锻模制造容易。

(2)模锻件形状应力求简单。模锻虽能比自由锻制出更为复杂的零件,但为使金属容易充满模膛和减少工序,零件的外形仍需力求简单、平直、对称。避免零件截面间差别过大或具有薄壁、高肋、凸起等难以采用模锻成形的结构。如图 10-27 所示的锻件,其最小截面与最大截面之比如果小于 0.5,就不宜采用模锻。此外,该零件的凸缘凸起太薄太高,中间凹下很深也是不适宜的。又如图 10-28 所示的零件很扁很薄,锻造时薄的部分不易锻出。再如图 10-29(a)所示的零件上有一个高而薄的凸缘,使锻模的制造和锻件的取出都较困难,如改为图 10-29(b)所示的形状,对零件的功用没有影响,但锻造却非常方便。

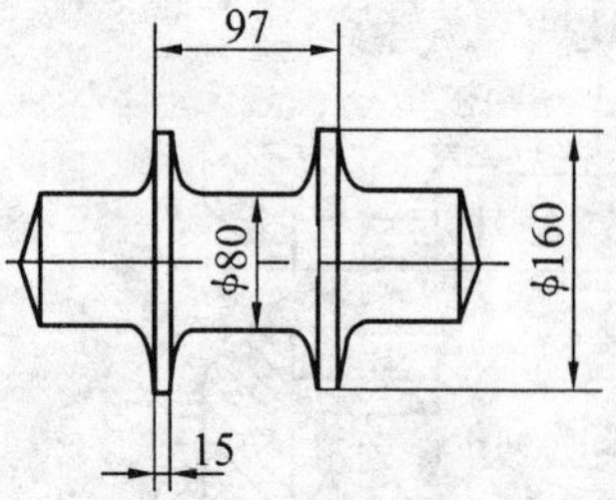

图 10-27　模锻件结构

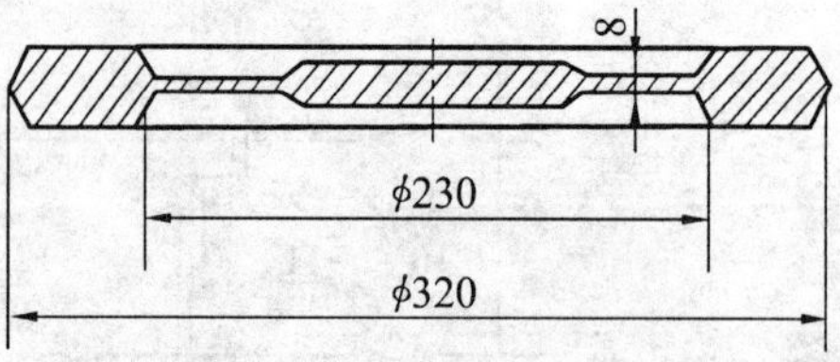

图 10-28　薄壁零件

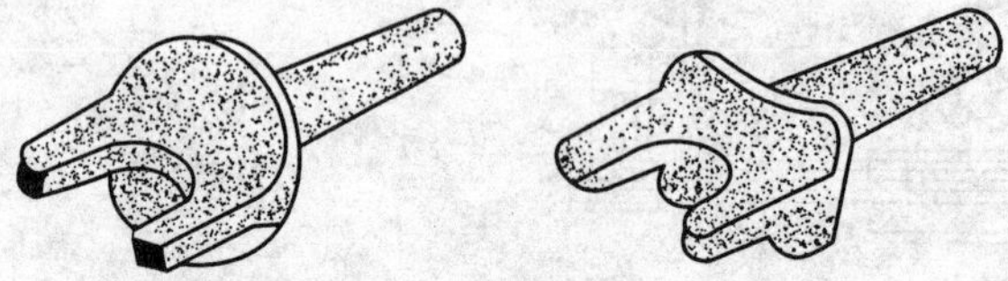

图 10-29　凸缘模锻件结构

(a)不合理;(b)合理

(3)由于模锻件尺寸精度高、表面粗糙度低,因此,零件上只有与其他机件配合的表面才需要进行机械加工,其他表面应设计为非加工表面。零件上与锤击方向平行的非加工表面应设计出斜度,非加工表面所形成的角应按圆角设计。如果锻件的圆角半径过小,或坯料的温度不够,有可能在锻件上产生折叠现象,如图 10-30 所示。

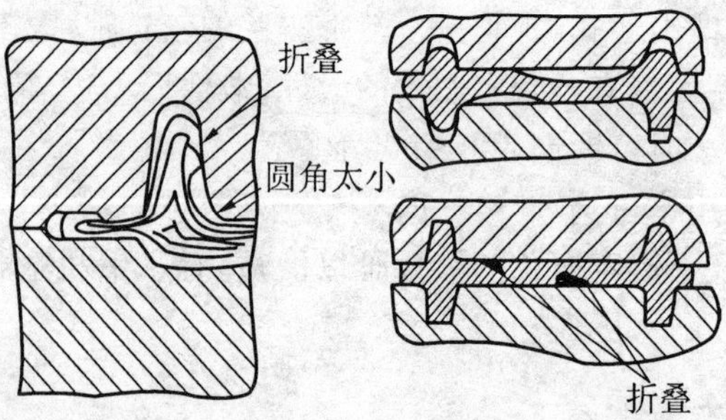

图 10-30　模锻件设计不合理产生折叠

(4)在零件结构允许的情况下,应尽量避免设计有深孔或多孔的结构。如图 10-31 所示,零件上四个 ϕ20mm 的孔就不能直接锻出,只能用机械加工成形。

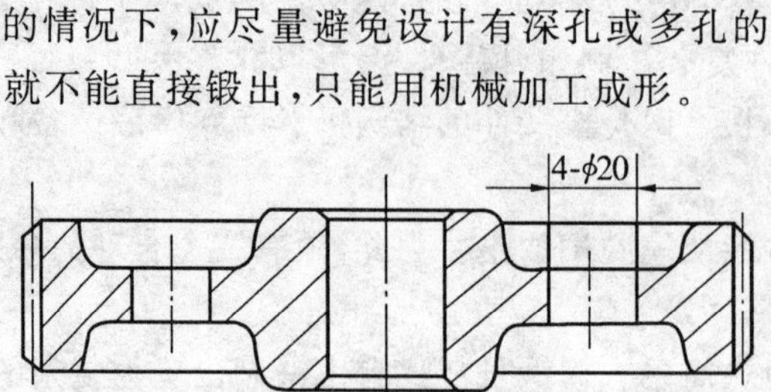

图 10-31　多孔齿轮

(5)采用组合工艺。在可能的条件下,将复杂的锻件设计成锻-焊组合的工件,以减少敷料,简化模锻工艺,如图 10-32 所示。

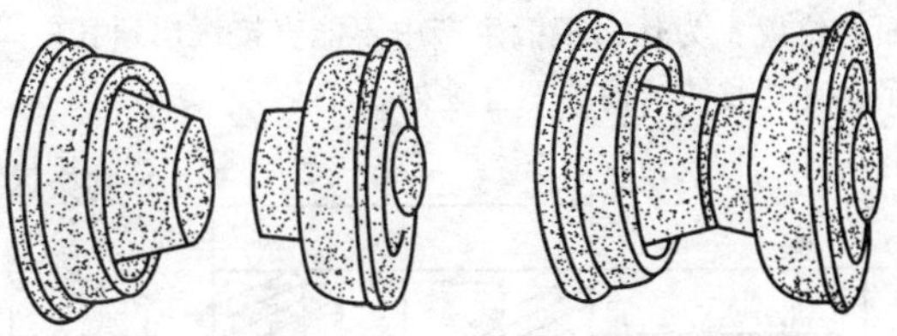

（a）　　　　（b）

图 10-32　锻焊结构模锻零件

(a)模锻件；(b)焊合件

复习思考题

10.1　什么叫自由锻？它有何优缺点，适用于何种场合？

10.2　自由锻有哪几个基本工序？它们各有何特点？各适用于锻造哪类锻件？

10.3　塑性较差的金属，在平砧上镦粗时，表面容易开裂，如图 10-33 所示，试分析产生裂纹的原因及解决的主要办法。

10.4　塑性不太好的金属坯料在平砧上拔长时，表面也容易开裂，如图 10-34 所示，试分析开裂的原因及解决的主要办法。

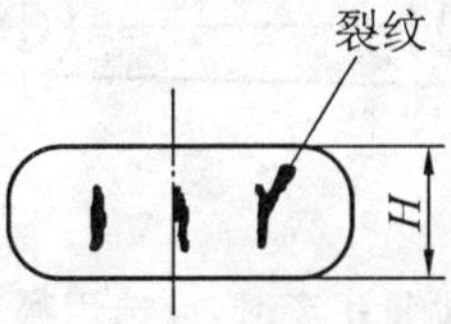

图 10-33

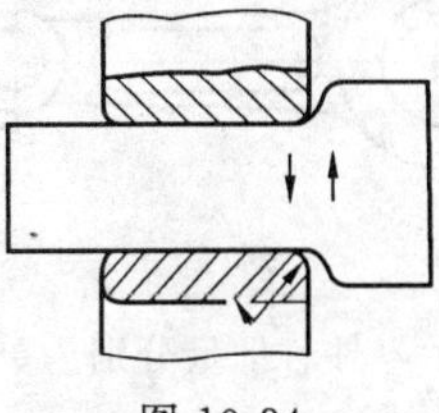

图 10-34

10.5　用芯棒拔长和马扛扩孔都是在镦粗、冲孔后进行的，为什么套入芯棒后拔长时能使壁厚减薄而长度增加？而扩孔时，壁厚减薄主要则是孔径和外径同时扩大？

10.6　拔长时，是否送进量越大，拔长效率越高？为什么？

10.7　加热时，若加热速度过快，坯料内会产生应力而引起裂纹。试分析产生裂纹的部位(是在表层还是内部)。

10.8　为什么胎膜锻可以锻造出形状较为复杂的锻件？

10.9　锻件锻后冷却不当产生裂纹时，试分析裂纹所在的部位。

10.10　单件小批量生产如图 10-35 所示带凸缘的锻件，绘制工序变形示意图，并说明其锻造工艺过程。

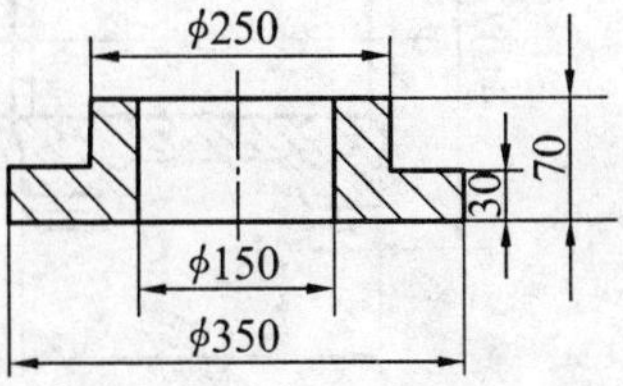

图 10-35　曲柄压力机传动图

10.11　在图 10-36 所示的两种抵铁上进行拔长时，效果有何不同？

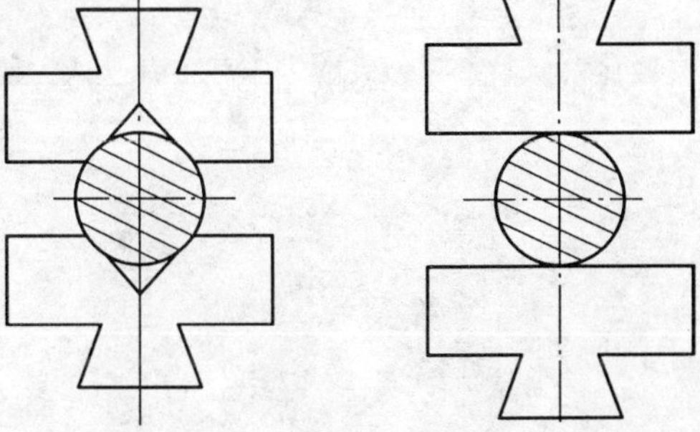

图 10-36

10.12　如何确定分模面的位置？为什么模锻生产中不能直接锻出通孔？

10.13　改正图 10-37 所示模锻锻件结构的不合理处。

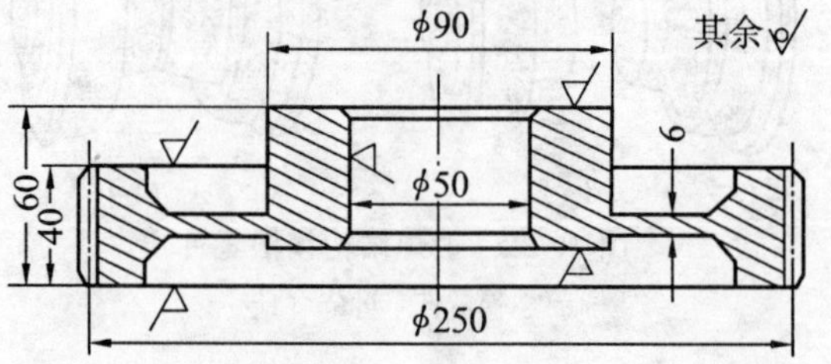

图 10-37

10.14　图 10-38 所示零件采用锤上模锻制造，请选择最合适的分模面位置。

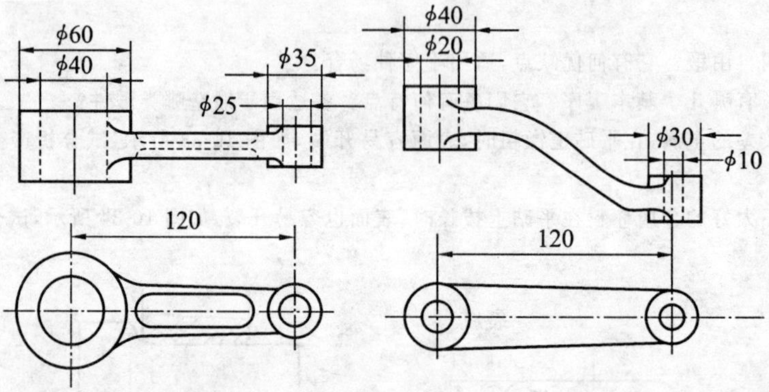

图 10-38

10.15　图 10-39 所示零件若批量分别为单件、小批、大批量生产时，应选用哪种方法制造？请画出各种方法所需的锻件图。

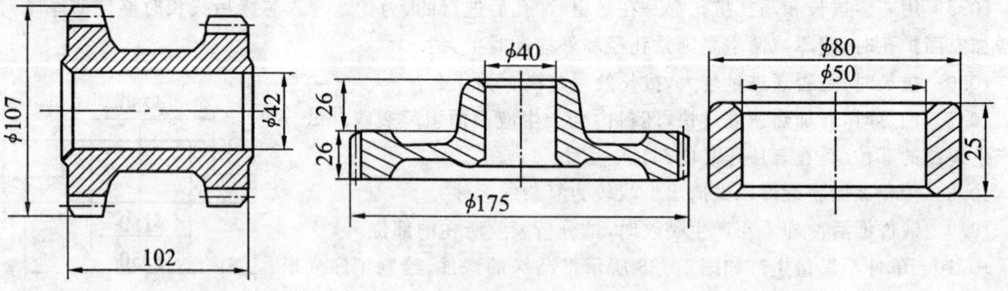

图 10-39

11 板料冲压

【教学提示】

使板料经分离或成形而得到制件的工艺统称为冲压。冲压工艺是一种特殊的成形工艺，冲压模具是模具中的一种，冲压可获得形状复杂、尺寸精度高、表面质量好的冲压件，不经机械加工即可进行装配；冲压件的刚度大、强度高、质量轻。冲压操作简单，工艺过程便于实现机械化、自动化，生产率高，零件成本低。故其在航空、航天、兵工、汽车、拖拉机、电机电器、电子仪表以及日常生活用品的生产中占有极其重要的地位。但由于其模具制造复杂，因此冲压只适于大批量生产。

【教学要求】

初步掌握分离工序和变形工序的种类、特点及应用；根据各种工序的特点，合理地选择冲压工艺参数，正确设计冲压件结构；了解常用冲压模具的结构、特点及工作原理。

板料冲压是压力加工的重要方法之一。厚度小于 4mm 的金属薄板通常是在常温下进行冲压的，故称冷冲压。只有当板料厚度超过 8～10mm 时，才采用热冲压。

冲压所用的原材料必须具有足够的塑性，常用的有低碳钢、高塑性合金钢、铜合金、铝合金、镁合金等。也可对非金属材料如纸板、胶木、云母等进行切离。

冲压的设备主要有剪床和冲床。剪床用于冷剪板料，为冲压提供一定尺寸的条料。冲床则是冲压生产的主要设备。

冲压的基本工序可分为两大类，即分离工序和变形工序。

分离工序是使毛坯的一部分与另一部分相互分离的工序，如落料、冲孔、切断等。

变形工序是使毛坯的一部分相对于另一部分产生位移而不破裂的工序，如弯曲、拉深、翻边、缩口等。

11.1 板料冲压的基本工序

板料冲压的基本工序可分为分离工序和成形(或变形)工序两大类。

11.1.1 分离工序

冲裁是落料和冲孔工序的统称。落料、冲孔所用的冲模结构以及板料的变形过程均相同。但其冲裁目的不同：落料是为了制取工件的外形，故冲下的部分为工件，带孔的为废料；冲孔则相反，是要制取工件的内孔，故冲下的部分为废料，带孔的部分为工件。譬如垫圈由落料与冲孔两道工序完成。

11.1.1.1 冲裁变形和分离过程

此过程分弹性变形、塑性变形、断裂分离三个阶段，如图 11-1 所示。

(1)弹性变形阶段

如图 11-1(a)所示,凸模(冲头)接触板料后,继续向下运动的初始阶段,使板料产生弹性压缩、拉伸与弯曲等变形,板料中的应力迅速增大,达到弹性极限。此时冲头略挤入板料,板料另一侧也略挤入凹模口。随着凸模的继续压入,凸模周围的板料略有弯曲,凹模上的板料则向上翘。冲裁间隙 Z 越大,弯曲和上翘越明显。

(2)塑性变形阶段

如图 11-1(b)所示,冲头继续向下运动,压力增加,板料中的应力值达到屈服极限时,进入塑性变形阶段。随着冲头的挤入,塑性变形程度逐渐增大,位于凸、凹模刃口处的板料硬化加剧,出现微裂纹。此阶段除剪切变形外,还存在弯曲和拉伸变形。冲裁间隙 Z 越大,弯曲和拉伸也越大。

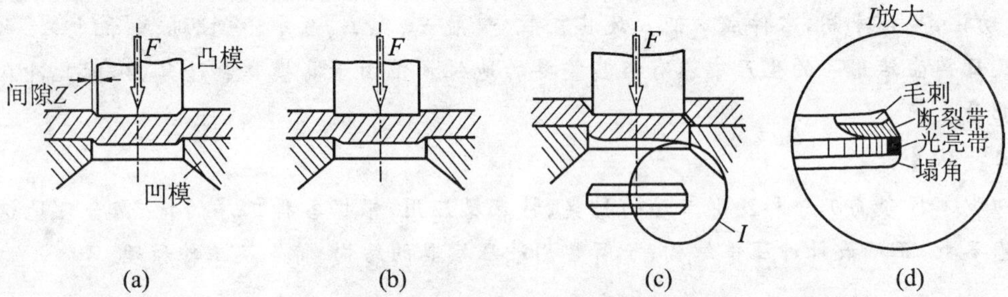

图 11-1　冲裁变形和分离过程

(a)弹性变形;(b)塑性变形;(c)断裂分离;(d)断面形状

(3)断裂分离阶段

如图 11-1(c)所示,冲头继续向下运动,已形成的上、下微裂纹逐渐扩展,当上、下裂纹相遇重合时,板料被剪断分离。

板料分离后所形成的断口区域包括:塌角、光亮带、断裂带和毛刺四部分,如图 11-1(d)所示。其中光亮带尺寸准确,表面质量最好,断口其余部分的表面质量下降。

冲裁件断面质量的优劣与冲模间隙、刃口锋利程度和材料排样方式密切相关。为了顺利完成冲裁过程,保证冲裁件的断面质量,要求凸模、凹模具有锋利的刃口以及合理的模具间隙。间隙过大或过小,均会影响冲裁件断面质量,甚至损坏冲模。

11.1.1.2　冲裁件断面质量及其影响因素

冲裁件正常的断面特征如图 11-2 所示,它由圆角带(a)、光亮带(b)、断裂带(c)和毛刺(d)四个特征区组成。

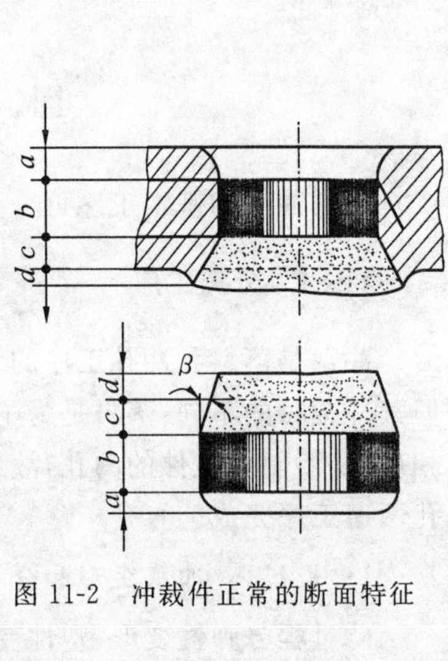

图 11-2　冲裁件正常的断面特征

(1)圆角带

该区域的形成主要是当凸模刃口刚压入板料时,刃口附近的材料产生弯曲和伸长变形,材料被带进模具间隙的结果。

(2)光亮带

该区域发生在塑性变形阶段,当刃口切入金属板料后,板料与模具侧面挤压而形成光亮垂直的断面。它通常占全断面的 1/3～1/2。

(3)断裂带

该区域在断裂分离阶段形成,是由刃口处产生的微裂纹在拉应力的作用下不断扩展而形成的。断裂面的断面粗糙，具有金属本色，且带有斜度。

(4)毛刺

毛刺的形成是由于在塑性变形阶段后期，凸模和凹模的刃口切入被加工板料一定深度时，刃口正面材料被压缩，刃尖部分是高静水压应力状态，使微裂纹的起点不会在刃尖处发生，而是在模具侧面距刃尖不远的地方发生，在拉应力的作用下，裂纹加长，材料断裂而产生毛刺。在普通冲裁中毛刺是不可避免的。

在四个特征区中，光亮带剪切面的质量最佳。各个部分在整个断面上所占的比例，随材料的性能、厚度、模具冲裁间隙、刃口状态及摩擦等条件的不同而变化。对于塑性较好的材料，冲裁时裂纹出现较迟，因而材料剪切的深度较大，所以得到的光亮带所占比例大、圆角大、穹弯大，断裂带较窄。而塑性差的材料，当剪切开始不久材料便被拉裂，光亮带所占比例小、圆角小、穹弯小，且大部分是有斜度的粗糙断裂带。

11.1.1.3 凸凹模的间隙

凸凹模的间隙不仅严重影响冲裁剪断面质量，也影响着模具寿命、卸料力、推件力、冲裁力和冲裁件的尺寸精度。

间隙过大，凸模刃口附近的剪裂纹较正常间隙时向里错开一段距离，难以与凹模刃口附近的裂纹汇合，裂纹间的材料产生第二次拉裂，冲裁件边缘粗糙。间隙过小时，凸模刃口附近的剪裂纹较正常间隙时向外错开一段距离，上下裂纹也不能很好重合，上下裂纹间的材料随凸模继续下压产生第二次剪切，出现第二光亮带。只有间隙值控制在合理范围内，上下裂纹才能重合于一线，冲裁件断口质量才较好。

间隙的大小也影响模具的寿命。间隙越小，摩擦越严重，模具的寿命越低。间隙对卸料力、推件力也有明显的影响。间隙越大，卸料力、推件力越小。

因此，正确合理地选用间隙值对冲裁生产至关重要。当冲裁件断面质量要求较高时，应选取较小的间隙值。对冲裁件断面质量无严格要求时，应尽可能加大间隙，以利于提高冲模寿命。

单边间隙(c)的合理数值可按下述经验公式计算：

$$c=m\delta$$

式中：δ——板料厚度(mm)；

m——与板料性能及厚度有关的系数。

实际生产中，板料较薄时，m 可以选用如下数据：

对于低碳钢、纯铁，$m=0.06\sim0.09$mm；

对于铜、铝合金，$m=0.06\sim0.1$mm；

对于高碳钢，$m=0.08\sim0.12$mm；

当板料厚度 $\delta>3$mm 时，由于冲裁力较大，应适当把系数 m 放大。对冲裁件断面质量没有特殊要求时，系数 m 可以放大 1.5 倍。

11.1.1.4 凸凹模刃口尺寸的确定

冲裁模刃口尺寸的计算直接关系到模具间隙和冲裁件的尺寸精度，是模具设计中最重要的尺寸。刃口尺寸计算的原则如下：

(1)落料时，落料件的尺寸是由凹模刃口尺寸决定的，因此，应以落料凹模为设计基准。考虑到凹模磨损后会使落料件尺寸增大，为提高模具使用寿命，凹模刃口的基本尺寸应接近于落料件的最小极限尺寸。而凸模的基本尺寸则等于凹模刃口的基本尺寸减去一个最小合理间隙值。

(2)冲孔时,冲孔件的尺寸是由凸模刃口尺寸决定的,因此,应以冲孔凸模为设计基准。使用过程中,通常由于磨损会使冲孔件尺寸减小,故凸模刃口的基本尺寸应接近于冲孔件的最大极限尺寸。而冲孔凹模的基本尺寸应等于凸模的基本尺寸加上一个最小合理间隙值。

(3)凸、凹模的制造公差一般为冲裁件制造公差的 1/4～1/3。此外,当凸、凹模分别加工时,其制造公差之和应小于或等于最大与最小合理间隙之差的绝对值(即配合公差)。

根据上述尺寸计算原则,冲裁模刃口尺寸的计算公式如下:

落料
$$D_{凹}=(D_{max}-X\Delta)_{0}^{+\delta_{凹}}$$
$$D_{凸}=(D_{凹}-Z_{min})_{-\delta_{凸}}^{0}=(D_{max}-X\Delta-Z_{min})_{+\delta_{凸}}^{0}$$

冲孔
$$d_{凸}=(d_{min}+X\Delta)_{+\delta_{凸}}^{0}$$
$$d_{凹}=(d_{凸}+Z_{min})_{0}^{+\delta_{凹}}=(d_{min}+X\Delta+Z_{min})_{0}^{+\delta_{凹}}$$

式中:$D_{凹}$、$D_{凸}$——分别为落料凹、凸模的基本尺寸(mm);

$d_{凸}$、$d_{凹}$——分别为冲孔凸、凹模的基本尺寸(mm);

D_{max}——落料件的最大极限尺寸(mm);

d_{min}——冲孔件的最小极限尺寸(mm);

Z_{min}——最小合理间隙(mm);

Δ——冲裁件的公差(mm);

X——磨损系数,其值在 0.5～1 之间,与冲裁件精度有关。可查有关手册或按冲裁件的公差等级选取:当工件公差为 IT10 以上时,取 $X=1$;为 IT11～IT13 时,取 $X=0.75$;为 IT14 以下时,取 $X=0.5$。

11.1.1.5 冲裁力的计算

冲裁时材料对凸模的最大抗力称为冲裁力,它是合理选用冲压设备和检验模具强度的一个重要依据。其大小与材质、料厚及冲裁件周边长度有关。平刃冲模冲裁力的计算公式如下:

$$F_{冲}=KLt\tau_0 \quad 或 \quad F_{冲}\approx Lt\sigma_b$$

式中:$F_{冲}$——冲裁力(N);

L——冲裁件周边长度(mm);

K——系数,常取=1.3;

t——板料厚度(mm);

τ_0——材料的拉剪强度(MPa);

σ_b——材料的抗拉强度(MPa)。

11.1.1.6 冲裁件的排样

冲裁件在板料或条料上的合理布置方法即排样方式。排样合理对材料的利用率、生产成本和产品质量均有较大影响。图 11-3 所示为同一冲裁件采用四种不同的排样方式时材料消耗的对比情况。

采用有搭接边排样[图 11-4(a)]是在各个落料件之间均留有一定尺寸的搭边。其优点是毛刺小而且在同一个平面上,冲裁件尺寸准确、质量较高,模具寿命也较长,但材料利用率较低(大约为 77%);采用无搭边排样[图 11-4(b)]可减少废料,降低成本。它利用落料件形状的一个边作为另一个落料件的边缘,材料利用率很高(高达 94%以上),但毛刺不在同一个平面上,冲裁件尺寸精度不高,只用于对冲裁件质量要求不高的场合。生产中通常采用有搭接边排样。

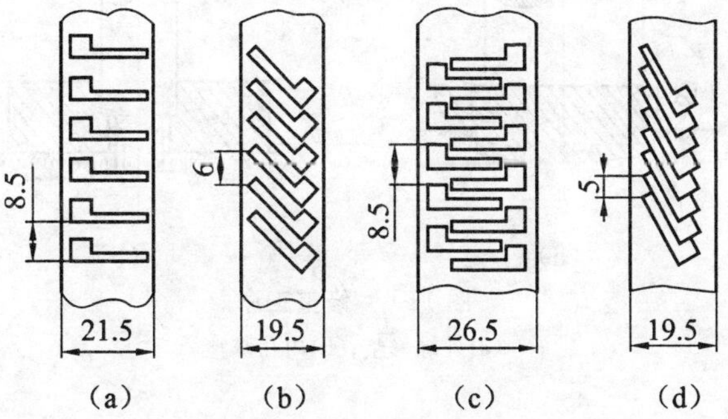

图 11-3 冲压件排样方式

(a)182.7mm²;(b)117mm²;(c)112.63mm²;(d)97.5mm²

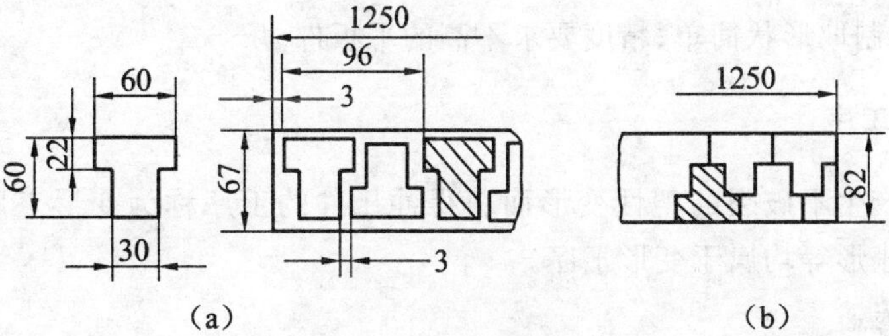

图 11-4 排样方法

(a)有搭边;(b)无搭边

设计合理的冲裁件外形,有利于材料利用率的提高。如将图 11-5(a)所示的落料件,在保持三个圆孔中心距尺寸不变的条件下,改成图 11-5(b)所示的形状,材料的利用率则由 38%提高到 79%。

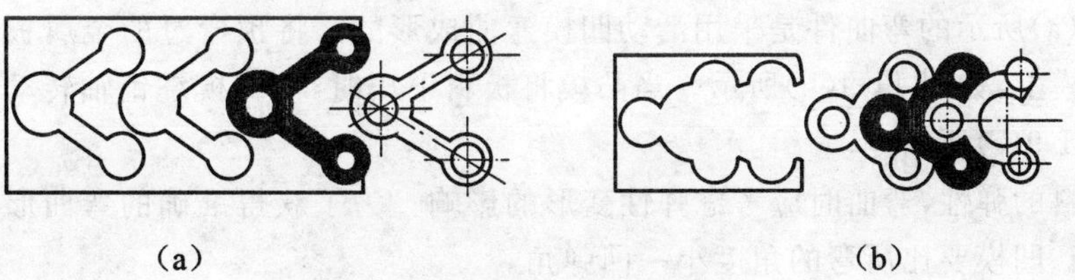

图 11-5 冲裁件形状与排样关系

(a)原设计排样;(b)改形后的排样

11.1.1.7 修整

修整是利用修整模沿冲裁件外缘或内孔刮削一薄层金属,如图 11-6(a)、(b)所示,以切掉冲裁件上的剪裂带和毛刺,从而提高冲裁件的尺寸精度(可达 IT6~IT7),降低表面粗糙度数值(R_a 可达 1.6~0.8)。修整冲裁件的外形称为外缘修整,修整冲裁件的内孔称内孔修整。

修整的机理与冲裁完全不同,而与切削加工相似。对于大间隙冲裁件,单边修整量一般为板料厚度的 10%;对于小间隙冲裁件,单边修整量在板料厚度的 8%以下。当冲裁件的修整总量大于一次修整量时,或板料厚度大于 3mm 时,均需多次修整。

外缘修整模的凸凹模间隙,单边取 0.001~0.01mm。也可以采取负间隙修整,即凸模刃口尺寸大于凹模刃口尺寸的修整工艺。

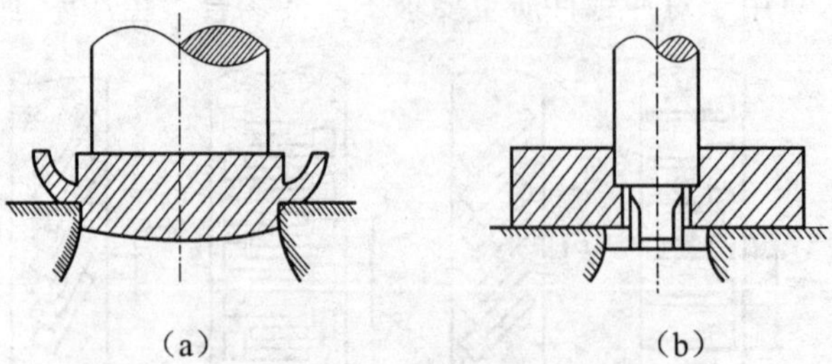

图 11-6 修整工序
(a)外缘修整;(b)内孔修整

11.1.1.8 切断

切断是指用剪刃或冲模将板料沿不封闭轮廓进行分离的工序。

剪刃安装在剪床上,它把大板料剪成一定宽度的条料,供下一步冲压工序用。而冲模是安装在冲床上,用以制取形状简单、精度要求不高的平板件。

11.1.2 变形工序

使冲压坯料产生不破裂的塑性变形而获得冲压件的工序称为变形工序。弯曲、拉深、起伏、翻边与翻孔、胀形等均属于变形工序。

11.1.2.1 弯曲

将板料、型材或管材在弯矩作用下,弯成具有一定曲率和角度的制件的成形方法称为弯曲,如图 11-7 所示。

弯曲的材料可以是板料、型材,也可以是棒料、管材。弯曲工序除了使用模具在普通压力机上进行外,还可以使用其他专门的弯曲设备进行,例如在专用弯曲机上进行折弯或滚弯,在拉弯设备上进行拉弯等。各种常见弯曲件如图 11-8 所示。

图 11-9(a)所示的弯曲件是采用活动凹模弯曲成形的。将预弯过的金属板料放在可绕销轴转动的凹模上,如图 11-9(b)所示。当凸模将板料下压时,使凹模绕销轴转动而完成工件的弯曲,如图 11-9(c)所示。

由于材料的弹性,弯曲时应考虑弹性变形的影响。为了获得准确的弯曲形状,设计、制造弯曲模时,凸、凹模要比所弯的角度小一回弹角。

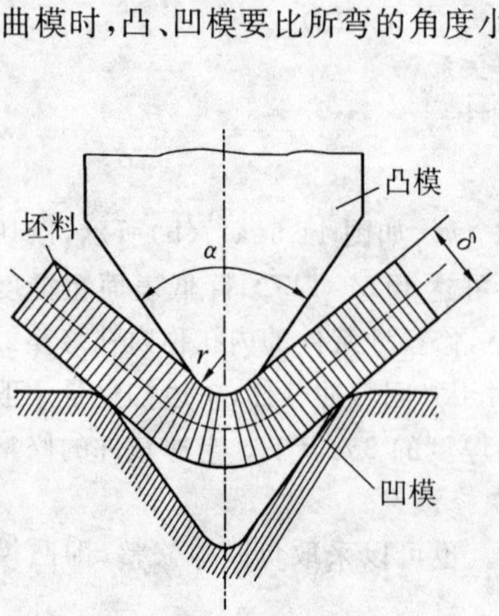

图 11-7 弯曲过程

图 11-8 各种常见弯曲件

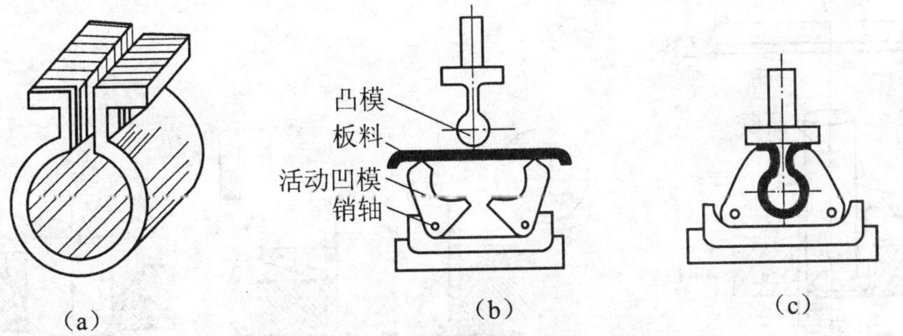

图 11-9　用活动弯曲凹模弯曲工件

(a)工件;(b)将预弯板料置于凹模上;(c)弯曲

弯曲件设计时还必须考虑弯曲半径问题,过小的弯曲半径弯曲时会出现裂纹。弯曲变形时,金属板料的外层受拉,变形程度较大,易被拉裂。最小弯曲半径与坯料厚度及弯曲角度有关,生产中常用最小相对弯曲半径 r_{min}/δ(δ 为板料厚度)来限制弯曲时的变形程度。塑性好的金属材料、金属的流线方向与弯曲线垂直时[如图 11-10(a)所示],r_{min}/δ 的取值可小些,如冷轧低碳钢板的取值为 0.4～0.5。若截取坯料不当,使弯曲线与流线平行[如图 11-10(b)所示],其 r_{min}/δ 的取值应大一倍左右。为了防止拉裂,弯曲凸模、凹模的工作部分均应做成圆角。

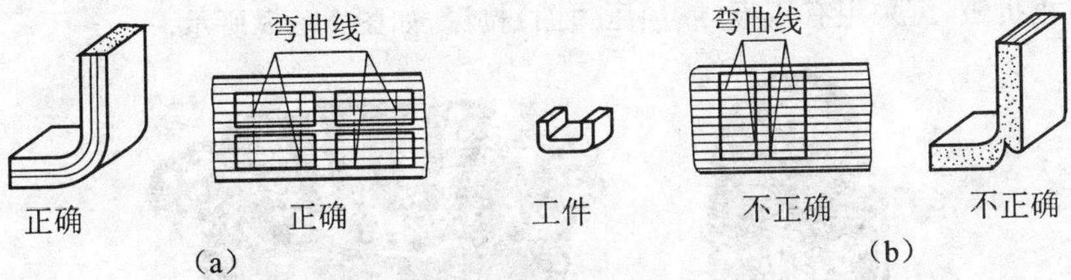

图 11-10　弯曲线方向与金属流线的关系

(a)弯曲线与流线垂直;(b)弯曲线与流线平行

11.1.2.2　拉深

变形区在一拉一压的应力状态作用下,使平板料(或浅的空心坯)成形为开口的空心件(深的空心件)而厚度基本不变的加工方法称为拉深,也称为拉延。

(1)拉深过程

拉深是将板料变形为中空形状零件的工序,可以生产筒形、锥形、球形、方盒形以及其他非规则形状的中空零件。拉深过程如图 11-11(1)所示,在凸模作用下,板料被拉入凸模和凹模的间隙中,形成中空零件。凸模圆角部位承受筒壁传递的拉应力,材料变薄,容易在此处拉裂。为防止拉裂,拉深模具的凸、凹模必须具有一定的圆角,圆角半径 $R=(5\sim10)t$,且模具间隙 Z 应稍大于板厚 t,一般 $Z=(1.1\sim1.5)t$。当筒形件直径 d 与坯料直径 D 相差较大时,不能一次拉深至产品尺寸,而应进行多次拉深,并在中间穿插进行再结晶退火处理,以消除前几次拉深变形所产生的加工硬化现象[图 11-11(2)]。

(2)拉深缺陷及预防措施

①拉裂

在拉深过程中,拉深件主要受拉应力的作用。当拉应力超过材料的强度极限时,拉深件将被拉裂形成废品,如图 11-12(a)所示。最危险部位是直壁与底部的过渡圆角处。

②折皱

在拉深过程中,其凸缘和凸模圆角部位变形最大,凸缘部分在圆周切线方向受压应力,压

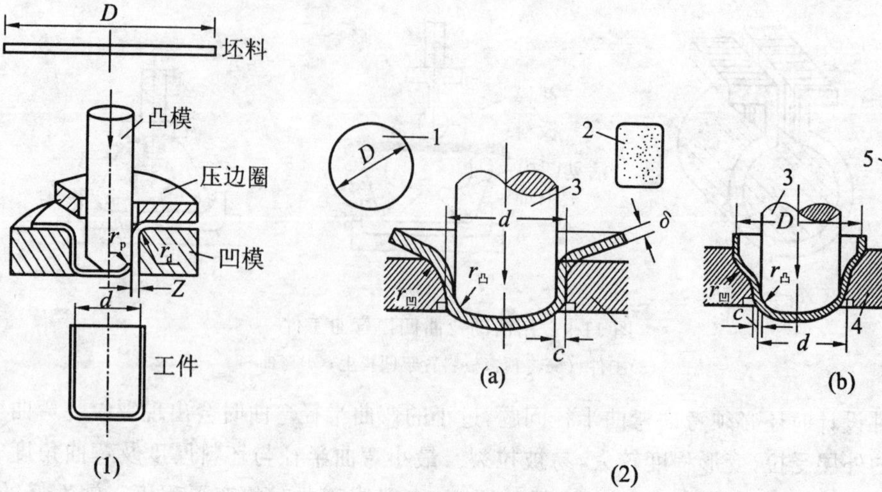

图 11-11　拉深过程

(a)第一次拉深;(b)第二次拉深

1—坯料;2—第一次拉深成品,即第二次拉深的坯料;3—凸模;4—凹模;5—成品

应力过大时,会发生折皱,如图 11-12(b)所示。坯料厚度愈小,拉深深度 H 愈大,愈容易产生折皱。为防止折皱,可采用有压板(或加压边圈)拉深,如图 11-13 所示。

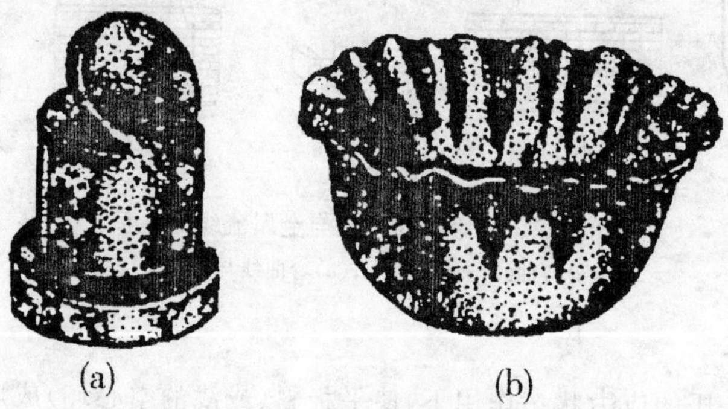

图 11-12　拉深件的拉裂与起皱

(a)拉裂;(b)起皱

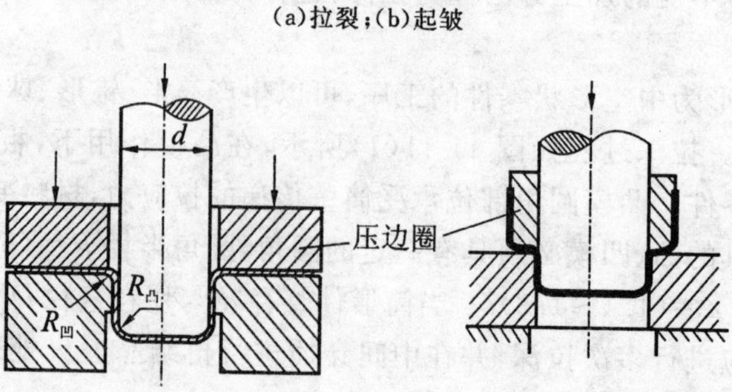

图 11-13　压边圈的应用

为防止拉裂通常采用如下的措施:

●凸凹模的圆角半径应合适

拉深模的工作部分不能是锋利的刃口,必须做成一定的圆角。圆角半径过小时,则容易将板料拉穿。对于钢拉深件,取 $r_凹=10t$,$r_凸=(0.6\sim1)r_凹$。

●凸凹模的间隙应合适

拉深模的凸凹模间隙远比冲裁模大。间隙过小，模具与拉深件的摩擦力增大，易拉穿工件和擦伤工件表面，且降低了模具寿命。间隙过大，又容易使拉深件起皱，影响拉深件的尺寸精度。一般取 $Z=(1.1\sim1.2)t$。

●合理控制拉深系数

可采用多次拉深和敷涂拉深润滑剂。多次拉深时需进行中间退火，以消除前几次拉深中所产生的硬化现象，避免拉裂。拉深时敷涂润滑剂可减少摩擦，降低拉深件壁部的拉应力，减少模具的磨损。

(3)拉深系数与拉深次数

①拉深系数

拉深直径 d 与毛坯直径 D 的比值称为拉深系数，用 m 表示，即 $m=d/D$。它是衡量拉深变形程度的指标。拉深系数越小，表明拉深件直径越小，变形程度越大，坯料被拉入凹模越困难，易产生拉穿废品。拉深时，若拉深系数取得过小，就会使拉深件起皱、断裂或严重变薄超差。

影响拉深系数的因素很多，材料的塑性好，变形时不易出现缩颈，m 可小；毛坯相对厚度 t/D 大，抵抗失稳和起皱的能力大，m 可小；凸、凹的圆角半径和间隙合适[单边 $(1.1\sim1.5)t$]，合理的压边力和良好的润滑条件，有利于减小 m。生产中希望采用较小的拉深系数，以减少拉深次数，简化拉深工艺。一般情况下，拉深系数 m 不小于 0.5～0.8，坯料塑性差取上限，坯料塑性好取下限。

②拉深次数

有些深腔拉深件(如弹壳、笔帽等)由于拉深系数过小，不能一次拉深成形，则可采用多次拉深工艺，如图 11-14 所示。

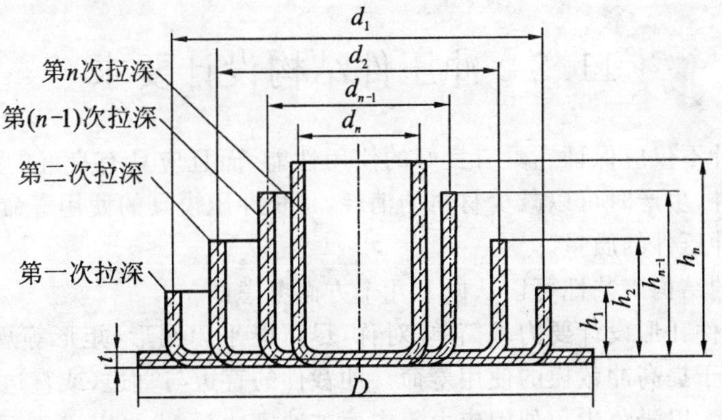

图 11-14 拉深工序示意图

此时，各道工序的拉深系数为：

$$m_1=\frac{d_1}{D},m_2=\frac{d_2}{d_1},\cdots,m_n=\frac{d_n}{d_{n-1}}$$

总拉深系数 $m_{总}$ 表示从毛坯 D 拉深至 d_n 的总的变形量，即：

$$m_{总}=m_1m_2\cdots m_{n-1}m_n=\frac{d_n}{D}$$

当 $m_{总}>m_1$ 时，则该零件只需一次拉出；否则需进行多次拉深。

必须指出，在多次拉深过程中容易产生加工硬化，使后续的拉深过程变得困难，因此连续拉深次数不宜太多，如低碳钢或铝拉深不多于 4～5 次，否则工件因加工硬化，塑性下降，易导致拉裂。为了保证坯料具有足够的塑性，在一两次拉深后，应安排工序间的退火处理。其次，在多次拉深中，拉深系数应一次比一次略大一些，以保证拉深件的质量，使生产顺利进行。

11.1.2.3　起伏、翻边、翻孔及胀形

(1)起伏

在板料或制品表面上通过局部变薄获得各种形状的凸起与凹陷的成形方法称为起伏，如图 11-15(a)所示。

(2)翻边与翻孔

在成形板坯的边缘，沿一定的曲线翻出竖直边缘的成形方法称为翻边。翻孔是翻边的一种特殊形式，即在预先制好孔的半成品上冲制出竖直边缘的成形工序，如图 11-15(b)所示。

(3)胀形

圆柱形空心毛坯的胀形如图 11-15(c)所示。

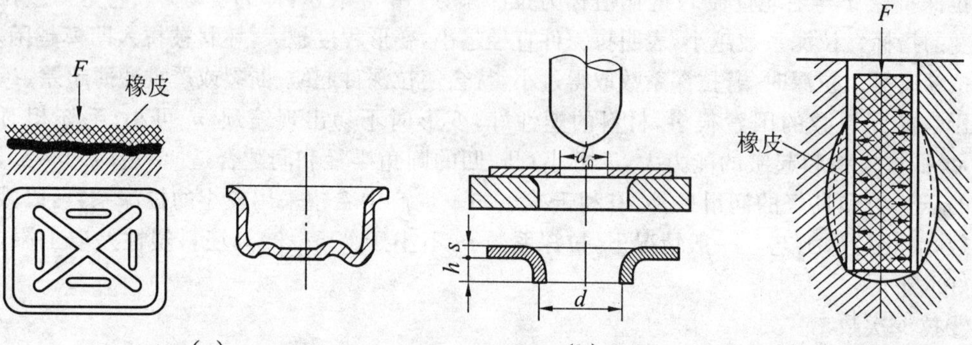

图 11-15　起伏、翻孔、胀形

(a)起伏；(b)翻孔；(c)胀形

11.2　冲压件结构设计要求

冲压件的设计不仅应保证它具有良好的使用性能，而且应具有良好的结构工艺性。结构工艺性好的冲压件，生产时可以减少材料的消耗，延长冲压模具的使用寿命，提高生产率，降低生产成本及保证冲压件的质量。

提高冲压件的结构工艺性可以从以下几个方面考虑：

(1)对于冲裁件孔形设计要力求简单、对称，尽可能采用圆形、矩形等规则形状，应避免窄而长的结构，以利于提高冲裁模的使用寿命。冲裁件的直边与直边(或直边与曲边)交接处，应采用圆弧过渡连接，以避免尖角处因应力集中而被冲模冲裂，也可以避免模具因尖角处应力集中而导致模具损坏。

(2)复杂形状的冲压件，可分成几个简单的冲压件冲制，然后再焊成所需的零件，如图 11-16(a)所示。

(3)对于弯曲件，形状尽可能对称，弯曲半径不能小于材料许可的最小弯曲半径，并要考虑材料的纤维方向，以免开裂；弯曲边不能过短，否则难以弯成，弯曲边高应大于板厚的 2 倍；弯曲时如有孔，为防止孔边变形，零件垂直壁到孔中心线的距离 K 应大于 $(r+d)/2$，如图 11-16(b)所示。

(4)为了得到质量良好的冲压件和改善冲模的工作条件，一般能冲的最小孔径为板厚的 0.7～1 倍；孔间距、孔边距要大于板厚；拉深件上的孔与弯曲一样要满足零件垂直壁到孔中心线的距离 K 大于 $(r+d)/2$，以防止拉深时孔边变形，如图 11-16(b)和图 11-16(c)所示；拉深件筒壁高最好小于筒径的 0.7 倍，以便一次成形。

(5)冲压件的表面质量决定于原材料的表面质量，对冲压件的精度要求不应超过冲压方法

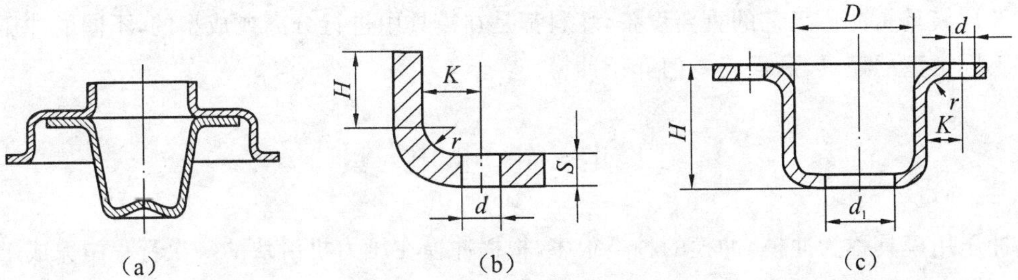

图 11-16 冲压件结构设计举例

(a)冲焊结构;(b)弯曲件上孔的位置与边高;(c)拉深件上孔的位置

本身能达到的经济精度等级。一般冲裁件的经济精度等级,弯曲件为 IT9～IT10 级,拉深件为 IT8 级左右。过高的要求需增加其他加工工序。

冲压件结构工艺设计是很重要的,合理的冲压件结构不但易于成形,还能保证冲压件质量,提高模具使用寿命,取得良好的经济效益。

11.3 板料冲压设备

冲压工艺是利用模具在压力机上进行的。冲压用设备种类很多,常用的冲压设备为各类压力机。图 11-17(a)为小型开式压力机的外形图。它具有开式机身,即工作台的三个方向是敞开的。它的传动原理如图 11-17(b)所示。电动机通过小带轮使套在曲轴上的大带轮转动,当踩下脚踏板拉杆时,离合器合上,大带轮带动曲轴旋转,并通过连杆使固定在滑块上的上模做上、下往复运动,可进行冲压。当松开踏板时,离合器脱开,制动器制止运动部件的惯性运动,使曲柄停在上死点位置,即可安全地取件、送料或装调模具等。下模是固定在工作台上的。大工件如汽车覆盖件的冲压,需用功率很大的压力机来完成。在大批量生产的冲压车间,常采用多工位的自动冲床,其生产效率很高。

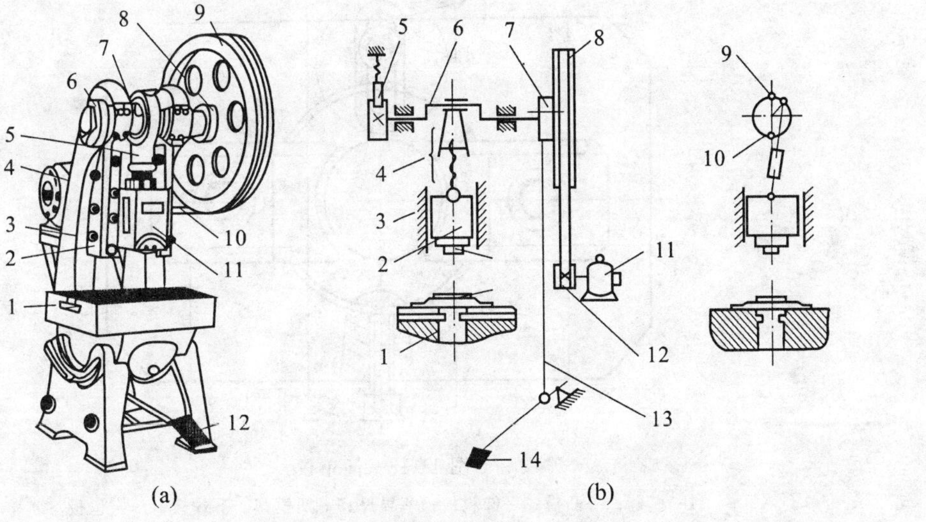

图 11-17 开式压力机

(a)外形;(b)传动原理

(a):1—工作台;2—导轨;3—床身;4—电动机;5—连杆;6—制动器;7—曲轴;8—离合器;9—大带轮;10—胶带;11—滑块;12—踏板

(b):1—工作台;2—滑块;3—导轨;4—连杆;5—制动器;6—曲轴;7—离合器;8—大带轮;

9—上死点;10—下死点;11—电动机;12—小带轮;13—拉杆;14—踏板

冲压模具是冲压工艺的重要设备,坯料都是在模具中进行分离或成型的,不同的冲压工序采用不同类型的模具,后面将专门介绍冲模。

11.4 冲压模具

冲压用模具称为冲模,冲模的种类很多,根据冲模在压力机滑块的一次行程中完成工序的性质不同,一般可分为简单模、连续模和复合模三类。冲模结构是否合理对冲压件质量、冲压生产的效率及模具寿命等都有很大影响。

11.4.1 简单模

在压力机的一次行程中,只完成一道冲压工序的模具,称为简单模,如图 11-18 所示。这种模具结构简单,制造容易,常用于形状简单工件的小批生产。形状复杂的工件,可用多副简单模依次冲压成形。

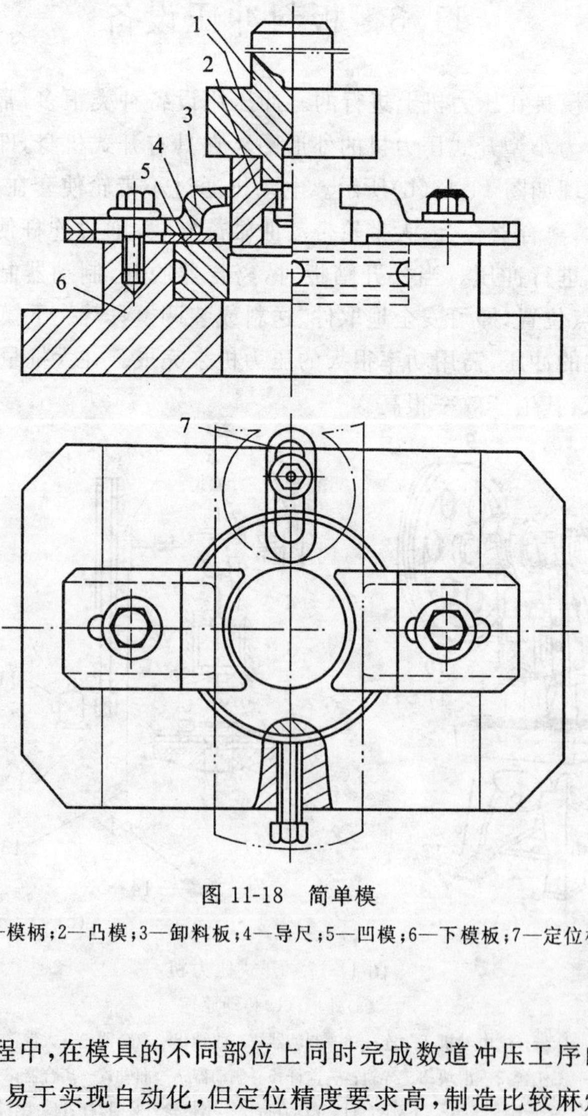

图 11-18 简单模

1—模柄;2—凸模;3—卸料板;4—导尺;5—凹模;6—下模板;7—定位板

11.4.2 连续模

压力机的一次行程中,在模具的不同部位上同时完成数道冲压工序的模具,称为连续模。此种模具生产效率高,易于实现自动化,但定位精度要求高,制造比较麻烦,成本较高,常用于大批量生产中。为了减小冲裁力，可将冲孔凸模比落料凸模缩短 1 个 H 值，如图 11-19 所示。

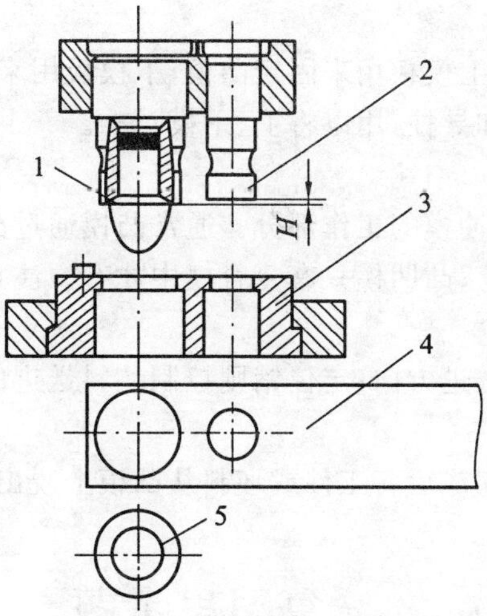

图 11-19　连续模

1—落料凸模；2—冲孔凸模；3—凹模；4—条料；5—工件

11.4.3　复合模

利用压力机的一次行程，在模具的同一位置完成两道或两道以上工序的模具，称为复合模，如图 11-20 所示。复合模结构上最大的特点是有一个凸凹模，此种模具能保证较高的零件精度、平整性及生产率，但制造复杂、成本高，常用于零件精度要求较高的成批大量生产中。

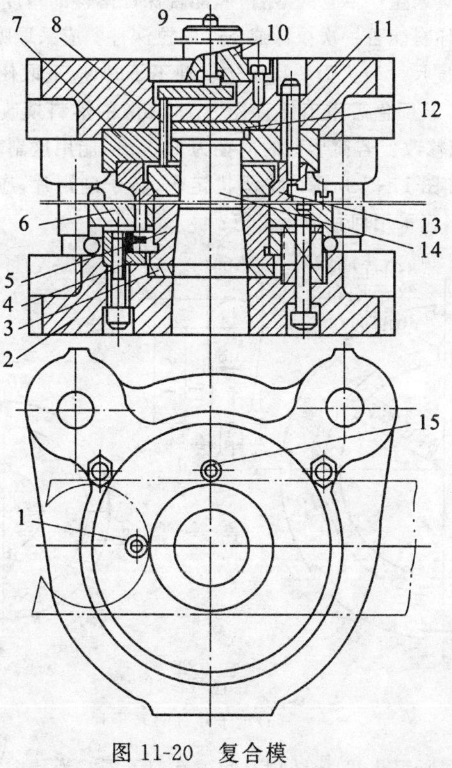

图 11-20　复合模

1—挡料销；2—下模板；3—垫板；4—下模固定板；5—凸凹模；6—卸料板；7—凸模固定板；

8—顶件杆；9—推杆；10—模柄；11—上模板；12—垫板；13—凹模；14—凸模；15—导料销

冲模从结构上,按其作用可分为以下几部分:

(1)模体

由上、下模板等组成。上模板用来固定凸模;下模板用来固定凹模、送料和卸料构件。上、下模板上分别固定有导套和导柱,用以将上、下模对准。

(2)工作部分

凸模、凹模和凸凹模是冲模的工作部分。通常凸模通过凸模压板固定在上模板上;凹模通过凹模压板固定在下模板上;凸凹模只有复合模中才有。注意模具有时也可以采用倒装结构。

(3)导板与定位销

导板用以控制坯料的送进方向;定位销则控制坯料送进的距离。

(4)卸料板

卸料板是在冲压工序完成后将工件或坯料从凸模上脱出的装置。

复习思考题

11.1　冲压主要工序有哪些?

11.2　板料冲压生产有何特点?应用范围如何?

11.3　材料的回弹现象对冲压生产有什么影响?

11.4　工件拉深时为什么会起皱?为什么会拉穿?采取什么措施来解决上述质量问题?

11.5　成批大量生产外径为40mm、内径为20mm、厚度为2mm的垫圈时选用何种模具结构能够很好地保证孔与外圆的同心度?

11.6　用$\phi50$的冲孔模具来生产$\phi50$的落料件,能否保证落料的精度?为什么?

11.7　用$\phi250\times1.5$的坯料能否一次拉深成$\phi50$的拉深件?应采取哪些措施才能保证正常生产?

11.8　翻边件的凸缘高度尺寸较大而一次翻边实现不了时,应采取什么措施?

11.9　因产品改型需要,某厂急需用工件直径为150mm的落料模改制成外径为150mm筒形件的拉深模,坯料板厚为2mm,应如何修改?若筒形件的内径为150mm,能用这副落料模改成拉深模吗?

11.10　成批大量生产如图11-21所示的电动机定子、转子硅钢片,应当采用何种冲压工艺?若定子片、转子片的同轴度要求较高时,应采用何种冲压工艺?

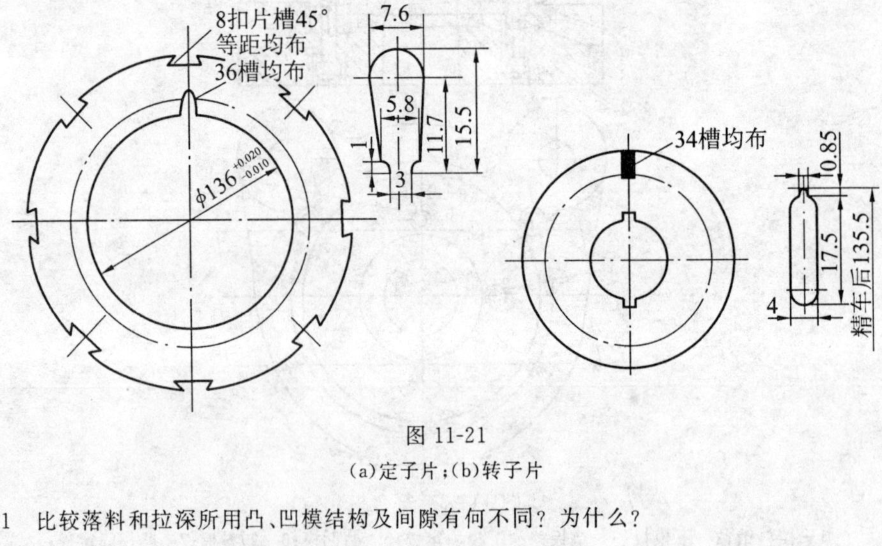

图 11-21

(a)定子片;(b)转子片

11.11　比较落料和拉深所用凸、凹模结构及间隙有何不同?为什么?

12 特种压力加工方法简介

【教学提示】

随着科学技术的不断发展，对压力加工生产提出了越来越高的要求，不仅要生产出各种毛坯，而且还要直接生产出各种形状复杂的零件；不仅要能用易变形的材料进行生产，而且还要用更难变形的材料进行生产。因此，近年来在压力加工生产中出现了许多新工艺、新技术，如超塑性成形、粉末热锻、零件的挤压、精密模锻、精密冲压、零件的轧制、冷镦等。此外，随着计算机技术的迅速发展，计算机辅助设计(CAD)和辅助制造(CAM)技术也正在压力加工生产中不断地得到开发和应用，为压力加工现代化生产开辟了一条新途径。本章仅对精密模锻、轧制、挤压、拉拔、超塑性成形和高速高能成形等技术的应用等作简要介绍。

【教学要求】

了解特种压力加工方法、特点及应用范围。

12.1 精密模锻

精密模锻是提高锻件精度和表面质量的一种先进工艺。它能够锻造形状复杂、尺寸精度高的零件，如锥齿轮、叶片等。其主要工艺特点是：

(1)使用普通的模锻设备进行锻造。一般需采用预(粗)锻和终(精)锻两套锻模，对形状简单的锻件也可用一套锻模。粗锻时应留 0.1～1.2mm 的精锻余量。

(2)原始坯料尺寸和重量要精确，否则会降低锻件精度和增大尺寸公差。

(3)精细清理坯料表面，除净氧化皮、脱碳层及其他缺陷等。

(4)采用无氧化或少氧化加热法，尽量减少坯料表面的氧化皮，为提高锻件精度和减少粗糙度 R_a 值打好基础。

(5)模锻时要很好的润滑和冷却锻模。

(6)模具精度对提高锻件精度影响很大，精锻模膛的精度一般要比锻件精度高两级，精锻模要有导柱、导套结构，以保证合模准确。为排除模膛中气体，减少金属流动阻力，使坯料易充满模膛，在凹模上应开设排气孔。

(7)公差、余量约为普通锻件的 1/3，R_a 值为 3.2～0.8μm，尺寸精度为 IT12～IT15。

12.2 高速锤锻造

高速锤锻造是利用高压气体(压力为 14MPa 的空气或氮气)在极短时间内突然膨胀，推动锤头和框架系统作高速相对运动，对坯料进行悬空对击的工艺方法。

高速锤打击速度高，约为 20m/s(一般模锻锤为 6～7m/s)，坯料变形时间极短，约为 0.001～0.002s，因此变形热效应大，金属充型性能好，对形状复杂、有薄而高的筋等零件和低塑性、高强度和难变形的材料都可锻造；由于是悬空对击，因此传给地面的震动小，但噪声大；与能量相当的模锻锤相比，高速锤重量轻、体积小、易制造；高速锤锻造采用少或无氧化加热，采用适宜的润滑剂，锻造时常是一次打击成形；锻件精度为 IT9～IT8，表面粗糙度 R_a 值为 3.2～0.8μm，并可使纤维组织沿锻件外形合理分布，组织均匀致密，力学性能高。但高速锤锻造不能承受偏心打击，故仅适于单模膛锻造对称的锻件，且模具磨损快。

高速锤可进行精密模锻、热挤压，如螺旋锥齿轮和发动机支架的精锻、叶片的挤压等。

12.3 径向锻造

径向锻造(旋转锻造)是在旋锻机上，使棒(管)料直径减小而长度增加的一种精锻工艺，类似于拔长工序。如图 12-1 所示，将棒(管)料送入空心主轴的锤头之间，锤头可在主轴径向槽内自由滑动。主轴旋转时，安装在外环上的小滚柱不断撞击锤头，形成了对坯料的打击。打击后锤头靠离心力又回到初始位置。锻造时坯料可边旋转边轴向送进，故径向锻造的基本工序是多头螺旋式拔长。其工艺上有多向锻打和脉冲锻打两个特征。多向锻打使坯料处于三向压应力状态，对提高塑性有利。因此，多向锻打不仅可锻造一般钢，还能锻造高强度、低塑性高合金钢。脉冲锻打频率高，单次变形量小，锻件精度高。

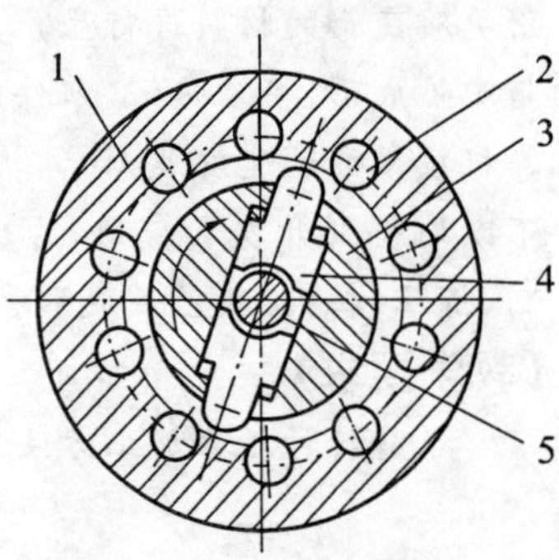

图 12-1　径向锻造

1—外环；2—小滚柱；3—空心主轴；4—锤头；5—棒(管)料

径向锻造可进行热锻、温锻和冷锻。热锻件精度为 IT8～IT7，粗糙度 R_a 值为 6.3～3.2μm；冷锻件为 IT6～IT5，粗糙度 R_a 值为 0.8～0.4μm。

径向锻造材料消耗低、自动化程度高、生产率高、劳动条件好、锤头形状简单、工艺适应性强，适于各种批量生产，广泛用于锻造机床、汽车、拖拉机、飞机、坦克和其他机械上的实心台阶轴、锥度轴、空心轴和带膛线的枪筒、炮筒及其他内外径有特定形状要求的轴，还可用于各种气瓶、薄壁筒形件的缩口、缩颈等。

12.4 轧　　制

如图 12-2 所示，金属坯料在回转轧辊的孔隙中，靠摩擦力作用，连续进入轧辊而产生塑性变形的加工方法，称为轧制。

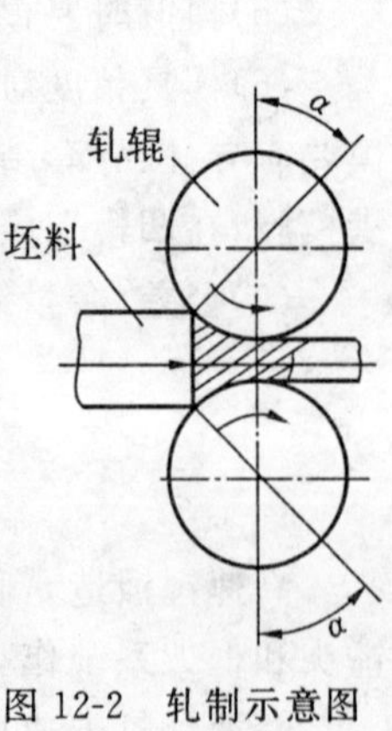

图 12-2　轧制示意图

轧制除了生产板材、无缝管材(图 12-3)和图 12-4 中所示型材外，现已广泛用来生产各种零件。它具有生产率高、质量好、节约材料、成本低和力学性能好等优点。

常用的零件轧制方法有以下几种：

(1)辊锻

辊锻是将轧制工艺应用到锻造生产中的一种新工艺。它是使坯料通过装有扇形模块的一对旋转的轧辊时，受碾压而产生塑性变形的加工方法，如图 12-5 所示。当扇形模块分开时，将加热的坯料送至挡块处。轧辊转动，将坯料夹紧并压制成形。

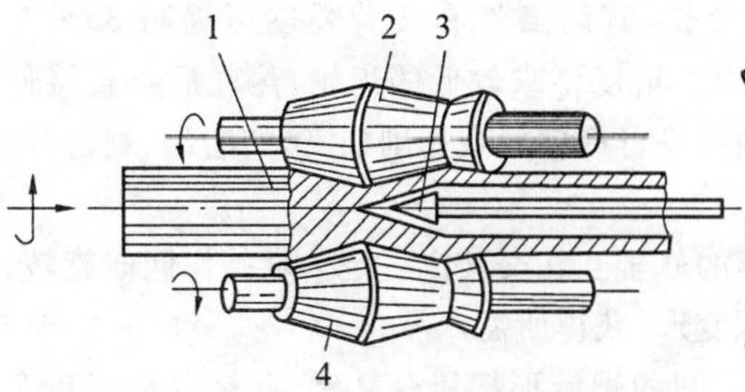

图 12-3　无缝钢管轧制示意图

1—管坯；2、4—轧辊；3—芯头

图 12-4　型材

1—圆钢；2—方钢；3—扁钢；4—角钢；5—T 字钢；6—工字钢；7—槽钢；8—钢轨；9—Z 字钢

辊锻既可作为模锻前的制坯工序，也可直接辊锻锻件，如扳手、链环、连杆、刺刀和叶片等。叶片辊锻工艺和铣削工艺相比，材料利用率提高了 4 倍，生产率提高了 2.5 倍，而且质量也提高了。

(2)碾环轧制

碾环轧制又称扩孔，是用来扩大环形坯料的内、外径，以获得各种环状零件的加工方法，如图 12-6 所示。加热后的坯料套在芯辊上，在摩擦力作用下，碾压辊带动坯料和芯辊一起旋转。随着碾压辊下压，坯料内、外径不断扩大，壁厚减薄。导向辊迫使坯料保持圆形，并使其旋转平稳。当坯料的外圈与信号辊接触时，信号辊先发出精辗信号，然后发出停辗信号。

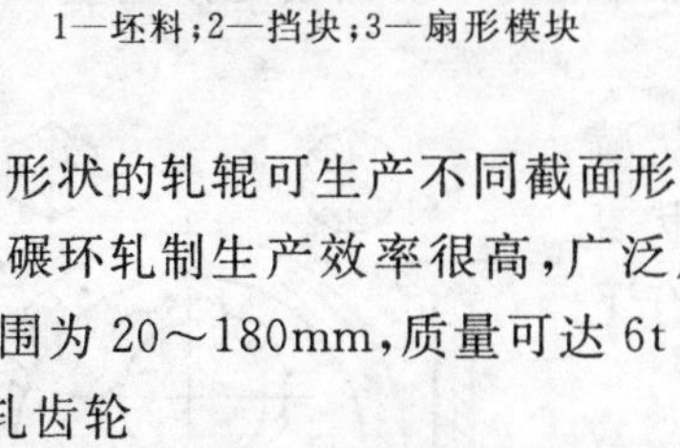

图 12-5　辊锻工作过程

1—坯料；2—挡块；3—扇形模块

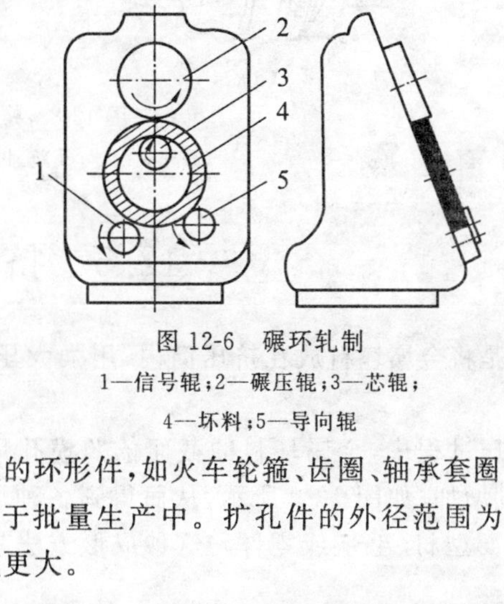

图 12-6　碾环轧制

1—信号辊；2—碾压辊；3—芯辊；4—坏料；5—导向辊

用不同形状的轧辊可生产不同截面形状的环形件，如火车轮箍、齿圈、轴承套圈、起重机旋转轮圈等。碾环轧制生产效率很高，广泛用于批量生产中。扩孔件的外径范围为 ϕ40mm～5m，宽度范围为 20～180mm，质量可达 6t 或更大。

(3)热轧齿轮

热轧齿轮是一种少切削或无切削加工齿形的新工艺，如图 12-7 所示。齿轮坯的表层由高频感应器加热至 1000～1050℃，然后将带齿的轧轮与齿轮坯对碾，并同时向齿轮坯作径向进给。在对碾过程中，轧轮逐渐压入齿轮坯料，齿轮坯的部分金属被压成齿底，相邻部分金属被反挤而上升形成齿顶。自由转动的轮可碾平齿轮外表面。在半自动热轧齿轮机上可热轧直径为 175～350mm、模数为

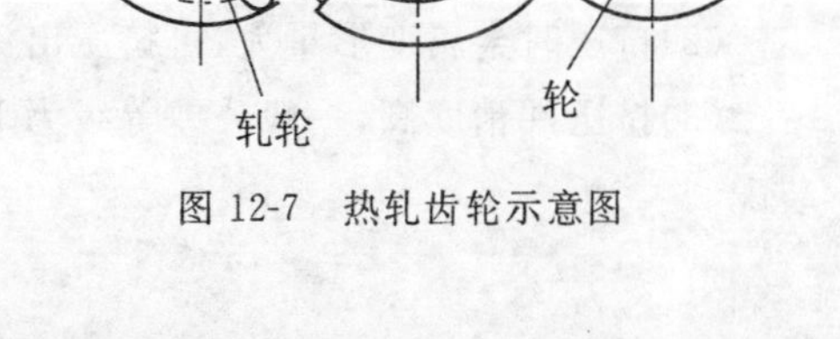

图 12-7　热轧齿轮示意图

10mm 以下的直齿轮、斜齿轮和锥齿轮。齿轮精度为 IT8～IT9 级、齿面粗糙度 R_a 值为 3.2μm。

与锻造和切削加工相比,热轧齿轮生产率高,可节省 18%～40%的金属材料,齿部金属的流线与齿廓一致,纤维组织完整,因而强度高、寿命长,其耐磨性和疲劳强度可提高 30%～50%。热轧齿轮适于在专业化批量生产条件下采用。精度要求较低的齿轮,热轧后可直接使用(如割草机用齿轮)。但在多数情况下,热轧后还要进行冷精轧或切削加工,如磨齿、剃齿等。

(4)斜轧

斜轧又称螺旋斜轧,它采用两个带有螺旋形槽的轧辊互相交叉成一定角度并作同向旋转,使坯料既绕自身轴线转动又向前进,与此同时受压变形,获得所需产品。

如图 12-8(a)所示,螺旋斜轧钢球是棒料在轧辊间的螺旋形槽里受轧制,并被分离成单个球而制成的。轧制过程是连续的,轧辊每转一周即可轧制一个钢球。

斜轧还可如图 12-8(b)所示,轧制周期变截面型材、冷轧丝杠和自行车后闸壳以及直接热轧出带螺旋线的高速钢滚刀体等。

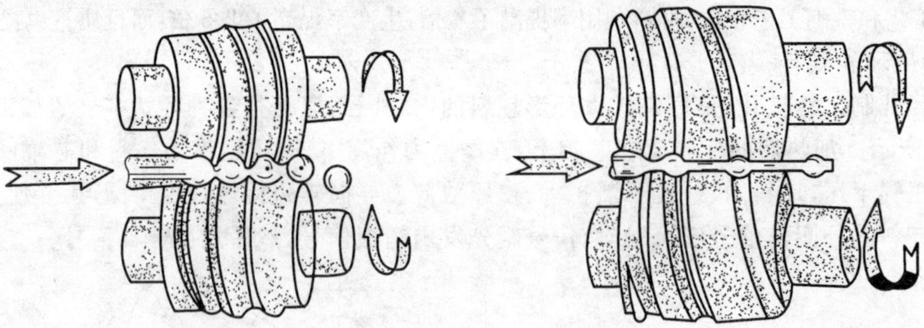

(a)　　(b)

图 12-8　螺旋斜轧

(a)轧制钢球;(b)轧制周期变截面型材

12.5　挤　压

挤压是将金属坯料放在挤压筒内,用强大压力从模孔中挤出使之产生塑性变形的加工方法。

在挤压过程中,金属坯料的截面依照模孔形状减小,而长度增加,如图 12-9 所示,从而得到各种形状复杂的等截面型材、毛坯或零件。这种成形方法具有下列特点:

图 12-9　挤压产品截面形状

(1)挤压时金属坯料在三向受压状态下变形,可显著提高塑性。本质塑性好的材料(如纯铁、低碳钢、铝和铜等)和塑性低的合金结构钢、不锈钢都可挤压成形。在一定变形量下某些高碳钢、轴承钢,甚至高速钢也可挤压。

(2)挤压时金属变形量大,可挤压出深孔、薄壁、细杆和异形截面等形状复杂的零件。

(3)挤压件精度高,一般公差等级为 IT7～IT6,粗糙度 R_a 值为 3.2～0.4μm,可直接用于装配。

(4)强烈的加工硬化和纤维组织连续地沿零件外形分布，提高了挤压件的力学性能。

(5)挤压操作简单，易于实现机械化和自动化，生产率比其他锻压和切削加工提高几倍甚至几十倍，材料利用率可达 70%～90%以上，降低了成本。

挤压按金属流动方向和凸模运动方向的关系，可分为以下四种：

(1)正挤压。如图 12-10(a)所示，金属从凹模底部的模孔中流出，其方向与凸模的运动方向一致。可得到带有端头的杆类零件(螺钉、圆盘阀等)。若凸模前端有芯杆，如图 12-10(b)所示，则可挤压出带有法兰的管类零件。

(2)反挤压。如图 12-10(c)所示，金属流动方向与凸模运动方向相反。此时金属从凸、凹模间的环形间隙中流出。反挤压可生产管类零件，如软管的套管等。

图 12-10(d)的反挤压法也可挤压出有凸缘的杆类零件，但生产中很少使用。

(3)径向挤压。如图 12-10(e)所示，金属从凹模侧面的孔中流出。这种方法可挤压三通管、十字接头等零件。为便于取出挤压件，凹模由两个半模组成，即凹模有一个分模面。

(4)复合挤压。如图 12-10(f)所示，其特点是金属同时向几个方向流动，可同时完成上述几个挤压过程。挤压时产生塑性变形的仅仅是坯料中的一部分，而不是全部。

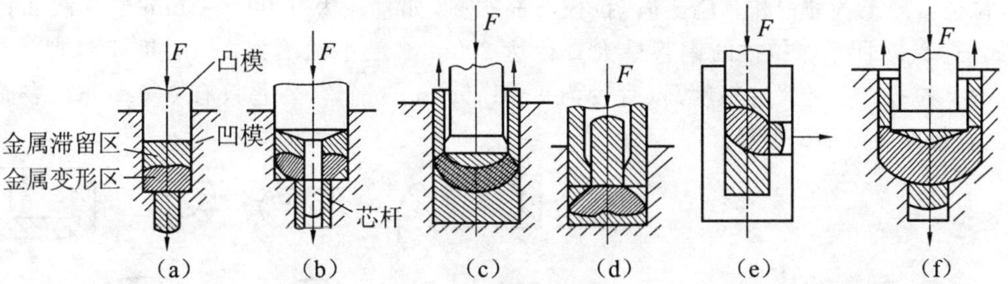

图 12-10　挤压方式

(a)正挤压；(b)带芯杆正挤压；(c)反挤压；(d)凸缘杆类反挤压；(e)径向挤压；(f)复合挤压

按照金属坯料挤压时的温度不同，挤压又可分为以下三种：

(1)热挤压

挤压温度与锻造温度相同。因其温度高，变形抗力小，故每次变形程度较大，但挤压件尺寸精度低，表面粗糙。热挤压适于挤压尺寸较大的毛坯和强度高的材料，如中碳钢、高碳钢、耐热钢和其他的合金钢等。

(2)冷挤压

冷挤压在室温下进行，变形抗力很大(变形金属内的压应力高达 2000～3000MPa)，但制件表面光洁，且因加工硬化提高了强度。冷挤压件大多是塑性好的有色金属和低碳钢，一般尺寸都较小。冷挤压广泛用于加工机械零件、半成品或毛坯。例如图 12-11 所示的低碳钢底座，如用切削加工制造，则需车削、钻孔和铰孔等工序。如改用冷挤压后，将落料后的毛坯一次挤压成形，其尺寸精度即可达到技术要求，粗糙度 R_a 值为 0.8～0.4μm。

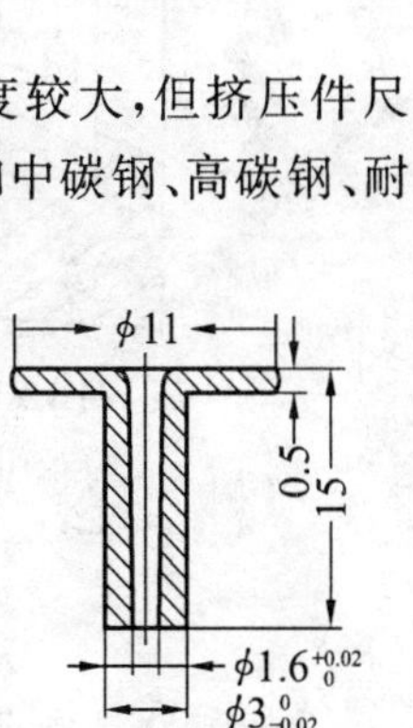

图 12-11　低碳钢底座

为降低挤压力，防止模具磨损和破坏，提高制件质量，除纯铝、纯铜外，若采用一般的表层涂油润滑方式，则润滑剂很容易被挤掉而不起作用。因此，大多数材料在挤压前要进行软化退火和磷化(碳钢)或氧化(铝、铜合金)处理，使坯料表面形成一层多孔的磷酸铁或氧化物薄膜，以储存润滑剂。多次挤压的零件还要进行中间退火。

(3)温挤压

温挤压是将金属坯料加热到再结晶温度以下某个适当的温度(100～800℃)进行挤压,是介于冷、热挤压之间的一种挤压方法。与冷挤压相比,它降低了变形抗力,增加了每个工序允许的变形程度,提高了模具寿命,且不需要退火软化、磷化处理和工序间退火,便于组织连续生产。温挤压件尺寸精度和力学性能略低于冷挤压件,粗糙度 R_a 值为 3.2～1.6μm。温挤压适于挤压中、高碳钢或高强度合金钢。

挤压可在专用挤压机上进行,也可在经适当改进后的通用曲柄压力机或摩擦压力机上进行。

12.6 拉 拔

拉拔是将金属坯料从拉拔模的模孔中拉出而变形的加工方法,如图 12-12 所示。拉拔一般在冷态下进行,故又称冷拉。拉拔的原始坯料为轧制或挤压的棒(管)材。

拉拔模用工具钢、硬质合金或金刚石制成,金刚石拉拔模用于拉拔直径小于 0.2mm 的金属丝。

拉拔可加工各种钢和有色金属,拉拔产品很多,如直径为 0.002～5mm 的导线和特种型材,如图 12-13 所示。拉拔的钢管最大直径达 200mm,最小的不到 1mm,钢棒料直径为 3～150mm。拉拔产品的尺寸精度高(直径为 1～1.6mm 的钢丝,公差只有 0.02mm),表面质量高,而且还可生产薄壁型材。

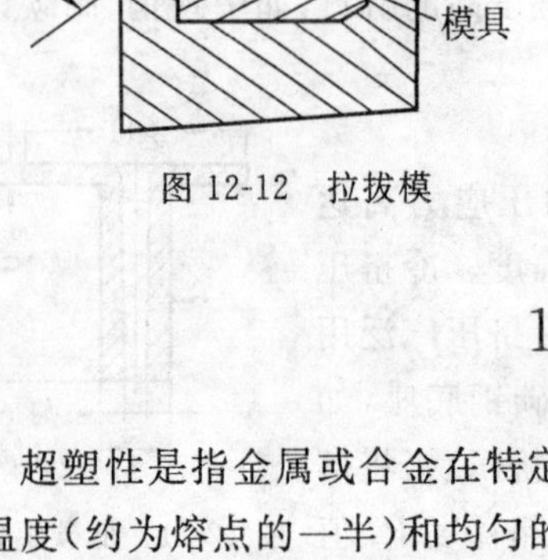

图 12-12 拉拔模

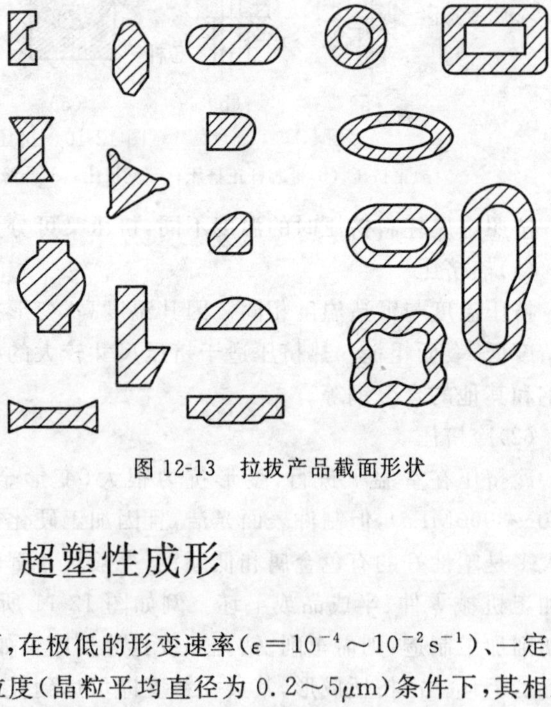

图 12-13 拉拔产品截面形状

12.7 超塑性成形

超塑性是指金属或合金在特定条件下,在极低的形变速率($\varepsilon=10^{-4}\sim10^{-2}s^{-1}$)、一定的变形温度(约为熔点的一半)和均匀的细晶粒度(晶粒平均直径为 0.2～5μm)条件下,其相对延伸率 δ 超过 100%的特性,如钢超过 500%,纯钛超过 300%,锌铝合金超过 1000%。

超塑性状态下的金属在拉伸变形过程中不产生缩颈现象,变形应力可比常态下金属的变形应力降低百分之几十。因此该金属极易成形,可采用多种工艺方法制出复杂零件。

板料冲压、板料气压成形、挤压和模锻等多种工艺方法都可以利用金属的超塑性成形加工出复杂零件。

(1)板料冲压

如图 12-14 所示的零件直径较小,但高度很大。选用超塑性材料可以一次拉深成形,质量很好,零件性能无方向性。图 12-14(a)为拉深成形示意图,图 12-14(b)为所得工件。

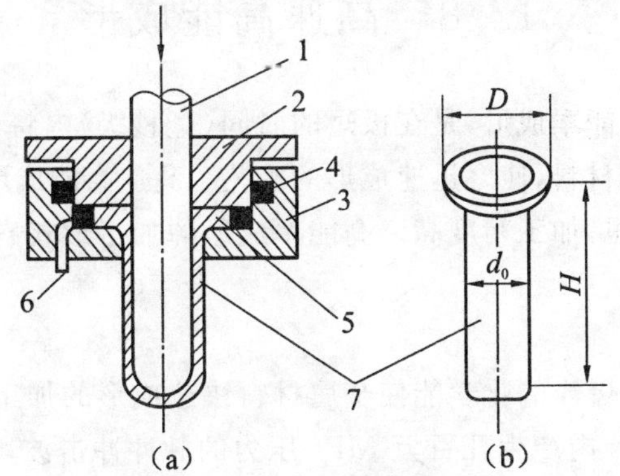

图 12-14　超塑性板料拉深

(a)拉深过程;(b)工件

1—冲头(凸模);2—压板;3—凹模;4—电热元件;5—坯料;6—高压油孔;7—工件

(2)板料气压成形

如图 12-15 所示,超塑性金属板料放于模具中,把板料与模具一起加热到规定温度,向模具内充入压缩空气或抽出模具内的空气形成负压,板料将贴紧在凹模或凸模上。图 12-15(a)为凹模内成形,图 12-15(b)为凸模上成形,获得所需形状的工件。该方法可加工的板料厚度为 0.4～4mm。

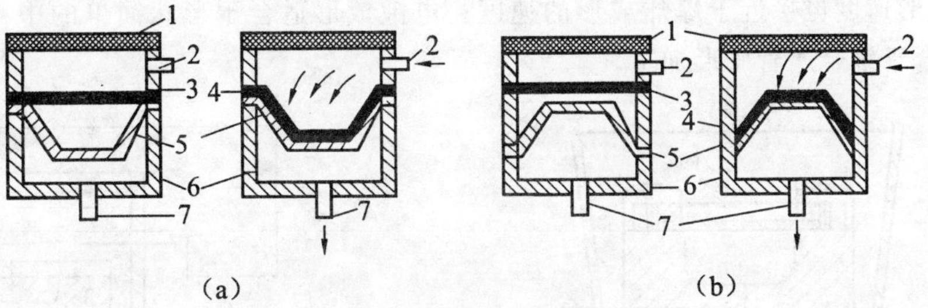

图 12-15　板料气压成形

(a)凹模内成形;(b)凸模上成形

1—电热元件;2—进气孔;3—板料;4—工件;5—凹(凸)模;6—模框;7—抽气孔

(3)挤压和模锻

高温合金及钛合金在常态下塑性很差,变形抗力大,不均匀变形引起各向异性的敏感性强,用通常的成形方法较难成形,材料损耗极大,致使产品成本很高。如果在超塑性状态下进行模锻,就可完全克服上述缺点,节约材料,降低成本。

(4)超塑性模锻的工艺特点

①扩大了可锻金属材料种类。如过去只能采用铸造成形的镍基合金,现在也可以进行超塑性模锻成形。

②金属填充模膛的性能好,可锻出尺寸精度高、机械加工余量小甚至不用加工的零件。

③能获得均匀细小的晶粒组织,零件力学性能均匀一致。

④金属的变形抗力小,可充分发挥中、小设备的作用。

目前常用的超塑性成形材料主要是锌铝合金、铝基合金、钛合金及高温合金。随着超塑性材料的日益发展,超塑性成形工艺的应用也将随之扩大,少或无切屑成形将得到更大发展。

12.8　高速高能成形

高速高能成形又称高能率成形,是在极短的时间(毫秒级)内将化学能、电能、电磁能或机械能传递给被加工的金属材料,使之迅速成形的工艺。高速高能成形速度快,可以使难变形的材料进行成形,加工时间短,加工精度高。高能率成形的加工形式有爆炸成形、电液成形和电磁成形等。

(1)爆炸成形

爆炸成形是利用炸药爆炸的化学能使金属材料快速成形的加工方法,适合于各种形状零件的成形。爆炸在5～10s内产生几百万MPa压力的脉冲冲击波,坯料在1～2s甚至在毫秒或微秒量级时间内成形,如图12-16所示。

爆炸成形主要用于对板料进行剪切、拉深、冲孔、翻边、胀形、校形、弯曲、扩口、压印等加工,还可进行爆炸焊接、粉末压制及表面硬化等。如球形件可采用简单的边缘支撑,用圆形坯进行一次自由爆炸成形;油罐车的碟形封头可采用在水下小型爆炸成形。

(2)电液成形

由水中两电极间放电所产生的冲击波和液流冲击使金属成形的工艺称为电液成形。图12-17为电液成形原理图。高压直流电向电容器充电,电容器高压放电,在放电回路中形成强大的冲击电流,使电极周围介质中形成冲击波及液流波,并使金属板成形。

电液成形速度也接近于爆炸成形的速度。电液成形适合于形状简单的中小型零件的成形,特别适合于细金属管胀形加工。

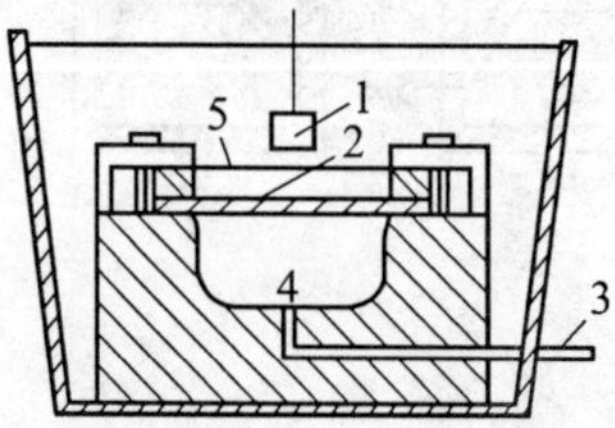

图12-16　爆炸成形图

1—炸药;2—板料;3—出气门;4—凹模腔;5—压紧环

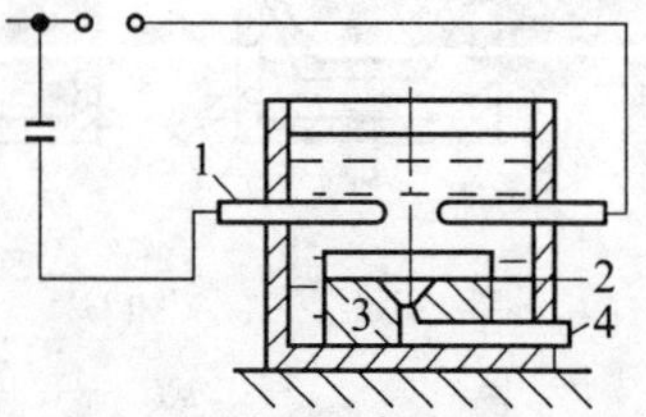

图12-17　电液成形原理图

1—电极;2—板料;3—凹模;4—出气口

(3)电磁成形

电磁成形是利用电磁力加压成形的工艺,也是一种高速高能成形的加工方法。电容器高压放电,使放电回路中产生很强的脉冲电流,由于放电回路阻抗很低,所以成形线圈中的脉冲电流在极短的时间内迅速变化,并在其周围空间形成一个强大的变化磁场。在变化磁场作用下,坯料内产生感应电流,形成磁场,并与成形线圈形成的磁场相互作用,电磁力使毛坯产生塑性变形。图12-18所示为管子电磁成形示意图,成形线圈放在管子外面可使管子产生颈缩;成形线圈放在管子内部可使管子胀形。

电磁成形常用于管材和板材的成形加工,如胀形、切断、冲孔、缩口、扩口等,还可用于完成连接的装配工序,如管-管、管-杆等的连接。电磁成形要求金属(如碳钢、铜、铝等)具有良好的导电性。

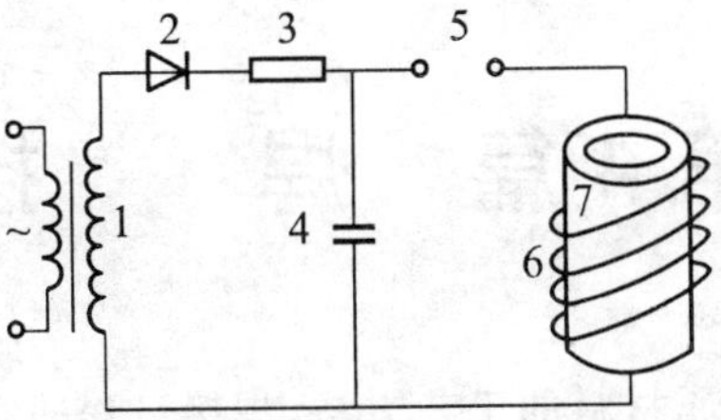

图 12-18　电磁成形装置原理图

1—升压变压器；2—整流器；3—限流电阻；4—电容器；5—辅助间隙；6—工作线圈；7—毛坯

(4)高速高能成形的特点

①模具简单。高速高能成形为单模成形，甚至不用模具，因此能节省模具材料，降低生产成本。

②零件精度高，表面质量好。高速高能成形时，毛坯变形不是由于刚体凸模的作用，而是在液体、气体等传力介质作用下以很高的速度贴模来实现的，毛坯表面不受损伤并可提高变形均匀性，且有效地减小了零件回弹。

③可提高材料塑性变形能力。高速高能成形时形成的高压冲击波对毛坯的作用时间短，使其变形速度快，这样可提高材料塑性变形能力，可成形塑性差的材料(如钛合金等)。

④有利于实现复合工艺。一些用常规成形方法需多道工序才能成形的零件，采用高速高能成形方法可在一道工序中完成，因此可有效缩短生产周期。

复习思考题

12.1　试述挤压、轧制、拉拔各自的特点。它们分别适用于生产哪类产品？

12.2　试述超塑性的概念及超塑性成形的方法。

12.3　高能率成形的各种方法中有哪些共同特点？

12.4　展望一下金属压力加工的发展趋势。

第4篇　焊　　接

焊接是一种永久性连接金属材料的工艺方法，焊接过程的实质是利用加热或加压等手段，借助金属原子的结合与扩散作用，使分离的金属材料牢固地连接起来。

焊接在现代工业生产中具有十分重要的作用，它是现代工业生产中用来制造各种金属结构和机械零件的主要工艺方法之一，在许多领域得到了广泛应用。舰船的船体、高炉炉壳、建筑构架、锅炉与压力容器、车厢及家用电器、汽车车身等工业产品的制造，都离不开焊接。焊接方法在制造大型结构件或复杂机器部件时，更显得优越。它可以用化大为小、化复杂为简单的办法来准备坯料，然后用逐一装配、焊接的方法拼小成大、拼简单成复杂。这是其他工艺方法难以做到的。在制造大型机器设备时，还可以采用铸-焊或锻-焊复合工艺。这样，只有小型铸、锻设备的工厂也可以生产出大型零部件。用焊接方法还可以制成双金属构件，如制造复合层容器，此外，还可以对不同材料进行焊接。总之，焊接方法的这些优越性，使其在现代工业中的应用日趋广泛。

焊接方法的种类很多，其中电弧焊是应用较普遍的焊接方法。

13 焊接工艺基础

【教学提示】

除了铸造、压力加工以外，焊接也是零件或毛坯成形的主要方法。焊接是利用加热或加压（或加热和加压）手段，借助金属原子的结合与扩散作用，使分离的两部分金属牢固地、永久地结合起来的工艺。熔化焊的焊接过程是利用热源（如电弧热、气体火焰热、高能粒子束等）先将工件局部加热到熔化状态，形成熔池，然后，随着热源向前移动，熔池液体金属冷却结晶，形成焊缝。熔化焊的过程包含有加热、冶金和结晶过程。在这些过程中，会产生一系列变化，对焊接质量有较大的影响，如焊缝成分变化、焊接接头组织和性能变化以及焊接应力与变形的产生等。

【教学要求】

深刻理解焊接工程的基本理论；对焊接接头的组织与性能、焊接应力与变形的形成过程有清楚的认识；掌握防止和消除焊接变形的常用方法。

13.1 概　　述

焊接是通过加热或加压，或两者并用，并且用（或不用）填充材料，使焊件达到原子结合的一种加工方法。它是一种应用极为广泛的永久性连接方法。

13.1.1 焊接方法的分类

实现焊接的方法很多，通常可根据焊接接头的形成特点不同，把焊接的方法分为三类，即熔焊、压焊和钎焊。

(1)熔焊

熔焊是一种将焊件接头部位加热至熔化状态，不加压力完成焊接过程的方法。它采用局部加热方法，使工件的焊接接头部位出现局部熔化，通常还需填充金属，共同构成熔池。熔池经冷却结晶后，形成牢固的原子间结合，使分离的工件成为一体。熔焊的加热速度快，加热温度高，接头部位经历熔化和结晶过程。熔焊适合于各种金属和合金的焊接加工。

(2)压焊

压焊是在焊接过程中必须对焊件施加压力，（加热或不加热）以完成焊接的方法。在压力作用下，被焊工件的结合部位紧密接触，在无填充金属的条件下，依靠原子扩散或塑性变形及再结晶（或局部熔化与结晶），获得原子间的相互结合和永久性连接。因压焊焊接接头独特的形成特点，有时也称之为固相焊接。压焊适合于各种金属材料和部分非金属材料的焊接加工。

(3)钎焊

钎焊是采用比母材熔点低的金属材料作钎料，将焊件和钎料加热到高于钎料熔点、低于母材熔点的温度，利用液态钎料润湿母材，填充接头间隙并与母材相互扩散实现连接焊件的方法。钎焊过程的钎料熔化与凝固,形成一过渡连接层,故钎焊不仅适合于同种材料的焊接加工,也适合于异种金属和异类材料的焊接加工。

到目前为止,焊接方法已发展到数十种之多。图13-1为常用的焊接方法分类。

- 焊接方法
  - 熔　焊
    - 电弧焊
      - 焊条电弧焊
      - 埋弧焊
      - 氩弧焊
      - CO_2 焊
    - 高能束焊
      - 激光焊
      - 电子束焊
      - 等离子弧焊
    - 化学热焊
      - 气焊
      - 铝热焊
    - 电渣焊
  - 压　焊
    - 电阻焊
      - 点焊
      - 缝焊
      - 对焊
    - 感应焊
      - 高频焊
      - 工频焊
    - 扩散焊
    - 超声波焊
    - 摩擦焊
    - 爆炸焊
    - 冷压焊
  - 钎　焊
    - 硬钎焊
      - 火焰钎焊
      - 盐浴钎焊
      - 感应钎焊
      - 真空钎焊
    - 软钎焊
      - 烙铁钎焊
      - 浸渍钎焊

图13-1　常用焊接方法分类

13.1.2　焊接方法的特点

焊接方法之所以得到广泛应用,是因为这种加工方式有着其他加工方式不可替代的特点。焊接方法的主要特点有:

(1)节省材料与减轻质量

焊接的金属结构件可比铆接节省材料10%～25%,如采用点焊的飞行器结构重量明显减轻、运载能力提高、油耗降低。

(2)可简化复杂零件和大型零件的制造

焊接方法灵活,可化大为小,以简拼繁,加工快,工时少,生产周期短。许多结构都以铸-焊、锻-焊形式组合,简化了加工工艺。

(3)适应性好

多样的焊接方法几乎可焊接所有的金属材料和部分非金属材料,可焊范围较广,而且连接性能较好,焊接接头可达到与工件金属等强度或相应的特殊性能。

(4)能满足特殊连接要求

不同材料焊接到一起,能使零件的不同部分或不同位置具备不同的性能,以满足使用要求,如防腐容器的双金属筒体焊接、钻头工作部分与柄的焊接、水轮机叶片耐磨表面堆焊等。

虽然焊接有很多的优点,但焊接加工在应用中仍存在某些不足。例如,不同焊接方法的焊接性有较大差别,焊接接头的组织存在不均匀性,焊接热过程造成的结构应力与变形以及各种裂纹问题等,都有待进一步研究和完善。

13.1.3 焊接方法的应用

(1)制造金属结构件

焊接方法广泛用于各种金属结构的制造,如桥梁、船舶、压力容器、化工设备、机动车辆、矿山机械、发电设备及飞行器等。

(2)制造机器零件和工具

焊接件具有刚性好、改型快、周期短、成本低的优点,适合于单件或小批量生产加工各类机器零件和工具,如机床机架和床身、大型齿轮和飞轮、各种切削工具等。

(3)修复

采用焊接方法修复某些有缺陷、失去精度或有特殊要求的工件,可延长其使用寿命,提高使用性能。目前修复工程已成为机械制造领域不可缺少的重要组成部分。

近年来焊接技术发展迅速,新的焊接方法不断出现,而许多常用的焊接方法也由于应用了计算机等新技术,使其功能增强。焊接方法的精密化和智能化必将在未来的焊接生产中发挥强大的效力。

13.2 电弧焊工艺基础

熔焊是最重要的焊接工艺方法,其中以电弧为加热热源的电弧焊是熔焊中最基本、应用最广泛的金属焊接方法。以下将以焊条电弧焊(Arc Welding)为核心,介绍焊接加工的一些基本概念和基本过程。

13.2.1 焊接电弧

焊接电弧(Electric Arc)是在具有一定电压的电极与焊件之间的气体介质中产生的强烈而持久的放电现象,即在局部气体介质中有大量电子流通的导电现象。电弧把电能转换成焊接所需的热能。

(1)电弧的产生与持续

引燃焊接电弧时,由焊接电源提供一定的两极电压(图 13-2),两极轻触,产生较大的短路电流,使接触点温度急剧升高,同时产生电子逸出和气体电离,阴极产生热电子发射;当两极分开时,在电场力作用下,自由电子高速飞出,撞击空隙间气体的原子和分子,使其部分电离。带电质点同时在电场力的作用下做定向运动,即自由电子和阴离子向阳极运动,阳离子向阴极运动。上述运动过程不断出现碰撞和复合,产生大量的光和热,构成焊接电弧的能量转换。

若要使电弧稳定燃烧,必须要提供并维持一定的电弧电压,同时要保证电弧空间的介质有足够的电离程度,并将电弧长度控制在一定范围内。具备上述条件的电弧可不间断地持续燃烧。

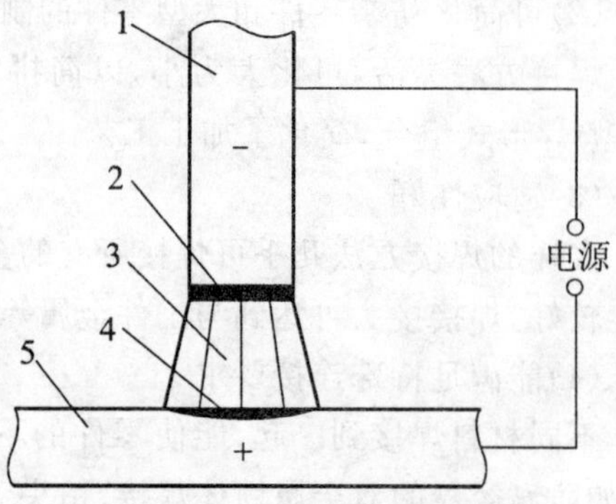

图 13-2　电弧的组成

1—焊条;2—阴极区;3—电弧;4—阳极区;5—焊件

(2)电弧构造与电源

焊接电弧由阳极区、阴极区和弧柱组成(图 13-2)。阳极区和阴极区在电弧长度方向上的尺寸均很小($10^{-4}\sim10^{-3}$mm),故电弧长度可视为弧柱长度。阴极区发射电子,产生的热量约占总热量的 36%,阳极区因阳极表面受到高速电子撞击,产生的热量稍高于阴极区,约占总热量的 43%,弧柱产生的热量约占总热量的 21%。各区的温度也有所不同,如用钢焊条焊接钢材时,阴极区平均温度为 2400K,阳极区平均温度为 2600K,弧柱中心区温度最高,约为 6000～8000K。

由于阳极区和阴极区温度不同,故在使用直流电源时,正接和反接的效果不同。正接时(工件接正极,焊条接负极),电弧热量相对集中于工件,可加大熔深;反接时(工件接负极,焊条接正极)则正好相反。当采用交流电源时,电流每秒钟正负变化达 100 次,所以两极加热条件一样,温度都在 2500K 左右。

为了适应电弧特性和满足电弧焊工艺要求,需要用专门设计的电源,这就是电弧焊电源,即电弧焊机(Arc Welder)。它应满足焊接过程的下列要求:

①适当的空载电压以保证引弧。一般交流电焊机空载电压为 60～80V,直流电焊机为 50～70V。

②提供电弧工作电压,保证电弧稳定燃烧。电弧工作电压与电弧长度有关,一般情况下电弧工作电压在 16～35V 范围内。

③焊接过程中,当电弧长度变化时,焊接电流能相应地变化,即有自调节作用。

④焊接过程出现短路时,输出电压降为零,能提供并控制短路电流。

⑤能适应不同厚度的不同材料的焊接要求,电参数可在一定范围内调节。

13.2.2　电弧焊冶金过程及特点

13.2.2.1　电弧焊冶金过程

图 13-3 为电弧焊焊缝形成过程示意图。在电弧高温作用下,焊条和工件同时产生局部熔化,形成熔池。熔化的填充金属呈球滴状过渡到熔池。电弧在沿焊接方向移动中,熔池前部不断参与熔化,并依靠电弧吹力和电磁力的作用,将熔化金属吹向熔池后部,逐步脱离电弧高温而冷却结晶。所以电弧的移动形成动态熔池,熔池前部的加热熔化与后部的顺序冷却结晶同时进行,形成完整的焊缝。焊条药皮在电弧高温下一部分分解为气体,包围电弧空间和熔池,

形成对熔池的保护；另一部分直接进入熔池，与熔池金属发生冶金反应，并形成熔渣而浮于焊缝表面，构成渣壳保护。

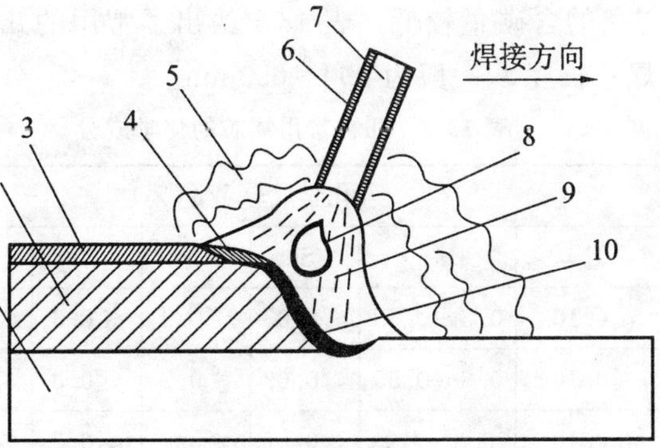

图 13-3　焊条电弧焊

1—焊件；2—焊缝；3—渣壳；4—熔渣；5—气体；6—药皮；7—焊芯；8—熔滴；9—电弧；10—熔池

13.2.2.2　电弧焊冶金特点

电弧焊过程的冶金反应实质上是金属在焊接条件下的一次再熔炼。以焊条电弧焊为例，焊接冶金反应有如下特点：

(1)反应区温度高于一般的冶炼温度，熔化金属与熔渣的接触面积大，冶金反应激烈。电弧高温使弧柱区发生金属蒸发、气体高温分解与溶解、金属氧化还原等一系列反应，导致金属烧损或形成有害杂质。

(2)熔池小而冷却速度快，液态金属存留时间短。焊接熔池体积小，在快速冷却状态下，液态金属只能存留几秒钟，各种冶金反应不充分，难以达到平衡状态。

(3)冶炼条件差，有害气体容易进入熔池，形成氧化物、氮化物、气孔及杂质等缺陷，使焊缝金属的塑性、韧性显著下降。

因此，焊接前要对焊件进行清理，焊接过程中必须对熔池金属进行机械保护和冶金处理。机械保护就是利用熔渣、保护气体等机械地把熔池和空气隔开；冶金处理是指向熔池中添加合金元素，改善焊缝金属的化学成分和组织。

13.2.3　焊条

13.2.3.1　焊条的组成和作用

焊条电弧焊的焊条由两部分组成：中间是金属丝制成的焊芯，外部包覆着一定厚度的药皮，其结构如图 13-4 所示。

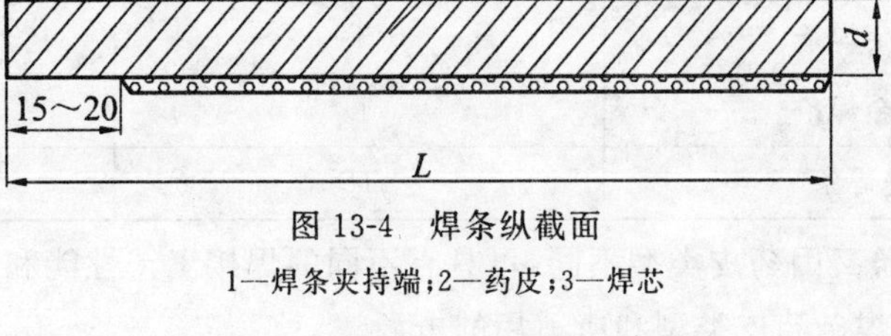

图 13-4　焊条纵截面

1—焊条夹持端；2—药皮；3—焊芯

(1)焊芯

焊芯(Core Wire)是由专门冶炼的焊条钢经轧制和拉拔而成,其主要作用是作为电极和填充金属。常用结构钢焊条的含碳量较低。表13-1给出了常用的几种焊芯的成分。焊芯直径d一般为1.6～8mm,焊芯长度L一般为200～650mm。

表13-1　几种常用焊芯的化学成分

钢号		化学成分 W_M(%)							用途
牌号	代号	C	Mn	Si	Cr	Ni	S	P	
焊08	H08	≤0.10	0.3～0.55	≤0.03	≤0.2	≤0.3	≤0.04	≤0.04	一般结构焊条
焊08高	H08A	≤0.10	0.3～0.55	≤0.03	≤0.2	≤0.3	≤0.03	≤0.03	重要结构焊条
焊08锰高	H08MnA	≤0.10	0.8～1.1	≤0.07	≤0.2	≤0.3	≤0.03	≤0.03	埋弧焊焊丝
焊15锰	H15Mn	0.1～0.18	0.8～1.1	≤0.07	≤0.2	≤0.3	≤0.04	≤0.04	厚大件、力学性能要求高
焊10锰2	H10Mn2	≤0.12	1.5～1.9	≤0.07	≤0.2	≤0.3	≤0.04	≤0.04	

(2)药皮

药皮由多种矿物、铁合金、有机物和化工材料混合而成,其主要作用是:

①提高电弧燃烧的稳定性;

②对焊接过程和焊缝起保护作用;

③控制焊缝金属的化学成分。

13.2.3.2　焊条的类型

我国的焊条按用途分为十类,如表13-2所示。

表13-2　焊条类别

焊条类别	代　号	
	拼音	汉字
结构钢焊条	J	结
钼及铬钼耐热钢焊条	R	热
不锈钢焊条	G	铬
	A	奥
堆焊焊条	D	堆
低温钢焊条	W	温
铸铁焊条	Z	铸
镍及镍合金焊条	Ni	镍
铜及铜合金焊条	T	铜
铝及铝合金焊条	L	铝
特殊用途焊条	TS	特殊

每种类型的焊条又因药皮类型不同,可具有不同的焊接工艺性能和不同的焊缝力学性能。表13-3列出了部分焊条药皮类型和所适用的电源。

表 13-3 药皮的类型与适用电源

牌 号	药皮类型	适用电源	备 注
××0	不规定	不规定	酸性焊条
××1	氧化钛型	交直两用	
××2	氧化钛钙型	交直两用	
××3	钛钙型	交直两用	
××4	氧化铁型	交直两用	
××5	高纤维素型	交直两用	
××6	低氢钾型	交直两用	碱性焊条
××7	低氢钠型	直流专用	
××8	石墨型	交直两用	
××9	盐基型	直流专用	

根据 GB/T 5117—95 的规定，焊条型号的编制方法如下：用大写字母和四位数字表示；字母表示焊条类别；前两位数字表示熔敷金属抗拉强度的最小值，单位为 MPa；第三位数字表示焊条适用的焊接位置；第三位和第四位数字的组合表示药皮类型及焊接电流种类。例如：

E 43 0 3

- 3（与 0 组合）：表示焊条药皮为钛钙型，交直两用
- 0：表示焊条适用于全位置焊接
- 43：表示熔敷金属抗拉强度的最小值为 430MPa
- E：表示焊条类别

常用的结构钢焊条的牌号表示方法用字母 J 和三位数字表示。J 表示结构钢焊条，前两位数字表示焊缝金属抗拉强度等级，第三位表示药皮类型及采用电源。例如：

J 50 7

- 7：表示焊条药皮为低氢钠型，直流电源
- 50：表示熔敷金属抗拉强度的最小值为 500MPa
- J：结构钢焊条

表 13-4 为焊条型号与焊条牌号对照表。

表 13-4 焊条型号与焊条牌号对照表

焊条型号			焊条牌号			
焊条大类(按化学成分分类)			焊条大类(按用途分类)			
国家标准编号	名 称	代号	类别	名 称	代号	
					字母	汉字
GB/T 5117—1995	碳钢焊条	E	一	结构钢焊条	J	结
GB/T 5117—1995	低合金钢焊条	E	一	结构钢焊条	J	结
			二	钼和铬钼耐热钢焊条	R	热
			三	低温钢焊条	W	温
GB 984—1995	不锈钢焊条	E	四	不锈钢焊条	G	铬
					A	奥
GB 984—85	堆焊焊条	ED	五	堆焊焊条	D	堆
GB 10044—88	铸铁焊条	EZ	六	铸铁焊条	Z	铸
—	—	—	七	镍及镍合金焊条	Ni	镍
GB 3670—1995	铜及铜合金焊条	TCu	八	铜及铜合金焊条	T	铜
GB 3669—83	铝及铝合金焊条	TAl	九	铝及铝合金焊条	L	铝
—	—	—	十	特殊用途焊条	TS	特殊

13.2.3.3 焊条的选用原则

各种类型的焊条均有一定的特性和用途,即使同一类别的焊条也会因药皮类型不同而在使用特性方面表现出差异。因此,从实际工程作业条件出发,正确选用焊条是完成焊接加工的重要环节。焊条的选择应考虑以下几个方面的因素:

(1)工件的力学性能和化学成分

从满足强度要求出发,结合材料的焊接性,选择与被焊材料力学性能相适应的焊条。同时要注意使焊缝熔敷金属的化学成分与被焊材料相同或相近。

(2)工件的工作条件和使用性能

被焊工件如果在承受动载荷或冲击载荷条件下工作,则除应保证强度指标外,还应选择韧性和塑性较好的低氢型焊条。如果被焊工件在低温、高温、磨损或有腐蚀介质条件下工作,则应优先选择相应种类的焊条。

(3)工件的结构特点

由于几何形状复杂或大厚度工件的焊接加工易产生较大的应力而引起裂纹,因此宜选择抗裂性好、强度较高的焊条。对存在铁锈、油污和氧化物且不易清除的位置宜选用酸性焊条。

(4)施工现场条件

受不同施工现场条件的限制,如野外作业、潮湿气候等,应在考虑焊条种类的同时,一并考虑作业条件与环境以及必要的辅助设备。

13.3 焊接接头组织与性能

电弧焊热源的高温集中熔化焊缝区金属,并向工件金属传导热量,必然引起焊缝及附近区域金属的组织和性能发生变化。图 13-5 为熔化焊缝区各点温度变化示意图。由于各点与焊缝中心距离不同，所受的最高加热温度不同，相当于对焊接接头（Welded Joint）区域进行了一次不同规范的热处理，因此焊接接头的各部位会出现不同的组织转变和性能变化。

整个焊接接头由焊缝区、熔合区、热影响区构成。

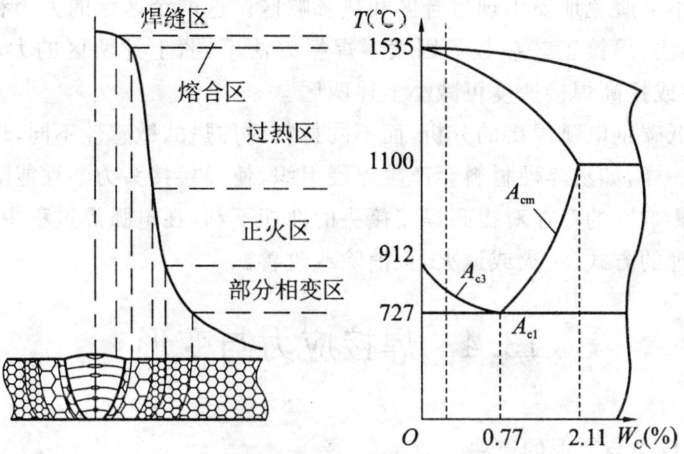

图 13-5　低碳钢焊接接头温度与组织变化

(1)焊缝区

焊缝区是在焊接接头横截面上的焊缝金属的区域，而电弧焊时，是焊缝表面和熔合线所包围的区域。焊缝区在冷却过程中以熔合线上局部半熔化的晶粒为核心向内生长，长大方向为散热最快方向，最终成长为柱状晶粒。晶粒前沿伸展到焊缝中心，呈柱状铸态组织，此种结晶方式称为联生结晶。联生结晶过程使化学成分和杂质易在焊缝中心区产生偏析，引起焊缝金属力学性能下降，因此焊接时要以适当摆动和渗合金等方式加以改善。

(2)熔合区

熔合区是焊接接头中，焊缝金属向热影响区过渡的区域。该区很窄，两侧分别为经过完全熔化的焊缝区和完全不熔化的热影响区。熔合区的加热温度在合金的固-液相线之间。熔合区具有明显的化学不均匀性，从而引起组织不均匀。其组织特征为少量的铸态组织和粗大的过热组织，因而塑性差，强度低，脆性大，易产生焊接裂纹和脆性断裂，是焊接接头最薄弱的环节之一。

(3)热影响区

热影响区是焊缝两侧因焊接热作用没有熔化但发生金相组织变化和力学性能变化的区域。根据热影响区内各点受热情况不同，热影响区可划分为过热区、正火区和部分相变区。

①过热区

过热区是指热影响区内具有过热组织或晶粒显著粗大的区域。其加热温度为 A_{c3} 以上 100～200℃至固相线之间。该区内奥氏体晶粒急剧长大，形成过热组织，因此塑性和韧性差，也是焊接接头的一个薄弱环节。对易淬火硬化材料，该区的脆性会更大。

②正火区

正火区是指热影响区内相当于受到正火热处理的区域。加热温度为 A_{c3} 至 A_{c3} ＋100～200℃之间。此温度区间与正火温度区间相同，金属完全发生重结晶，冷却后为均匀而细小的正火组织，力学性能明显改善，该区是焊接接头中组织和性能最好的区域。

③部分相变区

部分相变区是指热影响区内组织发生部分转变的区域。加热温度在 A_{c1} 至 A_{c3} 之间。该区内的珠光体和部分铁素体发生重结晶,使晶粒细化,而另一部分铁素体来不及转变,冷却后成为粗大的铁素体与细晶粒珠光体的混合组织。由于晶粒大小不一,故该区力学性能变差。

电弧焊方法不可避免地要出现熔合区和热影响区。这两个区域的大小和组织性能取决于被焊材料、焊接方法、焊接工艺参数等因素。焊接方法不同,上述两区的大小也不同,一般来说,加热能量集中或提高焊接速度可减小上述两区。

以上是针对低碳钢电弧焊接的分析,而不同材料对加热的敏感性不同,熔合区和热影响区的表现形式也不一样,如易淬硬材料会产生淬硬组织,使焊接接头力学性能降低。

熔合区和热影响区的存在对提高焊接接头的性能不利,在电弧焊过程中无法消除它,所以常采用焊后热处理的方式(正火或退火)来消除或改善。

13.4 焊接应力与变形

13.4.1 焊接应力与变形的产生

焊接过程的局部加热导致被焊结构产生较大的温度不均匀,除引起接头组织和性能不均匀外,还会产生焊接应力与变形。这种应力与变形即使被焊结构冷却到室温也不可能完全消失,因而会造成结构形状和尺寸的改变,使结构承载能力下降,甚至导致结构失效。为保证质量,在设计和制造焊接结构时,必须设法减小焊接应力和防止过大的变形。

焊接过程中,加热和冷却是局部的、不均匀的。图 13-6 所示为平板对接焊时焊接应力与变形的形成过程。

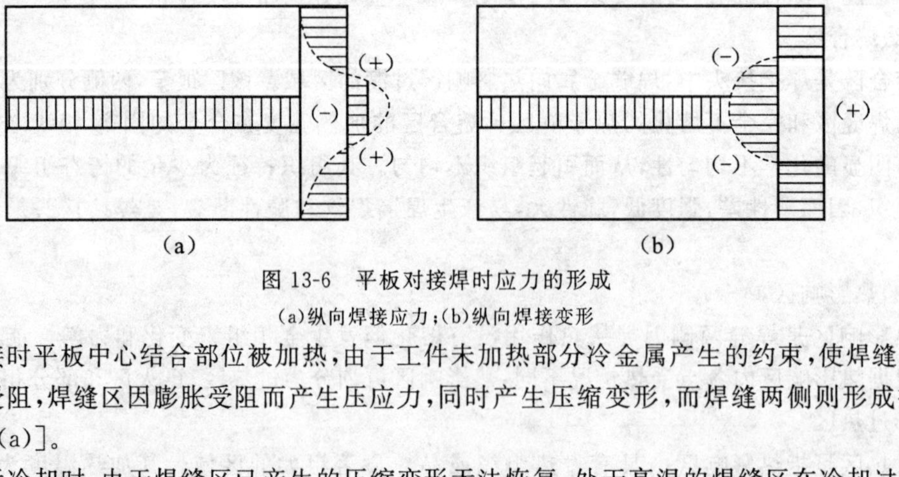

图 13-6 平板对接焊时应力的形成

(a)纵向焊接应力;(b)纵向焊接变形

焊接时平板中心结合部位被加热,由于工件未加热部分冷金属产生的约束,使焊缝区的自由膨胀受阻,焊缝区因膨胀受阻而产生压应力,同时产生压缩变形,而焊缝两侧则形成拉应力[图 13-6(a)]。

焊后冷却时,由于焊缝区已产生的压缩变形无法恢复,处于高温的焊缝区在冷却过程中要不断收缩,而焊缝两侧仍维持原长度。因此,工件各部分在收缩时互相牵制,焊缝区的收缩会受到两侧金属的阻碍,使焊缝区产生拉应力,两侧则受压应力[图 13-6(b)]。

由此可见,焊接应力与变形总是同时存在。对塑性好的材料,焊接变形较大而应力较小,反之则应力较大而变形较小。焊接完成之后,焊缝区总是产生收缩并有拉应力存在,远离焊缝区则存在压应力,而变形的实质就是应力的平衡与释放。不同的结构形式,其应力与变形的大小可相互转化。

13.4.2 焊接变形的基本形式

焊接变形的基本形式有如图 13-7 所示的五种。

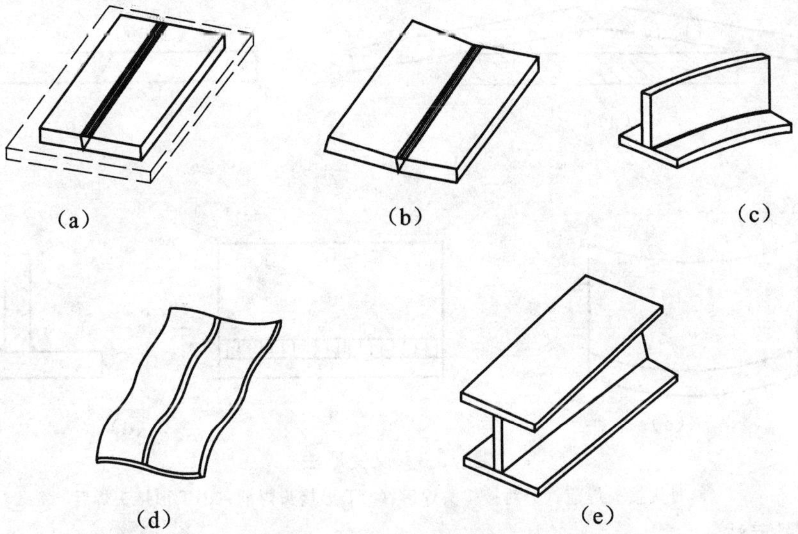

图 13-7 焊接变形的基本形式

(a)收缩变形;(b)角变形;(c)弯曲变形;(d)波浪变形;(e)扭曲变形

(1)收缩变形

收缩变形是指工件整体尺寸的减小,包括焊缝的纵向和横向收缩变形。

(2)角变形

当焊缝截面上下不对称或受热不均匀时,焊缝因横向收缩上下不均匀,引起角变形。V 形坡口的对接接头和角接接头易出现角变形。

(3)弯曲变形

由于焊缝在结构上不对称分布,焊缝的纵向收缩不对称,引起工件向一侧弯曲,形成弯曲变形。

(4)波浪变形

焊接薄板结构时,焊接应力使薄板失去稳定性,引起不规则的波浪变形。

(5)扭曲变形

对多焊缝和长焊缝结构,因焊缝在横截面上的分布不对称或焊接工艺不合理等,工件易出现扭曲变形。

实际焊接结构的真实变形往往很复杂,可同时存在几种变形形式。

13.4.3 防止和减小焊接变形的措施

焊接变形的存在改变了构件的形状和尺寸。从控制焊接变形的角度出发,可以通过合理的结构设计和一些具体的工艺措施来防止和减小焊接变形。

(1)结构设计

设计焊接结构时,焊缝的位置应尽量对称于结构中性轴;在保证结构有足够承载能力的条件下,尽量减少焊缝的长度和数量。

(2)焊接工艺

在结构设计合理的前提下,可采取如下工艺措施达到防止和减小变形的目的:

①反变形法

预测焊后可能出现的变形大小和方向,焊前将工件预先反方向变形,焊后可抵消发生的焊接变形,如图 13-8 所示。

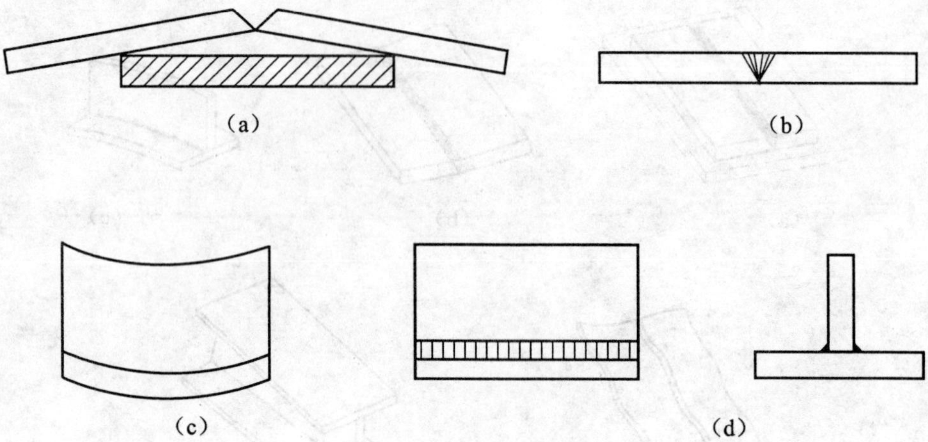

图 13-8 反变形法

(a)对接接头焊前;(b)对接接头焊后;(c)T 形接头焊前;(d)T 形接头焊后

②刚性固定法

利用焊前装配使工件的相对位置固定,用夹具强制性约束焊接变形。此方法对塑性好的小型工件适用。

③合理安排焊接次序

采用图 13-9 所示的对称焊法,按图中数字顺序焊接,则后焊焊道可抵消前焊焊道所产生的变形。图 13-10 所示结构为避免弯曲变形,采用合理安排焊接次序的工艺措施,把可能出现的变形控制到最低程度。

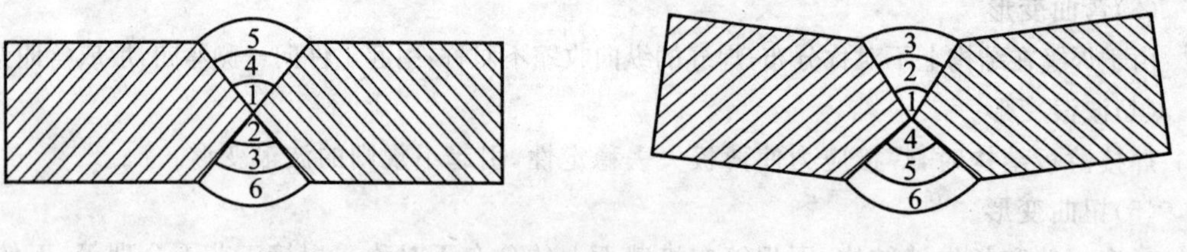

图 13-9 X 形坡口焊接次序

(a)合理;(b)不合理

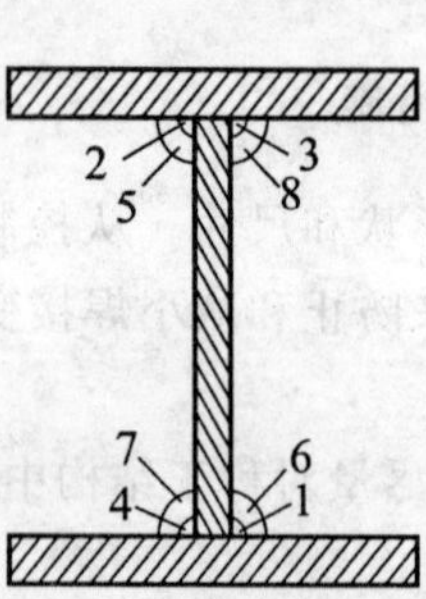

图 13-10 工字梁的合理焊接次序

④焊前预热和焊后缓冷

这是最常用、最有效的方法，其目的是减小焊缝区与其他部分的温差，使工件较均匀地冷却，减小焊接应力和变形。通常在焊前将工件预热到300℃以上再进行焊接，焊后要缓冷。

⑤焊后热处理

对重要结构件焊后应进行去应力退火，以降低应力，减小变形，提高承载能力。小型工件可整体退火，大型工件可进行局部退火。

(3)焊后矫形处理

当焊后的变形超出允许值时，必须进行焊后矫形。常用的矫形方法有机械矫形和火焰矫形。

①机械矫形

利用压力机、碾压机、矫直机或手工等方法，在机械外力的作用下，使变形工件恢复到原形状和尺寸。机械矫形可利用机械外力所产生的变形，抵消焊接变形并降低内应力。对塑性差的材料不宜采用机械矫形。

②火焰矫形

采用氧乙炔火焰在被焊工件的适当部位加热，利用冷却收缩产生的新应力造成新变形，来克服和抵消原变形。火焰矫形可使工件的形状恢复，但矫形后的工件应力并未消失。对易淬硬材料和脆性材料不宜采用火焰矫形。

复习思考题

13.1　焊接方法分哪几类？各具有什么特点？

13.2　什么是焊接电弧？其形成特点如何？

13.3　焊接电源与一般电力电源有何区别？

13.4　焊条的作用是什么？焊条药皮有何功用？

13.5　焊接接头分几个区？在焊接低碳钢时，其熔合区和热影响区的组织性能有何变化？

13.6　产生焊接应力与变形的原因是什么？

13.7　焊接变形的基本形式有哪些？如何防止和矫正焊接变形？

14 常用的焊接方法

【教学提示】

焊接的种类很多，通常按照焊接过程的特点分为熔化焊、压力焊和钎焊三大类。焊接方法可以化大为小、化复杂为简单、拼小成大，还可以与铸、锻、冲压结合成复合工艺生产大型复杂件。它主要用于制造金属构件，如锅炉、压力容器、管道、车辆、船舶、桥梁、飞机、火箭、起重机、海洋设备、冶金设备等。

【教学要求】

了解各种焊接工艺的特点及应用范围；掌握手工电弧焊和埋弧自动焊的焊接过程；为合理设计和选择焊接成形方法打下良好的基础。

14.1 手工电弧焊和埋弧焊

电弧焊利用焊条与焊件之间产生的电弧热熔化工件和焊条。常用的焊接方法有手工电弧焊、埋弧自动焊、气体保护焊等。

14.1.1 手工电弧焊

14.1.1.1 手工电弧焊的焊接过程

手工电弧焊又称焊条电弧焊，是熔化焊中最基本的焊接方法。由于设备简单、操作方便，这种方法特别适用于尺寸小、形状复杂、短缝或弯曲焊缝的焊件。因此，目前在国内外手工电弧焊仍为焊接生产中广泛使用的工艺方法。手工电弧焊的焊接过程如图 14-1 所示。

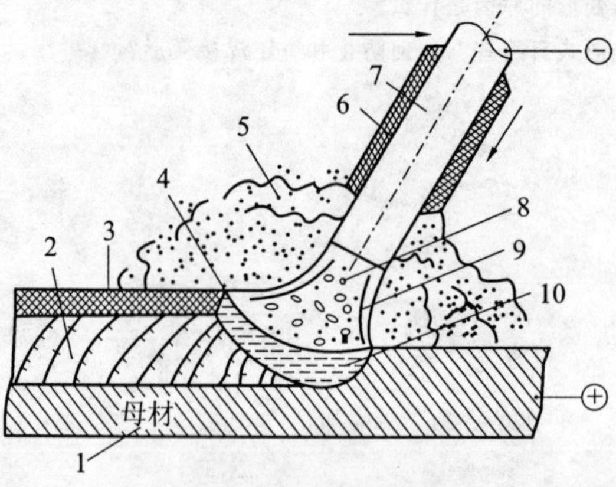

图 14-1 手工电弧焊的焊接过程

焊接前，先将焊件和焊钳通过导线分别接到弧焊机输出端的两极上，并用焊钳夹持焊条。焊接时，首先在焊件与焊条间引出电弧，电弧热将同时熔化焊件接头处和焊条，形成金属熔池。随着焊条沿焊接方向向前移动，新的熔池不断产生，原先的熔池则不断冷却、凝固，形成焊缝，使分离的两个焊件连接在一起。焊后用清渣锤把覆盖在焊缝上的熔渣清理干净,检查焊接质量。

14.1.1.2 手工电弧焊的特点及应用

在手工电弧焊焊接过程中,焊条与工件各为一个电极,电弧引燃于其间。焊芯与工件的熔化金属形成焊缝金属,焊条药皮产生的气体和熔渣起保护熔池、稳定电弧和渗入合金的作用。电弧长度不可避免地会发生变化,这种变化能够引起焊接电流的变化,从而影响焊缝质量的稳定性。

手工电弧焊具有设备简单、应用灵活方便、可焊各种金属等优点。虽然生产率不如机械化的电弧焊高,焊缝质量也不太稳定,但仍然是目前电弧焊中应用最普遍的方法,尤其适用于操作不便的场合和短小焊缝的焊接,在修理工作中使用更为方便。

14.1.2 埋弧焊

埋弧焊是一种电弧在焊剂层下燃烧并进行焊接的电弧焊方法。

14.1.2.1 焊接过程

图 14-2 为埋弧焊工作情况示意图。埋弧焊机行走部分前部装有焊剂漏头,细颗粒状的焊剂首先铺撒于焊缝位置,形成焊剂覆盖层。焊接开始时,焊丝经送丝机构送入焊剂层下,引燃电弧,并由设备自动控制电弧长度、焊接速度等参数。电弧热使工件金属与焊丝熔化并形成熔池,部分焊剂熔化,由金属和焊剂的高温蒸发气体形成气泡,包围电弧并对熔池起保护作用。随着电弧的移动,熔池后部顺序凝固,形成焊缝,熔渣浮于焊缝表面,凝固后形成机械保护层。

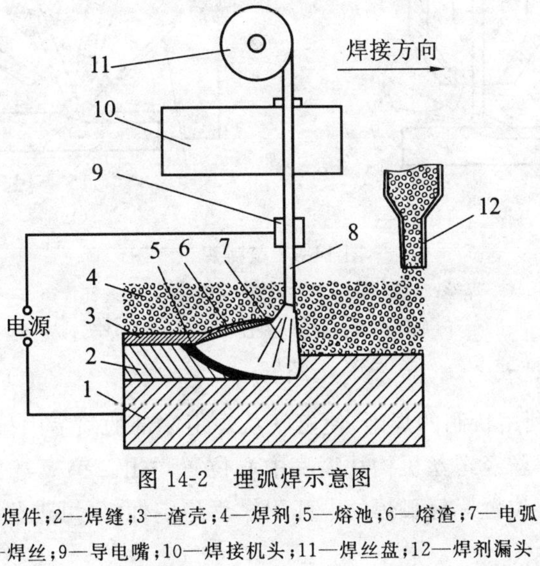

图 14-2 埋弧焊示意图

1—焊件;2—焊缝;3—渣壳;4—焊剂;5—熔池;6—熔渣;7—电弧
8—焊丝;9—导电嘴;10—焊接机头;11—焊丝盘;12—焊剂漏头

14.1.2.2 主要特点

(1)焊接生产效率高

埋弧焊采用较大的焊接电流(可达 1000A 以上),因此熔深大,焊接速度快,焊丝连续进给,节省了焊接辅助时间。

(2)节省焊接材料

对中厚板埋弧焊可不开坡口,一次焊透,这样既降低了焊接材料消耗,同时多余焊剂可回收使用。

(3)焊缝质量好

由于焊剂层保护效果好，焊接过程有调节作用，因此焊缝质量较高，外观成形均匀美观。

(4)劳动条件较好

埋弧焊的非明弧操作和机械控制方式减轻了体力劳动，避免了弧光伤害，减小了烟尘。

埋弧焊的不足之处是：只适合于平焊位置、长直焊缝和大直径环缝，不适于薄板和曲线焊缝的焊接，而且对被焊件预装配要求较高。

14.2 气体保护焊

14.2.1 氩弧焊

氩弧焊是采用惰性气体——氩气作为保护气体的气体保护焊方法。氩弧焊可分为熔化极氩弧焊[图 14-3(a)]和钨极氩弧焊[图 14-3(b)]两种。

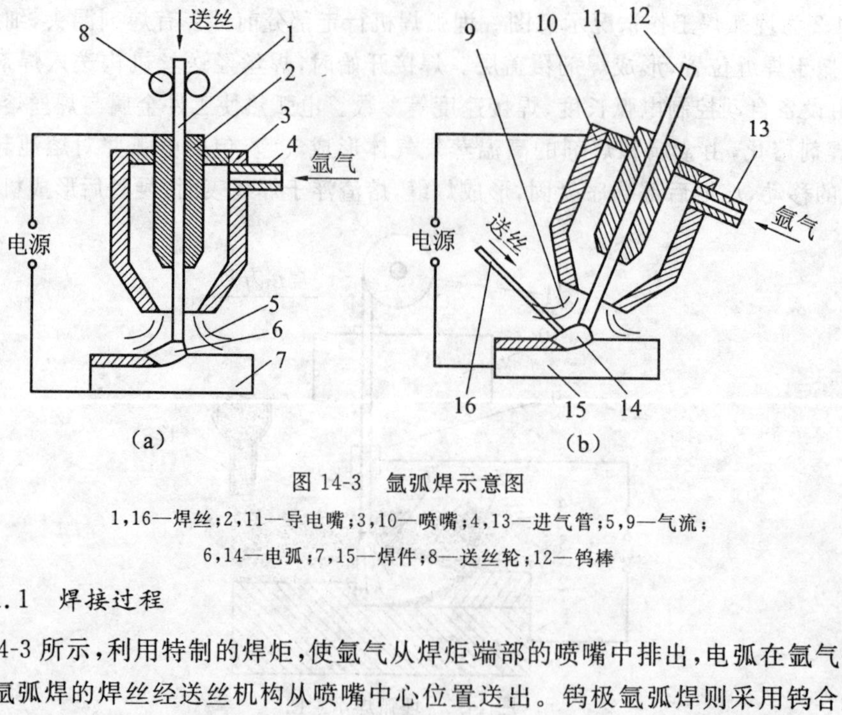

图 14-3 氩弧焊示意图

1,16—焊丝；2,11—导电嘴；3,10—喷嘴；4,13—进气管；5,9—气流；6,14—电弧；7,15—焊件；8—送丝轮；12—钨棒

14.2.1.1 焊接过程

如图 14-3 所示，利用特制的焊炬，使氩气从焊炬端部的喷嘴中排出，电弧在氩气保护下燃烧，熔化极氩弧焊的焊丝经送丝机构从喷嘴中心位置送出。钨极氩弧焊则采用钨合金棒作电极，并固定于喷嘴中心位置。氩弧焊的电弧引燃后稳定性好，可进行手工操作和机械操作。

14.2.1.2 主要特点

(1)氩弧焊的电弧直径小，能量集中，且电弧稳定，因此焊接过程易控制，焊接变形小。

(2)采用明弧操作，无熔渣，易观察焊缝成形，气体保护效果较好，可实现全位置焊接。

(3)惰性气体保护使氩弧焊适合于各类金属材料的焊接，尤其是易氧化的非铁合金以及锆、钼等稀有金属的焊接。

氩弧焊的不足之处是：氩气成本较高，保护气流易受环境因素干扰，只适宜在室内作业。此外氩气没有脱氧除氢作用，焊前清理要求严格。

14.2.2 CO_2 气体保护焊

CO_2 气体保护焊是以不活泼的 CO_2 作为保护气体的气体保护焊方法，简称 CO_2 焊。

14.2.2.1 焊接过程

图 14-4 为 CO_2 气体保护焊示意图。CO_2 气体保护焊的焊炬是特制的，焊丝由送丝机构驱动，经焊炬导电嘴送出。CO_2 气体以一定流量从焊炬端部排出，对电弧和焊接位置形成保护。在 CO_2 气氛中燃烧的电弧具有氧化性，焊接过程中会产生合金元素的烧损、飞溅和气孔等问题。

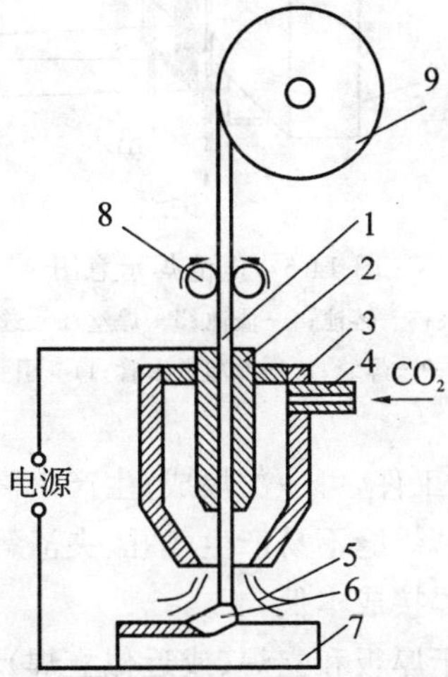

图 14-4 CO_2 气体保护焊

1—焊丝；2—导电嘴；3—喷嘴；4—进气管；5—气流；6—电弧；7—焊件；8—送丝轮；9—焊丝盘

14.2.2.2 主要特点

(1)由于 CO_2 气体廉价，CO_2 气体保护焊的焊接成本明显低于手工电弧焊和埋弧焊。

(2)CO_2 气体保护焊的电流密度大，熔深大，焊接速度快，而且工件变形小，生产效率高。

(3)采用明弧操作，无熔渣，适于全位置焊接。

CO_2 气体保护焊的不足之处是：CO_2 气体的氧化性强，焊缝金属的合金元素烧损严重，而且飞溅大。氧化性保护气体不能用于易氧化的有色金属的焊接，因此，CO_2 焊只适用于黑色金属（低碳钢和低合金结构钢）的焊接。

14.3 电 渣 焊

电渣焊是利用电流通过液体熔渣所产生的电阻热进行焊接的方法，根据使用的电极形状不同可分为丝极电渣焊、板极电渣焊、熔嘴电渣焊等。

(1)焊接过程

图 14-5 为电渣焊示意图。采用埋弧焊引弧方法，在引弧板处的焊剂层下引燃电弧，并熔化焊剂形成渣池。渣池达到一定深度时电弧熄灭，依靠渣池的电阻热熔化焊丝和工件。渣池随填充量的增大而逐渐上升，两侧水冷式滑块跟随提升，焊缝下部相继凝固成固态，形成焊缝。

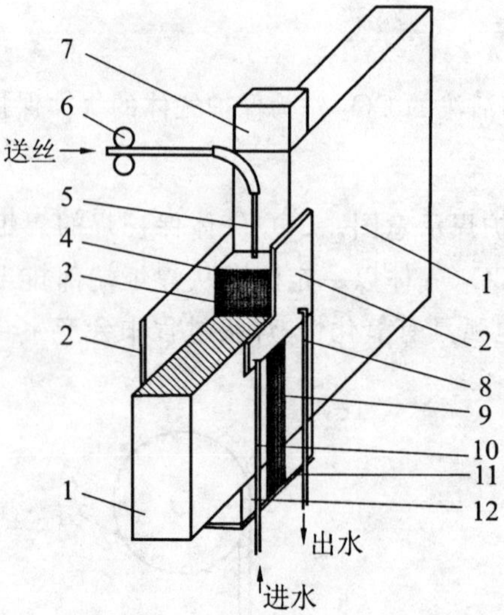

图 14-5 电渣焊示意图

1—焊件;2—滑块;3—熔池;4—渣池;5—焊丝;6—送丝轮;7—引出板;
8—冷却出水管;9—焊缝;10—冷却进水管;11—引弧板;12—引入板

(2)主要特点

①电渣焊最适合焊接大厚度工件,可一次焊成,生产率高。

②焊缝液态金属停留时间长,焊缝不易产生气孔、夹渣等缺陷,焊缝质量好。

③焊接材料和电能消耗少,焊接成本低。

电渣焊的不足之处是:只适于厚板和立焊(或近似立焊)位置,焊缝区和较宽的热影响区晶粒粗大,焊后必须进行热处理。

14.4 等离子弧焊与切割

充分电离了的气体称等离子体,它是物质的第四态。等离子体中正负电荷数量相等,因此就整体而言呈中性。普通焊接电弧的弧柱就是一种等离子体,但其径向不受外界约束,故称自由电弧。等离子弧是由普通电弧经压缩、集中而获得的温度更高(15000～30000K)、能量更集中的热源,因此又称压缩电弧。它可以将工件迅速加热到高温,其热能利用率高于普通电弧。等离子弧是通过三种压缩效应得到的,如图 14-6 所示。

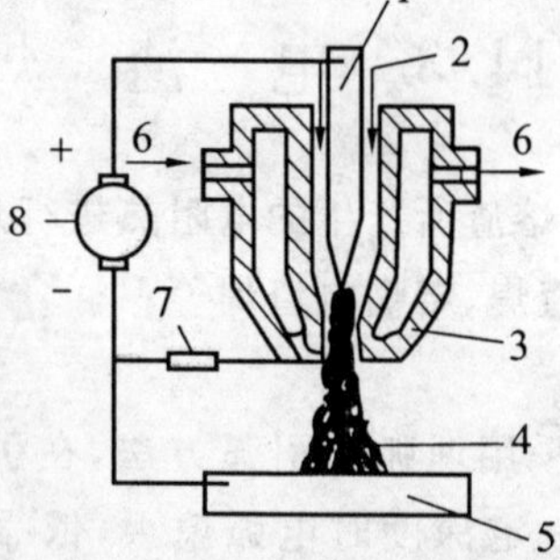

图 14-6 等离子弧发生装置示意图

1—钨极;2—等离子气;3—喷嘴;4—等离子弧;5—工件;6—冷却水;7—限流电阻;8—电源

(1)热收缩效应

当钨极和工件之间的电弧通过水冷喷嘴时,受到喷嘴孔壁及不断流过的等离子气(产生等离子弧的气体)流的冷却作用,弧柱外围温度降低,导电截面缩小,电流集中于弧柱中心通过,其密度大大增加,此即热收缩效应。

(2)电磁收缩效应

电弧可看成是一束平行的导线,其中通过同一方向的电流,这些电流所产生的磁场因互相吸引而力图使导体互相靠紧,迫使电弧收缩。

(3)机械压缩效应

电弧通过喷嘴的细孔时,受到压缩作用。

14.4.1 等离子弧焊接

利用等离子弧作热源进行焊接的方法称等离子弧焊接。等离子气一般用氩气,但在焊接不锈钢时常在氩气中加入少量氢。对于铜则采用纯氮。除等离子气外,还另通保护气体,通常与等离子气相同。

按电流大小,等离子弧焊又可分为两类:

(1)大电流等离子弧焊,即通常所称的等离子弧焊,用于焊接厚度在2.5mm以上的焊件。

(2)微束等离子弧焊,用小电流(通常小于30A)焊接厚度小于2.5mm的薄板。

等离子弧焊接的主要优点是:

(1)2.5～8mm的板料的焊接可不开坡口,不留间隙,不加填充焊丝,单面焊双面成形。

(2)稳定性好,既可用大电流焊厚板,也可用小电流焊薄板。

(3)焊接速度快,热量集中,变形小。

14.4.2 等离子弧切割

等离子弧切割是以高温高速的等离子弧为热源,将金属局部熔化并吹走,使金属达到分离目的的过程。等离子气一般用氮气,也可用氮氢混合气(含氢10%～25%),不用保护气体。

与氧气切割比较,等离子弧切割速度高,热影响区及变形小,切口窄且光洁,可切割任何金属和非金属(包括氧气切割所不能切割的金属),如不锈钢、耐热钢、钛、钼、铸铁、铜、铝及其合金等。其主要缺点是设备成本高,在切割厚件时切口较宽。

14.5 压力焊

压力焊是通过对焊接区域施加一定的压力来实现焊接的方法。

在施焊时,焊接区金属一般处于固相状态,依靠压力的作用(或伴随加热)产生塑性变形、再结晶和原子扩散而结合,压焊中压力对形成焊接接头起主要作用。加热可以提高金属的塑性,显著降低焊接所需压力,同时增加原子的活动能力和扩散速度,促进焊接过程的进行。只有少数的压焊方法在焊接过程可出现局部熔化现象。

14.5.1 电阻焊

电阻焊是将焊件组装后通过电极施加压力,利用电流通过接头的接触面及邻近区域所产生的电阻热进行焊接的方法。

根据焦耳定律，电阻放出的热量为：

$$Q=I^2Rt$$

式中：Q——热量；

I——电流；

R——产热电阻(包括工件电阻和接触电阻)；

t——加热时间。

由于工件之间的接触电阻很小，要在很短的通电时间内产生高热量只有采用大电流。从上式可见，电阻产生的总热量与电流的平方成正比，因此提高电流值则加热效果明显增强。电阻焊设备具有大电流(几千安到几十万安)、低电压(几伏到十几伏)、通电时间短而且控制精确的特征。

电阻焊方法的主要特点是焊接速度快、变形小、焊接生产率高、劳动条件好、操作易于实现机械化和自动化、不需要填充金属等；但电阻焊设备较复杂、耗电量大，对接头形式和可焊厚度有一定限制。

14.5.1.1　点焊

点焊的形式如图14-7(a)所示。点焊是将焊件装配成搭接接头，并压紧在两电极之间，利用电阻热熔化母材金属以形成焊点的电阻焊方法。由于工件间接触面处电阻较大，因此产生的热量最多，会出现局部熔化现象，熔化区周围金属达到塑性状态，封闭熔化区，并在冷却时在电极压力作用下结晶，获得组织致密的焊点。

点焊主要适用于薄板搭接接头。可焊材料多为低碳钢、不锈钢、铜合金和铝合金等。点焊方法广泛应用于飞行器、车辆、各种罩壳、电子仪表和日常生活用品的制造中。

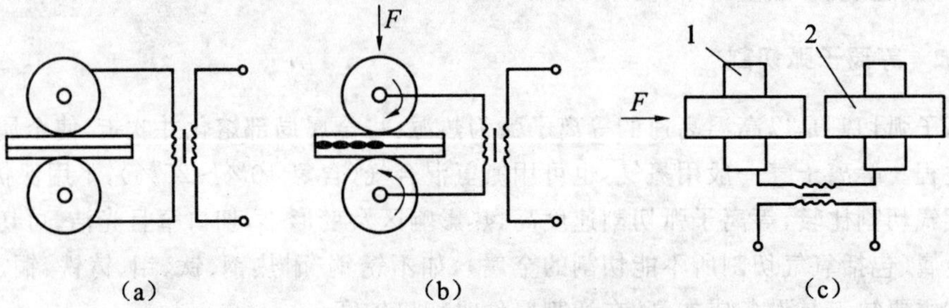

图14-7　电阻焊类型

(a)点焊；(b)缝焊；(c)对焊

14.5.1.2　缝焊

缝焊的形式如图14-7(b)所示。缝焊是将焊件装配成搭接接头，并置于两滚轮电极之间，滚轮加压焊件并转动，连续或断续送电，形成一条连续焊缝的电阻焊方法。由此可见，缝焊的原理和焊接过程与点焊极为相似，两者的不同仅在于缝焊用滚盘及连续滚动代替了点焊电极。缝焊的焊缝可视为点焊焊点的连续叠加。

缝焊主要用于薄板、密封性容器的焊接。该方法广泛应用于汽车油箱、化工器皿及某些密封性中空结构的制造中。其可焊材料范围与点焊相同。

14.5.1.3　对焊

对焊的形式如图14-7(c)所示。工件以对接形式设置，利用电阻热在工件的整个接触面上加热。温度达到一定值后，加大压力，使结合面紧密接触并造成塑性变形，依靠再结晶过程和原子的扩散实现连接。

根据工艺过程的不同，对焊分为电阻对焊和闪光对焊两种。

(1)电阻对焊

将焊件装配成对接接头，使其端面紧密接触，利用电阻热加热至塑性状态，然后迅速施加顶锻力完成焊接的方法叫电阻对焊。

(2)闪光对焊

将焊件装配成对接接头，接通电源，并使其端面逐渐移近达到局部接触，利用电阻热加热这些接触点(产生闪光)，使端面金属熔化，直至端部在一定深度范围内达到预定温度时，迅速施加顶锻力完成焊接的方法叫闪光对焊。闪光对焊又可分为连续闪光焊和预热闪光焊两种。

与电阻对焊相比，闪光对焊不仅热量集中、热影响区小，而且接头焊接质量高，在许多情况下替代了电阻对焊。

对焊方法适用于焊接各种轴类零件、圆形或矩形截面零件、中空零件以及异种金属材料零件。

14.5.2 摩擦焊

摩擦焊是利用焊件表面相互摩擦所产生的热，使端面达到热塑性状态，然后迅速顶压，完成焊接的一种压焊方法。

14.5.2.1 焊接过程

图 14-8 为摩擦焊原理图。工件 1 夹持在可旋转的夹头上，工件 2 夹持在可沿轴向往复移动并能加压的夹头上。焊接开始时，工件 1 高速旋转，工件 2 向工件 1 移动并开始接触，摩擦表面消耗的机械能转换为热能，接头温度升高，并达到一定的温度(热塑性状态)。此时工件 1 停止转动，同时在工件 2 的一端施加压紧力，则接头部位出现塑性变形。在压力下冷却后，获得致密的接头组织。

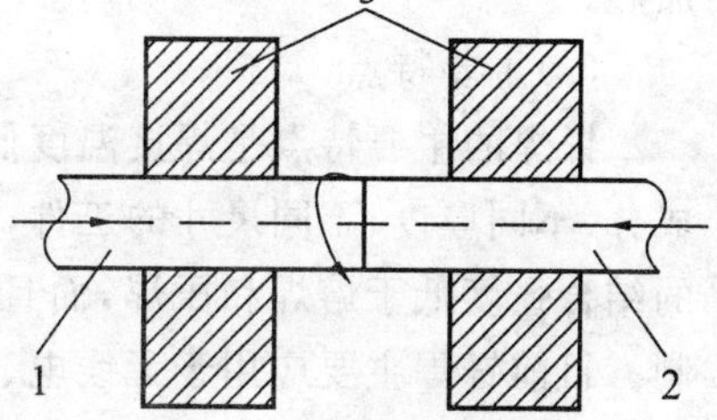

图 14-8 摩擦焊原理图

1、2—工件；3—夹具

14.5.2.2 主要特点

摩擦焊的接头质量好且稳定，尺寸精确，焊接生产率高；接头的焊前准备要求不高，易于实现机械化操作，劳动条件好，而且可焊材料广泛，尤其适合异种材料焊接。但是受旋转加热方式的限制，对不规则断面的大型管状零件焊接较困难。

摩擦焊作为一种快速有效的压焊方法，已经广泛地应用于刀具生产以及汽车、拖拉机、石油钻杆、电站和纺织机械制造等部门。

14.6 钎　　焊

钎焊与其他焊接方法的根本区别是焊接过程中工件不发生熔化，而依靠熔点低于工件的钎料熔化、填充来完成连接。

(1)焊接过程

图 14-9 所示为钎料的填充过程。钎焊时接头部位的钎料熔化，通过毛细作用被吸入搭接间隙中，液态钎料与工件金属发生相互扩散，一方面钎料组分向工件材料内扩散，同时工件材

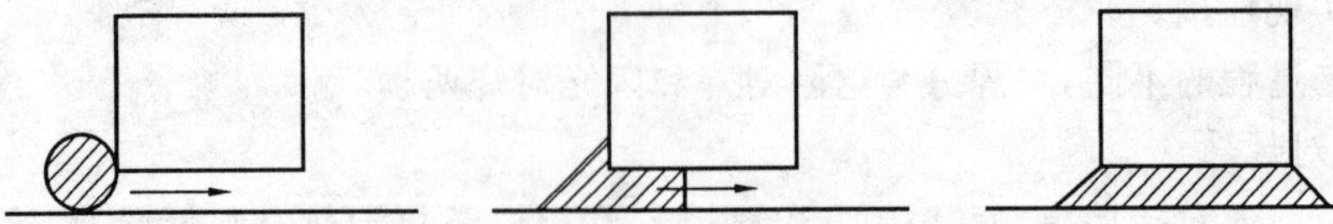

图 14-9 钎料填充过程
(a)放置钎料;(b)钎料扩散;(c)填满间隙

料的原子也向钎料中扩散,两者之间形成过渡层。冷却后钎料将分离的工件连接起来,构成焊缝。

通常按照钎料的熔点不同,将钎焊分为软钎焊和硬钎焊两种。

①软钎焊

钎料的熔点低于450℃的钎焊为软钎焊。软钎焊的接头强度低,只适用于受力很小且工作温度低的工件,如电器产品、电子导线、导电接头、低温热交换器等。软钎焊常用钎料为锡铅钎料,最常用的加热方法为烙铁加热。

②硬钎焊

钎料熔点在450℃以上的钎焊为硬钎焊。硬钎焊的接头强度较高,工作温度也较高,可用于受力部件的连接,如天线、雷达、自行车架等的连接。硬钎焊常用钎料为银基钎料、铜基钎料、铝基钎料和镍基钎料,常用的加热方法为火焰加热、炉内加热、盐浴加热、高频加热和电阻加热。

(2)主要特点

钎焊的主要特点是焊接温度低,工件的组织性能变化小,焊接变形小。钎焊可以焊接不同成分、不同厚度、不同尺寸的工件,而且焊缝尺寸精确,一般无需焊后加工。但是由于钎焊接头的结合强度低于熔焊和压焊,而且焊前的清理和焊缝装配要求高,因此使其应用受到一定限制。目前钎焊主要应用于无线电、仪表、机电、原子能和航空航天技术等领域。

复习思考题

14.1 和手工电弧焊相比,埋弧自动焊有何特点?应用范围如何?

14.2 气体保护焊与埋弧自动焊相比,有什么特点?

14.3 氩弧焊和 CO_2 焊相比,有何异同?各自的应用范围如何?

14.4 电渣焊和埋弧自动焊的焊接过程有何区别?它们各自有何特点?应用范围如何?

14.5 电阻焊与电渣焊相比,有何不同?

14.6 钎焊和熔焊相比,有何不同?钎料的作用是什么?

14.7 摩擦焊的应用范围如何?

14.8 等离子弧如何获得?等离子弧焊有何特点?

14.9 等离子弧切割与一般氧割有何区别?

15 常用金属材料的焊接

【教学提示】

金属材料很多，但每种材料因自身的特点，在焊接过程中会表现出不同的特性，通常用金属的焊接性来评价金属材料焊接加工的难易程度。金属的焊接性是金属的工艺性能在焊接过程中的反映。它既是设计焊接结构时选用材料、预防应力变形诸因素时必须考虑的问题，又是工艺人员确定焊接方法、制定焊接工艺时的重要依据。影响焊接性的因素很多，如母材的化学成分、板厚、焊件形式、焊接方法及其工艺条件等。其中最基本的因素是母材的化学成分。金属的焊接性并不是固定不变的，由于新的焊接方法和工艺的出现，原来不能或不易焊的金属也可成为能焊或易焊的了。

【教学要求】

了解常用金属材料的焊接性能及焊接特点；能够根据材料的特性正确选择焊接方法；掌握对可焊性差的材料在焊接时可采取的措施。

15.1 金属材料的焊接性

原则上讲，各种金属都能进行焊接。但金属本身固有的基本性能还不能直接表明它在焊接时会出现什么问题，以及焊接接头性能是否能够满足使用要求。所以，金属材料需用焊接性来衡量其对焊接的适应性。

15.1.1 金属焊接性的概念

金属的焊接性是指在一定焊接工艺条件下金属能获得优质焊接接头的能力。它用来评价金属材料的焊接加工的难易程度。其内容包括两个方面：一是金属在经受焊接时对缺陷的敏感性；二是焊成的接头在使用条件下的可靠性，即焊接性。

15.1.2 金属焊接性的评定

各种钢是焊接加工的重要材料。钢的焊接性可通过焊接性试验来评定，也可以通过钢的化学成分来间接评定。

15.1.2.1 试验法

试验法是将被焊金属材料做成一定形状和尺寸的试样，在规定工艺条件下施焊，然后鉴定产生缺陷(如裂纹)倾向的程度，或者鉴定接头是否满足使用性能(如力学性能)的要求。常用的试验方法有刚性固定焊接试验法、斜 U 形坡口试验法(小铁研法)、十字接头试验法等。

15.1.2.2 碳当量法

碳当量法是依据钢材中化学成分对焊接热影响区淬硬性的影响程度，来评估钢材焊接时可能产生裂纹和硬化倾向的计算方法。在钢材的化学成分中，影响最大的是碳，其次是锰、铬、钼、钒等。把钢中合金元素(包括碳)的含量按其对焊接性的影响程度换算成碳的相对含量，其总和称为碳当量,用 W_{CE} 来表示,可作为评定钢材焊接性的一种参考指标。

国际焊接学会推荐的碳钢和低合金结构钢适用的计算碳当量的经验公式为:

$$W_{CE}=\left(W_C+\frac{W_{Mn}}{6}+\frac{W_{Cr}+W_{Mo}+W_V}{5}+\frac{W_{Ni}+W_{Cu}}{15}\right)\times 100\%$$

式中,各元素的含量都取其成分范围的上限。经验证明,碳当量越高,钢材焊接性就越差。

(1)当 $W_{CE}<0.4\%$ 时,钢材热影响区淬硬和冷裂的倾向不明显,焊接性优良,焊接时一般不需预热(但对于厚大件或在低温下焊接,应考虑预热)。

(2)当 $W_{CE}=0.4\%\sim0.6\%$ 时,钢材的淬硬和冷裂倾向逐渐增大,焊接性较差,焊接时需要采取适当的预热、缓冷等工艺措施,焊后需要进行热处理。

(3)当 $W_{CE}>0.6\%$ 时,钢材淬硬和冷裂的倾向很大,焊接性很差,需采用较高的预热温度和严格的工艺措施才能保证焊接质量。

15.1.2.3 *冷裂纹敏感系数法*

碳当量只考虑了钢材化学成分对焊接性的影响,而没有考虑板厚、焊缝含氢量等重要因素的影响。通过对数百种钢的大量试验,得出钢材焊接时冷裂纹敏感系数 P_C 的计算公式为:

$$P_C=\left(W_C+\frac{W_{Si}}{30}+\frac{W_{Mn}}{20}+\frac{W_{Cu}}{20}+\frac{W_{Ni}}{60}+\frac{W_{Cr}}{20}+\frac{W_{Mo}}{15}+\frac{W_V}{10}+5W_B+\frac{h}{600}+\frac{H}{60}\right)\times 100\%$$

式中:h——板厚(mm);

H——焊缝金属中扩散氢含量($cm^3/100g$)。

当冷裂纹敏感系数较高时,可以用提高预热温度的方法降低冷裂纹敏感性。通过 Y 形坡口对接裂纹试验得出防止裂纹的最低预热温度 t_p 的计算公式为:

$$t_p=1440P_C-392\quad(℃)$$

所求出的防止裂纹的预热温度,在多数情况下是比较安全的。

各种金属材料的焊接性如表 15-1 所示。

表 15-1 各种金属材料的焊接性

金属材料	焊接方法												
	熔焊							压焊					钎焊
	焊条电弧焊	埋弧焊	二氧化碳焊	氩弧焊	电渣焊	气焊	电子束焊	点焊、缝焊	对焊	摩擦焊	超声波焊	爆炸焊	
铸铁	A	C	C	B	B	A	B	D	D	D	D	D	C
铸钢	A	A	A	A	A	A	A	D	B	B	C	D	B
低碳钢	A	A	A	A	A	A	A	A	A	A	B	A	A
低合金钢	A	A	A	A	A	B	A	A	A	A	B	A	A
高碳钢	A	B	B	B	B	A	A	B	A	A	C	B	C
不锈钢	A	B	B	A	B	A	A	A	A	A	B	A	A
耐热合金	A	B	C	A	D	B	A	B	C	D	C	D	A
高镍合金	A	B	C	A	D	A	A	A	C	C	C	A	A
铜合金	A	C	C	A	D	B	B	C	A	A	A	A	A
铝	C	C	D	A	D	B	A	A	A	B	A	A	B

续表 15-1

金属材料	焊接方法												
	熔焊							压焊					钎焊
	焊条电弧焊	埋弧焊	二氧化碳焊	氩弧焊	电渣焊	气焊	电子束焊	点焊、缝焊	对焊	摩擦焊	超声波焊	爆炸焊	
硬铝	D	D	D	B	D	C	A	A	A	B	A	A	C
镁及镁合金	D	D	D	A	D	D	B	A	B	D	A	A	C
钛及钛合金	D	D	D	A	D	D	A	B	C	D	A	A	B
锆	D	D	D	A	D	D	A	C	C	D	A	A	C
钼	D	D	D	B	D	D	A	D	C	D	A	A	D

注：A—焊接性良好；B—焊接性较好；C—焊接性较差；D—焊接性不好。

15.2　碳钢的焊接

碳钢焊接性的好坏，主要表现在产生裂纹和气孔的难易程度上。钢的化学成分，特别是碳的含量，决定钢材的焊接性。碳钢的焊接性随着钢中含碳量的增大，焊接性逐渐变差。

15.2.1　低碳钢的焊接

低碳钢的焊接性是最好的，用任何一种焊法，即使用最普通的焊接工艺都能获得优质焊接接头。焊接时的填充金属可根据等强度原则选用，即应使焊缝强度等于或接近母材强度。只在下列情况下需采取相应措施：

(1)在 0℃以下的低温环境中焊接厚件时，应预热焊件。

(2)厚度超过 50mm 时，应进行焊后热处理。

(3)电渣焊件焊后应正火以细化热影响区晶粒。

低碳钢最常用的焊接方法是焊条电弧焊、埋弧焊、电渣焊、气体保护焊和电阻焊。

低碳钢工件用焊条电弧焊时，一般采用 J422 焊条或 J427 焊条。埋弧焊时，一般采用 H08A 或 H08MnA 焊丝配合 HJ431 焊剂。

低碳钢钎焊可用锡铅、黄铜、银基钎料等，可适用于所有钎焊方法。

15.2.2　中碳钢的焊接

中碳钢焊接主要是在铸、锻毛坯的组合件以及补焊中应用。随着含碳量的增加，钢的焊接性由良好降至中等，焊缝中易产生热裂，热影响区则易产生淬硬组织(马氏体)甚至导致冷裂。中碳钢主要采用手工电弧焊和气焊，焊接时应设法减小焊件各部分之间的温差以降低焊后冷却速度，还应尽量减小母材在焊缝中的比例以降低焊缝中的含碳量。为此，应采取以下措施：

(1)焊接预热

平均含碳量低于 0.45％的钢预热至 150～250℃；含碳量高于 0.45％的钢或者厚度较大时，可预热到 250～400℃。

(2)开坡口进行多层焊

采取细焊条小电流焊接，可减小母材的熔化深度。在操作上还应力求减慢热影响区冷速。

(3)手工电弧焊时最好采用低氢型焊条

如允许焊缝不与母材等强度,可采用强度等级低的焊条。当焊件不允许预热的,可采用奥氏体不锈钢焊条,因其塑性好可避免裂纹。

15.2.3　高碳钢的焊接

高碳钢的含碳量 $W_C>0.60\%$,含碳量高,导热性差,塑性差,热影响区淬硬倾向以及焊缝产生裂纹、气孔的倾向严重,焊接性很差。高碳钢一般不用于焊接结构,只用于修补。焊接措施大致与中碳钢相似,但预热温度更高,选用 J857 和 J857Cr 焊条,焊后要立即进行去应力退火,常采用焊条电弧焊或气焊进行修补工作。其焊接特点与中碳钢的焊接基本相同,但焊接性差。可采用手工电弧焊或气焊,焊前应进行 250～350℃以上的预热(如用奥氏体不锈钢焊条可不预热)。刚度大的焊件在焊接过程中还应保持这个预热温度,并在焊后缓冷。

15.3　合金结构钢的焊接

15.3.1　合金结构钢的焊接

合金结构钢分为机械制造用合金结构钢和低合金结构钢两大类。用于机械制造的合金结构钢零件(包括调质钢、渗碳钢)一般都采用轧制或锻制的毛坯,用于焊接结构较少。如需焊接,因其焊接性与中碳钢相似,所以用于保证焊接质量的工艺措施与焊接中碳钢基本相同。

焊接结构中,用得最多的是低合金结构钢,主要用于制造压力容器、锅炉、桥梁、船舶、车辆、起重机等。

低合金结构钢一般采用焊条电弧焊和埋弧焊,厚板可用电渣焊,也可采用气体保护焊,屈服强度较低的钢材可以用 CO_2 气体保护焊,而 $\sigma_s>500$MPa 的高强钢,宜用高氩混合气体保护焊(如 $\psi(Ar):\psi(CO_2)=80:20$)。

对于 $\sigma_s=300\sim350$MPa 的低合金结构钢,如 16Mn 等,由于它们的 $W_{CE}<0.4\%$,塑性和韧性良好,所以焊接性良好,一般不需预热。原则上可以采用与低碳钢类似的焊接工艺。当板厚大于 32mm,或环境温度较低时,应该预热。板厚大于 30mm 的锅炉、压力容器等重要结构,焊后应进行消除应力热处理。

对于 $\sigma_s>392$MPa 的低合金结构钢,由于这类钢淬硬、冷裂倾向增加,使焊接性变差。因此,焊前一般都要预热。如 15MnVN,焊前要进行高于 150℃的预热,选用抗裂性好的焊条或焊丝焊接,焊后要进行 600～650℃的退火处理。

钎焊低合金结构钢时,为不使焊件因退火而软化,钎焊温度不应高于 700℃。钎焊后要进行热处理。对于不能热处理的焊件最好用含有银、铜、镉、镍的钎料,钎焊温度控制在 600℃左右。

15.3.2　珠光体耐热钢的焊接

珠光体耐热钢的碳当量较高,主要合金元素是铬和钼,淬硬、冷裂倾向大,焊接性差。如 15CrMo 钢等焊前要进行 150～300℃的预热,选用相同化学成分类型的铬钼珠光体耐热钢焊条,焊接后一般要进行消除应力热处理。

这类钢一般采用焊条电弧焊,耐热钢管常用钨极氩弧焊打底或用氩弧焊焊接,还可用等离子弧焊。若焊前不能进行预热,可以采用奥氏体不锈钢焊条来焊接,但要保证焊缝有足够的铬和镍使焊缝组织为奥氏体，避免马氏体组织，要选用铬镍较高类型的不锈钢焊条。

15.3.3 不锈钢的焊接

不锈钢按其组织可分为奥氏体、马氏体和铁素体不锈钢。应用最广的是铬镍奥氏体不锈钢，如 1Cr18Ni9Ti 等，这类钢的焊接性良好。不过，如果焊条选用不当(例如焊条含碳量偏高等)，或焊接时在 500～800℃长时间停留，晶界处会析出碳化铬，引起晶界附近铬的含量降低，形成贫铬区而引起晶间腐蚀，使焊接接头失去耐蚀能力。如果焊接电流太大，焊速太慢，会使焊接接头因过热而脆化或热裂。热裂纹的产生是由于在晶界处易形成低熔点共晶(含磷、硫、硅等)而造成的。

当焊接材料选择不合适或焊接工艺不合理时，会产生晶间腐蚀和热裂纹，这是奥氏体不锈钢焊接的两个主要问题。

目前，氩弧焊是焊接不锈钢较为满意的方法。如果用焊条电弧焊，焊条的抗裂性要好，焊条成分应确保焊接接头的耐蚀性。

奥氏体不锈钢焊接不需要预热，要采用小电流及快速施焊。

马氏体不锈钢(如 Cr13 型)焊接性较差，其主要问题是焊接接头易出现冷裂纹和淬硬脆化。焊接时要采取防止冷裂纹的一系列措施。

铁素体不锈钢(如 Cr17 型)焊接的主要问题是过热区晶粒长大导致易脆化和裂纹产生。因此，要采取较低的温度预热，一般不超过 150℃。这主要是为了防止过热脆化，减少高温停留时间。此外，采用小能量焊接工艺可以减小晶粒长大倾向。

马氏体不锈钢和铁素体不锈钢的焊接方法也是焊条电弧焊(采用铬不锈钢焊条)和氩弧焊。

15.4 铸铁的补焊

铸铁是机械制造业中应用最广泛的一种材料。在生产中常会碰到由于铸造缺陷或在使用时损坏而不能使用的铸铁件，如能将它们进行补焊后再使用，在经济上有很重要的意义。

铸铁的焊接性差，由于焊接时 C、Si 等元素易烧损，加之焊接时冷速较大，因而常使焊缝中的 C 全部形成 Fe_3C 而成为白口组织。尤其是半熔化区最易形成白口，使得切削加工困难。因此，对焊后需进行机械加工的工件是不允许产生白口组织的。又由于铸铁的塑性极差，抗拉强度较低，当焊接时因局部快速加热和冷却，造成较大内应力，就易造成裂缝。而且当接头处产生白口组织时，因其硬而脆，冷却时收缩率又比基本金属大得多，更促使焊缝金属在冷却时产生裂缝。

15.4.1 铸铁的补焊方法

铸铁含碳量高，组织不均匀，塑性很低，属于焊接性很差的材料，因此不应用铸铁设计和制造焊接构件。但铸铁件常出现铸造缺陷，铸铁零件在使用过程中有时会发生局部损坏或断裂，用焊接手段将其修复，经济效益是很大的。所以，铸铁的焊接主要是补焊工作。

15.4.1.1 铸铁的焊接特点

(1)熔合区易产生白口组织

由于焊接时为局部加热，焊后铸铁件上的焊补区冷却速度远比铸造成形时快得多，因此很容易形成白口组织,其硬度很高,焊后很难进行机械加工。

(2)易产生裂纹

铸铁强度低,塑性差。当焊接应力较大时,就会在焊缝及热影响区内产生裂纹,甚至使焊缝整体断裂。此外,当采用非铸铁组织的焊条或焊丝冷焊铸铁件时,铸铁因 C 及 S、P 杂质含量高,基体材料过多熔入焊缝中,易产生裂纹。

(3)易产生气孔

铸铁含碳量高,焊接时易生成 CO 和 CO_2 气体。铸铁凝固中由液态转变为固态所经历的时间很短,熔池中的气体会因来不及逸出而形成气孔。

此外,铸铁的流动性好,立焊时熔池金属容易流失,所以一般只应进行平焊。

15.4.1.2　铸铁的焊接方法

根据铸铁的焊接特点,采用气焊、焊条电弧焊(个别大件可采用电渣焊)进行补焊较为适宜。按焊前是否预热,铸铁的补焊可分为热焊法和冷焊法两大类。

(1)热焊法

热焊法是将铸件整体或局部缓慢预热到 600～700℃,焊接中保持 400℃以上,焊后缓慢冷却的方法。这种方法应力小,不易产生裂纹,可防止出现白口组织和产生气孔,但成本较高,生产率低,劳动条件差。常用的方法是气焊和焊条电弧焊。气焊时,采用含硅高的铸铁焊条做填充金属,并要用气焊熔剂去除氧化物,通常用的气焊熔剂是 CJ201 或硼砂。气焊适用于焊补中小型薄壁件。焊条电弧焊时,采用铸铁做焊芯的铸铁焊条 Z248 或钢芯石墨化铸铁焊条 Z208。焊条电弧焊主要用于补焊厚度较大(>10mm)的铸铁件。

热焊法一般仅用于焊后要求机械加工或形状复杂的重要铸铁件,如机床导轨、主轴箱、汽车的汽缸体等。

热焊法成本高,工艺复杂,生产周期长,因此应尽量少用。

(2)冷焊法

冷焊法是补焊前不对铸件预热或在低于 400℃的温度下预热的补焊方法。常用焊条电弧焊进行铸铁冷焊,依靠焊条来调整焊缝的化学成分,防止产生白口组织和裂纹。焊接时应尽量用小电流、短电弧、窄焊缝、分段焊等工艺,焊后立即用锤轻击焊缝,以松弛焊接应力,待冷却后再继续焊接。

铸铁冷焊用焊条有钢芯铸铁焊条、镍基铸铁焊条、铜基铸铁焊条和铸铁芯铸铁焊条。它们都具有良好的抗裂性,焊后也能进行加工,且价格也较便宜,故多用于一般灰口铸铁件的补焊。

冷焊法生产率高,成本低,劳动条件好,尤其是不受焊缝位置的限制,故应用广泛。

综上所述,铸铁的焊剂应根据铸铁件结构和缺陷情况以及使用与加工的要求,选择较为合适的工艺与焊接材料。对于薄壁小件的缺陷,一般采用气焊,用气焊火焰局部预热,减少应力,可取得较好效果。对加工后出现的小气孔、浇不足或小裂纹件,如受力不大,也可采用黄铜钎焊修复。

15.4.2　铸铁补焊时产生白口的原因及预防措施

铸铁补焊时,往往会在焊缝和母材交界的熔合线处生成一层白口铸铁,严重时会使整个焊缝断面白口化,其硬度可高达 HBW600,极难进行机械加工。

产生白口的原因:一方面是焊缝的冷却速度快,特别是在熔合线附近处的焊缝金属是冷却最快的地方;另一方面是焊条选择不当,使焊缝中的石墨化元素含量不足。

防止白口的措施有以下几种：

(1)减缓冷却速度

延长熔合区处于红热状态的时间，使石墨化充分进行。具体措施是焊前对焊件进行预热和焊后保温缓冷。

(2)增加有利于石墨化元素的含量

铸铁中常存的C、Si、Mn、S、P元素中，C和Si是强烈的石墨化元素，只有当C和Si含量达到一定值时，在适当的冷却速度配合下，才能使焊缝获得灰口铸铁组织。因此，选择含Si、C较高的材料是防止产生白口组织的常用方法之一。

(3)采用异质材料焊接

采用镍基、铜基、钢基焊缝的焊接材料，使焊缝不是铸铁组织，因而从根本上避免了白口组织的产生。

15.5 有色金属的焊接

有色金属在机械、化工、原子能、航空、航天、发电等工业部门的应用越来越广。有色金属的焊接技术也随之获得迅速发展。

有色金属及其合金的焊接要比钢的焊接困难得多。本节仅以铝、铜及其合金为例加以说明。

15.5.1 铝及铝合金的焊接

15.5.1.1 铝及铝合金的焊接性

要进行焊接的铝和铝合金主要有工业纯铝、不能热处理强化的铝合金(铝锰合金、铝镁合金)和能热处理强化的铝合金(铝铜镁合金、铝锌镁合金)等。铝及其合金的焊接性总的来说比较差，其原因有：

(1)氧化和夹渣

因为铝和氧的亲和力很大，极易氧化生成 Al_2O_3 膜(厚度为0.1～0.2mm)，其熔点为2050℃，组织致密，在700℃左右仍覆盖于金属表面，严重阻碍母材的熔化与熔合，而且 Al_2O_3 密度大，不易浮出熔池，从而形成焊缝夹渣。

(2)变形和裂纹

因为铝的线膨胀系数和热导率大，焊接时产生的应力也较大，易产生变形，若有低熔点共晶物存在，则会产生裂纹。

(3)气孔

铝在液态时极易吸收大量的氢气，而固态时几乎不溶解氢。因此，绝大多数溶于液态铝中的氢在熔池结晶时要逸出，如来不及排出则形成气孔。

(4)塌陷和烧穿

铝在高温时的强度和塑性都很低，焊接时会引起焊缝塌陷，如措施不当，甚至会造成烧穿。另外，铝及铝合金由固态变为液态时无颜色变化，故很难掌握加热温度。

15.5.1.2 铝及铝合金的焊接方法和工艺

铝及其合金的焊接方法与其焊接性有很大的关系。工业纯铝及大部分防锈铝的焊接性较好,能热处理强化的铝合金的焊接性较差。其焊接方法目前以氩弧焊应用最广,电阻焊(点焊、缝焊)应用也较多,有时也用钎焊。气焊在薄件及要求不高的焊件中仍在采用,而焊条电弧焊则较难控制质量。

(1)氩弧焊

氩弧焊是焊接铝及其合金较为理想的焊接方法。由于氩气保护效果良好,能去除氧化膜,因此,焊接质量优良,焊接变形小,成形美观,耐腐蚀性能好,可用于焊接质量要求高的焊件。厚度小于8mm的铝及其合金的焊件采用钨极氩弧焊;厚度在8mm以上的采用熔化极氩弧焊。所用的焊丝成分应与焊件成分相同或相近。焊前工件和焊丝必须严格清洗和干燥。

(2)电阻焊

电阻焊焊接铝及其合金时,应采用大电流,短时间通电。

(3)气焊

气焊可焊接对质量要求不高的纯铝和不能热处理强化的铝合金。一般采用中性焰,同时必须采用气焊熔剂CJ401以去除氧化物和杂质,通常用于焊接薄板(厚度0.5～2mm)构件和补焊铝铸件。母材为纯铝、Al-Mn、Al-Mg、Al-Cu-Mg和Al-Zn-Mg合金时,可以采用成分相同的铝合金焊丝,甚至可从母材上切下窄条作为填充金属;对于热处理强化的铝合金,为防止热裂纹,可采用铝硅合金焊丝HS311。

(4)钎焊

钎焊最好在400℃以上或300℃以下进行,以防焊件在300～400℃之间发生退火软化现象,同时要选用合适的钎料。

无论采用哪种焊接方法来焊接铝及其合金,焊前都必须清理焊件接头处和焊丝表面的氧化膜及油污等,焊后也要对焊件进行清理,以防止熔剂、焊渣对焊件的腐蚀。

15.5.2 铜及铜合金的焊接

15.5.2.1 铜及铜合金的焊接性

工业上常用的铜及铜合金有纯铜、无氧铜、黄铜和青铜等。铜及铜合金的焊接性较差,主要表现为:

(1)导热性高,难熔合

铜及某些铜合金的热导率大,比铁大7～11倍,焊接时热量很易传导出去,致使母材和填充金属难以熔合。因此焊接时要使用大功率热源,通常在焊前和焊接中要进行预热。

(2)易变形

铜及多数铜合金的线膨胀系数大,凝固时易产生较大的收缩应力,同时因铜的导热性强而造成热影响区宽,使焊接应力大且焊件变形严重。

(3)易产生裂纹

铜在高温时极易氧化而形成Cu_2O,它与铜作用又形成脆性低熔点共晶体(Cu_2O+Cu)分布于晶界上,易产生热裂纹。

(4)易形成气孔

铜在液态下可溶解大量的氢气,凝固时溶解度显著减小,若气体来不及逸出,就在焊缝中形成气孔。此外,熔池中的Cu_2O遇氢后反应生成水汽也易引起气孔。

(5)强度、耐蚀性下降

铜合金中的合金元素(如Zn、Sn、Pb、Al等)易氧化和蒸发,使焊缝的强度和耐蚀性下降。

另外，焊纯铜时，接头导电性下降；焊接黄铜时还有锌的烧损蒸发，对人体有害，要加强通风等措施。

15.5.2.2　铜及铜合金的焊接方法

铜及铜合金可用氩弧焊、气焊、钎焊等方法来焊接。

(1)氩弧焊

氩弧焊是保证纯铜和青铜焊接质量的有效方法，接头性能好，飞溅少，成形美观。焊接时可用特制的含硅、锰等脱氧元素的纯铜焊丝(如 HS201、HS202)直接进行焊接；若用一般的纯铜丝或从焊件上剪下来的条料作焊丝，则必须使用焊剂来溶解 CuO 和 Cu_2O，以保证焊接质量。

(2)气焊

气焊纯铜或青铜时应采用中性焰，所用焊丝及熔剂与氩弧焊相同。焊接黄铜常用气焊，这不仅因为气焊温度低，锌的蒸发较少，且由于可采用轻微的氧化焰和含硅的焊丝以及用硼酸与硼砂配制的焊剂相配合，使熔池表面形成一层致密的氧化硅薄膜，保护效果强，焊接质量高。

(3)钎焊

铜及除铝青铜外的铜合金都较容易钎焊，常用铜基、银基、锡基钎料。

15.6　焊接缺陷与检验

焊接检验是检查和评价焊接产品质量的专门学科，是焊接结构制造所必不可少的重要环节。焊接检验内容贯穿于从图样设计到产品制出的整个生产过程之中。

15.6.1　焊缝常见缺陷

焊接产品的制造过程要经历从原材料选择、焊前准备到焊接加工等多种工序和环节，各种因素都会使焊接结构中出现不同的焊接缺陷，影响焊接质量。常见缺陷(图 15-1)及其产生原因如下：

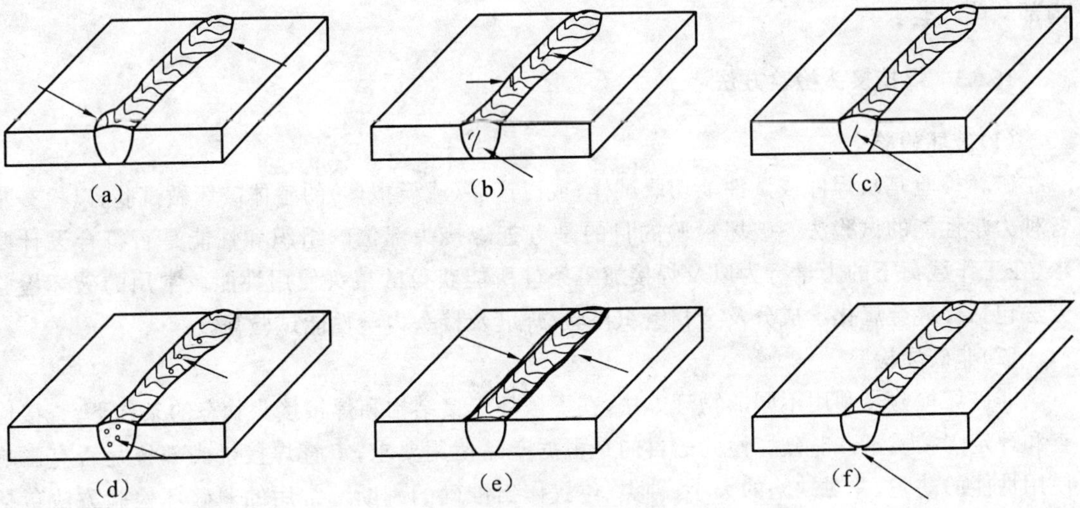

图 15-1　焊缝中常见的缺陷

(a)焊瘤；(b)裂纹；(c)夹渣；(d)气孔；(e)咬边；(f)未焊透

(1)焊瘤

多由焊条熔化速度太快、电弧过长、电流过大、焊速太慢、运条不当造成。

(2)夹渣

多由施焊中未搅拌熔池、焊件不洁、电流过小、分层焊时未除焊渣造成。

(3)裂纹

多由焊接结构不合理、焊接过程不当、焊缝冷却太快、焊件中含C、S、P高造成。

(4)气孔

多由焊件不洁、焊条潮湿、电弧过长、焊速太快、电流过大、焊件中含C高造成。

(5)咬边

多由电流过大、运条不当、电弧过长、焊条角度不对造成。

(6)未焊透

多由电流过大、焊速太快、焊件不洁、焊条未对准焊缝、坡口开得太小造成。

15.6.2 焊接检验过程

(1)焊前检验

焊前检验的主要内容包括原材料检验和焊接结构鉴定。原材料检验内容为工件金属质量检验,焊丝、焊条及其他焊接材料的质量检验。焊接结构鉴定内容为审查结构的可检验性,以及适当的探伤空间位置和探测面状态等。

(2)生产过程检验

生产过程检验是针对制造过程各工序的完成质量进行跟踪检查,内容包括焊接工艺参数检验(如焊接电流、焊接速度等)、结构装配检验和焊缝尺寸检验。目前生产过程检验已成为产品质量管理的重要环节。

(3)焊后检验

焊后检验是对焊接质量的综合评定,尤其是对有特殊性能要求的产品,焊后检验成为决定其能否投入使用的关键。焊后检验的内容主要包括焊缝的外观检查、焊缝密封性检验和焊缝内部缺陷检验。

15.6.3 焊接接头检验方法

(1)破坏检验

破坏检验是从焊件或试件上切取试样,或以产品(或模拟体)的整体破坏做试验,以检查其各种力学性能的试验法。破坏检验的目的是考查焊接头部位的组织和性能是否符合设计要求、在工作载荷下的力学行为以及焊接加工条件所能获得的接头使用性能。常用的破坏检验方法包括焊缝金属化学成分及金相组织检验、焊缝及接头力学性能试验等。

(2)非破坏检验

非破坏检验是利用不同的物理方法,在不破坏焊接结构和焊接接头状态的条件下,直接检查和评定焊接质量。非破坏检验的目的是根据产品使用要求,审查焊接接头部位是否有影响使用性能的缺陷,并对缺陷的大小、种类、位置作出准确的判断。常用的非破坏检验方法包括外观检查、密封性检验和物理探伤。

15.6.4 常用非破坏检验方法

15.6.4.1 外观检查

在工业生产常用的外观检查方法中，除用眼睛或低倍放大镜观察焊缝表面缺陷外，较多的采用下列方法：

(1)着色探伤

利用渗透性很强的有色油液喷到焊缝位置，去除油液后，用显微剂可显示出带有色彩的缺陷形状图像，从而判断缺陷的位置和严重程度。

(2)荧光探伤

将焊缝位置涂上荧光油液，停留5～10min，去除油液后，再涂以氧化镁粉。将多余的氧化镁粉去除后，用紫外线照射，可看到缺陷处的荧光物质发光，由此确定缺陷种类和大小。

(3)磁粉探伤

它是利用在强磁场中，铁磁性材料表层缺陷产生的漏磁场吸附磁粉的现象而进行的无损检验。通过强磁场使工件磁化，在工件表面均匀撒上磁粉，有缺陷的位置会出现磁粉聚集现象，从而可找到缺陷位置。

15.6.4.2 密封性检验

密封性检验是指用液体或气体来检查焊缝区有无漏水、漏气和渗油、漏油等现象的检验方法。

(1)煤油试验

煤油的渗透性很强，可透过极小的贯穿性缺陷。将煤油涂在焊缝一侧，在另一侧涂白粉水溶液并使其干燥。当煤油透过后，在白粉处显示明显的油斑，可确定贯穿性缺陷的位置和大小。

(2)水压试验

将焊接容器灌满水，排尽空气，用水压泵加入静水压力并维持一定的时间，观察焊缝位置是否有泄漏，并确定缺陷位置。

(3)气密性检验

将压缩空气(或氨、氦、氟利昂、卤素气体等)压入焊接容器，利用容器内外气体的压力差检查有无泄漏。可充气并加压到规定试验压力，保压一定时间，观察压力表数值是否下降，并用肥皂水在焊缝处寻找和确定漏气部位。

15.6.4.3 无损探伤

常用的无损探伤方法主要有以下几种：

(1)声发射探伤

固体材料在外力作用下的变形和破坏会发出声波，通过声换能器可以检验出发声位置，确定缺陷部位。声发射探伤利用了声发射现象，对载荷作用下的工件进行动态检测，可了解缺陷的形成过程和使用条件下的发展趋势。

(2)超声波探伤

超声波探伤是利用超声波探测材料内部缺陷的无损检验法。超声波在固体介质中传播时，介质变换的界面处会使超声波产生部分反射波束，根据反射波的脉冲可判断内部缺陷位置。

(3)激光全息探伤

激光全息照相可得到被摄物体的空间像,固体物质受外力作用时,物质内部缺陷会在所对应的表面处产生微小的相对位移,与无缺陷处形成差异。将受力和不受力时的全息图像在同一激光照射下建立成像,可以看到缺陷位置的波纹图样变化,从而判断出缺陷大小和位置。

复习思考题

15.1　何为金属的焊接性?合金钢的焊接性如何评定?

15.2　普通低合金钢焊接的主要问题是什么?焊接时应采取哪些措施?

15.3　铸铁补焊的主要问题是什么?铸铁热焊和冷焊各有何优缺点?

15.4　铜、铝及其合金焊接常用哪些焊接方法?哪种方法最好?为什么?

16 焊接件的结构设计

【教学提示】

在焊接结构设计时，既要考虑结构强度、工作条件和使用性能的要求，还需考虑焊接工艺过程的特点和焊接过程自身带来的问题，以便在工艺上采取必要的措施，在设计上遵循一定的原则，从而能制出符合质量要求的焊件。本章重点说明后一方面的问题，并在此基础上归纳出一些工艺设计的原则和方法。

【教学要求】

了解常见的焊接接头结构形式，合理地选择焊接材料和焊接方法，掌握焊接结构工艺设计的基本原则。

16.1 焊接规范

16.1.1 分析工作条件并提出性能要求

首先要根据焊接结构本身的情况及其工作条件进行分析，了解它在什么受力状况下工作，例如载荷的大小、性质与分布，使用温度、环境状况，使用的期限及工作可靠性要求等。

根据上述情况对焊接结构提出性能要求，包括强度、刚度、塑性、韧性等力学指标及抗蚀性等物理化学性能指标。

16.1.2 提出设计方案和优化设计

根据焊接结构的性能要求，提出多种设计方案，进行分析对比，确定出合理的最优方案。在设计时应熟悉有关产品结构的国家技术标准与规范，掌握焊接结构的工艺性，选择焊接结构件的材料，确定焊接方法，进行焊接接头工艺设计。设计时，还应考虑到制造单位的质量管理水平、产品检验技术等有关问题．这样才能设计出生产方便、质量优良、成本低廉的焊接结构。

16.1.3 按照设计内容分步进行设计

焊接结构设计的主要内容和顺序如下：

(1)选择焊接结构材料(母材)；

(2)确定焊接方法及焊接材料；

(3)确定焊接接头及坡口形式；

(4)合理布置焊缝位置；

(5)制定简明的焊接工艺。

16.2 焊接方法的选择

设计焊接结构时，在选定结构材料后就应考虑用什么焊接方法进行生产，以保证获得优良的焊接接头，并有较高的生产效率。

总的来说，焊接方法的选择是根据材料的可焊性、工件厚度、生产率要求、各种焊接方法的适用范围和现场条件来综合考虑的。例如，低碳钢用各种焊接方法可焊性都很好；如工件板厚为中等厚度(10～20mm)，则采用手工电弧焊、埋弧焊、气体保护焊均可施焊，但氩弧焊成本较高，一般情况下不采用氩弧焊；若工件为长直焊缝或圆周焊缝，生产批量也较大，可选用埋弧自动焊；若工件为单件生产或焊缝短而处于不同空间位置，则采用手工电弧焊最为方便；若工件是薄板轻型结构，无密封要求，则采用点焊生产率较高，若有密封要求，可用缝焊；若工件为35mm 以上厚板的重要结构，条件允许可采用电渣焊；若焊接合金钢、不锈钢等重要工件，则应采用氩弧焊以保证焊接质量；若结构材料为铝合金，因可焊性不好，最好采用氩弧焊来保证接头质量；若铝合金焊件的生产批量不大或是单件生产，现场又无氩弧焊机，采用气焊也是可以的；若焊接稀有金属或高熔点金属的特殊构件，则应采用等离子弧焊、真空电子束焊或脉冲氩弧焊；若是微型箔件，则应采用微束等离子弧焊或脉冲激光点焊。

在工业生产中，往往遇到异种金属焊接结构，它不仅能满足不同工作条件对材质提出的不同要求(如耐高温、耐腐蚀、耐磨损等)，而且还能节约高合金钢、铜、钛等贵重金属和降低成本。对异种金属的焊接方法的选择可视具体情况而定。用手工电弧焊对异种钢焊接的应用最广。熔化极气体保护焊由于采用高合金钢焊丝、电阻大、熔点低，采用小电流焊接时也能对异种钢进行焊接，得到满意的效果。如铜及铜合金与钢的焊接，应首先在铜及铜合金上或在钢上或同时堆焊过渡层(纯镍)，然后进行手工电弧焊、埋弧自动焊或气体保护焊均可得到高质量接头。铝与钢的焊接只能采用压力焊的方法。

各种焊接方法特点的相互比较如表 16-1 所示。

表 16-1　常用焊接方法特点相互比较

焊接方法	焊接热源	被焊材料	厚度(mm)	焊缝空间位置	接头主要形式	焊件特点及工作条件	生产率
气焊	气体燃烧热	碳钢、低合金钢	≤2	全位置	对接、卷边接	要求耐热性、致密性，受静载荷且受力不大的薄板结构	中等
		铸铁		平焊	对接、堆焊、焊补		
		铜及铜合金	≤14	平焊	对接、卷边接、堆焊	用于不重要且受力不大的薄板结构	
		耐热钢、不锈钢	<2	全位置	对接		
		铝及铝合金	0.5～10	平焊	对接、卷边接		
		硬质合金		平焊	堆焊	堆焊刀具用	
焊条电弧焊	电弧热	碳钢、低合金钢	≥1.2	全位置	各种接头、堆焊	坚固致密焊缝，力学性能较高	中等偏高
		铸铁		平焊	对接、堆焊、焊补	焊补铸件与修理损坏部件	
		纯铜、黄铜	≥1	平焊	对接、卷边接	焊接纯铜建议采用氩弧焊	
		青铜		平焊	对接、堆焊、焊补	焊补铸件与修理损坏部件	
		耐热钢、不锈钢	≥1.5	全位置	对接	坚固致密焊缝，力学性能较高	
		铝及铝合金	3～8	平焊	对接	厚板需预热	
		硬质合金		平焊	对接、堆焊	堆焊刀具用	

续表 16-1

焊接方法	焊接热源	被焊材料	厚度(mm)	焊缝空间位置	接头主要形式	焊件特点及工作条件	生产率
埋弧焊	电弧热	碳钢、低合金钢	≥4	平焊	各种接头、堆焊	坚固致密焊缝,力学性能较高	很高
		铜及铜合金	≥6		对接	厚度大于16mm时需预热	
		耐热钢、不锈钢	>6		对接、T形接、搭接	坚固致密焊缝,力学性能较高,只适用于奥氏体类钢	
		铝及铝合金	>6		对接		
		钛及钛合金			对接	采用无氧焊剂焊接	
钨极氩弧焊	电弧热	铝及铝合金、铜及铜合金、钛及钛合金	0.5～30	全位置	对接、T形接、搭接、卷边接	要求致密性、耐热性、耐腐蚀性,一般适用厚度为0.5～4mm	中等偏高
熔化极氩弧焊	电弧热	镁合金、耐热钢、不锈钢、铜	0.5～30	平焊	对接	要求致密性、耐热性、耐腐蚀性,厚度大的结构建议使用	很高
二氧化碳焊	电弧热	碳钢、低合金钢、不锈钢	1～50	全位置	对接、T形接、搭接	要求致密性、耐热性、耐腐蚀性	很高
电渣焊	熔渣电阻热	碳钢、低合金钢	≥30	立焊	对接	焊接大厚度铸、锻件,厚度为30～450mm时用丝极,大于450mm时用板极,厚度为20～60mm、长度小于4m时用管状熔嘴,钛及钛合金用氩气加焊剂	很高
		铸铁	≥40				
		钛及钛合金					
等离子弧焊	压缩电弧热	碳钢、低合金钢	≤6	平焊	对接	用于一般焊接方法难以焊接的金属和合金	中等偏高
		铜及铜合金	2～4				
		不锈钢	2～8				
		铝及铝合金	1～10				
		钛及钛合金	≥12				
电子束焊	电子束动能转化热能	碳钢、低合金钢	5～60	平焊	对接、搭接、角接、T形接	用于一般焊接方法无法焊接的金属和合金,焊接接头质量很高,含氧铜、黄铜不适合电子束焊	很高
		铜及铜合金					
		不锈钢					
		铝及铝合金	3～75				
		钛及钛合金					

续表 16-1

焊接方法	焊接热源	被焊材料	厚度(mm)	焊缝空间位置	接头主要形式	焊件特点及工作条件	生产率
激光焊	光能转化热能	碳钢、低合金钢		平焊	对接、搭接、角接	能焊接金属材料,也能焊接石英、陶瓷、玻璃、塑料等非金属材料,焊接钛及钛合金须采用氩气保护	很高
		铜及铜合金					
		不锈钢	5～10				
		铝及铝合金	2				
		钛及钛合金					
电阻对焊	电阻热	碳钢、低合金钢	≤ϕ20	平焊	对接	焊接接头质量比闪光对焊低,纯铜焊接较困难	很高
		铜、铝及铜合金	≤ϕ8				
闪光对焊	电阻热	碳钢、低合金钢	＞ϕ20	平焊	对接	焊接接头质量好,适用于轴、管、型钢等对接,纯铜焊接较困难	很高
		铜及铜合金	＞ϕ8				
		不锈钢					
		高温合金					
点焊	电阻热	碳钢、低合金钢	2.5～10 ＜ϕ20	点焊钳可全位置焊接	搭接	坚固焊缝,焊件厚度比不大于1∶3,纯铜、纯铝焊接性差	很高
		铜及铜合金	＜1.5				
		不锈钢	＜6				
		铝及铝合金	＜4				
		钛及钛合金					
缝焊	电阻热	碳钢、低合金钢	＜2～3	平焊	搭接	要求坚固致密的焊缝,纯铜不能采用缝焊	很高
		铜及铜合金	＜1.5				
		不锈钢	＜2				
		铝及铝合金	＜2				
摩擦焊	摩擦热	碳钢、低合金钢		平焊或立焊	对接	适合焊接金属和非金属,特别适合焊接异种金属,可焊圆形、矩形或不等截面,高硅高硫钢接头性能比焊件差	很高
		铜及铜合金					
		不锈钢					
		铝及铝合金					
钎焊	各种热源	各种金属		平焊	搭接、对接、套接	适合焊接对强度要求不高和用其他焊接方法难以焊接的金属和合金,可焊复杂件	高

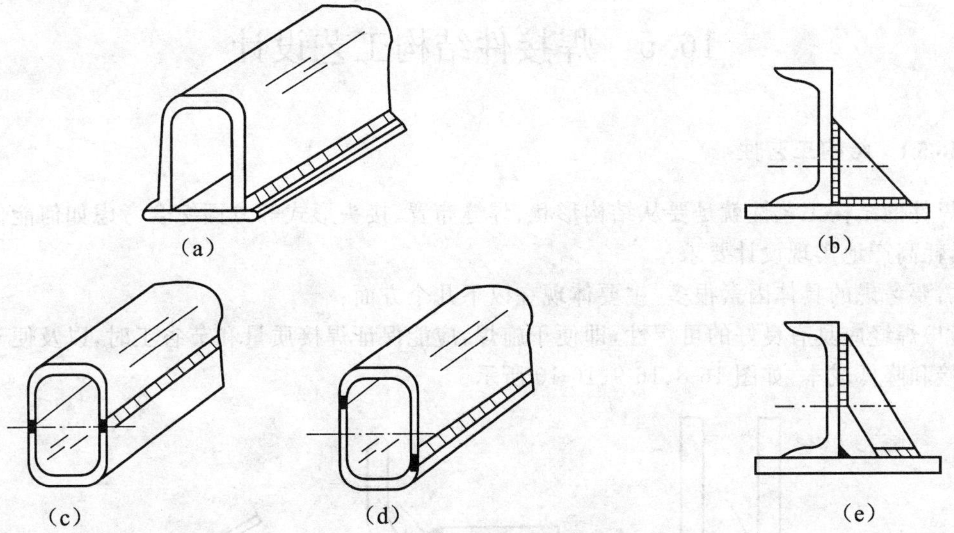

图 16-4　焊缝对称布置的设计

(a)、(b)不合理;(c)、(d)、(e)合理

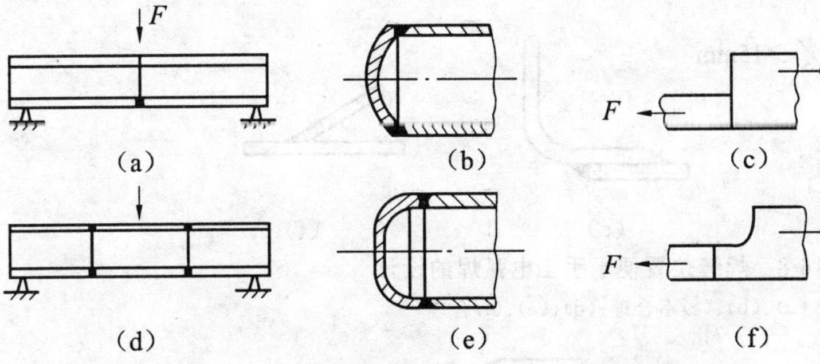

图 16-5　焊缝避开最大应力与应力集中位置的设计

(a)、(b)、(c)不合理;(d)、(e)、(f)合理

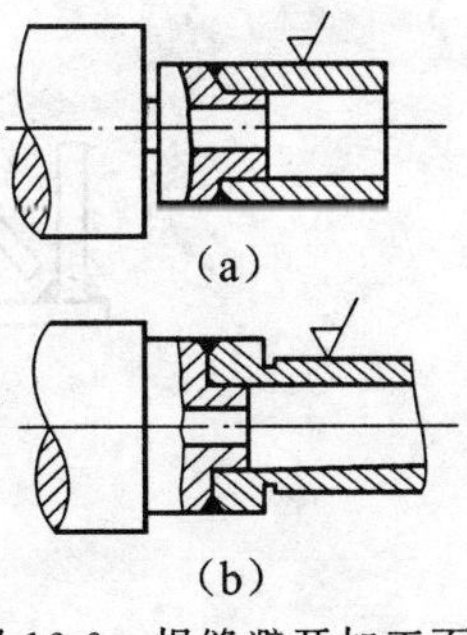

图 16-6　焊缝避开加工面

(a)不合理;(b)合理

(5)尽量减少焊缝长度和数量

减少焊缝长度和数量不仅可减少焊接热输入量,减少焊接应力和变形,而且可减少焊接材料消耗,提高生产率。图 16-7 是采用型钢和冲压件减少焊缝数量的设计,图中(a)、(b)各有 4 条焊缝,而(c)、(d)分别仅有两条焊缝。

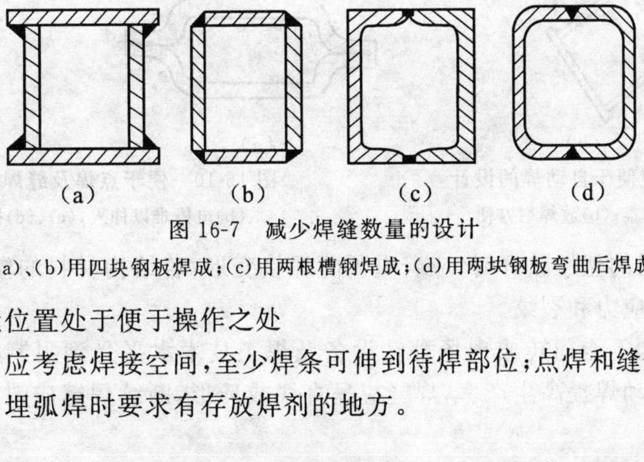

图 16-7　减少焊缝数量的设计

(a)、(b)用四块钢板焊成;(c)用两根槽钢焊成;(d)用两块钢板弯曲后焊成

(6)尽量使焊缝位置处于便于操作之处

手工电弧焊时,应考虑焊接空间,至少焊条可伸到待焊部位;点焊和缝焊时,要求电极能方便伸入到待焊部位;埋弧焊时要求有存放焊剂的地方。

16.5　焊接件结构工艺设计

16.5.1　结构工艺性

焊件的结构工艺性就是要从结构形状、焊缝布置、接头形式等方面综合考虑如何能保质保量、低耗高产地实现设计要求。

需要考虑的具体因素很多，主要体现在以下几个方面：

(1)焊缝应具有良好的可焊性，即便于施焊，应能保证焊接质量和节省工时，以及便于机械化焊接和降低成本，如图 16-8、16-9、16-10 所示。

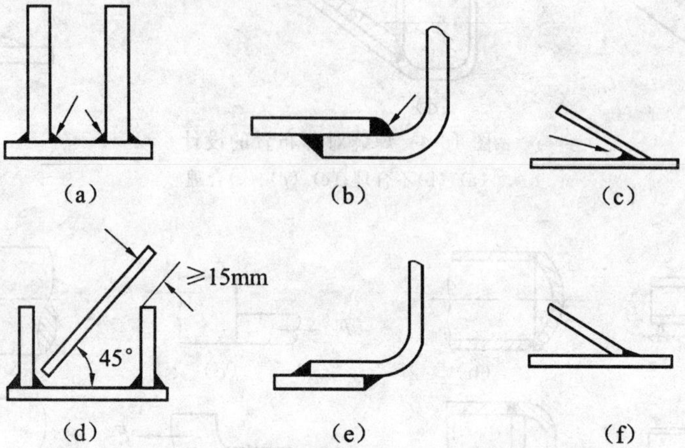

图 16-8　焊缝位置便于手工电弧焊的设计

(a)、(b)、(c)不合理；(d)、(e)、(f)合理

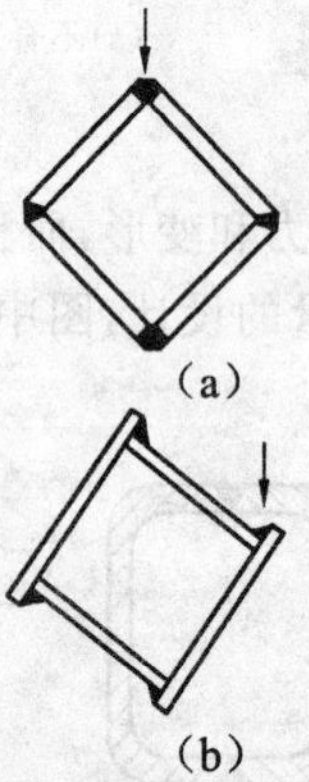

图 16-9　焊缝便于自动焊的设计

(a)放焊剂困难；(b)放焊剂方便

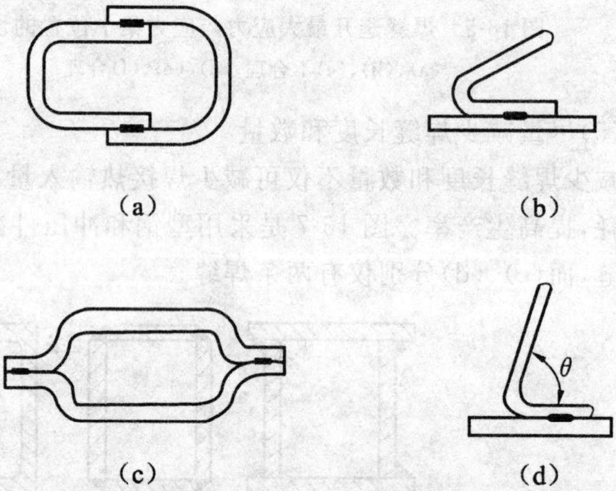

图 16-10　便于点焊及缝焊的设计

(a)、(b)电极难以伸入；(c)、(d)操作方便

(2)当结构材料的塑性较好时，应着重预防焊接变形；若结构材料的塑性较差或结构刚度较大则主要应预防应力和裂纹。

(3)当焊接结构不能翻转或现场翻转设备及焊工技术水平受到限制时，应避免设计仰焊缝。为便于采用自动焊提高生产率，焊缝应呈直线或环形，断续焊缝应改成连续的，操作空间应能容纳机械装置。

(4)节省材料也是应考虑的问题之一。如图 16-11(a)所示的工字钢,若沿图中点画线切开后再焊成(b)所示的式样,则在重量不变的情况下刚度可提高几倍,适用于跨度较大而载荷不高的场合,节约了原材料。

(a) (b)

图 16-11 锯齿合成梁

(5)变角接为对接以增加接头强度,如图 16-12 所示。

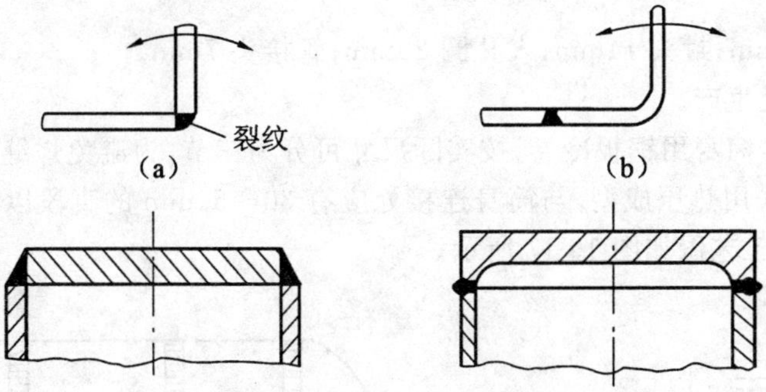

(a) (b) (c) (d)

图 16-12 角接改为对接的设计

(a)、(c)不合理;(b)、(d)合理

(6)受压丁字接头应使接触面直接接触传递压力,可减小焊缝面积,如图 16-13 所示。

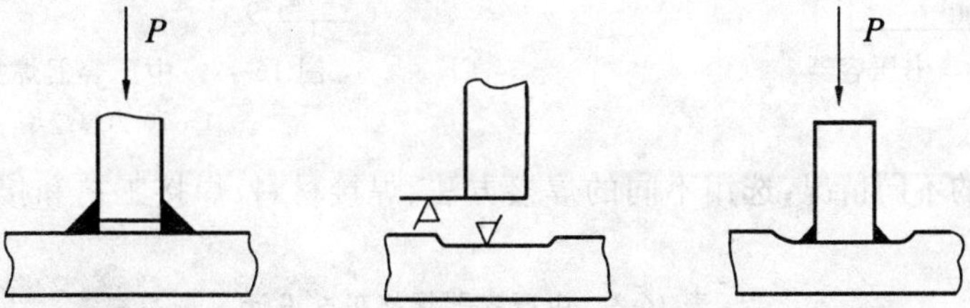

(a) (b)

图 16-13 受压丁字接头的设计

(a)不合理;(b)合理

(7)筋板切角可避免焊缝交叉,减小应力,如图 16-14 所示。

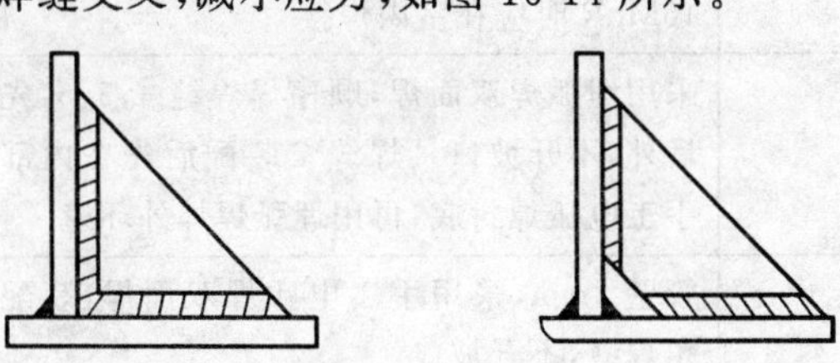

(a) (b)

图 16-14 筋板的设计

(a)不合理;(b)合理

(8)焊缝的尖角部分易产生应力集中,诱发裂纹,应改为平缓过渡,如图 16-15 所示。

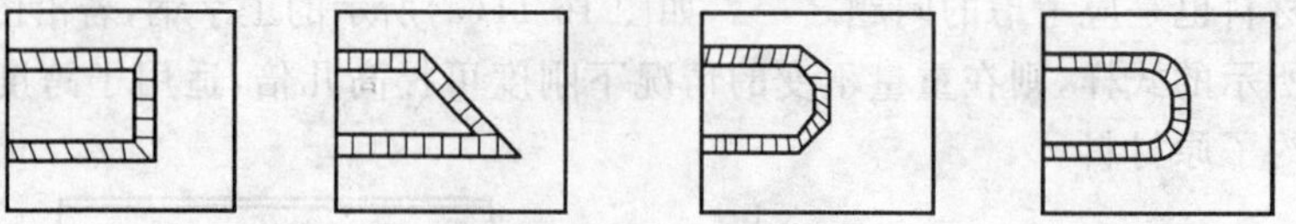

图 16-15 焊缝应避免尖角的设计
(a)、(b)不合理;(c)、(d)合理

16.5.2 改善结构工艺性的实例

结构名称:中压容器(图 16-16)。

材料:16MnA。

板厚:筒身 12mm;封头 14mm;入孔圈 20mm;管接头 7mm。

生产数量:小批生产。

工艺设计要点:筒身用钢板冷卷,按实际尺寸可分为三节,为避免焊缝密集,筒身纵焊缝相互错开 180°;封头采用热压成型,与筒身连接处应有 30～50mm 的直段以避开应力集中位置;入孔圈也为卷制。工艺图如图 16-17 所示。

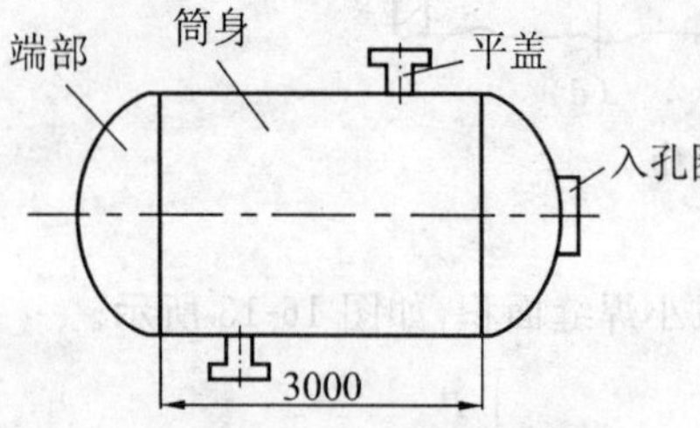

图 16-16 中压容器

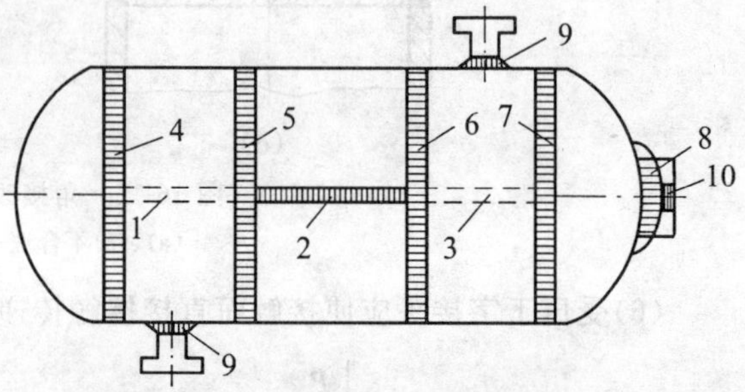

图 16-17 中压容器焊接工艺图
1～10 为焊缝编号

根据各焊缝的不同情况,选用不同的焊接方法、焊接材料、焊接工艺和接头形式,如表 16-3 所示。

表 16-3 中压容器焊接工艺设计

序号	焊缝名称	焊接方法与焊接工艺	焊接材料
1	筒身纵缝 1、2、3	因容器质量要求高,又是小批生产,采用埋弧焊双面焊,先内后外,不开坡口。材料为 16MnR 时应在室内焊接	焊丝:H08MnA 焊剂:431 焊条:结 507
2	筒身环缝 4、5、6、7	采用埋弧焊双面焊,顺序焊焊缝 4、5、6,先内后外,不开坡口。焊缝 7 装配后先在内部用手工电弧焊封底,再用埋弧焊焊外环缝	焊丝:H08MnA 焊剂:431 焊条:结 507
3	管接头焊接 9	管壁 7mm,采用手工电弧焊双面焊,装配后角焊缝,不开坡口	焊条:结 507
4	入孔圈纵缝 10	板厚 20mm,焊缝短(100mm),手工电弧焊,平焊位置,V 形坡口	焊条:结 507
5	入孔圈环缝 8	处于立焊位置的圆角焊缝,采用手工电弧焊双面焊,单面坡口	焊条:结 507

复习思考题

16.1　为什么对接和搭接这两种接头形式中常用对接？

16.2　焊接结构工艺性的内容包括哪些方面？

16.3　图 16-18 中焊缝布置是否合理？不合理的请加以改正。

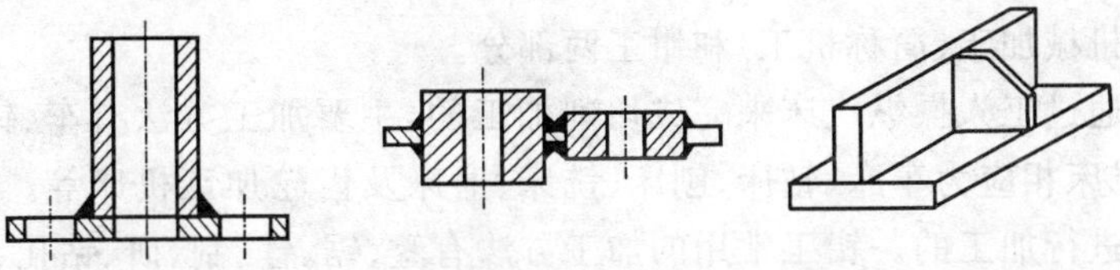

图 16-18

16.4　如图 16-19 中所示的焊接结构有何缺点？应如何改进？

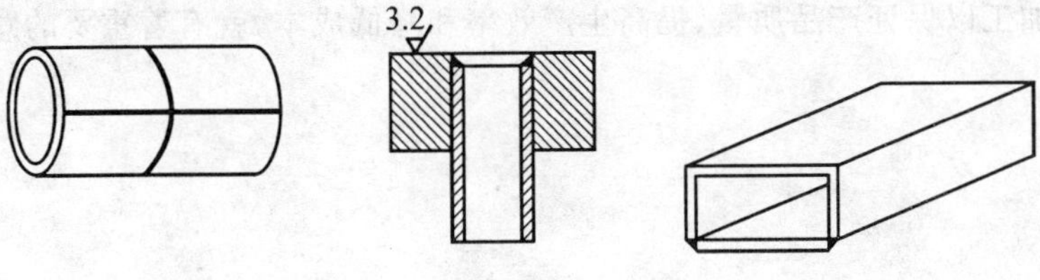

图 16-19

16.5　焊接梁结构与尺寸如图 16-20 所示，材料为 Q235，成批生产，现有钢板最大长度为 2500mm，试确定：

(1)腹板、翼板接缝位置；

(2)各条焊缝的焊接方法和焊接材料；

(3)各条焊缝的接头和坡口形式；

(4)各条焊缝的焊接顺序。

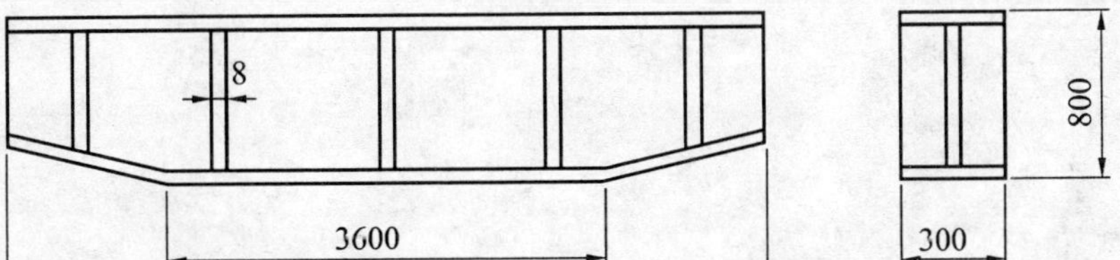

图 16-20

第5篇　金属切削加工

切削加工是使用切削工具(包括刀具、磨具和磨料),在工具和工件的相对运动中,把工件上多余的材料层切除,使工件获得规定的几何参数(形状、尺寸、位置)和表面质量的加工方法。切削加工可分为机械加工(简称机工)和钳工两部分。

机械加工是通过工人操纵机床来完成切削加工的,主要加工方法有车、钻、刨、铣、磨及齿轮加工等,所用机床相应为车床、钻床、刨床、铣床、磨床及齿轮加工机床等。钳工一般是通过工人手持工具来进行加工的。钳工常用的加工方法有錾、锯、锉、刮、研、钻孔、铰孔、攻螺纹(攻丝)和套螺纹(套扣)等。为了减轻劳动强度和提高生产效率,钳工中的某些工作已逐渐被机工代替,实现了机械化。目前绝大多数零件的质量还要靠切削加工的方法来保证。因此,如何正确地进行切削加工以保证产品质量、提高生产效率和降低成本,就有着重要的意义。

17 金属切削加工基础知识

【教学提示】

金属切削加工虽有多种不同的形式,但在很多方面,如切削运动、切削工具以及切削过程的物理实质等都有着共同的现象和规律。这些现象和规律是学习各种切削加工方法的共同基础。

【教学要求】

了解金属切削和刀具的基本定义,金属切削过程,影响已加工表面质量和切削力、切削热和切削温度、刀具磨损和刀具耐用度的因素,刀具合理几何参数和切削用量的选择。

17.1 切削运动及切削要素

17.1.1 零件表面的形成及切削运动

各种机器零件的形状虽多,但分析起来,都不外乎是平面、外圆面(包括圆锥面)、内圆面(即孔)及成形面所组成的。因此,只要能对这几种典型表面进行加工,就能完成所有机器零件的加工。

(1)外圆面和内圆面(孔)

它是指以某一直线为母线,以圆为运动轨迹做旋转运动时所形成的表面。

(2)平面

它是指以一直线为母线,另一直线为轨迹做平移运动而形成的表面。

(3)成形面

它是指以曲线为母线,以圆或直线为轨迹做旋转或平移运动时所形成的表面。

若想完成上述表面的加工,机床与工件之间必须作相对运动。

上述几种表面可分别用图 17-1 所示的相应的加工方法来获得。由图可知,要对这些表面进行加工,刀具与工件之间必须有一定的相对运动,即切削运动。

切削运动包括主运动(图 17-1 中Ⅰ)和进给运动(图 17-1 中Ⅱ)两种。主运动使刀具和工件之间产生相对运动,促使刀具前刀面接近工件而实现切削。它的速度最高,消耗功率最大。进给运动使刀具与工件之间产生附加的相对运动,与主运动配合,即可连续地切屑,获得具有所需几何特性的已加工表面。各种切削加工方法(如车削、钻削、刨削、磨削和齿轮齿形加工等)都是为了加工某种表面而发展起来的,因此也都有其特定的切削运动。如图 17-1 所示,切削运动有旋转的,也有直行的,有连续的,也有间歇的。

切削时,实际的切削运动是一个合成运动(如图 17-2 所示),其方向是由合成切削速度角 η 确定的。

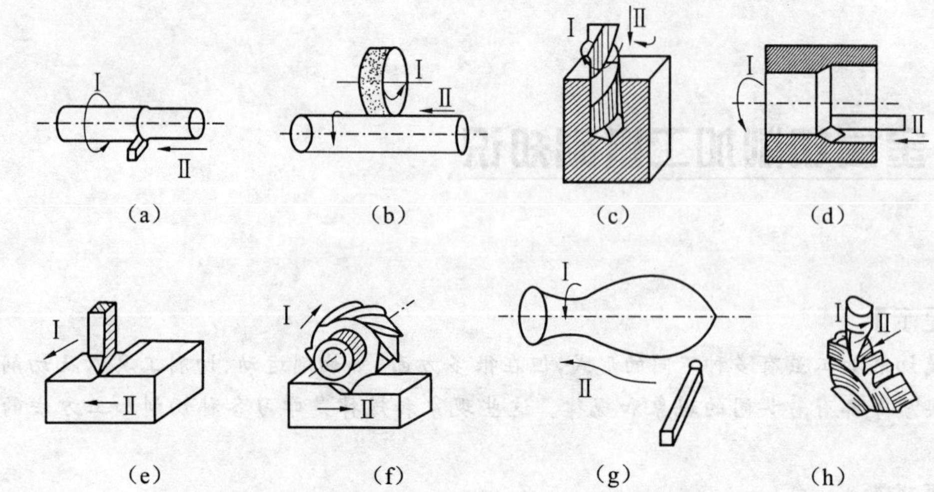

图 17-1　零件不同表面加工时的切削运动

(a)东外圆;(b)磨外圆;(c)钻孔;(d)车床上镗孔;(e)刨平面;(f)铣平面;(g)车成形面;(h)铣齿

Ⅰ—主运动;Ⅱ—进给运动

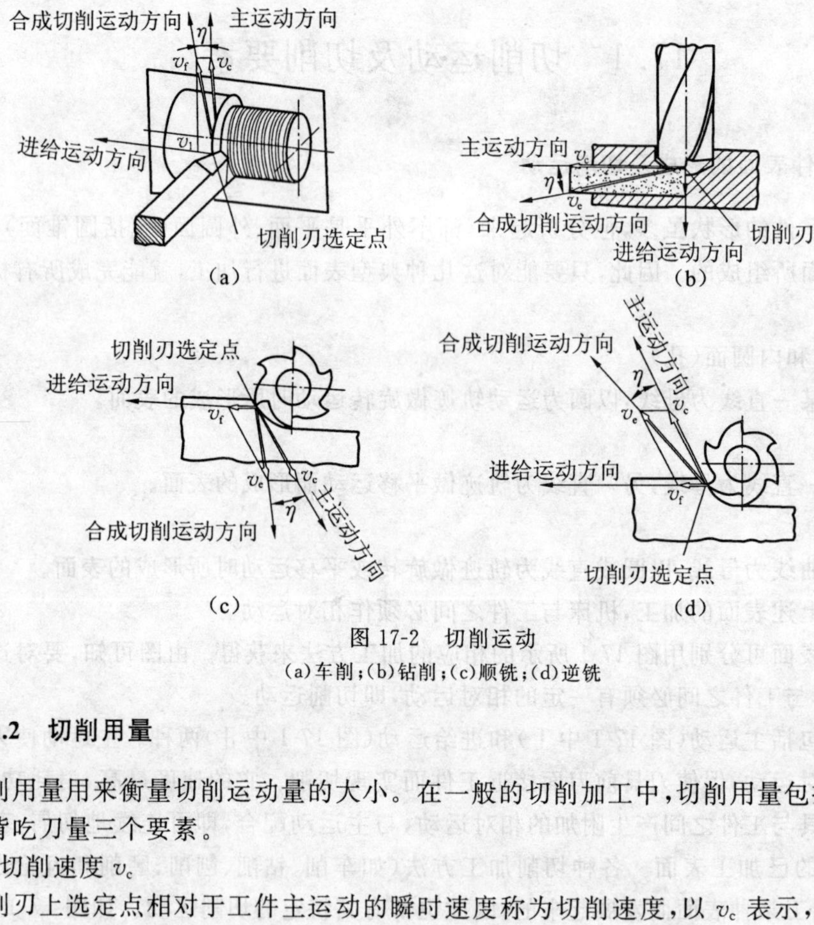

图 17-2　切削运动

(a)车削;(b)钻削;(c)顺铣;(d)逆铣

17.1.2　切削用量

切削用量用来衡量切削运动量的大小。在一般的切削加工中,切削用量包括切削速度、进给量和背吃刀量三个要素。

(1)切削速度 v_c

切削刃上选定点相对于工件主运动的瞬时速度称为切削速度,以 v_c 表示,单位为 m/s 或 m/min。

若主运动为旋转运动,切削速度一般为其最大线速度,v_c 按下式计算:

$$v_c=\frac{\pi d n}{1000}\quad (\text{m/s 或 m/min})$$

式中：d——工件或刀具的直径(mm)；

n——工件或刀具的转速(r/s 或 r/min)。

若主运动为往复直线运动(如刨削、插削等)，则常以其平均速度为切削速度，v_c 按下式计算：

$$v_c=\frac{2Ln_r}{1000}\quad (\text{m/s 或 m/min})$$

式中：L——往复行程长度(mm)；

n_r——主运动每秒或每分钟的往复次数(st/s 或 st/min)①。

(2)进给量

刀具在进给运动方向上相对工件的位移量称为进给量。不同的加工方法，由于所用刀具和切削运动形式的不同，进给量的表述和度量方法也不相同。

用单齿刀具(如车刀、刨刀等)加工时，进给量常用刀具或工件每转或每行程中，刀具在进给运动方向上相对工件的位移量来度量，称为每转进给量或每行程进给量，以 f 表示，单位为 mm/r 或 mm/st(如图 17-3 所示)。

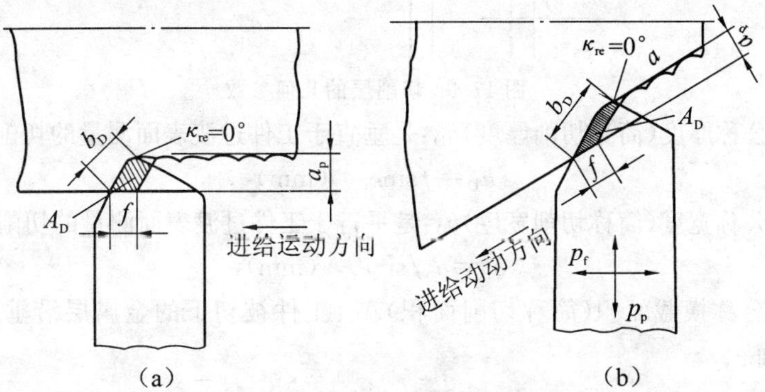

图 17-3 车削时切削层尺寸

(a)车外圆；(b)车锥体

用多齿刀具(如铣刀、钻头等)加工时，进给运动的瞬时速度称进给速度，以 v_f 表示，单位为 mm/s 或 mm/min。刀具每转或每行程中每齿相对工件在进给运动方向上的位移量，称每齿进给量，以 f_z 表示，单位为 mm/r。

f_z、f、v_f 之间有如下关系：

$$v_f=fn=f_z zn\quad (\text{mm/s 或 mm/min})$$

式中：n——刀具或工件转速(r/s 或 r/min)；

z——刀具的齿数。

(3)背吃刀量 a_p

在通过切削刃上选定点并垂直于该点主运动方向的切削层尺寸平面中，垂直于进给运动方向测量的切削层尺寸，称为背吃刀量，以 a_p 表示(图 17-3)，单位为 mm。车外圆时，a_p 可用下式计算：

$$a_p=\frac{d_w-d_m}{2}\quad (\text{mm})$$

式中：d_w——工件待加工表面(图 17-4)直径，单位为 mm；

d_m——工件已加工表面(图 17-4)直径，单位为 mm。

① st 为习惯用法，代表行程，虽非法定计量单位符号，但考虑习惯，仍适用之。

17.1.3　切削层参数

通常规定切削层是指切削过程中,由刀具切削部分的一个单一动作(如车削时工件转一圈,车刀主切削刃移动一段距离)所切除的工件材料层,如图17-4所示。切削层几何参数用来表述切削层的形状和尺寸,包括切削宽度、切削厚度和切削面积。

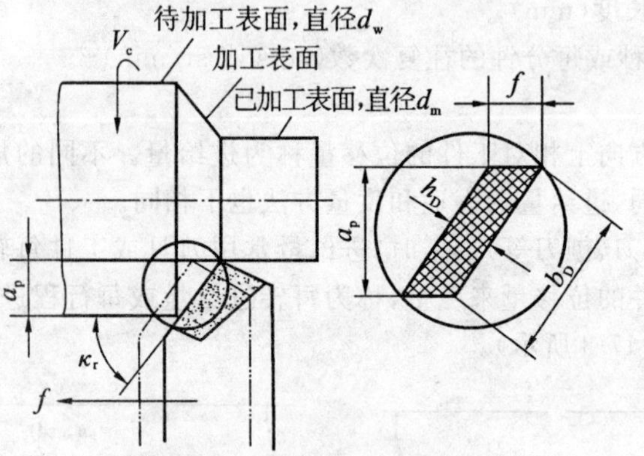

图17-4　切削层的几何参数

(1)切削层公称厚度(简称切削厚度)h_D:是垂直于工件过渡表面测量的切削层横截面尺寸。

$$h_D = f\sin\kappa_r \quad (\mathrm{mm})$$

(2)切削层公称宽度(简称切削宽度)b_D:是平行于工件过渡表面测量的切削层横截面尺寸。

$$b_D = a_p/\sin\kappa_r \quad (\mathrm{mm})$$

(3)切削层公称横截面积(简称切削面积)A_D:工件被切下的金属层沿垂直于主运动方向所截取的横截面积。

$$A_D = fa_p = h_D b_D \quad (\mathrm{mm}^2)$$

因A_D不包括残留面积,而且在各种加工方法中A_D与进给量和背吃刀量的关系不同,所以A_D不等于f和a_p的积。只有在车削加工中,当残留面积很小时才能近似地认为它们相等,即:

$$A_D \approx fa_p \quad (\mathrm{mm}^2)$$

17.2　刀具材料及结构

切削过程中,直接完成切削工作的是刀具。无论是哪种刀具,一般都由切削部分和夹持部分组成。夹持部分是用来将刀具夹持在机床上的部分,要求它能保证刀具正确的工作位置,传递所需要的运动和动力,并且夹固可靠,装卸方便。切削部分是刀具上直接参加切削工作的部分,刀具切削性能的优劣,取决于切削部分的材料、角度和结构。

17.2.1　刀具材料

刀具材料一般是指刀具切削部分的材料,其性能是影响加工表面质量、切削效果、刀具寿命和加工成本的重要因素。

17.2.1.1　对刀具材料的基本要求

金属切削过程中,刀具切削部分承受很大切削力和剧烈摩擦,并产生很高的切削温度。在断续切削工作时,刀具将受到冲击和产生振动,引起切削温度的波动。为此,刀具材料应具备下列基本性能:

(1)高的硬度和耐磨性

硬度是刀具材料应具备的基本特性。刀具要从工件上切下切屑,其硬度必须比工件的硬度大。切削金属所用刀具的切削刃的硬度,一般都要求在 HRC60 以上。耐磨性是材料抵抗磨损的能力。一般来说,刀具材料的硬度越高,耐磨性就越好。组织中硬质点(碳化物、氮化物等)的硬度越高,数量越多,颗粒越小,分布越均匀,则耐磨性就越高。但刀具材料的耐磨性实际上不仅取决于它的硬度,而且还与它的化学成分、强度和纤维组织及摩擦区温度有关。

(2)足够的强度和韧性

要使刀具在承受很大压力和常出现冲击、振动的条件下工作而不产生崩刃和折断,刀具材料就必须具有足够的强度和韧性。

(3)高的耐热性和化学稳定性

耐热性是衡量刀具材料切削性能的主要标志。它是指刀具材料在高温下保持硬度、耐磨性、强度和韧性的性能。耐热性越好,刀具材料的高温硬度越高,则刀具的切削性能越好,允许的切削速度也越高。

化学稳定性是指刀具材料在高温条件下不易与工件材料和周围介质发生化学反应的能力,包括抗氧化和抗黏结能力。化学稳定性越高,刀具磨损越慢。耐热性和化学稳定性是衡量刀具切削性能的主要指标。

(4)良好的工艺性

在满足以上性能要求时,应尽可能采用资源丰富、价格低廉,且具有良好的可加工性、较好的热处理性和较好的焊接性的刀具材料。

(5)经济性

切削加工中的刀具消耗是很大的,刀具费用在机械零件的成本构成中占有较大比重。在满足切削加工条件要求的前提下,特别是在单件小批修配零件的切削加工中,应尽量选用原材料丰富、制备容易、价格低廉、立足国内的刀具材料。

17.2.1.2 常用的刀具材料

目前,在切削加工中常用的刀具材料有碳素工具钢、合金工具钢、高速钢、硬质合金及陶瓷材料等。

碳素工具钢是含碳量较高的优质钢(含碳量为 0.7%~1.2%,如 T10A 等),淬火后硬度较高、价廉,但耐热性较差(表 17-1)。在碳素工具钢中加入少量的 Cr、W、Mn、Si 等元素,形成合金工具钢(如 9SiCr 等),可适当减少热处理变形和提高耐热性。由于这两种刀具材料的耐热性较低,常用来制造一些切削速度不高的手工工具,如锉刀、锯条、铰刀等,较少用于制造其他刀具。目前生产中应用最广的刀具材料是高速钢和硬质合金,而陶瓷刀具主要用于精加工。

表 17-1 常用刀具材料

刀具材料	代表牌号	基本性能						
		硬度	抗弯强度 σ_{bb}		冲击韧度 a_k		耐热度	切削速度
		HRA(HRC)	GPa	kg/mm²	kJ/m²	kg·m/cm²	℃	之比
碳素工具钢	T10A	81~83(60~64)	2.45~2.75	250~280	—	—	~200	0.2~0.4
合金工具钢	9SiCr	81~83.5(60~65)	2.45~2.75	250~280	—	—	250~300	0.5~0.6
高速钢	W18Cr4V	82~87(62~69)	3.43~4.41	350~450	98~490	1~5	540~650	1
硬质合金	YG8	89.5~91	1.08~1.47	110~150	19.6~39.2	0.2~0.4	800~900	6
	YT15	89.5~92.5	0.88~1.27	90~130	2.9~6.8	0.03~0.07	900~1000	6
陶瓷	AM	91~94	0.44~0.83	45~85	—	—	>1200	12~14

(1)高速钢

高速钢是含 W、Cr、V 等合金元素较多的合金工具钢。它的耐热性、硬度和耐磨性虽低于硬质合金,但强度和韧度却高于硬质合金(如表 17-1 所示),工艺性较硬质合金好,而且价格也比硬质合金低。普通高速钢(如 W18Cr4V)是国内使用最为普遍的刀具材料,广泛地用于制造形状较为复杂的各种刀具,如麻花钻、铣刀、拉刀、齿轮刀具和其他成形刀具等。

(2)硬质合金

硬质合金是以高硬度、高熔点的金属碳化物(如 WC、TiC 等)作基体,以金属 Co 等作黏结剂,用粉末冶金的方法制成的一种合金。它的硬度高、耐磨性好、耐热性高,允许的切削速度比高速钢高数倍。但其强度和韧度均较高速钢低(如表 17-1 所示),工艺性也不如高速钢。因此,硬质合金常制成各种形式的刀片,焊接或机械夹固在车刀、刨刀、端铣刀等的刀柄(刀体)上使用。国产的硬质合金一般分为两大类:一类是由 WC 和 Co 组成的钨钴类(YG 类,相当于 ISO 标准的 K 类);一类是由 WC、TiC 和 Co 组成的钨钛钴类(YT 类,相当于 ISO 标准的 P 类)。

YG 类硬质合金塑性较好,但切削塑性材料时,耐磨性较差,因此它适于加工铸铁、青铜等脆性材料。常用的牌号有 YG3、YG6、YG8 等,其中数字表示 Co 含量的百分率。Co 的含量少者,较脆、较耐磨。

YT 类硬质合金比 YG 类硬度高、耐热性好,并且在切削韧性材料时较耐磨,但韧性较小,适于加工钢件。常用的牌号有 YT5、YT15、YT30 等,其中数字表示 TiC 含量的百分率。TiC 的含量越多,韧性越小,而耐磨性和耐热性越高。

(3)陶瓷材料

陶瓷材料的主要成分是 Al_2O_3。陶瓷刀片的硬度高,耐磨性好,耐热性高(如表 17-1 所示),允许用较高的切削速度,加之 Al_2O_3 的价格低廉,原料丰富,因此很有发展前途。但陶瓷材料性脆怕冲击,切削时容易崩刃,所以,如何提高其抗弯强度已成为各国研究工作的重点。近十年来,各国已先后研究成功“金属陶瓷”。如我国制成的 AM、AMF、AMT、AMMC 等牌号的金属陶瓷,其成分除 Al_2O_3 外,还含有各种金属元素,抗弯强度比普通陶瓷刀片要高。

17.2.1.3　其他新型刀具材料简介

随着科学技术和工业的发展,出现了一些高强度、高硬度的难加工材料,需要性能更好的刀具,所以国内外对新型刀具材料进行了大量的研究和探索。

(1)高速钢的改进

为了提高高速钢的硬度和耐热性,可在高速钢中增添新的元素,如我国制成的铝高速钢,即增添了 Al 等元素,它的硬度达到 70HRC,耐热性超过 600℃,属于高性能高速钢,又称超高速钢;也可以用粉末冶金法细化晶粒,消除碳化物的偏析,使其韧度大、硬度高,热处理时变形小,适于制造各种高精度的刀具。

(2)硬质合金的改进

硬质合金的缺点是强度和韧度低,对冲击和振动敏感。改进的方法是增添合金元素和细化晶粒,例如加入碳化钽(TaC)或碳化铌(NbC)形成万能型硬质合金 YW1 和 YW2,既适于加工铸铁等脆性材料,又适于加工钢等塑性材料。

近年来还发展了涂层刀片,就是在韧性较好的硬质合金(YG 类)基体表面,涂敷约 5μm 厚的一层 TiC 或 TiN(氮化钛)或二者的复合物,以提高其表层的耐磨性。

(3)人造金刚石

人造金刚石硬度极高(接近 10000HV,而硬质合金仅为 1000～2000HV),耐热性为 700～

800℃。聚晶金刚石大颗粒可制成一般切削工具，单晶微粒主要制成砂轮。金刚石除可以加工高硬度而且耐磨的硬质合金、陶瓷、玻璃等外，还可以加工有色金属及其合金。但不宜于加工铁族金属，这是由于铁和碳原子的亲和力较强，易产生黏结作用，加快刀具磨损。

(4)立方氮化硼(CBN)

立方氮化硼是人工合成的又一种高硬度材料，硬度(7300～9000HV)仅次于金刚石。但它的耐热性和化学稳定性都大大高于金刚石，能耐1300～1500℃的高温，并且与铁族金属的亲和力小。因此，它的切削性能好，不但适于非铁族难加工材料的加工，也适于铁族材料的加工。

CBN和金刚石刀具脆性大，故使用时机床刚性要好，主要用于连续切削，尽量避免冲击和振动。

17.2.2 刀具几何参数

切削刀具的种类虽然很多，但它们切削部分的结构要素和几何角度有着许多共同的特征。如图17-5所示，各种多齿刀具或复杂刀具，就其一个刀齿而言，都相当于一把车刀的刀头。下面从车刀入手，进行分析和研究。

17.2.2.1 车刀切削部分的组成

车刀切削部分是由三个刀面组成的，即前刀面、主后刀面和副后刀面(如图17-6所示)。

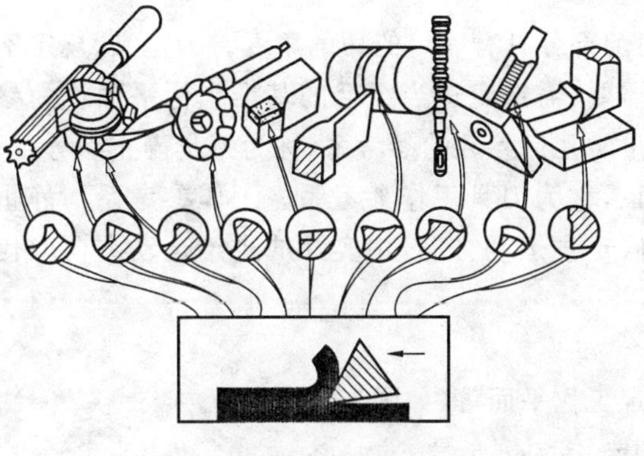

图17-5 刀具的切削部分

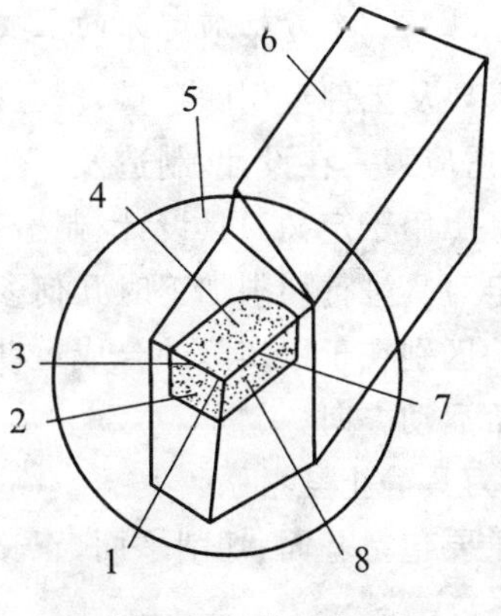

图17-6 外圆车刀

1—刀尖；2—副后刀面；3—副切削刃；4—前刀面；5—切削部分；6—夹持部分；7—主切削刃；8—主后刀面

(1)前刀面

前刀面是刀具上切屑流过的表面。

(2)后刀面

后刀面是刀具上与工件在切削过程中产生的表面相对的表面。同前刀面相交形成主切削刃的后刀面称主后刀面(Major Flank)；同前刀面相交形成副切削刃的后刀面称副后刀面(Minor Flank)。

(3)切削刃(图17-7)

切削刃是指刀具前刀面上拟作切削用的刃，有主切削刃和副切削刃之分。主切削刃是起始于切削刃上主偏角为零的点，并至少有一段切削刃拟用来在工件上切出过渡表面的那个整段切削刃。切削时，主要的切削工作由它来负担。副切削刃是指切削刃上除主切削刃以外的刃，亦起始于主偏角为零的点，但它向背离主切削刃的方向延伸。切削过程中，它也起一定的切削作用,但不很明显。

当刀具切削部分参与切削时,又把切削刃分为工作切削刃(刀具上拟作切削用的刃)和作用切削刃。作用切削刃是指在特定瞬间,工作切削刃上实际参与切削,并在工件上产生过渡表面和已加工表面的那段刃。为区别起见,分别在主、副切削刃前冠以“工作”或“作用”二字。

在主切削刃与副切削刃的连接处相当少的一部分切削刃,称为刀尖。实际刀具的刀尖并非绝对尖锐,而是一小段曲线或直线,分别称为修圆刀尖和倒角刀尖。

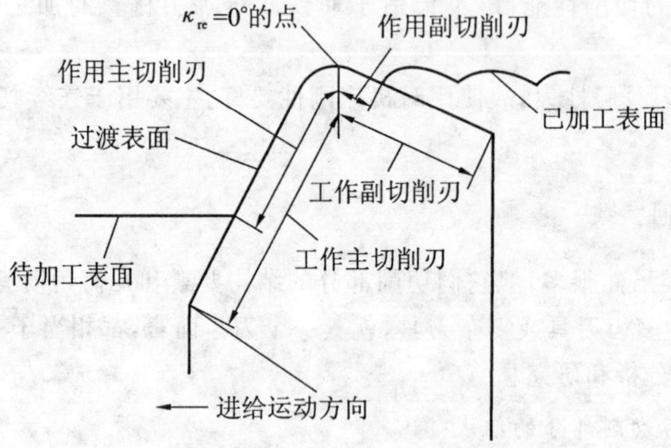

图 17-7　切削刃

17.2.2.2　车刀切削部分的主要角度

刀具要从工件上切除余量,就必须使它的切削部分具有一定的切削角度。为定义、规定不同角度,适应刀具在设计、制造及工作时的多种需要,需选定适当组合的基准坐标平面作为参考系。其中用于定义刀具设计、制造、刃磨和测量时几何参数的参考系,称为刀具静止参考系;用于规定刀具进行切削加工时几何参数的参考系,称为刀具工作参考系。工作参考系与静止参考系的区别在于用实际的合成运动方向取代假定主运动方向,用实际的进给运动方向取代假定进给运动方向。

(1)刀具静止参考系

它主要包括基面、切削平面、正交平面和假定工作平面等(如图 17-8 所示)。

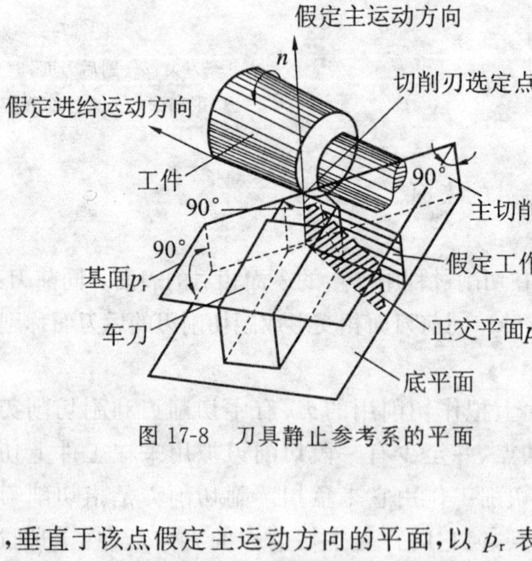

图 17-8　刀具静止参考系的平面

①基面

过切削刃选定点,垂直于该点假定主运动方向的平面,以 p_r 表示。

②切削平面

过切削刃选定点，与切削刃相切并垂直于基面的平面，主切削平面以 p_s 表示，副切削平面以 p'_s 表示。

③正交平面

过切削刃选定点，并同时垂直于基面和切削平面的平面，以 p_o 表示。

④假定工作平面

过切削刃选定点，垂直于基面并平行于假定进给运动方向的平面，以 p_f 表示。

(2)车刀的标注角度

刀具的标注角度是指刀具设计图样上标注出的角度，它是刀具制造、刃磨和测量的依据，并能保证刀具在实际使用时获得所需的切削角度。车刀的标注角度主要有：前角 γ_o、后角 α_o、主偏角 κ_r、副偏角 κ'_r 和刃倾角 λ_s，如图 17-9 所示。

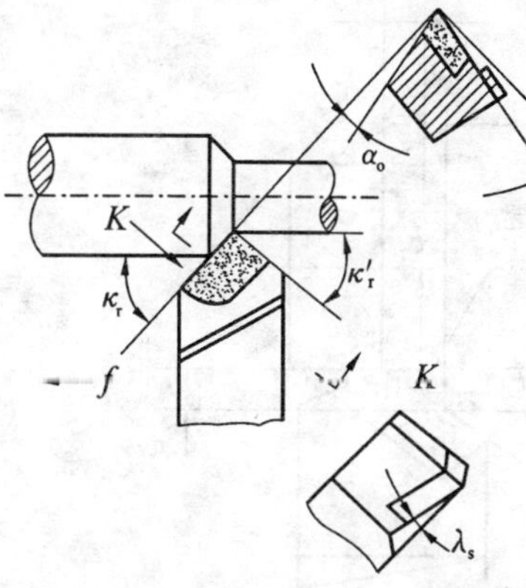

图 17-9　车刀的主要角度

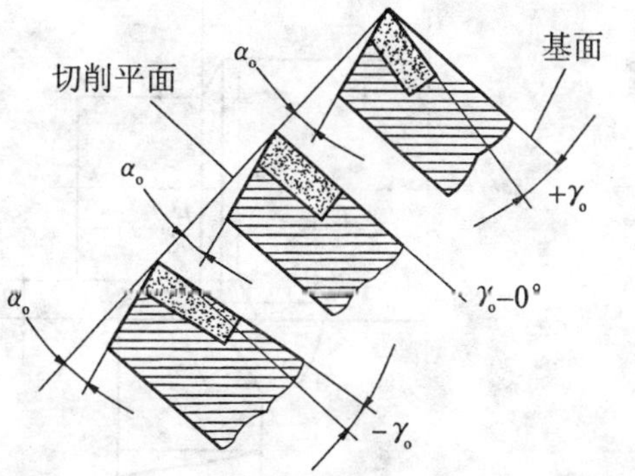

图 17-10　前角的正负

①前角

前角是在正交平面内测量的前刀面与基面的夹角。根据前刀面和基面相对位置的不同，又分别规定为正前角、零度前角和负前角，如图 17-10 所示。前角的作用是：

a. 影响切屑的变形程度。较大的前角可减小切屑的变形，使切削轻快，降低切削温度，减少刀具磨损。

b. 影响刀刃强度。前角增大，刀具强度较弱，散热面积减少，切削温度升高，刀具寿命下降。因此，要根据工件材料、刀具材料和加工性质来选择前角的大小。当工件材料塑性大、强度和硬度低或刀具材料的强度和韧性好或精加工时，取较大的前角；反之取较小的前角。例如，用硬质合金车刀切削结构钢件，前角可取 10°～20°；切削灰口铸铁件时可取 5°～15°。

②后角

后角是在正交平面内测量的主后刀面与切削平面的夹角。其作用是：

a. 影响主后刀面与工件过渡表面的摩擦。增大后角可以减少后刀面与工件之间的摩擦，可以减少刀具的磨损，降低工件的表面粗糙度。

b. 配合前角改变切削刃的锋利与强度。后角过大，切削刃强度减弱，散热体积减小，刀具寿命降低。因此，后角的大小可根据加工的种类和性质来选择。例如，粗加工或工件材料较硬时，要求切削刃强固，后角取小值，可取 6°～8°；反之，对切削刃强度要求不高，主要希望减小摩擦和已加工表面的粗糙度值，可取稍大的值(8°～12°)。

③主偏角

主偏角是在基面内测量的主切削平面与假定工作平面间的夹角。其作用是：

a. 影响切削条件和刀具寿命。在进给量和背吃刀量相同的情况下，减少主偏角可以使刀刃参加切削的长度增加，切屑变薄，因而使刀刃单位长度上的切削负荷减轻，同时增大了散热面积，从而使切削条件得到改善，刀具寿命提高，如图 17-11 所示。

b. 影响切削分力的大小。在切削力同样大小的情况下，减小主偏角会使径向分力 F_p 增大，如图 17-11 所示。因此，当加工刚性较弱的工件(如细长轴)时，为避免工件变形和振动，应选用较大的主偏角(如采用偏刀)。车刀常用的主偏角有 45°、60°、75°、90°。因此，主偏角 κ_r，应根据系统刚性、加工材料和加工表面形状来选择。系统刚性好时，κ_r 取 45°或 60°；系统刚性差时，κ_r 取 75°或 90°；加工高强度、高硬度材料而系统刚性好时，κ_r 取 15°～30°；车阶梯轴时，κ_r 取 90°或 93°；车外圆带倒角时，κ_r 取 45°。

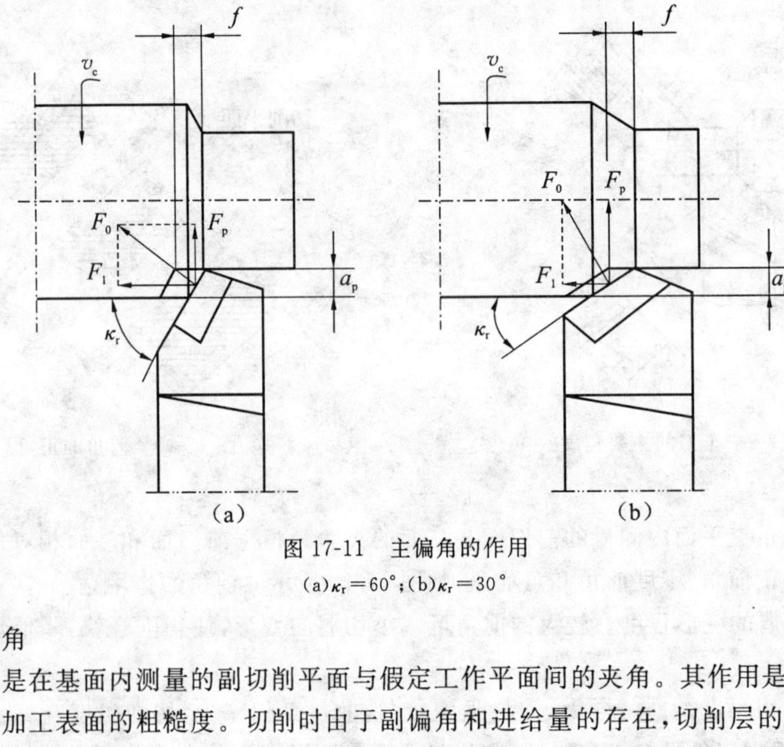

图 17-11　主偏角的作用

(a)$\kappa_r=60°$；(b)$\kappa_r=30°$

④副偏角

副偏角是在基面内测量的副切削平面与假定工作平面间的夹角。其作用是：

影响已加工表面的粗糙度。切削时由于副偏角和进给量的存在，切削层的面积未能全部切去，总有一部分残留在已加工表面上，称之为残留面积。在背吃刀量、进给量和主偏角相同的情况下，减少副偏角可使残留面积减小，表面粗糙度降低，如图 17-12 所示。

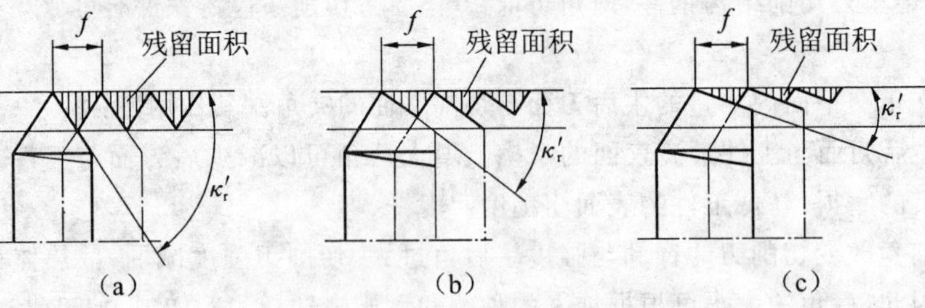

图 17-12　副偏角对残留面积的影响

(a)$\kappa_r'=60°$；(b)$\kappa_r'=30°$；(c)$\kappa_r'=15°$

⑤刃倾角

刃倾角是在主切削平面中测量的主切削刃与基面间的夹角。与前角类似，刃倾角也有正、负和零值之分（如图 17-13 所示）。其作用是：

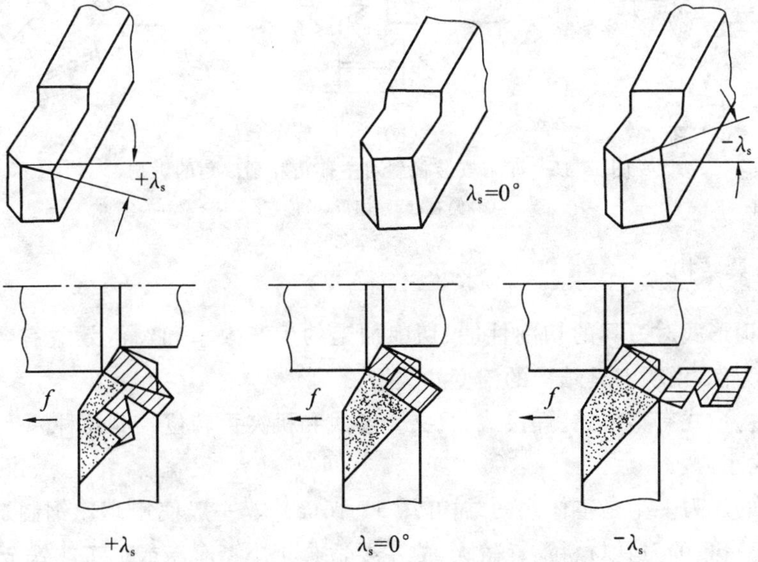

图 17-13 刃倾角及其对排屑方向的影响

a. 影响刀头的强度。负的刃倾角可起到增强刀头的作用，但会使背向力增大，有可能引起振动；正的刃倾角使刀尖先受到撞击，因此刀具容易损坏。因此，粗加工时为了增强刀头，λ_s 常取负值；精加工时为了保护已加工表面，λ_s 常取正值或零度。车刀的刃倾角一般在$-5°\sim+5°$之间选取。有时为了提高刀具耐冲击的能力，λ_s 可取较大的负值。

b. 影响切屑流出方向。刃倾角为正时，刀尖处于主切削刃的最高点，切屑流向待加工表面；刃倾角为负时，刀尖处于主切削刃的最低点，切屑流向已加工表面；刃倾角为零时，主切削刃水平，切屑朝着与主切削刃垂直的方向流动。

(3)刀具的工作角度

它是指在工作参考系中定义的刀具角度。刀具工作角度考虑了合成运动和刀具安装条件的影响。一般情况下，进给运动对合成运动的影响可忽略，并在正常安装的条件下（如车刀刀尖与工件回转轴线等高、刀柄纵向轴线垂直于进给方向等），车刀的工作角度近似于静止参考系中的角度。但在切断、车螺纹及车非圆柱表面时，就要考虑进给运动的影响。

如图 17-14 所示，车外圆时，若刀尖高于工件的回转轴线，则工作前角 $\gamma_{oe}>\gamma_o$，而工作后角 $\alpha_{oe}<\alpha_o$；反之，若刀尖低于工件的回转轴线，则 $\gamma_{oe}<\gamma_o$，$\alpha_{oe}>\alpha_o$。镗孔时的情况正好与此相反。当车刀刀柄的纵向轴线与进给方向不垂直时，将会引起主偏角和副偏角的变化，如图 17-15 所示。

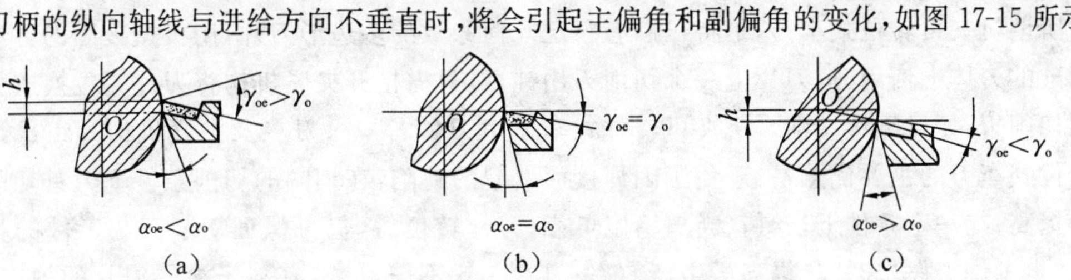

图 17-14 车刀安装高度对前角和后角的影响

(a)偏高；(b)等高；(c)偏低

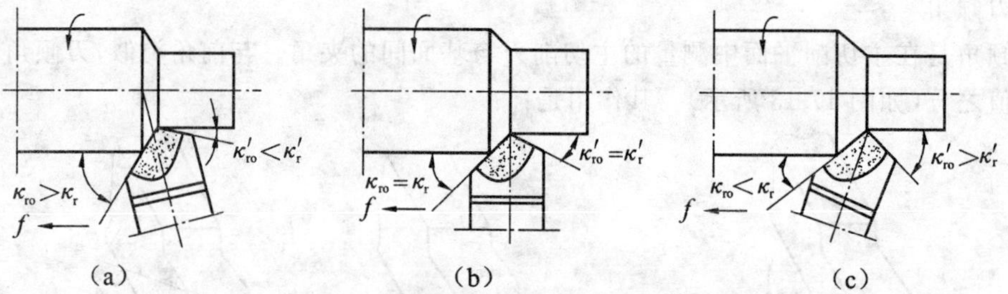

图 17-15 车刀安装偏斜对主偏角和副偏角的影响

(a)偏右;(b)垂直;(c)偏左

17.2.3 刀具结构

刀具的结构形式对刀具的切削性能、切削加工的生产效率和经济效益有着重要的影响。下面仍以车刀为例,说明刀具结构的演变和改进。

车刀的结构形式有整体式、焊接式、机夹重磨式和机夹可转位式等几种。

(1)整体式车刀

早期使用的车刀多半是整体式的结构[图 17-16(a)]。一般使用高速钢制造,刃口可磨得较锋利,但对于贵重的刀具材料消耗较大,故主要适合于小型车床或加工非铁金属、低速切削。

(2)焊接式车刀

它的结构简单、紧凑,刚性好,而且灵活性较大,可以根据加工条件和加工要求,较方便地磨出所需的角度,应用十分普遍[图 17-16(b)]。然而,焊接式车刀的硬质合金刀片经过高温焊接和刃磨后,产生内应力和裂纹,使切削性能下降,对提高生产效率很不利。它可用作各类刀具,特别是小刀具。

(3)机夹重磨式车刀

为了避免高温焊接所带来的缺陷,提高刀具切削性能,并使刀柄能多次使用,可采用机夹重磨式车刀[图 17-16(c)]。其主要特点是刀片与刀柄是两个可拆开的独立元件,工作时靠夹紧元件把它们紧固在一起。它可用做外圆、断面、镗孔、切断、螺纹车刀等。

(4)机夹可转位式车刀

近年来,随着自动机床、数控机床和机械加工自动线的发展,无论焊接式车刀还是机夹重磨式车刀,由于换刀、调刀等造成停机时间损失,都不能适应需要,因此出现了机夹可转位式车刀(曾称为机夹不重磨车刀),如图 17-16(d)所示。实践证明,这种车刀不但在自动化程度高的设备上,而且在通用机床上,都比焊接式车刀或机夹重磨式车刀优越,是当前车刀发展的主要方向。

所谓机夹可转位式车刀,是将压制有一定几何参数的多边形刀片,用机械夹固的方法装夹在标准的刀体上使用时,刀片上一个切削刃用钝后,只需松开夹紧机构将刀片转位换成另一个新的切削刃,便可继续切削。机夹可转位式车刀由刀体、刀片、刀垫及夹紧机构等组成。机夹可转位式车刀的主要优点是:避免了因焊接而引起的缺陷,在相同的切削条件下刀具切削性能大为提高;在一定条件下,卷屑、断屑稳定可靠;刀片转位后,仍可保证切削刃与工件的相对位置,减少了调刀停机时间,提高了生产效率;刀片一般不需重磨,有利于涂层刀片的推广使用;刀体使用寿命变长,可节约刀体材料及其制造费用。

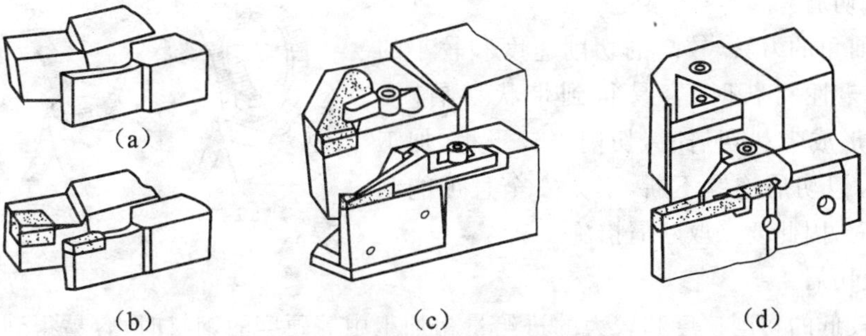

图 17-16　车刀结构

(a)整体式;(b)焊接式;(c)机夹式;(d)可转位式

17.3　金属切削过程

金属切削过程的研究,对于切削加工技术的发展和进步、保证加工质量、降低生产成本、提高生产率,都有着十分重要的意义。因为切削过程中的许多物理现象,如切削力、切削热、刀具磨损以及加工表面质量等,都是以切屑形成过程为基础的,而生产实践中出现的许多问题,如振动、卷屑和断屑等,都同切削过程有着密切的关系。这些现象和规律,在本课程中仅作简单的分析和讨论。

17.3.1　切屑形成过程及切屑种类

17.3.1.1　切屑形成过程

金属的切削过程实际上与金属的挤压过程很相似。切削塑性金属时,材料受到刀具的作用以后,开始产生弹性变形。随着刀具继续切入,金属内部的应力、应变继续加大。当应力达到材料的屈服点时,产生塑性变形。刀具再继续前进,应力进而达到材料的断裂强度,金属材料被挤裂,并沿着刀具的前刀面流出而成为切屑。

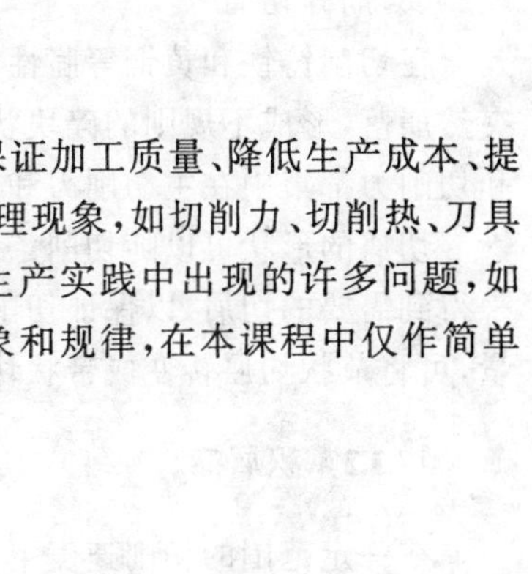

图 17-17　切屑收缩

经过塑性变形的切屑,其厚度 h_{ch} 大于切削层公称厚度 h_D,而长度 l_{ch} 小于切削层公称长度 l_D(如图 17-17 所示),这种现象称为切屑收缩。切屑厚度与切削层公称厚度之比称为切屑厚度压缩比,以 Λ_h 表示。由定义可知:

$$\Lambda_h=\frac{h_{ch}}{h_D}$$

在一般情况下,$\Lambda_h>1$。

切屑厚度压缩比反映了切削过程中切屑变形程度的大小,对切削力、切削温度和表面粗糙度有重要影响。在其他条件不变时,切屑厚度压缩比愈大,切削力愈大,切削温度愈高,表面愈粗糙。因此,在加工过程中,可根据具体情况采取相应的措施,来减小变形程度,改善切削过程。例如,在中速或低速切削时,可增大前角以减小变形,或对工件进行适当的热处理,以降低材料的塑性,使变形减小。

17.3.1.2　切屑的种类

由于工件材料的塑性不同、刀具的前角不同或采用不同的切削用量等,会形成不同类型的切屑,并对切削加工产生不同的影响。常见的切屑有如下几种(图 17-18):

(1)带状切屑

在用大前角的刀具、较高的切削速度和较小的进给量切削塑性材料时,容易得到带状切屑[图17-18(a)]。形成带状切屑时,切削力较平稳,加工表面较光洁,但切屑连续不断,不太安全且可能刮伤已加工表面,因此要采取断屑措施。

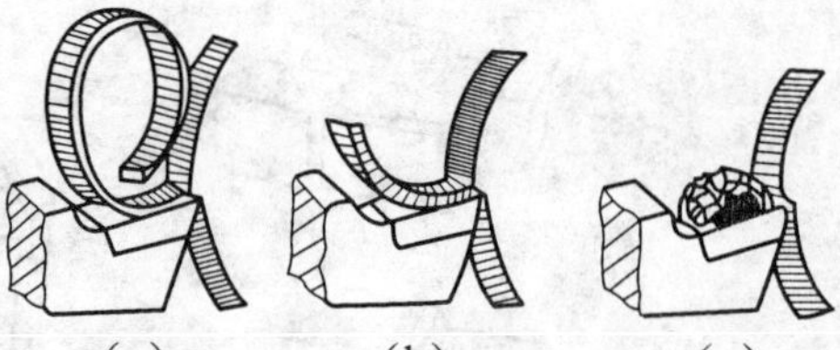

图 17-18　切屑的种类

(2)节状切屑

在采用较低的切削速度和较大的进给量粗加工中等硬度的钢材时,容易得到节状切屑[图17-18(b)]。形成这种切屑时,金属材料经过弹性变形、塑性变形、挤裂和切离等阶段,是典型的切削过程。由于切削力波动较大,因而工件表面较粗糙。

(3)崩碎切屑

在切削铸铁和黄铜等脆性材料时,切削层金属发生弹性变形以后,一般不经过塑性变形就突然崩落,形成不规则的碎块状屑片,即为崩碎切屑[图17-18(c)]。产生崩碎切屑时,切削热和切削力都集中在主切削刃和刀尖附近,刀尖容易磨损,并容易产生振动,影响表面质量。

切屑的形状可以随切削条件的不同而改变。在生产中,常根据具体情况采取不同的措施来得到需要的切屑,以保证切削加工的顺利进行。例如,加大前角、提高切削速度或减小进给量,可将节状切屑转变成带状切屑,使加工的表面较为光洁。

17.3.2　积屑瘤

在一定范围的切削速度下切削塑性金属时,常发现在刀具前刀面靠近切削刃的部位黏附着一小块很硬的金属,这就是积屑瘤,或称刀瘤,如图17-19所示。

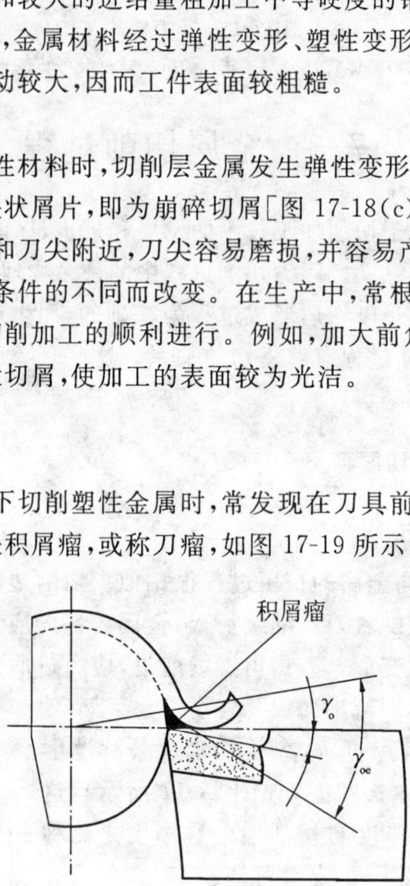

图 17-19　积屑瘤

17.3.2.1　积屑瘤的形成

当切屑沿刀具的前刀面流出时,在一定的温度与压力作用下,与前刀面接触的切屑底层受到很大的摩擦阻力,致使这一层金属的流出速度减慢,形成一层很薄的"滞流层"。当前刀面对滞流层的摩擦阻力超过切屑材料的内部结合力时,就会有一部分金属黏附在切削刃附近,形成积屑瘤。

积屑瘤形成后不断长大,达到一定高度又会破裂,而被切屑带走或嵌附在工件表面上。上述过程是反复进行的。

17.3.2.2　积屑瘤对切削加工的影响

在形成积屑瘤的过程中,金属材料因塑性变形而被强化。因此,积屑瘤的硬度比工件材料的硬度高，能代替切削刃进行切削，起到保护切削刃的作用。同时，由于积屑瘤的存在，增大了刀具实际工作前角(图 17-19)，使切削轻快。所以，粗加工时希望产生积屑瘤。

但是，积屑瘤的顶端伸出切削刃之外，而且在不断地产生和脱落，使切削层公称厚度不断变化，影响尺寸精度。此外，还会导致切削力的变化，引起振动，并会有一些积屑瘤碎片黏附在工件已加工表面上，使表面变得粗糙。因此，精加工时应尽量避免积屑瘤产生。

17.3.2.3 积屑瘤的控制

影响积屑瘤形成的主要因素有工件材料的力学性能、切削速度和冷却润滑条件等。

在工件材料的力学性能中，影响积屑瘤形成的因素主要是塑性。塑性越大，越容易形成积屑瘤。例如，加工低碳钢、中碳钢、铝合金等材料时容易产生积屑瘤。要避免积屑瘤，可将工件材料进行正火或调质处理，以提高其强度和硬度，降低塑性。

在对某些工件材料进行切削时，切削速度是影响积屑瘤的主要因素。切削速度是通过切削温度和摩擦来影响的。例如，加工中碳钢工件，当切削速度很低(<5m/min)时，切削温度较低，切屑内部结合力较大，前刀面与切屑间的摩擦小，积屑瘤不易形成；当切削速度增大(5～50m/min)时，切削温度升高，摩擦加大，则易于形成积屑瘤；当切削速度很高(>100m/min)时，切削温度较高，摩擦较小，则无积屑瘤形成。

因此，一般精车、精铣采用高速切削，而拉削、铰削和宽刀精刨时，则采用低速切削，以避免形成积屑瘤。选用适当的切削液，可有效地降低切削温度，减少摩擦，也是减少或避免积屑瘤的重要措施之一。

17.3.3 切削力和切削功率

切削力是切削加工过程中的重要问题之一，它影响零件的加工精度、表面粗糙度和生产率。切削力过大时，会使工件变形，从而影响工件的加工精度，在机床-工件-刀具系统的刚度不够时，切削力还会引起振动，使工件表面粗糙。切削力太大还可能造成“打刀”、“闷车”、损坏机床、顶跑工件等生产事故。因此，生产中往往要求我们能顾及切削力的大小和方向，并采取措施加以控制。

17.3.3.1 切削力的构成与分解

刀具在切削工件时，必须克服材料的变形抗力，克服刀具与工件及刀具与切屑之间的摩擦力，才能切下切屑。这些抗力构成了实际的切削力。

在切削过程中，切削力使工艺系统(机床-工件-刀具)变形，影响加工精度。切削力还直接影响切削热的产生，并进一步影响刀具磨损和已加工表面质量。切削力又是设计和使用机床、刀具、夹具的重要依据。

实际加工中，总切削力的方向和大小都不易直接测定，也没有直接测定它的必要。为了适应设计和工艺分析的需要，一般不是直接研究总切削力，而是研究它在一定方向上的分力。

以车削外圆为例，总切削力 F 一般常分解为以下三个互相垂直的分力(图 17-20)：

(1)切削力 F_c

切削力是总切削力 F 在主运动方向上的分力，大小约占总切削力的 80%～90%。F_c 消耗的功率最多，约占总功率的 90%以上，是计算机床动力、主传动系统零件和刀具强度及刚度的主要依据。当 F_c 过大时，可能使刀具损坏或使机床发生“闷车”现象。

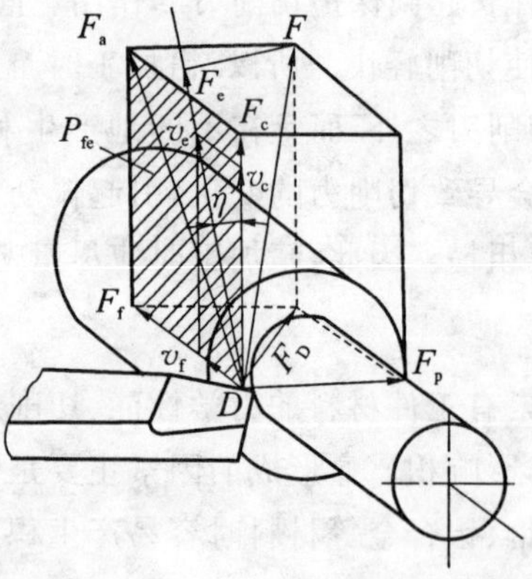

图 17-20　车削外圆时力的分解

(2)进给力 F_f

进给力是总切削力 F 在进给运动方向上的分力，是设计和校验进给机构所必需的数据。进给力也做功，但只占总功率的1%～5%。

(3)背向力 F_p

背向力是总切削力 F 在垂直于工作平面方向上的分力。因为切削时这个方向上的运动速度为零，所以 F_p 不消耗功率。但它一般作用在工件刚度较弱的方向上，容易使工件变形，甚至可能产生振动，影响工件的加工精度。因此，应当设法减小或消除 F_p 的影响。例如车削细长轴时，常采用主偏角 $\kappa_r=90°$ 的车刀，就是为了减小背向力。

如图 17-20 所示，这三个切削分力与总切削力 F 有如下关系：

$$F=\sqrt{F_c^2+F_f^2+F_p^2}$$

17.3.3.2　切削力的估算

切削力的大小是由很多因素决定的，如工件材料、切削用量、刀具角度、切削液和刀具材料等。在一般情况下，对切削力影响比较大的是工件材料和切削用量。

切削力的大小可用经验公式来计算。经验公式是建立在实验基础上的，并综合考虑了影响切削力的各个因素。例如，车削外圆时，计算 F_c 的经验公式如下：

$$F_c=C_{F_c}\cdot a_p^{x_{F_c}}\cdot f^{y_{F_c}}\cdot K_{F_c}\quad(\mathrm{N})$$

式中：C_{F_c}——与工件材料、刀具材料及切削条件等有关的系数；

a_p——背吃刀量(mm)；

f——进给量(mm/r)；

x_{F_c}、y_{F_c}——指数；

K_{F_c}——切削条件不同时的修正系数。

经验公式中的系数和指数，可从有关资料(如《切削用量手册》等)中查出。例如，用 $\gamma_o=15°$、$\kappa_r=75°$ 的硬质合金车刀车削结构钢件外圆时，$C_{F_c}=1609$，$x_{F_c}=1$，$y_{F_c}=0.84$。指数 x_{F_c} 比 y_{F_c} 大，说明背吃刀量 a_p 对 F_c 的影响比进给量 f 对 F_c 的影响大。

生产中，常用切削层单位面积切削力 k_c 来估算切削力 F_c 的大小。因为 k_c 是切削力 F_c 与切削层公称横截面积 A_D 之比，所以

$$F_c=k_c\cdot A_D=k_c\cdot b_D\cdot h_D\approx k_c\cdot a_p\cdot f\quad(\mathrm{N})$$

式中：k_c——切削层单位面积切削力(MPa)；

b_D——切削层公称宽度，mm；

h_D——切削层公称厚度，mm。

k_c 的数值可从有关资料中查出，表 17-2 摘选了几种常用材料的 k_c 值。若已知实际的背吃刀量 a_p 和进给量 f，便可利用上式估算出切削力 F_c。

表 17-2 几种常用材料的 k_c 值

材料	牌号	制造、热处理状态	硬度(HBS)	k_c(MPa)
结构钢	45(40Cr)	热轧或正火	187(212)	1962
		调质	229(285)	2305
灰铸铁	HT200	退火	170	1118
铅黄铜	HPb59-1	热轧	78	736
硬铝合金	LY12	淬火及时效	107	834

17.3.3.3 切削功率

切削功率 P_m 应是三个切削分力消耗功率的总和，但背向力 F_P 消耗的功率为零，进给力 F_f 消耗的功率很小，一般可忽略不计。因此，切削功率 P_m 可用下式计算：

$$P_m = 10^{-3} F_c \cdot v_c \quad (\text{kW})$$

式中：F_c——切削力(N)；

v_c——切削速度(m/s)。

机床电动机的功率 P_E 可用下式计算：

$$P_E = P_m / \eta \quad (\text{kW})$$

式中：η——机床传动效率，一般取 0.75～0.85。

17.3.4 切削热和切削温度

17.3.4.1 切削热的产生、传出及对加工的影响

在切削过程中，由于绝大部分的切削功都转变成热量，所以有大量的热产生，这些热称为切削热。切削热的主要来源有三种(图 17-21)：

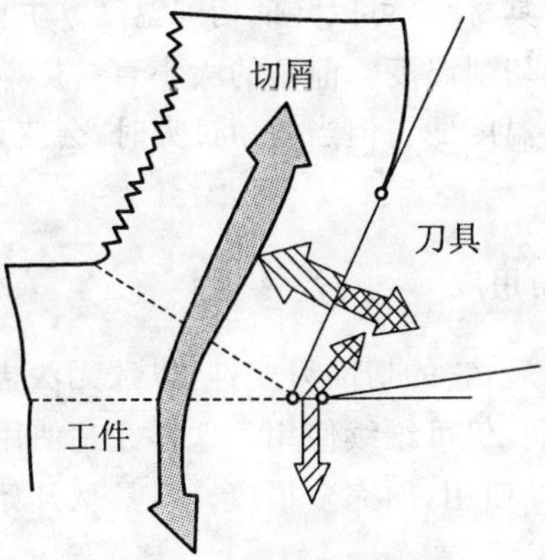

图 17-21 切削热的来源

(1)切屑变形所产生的热量，是切削热的主要来源；

(2)切屑与刀具前刀面之间的摩擦所产生的热量；

(3)工件与刀具后刀面之间的摩擦所产生的热量。

随着刀具材料、工件材料、切削条件的不同,三个热源的发热量亦不相同。

切削热产生以后,由切屑、工件、刀具及周围的介质(如空气)传出。各部分传出的比例取决于工件材料、切削速度、刀具材料及刀具几何形状等。实验结果表明,车削时的切削热主要是由切屑传出的。

用高速钢车刀及与之相适应的切削速度切削钢料时,切削热传出的比例是:切屑传出的热为50%～86%;工件传出的热为40%～10%;刀具传出的热为9%～3%;周围介质传出的热约为1%。

传入切屑及介质中的热量越多,对加工越有利。

传入刀具的热量虽不是很多,但由于刀具切削部分体积很小,因此刀具的温度可达到很高(高速切削时可达到1000℃以上)。温度升高以后,会加速刀具的磨损。

传入工件的热量,可能使工件变形,产生形状和尺寸误差。

在切削加工中,如何减少切削热的产生、改善散热条件以及减少高温对刀具和工件的不良影响,有着重大的意义。

17.3.4.2　切削温度及其影响因素

切削温度一般是指切削区的平均温度。切削温度的高低,除了用仪器进行测定外,还可以通过观察切屑的颜色大致估计出来。例如切削碳钢时,随着切削温度的升高,切屑的颜色也发生相应的变化,淡黄色时约200℃,蓝色时约320℃。

切削温度的高低取决于切削热的产生和传出情况,它受切削用量、工件材料、刀具材料及几何形状等因素的影响。

切削速度增加时,单位时间产生的切削热随之增加,对温度的影响最大。进给量和背吃刀量增加时,切削力增大,摩擦也大,所以切削热会增加。但是在切削面积相同的条件下,增加进给量与增加背吃刀量相比,后者可使切削温度低些。原因是当增加背吃刀量时,切削刃参加切削的长度随之增加,这将有利于热的传出。

工件材料的强度及硬度愈高,切削中消耗的功率愈大,产生的切削热愈多。如切钢时发热多,切铸铁时发热少,因为钢在切削时产生塑性变形所需的功率大。

导热性好的工件材料和刀具材料,可以降低切削温度。主偏角减小时,切削刃参加切削的长度增加,传热条件好,可降低切削温度。前角的大小直接影响切削过程中的变形和摩擦,前角大时,产生的切削热少,切削温度低。但当前角过大时,会使刀具的传热条件变差,反而不利于切削温度的降低。

17.3.5　刀具磨损和刀具耐用度

一把刀具使用一段时间以后,它的切削刃变钝,以致无法再使用。对于可重磨刀具,经过重新刃磨以后,切削刃恢复锋利,仍可继续使用。这样经过使用-磨钝-刃磨锋利若干个循环以后,刀具的切削部分便无法继续使用,而完全报废。刀具从开始切削到完全报废,实际切削时间的总和称为刀具寿命。

17.3.5.1　刀具磨损的形式与过程

刀具正常磨损时,按其发生的部位不同可分为三种形式,即后刀面磨损、前刀面磨损、前刀面与后刀面同时磨损(如图17-22所示,图中VB代表后刀面磨损尺寸)。

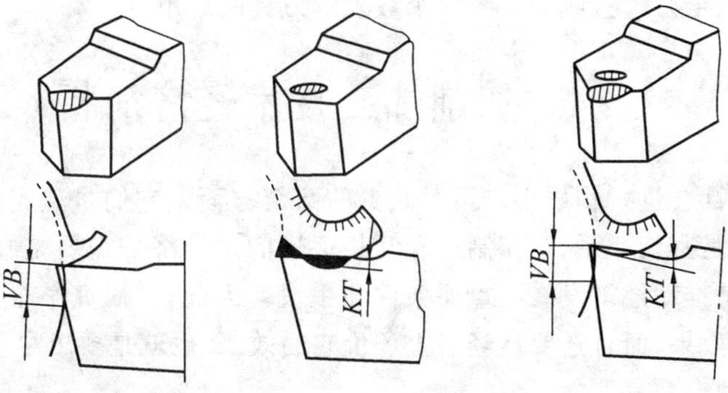

图 17-22　刀具磨损的形式

(a)后刀面磨损;(b)前刀面磨损;(c)前刀面与后刀面同时磨损

刀具的磨损过程如图 17-23 所示,可分为三个阶段:

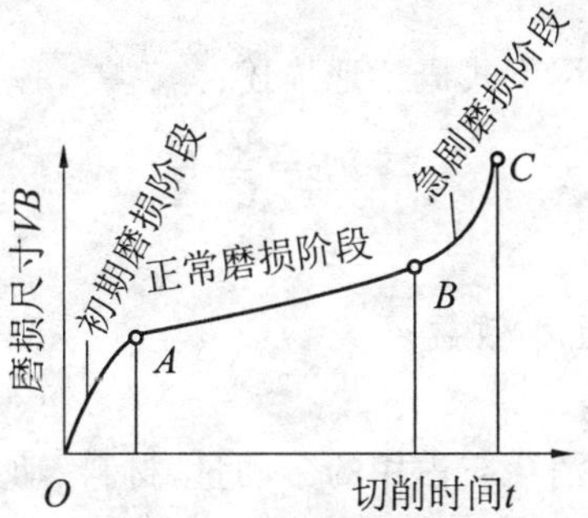

图 17-23　刀具磨损过程

第一阶段(*OA* 段)称为初期磨损阶段;第二阶段(*AB* 阶段)称为正常磨损阶段;第三阶段(*BC* 段)称为急剧磨损阶段。

经验表明,在刀具正常磨损阶段的后期、急剧磨损阶段之前,换刀重磨最好。这样既可保证加工质量又能充分利用刀具材料。

17.3.5.2　*影响刀具磨损的因素*

如前所述,增大切削用量时切削温度随之增高,将加速刀具磨损。在切削过程中,切削速度对刀具磨损的影响最大。

此外,刀具材料、刀具几何形状、工件材料以及是否使用切削液等,也都会影响刀具的磨损。例如,耐热性好的刀具材料就不易磨损;适当加大刀具前角,由于减小了切削力,可减少刀具的磨损。

17.3.5.3　*刀具耐用度*

刀具的磨损限度通常用后刀面的磨损程度作标准。但是,生产中不可能用经常测量后刀面磨损的方法来判断刀具是否已经达到容许的磨损限度,而常是按刀具进行切削的时间来判断。刃磨后的刀具自开始切削直到磨损量达到磨钝标准所经历的实际切削时间,称为刀具耐用度,以 T 表示。

粗加工时,多以切削时间(min)表示刀具耐用度。例如,目前硬质合金焊接车刀的耐用度大致为 60min,高速钢钻头的耐用度为 80～120min,硬质合金端铣刀的耐用度为 120～180min,齿轮刀具的耐用度为 200～300min。

精加工时,常以走刀次数或加工零件个数表示刀具的耐用度。

17.4 切削加工技术经济简析

技术与经济是社会进行物质生产不可缺少的两个方面。它们虽然是两个不同的范畴,但在实际生产中它们是密切联系、互相制约和互相促进的。经济的需要是技术进步的动力和方向,而技术进步又是推动经济发展的重要条件和手段。因此,在研究某个技术方案时,不仅要从技术上评价它的效果,而且还要从经济上评价它的效果,也就是要求尽量做到既在技术上先进,又在经济上合理。

评价不同方案的技术经济效果时,首先应确定评价依据和标准,也就是要建立一系列的技术经济指标。

17.4.1 切削加工主要技术经济指标

某方案的技术经济效果可用下式概括地描述:

$$E=\frac{V}{C}$$

式中:E——技术经济效果;

V——输出的使用价值,也称效益;

C——输入的劳动耗费。

劳动耗费是指生产过程中消耗与占用的劳动量、材料、动力、工具和设备等,这些往往以货币的形式表示,称为费用消耗。

使用价值是指生产活动创造出来的劳动成果,包括质量和数量两个方面。

人们在技术发展和生产活动中,都要力争取得最好的技术经济效果,即要尽量做到:使用价值一定,劳动耗费最小,或劳动耗费一定,使用价值最大。

全面地分析指标体系是一个较为复杂的问题,需要时可查阅《技术经济分析》有关资料。下面仅简要介绍切削加工的几个主要技术经济指标,即产品质量、生产率和经济性。

17.4.1.1 产品质量

零件经切削加工后的质量包括精度和表面质量两部分。

(1)精度

精度是指零件在加工之后,其尺寸、形状等参数的实际数值同它们绝对准确的各个理论参数相符合的程度。符合程度越高,亦即偏差(加工误差)越小,则加工精度越高。其中:

①尺寸精度

尺寸精度指的是表面本身的尺寸精度(如圆柱面的直径)和表面间的尺寸精度(如孔间距离等)。尺寸精度的高低,用尺寸公差的大小来表示。

国家标准 GB/T 1800.2—1998 规定,标准公差分成 20 级,即 IT01,IT0 和 IT1～IT18,IT 表示标准公差。数字越大,精度越低。IT01～IT13 用于配合尺寸,其余用于非配合尺寸。

②形状精度

形状精度指的是零件表面与理想表面之间在形状上接近的程度,如圆柱面的圆柱度、圆度,平面的平面度等。

③位置精度

位置精度指的是表面、轴线或对称平面之间的实际位置与理想位置接近的程度，如两圆柱面间的同轴度、二平面间的平行度或垂直度等。

应当指出，由于在加工过程中有各种因素影响加工精度，即使是同一加工方法，在不同的条件下所能达到的精度也不同。甚至在相同的条件下采用同一种方法，如果多费一些工时、细心地完成每一动作，也能提高它的加工精度。但这样做又降低了生产率，增加了生产成本，因而是不经济的。所以，通常所说的某加工方法所达到的精度，是指在正常操作情况下所达到的精度，称为经济精度。

设计零件时，首先应根据零件尺寸的重要性来决定选用哪一级精度。其次还应考虑本企业的设备条件和加工费用的高低。总之，选择精度的原则是在保证能达到技术要求的前提下，选用较低的精度等级。

(2)表面质量

已加工表面质量包括表面粗糙度、表层加工硬化的程度和深度、表层剩余应力的性质和大小。

①表面粗糙度

无论用何种加工方法加工，零件表面总会遗留下微细的凸凹不平的加工痕迹，出现交错起伏的峰谷现象，粗加工后的表面用肉眼就能看到，精加工后的表面用放大镜或显微镜也能观察到。这种已加工表面具有的较小间距和微小峰谷的不平度，称为表面粗糙度，过去曾用表面光洁度来衡量这一指标。

表面粗糙度与零件的配合性质、耐磨性和抗腐蚀性等有着密切的关系，它影响机器或仪器的使用性能和寿命。为了保证零件的使用性能，要限制表面粗糙度的范围，国标GB/T 1301—1995规定了表面粗糙度的评定参数及其数值。表17-3列出了轮廓算术平均偏差 R_a(表面粗糙度评定参数之一)之值与原光洁度级别之间大致的对应关系。

表 17-3 R_a 值与原光洁度级别的对应关系

R_a(μm)(≤)	50	25	12.5	6.3	3.2	1.6	0.8	0.4	0.2	0.1	0.05	0.025	0.012	0.008 (0.006)
原光洁度级别	▽1	▽2	▽3	▽4	▽5	▽6	▽7	▽8	▽9	▽10	▽11	▽12	▽13	▽14

在一般情况下，零件表面的尺寸精度要求愈高，其形状和位置精度要求愈高，表面粗糙度的值愈小。但有些零件的表面，出于外观或清洁的考虑，要求光亮，而其精度不一定要求高，例如机床手柄、面板等。

②已加工表面的加工硬化和剩余应力

在切削过程中，由于前刀面的推挤以及后刀面的挤压与摩擦，工件已加工表面的晶粒发生很大的变形，致使其硬度比原来工件材料的硬度有显著提高，这种现象称为加工硬化。切削加工所造成的加工硬化，常常伴随着表面裂纹，因而降低了零件的疲劳强度和耐磨性。另一方面，硬化层的存在加速了后续加工中刀具的磨损。

经切削加工后的表面，由于切削时力和热的作用，在一定深度的表层金属里，常常存在着剩余应力和裂纹。这会影响零件表面质量和使用性能。若各部分的剩余应力分布不均匀，还会使零件发生变形，影响尺寸和形状、位置精度。这一点对刚度比较差的细长或扁薄零件影响更大。

因此，对于重要的零件，除限制表面粗糙度外，还要控制其表层加工硬化的程度和深度，以及表层剩余应力的性质(拉应力还是压应力)和大小。而对于一般的零件，则主要规定其表面粗糙度的数值范围。

17.4.1.2 生产率

切削加工中，常以单位时间内生产的零件数量来表示生产率，即

$$R_0=\frac{1}{t_w}$$

式中：R_0——生产率；

t_w——生产1个零件所需的总时间。

在机床上加工1个零件，所用的总时间包括三个部分，即

$$t_w=t_m+t_c+t_o$$

式中：t_m——基本工艺时间，即加工1个零件所需的总切削时间，也称为机动时间。

t_c——辅助时间，即除切削时间之外，与加工直接有关的时间。它是工人为了完成切削加工而消耗于各种操作上的时间，例如调整机床、空移刀具、装卸或刃磨刀具、安装和找正工件、检验等的时间。

t_o——其他时间，即除切削时间之外，与加工没有直接关系的时间，包括擦拭机床、清扫切屑的时间等。

所以，生产率又可表示为

$$R_0=\frac{1}{t_m+t_c+t_o}$$

由上式可知，提高切削加工的生产率，实际就是设法减少零件加工的基本工艺时间、辅助时间及其他时间。

以车削外圆为例(如图17-24所示)，基本工艺时间可用下式计算：

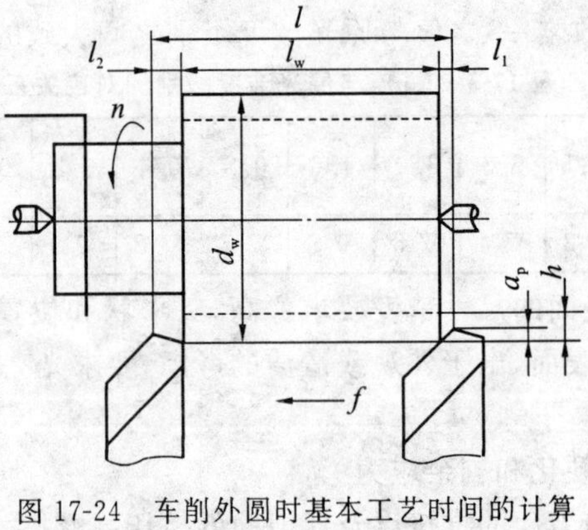

图17-24 车削外圆时基本工艺时间的计算

$$t_m=\frac{lh}{nfa_p}=\frac{\pi d_w lh}{1000v_c fa_p}\quad(s)$$

式中：l——车刀行程长度(mm)，并有 $l=l_w$(被加工外圆面长度)$+l_1$(切入长度)$+l_2$(切出长度)；

d_w——工件待加工表面直径(mm)；

h——外圆面加工余量的一半(mm)；

v_c——切削速度(m/s)；

f——进给量(mm/r)；

a_p——背吃刀量(mm)；

n——工件转速(r/s)。

综合上述分析,提高生产率的主要途径如下:

(1)在可能的条件下,采用先进的毛坯制造工艺和方法,减小加工余量。

(2)合理地选择切削用量,粗加工时可采用强力切削(f 和 a_p 较大),精加工时可采用高速切削。

(3)在可能的条件下,采用先进的和自动化程度较高的工、夹、量具。

(4)在可能的条件下,采用先进的机床设备及自动化控制系统,如在大批量生产中采用自动机床,多品种、小批量生产中采用数控机床、计算机辅助制造等。

17.4.1.3　经济性

在制订切削加工方案时,应使产品在保证其使用要求的前提下制造成本最低。产品的制造成本是指费用消耗的总和,它包括毛坯或原材料费用,生产工人工资,机床设备的折旧和调整费用,工、夹、量具的折旧和修理费用,车间经费和企业管理费用等。若将毛坯成本除外,每个零件切削加工的费用可用下式计算:

$$C_w = t_w M = \frac{t_m}{T} C_t = (t_m + t_c + t_o) M + \frac{t_m}{T} C_t$$

式中:C_w——每个零件切削加工的费用;

M——单位时间分担的全厂开支,包括工人工资、设备和工具的折旧及管理费用等;

T——刀具耐用度;

C_t——刀具刃磨一次的费用。

由上式可知,零件切削加工的成本,包括工时成本和刀具成本两部分,并且受基本工艺时间、辅助时间、其他时间及刀具耐用度的影响。若要降低零件切削加工的成本,除节约全厂开支、降低刀具成本外,还要设法减少 t_m、t_c 和 t_o,并保证一定的刀具耐用度 T。

切削加工最优的技术经济效果,是指在可能的条件下,以最低的成本高效率地加工出质量合格的零件。要达到这一目标,涉及的问题比较多,也很复杂,本节仅讨论几个与金属切削过程有密切关系的问题——切削用量、切削液和材料的切削加工性等。

17.4.2　切削用量的合理选择

合理地选择切削用量,对于保证加工质量、提高生产效率和降低加工成本有着重要的影响。在机床、刀具和工件等条件一定的情况下,切削用量的选择具有较大的灵活性。为了取得最大的技术经济效益,应当根据具体的加工条件确定切削用量三要素(a_p、f、v_c)的合理组合。

17.4.2.1　选择切削用量的一般原则

为了合理地选择切削用量,首先要了解它们对切削加工的影响。

(1)对加工质量的影响

在切削用量三要素中,背吃刀量和进给量增大,都会使切削力和工件变形增大,并可能引起振动,降低加工精度和增大表面粗糙度 R_a 值。进给量增大还会使残留面积的高度显著增大(如图 17-25 所示),表面更加粗糙。切削速度增大时,切削力减小,并可减小或避免积屑瘤,有利于加工质量的提高。

(2)对生产率的影响

由前面计算基本工艺时间的公式可知,切削用量三要素 v_c、f 和 a_p 对 t_m 的影响是相同

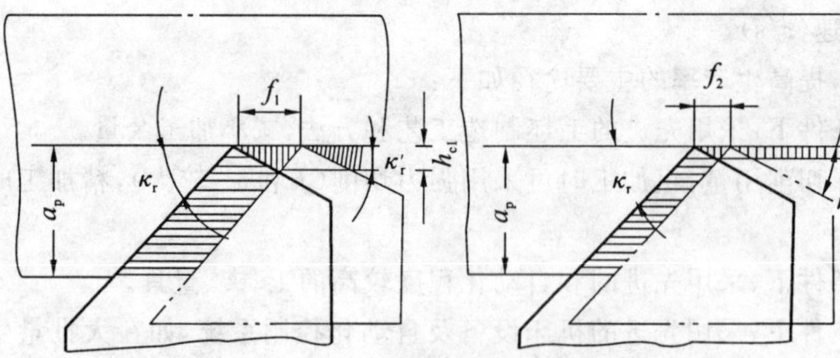

图 17-25 进给量对残留面积的影响

的，但它们对辅助时间的影响却大不相同。用实验的方法可以求出刀具耐用度与切削用量之间关系的经验公式。例如，用硬质合金车刀车切削中碳钢时

$$T=\frac{C_T}{v_c^5 f^{2.25} a_p^{0.75}} \quad (\text{当 } f>0.75\text{mm/r 时})$$

式中 C_T 为系数。

由上式可知，在切削用量中，切削速度对刀具耐用度的影响最大，进给量次之，背吃刀量的影响最小。也就是说，当提高切削速度时，刀具耐用度降低的程度比增大同样倍数的进给量或背吃刀量时大得多。由于刀具耐用度降低，势必增加换刀或磨刀的次数，增加辅助时间，从而降低生产率。

综上所述，粗加工时，从提高生产率的角度出发，一般取较大的背吃刀量和进给量，切削速度并不太高。精加工时，主要考虑加工质量，常选用较小的背吃刀量和进给量、较高的切削速度，只有在受到刀具等工艺条件限制不宜采用高速切削时才选用较低的切削速度。例如，用高速钢铰刀铰孔，切削速度受刀具材料耐热性的限制，并为了避免积屑瘤的影响，应采用较低的切削速度。

17.4.2.2 切削用量的选择

综合切削用量三要素对刀具耐用度、生产率和加工质量的影响，选择切削用量的顺序应为：首先选尽可能大的背吃刀量 a_p，其次选尽可能大的进给量 f，最后选尽可能大的切削速度 v_c。

(1)背吃刀量的选择

背吃刀量要尽可能选得大些，不论是粗加工还是精加工，最好一次走刀能把该工序的加工余量切完，如车削外圆时 $a_p=h$。若因加工余量太大，一次走刀切除会使切削力太大，机床功率不足，刀具强度不够或产生振动，可将加工余量分为两次或多次切完。这时也应将第一次走刀的背吃刀量取得尽量大些，其后的背吃刀量取得相对小些。

(2)进给量的选择

粗加工时，一般对工件已加工表面质量要求不太高，进给量主要受机床、刀具和工件所能承受的切削力的限制。这是因为，当选定背吃刀量后，进给量的数值将直接影响切削力的大小。而精加工时，一般背吃刀量较小，切削力不大，限制进给量的因素主要是工件表面粗糙度。

实际生产中，可利用《切削用量手册》等资料查出进给量的数值，其部分内容摘列于表 17-4 和表 17-5 中。

(3)切削速度的选择

在背吃刀量和进给量选定后，可根据合理的刀具耐用度，用计算法或查表法选择切削速度。粗加工时，由于切削力一般较大，切削速度主要受机床功率的限制。当依据刀具耐用度选

定的切削速度使切削功率超过机床允许使用值时，应适当降低切削速度。精加工时，切削力较小，切削速度主要受刀具耐用度的限制。

切削速度的具体数值，可从《切削用量手册》等资料中查出，其部分内容摘列于表 17-6 中。

表 17-4 硬质合金车刀粗车外圆和端面时进给量的参考值

工件材料	车刀刀柄尺寸 B(mm)×H(mm)	工件直径 d_w(mm)	背吃刀量 a_p(mm) ≤3	>3~5	>5~8	>8~12	>12
			进给量 f(mm/r)				
碳素结构钢、合金结构钢及耐热钢	16×25	20	0.3~0.4	—	—	—	—
		40	0.4~0.5	0.3~0.4	—	—	—
		60	0.5~0.7	0.4~0.6	0.3~0.5	—	—
		100	0.6~0.9	0.5~0.7	0.5~0.6	0.4~0.5	—
		400	0.8~1.2	0.7~1.0	0.6~0.8	0.5~0.6	—
	20×30 25×25	20	0.3~0.4	—	—	—	—
		40	0.4~0.5	0.3~0.4	—	—	—
		60	0.6~0.7	0.5~0.7	0.4~0.6	—	—
		100	0.8~1.0	0.7~0.9	0.5~0.7	0.4~0.7	—
		600	1.2~1.4	1.0~1.2	0.8~1.0	0.6~0.9	0.4~0.6
铸铁及铜合金	16×25	40	0.4~0.5	—	—	—	—
		60	0.6~0.8	0.5~0.8	0.4~0.6	—	—
		100	0.8~1.2	0.7~1.0	0.6~0.8	0.5~0.7	—
		400	1.0~1.4	1.0~1.2	0.8~1.0	0.6~0.8	—
	20×30 25×25	40	0.4~0.5	—	—	—	—
		60	0.6~0.9	0.5~0.8	0.4~0.7	—	—
		100	0.9~1.3	0.8~1.2	0.7~1.0	0.5~0.8	—
		600	1.2~1.8	1.2~1.6	1.0~1.3	0.9~1.1	0.7~0.9

表 17-5 按表面粗糙度选择进给量的参考值

工件材料	表面粗糙度 R_a(μm)	切削速度范围 v_c(m/min)	刀尖圆弧半径 r_ε(mm) 0.5	1.0	2.0
			进给量 f(mm/r)		
铸铁、青铜、铝合金	6.3	不限	0.25~0.40	0.40~0.50	0.50~0.60
	3.2		0.15~0.25	0.25~0.40	0.40~0.60
	1.6		0.10~0.15	0.15~0.20	0.20~0.35
碳钢及合金钢	6.3	<50	0.30~0.50	0.45~0.60	0.55~0.70
		>50	0.40~0.55	0.55~0.65	0.65~0.70
	3.2	<50	0.18~0.25	0.25~0.30	0.30~0.40
		>50	0.25~0.30	0.30~0.35	0.35~0.50
	1.6	<50	0.10	0.11~0.15	0.15~0.22
		50~100	0.11~0.16	0.16~0.25	0.25~0.35
		>100	0.16~0.20	0.20~0.25	0.25~0.35

表 17-6 硬质合金外圆车刀切削速度的参考值

工件材料	热处理状态或硬度	$a_p=0.3\sim2$mm $f=0.08\sim0.3$mm/r	$a_p=2\sim6$mm $f=0.3\sim0.6$mm/r	$a_p=6\sim10$mm $f=0.6\sim1$mm/r
		v_c(m/min)		
中碳钢	热轧	130～160	90～110	60～80
	调质	100～130	70～90	50～70
合金结构钢	热轧	100～130	70～90	50～70
	调质	80～110	50～70	40～60
灰口铸铁	190HBS 以下	90～120	60～80	50～70
	190～225HBS	80～110	50～70	40～60
铜及铜合金		200～250	120～180	90～120
铝及铝合金		300～600	200～400	150～300

注:切削钢或铸铁时,刀具耐用度 $T\approx60\sim90$min。

17.4.3 切削液的选用

用改变外界条件来影响和改善切削过程,是提高产品质量和生产率的有效措施之一。其中应用最广泛的是合理选择和使用切削液。

17.4.3.1 切削液的作用和种类

切削液主要通过冷却和润滑作用来改善切削过程。它一方面吸收并带走大量切削热,起到冷却作用;另一方面它能渗入到刀具与工件和切屑的接触表面,形成润滑膜,有效地减小摩擦。因此,合理地选用切削液可以降低切削力和切削温度,提高刀具耐用度和加工质量。

常用的切削液有以下两大类:

(1)水基切削液

这类切削液比热容大,流动性好,主要起冷却作用,也有一定的润滑作用,如水溶液(肥皂水、苏打水等)、乳化液等。为了防止机床和工件生锈,常加入一定量的防锈剂。

(2)油基切削液

油基切削液又称切削油,主要成分是矿物油,少数采用动植物油或复合油。这类切削液比热容小,流动性差,主要起润滑作用,也有一定的冷却作用。

为了改善切削液的性能,除防锈剂外,还常在切削液中加入油性添加剂、极压添加剂、防霉添加剂、抗泡沫添加剂和乳化剂等(详细内容可查阅有关资料)。

17.4.3.2 切削液的选择和使用

切削液的品种很多,性能各异,通常应根据加工性质、工件材料和刀具材料等来选择合适的切削液。

粗加工时,主要要求冷却,也希望降低一些切削力及切削功率,一般应选用冷却作用较好的切削液,如低浓度的乳化液等。精加工时,主要希望提高表面质量和减少刀具磨损,应选用润滑作用较好的切削液,如高浓度的乳化液或切削油等。

加工一般钢材时,通常选用乳化液或硫化切削油。加工铜合金和有色金属时,不宜采用含硫化油的切削液,以免腐蚀工件。加工铸铁、青铜、黄铜等脆性材料时,为了避免崩碎的切屑进入机床运动部件,一般不用切削液。但在低速精加工(如宽刀精刨、精铰等)中,为了提高表面质量,可用煤油作为切削液。

高速钢刀具的耐热性较低,为了提高刀具耐用度,应根据加工的性质和工件材料选用合适的切削液。硬质合金刀具由于耐热性和耐磨性较好,一般不用切削液。如果要用,必须连续、充分地供给,且不可断断续续,以免硬质合金刀片因骤冷骤热而开裂。

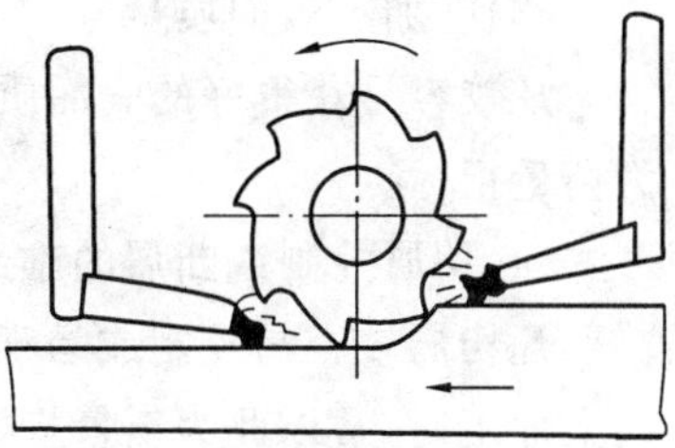

图 17-26 切削液的浇注

切削液的使用,目前以浇注法(如图 17-26 所示)最为普遍。在使用中应注意把切削液尽量注射到切削区,仅仅浇注到刀具上是不恰当的。为了提高其使用效果,可以采用喷雾冷却法或内冷却法。

17.4.4 材料切削加工性的改善

17.4.4.1 材料切削加工性的概念和衡量指标

切削加工性是指材料被切削加工的难易程度。它具有一定的相对性。某种材料切削加工性的好坏往往是相对于另一种材料来说的。具体的加工条件和要求不同,加工的难易程度也有很大的差异。因此,在不同的情况下要用不同的指标来衡量材料的切削加工性。常用的指标主要有如下几个:

(1)一定刀具耐用度下的切削速度 v_T

一定刀具耐用度下的切削速度即刀具耐用度为 T(min)时切削某种材料所允许的切削速度。v_T 越高,材料的切削加工性越好。若取 $T=60$min,则 v_T 可写作 v_{60}。

(2)相对加工性 K_r

相对加工性即各种材料的 v_{60} 与 45 钢(正火)的 v_{60} 之比值。由于把后者的 v_{60} 作为比较的基准,故写作 $(v_{60})_j$,于是

$$K_r = v_{60}/(v_{60})_j$$

常用材料的相对加工性可分为 8 级(表 17-7)。凡 $K_r>1$ 的材料,其切削加工性比 45 钢(正火)好,反之较差。

表 17-7 材料切削加工性分级

加工性等级	名称及种类		相对加工性 K_r	代表性材料
1	很容易切削材料	一般有色金属	>3.0	5-5-5 铜铅合金,9-4 铝铜合金,铝镁合金
2	容易切削材料	易切削钢	2.5~3.0	15Cr 退火 $\sigma_b=380\sim450$ MPa 自动机钢 $\sigma_b=400\sim500$ MPa
3		较易切削钢	1.6~2.5	30 钢正火 $\sigma_b=450\sim560$ MPa
4	普通材料	一般钢及铸铁	1.0~1.6	45 钢、灰铸铁
5		稍难切削材料	0.65~1.0	2Cr13 调质 $\sigma_b=850$ MPa 85 钢 $\sigma_b=900$ MPa
6	难切削材料	较难切削材料	0.5~0.65	45Cr 调质 $\sigma_b=1050$ MPa 65Mn 调质 $\sigma_b=950\sim1000$ MPa
7		难切削材料	0.15~0.5	50CrV 调质,1Cr18Ni9Ti,某些钛合金
8		很难切削材料	<0.15	某些钛合金,铸造镍基高温合金

(3)已加工表面质量

凡较容易获得好的表面质量的材料，其切削加工性较好；反之则较差。精加工时，常以此为衡量指标。

(4)切屑控制或断屑的难易程度

凡切屑较容易控制或易于断屑的材料，其切削加工性较好；反之较差。在自动机床或自动线上加工时，常以此为衡量指标。

(5)切削力

在相同的切削条件下，凡切削力较小的材料，其切削加工性较好；反之较差。

在粗加工中，当机床刚度或动力不足时，常以此为衡量指标。

v_T 和 K_r 是最常用的切削加工性指标，对于各种加工条件都能适用。

17.4.4.2　*改善材料切削加工性的主要途径*

材料的使用要求经常与其切削加工性发生矛盾。加工部门应与设计部门和冶金部门密切配合，在保证零件使用性能的前提下，通过各种途径来改善材料的切削加工性。

直接影响材料切削加工性的主要因素是其物理、力学性能。若材料的强度和硬度高，则切削力大，切削温度高，刀具磨损快，切削加工性较差。若材料的塑性高，则不易获得好的表面质量，断屑困难，切削加工性较差。若材料的导热性差，切削热不易散失，切削温度高，其切削加工性也不好。

通过适当的热处理，可以改变材料的力学性能，从而达到改善其切削加工性的目的。例如对高碳钢进行球化退火可以降低硬度，对低碳钢进行正火可以降低塑性，都能够改善切削加工性。又如，铸铁件在切削加工前进行退火可降低表层硬度，特别是白口铸铁，在950～1000℃的温度内长时间退火，变成可锻铸铁，能使切削加工较易进行。

还可以用其他辅助性的加工方法改变材料的力学性能。例如低碳钢经过冷拔可降低其塑性，也能改善材料的切削加工性。

还可以通过适当调整材料的化学成分来改善其切削加工性。例如，在钢中适当添加某些元素，如硫、铅等，可使其切削加工性得到显著改善，这样的钢称为“易切削钢”。需要说明的是，只有在满足零件对材料性能要求的前提下，才能这样做。

复习思考题

17.1　试说明下列加工方法的主运动和进给运动：(1)车端面；(2)在车床上钻孔；(3)在车床上镗孔；(4)在钻床上钻孔；(5)在镗床上镗孔；(6)在牛头刨床上刨平面；(7)在龙门刨床上刨平面；(8)在铣床上铣平面；(9)在平面磨床上磨平面；(10)在内圆磨床上磨孔。

17.2　试说明车削的切削用量(包括名称、定义、代号和单位)。

17.3　何谓切削层、切削层公称宽度、切削层公称横截面积和切削层公称厚度？

17.4　金属切削加工对刀具材料的性能有哪些基本要求？

17.5　高速钢和硬质合金在性能上的主要区别是什么？各适合制造何种刀具？

17.6　简述车刀前角、后角、主偏角、副偏角和刃倾角的作用。

17.7　机夹可转位式车刀有哪些优点？

17.8　何谓积屑瘤？它是如何形成的？对切削加工有哪些影响？

17.9　试分析车外圆时各切削分力的作用和影响。

17.10　切削热对切削加工有什么影响？

17.11　何谓刀具耐用度？粗、精加工时各以什么来表示刀具耐用度？

17.12　何谓技术经济效果？切削加工的技术经济指标主要有哪几个？

17.13　简述切削用量选择的原则。

17.14　切削液的主要作用是什么？常根据哪些主要因素选用切削液？

17.15　何谓材料的切削加工性？其衡量指标主要有哪几个？各适用于何种场合？

18 常用金属切削加工方法

【教学提示】

机器零件的大小不一,形状和结构各异,加工方法也多种多样,其中常用的有车削、钻削、镗削、刨削、拉削、铣削和磨削等。尽管它们在基本原理方面有许多共同之处,但由于所用机床和刀具不同,切削运动形式各异,所以它们有着各自的工艺特点及应用。

【教学要求】

对各种机械加工的工艺特点、应用范围要有较清楚的了解;掌握外圆车削、磨削的基本方法和工艺特点,平面车削、刨削、铣削、磨削的基本方法和工艺特点,孔的加工成形基本方法和工艺特点;了解螺纹加工成形的基本方法和工艺特点。

18.1 车削加工

车削加工是指在车床上用车刀加工零件表面的方法。根据车床的加工原理,车削加工的工件表面主要是回转表面。车床按照用途和结构不同主要分为:卧式车床、转塔式车床、立式车床、仿形车床、单轴和多轴自动车床以及各种专用车床。

18.1.1 车削的工艺特点

(1)易于保证加工面间的位置精度

工件一次装夹可车削出外圆面、内孔及端面,依靠机床的精度保证回转面间的同轴度及轴线与端面间的垂直度。另外,对于以中心孔定位的轴类零件,虽经多次装夹与调头,但所加工表面的回转轴线始终是两中心孔的连线,因而能够保证相应表面间的位置精度。

(2)切削过程比较平稳

一般情况下车削过程是连续进行的,不像铣削和刨削,在一次走刀过程中,刀齿有多次切入和切出,产生冲击。并且当刀具几何形状、切削深度和进给量一定时,切削层的截面尺寸和是不变的。因此,车削时切削力基本上不发生变化,车削过程比铣削和刨削平稳。又由于车削的主运动为工件回转,避免了惯性力和冲击的影响,所以车削允许采用较大的切削用量进行高速切削或强力切削,有利于提高生产效率。

(3)适用于有色金属零件的精加工

某些有色金属零件,因材料本身的硬度较低,塑性较好,用砂轮磨削时,软的磨屑易堵塞砂轮,难以得到很光洁的表面。因此,当有色金属零件表面粗糙度 R_a 值要求较小时,不宜采用磨削加工,而要用车削或铣削等切削加工。用金刚石刀具,在车床上以很小的背吃刀量($a_p<$ 0.15mm)和进给量($f<0.1$mm/r)以及很高的切削速度($v_c\approx300$m/min)进行精细车削,加工精度可达 IT6~IT5,表面粗糙度 R_a 值达 0.1~0.4μm。

(4)刀具简单

车刀是刀具中最简单的一种,制造、刃磨和安装均较方便,这就便于根据具体加工要求选用合理的角度。因此,车削的适应性较广,并且有利于加工质量和生产效率的提高。

18.1.2　车削的应用

车削加工时,工件作回转运动称为主运动,车刀作进给运动,刀具的进给运动根据工件的表面形状可以是直线运动,也可以是曲线运动。车削常用于车内外圆柱面、圆锥面、环槽及成形回转表面,可以车端面和车螺纹、切断及钻孔、扩孔、铰孔和滚花,如图 18-1 所示。其加工精度可达 IT8～IT7,表面粗糙度 R_a 值为 1.6～0.8μm。

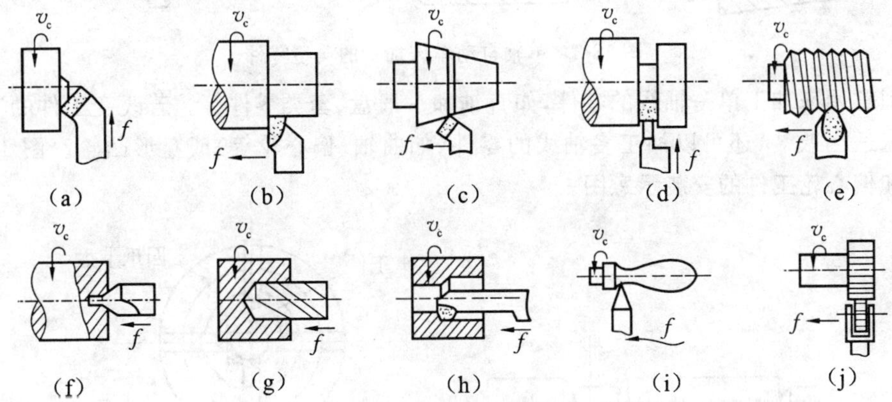

图 18-1　车削的主要用途

(a)车端面;(b)车外圆;(c)车圆锥;(d)切槽或切断;(e)车螺纹;
(f)钻中心孔;(g)钻孔;(h)镗孔;(i)车成形面;(j)滚花

单件小批量生产中,各种轴、盘、套等类零件多选用适应性广的卧式车床或数控车床进行加工,直径大而长度短(长径比 $L/D \approx 0.3 \sim 0.8$)的重型零件,多用立式车床加工。

对具有内孔及螺纹的中小型轴、套类零件,成批生产时应选用转塔车床进行加工,如图 18-2 所示。

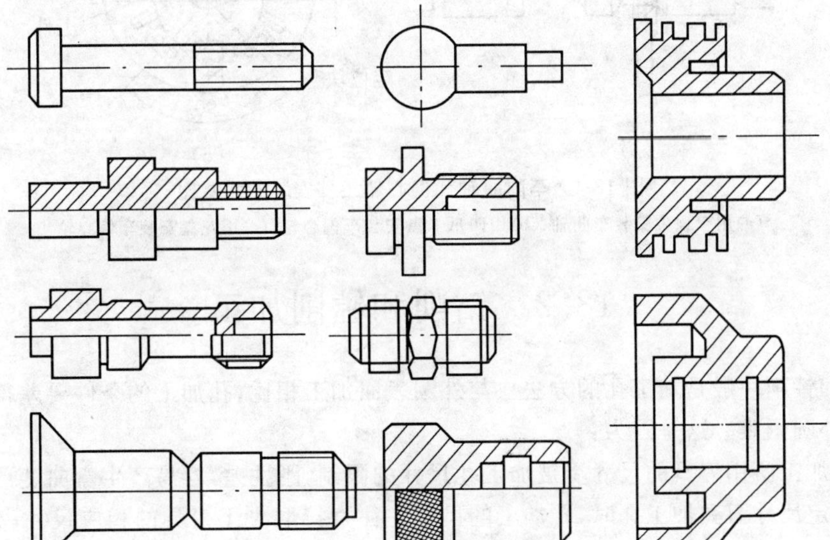

图 18-2　转塔车床加工的典型零件

大批量生产小型零件,如螺钉、螺母、管接头、轴类、套类等,多选用半自动和自动车床进行加工,如图 18-3 所示。

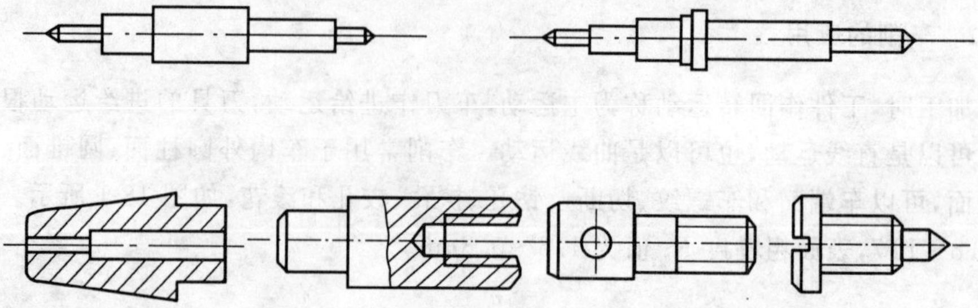

图 18-3　单轴自动车床加工的典型零件

车削常用来加工单一轴线的零件,如直轴和一般盘、套类零件等。若改变工件的安装位置或将车床适当改装,还可以加工多轴线的零件(如曲轴、偏心轮等)或盘形凸轮。图 18-4 为车削曲轴和偏心轮工件的安装示意图。

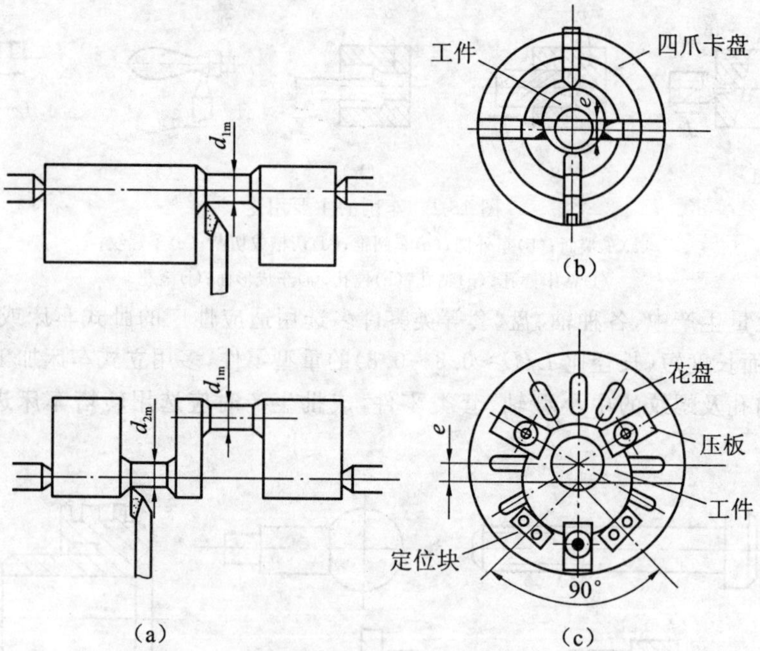

图 18-4　车削曲轴和偏心轮工件安装的示意图

(a)用双顶尖安装车曲轴;(b)用四爪卡盘安装车偏心轮;(c)用花盘安装车偏心轮

18.2　钻削和镗削加工

钻削和镗削一般是加工孔的方法。与外圆表面加工相比,孔加工的条件要差得多,加工孔要比加工外圆困难。这是因为:

(1)孔加工所用刀具的尺寸受被加工孔尺寸的限制,刚性差,容易产生弯曲变形和振动;

(2)用定尺寸刀具加工孔时,孔加工的尺寸往往直接取决于刀具的相应尺寸,刀具的制造误差和磨损将直接影响孔的加工精度;

(3)加工孔时,切削区在工件内部,排屑及散热条件差,加工精度和表面质量都不易控制。

18.2.1　钻削加工

钻削加工孔时常用的钻床有台式钻床、立式钻床和摇臂钻床等。台式钻床适宜加工小型零件上的孔，钻孔最大直径 13mm；立式钻床适宜加工中小型零件上的孔，钻孔最大直径 50mm；摇臂钻床适宜加工大型零件上的孔，钻孔最大直径 80mm。在钻床上能进行的工作有钻孔、扩孔、铰孔、攻丝、锪孔和锪凸台等。

18.2.1.1　钻孔

在钻床上钻孔时，工件固定不动，钻头既旋转作主运动，又同时向下作轴向移动完成进给运动，如图 18-5 所示。其钻孔加工精度低，尺寸精度一般为 IT13～IT11，表面粗糙度值 R_a 为 50～12.5μm。

(1)钻孔刀具

钻孔一般使用麻花钻，钻头直径一般不大于 80mm。其结构如图 18-6 所示，其柄部是钻头的夹持部分，并用来传递扭矩。钻头柄部有直柄和锥柄两种，前者用于小直径钻头，后者用于大直径钻头。工作部分由导向部分和切削部分构成，导向部分包括两条对称的螺旋槽和较窄的刃带。螺旋槽的作用是形成切削刃，并且起排屑和输送切削冷却液的作用；刃带与工件孔壁接触，起导向和修光孔壁的作用。

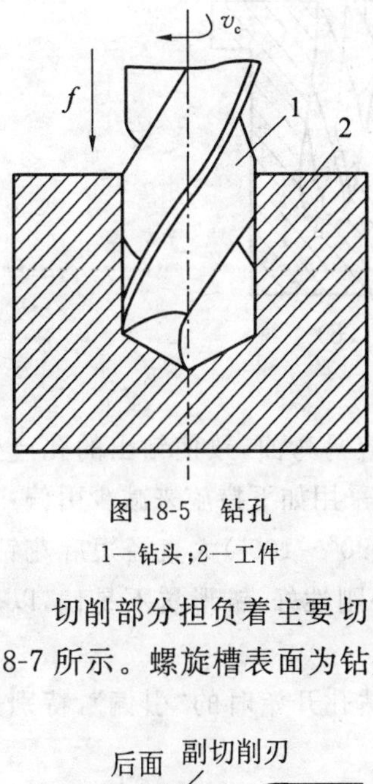

图 18-5　钻孔

1—钻头；2—工件

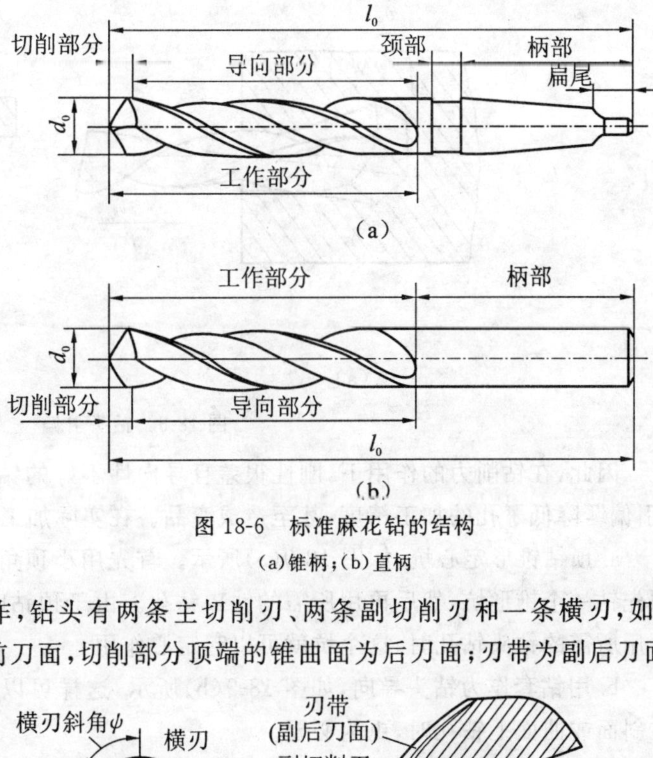

图 18-6　标准麻花钻的结构

(a)锥柄；(b)直柄

切削部分担负着主要切削工作，钻头有两条主切削刃、两条副切削刃和一条横刃，如图 18-7 所示。螺旋槽表面为钻头的前刀面，切削部分顶端的锥曲面为后刀面；刃带为副后刀面；

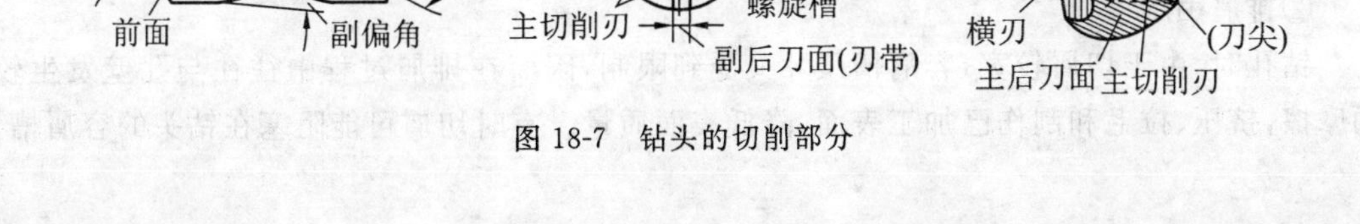

图 18-7　钻头的切削部分

横刃是两主后刀面的交线。切削刃承担切削工作，其夹角为118°；横刃起辅助切削和定心作用，但会大大增加钻削时的轴向力。

(2)钻孔的工艺特点

钻削时，钻头工作部分处在已加工表面的包围中，因而引起一些特殊的问题，例如钻头的刚度和强度、容屑和排屑、导向和冷却润滑等。其特点可概括如下：

①容易产生“引偏”

“引偏”是指加工时由于钻头弯曲而引起的孔径扩大、孔不圆[图18-8(a)]或孔的轴线歪斜[图18-8(b)]等。钻孔时产生“引偏”，主要是因为：

a. 麻花钻直径和长度受所加工孔的限制，一般呈细长状，刚性较差。为形成切削刃和容纳切屑，必须做出两条较深的螺旋槽，致使钻心变细，进一步削弱了钻头的刚性。

b. 为减少导向部分与已加工孔壁的摩擦，钻头仅有两条很窄的棱边与孔壁接触，接触刚度和导向作用也很差。

c. 钻头横刃处的前角具有很大的负值，切削条件极差，实际上不是在切削，而是挤刮金属，加上由钻头横刃产生的轴向力很大，稍有偏斜，将产生较大的附加力矩，使钻头弯曲。

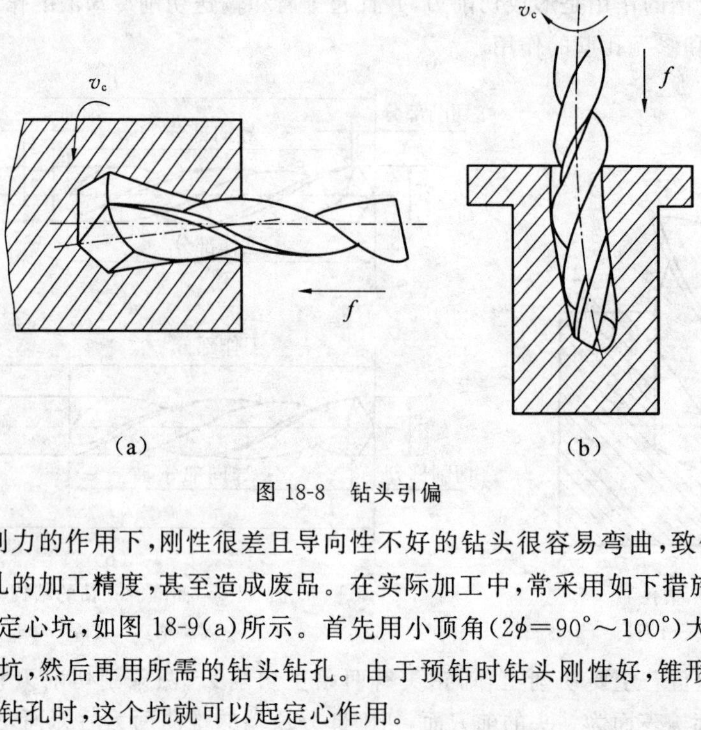

图18-8　钻头引偏

因此，在钻削力的作用下，刚性很差且导向性不好的钻头很容易弯曲，致使钻出的孔产生“引偏”，降低了孔的加工精度，甚至造成废品。在实际加工中，常采用如下措施来减少引偏：

a. 预钻锥形定心坑，如图18-9(a)所示。首先用小顶角($2\phi=90°\sim100°$)大直径短麻花钻，预先钻一个锥形坑，然后再用所需的钻头钻孔。由于预钻时钻头刚性好，锥形坑不易偏，以后再用所需的钻头钻孔时，这个坑就可以起定心作用。

b. 用钻套作为钻头导向，如图18-9(b)所示，这样可以减少钻孔开始时的“引偏”，特别是在斜面或曲面上钻孔时，更为必要。

c. 刃磨时，应尽量把钻头的两个主切削刃磨得对称一致，使两主切削刃的径向切削力互相抵消，从而减少钻头的“引偏”。

②排屑困难

钻孔时，由于切屑较宽，容屑槽尺寸又受到限制，因而在排屑过程中往往与孔壁发生较大的摩擦，挤压、拉毛和刮伤已加工表面，降低表面质量。有时切屑可能阻塞在钻头的容屑槽里，

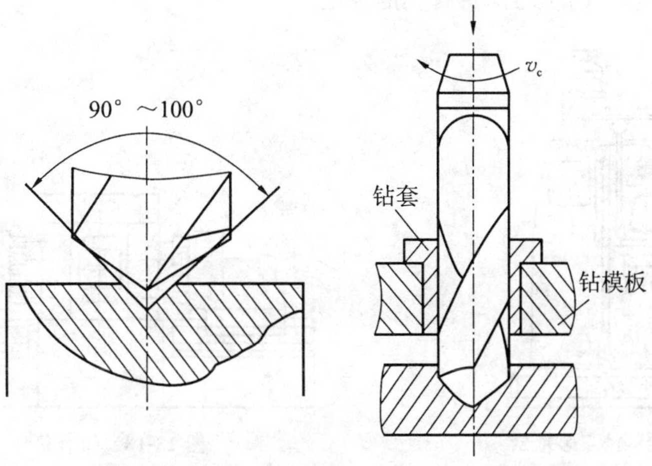

图 18-9　减少引偏的措施

卡死钻头，甚至将钻头扭断。因此，排屑问题成为钻孔时要妥善解决的重要问题之一。尤其是用标准麻花钻加工较深的孔时，要反复多次把钻头退出排屑，很麻烦。为了改善排屑条件，可在钻头上修磨出分屑槽（如图 18-10 所示），将宽的切屑分成窄条，以利于排屑。当钻深孔（$L/D>5\sim10$）时，应采用合适的深孔钻进行加工。

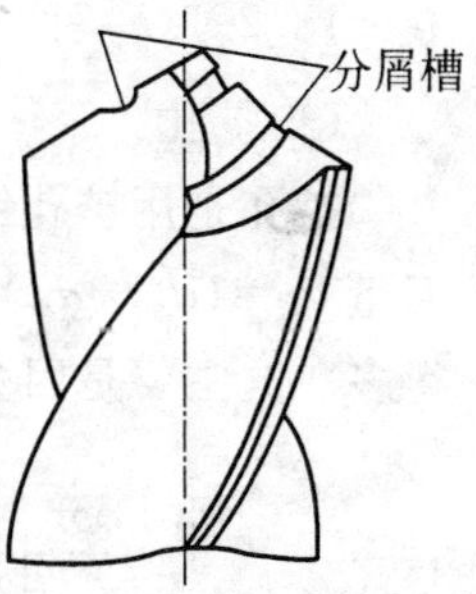

图 18-10　分屑槽

③切削热不易传散

由于钻削是一种半封闭式的切削，钻削时所产生的热量虽然也由切屑、工件、刀具和周围介质传出，但它们之间的比例却和车削大不相同。如用标准麻花钻不加切削液钻钢料时，工件吸收的热量约占 52.5%，钻头约占 14.5%，切屑约占 28%，介质约占 5%。

钻削时，大量高温切屑不能及时排出，切削液难以注入到切削区，切屑、刀具与工件之间的摩擦很大。因此，切削温度较高，致使刀具磨损加剧，这就限制了钻削用量和生产效率的提高。

(3)钻削的应用

在各类机器零件上经常需要进行钻孔，因此钻削的应用还是很广泛的。但是，由于钻削的精度较低，表面较粗糙，一般加工精度在 IT10 以下，表面粗糙度 R_a 值大于 12.5μm，生产效率也比较低。因此，钻孔主要用于粗加工，如精度和粗糙度要求不高的螺钉孔、油孔和螺纹底孔等。但精度和粗糙度要求较高的孔，也要以钻孔作为预加工工序。

单件、小批生产中，中小型工件上的小孔（一般 $D<13$mm）常用台式钻床加工，中小型工件上直径较大的孔（一般 $D<50$mm）常用立式钻床加工，大中型工件上的孔应采用摇臂钻床加工，回转体工件上的孔多在车床上加工。

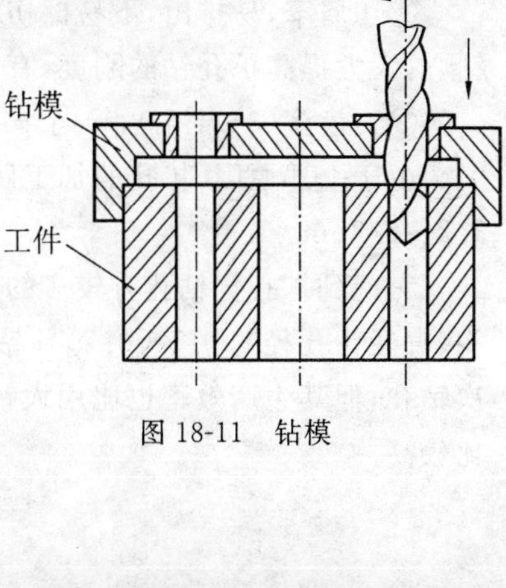

图 18-11　钻模

在成批和大量生产中，为了保证加工精度、提高生产效率和降低加工成本，广泛使用钻模（图 18-11）、多轴钻

(图 18-12)和组合机床(图 18-13)进行孔的加工。

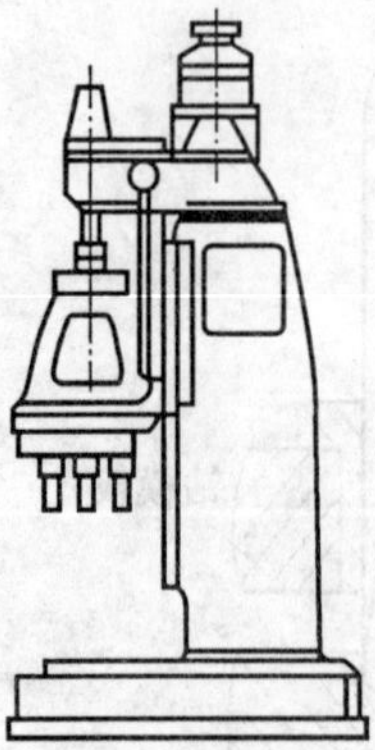

图 18-12　多轴钻

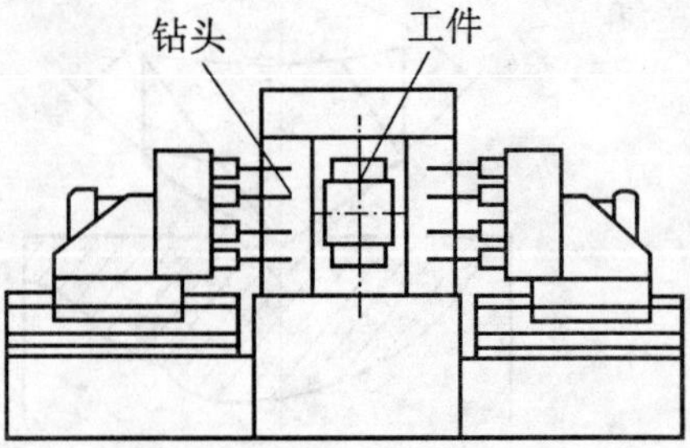

图 18-13　组合机床

精度高、粗糙度小的中小直径孔($D<50$mm),在钻削之后,常常需要采用扩孔和铰孔进行半精加工和精加工。

18.2.1.2　扩孔和铰孔

(1)扩孔

扩孔是用扩孔钻(图 18-14)对工件上已有的孔进行扩大加工(图 18-15)。扩孔时的背吃刀量 $a_p=(d_m-d_w)/2$,比钻孔时($a_p=d_m/2$)小得多,因而刀具的结构和切削条件比钻孔时好得多。这主要是因为:

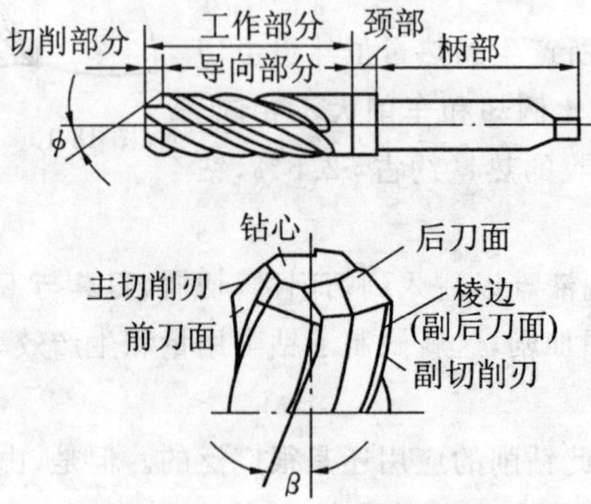

图 18-14　扩孔钻

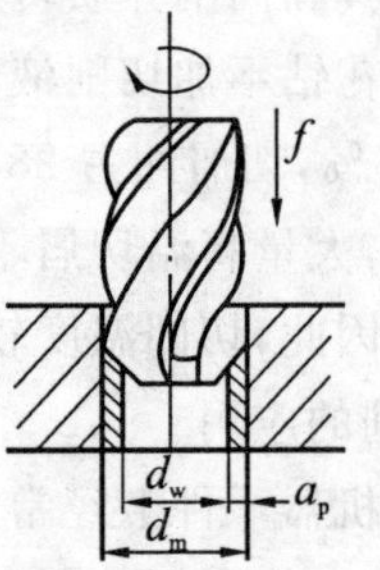

图 18-15　扩孔

①切削刃不必自外圆延续到中心,避免了横刃和由横刃所引起的一些不良影响。

②切屑窄,易排出,不易擦伤已加工表面。同时容屑槽也可做得较小较浅,从而可以加粗钻心,大大提高扩孔钻的刚度,有利于加大切削用量和改善加工质量。

③刀齿多(3～4 个),导向作用好,切削平稳,生产率高。

由于上述原因,扩孔的加工质量比钻孔高,一般精度可达 IT10～IT9,表面粗糙度 R_a 值为 3.2～6.3μm。

考虑到扩孔比钻孔有较多的优越性,在钻直径较大的孔(一般 $D\geqslant 30$mm)时,可先用小钻头(直径为孔径的 0.5～0.7)预钻孔,然后再用原尺寸的大钻头扩孔。实践表明,这样虽分两次钻孔,但其生产效率也比用大钻头一次钻出时高。若用扩孔钻扩孔,则效率将更高,精度也比较高。

扩孔常作为孔的半精加工，当孔的精度和表面粗糙度要求再高时，则要采用铰孔。

(2)铰孔

铰孔是应用较为普遍的孔的精加工方法之一，一般加工精度可达 IT9～IT7，表面粗糙度 R_a 值为 0.4～1.6μm。

铰孔加工质量较高的原因，除了具有上述扩孔的优点之外，还由于铰刀结构和切削条件比扩孔更为优越，主要是：

①铰刀具有修光部分(图 18-16)，其作用是校准孔径、修光孔壁，从而进一步提高了孔的加工质量。

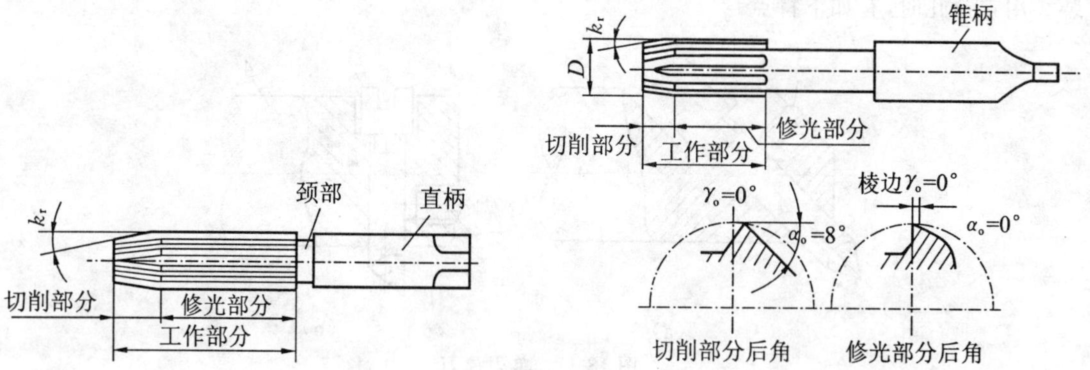

图 18 16　铰刀

②铰孔的余量小(粗铰为 0.15～0.35mm，精铰为 0.05～0.15mm)，切削力较小；铰孔的切削速度一般较低(v_c=1.5～10m/min)，产生的切削热较少。因此，工件的受力变形和受热变形较小，加之低速切削，可避免积屑瘤的不利影响，使得铰孔质量比较高。

铰孔有机铰和手铰两种。对于手铰刀，为了减少轴向力，并获得较好的导向，应取较小的 κ_r 值(κ_r=0.5°～1.5°)。对于机铰刀，为了缩短机动时间及防止振动，κ_r 可取得大些，加工钢时 κ_r=15°，加工铸铁时 κ_r=3°～5°。所以手铰刀的工作部分比机铰刀长得多。由于手铰切削速度更低，并且没有机床振动的影响，主偏角又小，使切屑极薄，所以加工质量比机铰高。

机铰时，为了获得较细的表面粗糙度，必须避免积屑瘤的产生，因此应采用较低的切削速度。另外，切削速度高，切削热会引起工件变形从而影响加工质量。

铰孔的生产率较高，费用低，所以在精加工中得到广泛应用。但铰孔适应性较差，一把铰刀只能用于一种尺寸的孔，而非标准尺寸的孔、台阶孔和盲孔不适于铰孔加工。

麻花钻、扩孔钻和铰刀都是标准刀具，市场上比较容易买到。对于中等尺寸以下较精密的孔，在单件、小批量乃至大批量生产中，钻、扩、铰都是经常采用的典型工艺。

钻、扩、铰只能保证孔本身的精度，而不易保证孔与孔之间的尺寸精度及位置精度。为了解决这一问题，可以利用夹具(如钻模)进行加工，或者采用镗孔。

18.2.2　镗孔

用镗刀对已有的孔进行再加工，称为镗孔。对于直径较大的孔(一般 D>80～100mm)、内成形面或孔内环槽等，镗削是唯一合适的加工方法。一般镗孔精度可达 IT8～IT7，表面粗糙度 R_a 值为 0.8～1.6μm；精细镗时，精度可达 IT7～IT6，表面粗糙度 R_a 值为 0.2～0.8μm。

镗孔可以在多种机床上进行。回转体零件上的孔多在车床上加工,箱体类零件上的孔或孔系(即要求相互平行或垂直的若干个孔)则常用镗床加工。本节介绍的主要是在镗床上的镗孔。

镗刀有单刃镗刀和多刃镗刀之分,由于它们的结构和工作条件不同,它们的工艺特点和应用也有所不同。

18.2.2.1　单刃镗刀镗孔

单刃镗刀(图 18-17)刀头的结构与车刀类似,使用时,用紧固螺钉将其装夹在镗杆上。其中图 18-17(a)为不通孔锁刀,刀头倾斜安装;图 18-17(b)为通孔锁刀,刀头垂直于镗杆轴线安装。用它镗孔时,有如下特点:

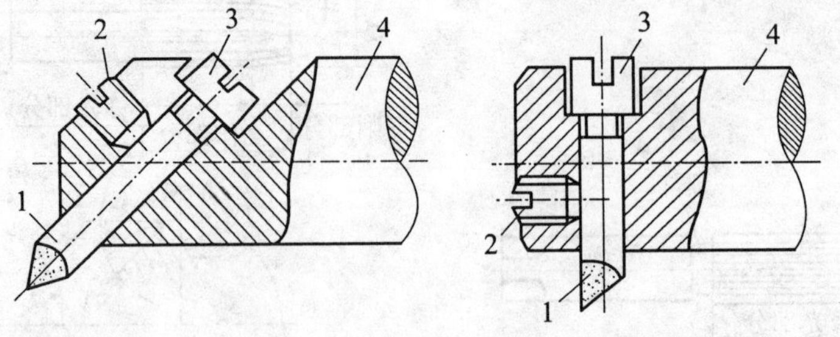

图 18-17　单刃镗刀

1—刀头;2—紧固螺钉;3—调节螺钉;4—镗杆

(1)适应性较广,灵活性较大。单刃镗刀结构简单、使用方便,既可粗加工,也可半精加工或精加工。一把镗刀可加工直径不同的孔,孔的尺寸主要由操作者来保证,而不像钻孔、扩孔或铰孔那样,是由刀具本身尺寸保证的,因此它对工人技术水平的依赖性也较大。由于镗床的功能较多,可以方便地保证孔与孔的平行度、垂直度和同轴度以及中心距尺寸精度的要求。在镗床上加工的各种孔系,如图 18-18 所示。

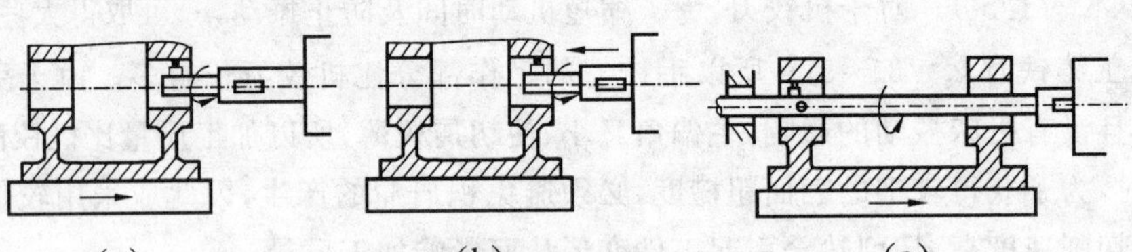

图 18-18　镗床上镗孔

(2)可以校正原有孔的轴线歪斜或位置偏差。由于镗孔质量主要取决于机床精度和工人的技术水平,所以预加工孔如轴线歪斜或有不大的位置偏差,利用单刃镗刀镗孔可予以校正。这一点,用扩孔或铰孔是不易达到的。

(3)生产率较低。单刃镗刀的刚度比较低,为了减少镗孔时镗刀的变形和振动,不得不采用较小的切削用量,加之仅有一个主切削刃参加工作,所以生产率比扩孔或铰孔低。

由于以上特点,单刃镗刀镗孔比较适用于单件、小批量生产。

18.2.2.2　多刃镗刀镗孔

在多刃镗刀中,有一种可调浮动镗刀片(图 18-19)。调节镗刀片的尺寸时,先松开螺钉 1,再旋螺钉 2,将刀齿 3 的径向尺寸调好后,拧紧螺钉 1 把刀齿 3 固定。镗孔时,镗刀片不是固定在镗杆上,而是插在镗杆的长方孔中,并能在垂直于镗杆轴线的方向上自由滑动,由两个对称的切削刃产生的切削力自动平衡其位置。这种镗孔方法具有如下特点：

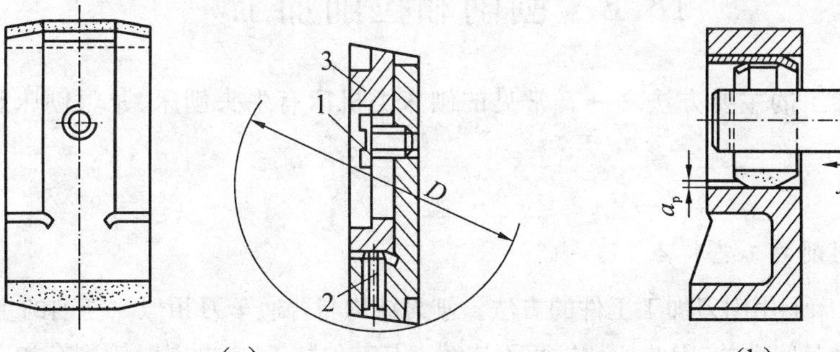

图 18-19　浮动镗刀及镗孔

(a)可调节浮动镗刀;(b)浮动键刀镗孔

1、2—螺钉;3—刀齿

(1)加工质量较高

由于镗刀片在加工过程中的浮动,可抵偿刀具安装误差或镗杆偏摆所引起的不良影响,提高了孔的加工精度。较宽的修光刃可修光孔壁,减小表面粗糙度。但是,它与铰孔类似,不能校正原有孔的轴线歪斜或位置偏差。

(2)生产率较高

浮动镗刀片有两个主切削刃同时切削,并且操作简便。

(3)刀具成本较单刃镗刀高

浮动镗刀片结构比单刃镗刀复杂,刃磨费时。

由于以上特点,浮动镗刀片镗孔主要用于批量生产、精加工箱体类零件上直径较大的孔。

另外,在卧式镗床上利用不同的刀具和附件,还可以进行钻孔、车端面、铣平面或车螺纹等(图 18-20)。

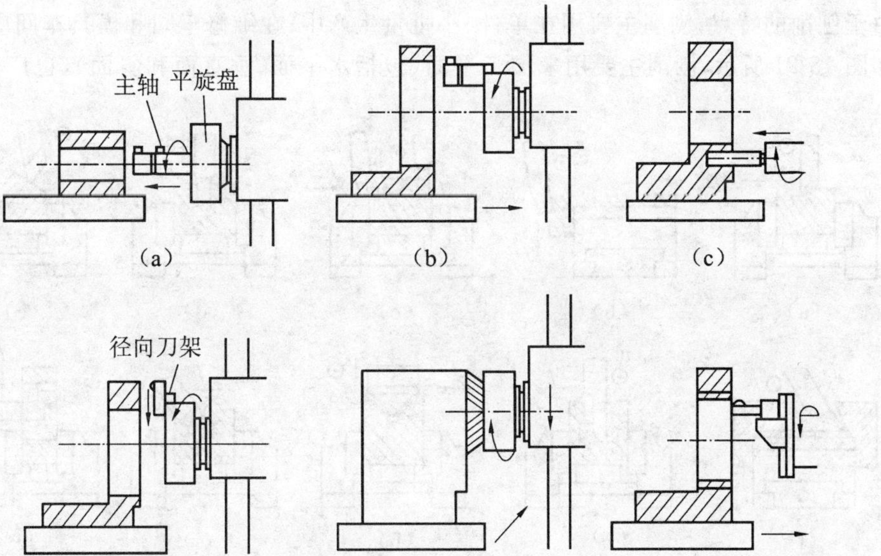

图 18-20　卧式镗床的主要工作

(a)镗孔;(b)镗大孔;(c)钻孔;(d)车端面;(e)铣平面;(f)车螺纹

18.3 刨削和拉削加工

刨削是平面加工的主要方法之一。常见的刨床类机床有牛头刨床、龙门刨床和插床等。

18.3.1 刨削

18.3.1.1 刨削的工艺特点

刨削是指在刨床上用刨刀加工工件的方法。刨刀结构与普通车刀相似。刨削的主运动是往复直线运动,进给运动是间歇的,因此切削过程不连续。与其他加工方法相比,刨削有如下工艺特点:

(1)生产率较低

刨削的主运动为往复直线运动,反向时受惯性力的影响,加之刀具切入和切出时有冲击,限制了切削速度的提高。单刃刨刀实际参加切削的切削刃的长度有限,一个表面往往要经过多次行程才能加工出来,基本工艺时间较长。刨刀返回行程时不进行切削,增加了辅助时间。由于以上原因,刨削的生产效率低于铣削。但是对于狭长表面(如导轨、长槽等)的加工,以及在龙门刨床上进行多件或多刀加工时,刨削的生产效率可能高于铣削。

(2)加工质量中等

刨削的精度可达 IT8~IT7,表面粗糙度 R_a 值为 1.6~6.3μm。当采用宽刃精刨时,即在龙门刨床上,用宽刃刨刀以很低的切削速度,切去工件表面上一层极薄的金属时,平面度不大于 0.02/1000,表面粗糙度 R_a 值可达 0.4~0.8μm。

(3)通用性好

根据切削运动和具体的加工要求,刨床的结构比车床、铣床简单,价格低,调整和操作也较简便。其所用的单刃刨刀与车刀基本相同,形状简单,制造、刃磨和安装皆较方便。

18.3.1.2 刨削的应用

由于刨削的特点,刨削主要用在单件、小批量生产中,在维修车间和模具车间应用较多。

如图 18-21 所示,刨削主要用来加工平面(包括水平面、垂直面和斜面),也广泛地用于加

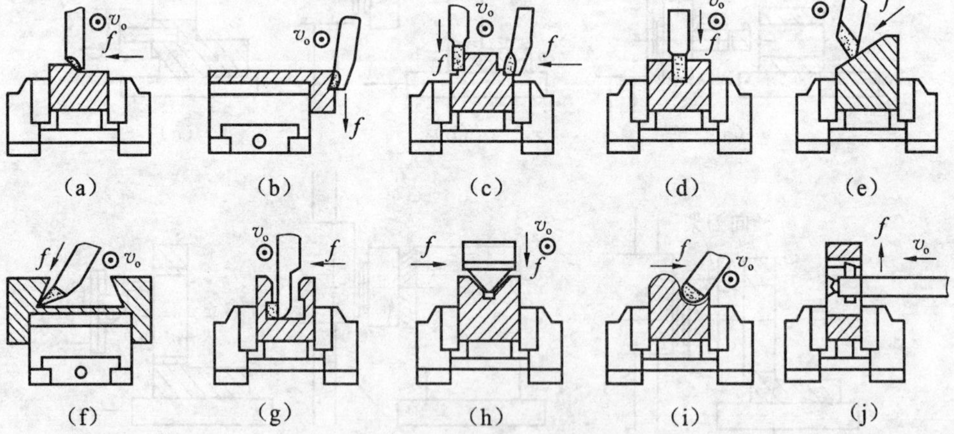

图 18-21 刨削的主要应用

(a)刨平面;(b)刨垂直面;(c)刨台阶;(d)刨垂直沟槽;(e)刨斜面;
(f)刨燕尾槽;(g)刨 T 形槽;(h)刨 V 形槽;(i)刨曲面;(j)刨内孔键槽

工直槽，如直角槽、燕尾槽和 T 形槽等。如果进行适当的调整和增加某些附件，还可以用来加工齿条、齿轮、花键和母线为直线的成形面等。

牛头刨床的最大刨削长度一般不超过 1000mm，因此只适于加工中、小型工件。龙门刨床主要用来加工大型工件，或同时加工多个中、小型工件。例如，济南第二机床厂生产的 B236 龙门刨床，最大刨削长度为 20m，最大刨削宽度为 6.3m。由于龙门刨床刚度较好，而且有 2～4 个刀架同时工作，因此加工精度和生产率均比牛头刨床高。

插床又称立式牛头刨床，主要用来加工工件的内表面，如键槽（图 18-22）、花键槽等，也可用于加工多边形孔，如四方孔、六方孔等，且特别适于加工盲孔或有障碍台肩的内表面。

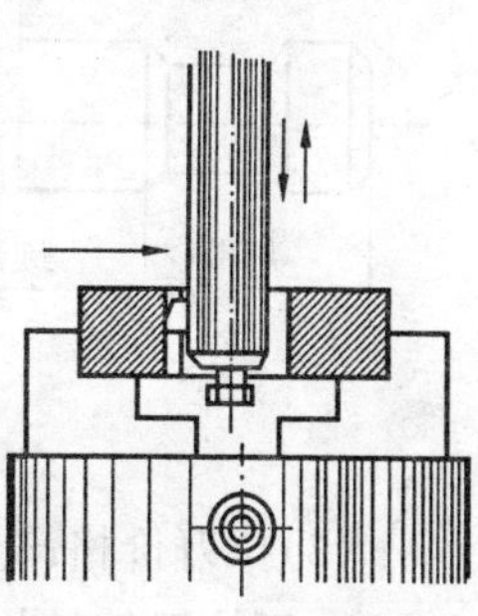

图 18-22　插键槽

18.3.2　拉削

拉削可以认为是刨削的进一步发展。如图 18-23 所示，它是利用多齿的拉刀，逐齿依次从工件上切下很薄的金属层，使表面达到较高的精度和较小的粗糙度值。图 18-24 为拉孔的示意图。与其他加工方法相比，拉削加工主要具有如下特点：

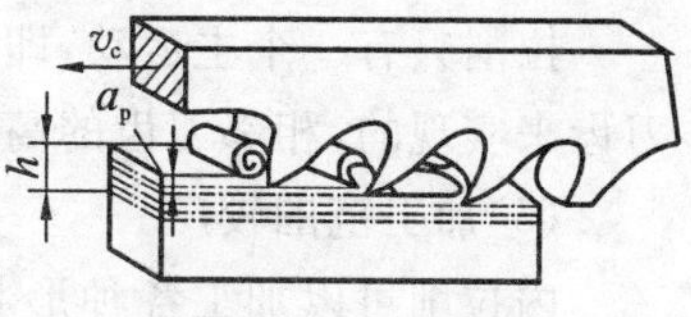

图 18-23　平面拉削

(1)生产率高

虽然拉削加工的切削速度一般并不高，但由于拉刀是多齿刀具，同时参加工作的刀齿数较多，同时参与切削的切削刃也较长，并且在拉刀的一次工作行程中能够完成粗—半精—精加工，大大缩短了基本工艺时间和辅助时间。一般情况下，班产可达 100～800 件，而自动拉削时班产可达 3000 件。

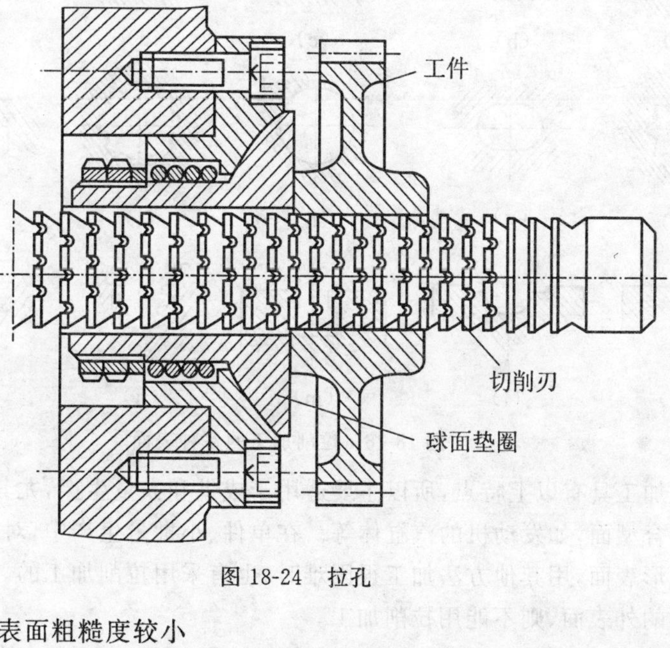

图 18-24　拉孔

(2)加工精度高、表面粗糙度较小

如图 18-25 所示，拉刀具有校准部分，其作用是校准尺寸，修光表面，并可作为精切齿的后备刀齿。校准刀齿的切削量很小，仅切去工件材料的弹性恢复量。另外，拉削的切削速度较低（目前 v_c<18m/min），切削过程比较平稳，并可避免积屑瘤的产生。一般拉孔的精度为 IT8～

IT7,表面粗糙度 R_a 值为 0.4～0.8μm。

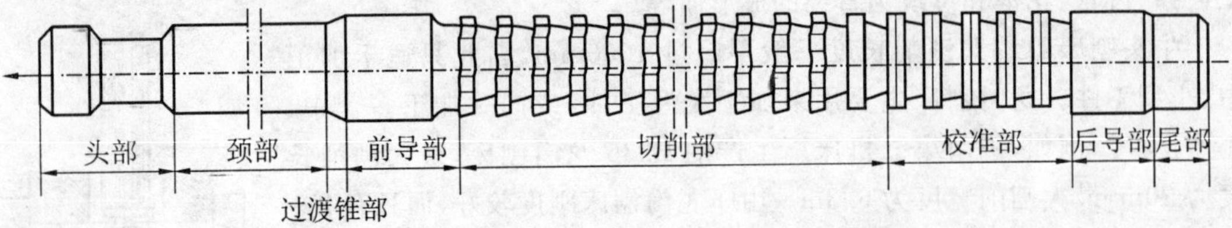

图 18-25　圆孔拉刀

(3)拉刀价格昂贵

由于拉刀的结构和形状复杂,精度和表面质量要求较高,故制造成本很高。但拉削时切削速度较低,刀具磨损较慢,刃磨一次可以加工数以千计的工件,加之一把拉刀又可以重磨多次,所以拉刀的寿命长。当加工零件的批量大时,分摊到每个零件上的刀具成本并不高。

(4)拉床结构和操作比较简单

拉削只有一个主运动,即拉刀的直线运动。进给运动是靠拉刀的后一个刀齿高出前一个刀齿来实现的,相邻刀齿的高出量称为齿升量 f_z。

(5)加工范围较广

内拉削可以加工各种形状的通孔(图 18-26),如圆孔、方孔、多边形孔、花键孔和内齿轮等,还可以加工多种形状的沟槽,如键槽、T 形槽、燕尾槽和蜗轮盘上的榫槽等。外拉削可以加工平面、成形面、外齿轮和叶片的榫头等。

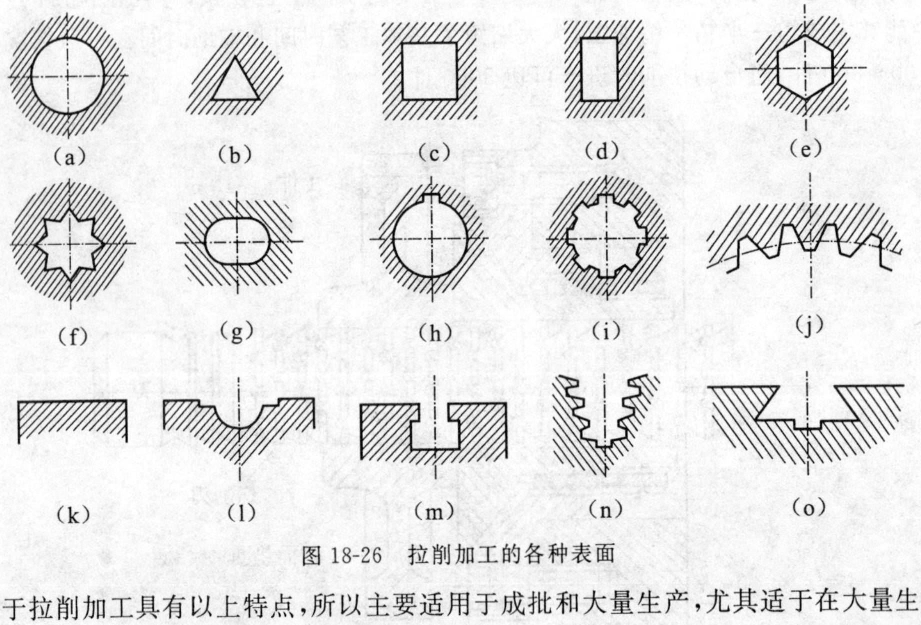

图 18-26　拉削加工的各种表面

由于拉削加工具有以上特点,所以主要适用于成批和大量生产,尤其适于在大量生产中加工比较大的复合型面,如发动机的汽缸体等。在单件、小批量生产中,对于某些精度要求较高、形状特殊的成形表面,用其他方法加工很困难时,也有采用拉削加工的。但对于盲孔、深孔、阶梯孔及有障碍的外表面,则不能用拉削加工。

推削加工时,为避免推刀弯曲,其长度比较短($L/D<12\sim15$),总的金属切除量较少。所以,推削只适用加工余量较小的各种形状的内表面,或者用来修整工件热处理后(硬度低于 45HRC)的变形量,其应用范围远不如拉削广泛。

18.4　铣 削 加 工

铣削加工在铣床上进行，所用刀具为铣刀。加工小、中型工件，多用卧式或立式升降台式铣床。加工中、大型工件时，可以用工作台不升降式铣床，这类铣床与升降台式铣床相近，只不过垂直方向的进给运动不是由工作台升降来实现，而是由装在立柱上的铣削头来完成。龙门铣床适于加工大型工件或同时加工多个中小型工件。

18.4.1　铣削的工艺特点

(1)生产率较高

铣刀是典型的多齿刀具，铣削时有几个刀齿同时参加工作，并且参与切削的切削刃较长；铣削的主运动是铣刀的旋转，有利于高速铣削。因此，铣削的生产效率比刨削高。

(2)容易产生振动

铣刀的刀齿切入和切出时产生冲击，并将引起同时工作刀齿数的增减。在切削过程中每个刀齿的切削层厚度随刀齿位置的不同而变化，引起切削层横截面积变化。因此，在铣削过程中铣削力是变化的，切削过程不平稳，容易产生振动，这就限制了铣削加工质量和生产效率的进一步提高。

(3)刀齿散热条件较好

铣刀刀齿在切离工件的一段时间内，可以得到一定的冷却，散热条件较好。但是，切入和切出时热和力的冲击将加速刀具的磨损，甚至可能引起硬质合金刀片的碎裂。

18.4.2　铣削方式

同是加工平面，既可以用端铣法，也可以用周铣法；同一种铣削方法，也有不同的铣削方式(顺铣和逆铣等)。在选用铣削方式时，要充分注意到它们各自的特点和适用场合，以便保证加工质量和提高生产效率。

18.4.2.1　周铣法

用圆柱铣刀的圆周刀齿加工平面，称为周铣法，它又可分为逆铣和顺铣两种(图 18-27)。当切削部位刀齿的旋转方向和工件的进给方向相反时，为逆铣；相同时，为顺铣。

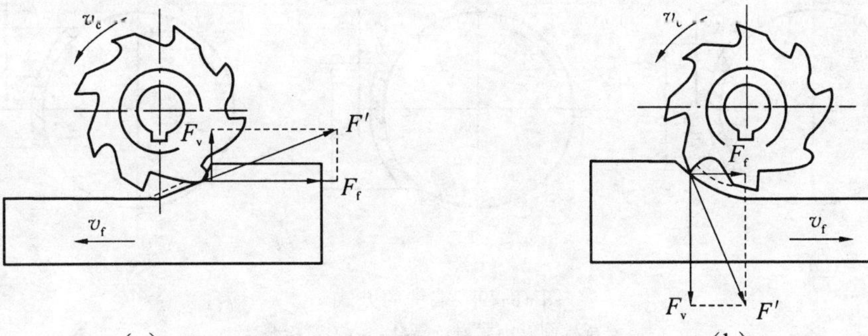

(a)　　(b)

图 18-27　逆铣和顺铣

(a)逆铣；(b)顺铣

逆铣时，每个刀齿的切削层厚度是从零增大到最大值。由于铣刀刃口处总有圆弧存在，而不是绝对尖锐的，所以在刀齿接触工件的初期，不能切入工件，而是在工件表面上挤压、滑行，使刀齿与工件之间的摩擦加大,加速刀具磨损,同时也使表面质量下降。顺铣时,每个刀齿的切削层厚度是由最大减小到零,从而避免了上述缺点。

逆铣时,铣削力上抬工件;而顺铣时,铣削力将工件压向工作台,减少了工件振动的可能性,尤其铣削薄而长的工件时,更为有利。

由上述分析可知,从提高刀具耐用度和工件表面质量、增加工件夹持的稳定性等观点出发,一般以采用顺铣法为宜。但是,顺铣时忽大忽小的水平分力 F_f 与工件的进给方向是相同的,工作台进给丝杠与固定螺母之间一般都存在间隙(图 18-28),间隙在进给方向的前方。由于 F_f 的作用,就会使工件连同工作台和丝杠一起,向前窜动,造成进给量突然增大,甚至引起打刀。而逆铣时,水平分力 F_f 与进给方向相反,铣削过程中工作台丝杠始终压向螺母,不致因为间隙的存在而引起工件窜动。目前,一般铣床尚没有消除工作台丝杠与螺母之间间隙的机构,所以,在生产中仍多采用逆铣法。

另外,当铣削带有黑皮的表面(如铸件或锻件表面的粗加工)时,若用顺铣法,因刀齿首先接触黑皮,将加剧刀齿的磨损,所以也应采用逆铣法。

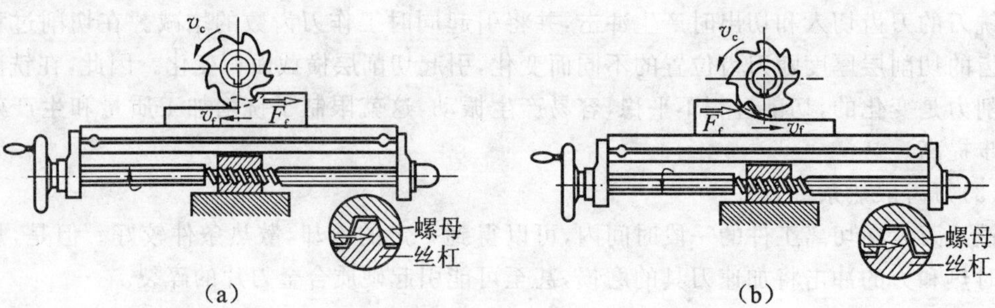

图 18-28　逆铣和顺铣时丝杠与螺母的间隙

(a)逆铣;(b)顺铣

18.4.2.2　端铣法

用端铣刀的端面刀齿加工平面,称为端铣法。根据铣刀和工件相对位置的不同,端铣法可以分为对称铣削法和不对称铣削法(图 18-29)。

端铣法可以通过调整铣刀和工件的相对位置,调节刀齿切入和切出时的切削层厚度,从而达到改善铣削过程的目的。

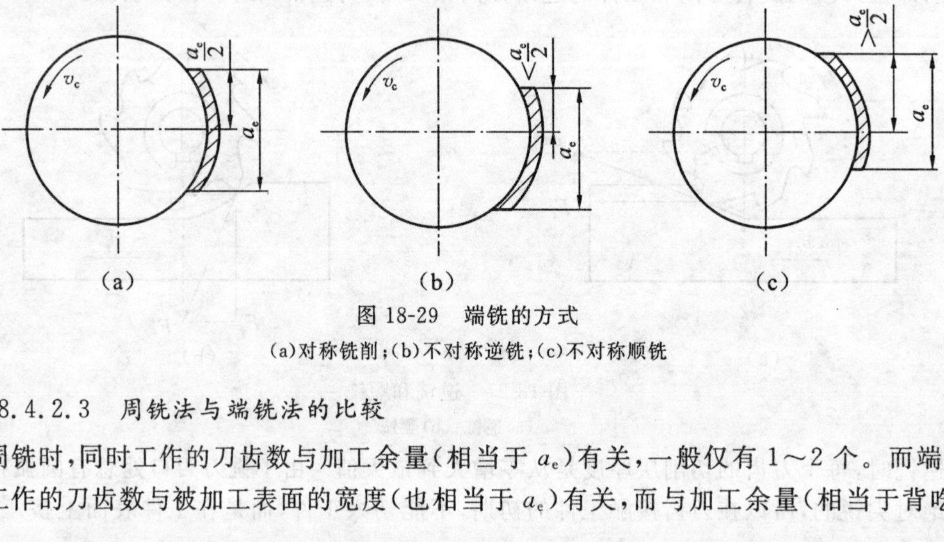

图 18-29　端铣的方式

(a)对称铣削;(b)不对称逆铣;(c)不对称顺铣

18.4.2.3　周铣法与端铣法的比较

周铣时,同时工作的刀齿数与加工余量(相当于 a_e)有关,一般仅有 1～2 个。而端铣时,同时工作的刀齿数与被加工表面的宽度(也相当于 a_e)有关,而与加工余量(相当于背吃刀量

a_p)无关,即使在精铣时,也有较多的刀齿同时工作。因此,端铣的切削过程比周铣时平稳,有利于加工质量的提高,如图 18-30 所示。

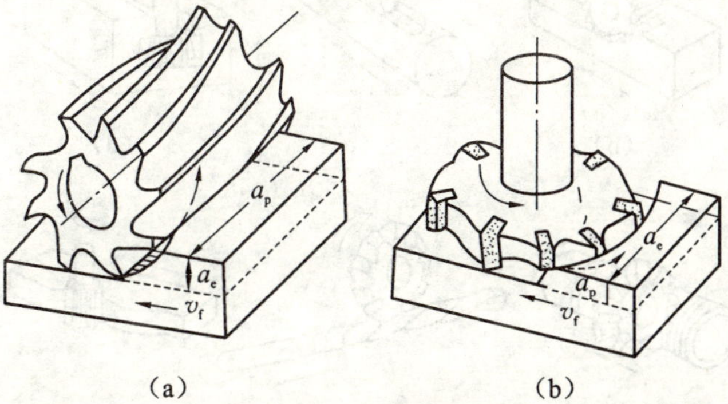

图 18-30　周铣和端铣

(a)周铣;(b)端铣

端铣刀的刀齿切入和切出工件时,虽然切削层厚度较小,但不像周铣时切削层厚度变为零,从而改善了刀具后刀面与工件的摩擦状况,提高了刀具耐用度,并可减小表面粗糙度。此外,端铣时还可利用修光刀齿修光已加工表面,因此端铣可达到较小的表面粗糙度。

端铣刀直接安装在铣床的主轴端部,悬伸长度较小,刀具系统的刚度较好,而圆柱铣刀安装在细长的刀轴上,刀具系统的刚度远不如端铣刀。同时,端铣刀可方便地镶装硬质合金刀片,而圆柱铣刀多采用高速钢制造。所以,端铣时可以采用高速铣削,不仅大大提高了生产效率,也提高了已加工表面的质量。

由于端铣法具有以上优点,所以,在平面的铣削中,目前大都采用端铣法。但是,周铣法的适应性较广,可以利用多种形式的铣刀,除加工平面外还可较方便地进行沟槽、齿形和成形面等的加工,生产中仍常采用。

18.4.3　铣削的应用

铣削的形式很多,铣刀的类型和形状更是多种多样,再配上附件——分度头、圆形工作台等的应用,致使铣削加工范围较广,主要用来加工平面(包括水平面、垂直面和斜面)、沟槽、成形面和切断等。其加工精度一般可达 IT8～IT7,表面粗糙度 R_a 值为 1.6～3.2μm。

单件、小批量生产中,加工小、中型工件多用升降台式铣床(卧式和立式两种)。加工中、大型工件时可以采用龙门铣床。龙门铣床与龙门刨床相似,有 3～4 个可同时工作的铣头,生产率高,广泛应用于成批和大量生产中。

图 18-31 为铣削加工的示意图。直角沟槽可以在卧式铣床上用三面刃铣刀加工,也可以在立式铣床上用立铣刀铣削。角度沟槽用相应的角度铣刀在卧式铣床上加工。T 形槽和燕尾槽常用带柄的专用槽铣刀在立式铣床上铣削。在卧式铣床上还可以用成形铣刀加工成形面和用锯片铣刀切断。

在单件、小批量生产中,有些盘状成形零件也可以用立铣刀在立式铣床上加工。如图 18-32所示,先在欲加工的工件上按所要的轮廓画线,然后根据所画的线用手动进给进行铣削。

在铣床上,利用分度头可以加工需要等分的工件,如铣削离合器和齿轮等。

在万能铣床(工作台能在水平面内转动一定角度)上,利用分度头及其与工作台进给丝杠间的交换齿轮,可以加工螺旋槽(图 18-33)。

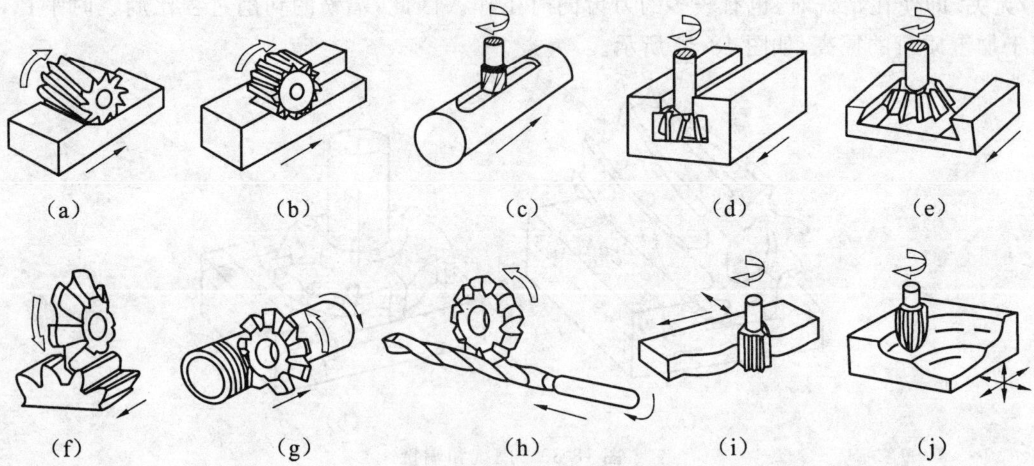

图 18-31　铣削加工

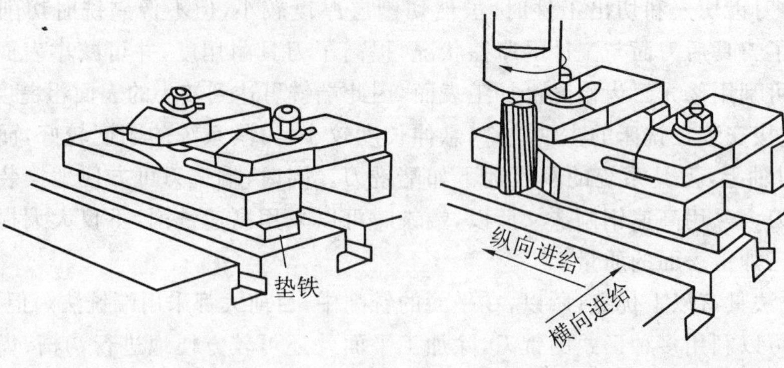

图 18-32　按画线铣成形面

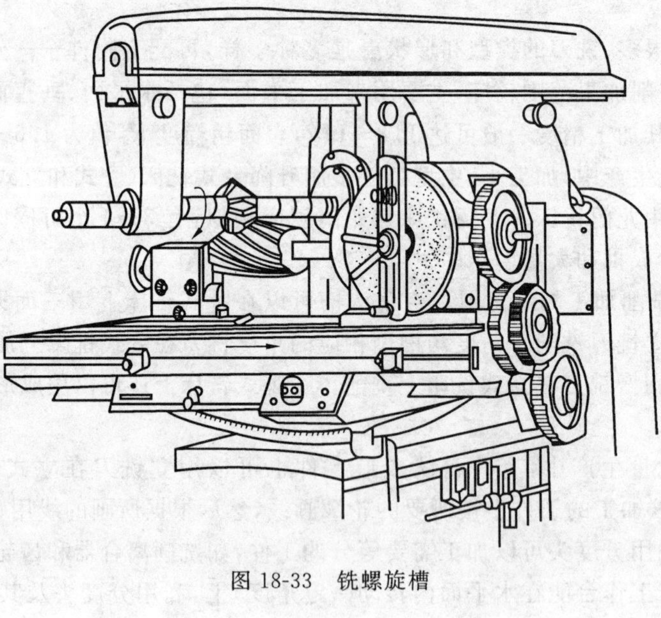

图 18-33　铣螺旋槽

18.5　磨削加工

磨削加工是零件精加工的主要方法，凡是加工精度要求在6级以上的零件，往往需要经过一道或数道磨削加工的工序。磨床一般分为外圆磨床、内圆磨床、平面磨床、工具磨床等。磨削时可采用砂轮、油石、磨头、砂带等作磨具，其中砂轮是机械零件精加工最常见的磨具。

作为切削工具的砂轮，是由磨料加结合剂用烧结的方法而制成的多孔物体(图18-34)。由于磨料、结合剂及制造工艺等的不同，砂轮特性可能差别很大，对磨削的加工质量、生产效率和经济性有着重要影响。砂轮的特性包括磨料、粒度、硬度、结合剂、组织以及形状和尺寸等。

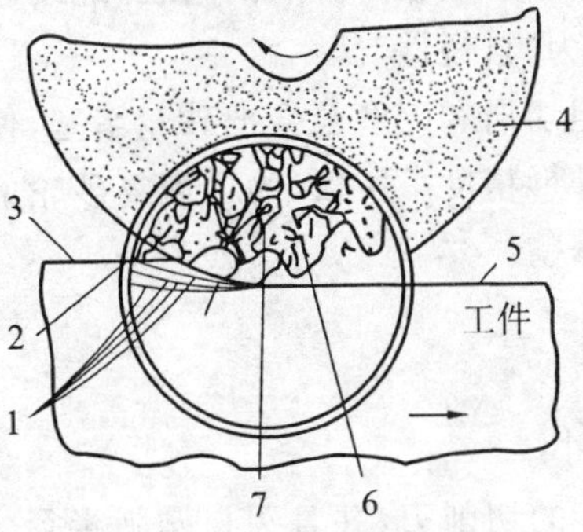

图18-34　砂轮及磨削示意图

1—加工表面；2—空隙；3—待加工表面；4—砂轮；5—已加工表面；6—磨粒；7—结合剂

18.5.1　磨削过程

从本质上讲，磨削也是一种切削，砂轮表面上的每个磨粒，可以近似地看成一个微小刀齿，突出的磨粒尖棱，可以认为是微小的切削刃。因此，砂轮可以看做是具有极多微小刀齿的铣刀，这些刀齿随机地排列在砂轮表面上，它们的几何形状和切削角度有着很大差异，各自的工作情况相差甚远。磨削时，比较锋利且凸出的磨粒可以获得较大的切削层厚度，从而切下切屑；不太凸出或磨钝的磨粒，只是在工件表面上刻画出细小的沟痕，工件材料则被挤向磨粒两旁，在沟痕两边形成隆起(图18-35)；比较凹下的磨粒，既不切削也不刻画工件，只是从工件表

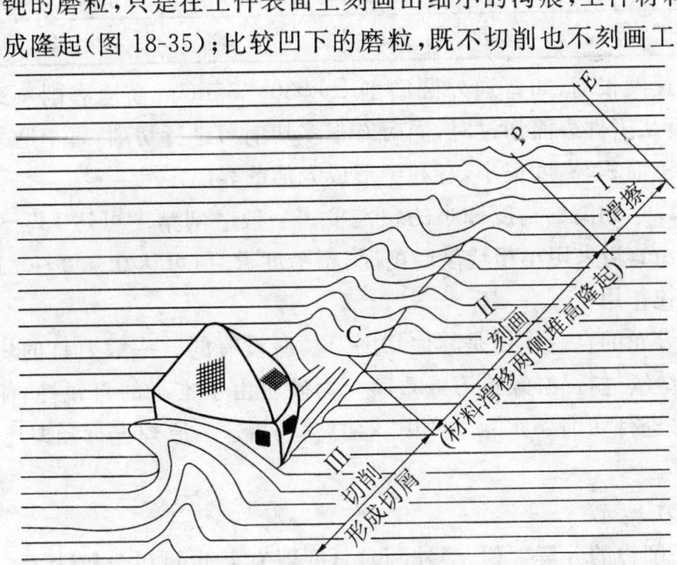

图18-35　磨粒切削过程

面滑擦而过。即使比较锋利且凸出的磨粒，其切削过程大致也可分为三个阶段(如图18-35所示)。在第一阶段，磨粒从工件表面滑擦而过，只有弹性变形而无切屑；第二阶段，磨粒切入工件表层，刻画出沟痕并形成隆起；第三阶段，切削层厚度增大到某一临界值，切下切屑。

由上述分析可知，砂轮的磨削过程实际上就是切削、刻画和滑擦三种作用的综合。由于各磨粒的工作情况不同，磨削时除了产生正常的切屑外，还有金属微尘等。

磨削过程中，磨粒在高速、高压与高温的作用下，将逐渐磨损而变得圆钝。圆钝的磨粒，切削能力下降，作用于磨粒上的力不断增大。当此力超过磨粒强度极限时，磨粒就会破碎，产生新的较锋利的棱角，代替旧的圆钝磨粒进行磨削；当此力超过砂轮结合剂的黏结力时，圆钝的磨粒就会从砂轮表面脱落，露出一层新鲜锋利的磨粒，继续进行磨削。砂轮的这种自行推陈出新、保持自身锋锐的性能，称为“自锐性”。

砂轮本身虽有自锐性，但切屑和碎磨粒会把砂轮堵塞，使它失去切削能力；磨粒随机脱落的不均匀性，会使砂轮失去外形精度。所以，为了恢复砂轮的切削能力和外形精度，在磨削一定时间后，仍需对砂轮进行修整。

18.5.2 磨削的工艺特点

(1)精度高、表面粗糙度小

磨削时，砂轮表面有极多的切削刃，并且刃口圆弧半径 r_n 较小。例如粒度为46#的白刚玉磨粒，$r_n \approx 0.006 \sim 0.012$mm，而对于一般车刀和铣刀 $r_n \approx 0.012 \sim 0.032$mm。磨粒上较锋利的切削刃能够切下一层很薄的金属，切削厚度可以小到数微米，这是精密加工必须具备的条件之一。一般切削刀具的刃口圆弧半径虽也可磨得小些，但不耐用，不能或难以进行经济的、稳定的精密加工。

磨削所用的磨床，比一般切削加工机床精度高，刚度及稳定性较好，并且具有微量进给的机构(如表18-1所示)，可以进行微量切削，从而保证了精密加工的实现。

表 18-1　不同机床微量进给机构的刻度值

机床名称	立式铣床	车床	平面磨床	外圆磨床	精密外圆磨床	内圆磨床
刻度值(mm)	0.05	0.02	0.01	0.005	0.002	0.002

磨削时，切削速度很高，如普通外圆磨削 $v_c \approx 30 \sim 35$m/s，高速磨削 $v_c > 50$m/s。当磨粒以很高的切削速度从工件表面切过时，同时有很多切削刃进行切削，每个磨刃仅从工件上切下极少量的金属，残留面积、高度很小，有利于形成光洁的表面。

因此，磨削可以达到高的精度和小的粗糙度。一般磨削精度可达IT7～IT6，表面粗糙度 R_a 值为 $0.2 \sim 0.8\mu$m，当采用小粗糙度磨削时，粗糙度 R_a 值可达 $0.008 \sim 0.1\mu$m。

(2)砂轮有自锐作用

磨削过程中，砂轮的自锐作用是其他切削刀具所没有的。一般刀具的切削刃如果磨钝或损坏，则切削不能继续进行，必须换刀或重磨。而砂轮由于本身的自锐性，使得磨粒能够以较锋利的刃口对工件进行切削。实际生产中，有时就利用这一原理进行强力连续磨削，以提高磨削加工的生产效率。

(3)背向磨削力 F_p 较大

与车外圆时切削力的分解类似，磨外圆时总磨削力 F 也可以分解为三个互相垂直的分力(如图18-36所示)。其中 F_c 称为磨削力，F_p 称为背向磨削力，F_f 称为进给磨削力。在一般切削加工中，切削力 F_c 较大。而在磨削时，由于背吃刀量较小，砂轮与工件表面接触的宽度较大，致使背向磨削力 F_p 大于磨削力 F_c。一般情况下，$F_p \approx (1.5 \sim 3) F_c$，工件材料的塑性越小，$F_p/F_c$ 之值越大(表 18-2)。

表 18-2 磨削不同材料时的 F_p/F_c 值

工件材料	碳钢	淬硬钢	铸铁
F_p/F_c	1.6～1.8	1.9～2.6	2.7～3.2

背向磨削力作用在工艺系统(机床-夹具-工件-刀具所组成的系统)刚度较差的方向上，容易使工艺系统产生变形，影响工件的加工精度。例如，纵磨细长轴的外圆时，易由于工件的弯曲而产生腰鼓形(图 18-37)。另外，由于工艺系统的变形，会使实际的背吃刀量比名义值小，这将增加磨削加工的走刀次数。一般在最后几次光磨走刀中，要少吃刀或不吃刀，以便逐步消除由于变形而产生的加工误差，但是，这样将降低磨削加工的效率。

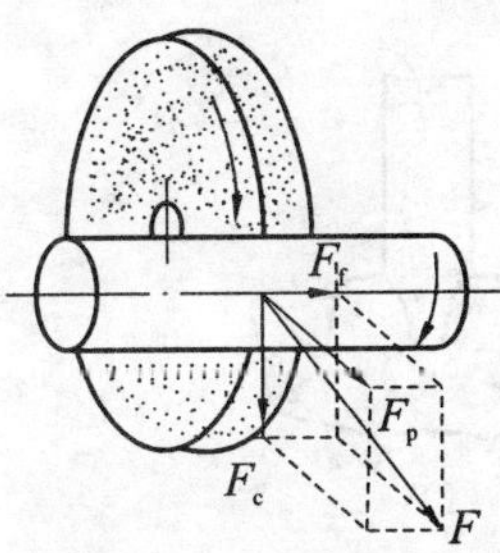

图 18-36 磨削力

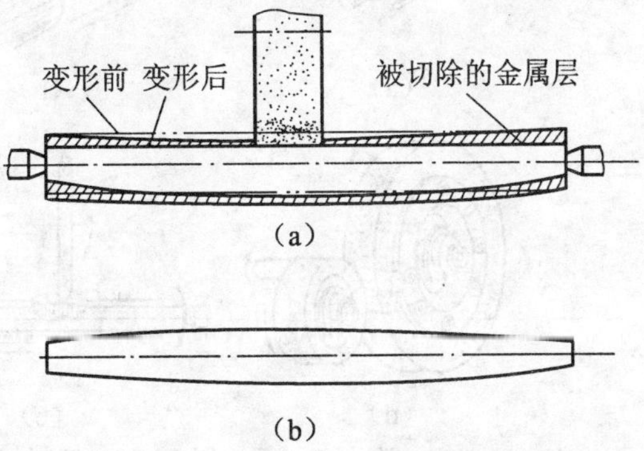

图 18-37 背向磨削力所引起的加工误差

(4)磨削温度高

磨削时的切削速度为一般切削加工的 10～20 倍。在这样高的切削速度下，加上磨粒多为负前角切削，挤压和摩擦较严重，消耗功率大，产生的切削热多。又因为砂轮本身的传热性很差，大量的磨削热在短时间内传散不出去，在磨削区形成瞬时高温，有时高达 800～1000℃。

高的磨削温度容易烧伤工件表面，使淬火钢件表面退火，硬度降低。即使由于切削液的浇注可能发生二次淬火，但会在工件表层产生拉应力及微裂纹，降低零件的表面质量和使用寿命。

高温下，工件材料将变软而容易堵塞砂轮，这不仅影响砂轮的耐用度，也影响工件的表面质量。

因此，在磨削过程中，应采用大量的切削液。磨削时加注切削液，除了冷却和润滑作用之外，还可以起到冲洗砂轮的作用。切削液将细碎的切屑以及碎裂或脱落的磨粒冲走，避免砂轮堵塞，可有效地提高工件的表面质量和砂轮的耐用度。

磨削钢件时，广泛应用的切削液是苏打水或乳化液。磨削铸铁、青铜等脆性材料时，一般不加切削液，而用吸尘器清除尘屑。

18.5.3 磨削的应用和发展

磨削过去一般常用于半精加工和精加工，随着机械制造业的发展，磨床、砂轮、磨削工艺和冷却技术等都有了较大的改进，磨削已能经济地、高效地切除大量金属。又由于日益广泛地采用精密铸造、模锻、精密冷轧等先进的毛坯制造工艺，毛坯的加工余量较小，可不经车削、铣削等粗加工,直接利用磨削加工达到较高的精度和表面质量要求。因此,磨削加工获得了越来越广泛的应用和迅速的发展。目前,在工业发达的国家中磨床在机床总数中占 30%～40%,磨床所占比例今后还要增加。

磨削可以加工的工件材料范围很广,既可以加工铸铁、碳钢、合金钢等一般结构材料,也能够加工高硬度的淬硬钢、硬质合金、陶瓷和玻璃等难切削的材料。但是,磨削不宜精加工塑性较大的有色金属工件。

磨削可以加工外圆面、内孔、平面、成形面、螺纹和齿轮齿形等各种各样的表面,还常用于各种刀具的刃磨,如图 18-38 所示。

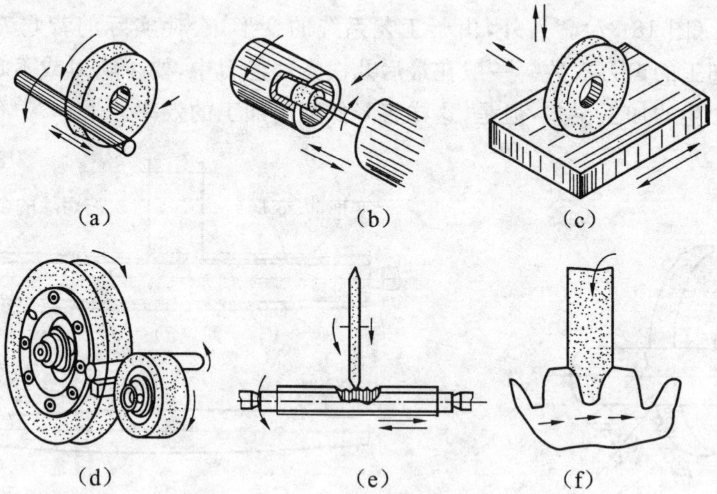

图 18-38　磨削加工范围

(a)磨外圆;(b)磨内孔;(c)磨平面;(d)无心磨外圆;(e)磨螺纹;(f)磨齿轮

18.5.3.1　外圆磨削

外圆磨削是对工件圆柱、圆锥、台阶轴外表面和旋转体外曲面进行的磨削。磨削一般作为外圆车削后的精加工工序,尤其是能消除淬火等热处理后的氧化层和微小变形。

外圆磨削通常在外圆磨床上进行。外圆磨削可采用纵磨法、横磨法、综合磨法和深磨法,也可在无心磨床上进行,称为无心外圆磨削法。

磨削时,轴类工件常用顶尖装夹,其方法与车削时基本相同,但磨床所用顶尖都不随工件一起转动。盘套类工件则利用心轴和顶尖安装。磨削方法分为:

(1)纵磨法

如图 18-39(a)所示,这种磨削方法的磨削深度较小,磨削力小,磨削温度较低。所以加工精度和表面质量较高,并且适应性较广,可以磨削任何长度的工件,但生产率较低。目前在生产中应用最广,特别在单件、小批量生产及精磨时均采用此法。

(2)横磨法

如图 18-39(b)所示,这种方法由于使用较宽的砂轮,磨削时工件不作纵向进给,仅由砂轮以慢速作横向进给,直到磨去全部余量为止。此法生产效率高,并能磨削成形面,但磨削力大,磨削温度较高,工件容易变形和烧伤。另外,砂轮的修整及磨损情况直接影响工件的加工精度。这种方法适用于在成批、大量生产中磨削刚度较好的工件。

我国有些汽车和拉拉机制造厂使用宽砂轮(砂轮宽度为 200～300mm)专用外圆磨床磨削

轴类零件的外圆。还有用多砂轮磨床，在磨床上装几片砂轮用横磨法同时磨削曲轴的多个轴颈，使磨削效率成倍提高。用多砂轮磨床磨削曲轴和凸轮轴，不但生产率高，而且还可以减少磨床的数量，保证工件有较好的同轴度。

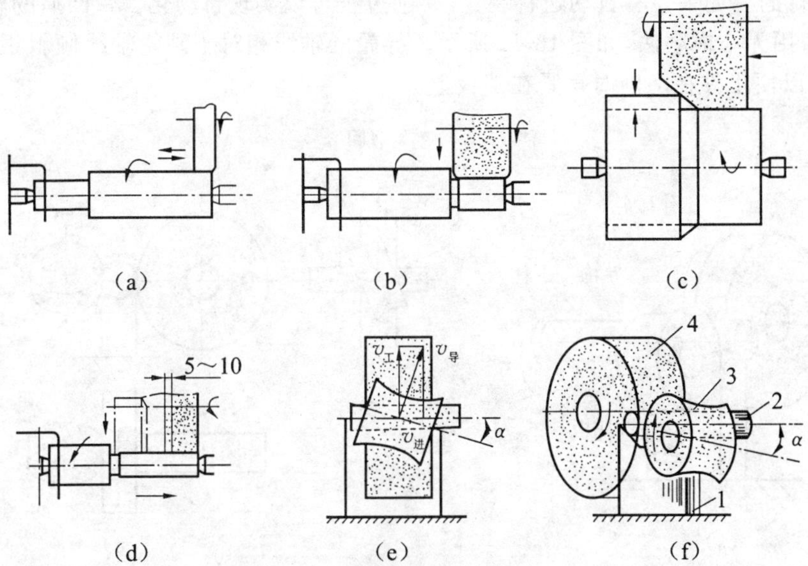

图 18-39　在外圆磨床上磨外圆

(a)纵磨法；(b)横磨法；(c)深磨法；(d)综合磨法；(e)无心外圆磨削

1—托板；2—工件；3—导轮；4—磨轮

(3)深磨法

如图 18-39(c)所示，这种方法用比纵磨法小得多的纵向进给量，在一次纵向走刀过程中磨去全部余量。这种方法生产率高，适用于磨削刚性大的轴。

(4)综合磨法

如图 18-39(d)所示，此法是横磨法和纵磨法的综合应用。加工时先用横磨法逐段磨削被加工外圆的全长，而相邻两段间有 5～15mm 重叠量，砂轮宽度可取 50～70mm。在各段横磨后留下的 0.01～0.03mm 余量再用纵磨法磨去，以获得所要求的精度和表面粗糙度。此法集中了横磨法生产率高和纵磨法精度高的优点，适用于成批生产。如加工表面的长度为砂轮宽度的 2～3 倍，而一边或两边又有台阶时的工件，用此法较为合适。

(5)无心外圆磨削

如图 18-39(e)所示，在无心外圆磨床上磨外圆时，工件不用顶尖支承，只靠工件加工面放在砂轮和导轮中间的支承板上就可以进行磨削。导轮的作用是带动工件旋转，并带动工件作轴向进给运动。导轮是一个磨粒较粗，用橡胶黏结剂做成的特殊砂轮，它的圆周速度很低，仅为砂轮的 1/100 左右。工件虽然同时与砂轮和导轮接触，但由于导轮的速度大大低于砂轮的速度，导轮与工件的摩擦力又大(因用橡胶结合剂，有弹性)，所以工件便跟随导轮运动，并仅由砂轮进行磨削。

无心外圆磨削方法有纵磨法和横磨法两种。

用纵磨法磨外圆时，导轮的轴线相对于砂轮的轴线倾斜一个角度($\alpha=1°\sim5°$)。这样，导轮和工件的接触点的线速度 $v_导$ 就可分解为两个速度向量，即 $v_工$ 和 $v_进$。由图 18-40 可看出 $v_工$ 为工件被带动的圆周速度，$v_进$ 为工件被带动的轴向进给速度。导轮倾斜一个角度后，为了使导轮与工件仍保持直线接触,保证工件平稳,导轮的表面应修成双曲线回转面。为了避免工件在磨削时产生椭圆现象,工件的轴线应稍高于砂轮和导轮的连线。无心纵磨法用于磨削不带台阶的零件,如光滑小轴、活塞销和衬套等。工件从一端送进,经过加工,从另一端出来,磨削是连续进行的。如果装有自动送料装置,磨削过程可以实现自动化。带凸肩的轴,不能用无心纵磨法,需用无心横磨法,如图18-41所示。导轮的轴线相对于砂轮轴线倾斜很小的角度($\alpha=30'\sim1°$),以便工件在磨削时靠紧在挡板上。

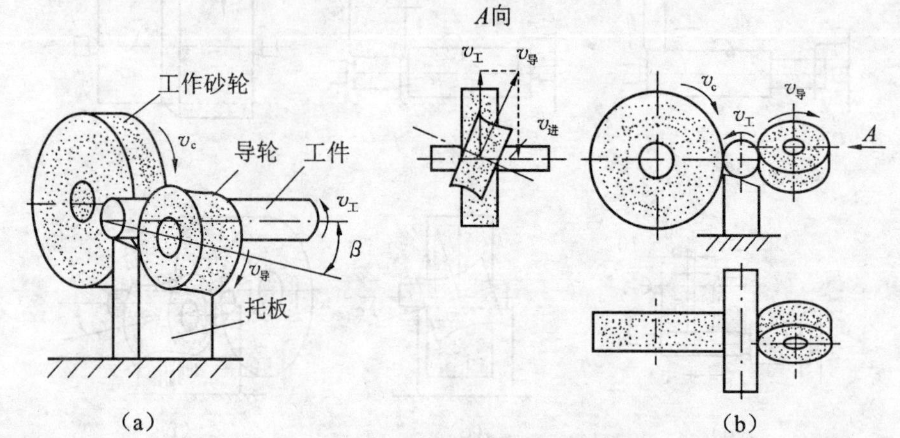

图18-40　无心纵磨法磨外圆

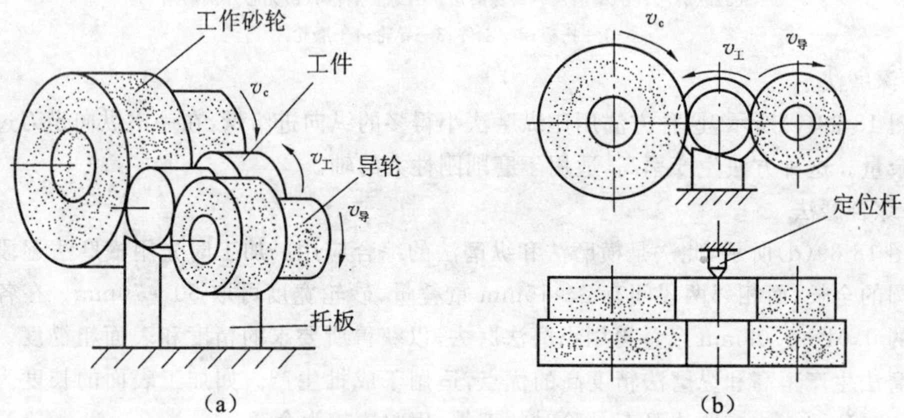

图18-41　无心横磨法磨外圆

无心磨削的生产率高,但调整机床较麻烦,适用于大批量生产销轴类零件,但不宜加工断续的外圆表面(如带相当长的键槽的圆柱面等)。因为这样导轮就无法使工件旋转。其加工精度可达IT6～IT5,表面粗糙度可达R_a 0.8～0.2μm。

无心外圆磨削时,工件两端不需预先打中心孔,安装也比较方便,并且机床调整好之后,可连续进行加工,易于实现自动化,生产效率较高。工件被夹持在两个砂轮之间,不会因背向磨削力而被顶弯,有利于保证工件的直线性,尤其是对于细长轴类零件的磨削,优点更为突出。但是,无心外圆磨削要求工件的外圆面在圆周上必须是连续的,如果圆柱表面上有较长的键槽或平面等,导轮将无法带动工件连续旋转,故不能磨削。又因为工件被托在托板上,依靠本身的外圆面定位,若是磨削带孔的工件,则不能保证外圆面与孔的同轴度。另外,无心外圆磨床的调整比较复杂。因此,无心外圆磨削主要适用于大批量生产销轴类零件,特别适合于磨削细长的光轴。如果采用切入磨法,也可以加工阶梯轴、锥面和成形面等。

18.5.3.2　孔的磨削

孔的磨削可以在内圆磨床上进行，也可以在万能外圆磨床上进行。目前应用的内圆磨床多是卡盘式的，它可以加工圆柱孔、圆锥孔和成形内圆面等。纵磨圆柱孔时，工件安装在卡盘上(图 18-42)，在其旋转的同时，沿轴向作往复直线运动(即纵向进给运动)。装在砂轮架上的砂轮高速旋转，并在工件往复行程结束时做周期性的横向进给。若磨圆锥孔，只需将磨床的头架在水平方向偏转半个锥角即可。

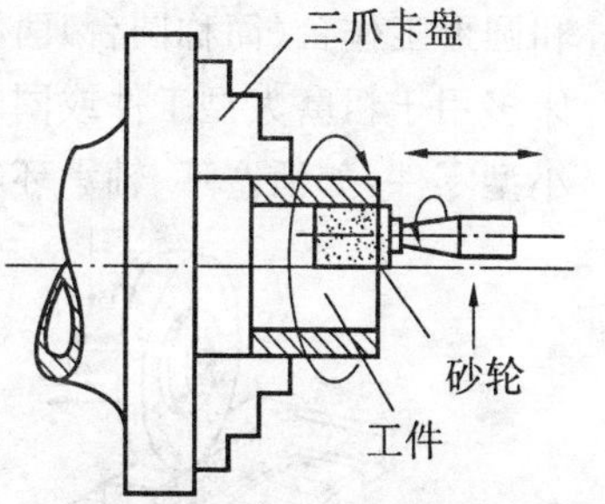

图 18-42　磨圆柱孔

与外圆磨削类似，内圆磨削也可以分为纵磨法和横磨法。鉴于砂轮轴的刚度很差，横磨法仅适用于磨削短孔及内成形面。因更难采用深磨法，所以多数情况下是采用纵磨法。

磨孔与铰孔或拉孔比较，有如下特点：

(1)可以加工淬硬的工件孔；

(2)不仅能保证孔本身的尺寸精度和表面质量，还可以提高孔的位置精度和轴线的直线度；

(3)用同一个砂轮可以磨削不同直径的孔，灵活性较大；

(4)生产率比铰孔低，比拉孔更低。

磨孔与磨外圆比较，存在如下主要问题：

(1)表面粗糙度较大

由于磨孔时砂轮直径受工件孔径限制，一般较小，磨头转速又不可能太高(一般低于20000r/min)，故磨削速度较磨外圆时低。而且加工砂轮与工件接触面积大，切削液不易进入磨削区，所以磨孔的表面粗糙度较磨外圆时大。

(2)生产率较低

磨孔时，砂轮轴细、悬伸长、刚度很差，不宜采用较大的背吃刀量和进给量，故生产率较低。由于砂轮直径小，为维持一定的磨削速度，转速要高，这就增加了单位时间内磨粒的切削次数，磨损快。其磨削力小，降低了砂轮的自锐性，且易堵塞。因此，需要经常修整砂轮和更换砂轮，使磨孔的生产率进一步降低。

由于以上原因，磨孔一般仅用于淬硬工件孔的精加工，如滑移齿轮、轴承环以及刀具的孔等。但是，磨孔的适应性较好，不仅可以磨通孔，还可以磨削阶梯孔和盲孔等，因而在单件、小批生产中应用较多，特别是对于非标准尺寸的孔，其精加工用磨削更为合适。

大批量生产中，当精加工短工件上要求与外圆面同轴的孔时，也可以采用无心磨法(图 18-43)。

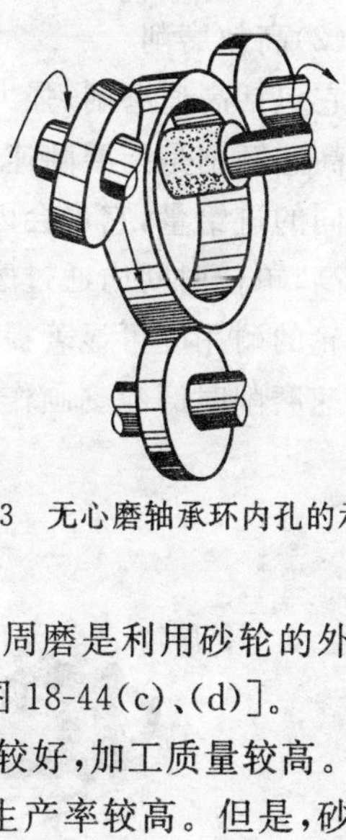
图 18-43　无心磨轴承环内孔的示意图

18.5.3.3　平面磨削

与平面铣削类似，平面磨削也可以分为周磨和端磨两种方式。周磨是利用砂轮的外圆面进行磨削[图 18-44(a)、(b)]，端磨则是利用砂轮的端面进行磨削[图 18-44(c)、(d)]。

周磨平面时，砂轮与工件的接触面积小，散热、冷却和排屑情况较好，加工质量较高。端磨平面时，磨头伸出长度较短，刚度较好，允许采用较大的磨削用量，生产率较高。但是，砂轮与工件的接触面积较大，发热量多，冷却较困难，加工质量较低。所以，周磨多用于加工质量要求较高的工件，而端磨适用于加工要求不很高的工件或者代替铣削作为精磨前的预加工。

周磨平面用卧轴平面磨床,端磨平面用立轴平面磨床。它们都有矩形工作台(简称矩台)和圆形工作台(简称圆台)两种形式。卧轴矩台平面磨床适用性好,应用最广;立轴矩台平面磨床多用于粗磨大型工件或同时加工多个中小型工件;圆台平面磨床则多用于成批大量生产中、小型零件,如活塞环、轴承环等。

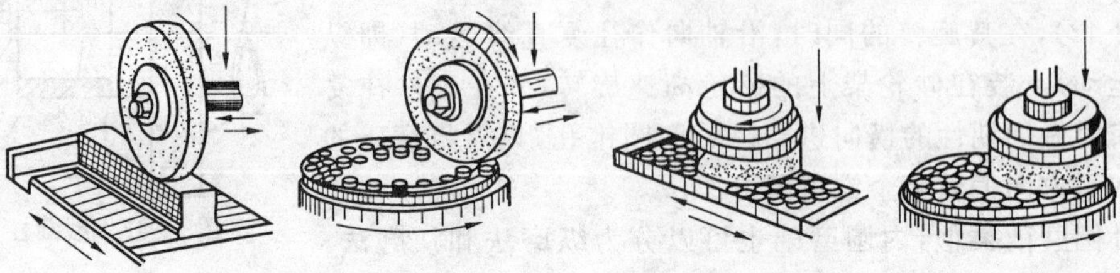

图 18-44 平面磨削

磨削铁磁性工件(钢、铸铁等)时,多利用电磁吸盘将工件吸住,以便装卸。对于某些不允许带有磁性的零件,磨完平面后应进行退磁处理。为此,平面磨床附有退磁器,可以方便地将工件的磁性退掉。

18.5.3.4 *磨削发展简介*

近年来,磨削正朝着两个方向发展:一是高精度、小粗糙度磨削,另一个是高效磨削。

(1)高精度、小粗糙度磨削

它包括精密磨削(R_a 为 0.05～0.1μm)、超精磨削(R_a 为 0.012～0.025μm)和镜面磨削(R_a 为 0.008μm 以下),可以代替研磨加工,以便节省工时和减轻劳动强度。

进行高精度、小粗糙度磨削时,除对磨床精度和运动平稳性有较高要求外,还要合理地选用工艺参数,对所用砂轮要经过精细修整,以保证砂轮表面的磨粒具有等高性很好的微刃(图18-45)。磨削时,磨粒的微刃在工件表面上切下微细切屑,同时在适当的磨削压力下,借助半钝状态的微刃,对工件表面产生摩擦抛光作用,从而获得高的精度和小的表面粗糙度。

(2)高效磨削

它包括高速磨削、强力磨削和砂带磨削,主要目标是提高生产效率。

高速磨削是指磨削速度 v_c(即砂轮线速度 v_s)≥50m/s 的磨削加工。即使维持与普通磨削相同的进给量,它也会因相应地提高工件速度而增加金属切除率,使生产率提高。由于磨削速度高,单位时间内通过磨削区的磨粒数增多,每个磨粒的切削层厚度将变薄,切削负荷减小,故砂轮的耐用度可显著提高。由于每个磨粒的切削层厚度小,工件表面残留面积的高度小,并且高速磨削时磨粒刻画作用所形成的隆起高度也小,因此磨削表面的粗糙度较小。高速磨削

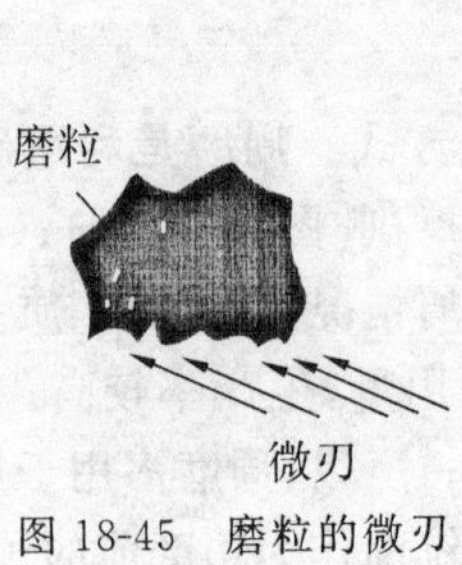

图 18-45 磨粒的微刃

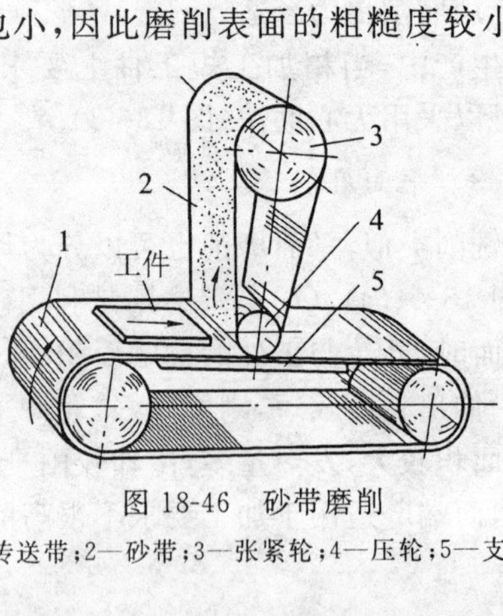

图 18-46 砂带磨削

1—传送带;2—砂带;3—张紧轮;4—压轮;5—支承板

的背向力 F_p 相应减小，有利于保证工件（特别是刚度差的工件）的加工精度。

强力磨削就是以大的背吃刀量（可达十几毫米）和小的纵向进给速度（相当于普通磨削的1/100～1/10）进行磨削，又称缓进深切磨削或深磨。强力磨削适用于加工各种成形面和沟槽，特别能有效地磨削难加工材料（如耐热合金等）。并且，它可以从铸、锻件毛坯直接磨出合乎要求的零件，生产率大大提高。

高速磨削和强力磨削都对机床、砂轮及冷却方式提出了较高的要求。

砂带磨削（图18-46）是20世纪60年代以来发展极为迅速的一种高效磨削方法。砂带磨削的设备一般都比较简单。砂带回转为主运动，工件由传送带带动作进给运动，工件经过支承板上方的磨削区，即完成加工。砂带磨削的生产效率高，加工质量好，能较方便地磨削复杂形面，因而成为磨削加工的发展方向之一，其应用范围越来越广。目前，工业发达国家的磨削加工中，约有1/3左右为砂带磨削，今后它所占的比例还会增大。

复习思考题

18.1　车床适于加工何种表面？为什么？

18.2　一般情况下，车削的切削过程为什么比刨削、铣削等平稳？它对加工质量有何影响？

18.3　卧式车床、立式车床、转塔车床和自动车床各适用于什么场合，加工何种零件？

18.4　用标准麻花钻钻孔，为什么精度低且表面粗糙？

18.5　何谓钻孔时的“引偏”？试举出几种减小引偏的措施。

18.6　台式钻床、立式钻床和摇臂钻床各适用于什么场合？

18.7　扩孔和铰孔为什么能达到较高的精度和较小的表面粗糙度？

18.8　镗孔与钻、扩、铰孔比较，有何特点？

18.9　镗床镗孔与车床镗孔有何不同，各适用于什么场合？

18.10　一般情况下，刨削的生产率为什么比铣削低？

18.11　拉削加工有哪些特点？适用于何种场合？

18.12　用周铣法铣平面时，从理论上分析，顺铣与逆铣相比有哪些优点？实际生产中，目前多采用哪种铣削方式？为什么？

18.13　成批和大量生产中，铣削平面常采用端铣法还是周铣法？为什么？

18.14　铣削为什么比其他加工方法容易产生振动？

18.15　既然砂轮在磨削过程中有自锐作用，为什么还要进行修整？

18.16　磨削为什么能够达到较高的精度和较小的表面粗糙度？

18.17　加注切削液，对于磨削比对一般切削加工更为重要，为什么？

18.18　磨孔远不如磨外圆应用广泛，为什么？

18.19　磨平面常见的有哪几种方式？

19 数控加工基础

【教学提示】

数控机床是可进行多品种小批量生产的高效自动化机床。数控机床可以加工普通机床无法加工的复杂零件，尤其是复杂空间曲面，生产效率比普通机床提高数倍甚至数十倍。数控机床是按所编程序自动进行零件加工的，消除了操作者的人为误差，并且可以自动地进行检测及补偿，达到非常高的加工精度。随着现代制造业的发展，数控机床已得到越来越广泛的应用。本章主要介绍数控机床的工作原理，数控加工的插补原理、程序结构、数控机床的类型、特点及一些典型零件的常用数控加工方法。

【教学要求】

了解数控机床加工的插补原理及程序结构、典型零件的数控加工方法。

19.1 数控的基本原理

数控就是数字控制的简称，即用数字和符号构成的程序来控制机床自动进行加工。按照给定程序自动进行加工的机床，称为数字控制机床，简称数控机床，也称为 NC 机床。

19.1.1 数控机床的工作原理及基本组成

19.1.1.1 数控机床基本工作原理

随着科学技术的不断发展，数控技术现已应用在各种机床上。数控机床的工作流程如图 19-1 所示。

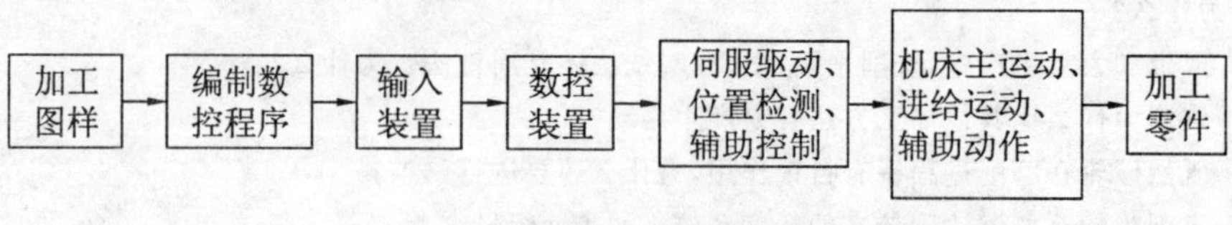

图 19-1 数控机床的工作流程图

用数控机床加工零件时，首先应根据零件图样编制零件的数控加工程序，将数控程序输入数控装置，再由数控装置控制机床主运动的变速、启停，进给运动的方向、速度和位移大小，以及其他诸如刀具的选择与交换、工件的夹紧与松开和冷却与润滑的启停等辅助动作，使刀具与工件及其他辅助装置严格地按照数控程序规定的顺序、路线和参数进行工作，从而加工出形状、尺寸与精度符合要求的零件。

19.1.1.2 数控机床基本组成

(1)控制介质

首先在对加工零件进行充分的工艺分析的基础上，确定零件的编程坐标系，计算零件的几何元素的坐标参数，如孔的中心坐标、直线的两端点坐标、圆弧的中心坐标和两端点坐标等；然后确定零件加工的工艺路线或加工顺序，主运动的启停、方向、变速，进给运动的速度、位移大小等工艺参数，以及冷却液开、关等辅助装置的动作；由此得到零件加工的所有运动、尺寸、工艺参数等加工信息后，按标准格式用文字、数字和符号编制零件加工的数控程序。编程的工作可由人工或自动编程计算机系统来完成。比较先进的数控机床，可以在它的数控装置上直接编程。

编好的数控程序，存放在便于保存和输入数控装置的一种存储载体上，它可以是打印纸、穿孔纸带、磁带、磁盘等。采用哪一种存储载体，取决于数控机床的输入装置类型和企业管理要求。

将编制好的程序载体上的数控程序代码，经输入装置传送并存入数控装置内。输入装置可以是光电阅读机、磁带机、软盘驱动器或是数控装置上的键盘。有些数控装置，可与计算机用通信方式直接传送数控程序。

(2)数控装置

数控装置是数控机床的控制单元，是数控机床的核心。输入装置接收的数控程序，经数控装置系统软件和逻辑电路进行编译、运算和处理后，输出控制信号控制机床的各个部分进行规定的、有序的动作。其具体过程为：数控装置根据程序的坐标代码作插补运算并输出插补控制信号，插补控制信号控制伺服驱动系统驱动执行部件作进给运动，从而确定了机床的进给运动的方向、速度、位移量。数控装置根据辅助机能代码输出辅助机能控制信号驱动强电控制装置，控制主运动部件的变速、换向和启停，刀具的选择和交换，冷却、润滑的启停，工件和机床部件的松开和夹紧，分度工作台的转位等辅助机能。

(3)伺服驱动、位置检测、辅助机能控制装置

伺服驱动(Servo Driving)系统接收数控装置发来的速度和位移信号，控制伺服电动机的运动速度、方向。伺服驱动系统一般由伺服电路和伺服电动机组成，并与机床上的机械传动部件组成数控机床的进给系统。机床的每个作伺服进给运动的轴都配有一套伺服驱动系统。伺服驱动系统有开环和闭环之分。

位置检测装置与伺服系统配套组成闭环伺服驱动系统，它测量执行部件的实际进给位置，并把这一信息送给伺服系统与指令位置进行比较，将其误差转换、放大后控制执行部件的进给运动。

辅助机能控制装置是介于数控装置和机床的机械、液压部件之间的强电控制装置，其主要作用是接收数控装置输出的主运动变速、刀具的选择与交换、辅助装置的动作等信号，经必要的逻辑判断、功率放大后直接驱动相应的电器、液压、气动和机械部件，完成指令所规定的动作。此外，机床的某些状态也经它送给数控装置进行处理。

(4)机床的机械部件

数控机床的机械部件包括主运动部件(如主轴组件、变速箱等)、进给运动执行部件(如工作台、拖板、丝杠、导轨及其传动部件)和支承部件(如床身、立柱等)，此外，还有冷却、润滑、转位和夹紧等辅助装置。对于能同时进行多道工序加工的加工中心类的数控机床，还有存放刀具的刀库、交换刀具的机械手等部件。

数控机床机械部件的组成与普通机床相似，但由于数控机床采用了高性能、宽调速范围的交、直流主轴电动机和伺服电动机，主轴箱、进给变速箱及其传动系统大为简化，缩短了传动链，提高了传动精度和可靠性。此外，它在刚度、抗震性及其动态特性等方面要求更高，而且对其传动和变速系统要求实现自动控制。

19.1.2　数控机床加工的插补原理

实际加工中的零件形状各式各样,有的由直线、圆弧组成零件轮廓,也有的由曲线、曲面等构成零件轮廓,但数控加工时,我们只用直线或圆弧对这些轮廓进行逼近。

插补计算就是数控系统根据输入的基本数据(如直线的起点、终点坐标,圆弧的起点、终点、圆心坐标等),通过计算,并根据计算结果向相应的坐标发出进给指令,机床在相应的坐标方向上移动一定的距离,从而将工件加工出所需的轮廓形状。

数控机床中常用的插补算法有逐点比较法、数字积分法、时间分割法及最小偏差法等,通常采用逐点比较法来插补。数控装置每输出一个进给脉冲,移动部件在空间 x、y、z 任一个方向所移动的距离称为脉冲当量。一般数控机床的脉冲当量为 0.01mm/脉冲,小型精密数控机床为 0.005~0.001mm/脉冲。

下面以加工 x、y 平面内的图形为例,来研究圆弧和斜线的插补过程。

(1)圆弧插补

如图 19-2 所示,加工图形的圆心在坐标原点 O 上,半径为 R,逆时针走向的圆弧为 AB,用 F 表示加工偏差。开始加工时加工点在圆上 A 点,此时 $F=0$,即加工点 A 至圆心的距离等于 R;若加工点在圆内,则加工点至圆心的距离小于 R,加工偏差 $F<0$;若加工点在圆外,则加工点至圆心的距离大于 R,加工偏差 $F>0$。

加工时,对铣刀的走向规定为:当 $F\geqslant 0$ 时向 x 轴负方向进给一步;当 $F<0$ 时向 y 轴正方向进给一步。这样,从 A 点开始经 $A\to 1\to 2\to 3\to\cdots\to B$,用很多 x 或 y 走向的微小折线来逼近所要加工的圆弧。

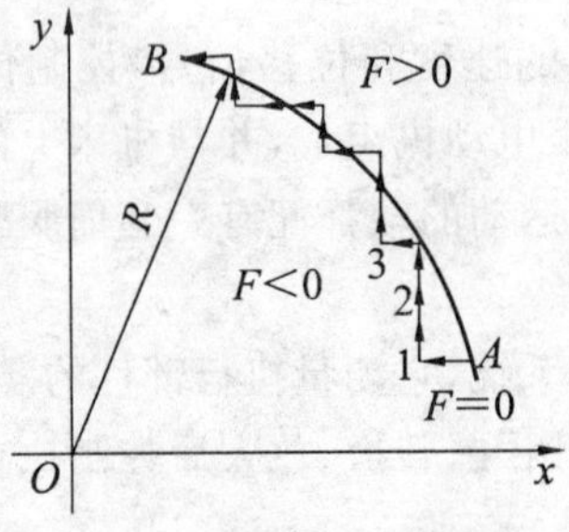

图 19-2　圆弧插补原理

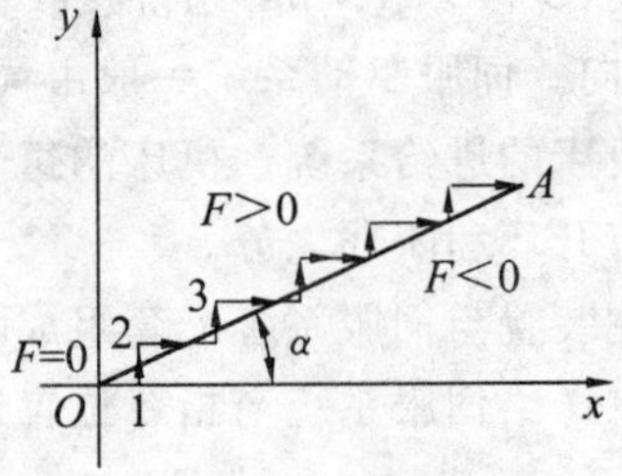

图 19-3　斜线插补原理

(2)斜线插补

如图 19-3 所示,加工图形的起点在坐标原点上,所加工的斜线 OA 与 x 轴的夹角为 α。当加工点在斜线上或开始加工时,加工偏差 $F=0$;当加工点在斜线 OA 的下方时,加工点和坐标原点的连线与 x 轴的夹角小于 α,加工偏差 $F<0$;当加工点在斜线上方时,加工点和坐标原点的连线与 x 轴的夹角大于 α,加工偏差 $F>0$。

加工时,对铣刀的走向规定为:当 $F\geqslant 0$ 时向 x 轴正向进给一步;当 $F<0$ 时向 y 轴正向进给一步。这样从 O 点开始经 $O\to 1\to 2\to 3\to\cdots\to A$,用很多在 x 或 y 方向的微小折线来逼近所要加工的斜线。

根据上述原理的插补误差一般不大于一个脉冲当量,所以上述折线的轨迹很接近所要加工的圆弧或斜线。其他象限的插补原理与第一象限类似。

19.1.3　数控加工程序段格式及程序结构

数控机床的零件加工程序可通过键盘、穿孔纸带等介质输入数控装置中。国内外广泛应用的八单位穿孔纸带的代码有EIA(美国电子工业协会标准)和ISO(国际标准化组织标准)两种。ISO代码因具有信息量大、可靠性高等优点而被广泛采用。现在我国规定新产品一律采用ISO代码进行编程。

数控程序由若干程序段组成,最常用的程序段格式为地址符可变程序段格式。即在一个程序段内,字的数目以及字的长度(位数)都是可以变化的,不需要的代码字以及上一程序段相同的续效字可以不写,故程序简单明了,可读性强,易于检验。

如在同一程序段中,X,Y,F,S,T等字不能重复,但不同组的G功能或M功能可多于一个,不需要的字可略去。与上一程序段相同的模态(续效)字可以省略。

下面给出一段程序并逐字对其说明。

N001 G02 X38.0 Y－16.0 I－4.0 J－19.596 F100

(1)顺序号字N001

N为地址码,后面的三位数字表示程序段的顺序。

(2)准备功能字(G功能字)

准备功能字亦称“G”指令,由字母“G”和其后的两位数码表示,从G00至G99共100种。例如G00为快速进给、定位,G90为用绝对尺寸方式(ABS)编程输入,G91为用增量尺寸方式(INC)编程输入,G01为直线插补,G02为顺时针方向圆弧插补,G03为逆时针方向圆弧插补,G17为选择X,Y平面。

(3)尺寸字

X,Y,I,J,R为地址码,后面为带正、负号的数字,数字中使用小数点。

尺寸字可采用绝对尺寸方式(ABS)或增量尺寸方式(INC)两种。在用绝对尺寸方式编程时,X,Y后面是该线段带“＋”或“－”号的终点总坐标值;在用增量尺寸方式编程时,X,Y后面是该线段带“＋”或“－”号的终点相对于起点(即以起点作分坐标原点)的坐标值。I,J后面是圆弧圆心相对于圆弧起点(即以圆弧起点作分坐标原点)的带“＋”或“－”号的坐标值,I,J的值不论是在G90还是G91中都是以增量方式确定。R后面是圆弧半径的值。

(4)进给功能字

进给功能字由地址码F及其后面的若干位数字构成,F100表示进给速度为100mm/min。

19.2 数控机床的分类

按机床的类别,数控机床可分为数控车床、数控铣床、数控钻床、数控磨床、数控电火花加工机床、数控电火花线切割机床、数控激光切割机床等。

19.2.1 按工艺用途分类

(1)金属切削类数控机床

这类机床和传统的通用机床品种一样,有数控车床、数控铣床、数控磨床、数控钻床以及加工中心等。加工中心是带有自动换刀装置,在一次装夹后可以进行多种工序加工的数控机床。

(2)金属成形类数控机床

这类机床有数控折弯机、数控弯管、数控回转头压力机等。

(3)数控特种加工及其他类型数控机床

这类机床有数控线切割机床、数控电火花加工机床、数控激光切割机床、数控火焰切割机床等。

19.2.2 按运动的方式分类

(1)点位控制数控机床

定位精度和定位速度是该类机床的两个基本要求,被控对象只能由一个点到另一个点作精确定位。这类被控对象在移动时并不进行加工,所以移动的路径并不重要,而达到定位点后才进行各种加工。使用这类系统的数控设备有坐标镗床、数控钻床和数控冲床等。

(2)直线控制数控机床

直线控制数控机床的被控对象不仅要实现由一个位置到另一个位置的按直线轨迹精确移动,而且在移动过程中同时要加工。因此要求该类系统移动速度均匀,它的伺服系统要求有足够的功率、宽的调速范围和优良的动态特性。这类数控设备有数控车床、数控镗床、加工中心等。

(3)轮廓控制数控机床

该类系统能对两个或两个以上的坐标轴同时进行控制,实现任意坐标平面内的曲线或空间曲线的加工。它不仅能控制数控设备移动部件的起点与终点坐标,而且能控制整个加工过程每一点的速度和位移量,能控制加工轨迹。系统在加工过程中需要不断地进行插补运算,并进行相应的速度与位移控制。这类数控设备有数控铣床、数控磨床等。

19.2.3 按伺服系统的类型分类

按伺服系统工作原理可分为开环控制系统、半闭环控制系统和闭环控制系统等。

(1)开环控制系统

这种机床的控制方式通常以步进电动机或电液伺服马达为驱动元件。输入的数据经过数控系统的运算分配指令脉冲,每一个脉冲送给环形分配器驱动步进电动机或电液伺服马达,使其转动一个角度带动传动机构,从而使被控制对象移动。该方式对实际传动机构的动作完成与否不进行检查,驱动控制指令发送出去后不再反馈回数控系统。

如图19-4所示为机床中常用的开环控制系统,步进电动机通过齿轮传动,驱动丝杠和工作台。开环控制方式容易掌握,调试方便,维修简单。但开环控制系统的精度完全依赖于步进电动机的步距精度及齿轮、丝杠的传动精度,因此精度控制受到限制。在工作中,如果出现突然过载现象,控制系统由于得不到反馈信息,依旧发出控制进给脉冲,从而造成"失步"误差。故此类机床属于控制精度比较低的经济型数控机床。

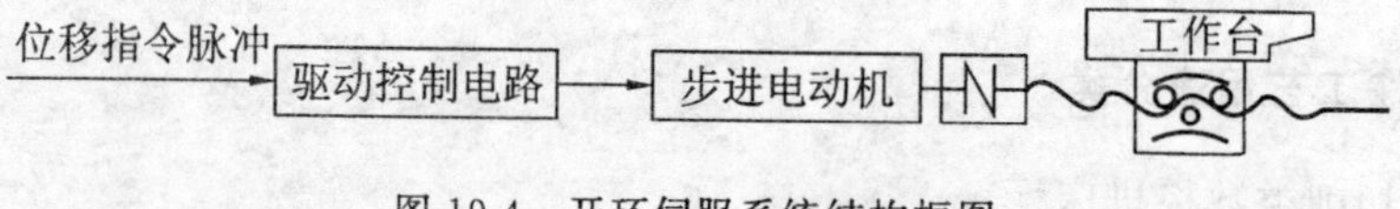

图19-4 开环伺服系统结构框图

(2)半闭环控制系统

该系统是在驱动电动机轴上装有角位移检测装置,并将角位移检测器和驱动电动机做成一个整体。通过监测驱动电动机的转角间接地测量移动部件的直线位移,并反馈至数控装置中。这种系统实用性强,正在广泛应用,其结构如图19-5所示。

(3)闭环控制系统

该系统是在控制设备运动部件位置上直接装上位置检测装置,并将检测到的实际位移值

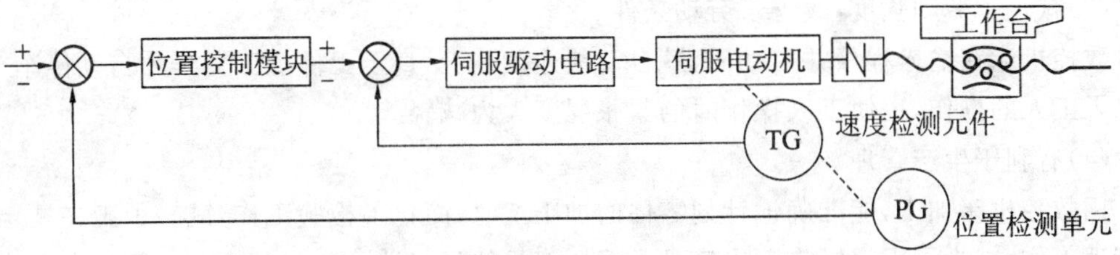

图 19-5　半闭环伺服系统结构框图

反馈到数控装置中，与输入的指令位移值进行比较，用偏差值进行伺服系统的控制。闭环系统能够补偿各种误差，有高的精度，其结构如图 19-6 所示。

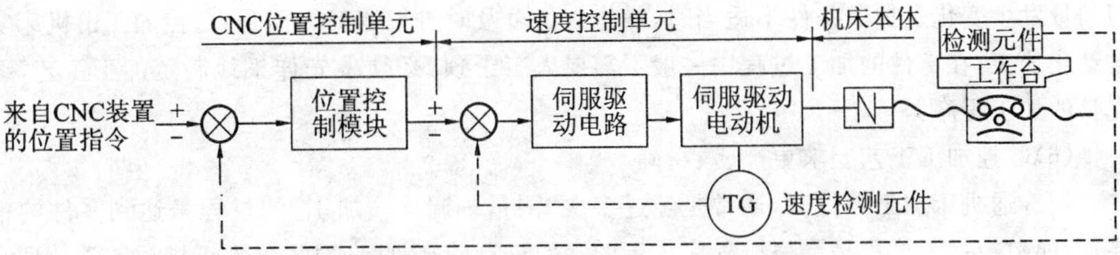

图 19-6　闭环控制系统结构框图

闭环控制系统由于有位置测量装置和反馈元件的联系，因此，系统的精度取决于测量装置的精度。目前采用的检测装置有感应同步器、磁尺、光栅等，精度一般为 0.5～1μm。在半闭环控制系统中由于末端件工作台没有完全包括在控制回路内，因而其控制精度比全闭环的要低。

闭环控制数控机床的优点是精度高、速度快，但调试和维修比较困难。

19.3　数控加工工艺特点

数控机床较好地解决了复杂、精密、多变的零件加工问题，是一种灵活、高效能的自动化机床。它是机床控制技术的一个重要发展方向。随着电子、自动化、计算机、精密机械、测量及人工智能技术的发展，数控机床也在迅速发展和演变，以适应社会生产的需要。

数控机床以其精度高、效率高、能适应小批量复杂零件的加工等特点，在机械加工中得到日益广泛的应用。概括起来，数控机床有以下几个方面的优点：

(1)加工精度高，质量稳定

数控机床有较高的加工精度，且加工精度不受零件形状复杂程度的影响。这对于一些用普通机床难以保证精度甚至无法加工的复杂零件来说是非常重要的。此外，用数控机床加工，消除了操作者的人为误差，提高了同批零件加工的一致性，使产品质量稳定。

(2)工件加工周期短，生产效率高

使用数控机床加工，对工夹具的要求降低，又免去了画线工作，使加工准备工作时间缩短了。因为有高的精度，可以简化检验工作，在加工过程中省去了对工件的多次测量，节省检验时间。在加工零件改变时用改换程序的方法，可节省准备与调整的时间。这些都有效地提高了生产效率。如果使用能自动换刀的数控加工中心机床，则可进行多道工序的连续加工，避免了多次定位误差，缩短了半成品的周转时间，生产效率的提高更为显著。

(3)减轻了劳动强度,改善了劳动条件

数控机床在输入程序并启动后,就自动地连续加工,直至工件加工完毕才自动停车。这就简化了工人的操作,也使工人操作时的紧张程度大为减轻。

(4)有利于生产管理

用数控机床加工,能准确地计划零件的加工工时,简化了检验工作,减轻了工夹具、半成品的管理工作,减少了因误操作而出废品及损坏刀具的可能性。这些都有利于管理水平的提高。当然,用数控机床加工需相应地增加程序的准备与管理工作。

(5)数控加工工艺内容要求具体详细

在普通机床加工过程中,机床与操作人员之间直接交换信息。如刀具出现磨损(或缺损)、切削量发生变化及加工条件不适当时,操作人员可及时进行调整。但是,数控加工由机床实施自动化加工,在零件的加工过程中一般不需要人工干预,必须事先详细地制定加工工艺,编制完整的加工程序。

(6)数控加工工艺要求更严密、精确

用普通机床加工零件时,通常是经过多次"测量—调整—加工"的过程来达到零件的精度要求,而数控加工过程是严格按程序规定的参数进行的,因此在对零件图纸进行数学处理和计算时,要求准确无误。实际工作中,由于一个小数点或一个逗号的差错而酿成重大机床事故和质量事故的例子屡见不鲜。

19.4 数控加工工艺设计需考虑的因素

(1)选用合适的数控机床

尽可能选用加工成本较低的数控机床。如阀体等不太复杂、尺寸不大的孔系可选用数控钻床而不用价格昂贵的加工中心;可用立式加工中心加工的零件不用卧式加工中心,以免增加夹具安装难度和机床使用成本。

(2)曲面加工与联动轴数

数控加工曲面多利用轨迹法,即利用刀尖运动的轨迹来形成被加工表面的形状。普通数控系统一般只具有直线与圆弧插补功能,对于母线为任意曲线的平面轮廓或立体曲面的加工,往往采用多个微线段或圆弧段逼近的方法。

数控系统有二轴半、三轴、四轴、五轴等之分,联动轴数越多,系统价格越高,编程计算越复杂。应根据曲面形状、精度、加工效率的不同要求,选用合适的机床。

二轴半行切法加工的刀心轨迹为平面曲线,编程计算较为简单,常用于曲率变化不大及精度要求不高的粗加工;三轴联动加工常用于空间曲面的精确加工,编程计算较为复杂。加工面与水平面的夹角呈连续变化的空间曲面称为变斜角面。曲率变化较小的变斜角面零件,可选用四轴联动加工,编程计算相当复杂;对于形状复杂、曲率变化较大的变斜角面零件,四轴联动难以满足加工要求,需用五轴联动加工,编程计算非常复杂。

(3)刀具

数控机床上使用的刀具包括通用刃具和连接刀柄。刀具需具备更高的强度、刚度、精度、耐用度、可靠性、断屑性能,以达到高速切削与强力切削的加工要求。在工艺设计中,应根据零件材料、加工工序、切削用量、机床加工能力等因素合理地选择刀具,尽量采用高效刀具和先进刀具。如铣削平面零件,可以采用端铣刀和立铣刀;铣削空间曲面,可以采用圆锥形立铣刀、圆柱形球头立铣刀和圆锥形球头立铣刀等。

(4)夹具

数控机床是按程序自动加工的,零件在夹具上的定位、装夹必须精确,装卸时间要少,加工中不允许产生变形。对数控机床夹具的主要要求有:

①装夹方式要有利于数控编程计算的方便和准确,便于编程坐标系的建立。

②夹具结构应具备足够的刚性,避免振动与夹压变形,同时要使排屑方便。

③夹具要保证敞开性。夹具必须方便加工,确保刀具的运动空间,避免刀具组件与夹具发生干涉。

④装卸零件要方便可靠,能迅速完成零件的定位、夹紧和拆卸。

⑤夹具应方便对刀及测量。有些工件的尺寸不容易直接测量出来,所以在设计夹具时,应该考虑间接测量法。

⑥尽可能使用组合夹具与可调夹具,避免采用专用夹具,以满足准备周期短、成本低的加工要求。

⑦夹具的结构能承受强力切削的作用力,夹紧力要大些。数控机床一般是多工序集中加工,工件在一次装夹中既要完成粗加工工序,又要完成精加工工序,但过大的夹紧力会使工件产生变形,精加工应充分考虑夹具对工件的夹紧变形,合理地选择夹具的定位点、支承受力点、夹紧点,保证夹具的安装精度。

(5)走刀路线

走刀路线是指数控加工过程中刀具相对于工件的运动轨迹与方向。走刀路线的选择一般应遵循确保加工质量、尽可能缩短走刀路线、有利于简化编程计算、有利于工艺处理及"少换刀"等原则。

缩短走刀路线的主要因素是大余量的切除应取较大的背吃刀量以减少走刀次数、每一次走刀应完成尽可能多的加工内容、尽量缩短空行程等。

(6)切入点和切出点

零件轮廓的最终加工应尽量一次连续完成,为了避免切入、切出轮廓时,因零件、夹具、机床系统的弹性变形而留下刀痕,需选择合适的切入点和切出点。切入点和切出点一般选在零件轮廓几何元素的交点处,沿轮廓外形的延长线切入和切出。延长线可由相切的圆弧和直线组成,这样可以保证加工出的零件轮廓形状平滑。

(7)加工参数

加工参数包括主轴转速、进给速度、切削深度、切削宽度等。正确地选择切削用量,有利于提高切削效率,保证刀具的耐用度和加工质量,降低加工成本。

数控加工中切削参数的选用原则与普通机床加工相同,但要充分发挥数控机床刚性高、热稳定性好、动力参数高、调速范围宽的特点,并采用先进的切削刀具。

19.5 数控加工方法

对零件进行数控加工时,选用何种数控机床、采用何种方式进行加工,主要与被加工零件的内外轮廓形状、加工的数量、加工精度及表面粗糙度等因素有关。

19.5.1 平面孔系零件的加工

这类零件若孔数较多,或孔位精度要求较高,均宜选用点位直线控制的数控钻床或数控镗床进行加工。这样不仅可以减轻工人的劳动强度,提高生产率,而且还易于保证精度。

加工时,孔系的定位都用快速运动、有两坐标联动功能的数控机床,可以指令两轴同时运动,对没有联动的数控机床,则只能指令两个坐标轴依次运动。此外,在编制加工程序时,应尽可能应用子程序调用的方法来减少程序段的数量,以减小加工程序的长度和提高加工的可靠性。

19.5.2 旋转体类零件的加工

用数控车床或数控磨床加工旋转体零件时,由于车削零件毛坯多为棒料或锻坯,加工余量较大且不均匀,因此在编程中,粗车的加工线路往往是要考虑的主要问题。

图 19-7 所示手柄的轮廓由三段圆弧组成,由于加工余量较大而且又不均匀,因此,比较合理的方案是先用直线、斜线程序车掉图中虚线所示的加工余量,再用圆弧程序精加工成形。

图 19-8 所示的零件表面形状复杂,毛坯为棒料,加工余量不均匀,其粗加工线路按图中1~4依次分段加工,然后再换精车刀一次成形。需要说明的是,图中的粗加工走刀次数应根据每次的切削深度决定。

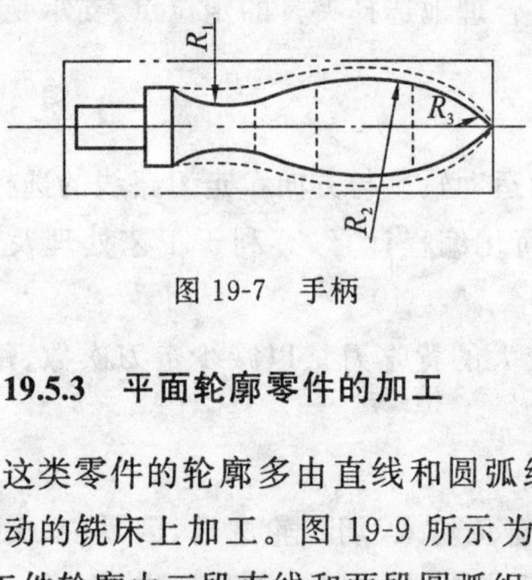

图 19-7 手柄

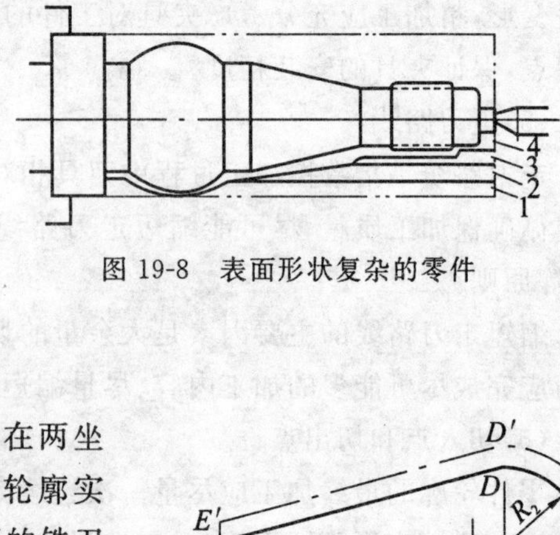

图 19-8 表面形状复杂的零件

19.5.3 平面轮廓零件的加工

这类零件的轮廓多由直线和圆弧组成,一般在两坐标联动的铣床上加工。图 19-9 所示为铣削平面轮廓实例,工件轮廓由三段直线和两段圆弧组成,若选用的铣刀半径为 R,则点画线为刀具中心的运动轨迹。当数控系统具有刀具半径补偿功能时,可按其零件轮廓编程。若数控系统不具备刀具半径补偿功能,则应按刀具中心轨迹编程。为保证加工平滑,应增加切入和切出程序段。若平面轮廓为非圆曲线,由于一般数控系统都只具有直线和圆弧插补功能,则都用圆弧和直线去逼近。

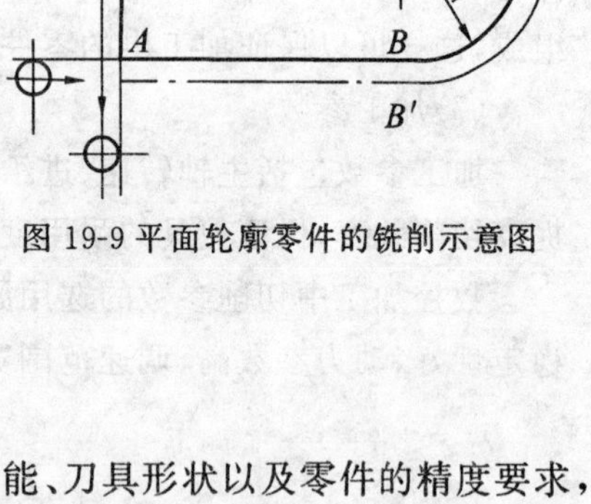

图 19-9 平面轮廓零件的铣削示意图

19.5.4 立体轮廓表面的加工

用数控机床加工立体曲面时,应根据曲面形状、机床功能、刀具形状以及零件的精度要求,采用不同的加工方法。

(1)在三坐标控制两坐标两联动的机床上用"行切法"进行加工

如图 19-10 所示,以 x,y,z 三轴中任意两轴作插补运动,第三轴作周期性进给,刀具采用球头铣刀。将 x 方向分为若干段，球头铣刀沿 Oxy 平面的曲线进行插补加工，当一段加工完后进给 Δx。再加工另一相邻曲线。如此依次用平面曲线来逼近整个曲面。其中 Δx 根据表面粗糙度的要求及刀头的半径选取，球头铣刀的球半径应尽可能选得大一些，以利于降低表面粗糙度、增加刀具刚度和散热性能。但在加工凹面时球头半径必须小于被加工曲面的最小曲率半径。

(2)三坐标联动加工

图 19-11 为内循环滚珠螺母的回珠器示意图。其滚道母线 SS' 为一空间曲线，它可用空间直线去逼近，因此可在有空间直线插补功能的三坐标联动机床上加工。但其编程计算较复杂，加工程序可采用自动编程系统来编制。

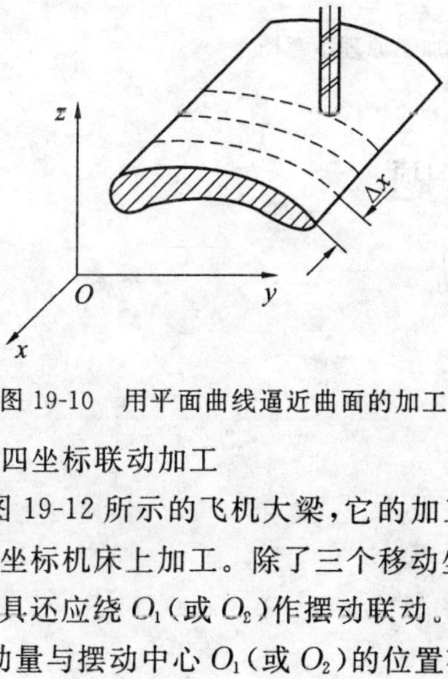

图 19-10　用平面曲线逼近曲面的加工

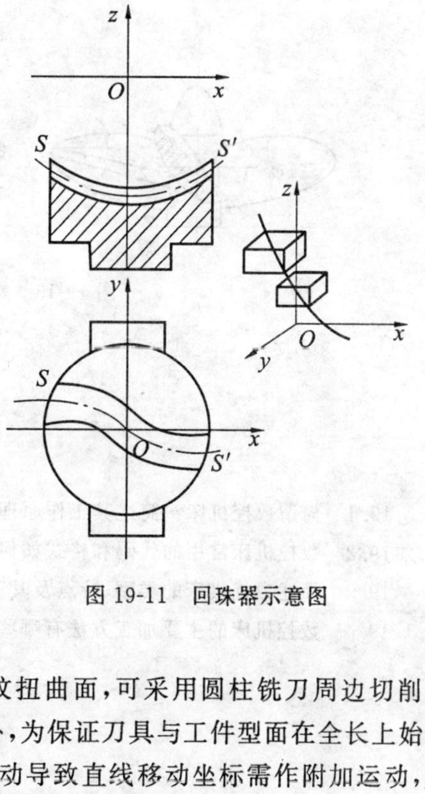

图 19-11　回珠器示意图

(3)四坐标联动加工

如图 19-12 所示的飞机大梁，它的加工表面是直纹扭曲面，可采用圆柱铣刀周边切削方式，在四坐标机床上加工。除了三个移动坐标的联动外，为保证刀具与工件型面在全长上始终贴合，刀具还应绕 O_1（或 O_2）作摆动联动。由于摆动运动导致直线移动坐标需作附加运动，其附加运动量与摆动中心 O_1（或 O_2）的位置有关，因此编程计算比较复杂。

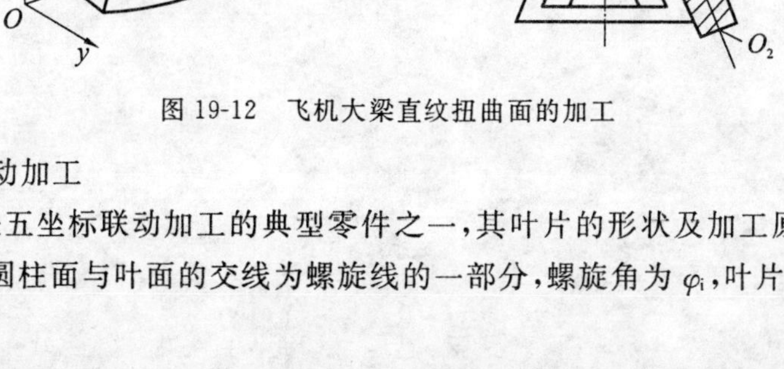

图 19-12　飞机大梁直纹扭曲面的加工

(4)五坐标联动加工

船用螺旋桨是五坐标联动加工的典型零件之一，其叶片的形状及加工原理如图 19-13 所示。半径为 R_i 的圆柱面与叶面的交线为螺旋线的一部分，螺旋角为 φ_i，叶片的径向叶形线（轴向剖面)EF 的倾角 α 称为后倾角。由于叶面的曲率半径较大,常用端铣刀进行加工,以提高生产率和表面质量。叶面的螺旋线可用空间直线进行逼近。逼近段 mn 是由 C 坐标旋转 $\Delta\theta$ 与 z 坐标位移 Δz 的合成。为了保证端铣刀的端面与曲面的切平面重合,铣刀还应作螺旋角 φ_i(坐标 A)与后倾角 α(坐标 B)的摆动运动。由于机床结构的原因,摆角中心不在铣刀端平面的中心,故在摆动运动的同时,还应作相应的附加直线运动,以保证铣刀端面位于切削的位置。当半径为 R_i 上的一条叶形线加工完毕后,改变 R_i,再加工相邻的一条叶形线,依次逐一加工,即可形成整个叶面。由此可知,叶面的加工需要五个坐标联动,即 x,y,z,A,B。这种加工的编程计算就更为复杂了。

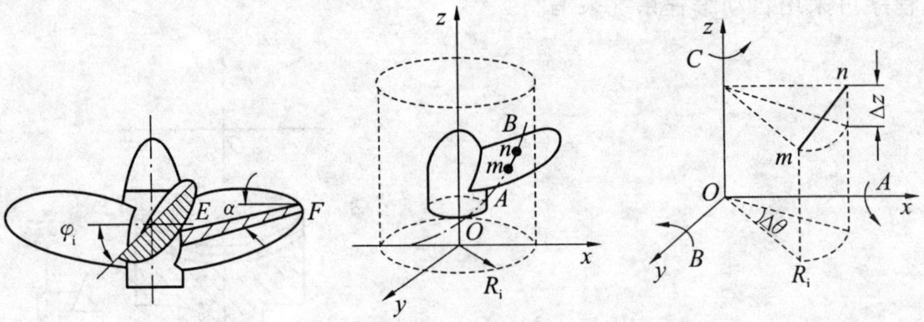

图 19-13　螺旋桨叶片及其加工原理示意图

复习思考题

19.1　何谓数控机床?简述其工作原理。

19.2　数控机床常用的代码和格式如何?

19.3　简述数控机床的类型、特点及其应用。

19.4　数控机床的主要加工方法有哪些?

20 零件典型表面加工方法的选择

【教学提示】

机械产品都是由零件组成的。尽管机械零件的种类很多，形状各异，但都是由一些最基本的几何形状(外圆、孔、平面等)组成的，而每种表面又有不同的加工方法。由于不同加工方法的质量、加工时间、加工费用是不同的，因此，正确选择加工方法对保证产品质量、提高生产率和经济性有重要意义。本章将介绍组成零件的几种典型表面的加工方法和加工方案，并进行分析，为学习第21章机械加工工艺规程打下必要的知识基础。

【教学要求】

掌握典型表面(外圆、孔、平面等)的加工方法，根据零件的基本的几何形状，正确选择加工方法和加工方案；了解螺纹和齿轮齿形的加工方法。

20.1 外圆面的加工方法

带有圆表面的零件在机器中占有很大的比例，主要有轴类零件、盘类零件和套类零件。轴类零件按其结构形状的特点，可分为光轴、阶梯轴、半轴、空心轴和异形轴(包括曲轴、凸轮轴、十字轴和偏心轴等)。

轴类零件外圆表面的技术要求，除尺寸精度、表面粗糙度外，还有形状精度(如圆度、圆柱度等)和位置精度(如与其他外圆表面或内圆表面的同轴度，以及与规定平面的垂直度等)，特别对轴径和有配合要求的外圆表面的精度要求较高、对表面粗糙度数值要求较低。例如汽车、拖拉机和柴油机的曲轴，主轴颈的尺寸精度一般为IT7，表面粗糙度为 R_a 0.63～0.32μm。

盘类零件的直径尺寸比轴向尺寸大，且最大外圆直径与内圆直径相差较大，并以端面面积较大为主要特征，如法兰盘、皮带轮和飞轮等。盘类零件除要求尺寸精度和表面粗糙度外，还有同轴度的要求，而且端面与轴线的垂直度要求较高。

套类零件的内外圆直径相差较小，壁厚往往比较薄。套类零件有钻套、轴承衬套、汽缸套和油缸套等，套类零件的技术要求除尺寸精度及表面粗糙度外，主要对内外圆的同轴度要求较高。一般来说，光轴和外圆直径相差不大的阶梯轴都采用棒料(热轧钢或冷拉钢)作为毛坯。但对直径大、形状比较复杂或对承载要求较高的轴以及曲轴，其毛坯则采用锻件，有的曲轴采用球墨铸铁件。

盘、套类零件的毛坯大部分是铸件，也有一部分盘、套类零件采用棒料和锻件作为毛坯。外圆表面的主要加工方法有车削、磨削和光整加工。一般来说，车削用来作为粗加工和半精加工，磨削是用来作为精加工或终加工。当表面粗糙度要求更细时，则采用光整加工。

20.1.1 外圆表面的车削加工

车削外圆表面，一般精度可达IT10～IT8，表面粗糙度可达 R_a 6.3～1.6μm。精度要求不高时,车外圆可获得零件的最终尺寸精度。精度要求较高时,外圆除车削外还要用其他的方法加工。

20.1.1.1 轴类零件外圆的车削加工

车削轴类零件的外圆时,大多数是利用两端面的顶尖孔将轴安装在车床的前后顶尖之间。由于各加工外圆表面围绕车床主轴同一轴线回转,所以能保证各外圆表面的同轴度以及端面与轴线的垂直度。加工短轴常用卡盘装夹。图 20-1 为车外圆示意图;图 20-2 为车锥面示意图。

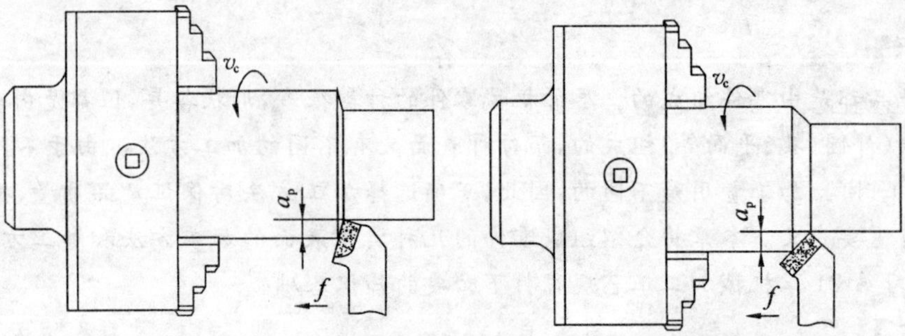

图 20-1 车外圆

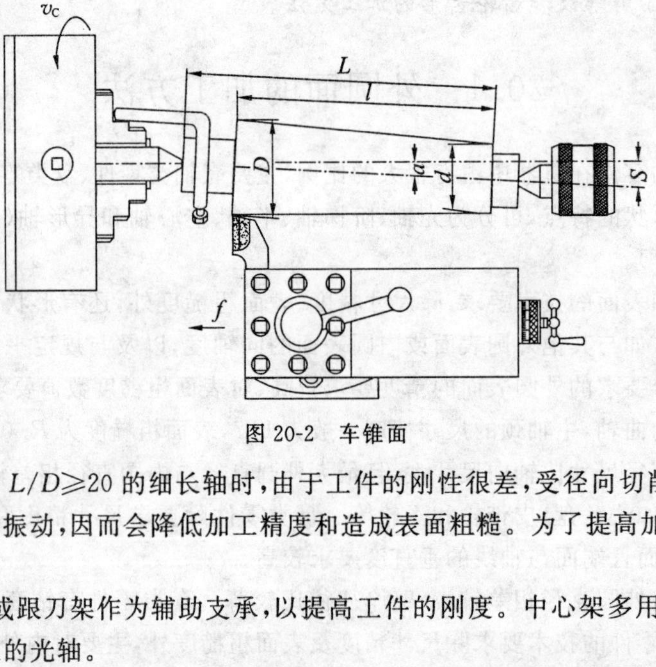

图 20-2 车锥面

加工长径比为 $L/D \geqslant 20$ 的细长轴时,由于工件的刚性很差,受径向切削力 F_p 的作用,容易产生弯曲变形和振动,因而会降低加工精度和造成表面粗糙。为了提高加工精度和质量,常采取以下措施:

(1)用中心架或跟刀架作为辅助支承,以提高工件的刚度。中心架多用于加工阶梯轴,跟刀架用于车削细长的光轴。

(2)加大车刀的主偏角以减小车削时的径向力。在车细长轴的实践中,通常采用 90°和 75°的偏刀。

(3)选择切削用量时,要考虑到细长轴刚性差这一特点,不应使切削力太大,可采用增加走刀次数的办法来减小每次的切削深度,以降低切削力。一般走刀次数以 3～4 次较为合适。

(4)使用冷却润滑液,可以防止和减少工件的热变形及其因轴向伸长而引起的弯曲,并能提高刀具的耐用度,因而能提高工件的加工精度和质量。

单件、小批生产时,轴类零件的外圆车削是在普通车床上进行的;在成批大量生产中,广泛使用高生产率的多刀半自动车床或自动车床。

对曲轴和凸轮轴等零件的外圆表面的车削,在批量较大的情况下,应选择在专用的曲轴和凸轮轴车床上进行加工。

20.1.1.2 盘、套类零件外圆表面的车削加工

车削盘、套类零件的外圆表面常用卡盘装夹。加工盘、套类零件所要考虑的主要问题是保证外圆对孔轴线的同轴度以及端面对孔轴线的垂直度的要求。因此，在精车时，尽可能把有位置精度要求的外圆、内孔和端面在一次安装中全部加工完。若有位置精度要求的表面不可能在一次安装中完成全部加工时，通常先把孔加工出来，然后以孔定位，安装在心轴上，再加工外圆和端面。

盘、套类零件在成批大量生产时，可用高生产率的六角车床、半自动车床加工，如在卡盘多刀半自动车床上加工齿轮坯、轴承环和法兰盘等，生产效率比普通车床高 3～5 倍。

大型圆盘类或环类零件可在立式车床上加工。这类零件在立式车床上加工，工件的安装、调整方便，切削平稳。立式车床上的立柱、横梁上都装有刀架，可以同时进行加工、车削外圆、内圆和端面等。

20.1.2 外圆表面的磨削加工

磨削是外圆表面精加工的主要方法，加工精度可达 IT6 级，表面粗糙度可达 R_a 0.8～0.2 μm。当采用精密磨削、超精密磨削及镜面磨削加工时，则可达 R_a 0.1～0.01μm 的表面粗糙度。虽然外圆车削经粗车、半精车、精车和精细车，也能达到 IT7～IT6，表面粗糙度达到 R_a 0.8～0.4μm，但需要工人技术水平高，而且费工时，往往不如采用粗车—半精车—磨削的加工方案经济合理。磨削可以加工淬火钢、未淬火铜及铸铁等材料，而淬火钢等硬质材料只能用磨削进行精加工。

外圆表面的磨削加工，可采用的方法有：

(1)外圆磨削法

外圆磨削通常在外圆磨床上进行。外圆磨削可采用纵磨法、横磨法、综合磨法和深磨法，也可在无心磨床上进行，称为无心外圆磨削法。

(2)高速磨削

高速磨削是使用高强度砂轮，磨削砂轮线速度从一般的 30m/s 提高到 50m/s 以上，可以提高生产率。另外，高速磨削随着切屑变薄和磨削力的减小，加工精度和表面质量较高。

(3)细粗糙度磨削

使工件表面获得粗糙度为 R_a 0.1～0.01μm 的磨削工艺，通称为细粗糙度磨削。细粗糙度磨削包括精密磨削、超精密磨削和镜面磨削。一般能获得表面粗糙度 R_a 0.1～0.04μm 的磨削叫精密磨削，能获得表面粗糙度 R_a 0.04～0.02μm 的磨削叫超精密磨削，能获得 R_a 0.01μm 的磨削叫镜面磨削。超精密磨削和镜面磨削不但可以得到极小的表面粗糙度，而且还能修复上道工序所留下的几何形状误差，提高形状精度。

20.1.3 外圆表面的光整加工

外圆表面光整加工的主要作用，是改善零件的表面质量。有些光整加工还可以提高零件的尺寸精度和形状精度。

(1)研磨

研磨是在磨具和工件之间置以研磨剂，并使研具和工件产生复杂的相对运动，磨料从工件上切除很薄金属的光整加工过程。工件在研磨前需进行半精磨或精磨，研磨后可达 IT5 或更

高的精度,表面粗糙度可达 R_a 0.1~0.01μm。研磨可提高工件的几何形状精度,但不能提高工件表面的相互位置精度。因此,工件的相互位置精度要求在前一工序中保证。

研具的材料应稍软于工件的材料,以便磨料在研磨过程中嵌入研具表面,从而对工件表面进行擦磨。研具可根据研磨工件的硬度,选铸铁、铜、铝或硬木等材料制造,如在研磨钢件时常选用铸铁做研具。研磨有手工研磨和机械研磨两种,前者用于单件、小批量生产,后者用于批量较大的生产。

(2)超级光磨

超级光磨是用磨粒极细的磨条对工件表面进行的一种光整加工方法,也叫超精加工。超级光磨适用于轴类零件圆柱表面的光整加工,可以获得 R_a 0.1~0.01μm 的表面粗糙度和良好的表面质量,但不能提高工件的形状精度和位置精度。工件的形状精度和位置精度必须在前一道工序即精磨时保证。由于超级光磨很少改变尺寸,所以一般不留加工余量。

(3)抛光

工件经过抛光后表面粗糙度可达 R_a 0.01~0.02μm,从而显出光泽的表面,但切除金属不均匀,工件尺寸精度不易控制。因此,抛光主要用于加工精度要求不高,而表面粗糙度细的零件,以提高零件的疲劳强度和耐蚀能力,或改善外观。抛光有时也用于电镀前的准备工序。

目前,一般工厂中多采用手工抛光,因此生产率较低,而且劳动条件差。近几年来液磨抛光、电抛光等新工艺方法已用于生产,可望进一步改善劳动条件和提高生产率。

20.1.4 外圆表面加工方案的选择

外圆表面的加工方案应根据零件的材料、结构特点和主要技术条件等确定。即使是对于同一零件上的外圆表面,往往存在不同精度的要求,需要根据具体的生产条件,合理选择相应的加工方案。图 20-3 是外圆表面的加工方案(图中数字为 R_a 值,单位为 μm)。

外圆表面的典型加工方案如下:

(1)粗车(IT12~IT11,R_a 80~10μm)。粗车适用于加工除淬火钢以外的各种金属材料,当要求外圆表面精度低和表面较粗糙时,只粗车一次就可达到要求。

(2)粗车—半精车(IT10~IT8,R_a 6.3~1.6μm)。对于中等精度和表面粗糙度的未淬火钢件和铸铁件的外圆表面,采用此方案。

(3)粗车—半精车—磨(IT8~IT7,R_a 0.8~0.4μm)。此方案最适用于加工精度要求稍高的淬火钢件或未淬火钢件以及铸铁件的外圆表面。

(4)粗车—半精车—粗磨—精磨(IT6~IT5,R_a 0.4~0.2μm)。此方案的适用范围与方案3相同,只是外圆表面的精度更高,表面粗糙度要求更细,需将磨削分为粗磨和精磨两次加工来达到要求。例如 CA6140 主轴的外圆表面常采用此加工方案。

(5)粗车—半精车—粗磨—研磨(或超级光磨、细粗糙度磨削),(IT6~IT5,R_a 0.1~0.01μm)。此方案可获得很高的加工精度和很细的表面粗糙度。但对于汽车、拖拉机和柴油机的曲轴,根据精度和表面粗糙度的要求,曲轴的轴颈只需要精磨作为最后加工即可。但是,为了提高曲轴轴颈的耐磨性,使轴颈表面产生不重合的网状磨纹(不要形成环状网纹和磨沟),同时,当汽车、拖拉机发动机的曲轴为大批量生产时,为了稳定地保证表面粗糙度,常以超精加工或抛光作为轴颈的最后加工。因此,轴颈表面的加工顺序为:粗车(半精车)—精车—粗磨(半精磨)—精磨—超精加工或抛光。

(6)粗车—半精车—精车(IT8~IT7,R_a 1.6~0.8μm)—精细车(IT6~IT5,R_a 0.4~

0.2μm)。此方案主要用于有色金属的精加工。因为有色金属韧性很大,磨削时容易堵塞砂轮,所以常用精车和精细车代替砂轮磨削。

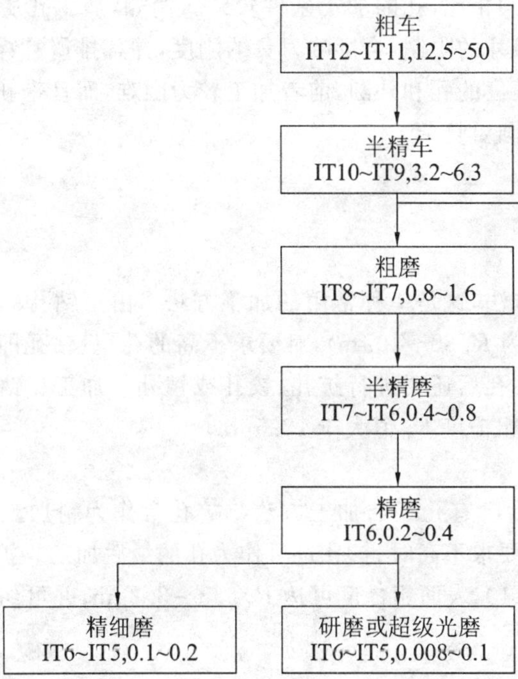

图 20-3　外圆表面加工方案

当毛坯质量较高(如精密铸造和精密锻造的工件)时,可不经粗车工序。对于不易磨削的重型工件,如重型机器上大直径的轴颈,常采用精车。

20.2　孔的加工方法

在机器零件中,孔是多种多样的。根据其工作性质和加工特点,可分为以下几种:

(1)紧固孔

这类孔有螺钉、螺栓孔以及其他非配合的油孔和气孔等。它们的精度要求不高,一般都在IT12～IT11以下。

(2)回转体零件上的孔

属于这类的有套筒、法兰盘及齿轮等零件上的孔。通常除要求孔本身的精度和表面粗糙度外,还有孔与外圆表面有一定的同轴度或与端面的垂直度要求等。

(3)箱体零件上的重要孔

这类孔有箱体上的轴孔或主轴孔等。这些孔的尺寸精度要求较高(IT7或更高),同时孔与孔之间构成了"孔系",并有一定的位置精度要求,如平行度、垂直度、同轴度等。

(4)深孔

一般孔深与孔径之比大于5的孔称为深孔,如气缸体深油道孔。深孔加工比其他孔的加工更为困难。

汽车、拖拉机、柴油机零件上的孔,一小部分是单轴线孔,大部分是轴线孔。具有单轴线孔的零件主要有套筒、盘环等零件。这类简单小型零件,常采用棒料或管料作为毛坯。若形状复杂、尺寸较大或承载条件恶劣,则采用锻件或铸件。具有多轴线孔的零件有箱体、机座、支架、连杆和某些较复杂的盘、套类零件。这类零件的毛坯以铸件为多,若承载条件恶劣,则常采用锻件。

孔和外圆都是回转表面,但与外圆相比,孔的加工条件较差。例如,加工孔所用的刀具尺寸(直径和长度)受到被加工孔本身尺寸的限制,会影响刀具的刚度,并且排屑、散热、冷却和润滑等都较为困难。因此所以对相同精度的孔和外圆,前者加工较为困难,而且带孔零件的结构也较复杂,所以孔的加工方案也较外圆要复杂。

20.2.1　钻、扩、铰、镗、拉孔

(1)钻孔

钻孔是在实体材料上加工孔的方法,这是一种常用的加工方法。由于钻孔的加工质量不高(精度为 IT12～IT11,表面粗糙度为 R_a 80～10μm),对要求不高的孔,只钻孔即可。若孔的要求较高,则常把钻孔作为粗加工,钻孔后还要进行扩孔、铰孔或镗孔等加工。钻孔属于孔的粗加工,加工精度在 IT10 以下,表面粗糙度 R_a 值大于 12.5μm。

(2)扩孔

扩孔是使用扩孔钻来扩大工件上已有孔径的加工方法。扩孔常作为精加工前的准备工序,它是孔的半精加工。当孔的精度要求不高时,扩孔也可作为孔的最后加工。扩孔比钻孔的质量要好,其加工精度可达 IT11～IT10,表面粗糙度可达 R_a 6.3～3.2μm,并可纠正钻孔后的轴线偏斜。

(3)铰孔

对于要求较高且直径不很大,又未淬硬的孔,可在扩孔后进行铰孔。铰孔所用的刀具是铰刀。其加工精度可达 IT8～IT7(手铰可达 IT6),表面粗糙度可达 R_a 1.6～0.4μm。铰孔的精度较高,表面粗糙度较小。但铰孔不能校正原孔的轴线偏斜,因此,孔和其他表面的位置精度应由前道工序来保证。

单件、小批量生产时,钻、扩、铰一般是在立式钻床或摇臂钻床上进行的。这样的加工生产率低。为了提高生产率和保证加工质量,可以采用数控机床加工。

(4)镗孔

对于直径较大的孔,一般用镗削来代替扩孔和铰孔。这是因为镗刀结构简单,价格比扩孔钻和铰刀便宜得多,而且镗刀比大直径的铰刀和扩孔钻轻便。另外,镗刀的回转半径可以根据被加工的孔径进行任意调节。对直径较大的孔,以及内成形表面、孔内有环槽等,镗削是唯一的加工方法。

但对直径较小的孔,特别是当孔的直径小于 30mm 时,扩孔和铰孔要比镗孔更为经济。因为在这种情况下,扩孔和铰孔由于生产率提高而取得的经济效果,超过了刀具成本所付出的代价。

在镗床上镗孔的加工精度为 IT10～IT7,表面粗糙度为 R_a 6.3～0.8μm。由于镗床的功能较多,可以方便地保证孔与孔的平行度、垂直度和同轴度以及中心距尺寸精度。

(5)拉孔

拉孔是在拉床上用拉刀对已有的孔进行精加工的一种加工方法。拉孔方法是预先把拉刀套入工件经预加工的通孔中,工件的端面则靠在拉床的支承面上,然后开动拉床,拖动拉刀进行拉削。拉刀切削刃的高度逐齿递增,在拉削过程中,一层一层地切去全部加工余量。由于拉刀是多齿刀具,同时参加切削的刀齿多,切削刃总长度大,一次拉削中能完成粗—半精—精加工,因此生

产率高。另外,由于拉削速度较低(目前一般不超过 0.3m/s),拉削平稳,切削厚度薄,还有拉刀修光刀刃具有刮光作用,因此,加工质量好。其加工精度一般能达到 IT7 级,表面粗糙度为 R_a 1.6～0.4μm。但由于拉刀结构复杂,制造麻烦,价格较贵,所以拉孔适用于大量生产。

拉削一般加工孔的范围为 10～75mm。但不能拉台阶孔、盲孔,孔深不宜超过孔径的 3～4 倍。因为孔径太大,则拉削力大,孔径太小,则拉刀刚性差,热处理容易变形。若拉削的孔太深,每个刀齿切下的切屑体积很大,容屑槽容纳不下,如增大容屑槽,又会削弱拉刀强度。

20.2.2 磨孔

在磨床上磨内孔远不如外圆磨削应用那么普遍,其原因是:

(1)磨孔用的砂轮直径小(为孔径的 0.6～0.9 倍),砂轮磨损快,需要修正和更换,因而增加了辅助时间。

(2)砂轮直径小而且受到机床主轴转速的限制,通常很难达到正常的磨削速度(约为 30 m/s)。由于磨削速度低,所以磨孔的表面质量不易提高。

(3)磨内孔时,由于砂轮轴细,而且是悬臂安装,所以刚性差,影响了磨孔的质量和生产率。

磨削孔主要用于加工淬硬工件、精度要求较高和表面粗糙度较细的通孔、盲孔或带断续表面的孔(如带有键槽的孔)等。

20.2.3 孔的光整加工

为了进一步提高孔的精度,得到更细的表面粗糙度,通常在精加工之后还要采用研磨、珩磨等光整加工方法。

(1)研磨

孔的研磨和外圆研磨一样,也是用研具和工件的相对运动,利用其间的研磨剂磨去工件表面很薄的一层余量(0.01～0.03mm)来进行光整加工。

研磨孔的加工精度可达 IT7～IT6,但不能提高位置精度,表面粗糙度可达 R_a 0.1～0.01μm。特别是两个零件的表面要求良好密合时,采用配合研磨是一种最有利的加工方法。孔的研磨虽然生产率低,但不需要特殊的设备和复杂的工具,所以在单件、小批量生产中仍占有一定的地位。而在大批量生产中,研磨常被珩磨等加工方法所代替。

(2)珩磨

珩磨是用磨粒很细的磨条(也称油石)来进行加工的,多用于圆柱孔的加工。

珩磨头工作时有两种运动,即旋转运动和轴向往复运动。为了使整个工件表面能均匀地加工到,磨条在孔的两端都要露出约 25mm 的越程。

珩磨后孔的尺寸精度可达 IT7～IT6,表面粗糙度 R_a 0.1～0.01μm,同时可获得准确的几何形状。珩磨可以达到很高的精度和很细的表面粗糙度。珩磨的生产率和加工质量都高,但不宜加工铜、铝等塑性好的有色金属。珩磨常用于加工直径为 5～500mm,并经过精加工后的内孔,并能加工深孔。

珩磨在汽车、拖拉机、柴油机制造中广泛应用于下列零件的光整加工:发动机的缸孔、缸套孔及主轴承孔、连杆的大头孔和各种液压装置的铸铁套和钢套的孔。

20.2.4 孔的加工方案的选择

孔的加工方法较多,主要有钻、扩、铰、镗,拉、磨、珩等。加工方法的选择要根据毛坯的材料及制造方法、零件结构特点(零件形状的复杂程度、孔的尺寸)、孔的技术要求及生产规模等因素而定。

各种孔的加工方法所能达到的尺寸精度、表面粗糙度及加工方案,如图 20-4 所示(图中数字为 R_a 值,单位为 μm)。在实体材料上加工中小型孔,由钻孔开始。对未淬硬孔,当孔的精度为 IT9～IT6,表面粗糙度为 R_a 1.6～0.2μm,孔径小于 30mm 时,钻—扩—铰是常用的典型加工方案。若加工孔精度为 IT8,当孔径小于 20mm 时,采用钻孔后直接铰孔。若加工孔的精度为 IT7,当孔径小于 12mm 时,采用钻孔后两次铰孔。在铸(锻)件上,铸出或锻出的大中型孔由扩孔或粗镗开始,当孔径大于 80mm 时,一般都采用镗削加工。

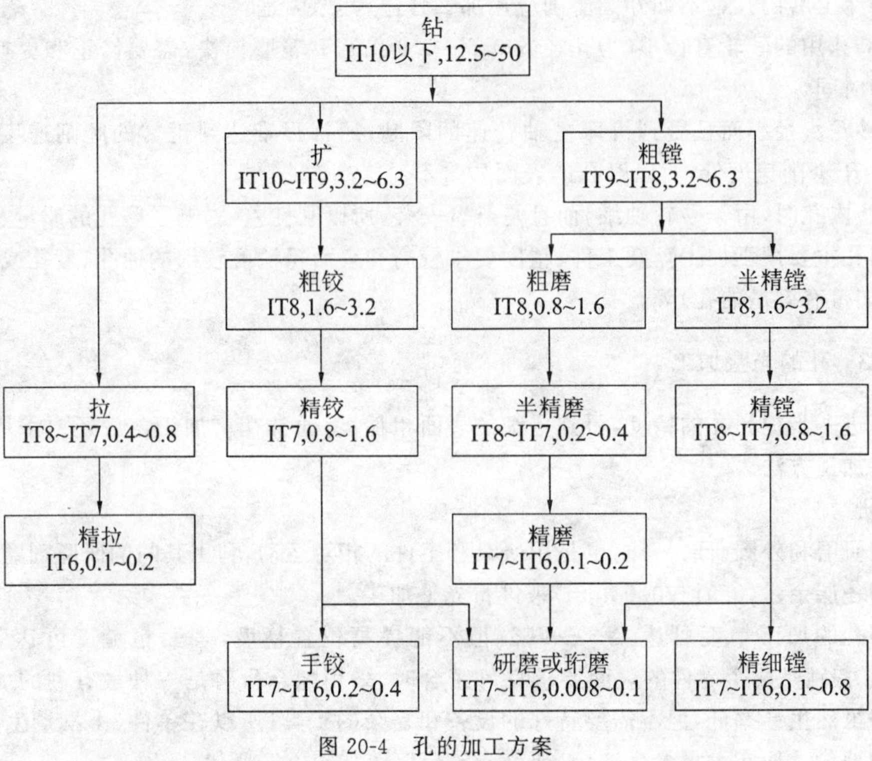

图 20-4　孔的加工方案

淬硬孔精加工用磨削。珩磨用于直径较大孔的光整加工,研磨用于较小孔的光整加工。由于拉刀制造生成本高,只有在大批量生产且孔的精度要求又较高时才采用拉削的方法。

20.3　平面的加工方法

平面是基体类零件(如箱体、支架、床身、工作台等)的主要表面,有时也是回转零件的重要表面之一(如端面、台肩面等)。平面的技术要求包括两个方面:

(1)平面本身的精度(如直线度和平面度)及表面粗糙度。

(2)平面与零件上其他表面的距离和位置精度(如尺寸精度、平行度和垂直度等)。

20.3.1　平面的车削加工

回转体零件,如轴、套,盘类零件上的端面,一般都采用车削加工。这些平面往往与内、外表面有垂直度要求,因此车面一般不作为独立的工序。图 20-5 所示为车平面。大型盘类零件的平面可在立式车床上加工。箱体零件上孔的端面往往要求与孔的轴线垂直，可在镗床上一次安装加工出孔和端面。

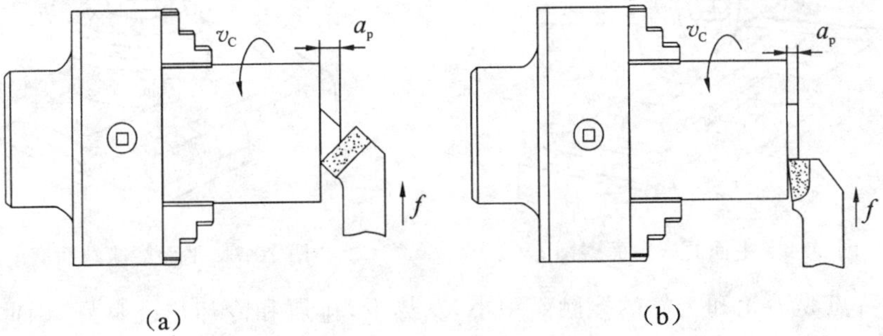

图 20-5　车平面

(a)弯头刀车平面；(b)右偏刀车平面

车平面时，一般尺寸精度可达 IT10～IT8，表面粗糙度可达 R_a 6.3～1.6μm。在普通车床上车平面容易产生凹面或凸面，其主要原因是进给方向与主轴回转轴线不垂直。

20.3.2　平面的铣、刨加工

铣和刨是平面加工的两种基本方法。用于铣、刨加工的机床，刀具和切削方式不同，它们的工艺特点也有很大差别。在多数情况下，铣削的生产率明显高于刨削。

铣和刨的加工质量相近。一般经粗、精两道工序后，加工的位置尺寸精度可达 IT10～IT8，表面粗糙度可达 R_a 6.3～1.6μm。但根据加工条件的不同，加工质量也会有一定的变化。

刨削的生产率虽然比铣削的生产率低，但由于刨刀结构简单，刨床便宜，调整简便，所以在单件、小批量生产中具有较好的经济效益。在大批量生产中，则因刨削生产率较低，所以铣削使用得极为普遍。

刨、铣加工所使用的牛头刨床、卧式铣床及立式铣床只适用于单件、中小量批生产中加工的中小型零件。对于大型和重型工件的平面加工，是在龙门刨床和龙门铣床上进行的。

铣削和刨削虽然都是以平面和沟槽为主的加工方法。但由于铣削的主运动是回转运动，铣刀类型多，铣床上的附件也较多，特别是分度头的应用，使铣削方式机动灵活，适应性强，加工范围比刨削广泛，在许多方面是刨削所无法代替的。

20.3.3　平面的拉削加工

拉削平面是一种高生产率的加工方法。在汽车、拖拉机制造业中，拉削平面得到广泛应用。例如发动机气缸体和连杆的平面都用拉削加工。

拉削除了加工单一表面外，还常用来加工组合表面，而这些表面若用其他切削方法加工则十分费事或者无法完成，而拉削提供了简便、可靠的加工途径。

拉削平面的位置尺寸精度可达 IT7～IT6，表面粗糙度可达 R_a 0.8～0.2μm，主要用于大批量的生产。

20.3.4　平面磨削

平面磨削方式有两种：一种是用砂轮的圆周磨削平面，称为周磨（图 20-6）；另一种是用砂轮的端面磨削平面，称为端磨（图 20-7）。

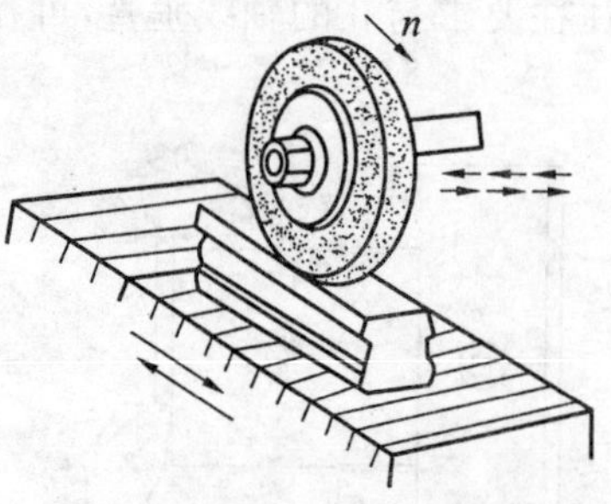

图 20-6　平面磨床周面磨削

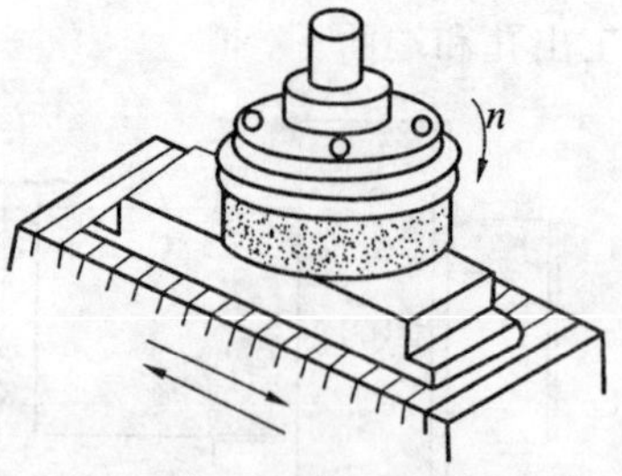

图 20-7　平面磨床端面磨削

周磨的特点是砂轮和工件的接触面积小,发热少,排屑和冷却情况良好,因此可以获得较高的精度和较细的表面粗糙度。但磨削效率低,适用于加工质量要求较高的工件。

端磨的特点是磨头为立式安装,轴向受力,刚性好,可以采用较大的磨削用量,又因磨削面积大,所以生产率高。但由于砂轮和工件的接触面积大,散热和冷却困难,且由于砂轮端面各点的圆周速度不同,使砂轮的磨损不均匀,所以加工精度和表面质量低。端磨适用于加工精度和表面质量要求不高的工件,也可以代替铣削进行粗加工。例如连杆的两端面和活塞环的两端面的粗加工常采用端磨。

20.3.5　平面研磨

平面研磨的原理和研磨外圆相同。加工的尺寸精度可达 IT5 或更高,表面粗糙度可达 R_a 0.1～0.01μm。

如果两个平面的平行度不符合要求时,可在较厚的部位加大压力,研磨时间延长一些,以便多磨去一些金属,直到符合要求为止。当工件尺寸大而被研磨的平面较小时,可手持研具进行研磨。机械研磨平面的加工方法与研磨外圆类似,可以同时加工工件的两个平行平面。

研磨平面多用于加工中小型工件。

20.3.6　平面加工方法的选择

平面加工的方案很多,粗加工方案主要根据毛坯种类、平面尺寸及生产规模来选择,精加工方案则根据精度要求、材料性质、平面尺寸和生产规模来选择。平面加工方案如图 20-8 所示(图中数字为 R_a 值,单位为 μm)。

下面对一些典型的加工方案作如下的说明:

(1)粗车—半精车—磨削

此方案适用于旋转体上的端面加工,这些端面大多数与零件的外圆或孔有垂直度要求。对于已淬硬或高精度的端面,需进行磨削的终加工。

(2)粗刨(或粗铣)—精刨(或精铣)

此方案适用于箱体及机架类零件上固定连接平面的加工。对窄长平面(如机床导轨)选用刨削有较高的生产率;对宽度较大的平面选用铣削方法具有更高的生产率。

(3)粗刨(或粗铣)—精刨(或精铣)—精磨

此方案适用于加工精度及表面质量要求较高的滑动平面或淬火钢件上的平面。

(4)初磨—粗磨—精磨

此方案适用于精密毛坯件的加工,或用于难加工材料的加工,如连杆大小头的端面加工。

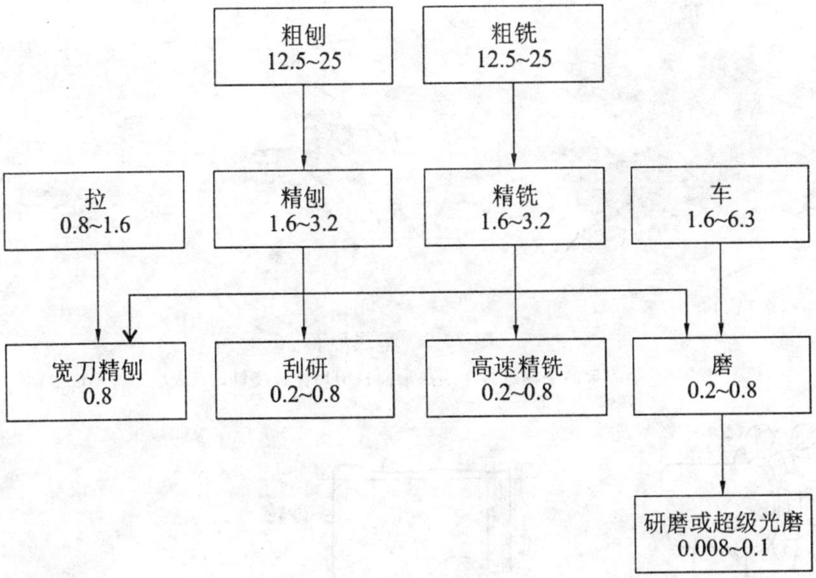

图 20-8　平面加工方案

在大量生产时，常采用这种加工方案。

(5)粗铣—精铣—高速细铣

此方案适用于加工韧性大的有色金属。

(6)拉削平面

此方案适用于大批量生产中加工精度较高、表面粗糙度较细而面积又不大的平面。由于拉削时拉削力较大，因而只能加工刚性较大的工件。

刮研适用于单件、小批量生产及修理工作中加工表面粗糙度低、形状精度要求较高的平面。刮研是手工操作，劳动强度大，在大量生产中常被磨削和宽刀细刨所代替。

20.4　成形面的加工方法

组成机械零件的表面除了常见的外圆、内圆、平面外，有些零件还具有形状复杂的表面。这些就是成形面，主要指各种非圆形曲面，主要有三种形式：回转体成形面（如机床手柄）、直线成形面（如凸轮）、立体成形面（如汽轮机叶片）等。

成形面的切削加工方法按加工原理的不同分为成形刀具法、运动轨迹法及成形刀具与运动轨迹复合成形法。

20.4.1　成形刀具法加工成形面

此法使用成形刀具加工成形面，在车、铣、刨、拉、磨等加工中都可应用，所用刀具为成形车刀、成形铣刀、成形刨刀、拉刀、成形砂轮等。成形刀具有与工件形面相应的形状和尺寸的主切削刃。其共同特点是操作简单，生产率高。由于成形刀具的设计、制造比一般刀具复杂，需要较长的生产准备周期和较高的费用，一般应用于较大批量的生产中。如图 20-9 所示为用成形车刀车削成形面；图 20-10 为成形铣刀铣凸圆弧面；图 20-11 为成形砂轮磨削成形面；图 20-12 为用成形砂轮磨外球面。

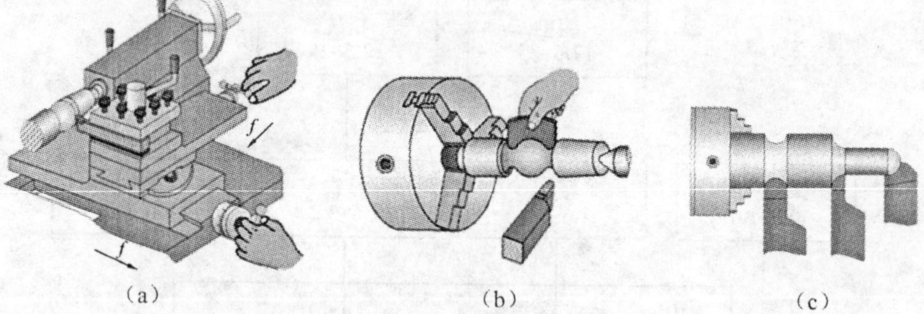

图 20-9 车成形面

(a)双手控制中、小刀架的手柄进行车削成形面;(b)用样板度量;(c)成形车刀车成形面;

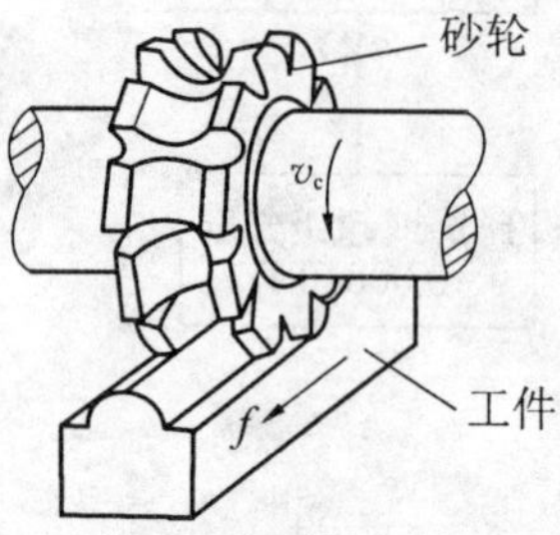

图 20-10 成形铣刀铣凸圆弧面

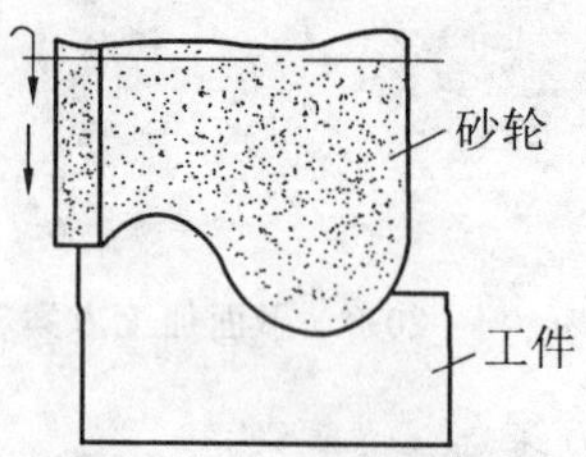

图 20-11 成形砂轮磨削成形面

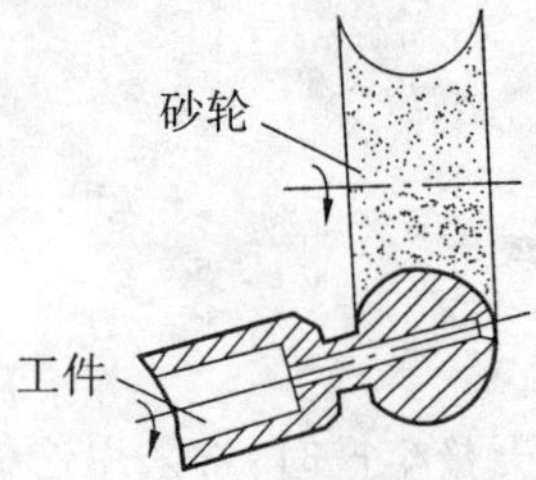

图 20-12 用成形砂轮磨外球面

20.4.2 运动轨迹法加工成形面

用此法加工出的零件的成形面不是由刀具主切削刃形状、尺寸决定,而是由刀具与工件相对运动的轨迹形成。属于此加工类型的有以下三种方法:

(1)按画线或样板加工

此法是在通用机床上,由人工控制刀具或工件的纵、横向进给,按事先在工件上画好的加工表面轮廓线或样板模线进行加工。与其他加工方法相比较,此法较难保证加工精度,生产率低,工人劳动强度大,并需由技术熟练的工人操作,但此法不需要专门设计、制造成形刀具和靠模,灵活性大,用于单件、小批量加工。

铣削:外球面的铣削如图 20-13 所示,铣削头结构简单,操作方便,生产率高,刀尖易损;内球面的铣削如图 20-14 所示,生产率高,表面粗糙度小(R_a 1.6μm)。

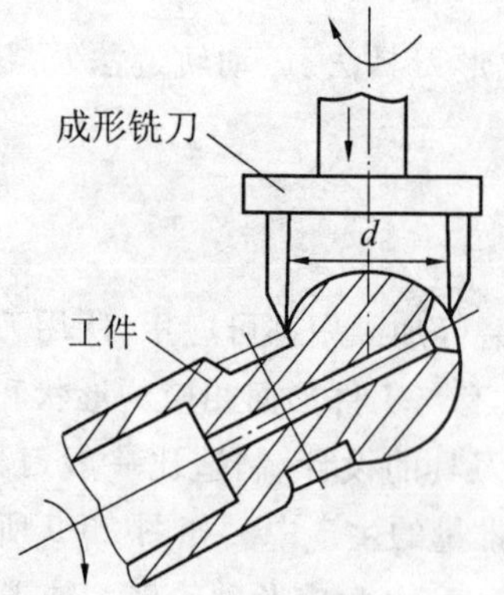

图 20-13 外球面的铣削

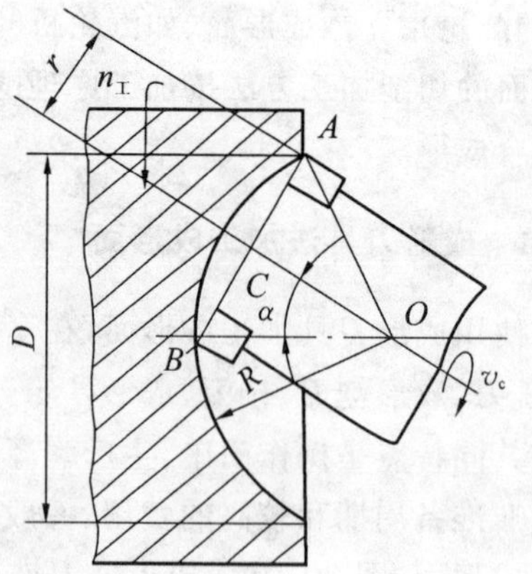

图 20-14 内球面的铣削

车削：外球面的车削如图 20-15 所示，加工精度低，生产率较高，适合于大批量生产；内球面的车削如图 20-16 所示，球面直径不宜过小。

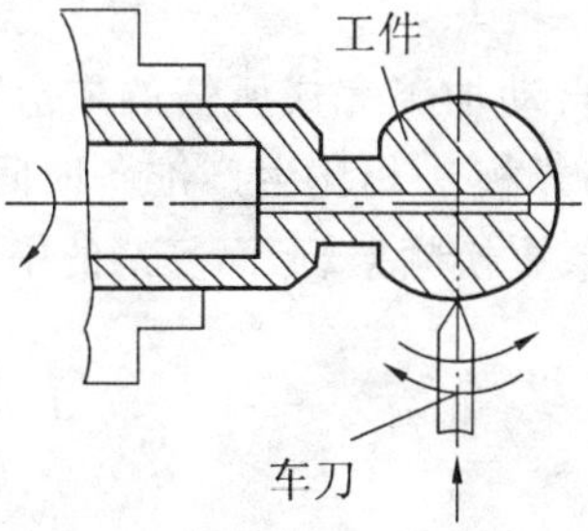

图 20-15　外球面的车削

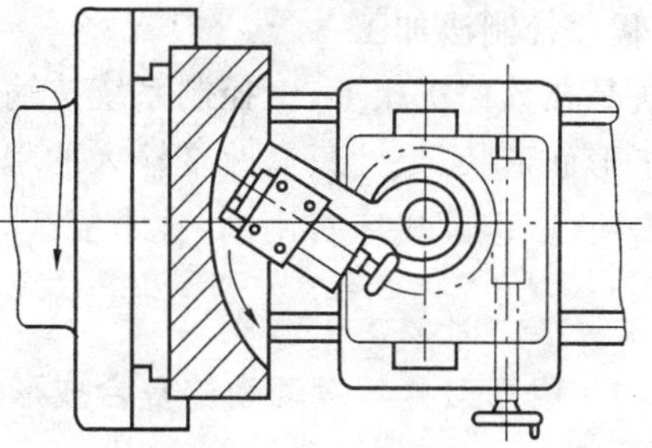

图 20-16　内球面的车削

磨削：外球面的磨削如图 20-17(a)、(b)所示，加工精度高，表面粗糙度小，生产率低，适合小批量生产；内球面的磨削如图 20-17(c)所示，精度高，粗糙度小，适合于在球磨机上磨直径大、深度小的零件。

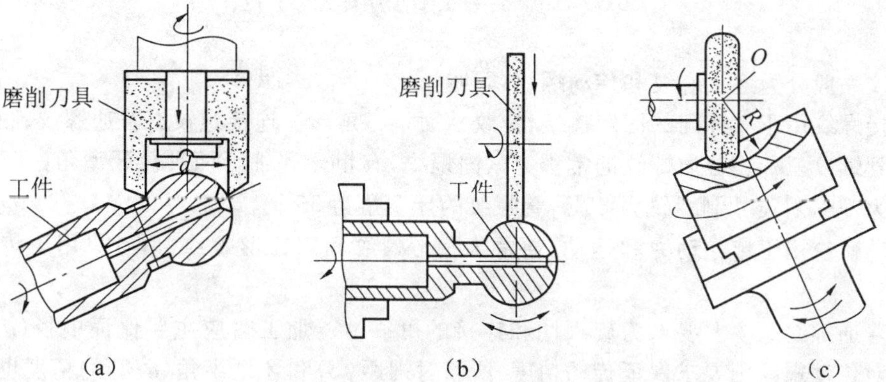

图 20-17　球面的磨削

(a)、(b)外球面的磨削；(c)内球面的磨削

(2)靠模法加工

如图 20-18 所示，此法是由靠模装置控制普通刀具或工件按靠模工作面做曲线运动，使之加工出所需要的形状和尺寸。它可在普通机床上加靠模装置进行，也可在专门的仿形机床上进行，前者使用通用机床，但加工质量和生产率不如后者。无论是前者还是后者，加工前都需

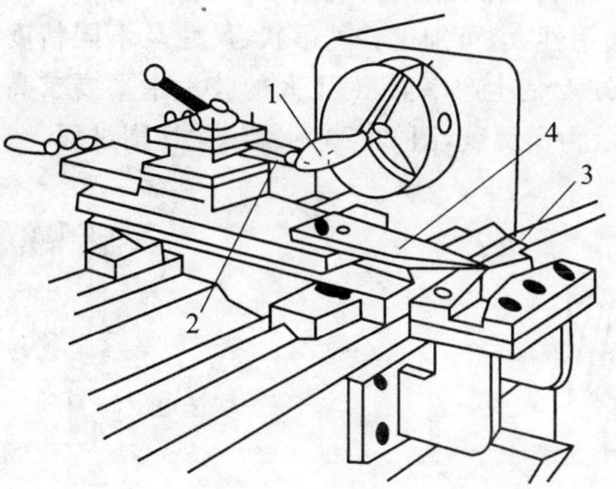

图 20-18　靠模法车成形面

1—工件；2—车刀；3—靠模板；4—连接板

要根据零件形状和尺寸要求设计制造专用靠模,需要较长的生产准备时间和较高的费用,加工精度由靠模决定,故适用于较大尺寸形面的较大批量工件加工。

(3)程序控制法加工

此法是在数控机床上,由控制系统按输入的程序进行自动加工完成所需的成形面。由于改变加工形面形状、尺寸只需改变输入的程序即可,因此与靠模法相比生产准备时间短,费用低,灵活性大。但其机床费用高,技术复杂,适用于加工对象更换频繁、形面复杂的中小批量工件加工。

20.4.3 成形刀具与运动轨迹复合成形法加工成形面

此法加工的形面是由刀具的形状与工件、刀具间相对运动轨迹复合而成。例如,采用展成法加工齿轮中的插齿,不仅插齿刀的齿形要符合相应模数齿轮的齿形,而且插齿刀与工件间还必须强制保持一定的转动速比关系,才能加工出所需要的齿轮齿形。

20.5 螺纹的加工方法

螺纹一般分为连接螺纹和传动螺纹两种。

连接螺纹用于零件间的固定连接,螺纹截面呈三角形。连接螺纹有普通螺纹、圆柱管螺纹和圆锥管螺纹三种。普通螺纹通常称为紧固螺纹,有粗牙和细牙两种。牙型角(即顶角)对公制螺纹为 60°,对英寸制螺纹为 55°。管螺纹的牙型角为 55°。

传动螺纹用于传递动力和运动,通常为梯形螺纹和锯齿形螺纹,后者只用于传递单方向动力。

对普通螺纹的主要要求为旋入性和连接的可靠性。加工时应主要保证中径(d_{cp})本身的精度。对传动螺纹则要求保证传动精度,所以对螺距(S)和牙型半角($a/2$)的精度也有很高的要求。

螺纹的加工方法很多,主要有车、铣、攻丝、套丝、磨削、滚压等。它们各有不同的特点,必须根据零件的形状、尺寸、产量及技术要求等因素来选择。

20.5.1 车螺纹

车削螺纹是用螺纹车刀加工螺纹的传统加工方法,也是最常用的基本加工方法。这种方法所用的刀具、设备的通用性大,可加工各种形状、尺寸及不同精度的内、外螺纹,特别适用于加工大尺寸的螺纹。其缺点是生产率低,对工人的技术水平要求高,因此只适用于单件、小批量生产。如图 20-19 所示为车螺纹,图 20-20 为螺纹的切削过程。

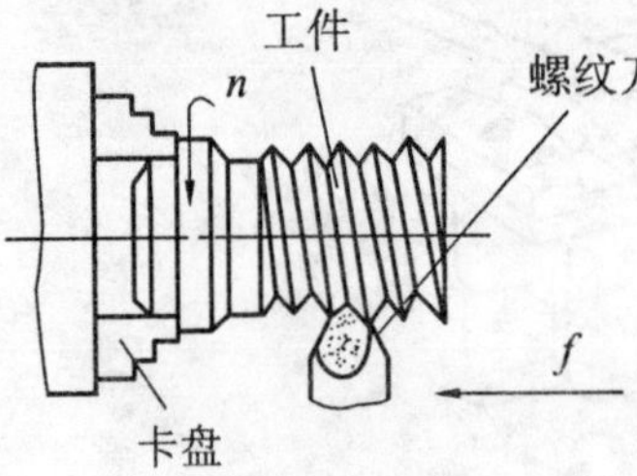

图 20-19 车螺纹

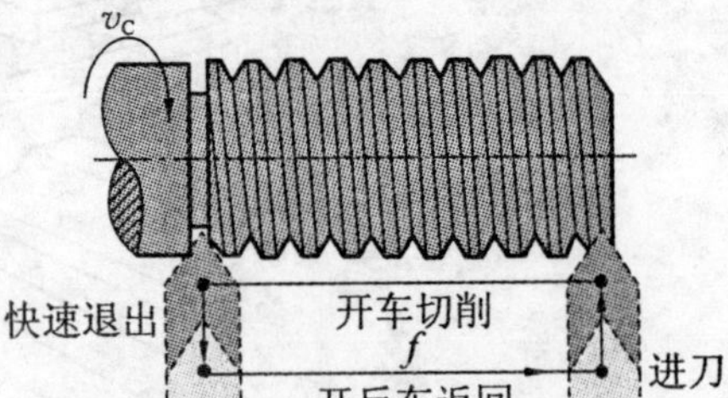

图 20-20 螺纹的切削过程

20.5.2　铣螺纹

铣螺纹是在专门的螺纹铣床上用螺纹铣刀加工螺纹的方法。由于铣刀齿多、转速快、切削量大，故比车螺纹的生产率高。螺纹铣削的加工精度可达 IT7，表面粗糙度可达 R_a 1.6μm。

铣螺纹按所用铣刀不同分为以下两种：

(1)盘状铣刀铣螺纹

如图 20-21 所示，安装铣刀和工件时，铣刀轴线与工件轴线必须成一定角度(螺纹的螺旋升角)。盘状铣刀铣螺纹主要用于精度不太高、螺距较大的长螺纹的终加工和较精密螺纹的预加工。

(2)梳状铣刀铣螺纹

梳状螺纹铣刀的刀齿是做成环形的，在铣刀上开有直槽或斜槽，形成切削刃。用梳状螺纹铣刀铣螺纹，是在半自动螺纹铣床上进行的。工件装夹在机床的顶尖上或卡盘内，如图 20-22 所示，铣刀轴线和工件轴线平行。加工时铣刀快速移近工件，然后转入工作进给，在铣刀全长上刀齿同时参加切削工作。工件转一周的同时，铣刀应沿轴线移动一个螺距。考虑到切入深度，加工时工件需要旋转一周多一点，即铣刀轴向移动一个螺距多一点，即可切出全部螺纹。然后铣刀快速退回到原位。

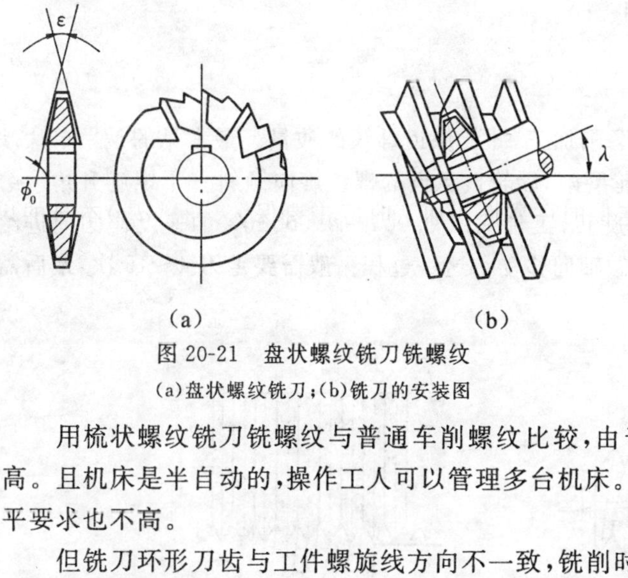

图 20-21　盘状螺纹铣刀铣螺纹

(a)盘状螺纹铣刀；(b)铣刀的安装图

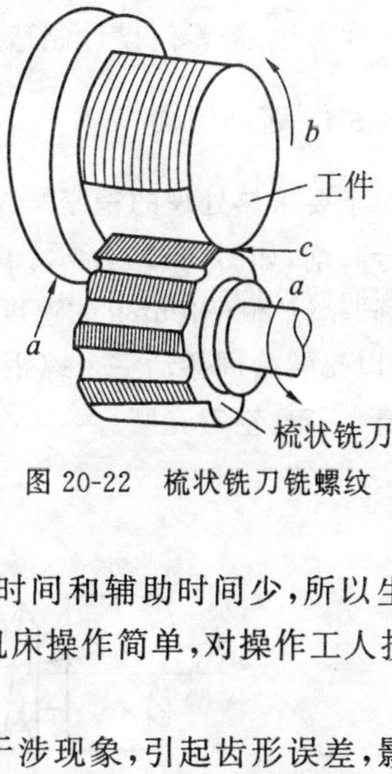

图 20-22　梳状铣刀铣螺纹

用梳状螺纹铣刀铣螺纹与普通车削螺纹比较，由于机动时间和辅助时间少，所以生产率高。且机床是半自动的，操作工人可以管理多台机床。由于机床操作简单，对操作工人技术水平要求也不高。

但铣刀环形刀齿与工件螺旋线方向不一致，铣削时产生干涉现象，引起齿形误差，影响螺纹的加工精度。该齿形误差与螺纹升角的大小有关。螺纹升角越小，齿形误差也越小。因此，用梳状螺纹铣刀铣螺纹，适用于加工直径大而螺距小的普通细牙螺纹。此外，当铣刀轴向进给量与铣刀刀齿齿距不符合时，工件旋转一周后不能衔接上，在螺纹的表面上留下衔接刀痕，也影响加工精度。其一般加工精度为螺纹公差等级的 6～8 级。同时，因加工是断续切削，容易产生振动，所以加工的表面粗糙度也较粗，一般为 R_a 6.3～3.2。

由于受到铣刀的长度限制(一般铣刀长度需比螺纹长 2～3 个螺距)，它只适用于加工不大的细牙螺纹。用梳形螺纹铣刀铣螺纹，还常作为精车或磨削的预加工，适用于成批大量生产。

20.5.3　用丝锥、板牙加工螺纹

用丝锥加工内螺纹称为攻丝，丝锥结构如图 20-23 所示。从外形看丝锥似纵向开有沟槽

(形成切削刃和容屑槽)、头部带有锥度(切削部分)的螺杆。攻丝前需按要求尺寸加工出螺纹底孔。板牙是加工或校正外螺纹用的刃具,其结构如图 20-24 所示。板牙外形像钻有三孔(形成切削刃和容屑槽)的螺母,且孔的端部具有 30°～60°的锥角,以起到切削前引导定位的作用。

用板牙加工螺纹又称套扣。

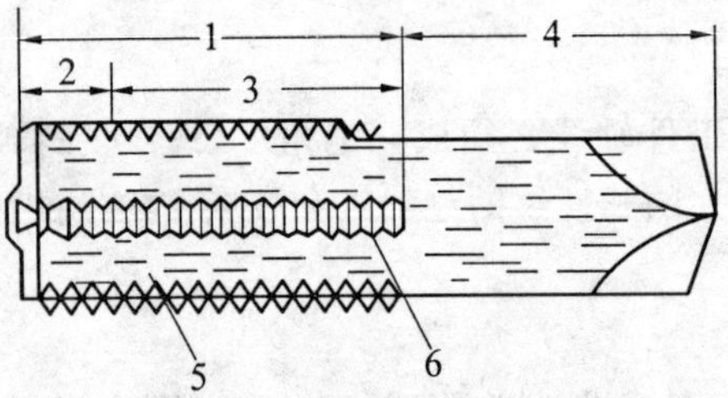

图 20-23　丝锥结构图

1—工作部分;2—切削部分;3—定径部分;4—柄部;5—容屑槽;6—切削刃

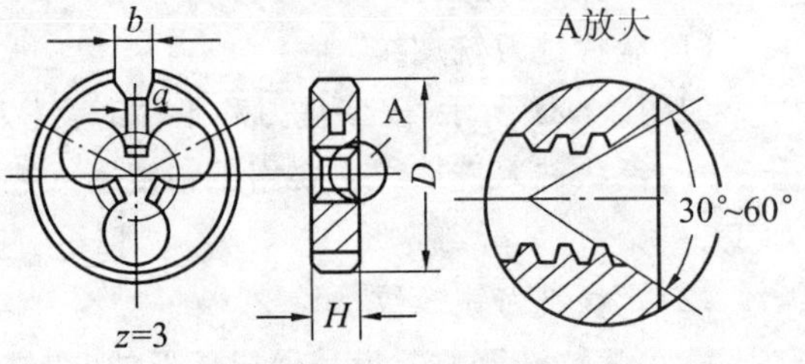

图 20-24　板牙结构

用板牙、丝锥加工螺纹,可以在车床上进行也可以在钻床上进行。其特点是操作简单、生产率高、加工费用低。但其加工精度不太高,攻丝为 IT8～IT6,套扣为 IT8～IT7,表面粗糙度为 R_a 1.6～6.3μm,适用于各种批量加工公称直径小于 16mm 的标准螺纹和较大批量加工非标准尺寸螺纹(需专门设计制造丝锥或板牙)。

20.5.4　磨削螺纹

对于要求热处理的精密螺纹,需经磨削加工,才能保证螺纹的质量。最常见的是用单片砂轮进行磨削,如图 20-25 所示。单片砂轮磨削,砂轮按工件的螺纹旋向倾斜一个螺旋升角。磨削时,砂轮以 20～40m/s 的速度作高速旋转,工件除以 0.004～0.006m/s 的速度作圆周进给外,还以每转一周移动一个螺距的速度做轴向移动。这一过程一般需要走刀 4～15 次,最后需要进行1～2次空刀光磨。

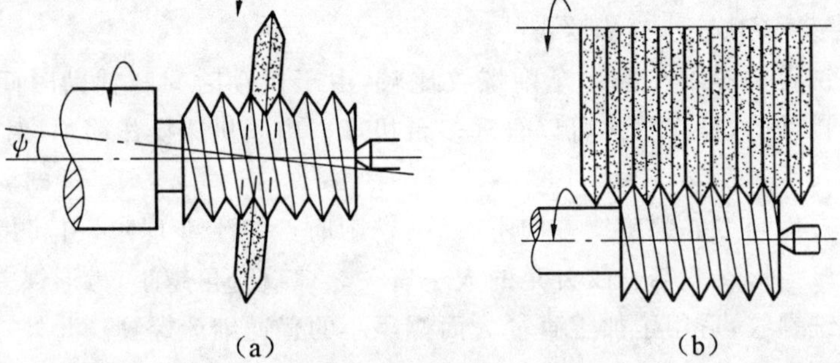

图 20-25　磨螺纹的方法

(a)单片砂轮磨螺纹;(b)多片组合砂轮磨螺纹

与其他加工方法相比,磨削螺纹加工精度高,表面粗糙度低,还能加工淬过火硬度高的螺纹,并能校正淬火后的变形。对直径较小的工件,可在热处理后直接磨出螺纹。

20.5.5　滚压螺纹

螺纹的滚压加工是在室温条件下,利用金属的塑性变形采用的一种无屑加工方法。

20.5.5.1　搓丝板滚压

搓丝板由动板和静板所组成，如图 20-26 所示。工作时，动板由机床移动块带动作直线往复运动，静板固定在机床的支座上。工件在两块板之间被挤压与滚动，当动板行程结束时，搓丝板上凸出的螺纹逐渐压入工件表面，形成螺纹自动落下。

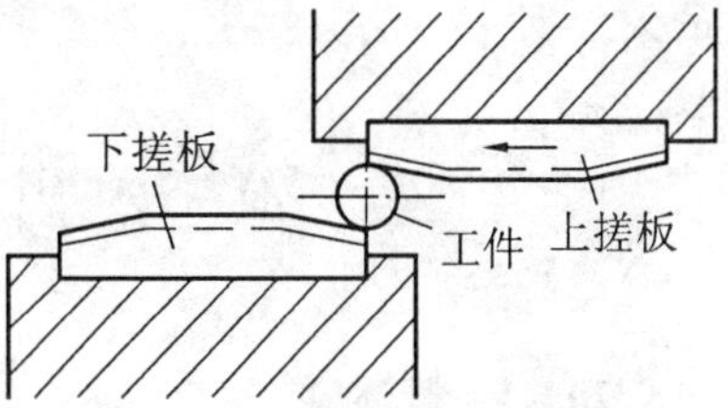

图 20-26　搓丝板滚压螺纹

20.5.5.2　滚丝轮滚压

滚丝轮是成对使用的，安装在机床的两个互相平行的轴上，如图 20-27 所示。工作时，两滚轮同向等速旋转，工件放在两个滚轮之间的支架上，滚轮在带动工件旋转的同时，还作径向进给运动，使工件逐渐受压形成螺纹。滚轮工件进给至规定的尺寸后，即停止进给，并继续将工件滚光。随后退回到原来的位置，加工完成。

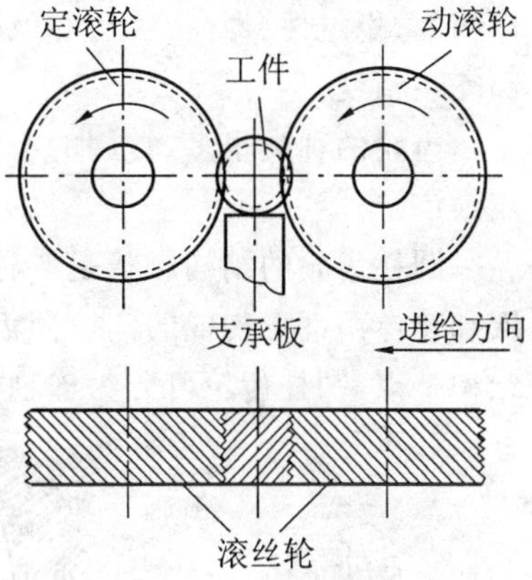

图 20-27　滚丝轮滚压螺纹

上述两种方式比较，搓丝比滚丝的生产率高，但滚丝压力小。另外，滚丝轮的工作表面经过热处理后可以在螺纹磨床上进行精磨，而搓丝板在热处理后加工则比较困难，所以滚丝比搓丝所加工的螺纹精度高，表面粗糙度低。搓丝螺纹精度可达螺纹公差等级的 6 级，表面粗糙度可达 R_a 1.6～0.8μm；滚丝的螺纹精度可达螺纹公差等级的 4～5 级，表面粗糙度可达 R_a 0.4～0.2μm。

滚压螺纹同切削螺纹比较有以下主要的优缺点：

(1)生产率高

滚压螺纹一般比切削螺纹高 10 倍以上。

(2)滚压螺纹具有较高的强度和耐磨性

切削加工时，工件金属的纤维组织被切断，而用滚压方法加工时，工件金属的纤维组织是连续的，所以提高了零件螺纹部分的抗拉强度和抗剪强度。同时，由于表面粗糙度低及表面产生压缩应力，因而提高了疲劳强度。此外，滚压时因表面层产生加工硬化，提高了表面的耐磨性。

(3)节省金属材料

滚压螺纹所用的杆状坯料较切削螺纹的坯料直径小，从而节省金属材料 16%～25%。

(4)对坯料的尺寸精度要求严格

因为金属不被切除，受到滚压变形的金属应刚好挤满模具工作表面的螺纹槽。

(5)只能滚压外螺纹

由于滚压力大，不宜滚压薄壁管件上的螺纹，加工正方形、梯形螺纹较困难。

(6)只能加工塑性较好的材料

金属的硬度应在 HRC37 以下，延伸率应大于 10%。

(7)模具制造费用较贵，小批量生产是不经济的

尽管如此，滚压螺纹仍是先进的加工方法。目前在汽车、拖拉机制造厂，广泛应用此方法加工螺纹。例如用滚丝加工销类和轴类零件上的螺纹，搓丝主要用于生产螺栓、螺钉等标准件。

此外,用丝锥加工内螺纹(攻丝)和用板牙加工外螺纹(套扣),是钳工装配常用的方法,这里不再多述。

20.6　齿轮加工(齿轮齿形加工)方法

20.6.1　概述

齿轮是现代机器中常用的一种零件,它主要用来传递动力和运动。各种机器和仪器的工作精度、稳定性、寿命、噪音和效率,与其齿轮传动的质量密切相关,并主要取决于齿轮的加工和安装精度。

齿轮的种类很多,常用的有圆柱齿轮、圆锥齿轮(俗称伞齿轮)以及蜗轮等,而圆柱齿轮应用最广。

圆柱齿轮的结构形状是多种多样的(如图 20-28 所示),从工艺观点上可将其看成是由齿圈和轮体两部分构成的。按照齿圈的形状,圆柱齿轮可分为直齿、斜齿及人字齿轮等;按轮体结构特点,圆柱齿轮可分为连轴齿轮和带孔齿轮两大类。

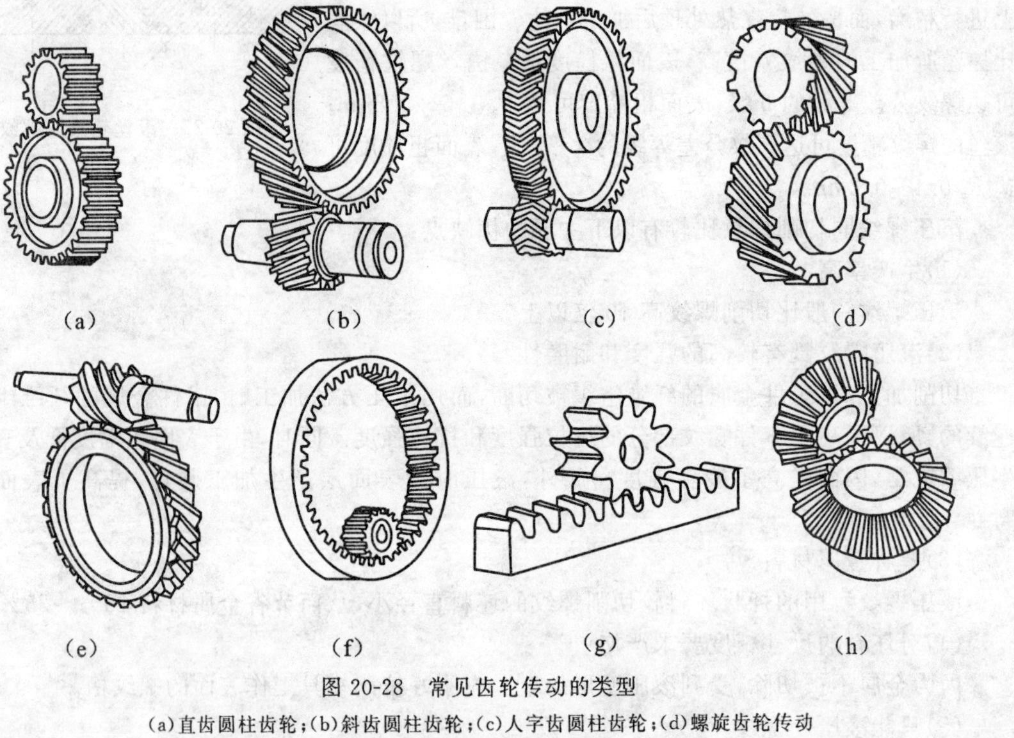

图 20-28　常见齿轮传动的类型

(a)直齿圆柱齿轮;(b)斜齿圆柱齿轮;(c)人字齿圆柱齿轮;(d)螺旋齿轮传动

(e)蜗杆传动内啮合齿轮;(f)内啮合齿轮传动;(g)齿条传动;(h)直齿锥齿轮传动

齿轮的精度规定有 12 个精度等级,从 1～12 级依次降低。目前齿轮加工最高只能达到 3 级,凡是经过机械加工的齿轮,都不会低于 12 级精度。每个精度等级还规定了四个衡量指标:运动精度,指传递运动的准确性;工作平稳性精度,指运转平稳、没有冲击和振动噪音小;接触精度,指啮合齿面的实际接触程度;齿侧间隙,指齿轮副啮合轮齿非工作面沿法线方向的空隙。

齿轮齿形的加工,大部分是在专用的齿轮加工机床上进行的。在一般的滚齿机或插齿机上加工出来的齿轮,精度为 IT8～IT7。而在齿轮精加工机床上加工出来的齿轮,精度可达 6

级以上。最常用的齿轮精度级是 IT9～IT6。表 20-1 为常用精度等级齿轮的应用范围。

表 20-1　常用精度等级齿轮的应用范围

精度等级	圆周速度 (m/s)		齿面粗糙度 (R_a 值,μm)	应用范围
	直齿	斜齿		
IT6	<15	<25	0.8～0.4	1.高速传动齿轮,要求噪音小、寿命长,如航空和汽车的高速齿轮 2.一般分度机构上的齿轮
IT7	<10	<18	0.8	用于一般机械中主要的传动齿轮,如标准系列减速器齿轮,航空、汽车和机床中的齿轮
IT8	<6	<10	3.2	用于一般机械中次要的传动齿轮,如航空和汽车拖拉机中不重要的齿轮、起重机中的齿轮、农机中的重要齿轮
IT9	<3	<5	6.3	重载低速机械中的传动齿轮

齿轮齿形的加工,按齿形的形成原理可分为两种类型:

(1)仿形法

采用与被切齿轮齿槽形状完全相同的成形刀具,直接切出齿形的加工方法叫做仿形法(或成形法),最常用的是铣齿法。如图 20-29 所示为铣削直齿圆柱齿轮。

(2)展成法(或创成法)

它是利用一对渐开线齿轮,或齿轮齿条相互啮合运动的原理来加工齿形的。展成法加工有滚齿和插齿两种。

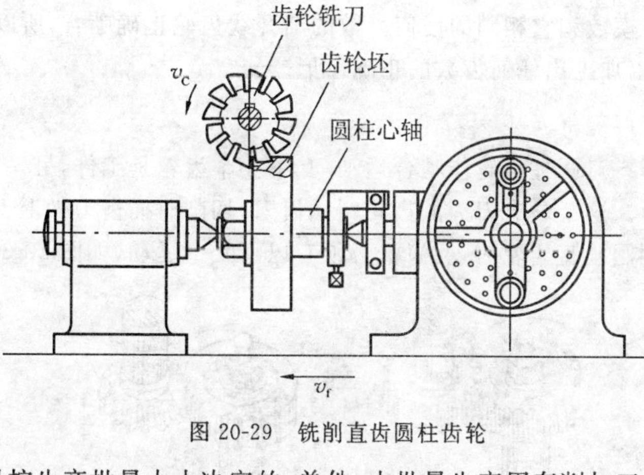

图 20-29　铣削直齿圆柱齿轮

齿坯的加工是按生产批量大小决定的,单件、小批量生产用车削加工,在大批量生产中,对于中小尺寸齿坯,则按钻孔—拉孔—多刀车削方式加工。

齿轮材料及所用的热处理方法,对其制造工艺过程有很大的影响。按齿轮材料热处理的情况不同,齿轮材料有如下几种:

(1)未经热处理的原钢(包括调质热处理后切制的)、铸铁、有色金属、胶木和塑料等。

(2)整体加热或表面淬火的 40Cr、45 钢等。

(3)渗碳后淬火的 20Cr、18CrNiBA 等。

所有传递动力的齿轮均需进行热处理。

20.6.2 滚齿法和插齿法

20.6.2.1 滚齿的加工原理

滚齿法指在滚齿机上使用滚齿刀加工齿轮,如图 20-30 所示。齿轮滚刀从外观上看好像一个蜗杆,在垂直于螺旋线的方向上(或在轴向上)开有很多条沟槽,以形成很多排切削刃。从沟的垂直方向看去,滚刀的刀齿断面形状像齿条一样。因此齿轮滚刀可以看成是由很多排齿条装成的。这些齿条的齿形,由于是在螺旋表面上,所以各排之间彼此错开一个距离。这样,滚刀旋转相当于齿条在移动。像齿条与齿轮啮合一样,这个移动着的齿条,其模数、齿形角等都与被加工的齿轮相同。因此能与正在旋转的被加工齿轮相啮合而将齿轮加工出来。

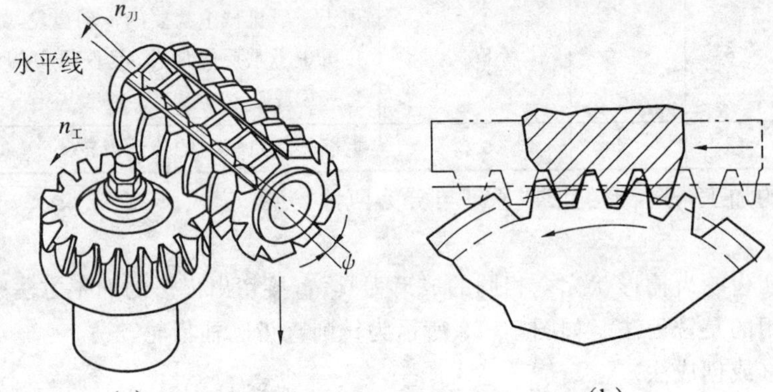

图 20-30 滚切原理

(a)滚齿;(b)滚刀的法向剖面为齿条齿形

由于齿条可以与模数和它相同的任何齿数的渐开线齿轮正确啮合,所以,一种模数只需要制造一把滚刀,就可以加工出任何齿数的正确齿形。

20.6.2.2 插齿的加工原理

插齿过程相当于一对圆柱齿轮作啮合运动,其中一个齿轮是工件,另一个齿轮是在每一个齿上磨出前角和后角。这个具有刀刃的齿轮叫插齿刀,切削时插齿刀做上下往复运动,从工件上切除切屑。当插削圆柱直齿轮时,插齿机必须有以下几个运动(如图 20-31 所示):

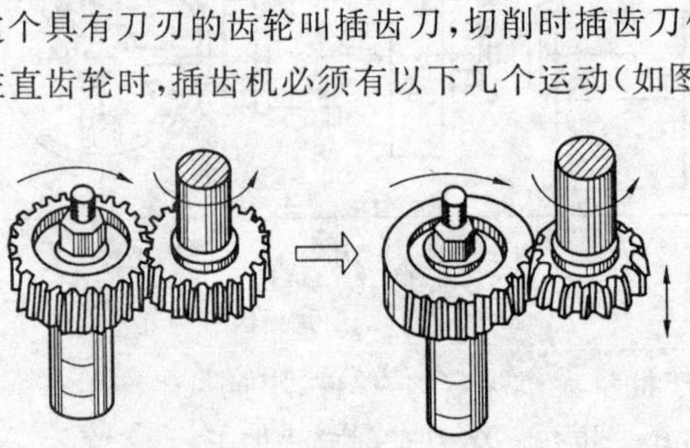

图 20-31 插齿加工原理

(a)周向进给运动;(b)切削运动

(1)切削运动

插齿刀的上下往复运动称为切削运动。

(2)周向进给运动

周向进给运动是分齿运动过程中插齿刀每往复一次其分度圆周所转过的弧长。

(3)分齿运动

分齿运动是形成工件渐开线齿廓所必需的运动，即插齿刀与工件保持一定的速比关系。

(4)径向进给运动

插齿刀相对工件作径向进给(切入)运动。

(5)退刀运动

为了避免插齿刀刮伤已加工的工件表面，在插齿刀空回行程时，插齿刀相对于工件还必须有一个让刀动作，称退刀运动。

20.6.2.3　剃齿原理

剃齿是精加工未淬火齿轮的一种方法。经剃齿加工的齿轮，精度可达 IT7～IT6，齿面粗糙度值可达 R_a 0.8～0.2μm。剃齿时，剃刀与工件是一对无侧隙的螺旋啮合齿轮，盘形剃齿刀可看成是一个高精度的螺旋齿轮，在齿面上沿渐开线方向上做出许多槽，以形成切削刃，如图 20-32(a)所示。

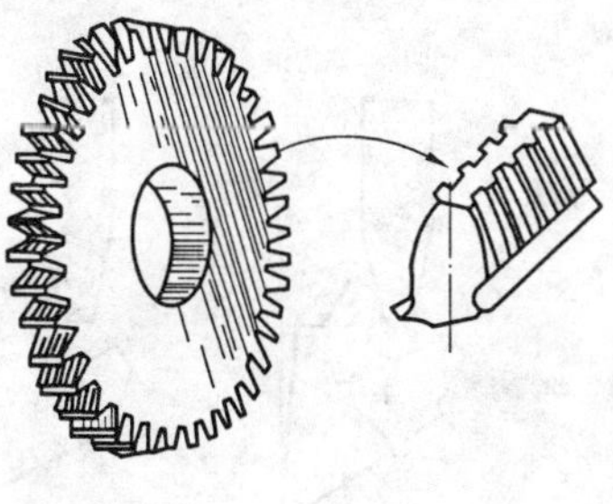

(a)

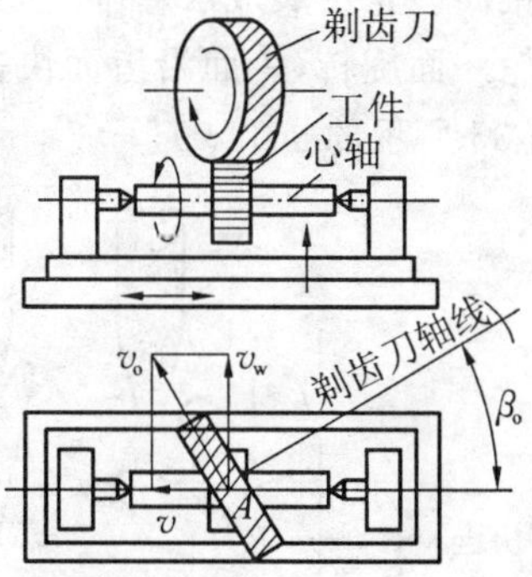

(b)

图 20-32　剃齿刀与剃齿运动

(a)剃齿刀；(b)剃齿原理

剃齿时，将经过粗加工的齿轮装夹在心轴上，并安装在机床工作台上的两顶尖间，剃齿刀装在机床主轴上，如图 20-32(b)所示，剃齿刀和工件相交成一角度，带动工件旋转，两者之间没有强制的展成运动。根据螺旋齿轮啮合特点，剃齿刀和工件在接触点的速度方向不一致，使工件的齿侧面沿剃齿刀齿侧面滑移，即在刀具和工件啮合齿面间沿螺旋线的切线方向产生相对滑动速度，这个相对滑动速度就是切削速度。在剃齿过程中，剃齿刀还要时而正转，时而反转，以剃削轮齿的两个侧面。

20.6.2.4　齿轮磨削原理

磨齿是齿形加工中精度最高的一种方法，适用于淬硬齿轮的精加工。其精度可达 IT6～IT4，表面粗糙度值 R_a 可达 0.8～0.2μm。磨齿按加工原理分为仿形法和展成法两类，前者精度较差，应用较少。

(1)成形砂轮磨削

成形砂轮磨削是依靠渐开线成形砂轮来加工齿轮的齿形，砂轮的两个侧面修成所磨齿轮的渐开线形状，如图 20-33 所示。砂轮对已经滚齿或插齿加工的齿轮逐个齿进行磨齿。

(2)利用两个碟形砂轮按展成法磨削

它是利用砂轮的窄边(工作棱边,其宽度为 0.05mm)同时磨削轮齿两侧的渐开线(图 20-34)。这两个砂轮的工作棱边就形成了"假想齿条"的两个对应齿面。砂轮的倾斜角就构成了"假想齿条"的压力角。

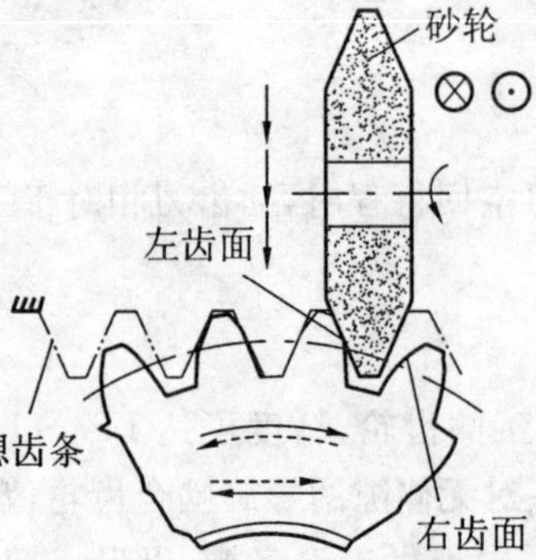

图 20-33　成形砂轮磨齿

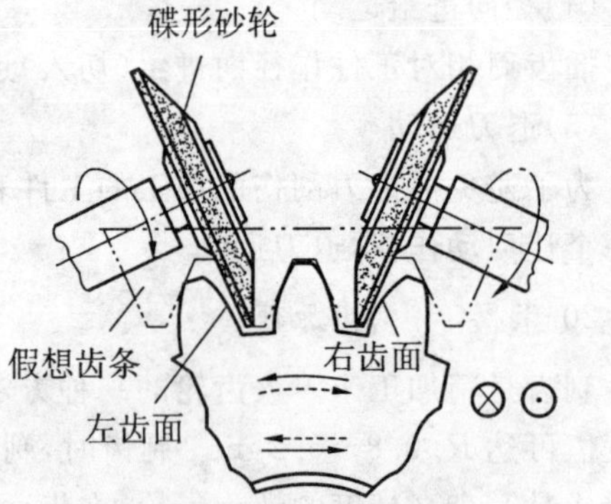

图 20-34　碟形砂轮磨齿

(3)利用双锥面砂轮按展成法磨削

磨齿时,砂轮一面旋转,一面沿齿面快速往复运动。展成运动由工件的旋转和相应的移动来实现(如图 20-35 所示的 ω 和 v)。

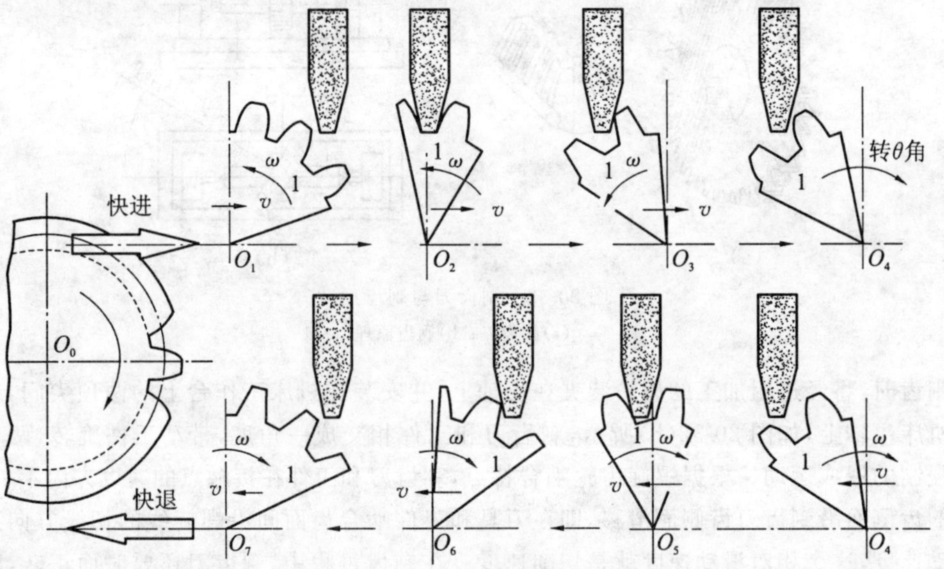

图 20-35　双锥面砂轮磨齿

20.6.2.5　研齿

研齿在研齿机上进行,其加工原理如图 20-36 所示。被研齿轮安装在 3 个研轮中间,并相互啮合,在啮合的齿面加入研磨剂,电机驱动被研齿轮,带动三个略带负载(或轻微制动状态)的研轮,作无间隙的自由啮合运动。若被研齿轮为直齿轮,则三个研轮中要有两个是螺旋齿轮,一个是直齿轮。由于直齿轮与螺旋齿轮啮合时,齿面产生相对滑动,加上研磨剂的作用,在齿面产生极轻微的切削,以降低齿面粗糙度。在研齿过程中,为了能研磨全齿宽,被研齿轮除旋转外,还应沿轴向短距离移动。研磨一定时间后,改变被研磨轮的转向,研磨齿的另一侧面。

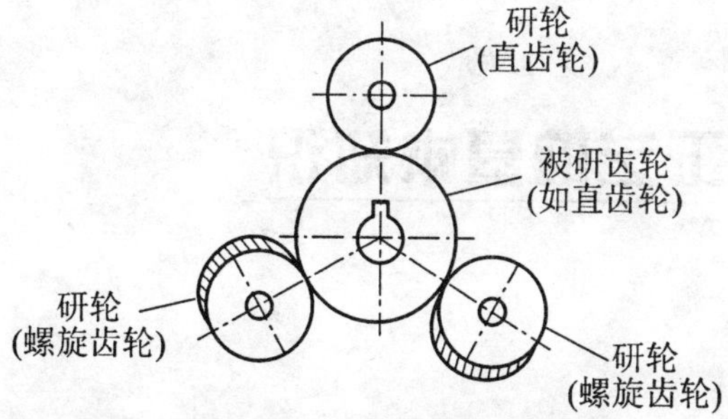

图 20-36　研齿原理示意图

研齿一般只能降低齿面粗糙度(包括去除热处理后的氧化皮),表面粗糙度为 R_a 1.6～0.2 μm,不能提高齿形精度,其齿形精度主要取决于研齿前齿轮的加工精度。

研齿机结构简单,操作方便。研齿主要用于没有磨齿机、珩齿机或不便磨齿、珩齿(如大型齿轮)的淬硬齿轮的精加工。在实际生产中,如果没有研齿机,对淬硬后的齿轮可采用一种简易的研齿方法,即将被研齿轮按工作状态装配好,在齿面间放入研磨剂,运行跑合一段时间,然后拆卸清洗即可用。

复习思考题

20.1　简述外圆车削的工艺特点及应用条件。

20.2　外圆表面磨削方式有哪些?各自的特点及应用范围是什么?

20.3　车床镗孔和镗床镗孔各用于什么条件?

20.4　平面铣削与平面刨削在应用上有何不同?

20.5　综合分析外圆、孔、平面各种加工方案的应用条件。

20.6　机床工作台上的 T 形槽应选用哪些方法加工?

20.7　简述各种齿轮加工方法的原理、工艺特点和应用范围。

20.8　螺纹加工有哪些主要方法?

21 机械加工工艺的基本知识

【教学提示】

生产某一零件，通常不是在某一台机床上，用某一种加工方法能完成的，而需要经过一定的加工工艺过程才能完成。如何根据零件的具体要求和设备等情况，选择合适的毛坯和加工方法，合理地安排加工顺序，正确地制定零件加工工艺，将直接影响产品的质量、成本和生产率。

【教学要求】

能够正确地选择零件的材质，合理地安排加工顺序和加工方法，正确地制定零件的加工工艺过程。

21.1 基本概念

21.1.1 生产过程和工艺过程

21.1.1.1 生产过程

一台机器往往由几十个甚至上千个零件组成，其生产过程相当复杂。生产过程是指产品由原材料到成品之间的各个相互联系的劳动过程的总和。它包括原材料的运输和保管、生产的准备、毛坯的制造、零件的各种加工过程(如机械加工、焊接、热处理和其他表面处理等)、部件的装配和机器的总装、产品的检验和调试、成品的油漆和包装等。

为了降低机器的生产成本，一台机器的生产，往往由许多工厂联合完成，这有利于零部件的标准化和组织专业化生产。

一个工厂的生产过程，又可分为各个车间的生产过程。一个车间生产的成品，往往是其他车间的原材料。例如铸造和锻造车间的成品(铸件和锻件)，是机械加工车间的“毛坯”；机械加工车间的成品，又是装配车间的“原材料”。

21.1.1.2 工艺过程

工艺过程是生产过程中最主要的一部分过程。它是与改变材料(毛坯)或零件的尺寸、形状、相互位置和材料性质直接有关的那部分生产过程。因此，工艺过程又可具体地分为铸造、锻造、冲压、焊接、机械加工、热处理、电镀、装配等工艺过程。本章主要介绍机械加工工艺过程的基本问题。

采用机械加工的方法，直接改变毛坯的形状、尺寸和表面质量，使之成为产品零件的过程称为机械加工工艺过程。

机械加工工艺过程由一系列的工序、安装、工位、工步和走刀等组合而成。

(1)工序

它是工艺过程的基本单元，又是生产管理和经济核算的基本依据。工序是指一个(一组)

工人在一台机床(或其他设备及工作地)上对一个(或同时对几个)工件所连续完成的那部分工艺过程。区分工序的主要依据,是工作地(或设备)是否变动。零件加工的工作地变动后,即构成另一工序。例如图 21-1 所示的阶梯轴,当加工数量较少时,其加工工艺及工序划分如表 21-1 所示。

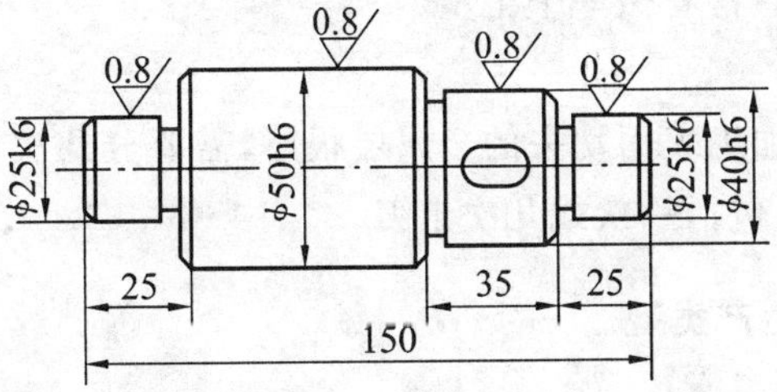

图 21-1　阶梯轴

表 21-1　阶梯轴加工工艺过程(单件小批生产)

工序号	工序内容	设备
1	车端面,钻中心孔,车全部外圆,切槽与倒角	车床
2	铣键槽,去毛刺	铣床
3	磨外圆	外圆磨床

(2)安装

在同一道工序中,工件在加工之前,在机床或夹具上首先刀具应占有某一正确位置(定位),然后再予以夹紧。一次装夹时所完成的那部分加工过程称为安装。在一个工序内,工件的加工可能只需要一次安装,也可能需要几次安装。例如表 21-1 中的工序 1,仅对车端面和打顶尖孔而言,工作需调头进行两次安装才能完成,而对表 21-2 中的工序 1,需一次安装即可。工件在加工中应尽量减少安装次数,因为多一次安装就多一次误差,而且还会增加安装工件的辅助时间。

表 21-2　阶梯轴加工工艺过程(大批生产)

工序号	工序内容	设备
1	铣端面,钻中心孔	专用机床
2	车外圆,切槽与倒角	车床
3	铣键槽	铣床
4	去毛刺	钳工
5	磨外圆	外圆磨床

(3)工位

为了减少工件安装的次数,常采用各种回转工作台、回转夹具或移位夹具,使工件在一次安装中先后处于几个不同的位置进行加工。此时,工件在机床上占据的每一个位置所完成的那一部分加工过程称为工位。

(4)工步

工步是指工件在一个工序内,一次安装中,在加工表面、切削工具和切削用量中的转速与进给量均不变的条件下所完成的那部分工艺过程。一个工序可包括几个工步,也可以只包括一个工步。例如在表21-2的工序2中,包括有粗、精车各外圆表面及切槽等工步,而工序3当采用键槽铣刀铣键槽时,就只有一个工步。

构成工步的任一因素(加工表面、刀具或切削用量)改变后,一般即变为另一工步。但是,对于那些在一次安装中连续进行的若干相同的工步,例如在同一个零件上钻削四个对称孔。为简化工序内容的叙述,通常看做一个工步。

(5)走刀

在一个工步内,若被加工表面切去的金属层很厚,需要分几次切削,则每进行一次切削就是一次走刀。一个工步可包括一次或几次走刀。

21.1.2 生产纲领与生产类型

21.1.2.1 生产纲领

产品(或零件)的生产纲领,是包括备品和废品在内的该产品(或零件)的年产量。生产纲领的大小,对工艺过程的制定有很大影响。

零件的生产纲领可按下式计算:

$$N=Qn(1+a\%+b\%) \quad (件/年)$$

式中:N——零件的生产纲领;

Q——产品的生产纲领(台/年);

n——每台产品中该零件的数量(件/台);

$a\%$——备品的百分率;

$b\%$——废品的百分率。

21.1.2.2 生产类型

根据生产纲领的大小和产品品种的多少,机械制造业的生产可分为三种类型:单件生产、成批生产和大量生产。

(1)单件生产

生产的产品品种繁多,每种产品仅制造一个或少数几个,在一个工作地很少重复,甚至完全不重复。例如,重型机器、大型船舶的制造和新产品的试制都属于这种生产类型。

(2)成批生产

生产的产品品种较多,每种产品均有一定的数量,工作地分期、分批轮流地进行生产。例如,通用机床和液压传动装置的制造就属于这种生产类型。

同一产品(或零件)每批投入生产的数量称为批量。根据产品的特征和批量的大小,成批生产可分为小批生产、中批生产和大批生产。小批生产工艺过程的特点和单件生产相似,二者常常相提并论。中批生产的工艺特点介于单件生产和大量生产之间。大批生产工艺过程的特点和大量生产相似。

(3)大量生产

产品的产量大、品种少,大多数工作地长期重复地进行某一零件的某一工序的加工。例如,汽车、拖拉机和轴承等的制造就属于这种生产类型。

生产类型的划分,主要取决于生产纲领的大小和产品复杂程度及大小。表21-3所列为生产类型与生产纲领的关系,可供确定生产类型时参考。

为了达到此目的,可以采用以下方法:

(1)画线校正

将工件装上机床,然后按工件某一(或某些)表面,或者按工件表面上事先画好的线,用画针或其他量具进行校正,即进行调整,直到工件在机床上处于所要求的正确位置为止。

如图 21-3(a)所示,为了使被加工孔 $\Phi50$ 的中心位置准确,可逐个调整四爪卡盘的四个卡爪,以保证尺寸 A 和 B,然后予以夹紧。

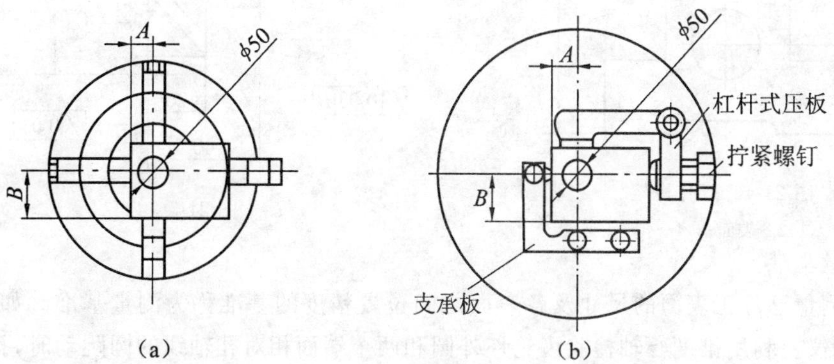

图 21-3 两类安装方式

(a)直接安装;(b)夹具安装

(2)采用夹具安装

事先在机床上安装一个附加装置即夹具,将工件放在夹具上,使它的某些表面与夹具上某些元件的表面接触,然后将工件夹紧。这样就可以迅速和方便地使工件在机床上处于所要求的正确位置,如图 21-3(b)所示。

21.3.2 基准及其选择

在零件和部件的设计、制造和装配过程中,必须根据一些指定的点、线或面来确定另一些点、线或面的位置,这些作为根据的点、线或面称为基准。

21.3.2.1 基准的分类

按其作用不同,基准可分为:

(1)设计基准

在零件图样上用于标注尺寸和表面相互位置关系的基准,称为设计基准。例如,图 21-4 中表面 2 和孔 3 的设计基准是表面 1,孔 4 的设计基准是孔 3 的中心线。

(2)工艺基准

在加工零件和装配机器的过程中所使用的基准,称为工艺基准。根据用途不同,工艺基准又分为定位基准、测量基准和装配基准。

①定位基准

工件在加工过程中,用于确定工件在机床或夹具上的正确位置的基准称为定位基准。例如,精车如图 21-5 所示的齿轮的大外圆 C 和大端面 B 时,为了保证它们对孔轴线 A 的圆跳动要求,工件以精加工后的孔定位安装在锥度心轴上,孔的轴线 A 即为定位基准。在零件制造过程中,定位基准尤为重要。

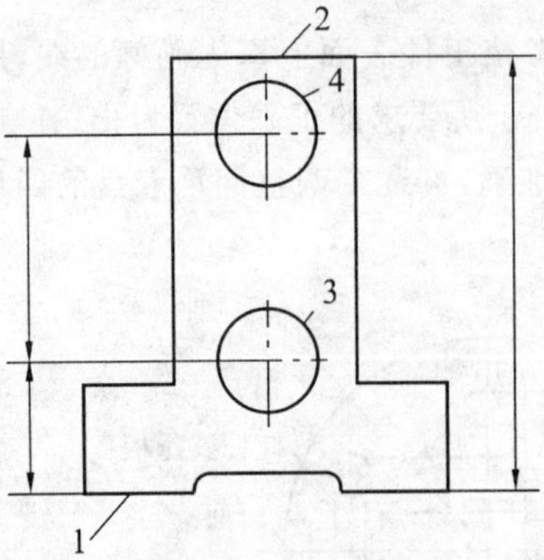

图 21-4　双孔机架

1,2—表面;3,4—孔

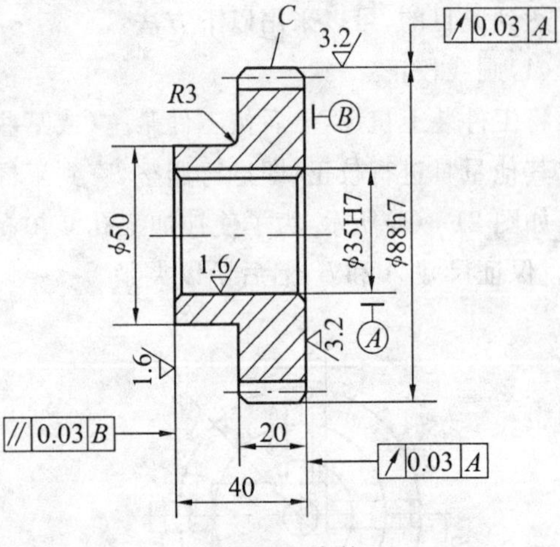

图 21-5　齿轮

②测量基准

用于测量已加工表面的尺寸及各表面之间位置精度的基准称为测量基准。如图 21-6 所示,在偏摆仪上利用锥度心轴检验齿轮坯外圆和两个端面相对孔轴线的圆跳动时,孔的轴线即为测量基准。图 21-7 所示为各种基准之间关系。

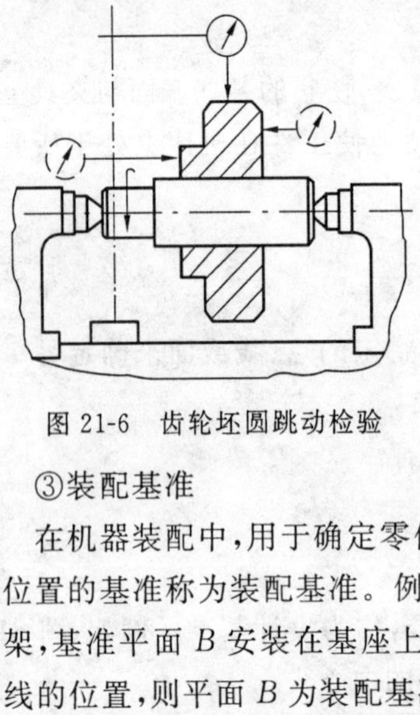

图 21-6　齿轮坯圆跳动检验

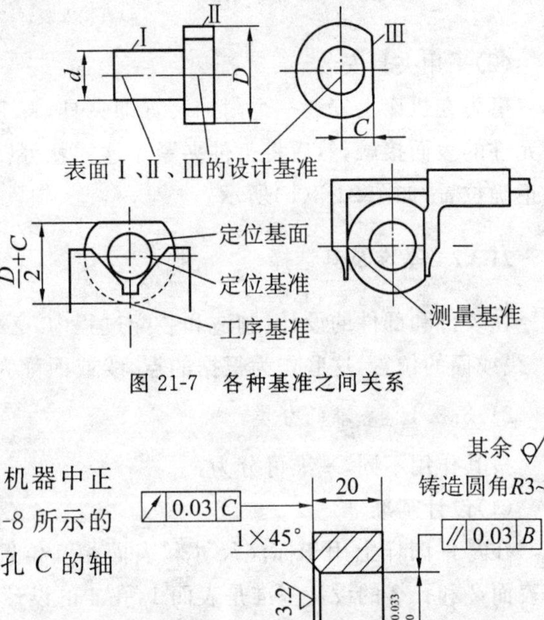

图 21-7　各种基准之间关系

③装配基准

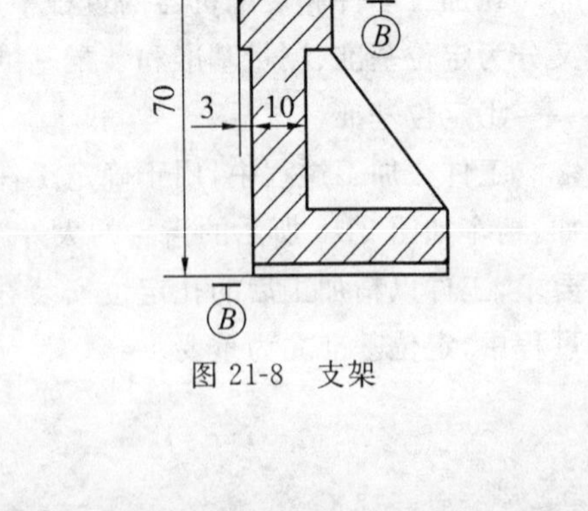

图 21-8　支架

在机器装配中,用于确定零件或部件在机器中正确位置的基准称为装配基准。例如,如图 21-8 所示的支架,基准平面 B 安装在基座上,用以确定孔 C 的轴心线的位置,则平面 B 为装配基准。

21.3.2.2　定位基准的选择原则

在考虑工件定位时,首先是选择定位基准。因为它对保证加工精度、安排加工顺序和提高生产率有着重要的影响。

(1)粗基准的选择原则

将第一道加工工序所采用的毛面作为定位的基准,称为粗基准。如果粗基准选择得不合理,会增加安装次数,增加不必要的毛坯余量,也会使加工不方便，降低加工精度，甚至会使装夹不正确，造成废品。因此，在设计工艺过程时，必须对粗基准的选择进行分析和比较。在长期的生产实践中，对于粗基准的选择已总结出一些基本原则：

①粗基准只能使用一次，以后就应该用经过加工的表面做定位基准。因为粗基准本身是未经过加工的毛坯表面，其尺寸精度低，表面粗糙度高。如果第二次安装再以粗基准定位，就不能保证工件与刀具的相对位置在两次安装中前后一致。

②若工件上要求保证加工表面与某一不加工表面之间的相互位置精度，则应选此不加工面作粗基准。如果零件上有很多不加工的表面，则应以其中与加工表面相互位置精度较高的表面作为粗基准，以保证这些不加工表面与加工表面之间的相互位置变动最小。如图 21-9 所示，以不需加工的外圆面作为粗基准，可以在一次安装中把绝大部分表面加工出来，并保证外圆与内孔同轴以及端面与孔轴线垂直。

③选择加工余量最小的表面为粗基准。如图 21-10 所示，自由锻件毛坯大外圆 A 余量小，小外圆 B 余量大，且 A、B 的轴线偏差较大。若以 A 为粗基准车削外圆 B，则在调头车削外圆 A 时，可使 A 得到足够而均匀的余量。反之若以 B 为粗基准，则外圆 A 可能因余量过小而车不圆，更有可能因余量不足而使工件报废。

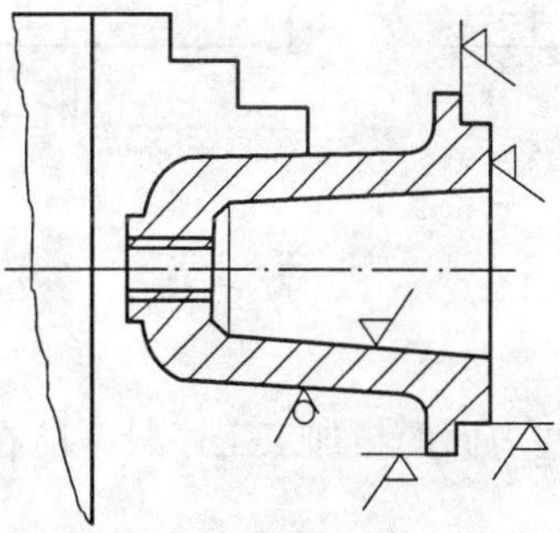

图 21-9　用不加工表面作粗基准

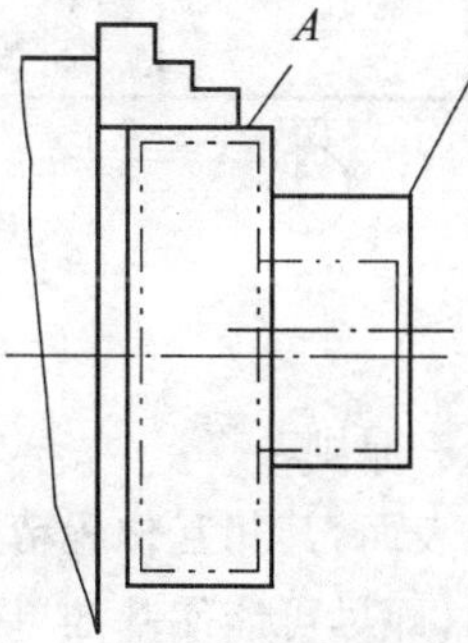

图 21-10　用余量最小的表面作粗基准

④若必须首先保证工件某重要表面的加工余量均匀，则应选该表面为粗基准。如图 21-11 所示为机床床身的加工。由于床身的导轨面的耐磨性要好，而且金相组织要均匀，是一个重要的工作面，所以必须选择导轨面 A 作为粗基准来加工床脚底面 B，然后翻身再以床脚底面作为精基准加工导轨面 A，这样才能保证技术要求和加工余量均匀。

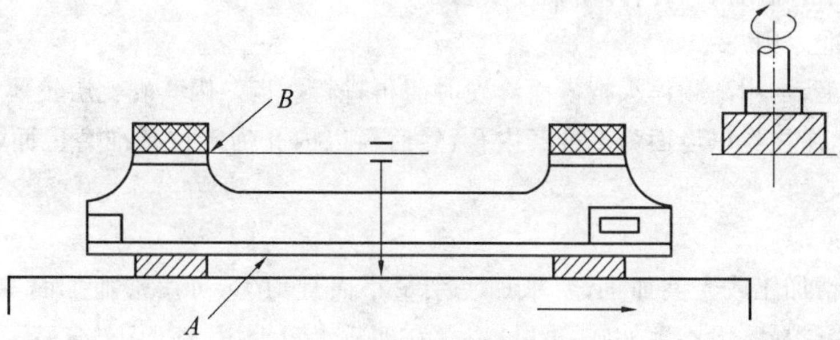

图 21-11　床身的粗基准

⑤应该尽可能选平整、光洁，无飞边、浇口、冒口或其他缺陷的表面作为粗基准，以便定位准确、夹紧可靠。这样不但可以减少定位误差，而且还可以保证零件的装夹可靠。如果非选用有缺陷的表面不可，就需要把这些表面加以修整后再使用。

(2)精基准的选择原则

选择精基准的目的是使装夹方便、正确、可靠，以保证加工精度。为此一般遵循如下原则：

①基准重合原则

尽可能选择设计基准作为定位基准，这样可以避免因定位基准不与设计基准重合而引起的基准不重合误差。

例如，成批生产如图 21-12(a)所示的零件，A、B 两面已加工，现需铣平面 C。如图 21-12(b)所示，选用 A 为定位基准，则定位基准与设计基准不重合，尺寸(20±0.15)mm 的面只能间接地通过控制尺寸 A 来掌握，故该尺寸的精度决定于尺寸 A 和尺寸(50±0.14)mm；若选用 B 面为定位基准，如图 21-12(c)所示，即基准重合，尺寸(20±0.15)mm 是直接得到的，与尺寸 A 及尺寸 50mm 的上下偏差无关。故采用基准重合的原则，有利于保证加工精度。

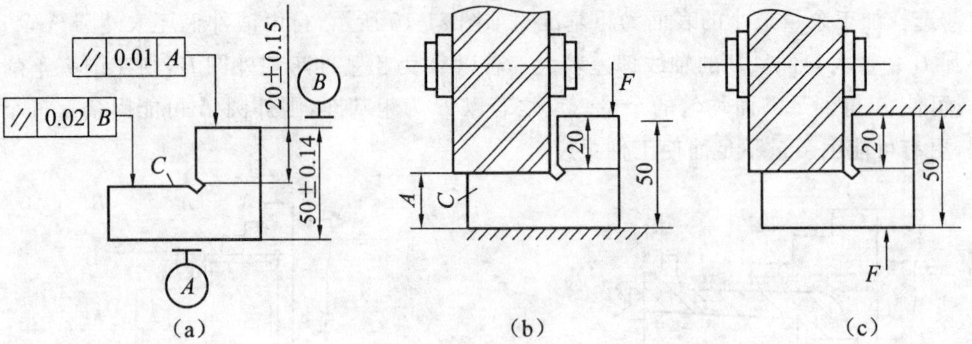

图 21-12　基准重合与不重合

②基准统一原则

某些精确表面，其相互位置精度有较高的要求，则这些表面的精加工工序最好能在同一定位基准上进行，即尽可能使基准单一化。

例如，在加工较精密的阶梯轴时，往往以中心孔为定位基准车削各个表面，而在精加工之前再将中心孔加以修研，仍以中心孔定位磨削各表面。这样有利于保证各表面的位置精度(如同轴度、垂直度等)。

又如加工齿轮时，它的内外圆表面和齿轮的设计基准都是孔的轴线，它的轴向尺寸的设计基准是某一端面。因此，我们选用此端面和孔作为单一基准来加工其他各表面，这样能很好地保证各端面的平行度要求和内外同轴度要求。

③互为基准原则

齿轮的加工，当用高频淬火把齿面淬硬时需再进行磨齿。因其硬化层较薄，磨削余量应小而且均匀，因此往往先以齿面为基准磨内孔，然后再以内孔为定位基准磨齿面，以保证齿面余量的均匀。

④自为基准原则

对于某些精加工或光整加工，要求加工余量小而且均匀，可用被加工面本身作为定位基准，如手工铰孔、拉孔、无心磨外圆、珩磨，以及在四爪卡盘上用“校正法”加工内孔或外圆。

(3)辅助基准

它是精基准中的一种特例，专为加工时的定位目的而加工出来的表面，在工件装配和机器以后运转中无任何用处。如轴类零件外圆加工所使用的两端面中心孔，那是辅助基准，它在零件工作和装配时均无作用，仅作加工定位用。

在实际工作中,定位基准的选择要完全符合上述所有原则,有时是不可能的,因此应根据具体情况进行分析,选出最有利的定位基准。

21.3.3 工件的定位原理

一个物体在空间如不限制其相对位置,它可以向空间的任何方向移动和转动。为了便于研究物体在空间的运动规律,把物体放在三个互相垂直的坐标轴中来讨论。物体在空间对于三个互相垂直的坐标轴(x,y,z)来说,有六个可能运动的情况,即六个自由度。

工件在定位以前,也像一个物体在空间的情况一样,具有六个自由度,即沿 x,y,z 三个轴方向的移动(用$\vec{x}$,$\vec{y}$,$\vec{z}$来表示),以及绕 x,y,z 三个轴的转动(用$\hat{x}$,$\hat{y}$,$\hat{z}$来表示)。

要使工件在空间处于相对固定不变的位置,就必须限制其六个自由度,限制的方法如图 21-13 所示。即用相当于六个支承点的定位元件与工件的定位基准面"接触"来限制工件的六个自由度,即:

xoy 面(底面,即主要定位面),限制了$\hat{x}$、$\hat{y}$、$\vec{z}$三个自由度(相当于有三个支承点)。

xoz 面(侧面,即导向定位面),它限制了$\hat{z}$、$\vec{y}$两个自由度(相当于两个支承点)。

yoz 面(端面,即防转定位面),限制了$\vec{x}$一个自由度(相当于一个支承点)。

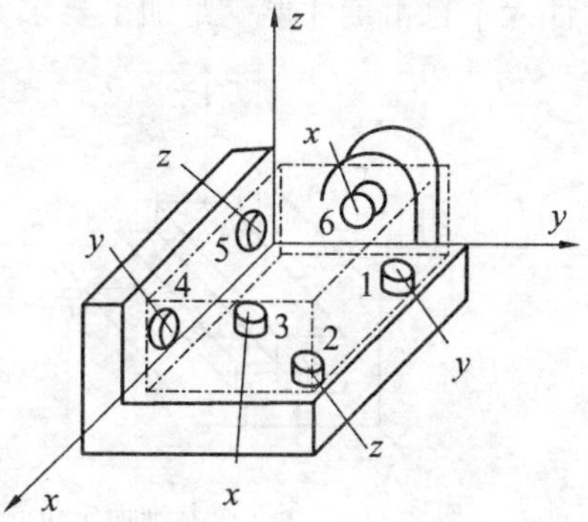

图 21-13 六点定位原则

把定位元件抽象地转化成为相应的定位支承点,来分析其限制工件在空间的自由度时,要注意下面两点:

第一点,定位支承点限制工件自由度的作用,可以这样来理解:定位支承点与工件的定位基准始终保持紧贴接触,若二者脱离,就表示定位支承点失去了限制工件自由度的作用,也即失去定位作用。

第二点,在分析定位支承点起定位作用时,不考虑力的影响。因此,在分析六点定位时,就不能认为它还有相反六个方向运动的可能性。这里一定要分清"定位"和"夹紧"这两个概念。"定位"只是使工件在夹具中得到相对确定位置,而不是指工件在受到使工件脱离支承点的外力时不能运动,而要使工件相对于刀具的位置不变,则还需"夹紧"。但也不能认为工件夹紧后不动了,就等于它的六点定位了。因此"定位"和"夹紧"是两个概念,不能混淆。

在生产中,工件的定位是否都要限制六个自由度呢? 不一定。这要根据工件的具体加工要求而定,一般只要相应地限制那些对加工精度有影响的自由度就行了,这样可以简化夹具的结构。

现以图 21-14 所示的例子来说明这个问题。在平面磨床磨一板状工件的上平面,要求保证厚度 A。工件安装在平面磨床的磁性工作台上被吸住,从定位观点来看,相当于用三个定位支承点,限制了工件三个自由度,即$\vec{z}$,$\hat{x}$,$\hat{y}$,剩下三个自由度$\vec{x}$、$\vec{y}$、$\hat{z}$未加以限制。因为这对保证厚度尺寸 A 毫无影响。工件一旦被磁性工作台牢牢吸住(被夹紧)后,便在任何方向上都不能运动了,但工件的$\vec{x}$,$\vec{y}$,$\hat{z}$三个自由度仍未被限制。

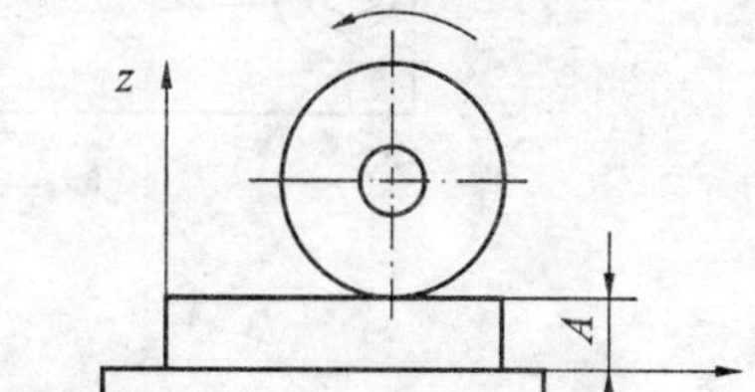

图 21-14 用 1 个基准面定位磨平面

因此,工件的定位原理就是根据工件的加工要求,用定位元件来限制影响加工精度的自由度,从而使工件对于刀具获得正确的位置。

工件定位有以下四种情况:

(1)不完全定位

如图 21-15 所示,影响尺寸 A 的自由度为 $\vec{z}$、$\overset{\frown}{x}$、$\overset{\frown}{y}$,影响尺寸 B 的自由度为 $\vec{y}$,$\overset{\frown}{z}$,而沿 x 轴移动的自由度 $\vec{x}$ 就不必限制了,因此该零件加工限制了五个自由度($\overset{\frown}{x}$,$\vec{y}$,$\overset{\frown}{y}$,$\overset{\frown}{z}$,$\vec{z}$)。这种限度少于六个自由度而使工件正确定位的方法称为不完全定位。

(2)完全定位

如图 21-16 所示,工件除了有尺寸 A 和 B 的要求外,还有尺寸 C 的要求,因此必须限制工件六个自由度才能满足加工要求。这种限制六个自由度的方法称为完全定位。

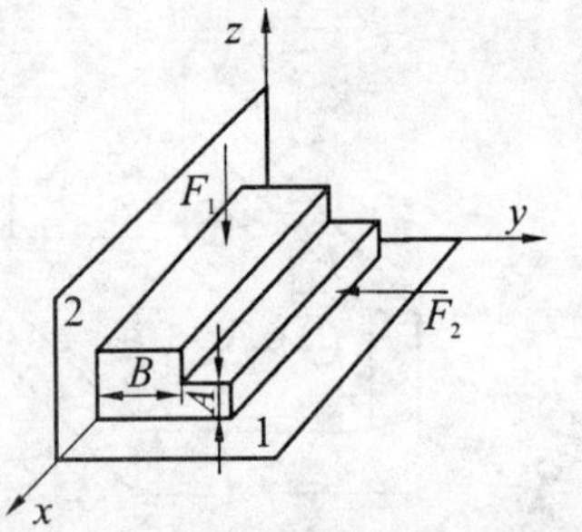

图 21-15　用 2 个基准面定位铣台阶

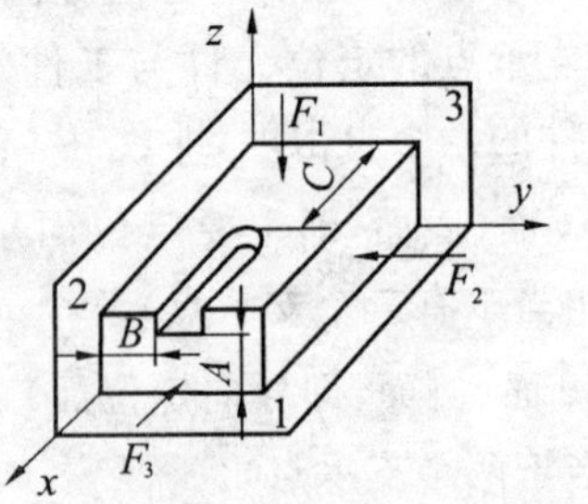

图 21-16　用 3 个基准面定位铣直槽

(3)欠定位

根据加工要求,工件在夹具中应该限制的自由度而没有得到限制,称为欠定位。欠定位是不允许的,因为欠定位满足不了加工要求。

如图 21-17 所示为加工连杆大头孔的情况,其大头孔轴心线应与小头孔轴心线相互平行,并与端面垂直且通过连杆杆身对称中心线。大、小头孔的中心距也有严格要求。根据这些技术要求,如果把图 21-17 中的挡销 3 和长(短)销 2、4 取消,则连杆在夹具中得不到正确的定位,且要求的加工精度不能保证,这是不允许的。

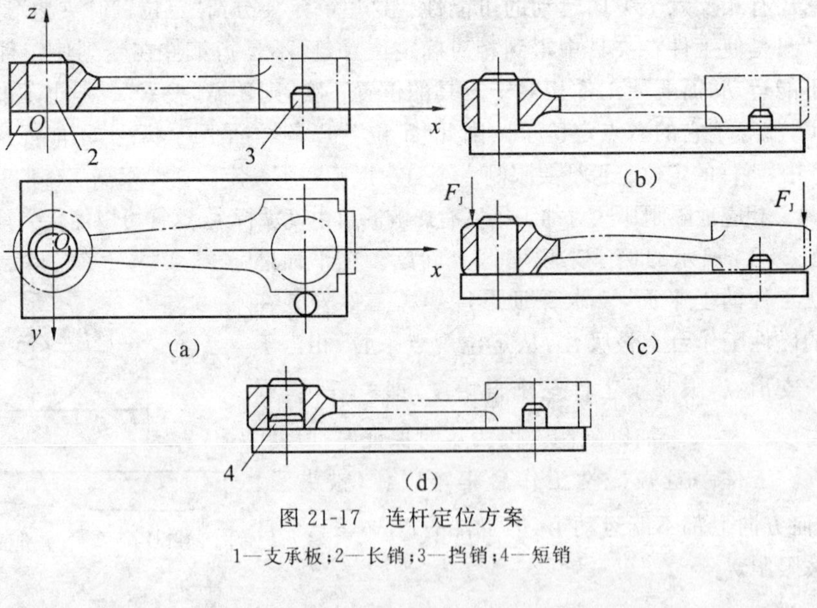

图 21-17　连杆定位方案

1—支承板;2—长销;3—挡销;4—短销

(4)过定位

一个自由度同时由两个或两个以上的定位元件来限制，称为过定位。如图 21-17 所示的连杆定位方案，长销 2 限制了$\vec{x}$,$\vec{y}$,$\widehat{x}$,$\widehat{y}$四个自由度，支承板 1 限制了$\widehat{x}$,$\widehat{y}$,$\vec{z}$三个自由度，其中$\widehat{x}$,$\widehat{y}$被两个定位元件重复限制，这就产生过定位。当工件小头孔与端面有较大垂直度误差时，夹紧力将使连杆变形，或使长销弯曲，如图 21-17(c)所示，造成连杆加工误差。若采用图 21-17(d)的方案，即将长销改为短销，就不会产生过定位。

是否采用过定位，需要具体分析。当过定位导致工件或定位元件变形，影响加工精度时，应严禁采用；当过定位不影响工件的正确位置，对提高加工精度有利时，也可采用。

21.4 工艺路线的拟定

工艺路线的拟定是制定工艺规程的总体布局，其主要任务是选择各个表面的加工方法及加工方案，确定各个表面的加工顺序以及整个工艺过程中工序数目的多少等。

21.4.1 加工方法的选择

应根据零件各个加工表面的技术要求，来确定其加工方法及加工次数。使工件表面达到同样质量要求的加工方法有多种，因而在选择从粗到精各加工方法及其步骤时，要综合考虑各方面工艺因素的影响。例如：

(1)各种加工方法的精度和表面粗糙度

各种加工方法的精度和表面粗糙度在前面已介绍过。但必须指出，这是在一般情况下可达到的精度和表面粗糙度，在某些具体条件下是会改变的。随着生产技术的发展及工艺水平的提高，同一种加工方法所能达到的精度也会提高。例如，外圆磨床精度一般可达到 IT7，表面粗糙度 R_a 值为 0.2μm，但在采取适当措施提高磨床精度以及改进磨削工艺后，在普通外圆磨床上能进行镜面磨削，精度达到 IT5 以上，表面粗糙度 R_a 值为 0.1～0.006μm。另外在大批量生产中，为了保证高的生产率和高的成品率，常把原用于细粗糙度的加工方法用于加工要求较粗糙的表面。例如，连杆加工采用珩磨，表面粗糙度 R_a 值为 0.8μm，在曲轴加工中用超精加工则能获得表面粗糙度度 R_a 值为 0.4μm 的表面。

(2)工件材料的性质

例如，淬火钢应采用磨削加工，有色金属因磨削困难，一般都采用金刚镗或高速精密车削进行精加工。

(3)要考虑生产类型，即生产率和经济性问题

在工件的大批量生产中可采用专用的高效率设备(如平面和孔可采用拉削加工取代普通的铣、刨和镗孔)和精化毛坯，如粉末冶金制造油泵齿轮、用熔模铸造制造柴油机的小零件等，都可大大减少切削加工量。

(4)考虑本厂现有设备及技术条件

应该充分利用现有设备，挖掘企业潜力，发挥工人的积极性和创造性，不断改进现有加工方法和设备，推广新技术，提高工艺水平。另外，还必须考虑设备负荷的平衡。如表 21-7 所示为外圆表面加工方案；表 21-8 为孔的加工方案；表 21-9 为平面加工方案。

表 21-7　外圆表面加工方案

序号	加工方案	经济精度等级	经济表面粗糙度 R_a 值(μm)	试用范围
1	粗车	IT11 以下	50～12.5	适用于除淬火钢以外的各种金属
2	粗车—半精车	IT8～IT10	6.3～3.2	
3	粗车—半精车—精车	IT7～IT8	1.6～0.8	
4	粗车—半精车—精车—滚压(或抛光)	IT7～IT8	0.2～0.025	
5	粗车—半精车—磨削	IT7～IT8	0.8～0.4	主要用于淬火钢，也可用于未淬火钢，但不宜加工有色金属
6	粗车—半精车—粗磨—精磨	IT6～IT7	0.4～0.1	
7	粗车—半精车—粗磨—精磨—超精加工(或轮式超精磨)	IT15	0.1～R_z0.1	
8	粗车—半精车—精车—金刚石车	IT6～IT7	0.4～0.025	主要用于加工要求较高的有色金属
9	粗车—半精车—粗磨—精磨—超精磨或镜面磨	IT15 以上	0.025～R_z0.05	加工极高精度的外圆
10	粗车—半精车—粗磨—精磨—研磨	IT15 以上	0.1～R_z0.05	

表 21-8　孔的加工方案

序号	加工方案	经济精度等级	经济表面粗糙度 R_a 值(μm)	试用范围
1	钻	IT11～IT12	12.5	加工未淬火钢及铸铁的实心毛坯，也可以用于加工有色金属(但表面粗糙度稍大，孔径小于15～20mm)
2	钻—铰	IT9	3.2～1.6	
3	钻—铰—精铰	IT7～IT8	1.6～0.8	
4	钻—扩	IT10～IT11	12.5～6.3	加工未淬火钢及铸铁的实心毛坯，也可以用于加工有色金属(但表面粗糙度稍大，孔径小于15～20mm)，但孔径大于15～20mm
5	钻—扩—铰	IT8～IT9	3.2～1.6	
6	钻—扩—粗铰—精铰	IT7	1.6～0.8	
7	钻—扩—机铰—手铰	IT6～IT7	0.4～0.1	
8	钻—扩—拉	IT7～IT9	1.6～0.1	精度由拉刀的精度决定
9	粗镗(或扩孔)	IT11～IT12	12.5～6.3	用于除淬火钢以外的各种材料，毛坯有铸出孔或锻出孔
10	粗镗(粗扩)—精镗(精扩)	IT8～IT9	3.2～1.6	
11	粗镗(扩)—半精镗(精扩)—精镗(铰)	IT7～IT8	1.6～0.8	
12	粗镗(扩)—半精镗(精扩)—精镗—浮动镗刀精镗	IT6～IT7	0.8～0.4	

续表 21-8

序号	加工方案	经济精度等级	经济表面粗糙度 R_a 值(μm)	试用范围
13	粗镗(扩)—半精镗—磨孔	IT7～IT8	0.8～0.2	主要用于淬火钢，也可用于未淬火钢，但不宜加工有色金属
14	粗镗(扩)—半精镗—粗磨—精磨	IT6～IT7	0.2～0.1	
15	粗镗—半精镗—精镗—金刚镗	IT6～IT7	0.4～0.05	主要用于加工精度要求高的有色金属
16	钻—(扩)—粗铰—精铰—珩磨； 钻—(扩)—拉—珩磨； 粗镗—半精镗—精镗—珩磨	IT6～IT7	0.2～0.025	用于加工精度要求很高的孔
17	以研磨代替上述方案中的珩磨	IT6 以上		

表 21-9 平面加工方案

序号	加工方案	经济精度等级	经济表面粗糙度 R_a 值(μm)	试用范围
1	粗车—半精车	IT9	6.3～3.2	用于端面加工
2	粗车—半精车—精车	IT7～IT8	1.6～0.8	
3	粗车—半精车—磨削	IT8～IT9	0.8～0.2	
4	粗刨(或粗铣)—精刨(或精铣)	IT8～IT9	6.3～1.6	用于一般不淬硬平面(端铣表面粗糙度较小)加工
5	粗刨(或粗铣)—精刨(或精铣)—刮研	IT6～IT7	0.8～0.1	用于精度要求较高的不淬硬平面加工；批量较大时宜采用宽刀精刨方案
6	以宽刀刨削代替上述方案刮研	IT7	0.8～0.2	
7	粗刨(或粗铣)—精刨(或精铣)—磨削	IT7	0.8～0.2	用于精度要求较高的淬硬平面或不淬硬平面加工
8	粗刨(或粗铣)—精刨(或精铣)—粗磨—精磨	IT6～IT7	0.4～0.02	
9	粗铣—拉	IT7～IT9	0.8～0.2	用于大量生产、较小的平面加工(精度视拉刀精度而定)
10	粗铣—精铣—磨削—研磨	IT6 以上	0.1～R_z0.05	用于高精度平面加工

21.4.2 加工阶段的划分

当零件加工质量要求较高时，通常应将整个加工过程划分为粗加工、半精加工、精加工和光整加工等阶段。

21.4.2.1　粗加工阶段

粗加工的主要任务是切除大部分加工余量,以期达到以下目的:

(1)在尽量短的时期内切除绝大部分多余金属,以获得高的生产率;

(2)为半精加工、精加工准备定位精基准;

(3)及时发现毛坯的缺陷,据根毛坯缺陷的实际情况,及时修补或报废。

21.4.2.2　半精加工阶段

半精加工的主要目的是:

(1)为主要表面的精加工做好准备,保证合适的精加工余量;

(2)对一些次要表面进行最终加工,如钻孔、铣键槽等。

21.4.2.3　精加工阶段

精加工阶段是对零件的主要表面进行最终加工,使其位置精度、尺寸精度及表面粗糙度均达到图纸要求。

21.4.2.4　光整加工阶段

对某些要求特别高的零件表面,如在精度 IT6 及 IT6 以上、表面粗糙度在 Ra 0.2μm 以下,还需进行光整加工。光整加工的目的是改善表面质量(表面粗糙度和表面应力状态等),适当提高尺寸精度。一般不用它来提高形状精度和位置精度。

21.4.2.5　划分加工阶段的目的

划分加工阶段的主要目的是:

(1)保证加工质量。由于大量金属在粗加工时切除,在半精和精加工时,便有条件逐道工序提高精度和降低表面粗糙度。

(2) 合理使用设备。粗加工可在功率大和精度低的机床上进行,可充分发挥设备潜 力。精加工可在高精度机床上进行,以利于长期保持设备的精度。

(3)可以合理安排热处理工序。

上述加工阶段的划分不是绝对的。加工刚度差的工件时,划分加工阶段是很必要的,因经粗、半精和精加工阶段后,工件的内应力及弹性变形误差将越来越小,工件的精度可以逐步得到提高。加工质量要求不高、工件刚度大、毛坯质量高、加工余量小时,可以不划分加工阶段。例如,自动机床上加工的零件,在一道工序中就完成;在加工大型或重型零件时,由于安装运输费时困难,常在一次安装中完成全部粗加工和精加工。为减少夹紧力的影响,并使工件消除内应力及发生相应的变形,在粗加工后可松开工件,然后用较小的夹紧力将工件重新夹紧,最后再进行精加工。

21.4.3　工序的集中与分散

在安排加工顺序时,往往涉及工序的集中和分散的问题。所谓工序集中,就是整个工艺过程中所安排的工序数量尽量少,每个工序所加工的表面数量尽量多。集中到极限时,一道工序就能把工件加工到图纸规定的要求。而工序分散则恰恰相反,安排工序数量多,每道工序加工的表面数量少。分散到极限时,一道工序上只包含一个简单工步的内容。由此可见,工序集中和工序分散是确定每道工序加工内容、安排工步数量多少的两个截然不同的方向。

21.4.3.1　工序集中的特点

(1)减少工件安装次数,不仅减少了辅助时间,有利于提高劳动生产率,而且由于在一次安装下加工许多表面,易于保证这些表面的相互位置精度。

(2)采用高生产率的专用设备和专用工艺装备,大大提高了生产率。但因采用的专用设备和专用工艺装备数量多而复杂,因此,机床和工艺装备的调整费时,生产准备工作量大。

(3)减少工序数目,缩短工艺路线,减少设备数量,亦相应地减少操作工人数目和生产面积,因而简化了生产计划和管理工作。

21.4.3.2 工序分散的特点

(1)采用比较简单的机床和工艺装备,调整方便,操作工人易于掌握。

(2)生产准备工作量小,容易适应产品的变换。

(3)设备数量和工人数量多,生产面积大,工艺路线长,使生产计划工作比较复杂。

综上所述,工序集中与分散各有优缺点,应根据零件的批量、加工要求和工厂的具体条件,确定工序集中与分散的程度。目前一般倾向于工序集中。

在大批量生产中,常采用工序集中的原则,但也有一些大量生产的产品(如枪炮等军工产品)常采用工序分散的原则,以便适应品种的不断更新。单件、小批量生产因为不采用高生产率的专用设备和工艺装备,因此工序集中程度受到限制。但在重型机械制造中,因为安装搬运困难,应尽可能在不影响加工精度的前提下,减少安装次数和运输工作量,采用工序集中原则。

由于近代计算机控削机床及加工中心的出现,使得工序集中的优点更为突出,即使是在单件、小批量生产中,仍可将工序高度集中,这样可减少生产准备的工作量,取得良好的经济效果。

21.4.4 加工顺序的安排

21.4.4.1 切削加工顺序的安排

切削加工顺序的安排需要遵循以下原则:

(1)先粗后精

先安排粗加工,中间安排半精加工,最后安排精加工和光整加工。

(2)先主后次

先安排主要表面的加工,后安排次要表面的加工。这里所谓主要表面是指装配基面、工作表面等,所谓次要表面是指键槽、紧固用的光孔和螺纹孔等。由于次要表面的加工工作量比较小,而且它们又往往和主要表面有位置精度的要求,因此一般都放在主要表面加工结束之后,但需在最后精加工或光整加工之前。

(3)先基面后其他

每一加工阶段总是先安排精基面加工工序。例如,在加工轴类零件时采用顶尖孔作为同一基准,因此在每个加工阶段开始,总是先打顶尖孔,或是重打、修研顶尖孔。作为精基准,应使之具有足够高的精度和较低的表面粗糙度,常常应高于原来图纸上的要求。

(4)先面后孔

对于箱体、支架、连杆拨叉等一般机器零件,平面所占轮廓尺寸较大,用平面定位比较稳定可靠。因此其工艺过程总是选择平面作为定位精基面,故先加工平面,再加工孔。

21.4.4.2 热处理工序的安排

热处理工序的安排一般可分为:

(1)预备热处理

它安排在机械加工的前面,以改善切削性能、消除毛坯制造时的内应力为主要目的。例如,对于含碳量超过0.5%的碳钢,一般采用退火,以降低硬度;对于含碳量低于0.3%碳钢,则采用正火,以提高材料的硬度,使切削时切屑不粘刀,表面较光洁。由于调质(淬火后再进行500～650℃的高温回火)能得到组织细致均匀的回火索氏体,因此有时也用作预备热处理,或放在粗加工之后,以提高材料力学性能,改善加工表面质量。

(2)最终热处理

它安排在半精加工之后磨削加工之前(氮化处理则安排在粗磨和精磨之间),主要目的是提高材料的强度及硬度。热处理时工件发生少量变形和表面氧化,故需用磨削进行精加工。属于这类热处理的方法有整体淬火、表面淬火、渗碳淬火、调质及氮化处理等。

(3)时效处理

内应力无论在毛坯制造还是在切削加工时都会残留下来,必须设法消除,否则将在今后的使用过程中发生变形,丧失其原有精度。对于大而复杂的铸件,需在粗加工之前以及粗加工与精加工之间各安排一次时效处理。对于一般铸件,只需在粗加工前后进行一次时效处理即可。有时为了减少工件的往返运输,只在铸造毛坯以后安排一次时效处理。

(4)表面镀层及发蓝(表面氧化处理)

它应放在工艺过程的最后。

21.4.4.3 辅助工序的安排

检验是主要的辅助工序,除了在每道工序进行中,操作者必须自检外,还必在下列情况下安排单独的检验工序:

(1)粗加工阶段结束之后;

(2)重要工序的前后;

(3)零件从一个车间转到另一个车间时;

(4)特种性能检验(磁力探伤、密封性等)之前;

(5)零件全部加工结束之后。

除检验工序外,还要考虑安排去毛刺、倒棱边、去磁、清洗、涂防锈漆等辅助工序。若缺少辅助工序或者对辅助工序要求不严,将对装配工作带来困难,甚至使机器不能使用。例如,未去净的毛刺和锐边将使工件不能装配,润滑油道中未去净的切屑将影响机器的运行。所以辅助工序的安排亦不能忽视。

21.5 典型零件的加工工艺过程实例

制定零件机械加工工艺过程是一个综合解决问题的过程,需要从保证加工质量、提高生产率和经济效益等方面综合考虑,首先对零件图样和现场生产条件等进行全面分析,然后安排加工工艺过程。下面以轴、齿轮典型机械零件为例,对在小批量和成批生产条件下,制定机械加工工艺过程的一些问题作简要分析。

21.5.1 轴的机械加工工艺的制定

在机器中,轴类零件一般用于支撑传动零件(如齿轮、皮带轮)和传动动力与扭矩。轴类零件属回转体类零件,其长度大于直径,根据不同使用场合,轴一般由若干个外圆柱面、圆锥面、孔和螺纹等组成。

21.5.1.1 毛坯

当轴类零件为圆轴类或直径较小的阶梯轴时,一般采用热轧圆钢作为毛坯,当阶梯轴各段直径差较大及要求毛坯具有较高力学性能时，采用锻件作为毛坯。

21.5.1.2　定位基准

加工轴类零件时，定位基准主要是外圆柱面和顶尖孔两种。粗加工时，考虑到需保证装夹牢固，一端用外圆柱面定位，采用卡盘装夹，另一端采用顶尖支承。半精加工和精加工时，为保证定位精度要求，一般采用两端顶尖支承。

21.5.1.3　传动轴的机械加工工艺过程

下面以传动轴(图 21-18)的加工为例，说明小批量生产中传动轴零件的加工工艺过程。

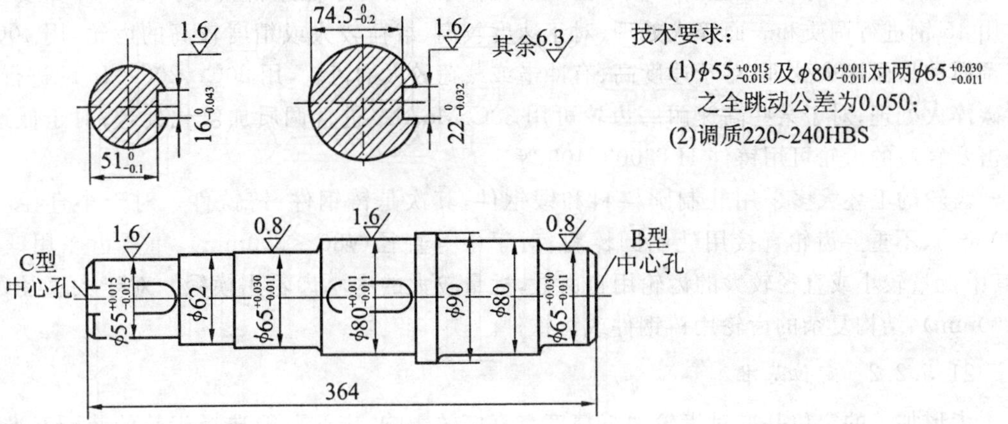

图 21-18　传动轴

(1)分析零件图，了解技术要求，从零件图的尺寸标注上可以看出：该轴的主要表面是直径分别为 $\phi80$、$\phi65$、$\phi55$ 的各段配合轴径，不仅各自有较高的尺寸精度和表面质量要求，而且相互间还有较高的位置精度要求。此外，在 $\phi55$、$\phi80$ 两轴颈上还各有一平键槽需加工保证。

(2)由于该零件属小批生产，材料又为常用的 45 钢，则应以直径 $\phi95$mm 的热轧棒料为毛坯。为达到其力学性能要求，在工艺过程中需要安排调质热处理工序。

(3)为了保证各配合轴颈间的相互位置精度要求，采用两顶尖孔为定位精基准。

(4)传动轴的机械加工工艺过程如表 21-10 所示。

表 21-10　传动轴工艺过程

工序号	工序名称	工序内容	定位基准	机　床
1	下料	$\phi95\times370$ 热轧圆棒		
2	粗车	车端面、打顶尖孔	外圆	普通车床
		粗车各段外圆	外圆、顶尖孔	
3	热处理	调质		
4	半精车	半精车各段外圆及端面、倒角	顶尖孔	普通车床
5	研磨	研磨顶尖孔	外圆	钻床
6	精车	精车 $\phi55$、$\phi88$	顶尖孔	普通车床
7	立铣	铣两端键槽	外圆	立铣床
8	精磨	精磨 $\phi65$ 两外圆	顶尖孔	外圆磨床
9	检验	按图样要求检查		

21.5.2 圆柱齿轮的机械加工工艺过程的制定

渐开线齿轮是机械传动中最常用的零件之一。其常用功能是按一定的速比传递运动和动力。齿轮的结构由于使用要求不同，而具有不同的形状和尺寸，但总可以将其看成是由齿圈和轮体两部分构成。按照齿圈上轮齿的分布形式，齿轮又分为直齿轮、斜齿轮和人字齿轮等。按照轮体的结构形状，齿轮可分为轴齿轮、套筒齿轮、盘形齿轮和齿条等。

21.5.2.1 齿轮的材料、热处理和毛坯

齿轮的材料和热处理主要取决于齿轮的工作条件。对于低速、轻载或中载的不重要齿轮，常用45钢进行调质和表面淬火处理；对于速度较高、载荷较大或精度较高的齿轮，用40Cr进行调质和齿面淬火处理；对于速度高、有冲击或载荷较大的齿轮，用20Cr、20CrMnTi进行表面渗碳淬火处理；对于某些高速耐磨齿轮可用38CrMoAlA进行调质加氮化处理；对于低速、无冲击及轻载的齿轮可用铸件HT200～400等。

齿轮的毛坯大多采用轧制圆棒料和锻钢件，其次是铸钢件、铸铁件。对于小直径(小于ϕ80mm)、不重要齿轮直接用轧制圆棒料；对于中等直径(ϕ80～500mm)、重要齿轮用锻钢件(其中批量较小或直径较大的齿轮用自由锻，批量较大的中小齿轮用模锻)；对于大直径(大于ϕ500mm)、结构复杂的齿轮用铸钢件或铸铁件。

21.5.2.2 定位基准

齿形加工的定位基准对齿轮加工精度有直接的影响，应尽可能选择齿轮的装配基准作为其定位基准，并尽可能在加工中保持不变。对于轴齿轮，直径较小时一般选择顶尖孔做定位基准。对于带孔齿轮，成批大量生产时，一般选择内孔和一个端面作为定位基准，采用专用芯轴安装；单件小批量生产时，可选择外圆和一个端面为定位基准，以外圆校正安装。

21.5.2.3 圆柱齿轮的机械加工工艺过程

下面以双联齿轮(图21-19)为例，说明在中等批量生产中圆柱齿轮的加工工艺过程，如表21-11所示。

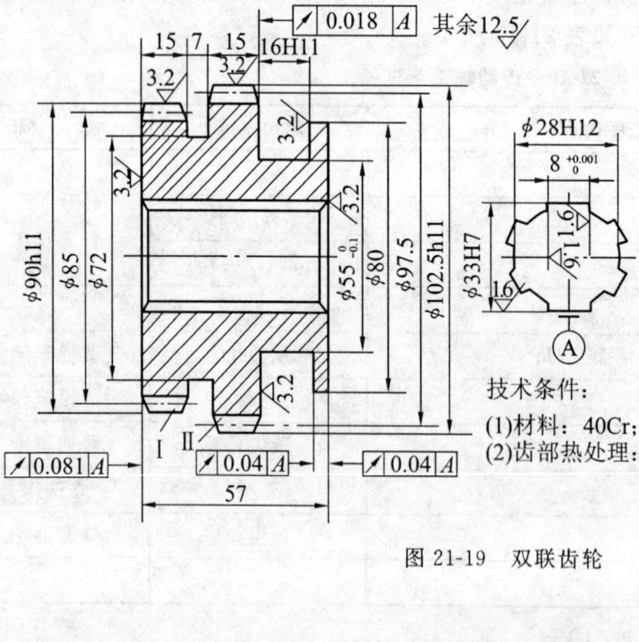

齿号	I	II
模数	2.5	2.5
齿数	34	39
精度等级	7KL	7JL

技术条件：

(1)材料：40Cr；

(2)齿部热处理：G52

图21-19　双联齿轮

表 21-11　双联齿轮工艺过程

工序号	工序名称	工序内容	定位基准	机　床
1	锻	胎模锻毛坯		
2	热处理	正火		
3	粗车	粗车外圆和端面,钻、镗花键底孔	外圆、端面	六角车床
4	热处理	调质处理		
5	拉	拉花键孔	花键底孔、端面	拉床
6	精车	精车外圆、端面及槽至尺寸要求	花键底孔、端面	六角车床
7	检验	按图样要求检查		
8	滚齿	滚齿 $Z=39$	花键底孔、端面	滚齿机
9	插齿	插齿 $Z=34$	花键底孔、端面	插齿机
10	倒角	倒齿端圆角	花键底孔、端面	倒角机
11	钳	钳工去毛刺		
12	剃齿	剃齿 $Z=39$	花键底孔、端面	剃齿机
13	剃齿	剃齿 $Z=34$	花键底孔、端面	剃齿机
14	热处理	齿部高频淬火 G52		
15	推	推孔修复花键孔	花键底孔、端面	推孔机
16	珩齿	$Z=39$　$Z=34$	花键底孔、端面	珩齿机
17	检验	按图样要求检查		

复习思考题

21.1　何谓生产过程、工艺过程、工序？

21.2　生产类型有哪几种？不同生产类型对零件的工艺过程有哪些主要影响？

21.3　机械加工中工件的安装方法有哪几类？各适用于什么场合？

21.4　确定加工余量的原则是什么？目前确定加工余量的方法有哪几种？

21.5　何谓工件的六点定位原理？加工时,工件是否都要完全定位？

21.6　何谓基准？根据作用的不同,基准分为哪几种？

21.7　何谓粗基准？其选择原则是什么？

21.8　何谓精基准？其选择原则是什么？

21.9　切削加工工序安排的原则是什么？

21.10　加工轴类零件时,常以什么作为统一的精基准？为什么？

21.11　如何保证套类零件外圆面、内孔及端面的位置精度？

21.12　拟定零件的工艺过程时,应考虑哪些主要因素？

21.13　下列各种情况下,零件加工的总余量分别应取较大值还是取较小值？为什么？

(1)大批大量生产；

(2)零件的结构和形状复杂；

(3)零件的精度要求高,表面粗糙度小。

21.14　制定如图 21-20 所示零件小批量生产时的加工工艺过程。

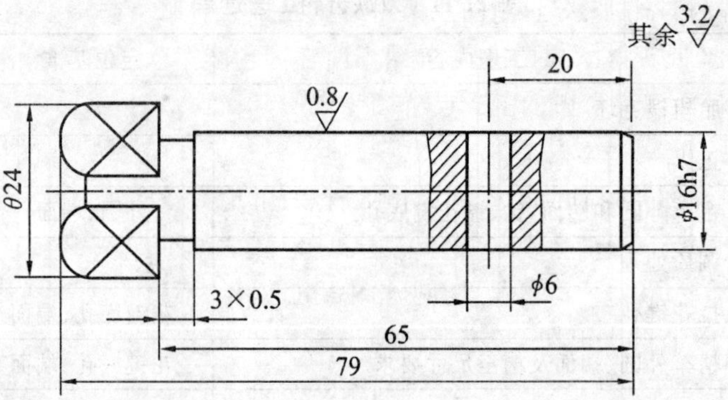

材料：45钢　方头淬硬：HRC35

图 21-20

21.15　制定如图 21-21 所示零件在大量生产时的加工工艺过程。

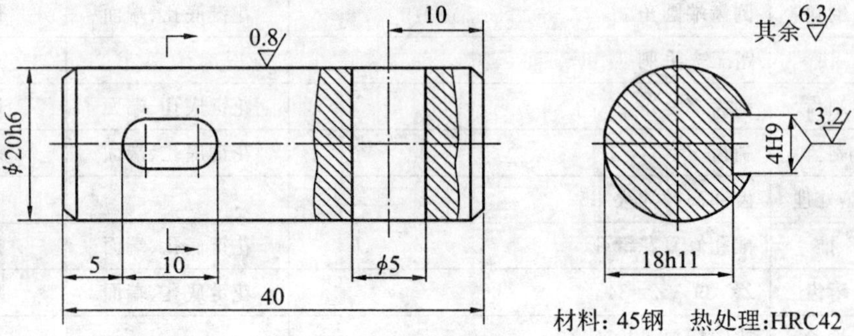

材料: 45钢　热处理:HRC42

图 21-21

22 特种加工简介

【教学提示】

随着产品向高精度、高熔点、高速度、大功率、小型化等方向发展，出现了高硬度、高强度、高韧性、高脆性的金属和非金属材料，采用一般机械加工方法有时难以胜任加工工作，特种加工就是在这种前提下发展起来的。特种加工是指切削加工以外的一切新的去除加工方法，它与切削加工有着明显的区别。本章重点介绍电火花加工、电火花线切割加工、电解加工、激光加工、超声波加工、电子束加工、离子束加工等几种常见的特种加工方法。

【教学要求】

了解各种特种加工方法的工作原理、特点及应用。

常规的机械加工方法通常需满足两个基本条件：第一，刀具的硬度必须大于工件的硬度；第二，无论工件或刀具都必须具有一定的刚度和强度，能够承受切削过程中所受到的切削力的作用。然而，随着科学技术的发展，在一些尖端科学技术部门和新兴的工业领域中，诸如原子能工业、宇宙航天工业、喷气发动机工业、现代电子工业和轻工业等，愈来愈多地使用具有各种特殊物理、力学性能的新材料，如高强度、高硬度、高熔点、高脆性、高黏性、磁性材料等，有的硬度已经接近甚至超过现有刀具材料的硬度，使常规的机械加工无法进行。同时，在现代的机械制造中，有些零件的加工尺寸极其微细，有的加工形状特别复杂，有的对加工的表面质量有特殊、严格的要求，也是常规的机械加工方法所难以完成的。例如，化学纤维喷丝头，其材料为硬质难熔金属，要在直径 ϕ100mm 的喷头上打 1 万多个孔径只有 ϕ0.06mm 的小孔，若采用常规的钻孔方法，加工十分困难。因此，除需进一步发展和完善机械加工方法外，近几十年人们不断开拓新的加工领域，并形成了今天的“特种加工”。

22.1 特种加工方法的特点及分类

特种加工方法主要是相对于常规的机械加工方法而言的。特种加工实质上是指直接利用电能、光能、声能、化学能及电化学能来进行材料去除加工的总称。其种类很多，目前在生产中应用较多的主要有电火花加工、电解加工，其次是超声波加工、激光加工、电子束加工和等离子射流加工，此外还有化学加工、微波加工等。

特种加工的材料去除原理完全不同于常规的切削方法，加工中工件和所用的工具不受显著的切削力的作用，其工具的硬度也不必大于工件的硬度，因而能够解决常规切削方法所难以解决的加工问题。但是，如果单纯从材料去除的速度看，特种加工一般低于常规的切削方法，因此，在现阶段的机械加工领域中，还是以常规的切削加工占主导地位。特种加工主要用于难切削材料的加工、微细加工、特殊复杂形状的加工，以及高精度和特殊表面质量要求的加工等。实践表明：用常规切削方法愈是难于完成的加工，特种加工则愈能显示其优越性和经济性。特种加工已经成为今天的机械制造中一种不可缺少的加工方法，并为新产品的设计打破了许多受加工手段限制的禁区,为新材料的研制提供了很好的应用基础。随着科学技术的发展,在未来的机械制造中,特种加工的应用范围将更为广泛。

本章将对几种主要的特种加工方法的基本原理和应用作简要的介绍。表 22-1 为常用特种加工方法分类表。

表 22-1 常用特种加工方法分类

特种加工方法		能量来源及形式	作用原理	英文缩写
电火花加工	电火花(成形)加工	电能、热能	熔化、气化	EDM
	电火花线切割加工	电能、热能	熔化、气化	WEDM
电化学加工	电解加工	电化学能	金属离子阳极溶解	ECM
	电解磨削	电化学能、机械能	阳极溶解、研磨	EGM
	电解研磨	电化学能、机械能	阳极溶解、研磨	ECH
	电铸	电化学能	金属离子阴极沉积	EFM
	电镀	电化学能	金属离子阴极沉积	EPM
超声波加工	打孔、切割、雕刻	声能、机械能	磨料高频撞击	USM
激光加工	激光打孔、切割	光能、热能	熔化、气化	LBM
	激光处理、表面改性	光能、热能	熔化、相变	LBT
	激光打标记	光能、热能	熔化、气化	LBM
电子束加工	打孔、切割	电能、热能	熔化、气化	EBM
离子束加工	蚀刻、镀敷、注入	电能、动能	正离子撞击	IBM
等离子弧加工	切割(喷涂)	电能、热能	熔化、气化(涂敷)	PAM
化学加工	化学铣削	化学能	腐蚀	CHM
	化学抛光	化学能	腐蚀	CHP
	光刻	光能、化学能	光化学腐蚀	PCM

22.2 电火花加工

22.2.1 电火花加工的基本原理

在日常生活中使用电闸开关时,常会看到电火花,它使开关接触部分的金属产生烧损,出现缺口或凹坑,这种现象称作电腐蚀,这是有害的。但在一定条件下,使工件经过电腐蚀以后,达到一定精度的尺寸形状,满足加工的技术要求,可把坏事转变成好事。电火花加工就是利用脉冲放电对导电材料的腐蚀现象去除部分材料,以达到加工目的的一种加工方法,又称“放电加工”或“电蚀加工”。

电火花加工的原理如图 22-1 所示。在充满液体介质(常用煤油或变压器油)的工具电极和工件之间的很小间隙(一般为 0.01～0.02mm)间,施加脉冲电压,于是间隙中产生很强的脉冲电场,使两极间的液体介质按脉冲电压的频率不断被电离击穿,产生脉冲放电。由于放电的时间很短,且发生在放电区的小点上,所以能量高度集中,放电区的温度高达 10000～12000℃,使工件上的这一小部分金属材料被迅速熔化和气化。由于熔化和气化的速度很快,故带有爆炸性质。在爆炸力的作用下，熔化了的金属微料被迅速抛出，经液体介质冷却、凝固并从间隙中冲走。每次放电后，在工件表面上形成一个小圆坑。放电过程多次重复进行，大量小圆坑重叠在工件上，材料被蚀除。随着工具电极的不断进给，工具电极的形状尺寸就被精确地复印在工件上，达到尺寸加工的目的。

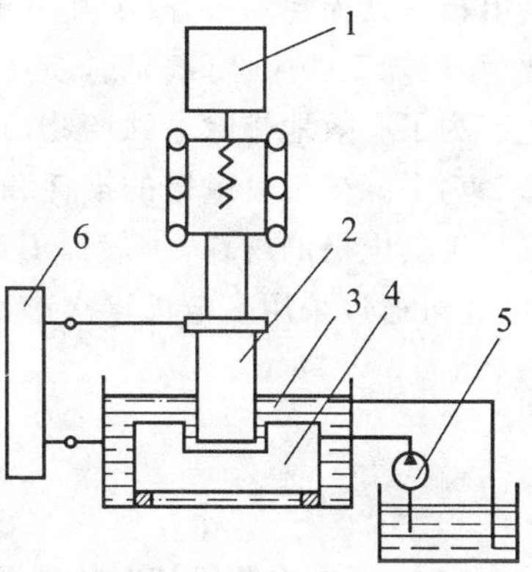

图 22-1　电火花加工原理与设备组成

1—自动进给调节装置；2—工具；3—工作液；4—工件；5—工作液泵；6—脉冲电源

应当指出，在电火花加工过程中，不仅工件电极被蚀除，工具电极（常用铸铁、黄铜或石墨与铜的混合物制成）也同样遭到蚀除，但两极的蚀除速度是不一样的。加工时要根据具体条件合理选择极性，将工件接在蚀除量大的一极，工具接在蚀除量小的一极。因此，电火花加工的电源应选择直流脉冲电源，在一般情况下，当电源为高频时，工件接正极（称为正极性加工），电源为低频时，工件接负极（称为负极性加工）；当用钢作工具电极时，不管电源脉冲频率的高低，工件一律接负极。

22.2.2　电火花加工的特点

电火花加工是靠局部电热效应实现加工的，它具有以下几个特点：

(1)加工时无显著切削力，适于加工小孔、薄壁、窄槽及各种复杂的型孔、型腔和曲线孔等，也适于精密微细加工；不受加工材料硬度的限制，可以加工任何硬、脆、韧、软的导电材料。

(2)当脉冲电源的脉冲宽度（每次脉冲的放电时间）不大时，对整个工件而言，几乎不受热影响。因此，工件的热影响层很薄，有利于提高表面质量，也可加工热敏感性很强的材料。

(3)脉冲参数可以任意调节，加工中只要更换工具电极或采用阶梯形工具电极，就可以在同一台机床上通过改变电规准（指脉冲宽度、电流、电压）连续进行粗、半精和精加工。精加工的尺寸精度可达 0.01mm，表面粗糙度为 R_a 0.8μm；微精加工的尺寸精度可达 0.002～0.004mm，表面粗糙度为 R_a 0.1～0.05μm。当电极工具伸入零件中加工时，其顶端和侧面都发生放电，使得工件孔的尺寸略大于电极工具，而且被加工孔呈上大下小的锥度。为此，在加工孔时，所选用的电极工具尺寸必须考虑到上述尺寸扩大量。

(4)由于直接使用电能加工，便于实现加工的自动化。

(5)电火花加工的加工速度、精度、表面粗糙度及工具电极的损耗等与许多因素有关，包括脉冲电源的脉冲宽度、单个脉冲容量、电极的极性、电极的材料、工作液成分及排屑条件等。通常，放电过程愈短，贮存能量愈大，则放电的电蚀作用愈大，生产率愈高；反之，则生产率愈低。另外，降低表面粗糙度与提高生产率是相互矛盾的，若使表面粗糙度降低一级，加工速度要成倍甚至十倍地下降，尤其在精加工时更为明显。

22.2.3　电火花加工的应用

电火花加工具有许多传统切削加工方法无法比拟的优点，其应用领域广泛。穿孔是电火花加工中应用最广的一种，常用来加工冷冲模、拉丝模、喷嘴、喷丝孔等。电火花可用于加工型腔，包括锻模、压铸模、挤压模和塑料模等型腔加工及整体式叶轮、叶片等曲面零件的加工。电火花加工型腔比穿孔困难，其原因是：型腔属盲孔，所需蚀除的金属多，工作液难以有效地循环，电蚀产物排除条件差；型腔各处深浅不一，圆角半径大小不一，加工面积也是变化的，使工具电极各处损耗不一,故工具电极损耗快;不能用阶梯电极来实现粗、精规准的转换加工。因此,型腔加工的生产效率低,质量也较难保证。

为了有效地排除电蚀产物,通常在工具电极上开有冲油孔,用压力油将电蚀产物强迫排除。为了减少工具电极的损耗和提高加工效率,要合理选择脉冲电源与电规准。同时要合理选择工具电极的材料,一般以石墨为宜。有时为了提高电加工的稳定性,也可采用紫铜。此外,还可通过采用多电极逐次整形加工,来实现粗、精规准的转换加工。

22.3 电火花线切割加工

22.3.1 电火花线切割加工原理

电火花线切割加工简称"线切割"。它不是靠成形的工具电极将形状复印在工件上,而是利用一根运动着的细金属丝(ϕ0.02～0.3mm 的钼丝、钨钼丝或黄铜丝)作工具电极,并在金属丝与工件间通脉冲电流,使工件产生电蚀而进行切割加工。其加工原理如图 22-2 所示,电极丝 4 穿过工件 2 上预先钻好的小孔,经过导向轮 5 并由贮丝筒 7 带动往复交替移动。当放置工件的工作台在 x,y 两坐标方向上按一定轨迹运动时,工件被切割成所需要的形状。控制工作台运动轨迹的方式是计算机程序控制。

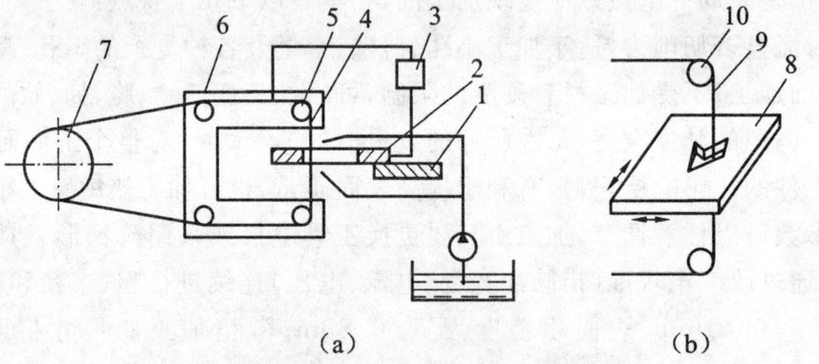

图 22-2　电火花线切割原理及设备构成

(a)电火花切割装置;(b)电火花切割工艺

1—绝缘底板;2、8—工件;3—脉冲电源;4、9—钼丝;5、10—导向轮;6—支架;7—贮丝筒

线切割机床按电极丝运动的速度,可分为高速走丝和低速走丝。电极丝运动速度为 7～10m/s 的为高速走丝,一般走丝速度在 0.2m/s 以下的为低速走丝。国内现有的线切割机床大多为前者,国外的产品和国内近些年开发的线切割机床大多为后者。快慢走丝线切割机床的主要区别见表 22-2。电火花线切割机床还有一些其他分类方法,如普通型、精密型、大型、带切割锥度型以及大厚度切割型等。高速走丝线切割机床工作时,电极丝作往返高速轴向移动。电极丝绕在贮丝筒上,贮丝筒由电动机带动正反向旋转,经过导轮将电极丝送出,到放电间隙放电后,再绕回到贮丝筒上。

表 22-2　快慢走丝线切割机床的主要区别

走丝速度	走丝方向	工作液	电极丝材料	最大切割速度 ($mm \cdot min^{-1}$)	表面粗糙度 R_a(μm)	加工精度 (mm)	最大切割厚度 (mm)
高速	往复	线切割乳化液、水基工作液	钼、钨钼合金	260	1.25～2.5	±0.01	钢:500 铜:610
低速	单向	去离子水	黄铜、铜、钨、钼	218	0.8～0.32	±0.003	450

22.3.2 电火花线切割加工的特点及应用

(1)与电火花成形加工相比,线切割不需专门的工具电极,节约了电极设计、制造费用,缩短了生产准备时间。

(2)作为工具电极的金属丝在加工中不断移动,使电极丝损耗较少,加工精度高,尺寸精度一般为0.01～0.02mm。

(3)由于加工表面的几何轮廓由CNC控制的运动获得,容易获得复杂的平面形状。

(4)线切割广泛用于加工各种硬质合金和淬硬钢的冲模、样板,各种形状复杂的板状细小零件、窄缝、栅网等,并可将许多同样零件叠起来加工,能获得一致的尺寸。由于切缝很窄,金属去除量少,可对工件套料加工,材料利用率高,节约贵重金属。

(5)不同工件只需编制不同程序,易实现自动化。

(6)不能加工盲孔类零件表面和阶梯形表面(立体形状表面)。

22.4 电解加工

电化学腐蚀现象在日常生活中是经常遇到的。例如,钢铁会生锈,"铁锈"就是电化学腐蚀的产物,如果遇上盐水,这样的腐蚀就会更加严重。显然,日常生活中的这种腐蚀是有害的。但这一规律在一定条件下可以变害为利,为生产服务。电化学加工就是利用这种原理发展起来的。目前它已广泛用于工业生产中,最常用的有电解加工、电化学抛光、电解磨削、电镀等。

22.4.1 电解加工的基本原理

电解加工是利用金属在电解液中可以产生阳极溶解的电化学原理,对金属材料进行成形加工的一种方法。图22-3为电解加工原理的示意图。在接直流电源正极的工件和接直流电源负极的工具之间保持一定的间隙(0.1～0.8mm),具有一定压力(0.5～2.5MPa)的电解液

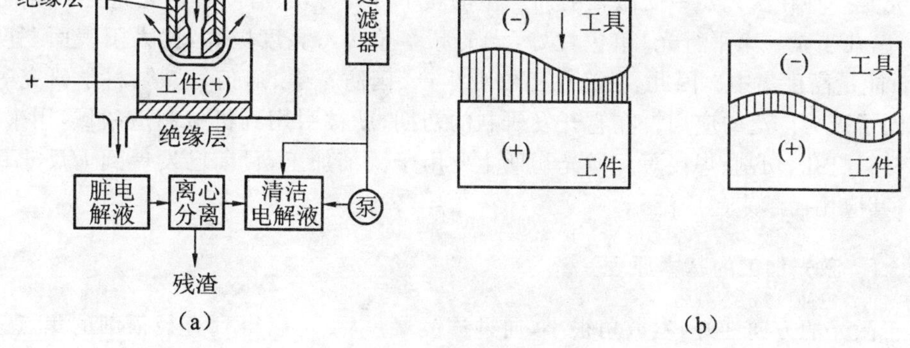

图22-3 电解加工原理图

(a)加工原理;(b)成形过程

(通常为10%～20%的氯化钠溶液)从两极间隙中高速(5～60m/s)流过。接通电源后,电解液在低电压(5～20V)、大电流(1000～2000A)作用下使作为阳极的工件发生溶解。加工开始时,工具电极的某些凸出部位比其他部位更靠近工件,此处所通过的电流密度较大,工件的这些部位比其他部位更快地溶解。随着工件表面的溶解,工具电极不断向工件进给,电解产物不断被高速流动的电解液带走,经过一段时间后,工件表面与工具电极基本吻合。此时,工具电极与工件相应表面的各处间隙均匀,工件的相应表面开始均匀地溶解,直至达到要求的尺寸形状。电解过程中的电化学反应是比较复杂的。对于钢铁工件、铜制工具,一般使用氯化钠作为电解液。

22.4.2 电解加工的特点及应用

电解加工的应用范围和发展速度仅次于电火花加工,它的主要优点是:

(1)不受材料硬度的限制,能加工任何高硬度、高强度、高韧性的导电材料,并能以简单的进给运动一次加工出形状复杂的型面或型腔。

(2)加工中无机械切削力和切削热,加工表面无残余应力和毛刺,能获得较细的表面粗糙度,一般为 R_a 0.8～0.2μm。

(3)生产效率高,是特种加工中材料去除速度最快的方法之一。以锻模加工为例,电解加工比一般机械切削加工的生产率要高3～10倍。特别是在批量生产中,有更大的经济效果。

(4)工具电极无损耗。

(5)加工精度不太高。由于影响电解加工精度的因素较多,故难于实现高精度的稳定加工,通常都用它完成粗加工或半精加工。

(6)电解液腐蚀机床,且容易污染环境。

(7)电解液过滤、循环装置庞大,且需设置在单独的房间里,占地面积大,造价昂贵。

电解加工由于生产效率高,在机械制造中已得到广泛的应用,如加工各种型腔模具(锻模、压铸模等)、各种型孔(六方孔、半圆孔、花键孔、内齿等)、小孔枪炮管的来复线、汽轮机的叶片和整体式叶轮等。

22.5 激光加工

激光加工是指利用激光器产生激光来对工件进行加工的一种方法。

激光技术是20世纪60年代出现的一门尖端科学,它的诞生标志着人类在科学技术上的又一重大突破。

激光是一种在激光器中受激辐射而产生的相干性光源,具有与普通光完全不同的特性:方向性极好,几乎是一束平行光;单色性好(光的频率单一);亮度极高,比太阳表面亮度还要高1010倍;能量高度集中。因此,激光在工农业生产、国防军事、通信、医学、科学研究等各个领域都得到了极为广泛的应用。在它开发研制的初期,就被引用到机械制造领域,用来对硬质、难熔的材料打孔、切割、焊接等。激光初期主要用于微细加工,目前已发展到大尺寸和厚材料的加工,其应用已越来越广泛。

22.5.1 激光加工的基本原理

由于激光的方向性好、发散角很小,通过透镜聚焦后,可以得到直径很细的焦点。再加上它的单色性好,波长极为一致,亮度极高,所以焦点处的能量高度集中,功率密度可达108～1010W/cm^2,温度可达上万摄氏度。在此高温下,任何坚硬的材料都将瞬时熔化和气化,产生很强的冲击波，使熔化物质爆炸式的喷射去除。因此，激光的聚焦点可以作为一种有效工具，用来对任何材料进行去除加工。

激光器是激光加工装置的重要组成部分，它的任务是产生激光束。根据产生激光的工作物质不同，可将激光器分为四类：气体激光器（如二氧化碳激光器等）、固体激光器（如红宝石、钕玻璃激光器等）、液体激光器（如二氯氧化硒激光器等）、半导体激光器（如电子束激励激光器等）。目前应用较多的是固体激光器，其中的红宝石激光器发展最早，它是固体激光器中为数不多的能够发出可见激光的一种。目前对它研究较透彻，制造工艺也较成熟，且发出的激光是可见的红光，是较为典型的激光器。

图 22-4 是利用固体激光器的工作原理示意图。当工作物质（红宝石棒等）受到光泵（脉冲氙灯等）的激发后，吸收特定波长的光，在一定条件下可形成工作物质中亚稳态粒子数大于低能级粒子数的状态，这种现象称为粒子数反转。此时一旦有少量激发粒子自发辐射发出光子，即可感应所有其他激发粒子产生受激辐射跃迁，造成光放大，并通过谐振腔的反馈作用产生振荡，由谐振腔一端输出激光。通过透镜将激光束聚焦到待加工表面，就可以进行打孔、切割等各种加工。

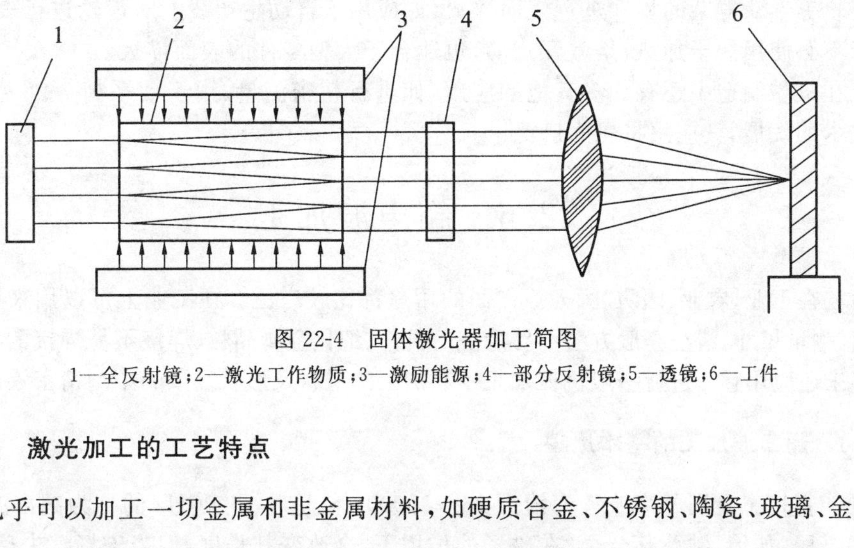

图 22-4　固体激光器加工简图

1—全反射镜；2—激光工作物质；3—激励能源；4—部分反射镜；5—透镜；6—工件

22.5.2　激光加工的工艺特点

(1)几乎可以加工一切金属和非金属材料，如硬质合金、不锈钢、陶瓷、玻璃、金刚石及宝石等。

(2)激光加工是目前微细加工领域中可以实现的最微细的加工方法之一。激光聚焦后的焦点直径理论上可小至 $\phi 0.001$mm 以下，实用上可以实现 $\phi 0.01$mm 左右的小孔加工和窄缝切割。加工孔的深径比可达 50～100。还可加工异形孔。

(3)加工效率高。打一个孔只需 0.001s，易于实现自动化生产和流水作业。例如，宝石轴承的打孔，用 3 台激光打孔机可代替 25 台钻床 50 个人的工作量，大大地提高了生产效率，减轻了工人的劳动强度，而且质量也比机械加工好。采用激光可对许多材料进行高效率的切割加工。切割速度一般超过机械切割。

(4)激光加工是非接触加工，无须用刀具，工件无受力变形，工件热变形很小，加工中污染少，并能透过空气、惰性气体和透明体对工件进行加工。

22.5.3　激光加工的应用

(1)打孔

激光打孔是利用激光焦点处的高温使材料瞬时熔化、气化的加工方法。气化物质以超音速喷射出来后,它的反冲击力在工件内部形成一个向后的冲击波,在此冲击波的作用下将孔“打”出。所以这个孔不是高温“烧”出的孔,更不是“钻”出的孔,而是“打”出的孔。

激光打孔目前多用于加工金刚石拉丝模、钟表宝石轴承、化纤喷丝头等零件的小孔及非金属材料的打孔等。

(2)激光切割

激光切割与打孔的原理相同,简单的切割只需连续移动工件打一排小孔即可。

激光可以切割金属、陶瓷、玻璃、布、纸、橡胶、木材等各种材料,并可十分方便地切割出各种曲线形状。激光切割特别适合于各种复杂形状的零件、窄缝、栅网等,在大规模集成电路的制作中,可用激光划片。

(3)激光焊接

激光焊接为高熔点及氧化迅速的材料提供了手段,它甚至可以焊接异种材料,包括金属与非金属的焊接,并能透过玻璃对真空管内的零件进行焊接,这是普通焊接无法实现的。

(4)热处理

用激光进行表面淬火,工件表层的加热速度极快,内部受热极少,工件不产生热变形,特别适于对齿轮等形状复杂的零件进行表面淬火,如应用于自动生产线上对齿轮进行表面淬火等。同时由于不必使用炉子加热,是敞开式的,也适合于大型零件的表面淬火。

激光在机械制造中还有许多其他的应用,如进行精密测量、用于动平衡等。今后,随着激光加工技术的发展,其应用将更为广泛。

22.6　超声波加工

超声波在工业、农业、国防、医务等方面的用途都比较广泛。在工业上可以用来探测零件的内部缺陷、测量尺寸、清洗一般方法不易清洗的机件、细化金属晶粒、焊接不易焊接的材料(如铝)等。近年来还应用它来进行一般机械加工不易加工的材料及形状复杂的小型精密零件等。

22.6.1　超声波加工的基本原理

人耳能直接感受到的声波频率约为16～16000Hz,超过16000Hz的称为超声波。

某些金属,如镍、钴及其合金,在磁场的作用下,会改变其长度,但当磁场消失后,它又恢复原来长度。这种伸缩现象叫做金属的振荡,或称磁致伸缩效应。

超声波加工是利用超声频振动的工具冲击磨料和液体,通过磨料的机械和液体的综合作用,对工件进行加工的一种方法,其加工原理如图22-5所示。

由超声波发生器1产生20000Hz以上的超声频电振荡,通过超声换能器2由磁致伸缩效应将其转变为超声频机械振动。但这种振动的振幅很小,不超过0.005～0.01mm。而超声波加工所必需的振幅为0.01～0.1mm,因此需再通过振幅扩大器3将其振幅扩大。振幅扩大器是一根锥形或阶梯形的棒。它之所以能扩大振幅,是因为随着棒的截面积逐渐减小,各截面上的振动能量密度逐渐增大,振幅也就逐渐增大。这种锥形扩大棒可将振幅扩大5～10倍。加工时,工具4固定在振幅扩大器的端头,并以一定的静压力压在工件5上,在工具与工件之间不断注入悬浮液6(磨料与水或煤油的混合物)。这样,振幅扩大器驱动工具作超声频振动,超声频振动的工具撞击处于被加工表面上的磨料,通过磨料的作用把工件加工区域的材料粉碎成很细的微粒,使其从工件表面上脱落下来。同时磨料还以高速、高频研磨加工表面。除了磨粒的高频撞击和抛磨作用以外,工作液受工具端部的超声振动作用而产生高频、交变的液压正

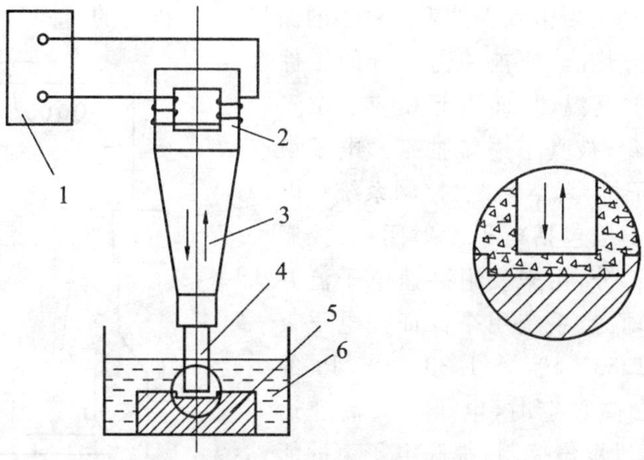

图 22-5　超声波加工原理示意图

1—超声波发生器；2—超声换能器；3—振幅扩大器；4—工具；5—工件；6—磨料悬浮液

负冲击波。正冲击波迫使工作液钻入被加工材料的微细裂缝处，加强了机械的破坏作用。负冲击波造成局部真空，形成液体空腔，而当液体空穴闭合时又产生很强的爆裂现象，强化了加工过程。随着悬浮液的循环流动，被粉碎下来的材料由悬浮液带走，使用过的磨料也不断被更新，工具不断进给，使加工继续进行，从而在工件5上逐步加工出与工具断面形状相似的孔穴。

在超声波加工中，工具和磨料悬浮液组成了加工的"刀具"。工具的振动频率通常选择在16～30kHz。磨料一般采用碳化硅和刚玉，但加工硬质合金时用碳化硼，加工金刚石时用金刚砂粉。工具的材料常用45钢。

22.6.2　超声波加工的工艺特点及应用

(1)主要适用于加工各种不导电的硬脆材料。对于脆性愈高的材料，切削的效率愈高，例如玻璃、陶瓷、半导体、宝石、金刚石等；对于导电的硬质金属材料，如淬硬钢、硬质合金等虽可进行加工，但生产效率低；对于脆性较低而韧性较高的材料，如钢、铜、铝等，其切削效率较差；而对于橡胶，则根本无法加工。

(2)表面质量较好，一般尺寸精度可达0.01～0.05mm，表面粗糙度为R_a 0.4～0.11μm。

(3)由于工具通常不需要旋转，因此易于加工出各种复杂的型孔(孔加工的直径范围约为0.1～90mm，深度可达100mm以上)、型腔和成形表面。采用中空形状工具，可以实现各种形状的套料。由于工具对加工材料的宏观作用力小，切削热少，也适于加工薄片、薄壁零件等。

目前，在各工业部门中，超声波加工主要用于加工硬、脆材料的孔，套料、切割、雕刻以及研磨金刚石拉丝模等。

此外，在加工难切硬质金属材料及贵重脆性材料时，常将超声振动与其他加工方法(如切削加工和电加工等)配合进行复合加工，如超声车削、超声磨削、超声电解加工、超声线切割等。这对提高生产效率、降低表面粗糙度都有较好的效果。

22.7　电子束加工

电子束加工是一种利用高速电子束的冲击动能转化为热能来加工工件的方法。

22.7.1　电子束加工原理

电子束加工原理示意图如图22-6所示。在真空条件下，聚焦后高能量密度(10^6～10^9 W/cm^2)

的电子束,以极高的速度射击到工件表面极小的面积上,在极短的时间(几分之一微秒)内,其能量的大部分转变为热能,使被冲击部分的工件材料达数千摄氏度的高温,从而引起相应部位工件材料的熔化和气化,被真空系统抽走。电子束加工装置主要由电子枪、真空系统、控制系统和电源等部分组成。电子枪包括电子发射阴极、控制栅极和加速阳极等部分,用来发射高速电子流并对其进行初步聚焦;真空系统用来保证在电子束加工时装置内达到 $1.33\times10^{-4}\sim1.33\times10^{-2}$ Pa 的真空度,因为只有在高真空时,电子才能高速运动;控制系统包括束流聚焦控制(提高电子束的能量密度,使电子束聚焦成很小的束流)、束流位置控制(使电子束按照加工轨迹的需要作相应的偏转)、束流强度控制(使电子束得到更大的运动速度)以及工作台位移控制。

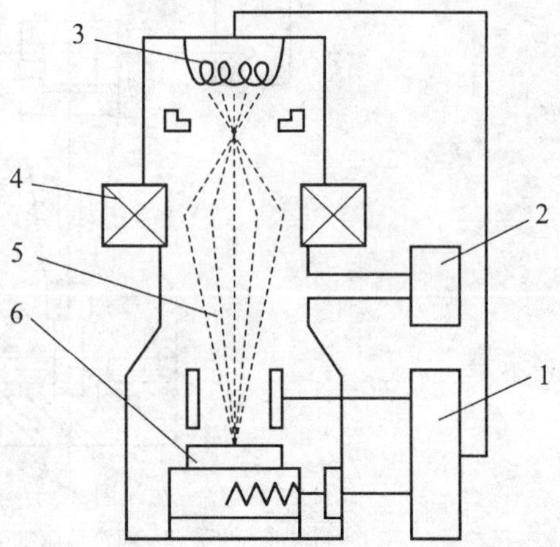

图 22-6　电子束加工原理图

1—电源及控制系统;2—抽真空系统;3—电子枪系统;4—聚焦系统;5—电子束;6—工件

22.7.2　电子束加工的工艺特点及应用

电子束加工有如下特点:

(1)电子束可以极细微的聚焦,最细聚焦直径达到 0.1μm,所以加工面积可以很小,能加工微孔、窄缝、半导体集成电路等,是一种精密微细的加工方法。

(2)能量密度高,蒸发去除材料,是非接触式加工,无机械力,工件不易产生宏观的应力及变形,对脆性、韧性、导体、非导体及半导体材料都可加工。

(3)生产效率高。对于 2.5mm 厚度的钢板加工直径为 0.4mm 的孔,可达每秒 50 个。

(4)控制容易。可以通过电场或磁场对电子束的强度、位置、聚焦等直接进行控制,整个加工系统易实现自动化。

(5)加工在真空室中进行,故无杂质渗入,表面高温时也不易氧化,特别适于加工易氧化的金属材料以及纯度要求极高的半导体材料。

(6)整个加工系统价格较贵,其应用受到一定的限制。

(7)电子束加工可用于高速打孔。提高电子束能量密度,使材料熔化和气化,可进行打孔、切割等加工。它打在各种材料上的小孔、深孔,最小加工直径可达 0.003mm,最大深径比可达 10,速度可达 3000~50000 孔/秒,对人造革、塑料等打细孔后可增加透气性。

(8)可用于各种型孔、复杂型面的切割。其切口宽度为 3~6μm,且控制磁场强度和电子速度可以加工曲面、曲槽、弯孔等。

(9)焊接。精加工后精密焊,焊接强度高于本体,缝深而窄,可对难熔金属、异种金属进行焊接。

(10)热处理。如果要求材料局部加热,就可进行电子束热处理。电热转换率可高达 90%,比激光热处理率(7%~10%)高得多;熔化置入新合金可对零件改性。

(11)光刻。利用较低能量密度的电子束轰击高分子材料会产生化学变化的原理,可进行电子束光刻加工,即电子束曝光,图形分辨率高达 0.25μm,而可见光曝光大于 1μm。

22.8 离子束加工

离子束加工是一种靠高速离子束的微观机械撞击能量来对工件进行加工的方法。

22.8.1 离子束加工原理

图 22-7 为离子束加工原理示意图。首先把氩(Ar)、氪(Kr)、氙(Xe)等惰性气体注入低真空(约 1Pa)的电离室中,用高频放电、电弧放电、等离子体放电或电子轰击等方法使其电离成等离子体,接着用加速电极将离子呈束状拉出并使之加速。然后离子束进入高真空(10^{-4}Pa)的加工室,并用静电透镜聚成细束向工件表面冲击,从工件表面打出原子或分子,从而达到溅射去除加工的目的。

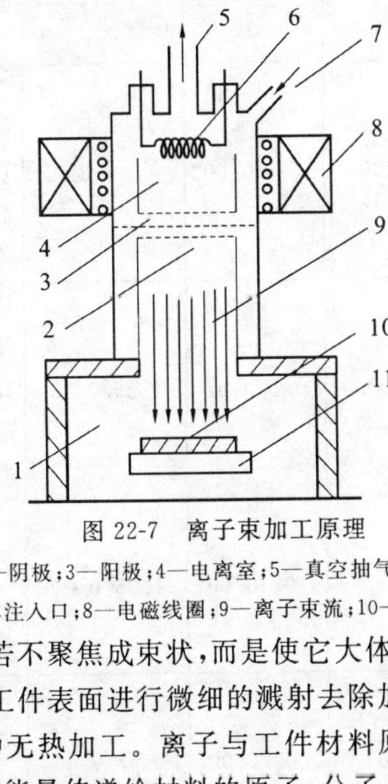

图 22-7　离子束加工原理

1—加工室;2—阴极;3—阳极;4—电离室;5—真空抽气孔;6—热阴极灯丝;7—惰性气体注入口;8—电磁线圈;9—离子束流;10—工件;11—下阴极

从电离室引出的离子流若不聚焦成束状,而是使它大体均匀地投射到大面积的工件表面上,若采取掩膜等措施,可对工件表面进行微细的溅射去除加工。离子束溅射去除加工的机理不同于电子束加工,它是一种无热加工。离子与工件材料原子之间的碰撞接近于弹性碰撞。在碰撞过程中,离子所具有的能量传递给材料的原子、分子,其中一部分能量使工件材料产生溅射、抛出,其余能量转变为材料晶格的振动能。

22.8.2 离子束加工的工艺特点及应用

(1)离子束光斑直径可以聚焦到 1μm 以内,离子束流密度和离子的能量可以精确控制,并且可以通过离子光学系统进行扫描,因此能够进行微细加工,并能精密地控制加工效果。

(2)离子束加工是在真空中进行的,污染少,特别适合于易氧化的金属、合金和半导体材料的加工。

(3)离子撞击工件表面只产生微观的作用力,宏观上作用力很小。因此加工应力很小,工件不变形,适合于脆性、半导体和高分子材料的加工。离子束溅射去除加工可以对材料实现纳米级加工,直至分子级、原子级加工,可以将材料的原子一层一层地去除,尺寸精度和表面粗糙度可以达到极限的程度。

(4)离子束加工主要用于精微的穿孔、蚀刻、切割、铣削、研磨和抛光,如集成电路、声表面器件、磁泡器件、超导器件、光电器件、光集成器件等微电子器件的图形蚀刻,石英晶体振荡器、压电传感器等的减薄,金刚石触针的成形,非球面透镜的加工等。

表 22-3 对几种常用特种加工方法进行了综合比较。

表 22-3 几种常用特种加工方法的综合比较

加工方法	可加工材料	工具损耗率(%)(最低/平均)	材料去除率(mm^3/min)(平均/最高)	可达到尺寸精度(mm)(平均/最高)	可达到表面粗糙度 R_a(μm)(平均/最高)	主要适用范围
电火花加工	任何导电的金属材料,如硬质合金、耐热钢、不锈钢、淬火钢、钛合金等	0.1/10	30/3000	0.03/0.003	10/0.04	从数微米的孔到数米的超大型模具、工件等。圆孔、方孔、异形孔、深孔、微孔、弯孔、螺纹孔,以及冲模、锻模、压铸模、塑料模、拉丝模加工,还可刻字、表面强化等
电火花线切割加工		较小(可补偿)	20/200	0.02/0.002	5/0.32	切割各种冲模、塑料模、粉末冶金模中二维及三维直纹面组成的模具及零件。可直接切各种样板、磁钢、硅钢片冲片。也常用于钼、钨、半导体材料或贵重金属的切割
电解加工	任何导电的金属材料,如硬质合金、耐热钢、不锈钢、淬火钢、钛合金等	不损耗	100/10000	0.1/0.01	1.25/0.16	从细小零件到 1t 的超大型工件及模具,如仪表微型小轴、蜗轮叶片、炮管膛线、螺旋花键孔、各种异形孔、锻造模、铸造模曲面加工以及抛光、去毛刺等
电解磨削		1/50	1/100	0.02/0.001	1.25/0.04	硬质合金等难加工材料的磨削,如硬质合金刀具、量具、轧辊、小孔、深孔、细长杆的磨削以及超精光整研磨、珩磨等
超声加工	任何脆性的材料	0.1/10	1/50	0.03/0.005	0.63/0.16	加工、切割脆硬材料,如玻璃、石英、宝石、金刚石、半导体单晶硅、锗等。可加工型孔、型腔、小孔、深孔及切割等
激光加工	任何材料	三种加工都不用成形的工具	瞬时去除率很高,平均去除率不高	0.01/0.001	10/1.25	精密加工小孔、窄缝及成形切割、刻蚀,如金刚石拉丝模,钟表宝石轴承,化纤喷丝孔,镍、钛、不锈钢板上打小孔,切割钢板、石棉、纺织品、纸张等,还可焊接、热处理
电子束加工						在各种难加工材料上打微孔、切缝、刻蚀、焊接等,常用于制造中、大规模集成电路等微电子器件
离子束加工			很低	/0.01	/0.01	对零件表面进行超精密、超微量加工(抛光、刻蚀、镀敷、注入等)

复习思考题

22.1 电火花加工的基本原理是什么？说明其工艺特点和适用场合。

22.2 电火花线切割加工的基本原理是什么？说明其工艺特点和适用场合。

22.3 电解加工的基本原理是什么？说明其工艺特点和适用场合。

22.4 超声波加工的基本原理是什么？说明其工艺特点和适用场合。

22.5 激光加工的基本原理是什么？说明其工艺特点和适用场合。

22.6 电子束加工的基本原理是什么？说明其工艺特点和适用场合。

22.7 离子束加工的基本原理是什么？说明其工艺特点和适用场合。

23 零件的结构工艺性

【教学提示】

零件本身的结构，对加工质量、生产效率和经济效益有着重要影响。为了获得较好的技术经济效果，在设计零件结构时，不仅要考虑满足使用要求，还应当考虑是否能够制造和便于制造，也就是要考虑零件结构的工艺性。

【教学要求】

从标准化、便于装夹、便于加工、便于测量、提高生产效率等方面，了解切削加工对零件结构工艺性的要求。

23.1 结构工艺性的基本概念

零件的结构工艺性是指所设计的零件在满足使用要求的前提下，制造的可行性和经济性。一个零件的生产过程，一般要经过毛坯的制造、切削加工、热处理、装配和维修等。因此，零件的结构工艺性是一个整体概念，应该把各个生产过程对零件结构工艺性的要求全面考虑，并尽量使各个生产过程都具有良好的工艺性。

零件结构工艺性的优劣涉及的面很广，它与生产批量、工艺装备条件及工人技术水平等密切相关。因此，在设计机械产品和零件时，应将零部件结构、材料连同所采用的工艺方法、工装工具、工人技术水平、生产规模和生产周期等作为一个系统来研究。结构工艺性不是一成不变的，而是随着生产条件的改善、科学技术的发展和新工艺方法的出现而不断变化的。

研究零件结构工艺性的目的，就是在现有的工艺条件下使加工零件方便、生产效率高、加工劳动量少及加工质量高。如图 23-1 所示的内齿结构，图 23-1(a)所示的结构适合在插齿机上加工，如果要大批量生产，则应改为图 23-1(b)所示的结构，以便采用拉削方式生产。

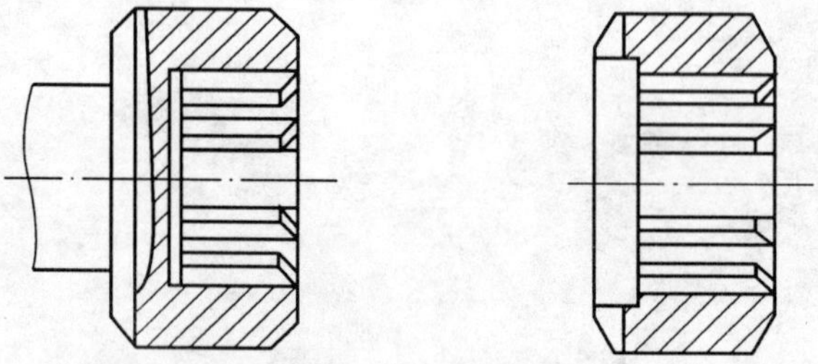

(a) (b)

图 23-1 内齿离合器

(a)适合在插齿机上加工；(b)适合拉削方式生产

随着科学技术的发展，新技术、新工艺的不断涌现，使零件的结构工艺不断变化，一些过去被认为是难加工，甚至是无法加工的结构，现在已变得可行，甚至很容易加工。例如，图 23-2(a)

所示为电液伺服阀套上精密方孔的加工。为了保证方孔之间的尺寸公差要求，过去将阀套分成五个圆环分别加工，然后再连接起来，认为这样的结构工艺性好。但是随着电火花加工精度的提高，把原来由五个圆环组装改为整体结构[图 20-2(b)]，用四个电极同时把四个方孔加工出来，也能保证方孔之间的尺寸精度。这样既减少了劳动量又降低了成本，所以这种整体结构的工艺性也是好的。

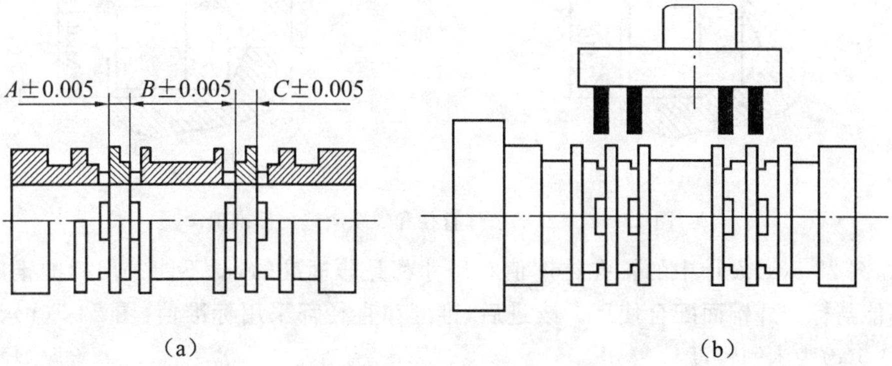

图 23-2　电液伺服阀套结构

产品及零件的制造，包括毛坯生产、切削加工、热处理和装配等许多阶段，各个生产阶段都是有机地联系在一起的。在进行零件结构设计时，必须全面考虑，使各个阶段都具有良好的工艺性。当生产各阶段对结构的工艺性要求有矛盾时，应综合考虑，统筹安排。

23.2　切削加工对零件结构工艺性的要求

通常情况下，零件的尺寸精度、形状精度、位置精度和表面质量等主要靠切削加工来保证，因此，研究和改善零件的切削加工对结构工艺性显得尤为重要。本节通过一些常见实例来分析切削加工对零件结构工艺性的要求。

23.2.1　尽量采用标准化参数

如图 23-3(a)所示，孔径的基本尺寸和公差都是非标准值，若孔的加工采用钻、扩、铰的方案，则不能使用标准铰刀。若改为图 23-3(b)所示的标准值后，则可使用标准铰刀进行孔的精加工。

图 23-3　孔的基本尺寸和公差应取标准值

如图 23-4(a)所示，螺纹的公称直径和螺距都是非标准值，应改成图 23-4(b)所示的标准值，既可以使用标准板牙和丝锥加工，又便于使用标准螺纹规进行检验。

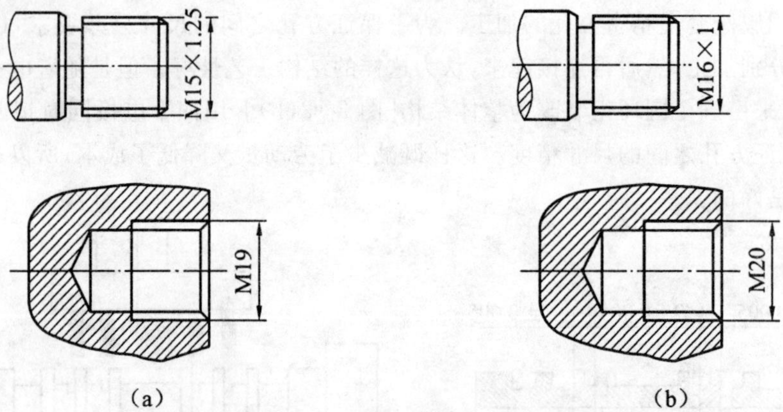

图 23-4　螺纹的公称直径和螺距应选用标准值

又如图 23-5(a)设计中的锥孔锥度值和尺寸都是非标准的,既不能采用标准锥度塞规检验,又不能与标准外锥面配合使用。改进后,锥度和直径都采用标准值:图 23-5(b)为莫氏锥度;图 23-5(c)为米制锥度。

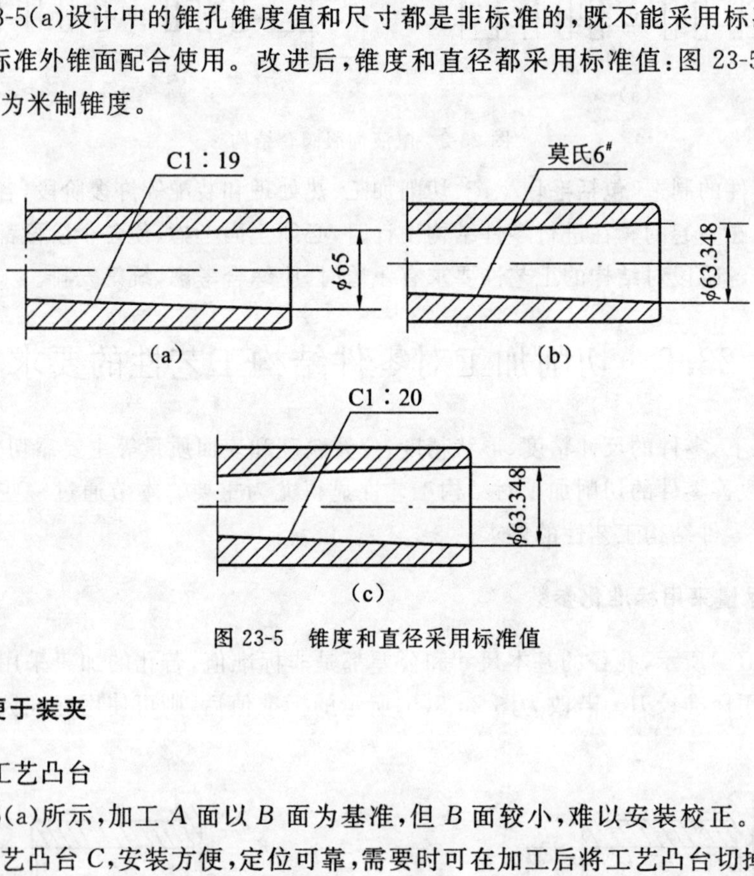

图 23-5　锥度和直径采用标准值

23.2.2　便于装夹

(1)增设工艺凸台

如图 23-6(a)所示,加工 A 面以 B 面为基准,但 B 面较小,难以安装校正。而图 23-6(b)增设了一个工艺凸台 C,安装方便,定位可靠,需要时可在加工后将工艺凸台切掉。

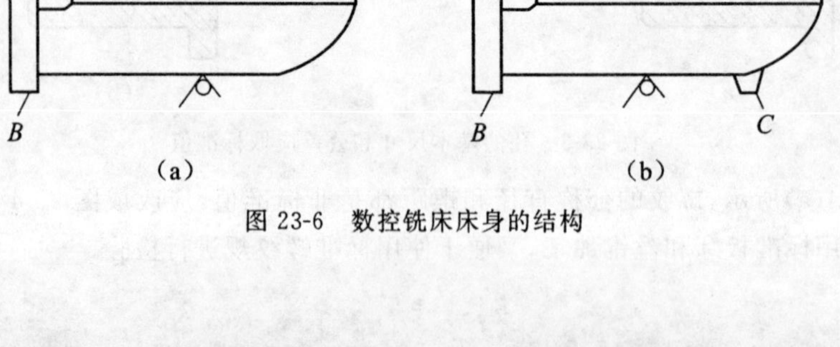

图 23-6　数控铣床床身的结构

(2)设凸缘或装夹孔

如图 23-7(a)所示的零件,在加工其上表面时,难于将工件夹紧。而图 23-7(b)增加了凸缘或孔,可用压板、螺栓装卡,使工件装夹时夹紧方便可靠。

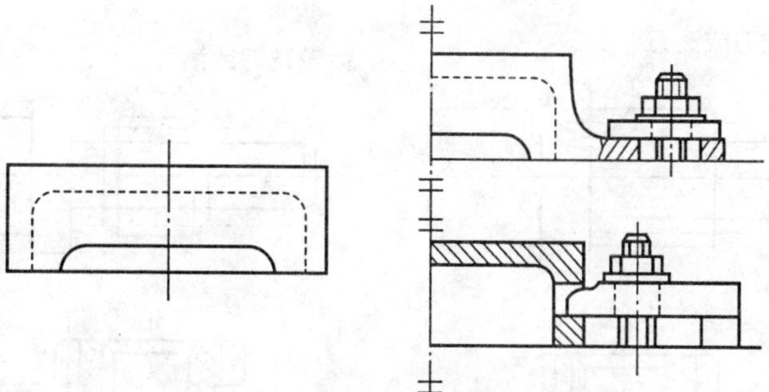

(a) (b)

图 23-7 画线大平板的结构图

23.2.3 便于加工

(1)刀具不应与工件干涉

如图 23-8(a)所示,孔过于接近壁面,加工时刀具与工件易发生干涉,只好使用特制的加长钻头加工,刀具刚性差。若改为图 23-8(b)所示结构,使用标准钻头便能顺利地进刀和退刀。

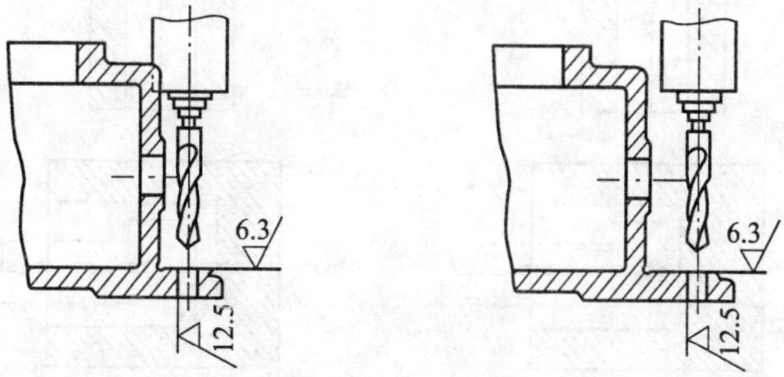

(a) (b)

图 23-8 刀具不应与工件干涉

(2)留出退刀空间

为避免刀具与工件相碰而损坏刀具及破坏工件表面,在工件上应留出退刀空间,图 23-9(a)所示结构不合理。图 23-9(b)所示依次为车螺纹退刀槽、铣齿或滚齿退刀槽、插齿空刀槽、插键槽、磨孔越程槽。

(3)尽量采用标准刀具加工

零件上的孔、沟槽宽度、圆角半径等,应尽量与标准刀具相符,避免制造专用刀具。如图 23-10(a)所示的零件凹槽,内圆角的精加工需用立铣刀清边,所以内圆角的半径应等于标准立铣刀的直径。凹槽为直角凹槽,无法用立铣刀加工,应改为如图 23-10(b)所示结构。

(4)孔的轴线与端面垂直

如图 23-11(a)所示,在斜面或曲面上钻孔,钻头易弯曲或折断,应改成图 23-11(b)所示结构,钻头与工件的钻入钻出表面垂直,以保证钻孔质量。

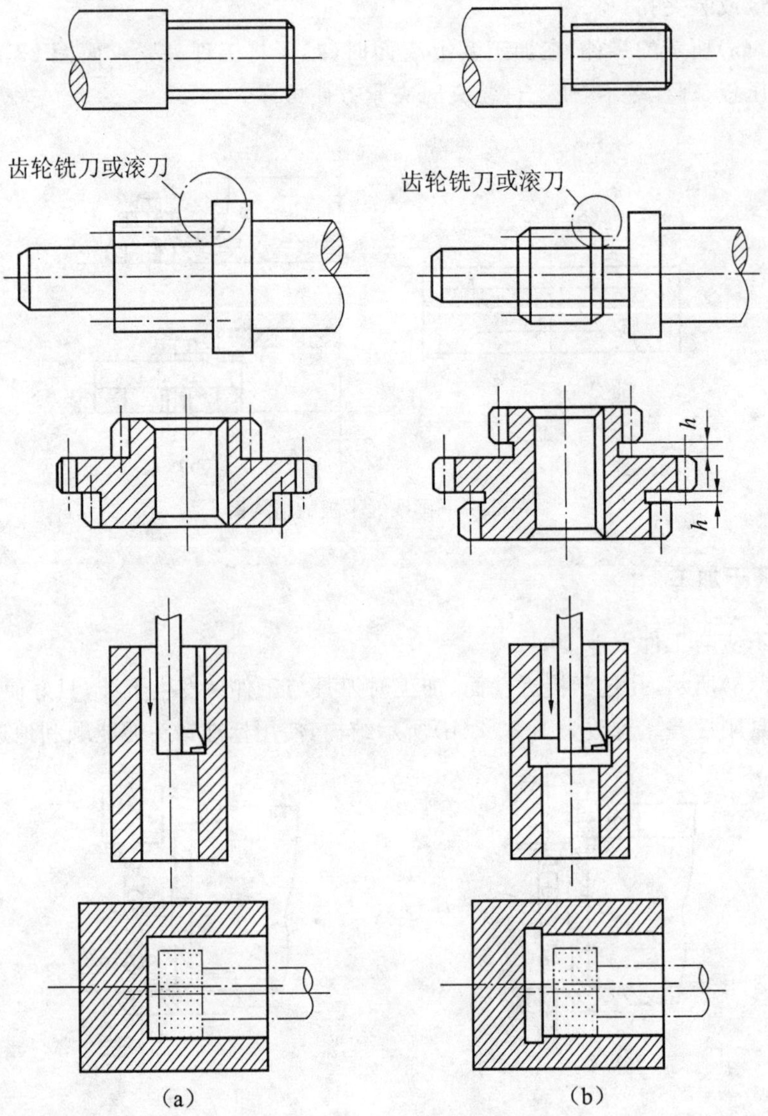

图 23-9　退刀槽、空刀槽和越程槽

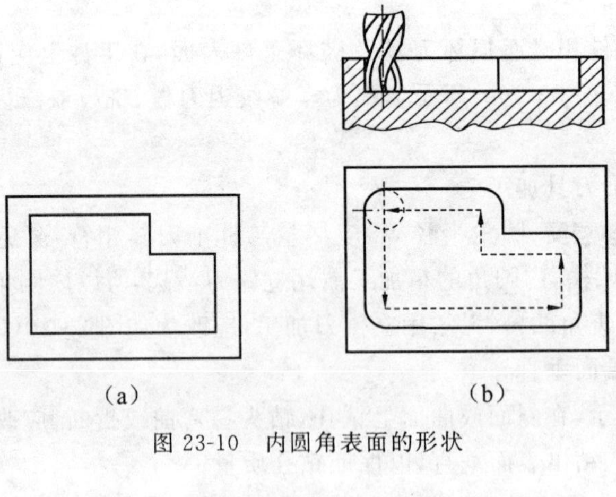

图 23-10　内圆角表面的形状

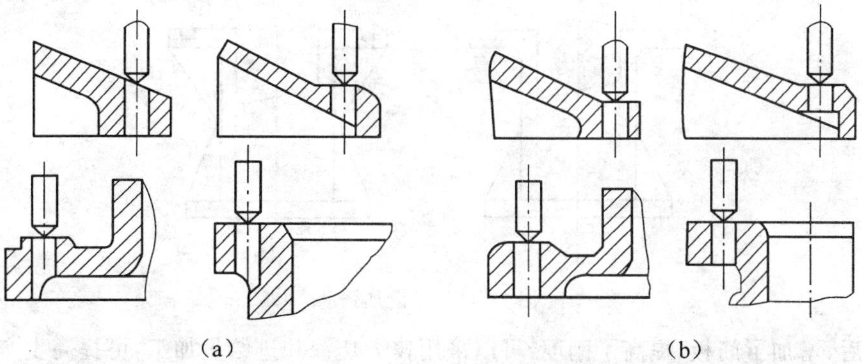

图 23-11 避免在斜面或曲面上钻孔

(5)配合表面尽量避免为箱体内表面

图 23-12(a)所示结构,配合表面设计在箱体内侧,刀具的调整及尺寸的测量很不方便,若改成图 23-12(b)所示结构,配合表面设计在箱体的外侧,则易加工。

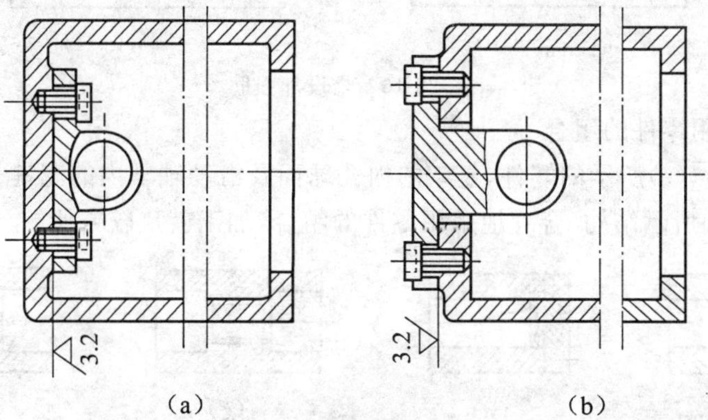

图 23-12 外加工面代替内加工面

又如图 23-13(a),加工内表面一般比加工外表面困难。所以应尽量把内表面加工改为外表面加工,如图 23-13(b)。

(6)增加工艺孔

如图 23-14 所示的零件,为了对螺钉孔进行钻孔和攻丝,在零件上增加了工艺孔,加工完后,可将工艺孔堵上,所以应将图 23-14(a)结构改为图 23-14(b)结构。

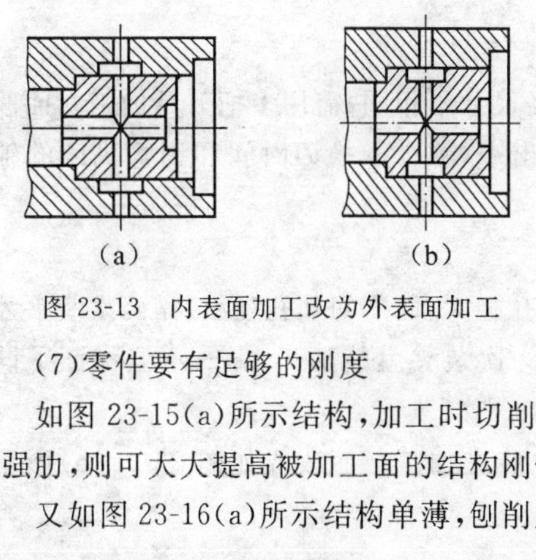

图 23-13 内表面加工改为外表面加工

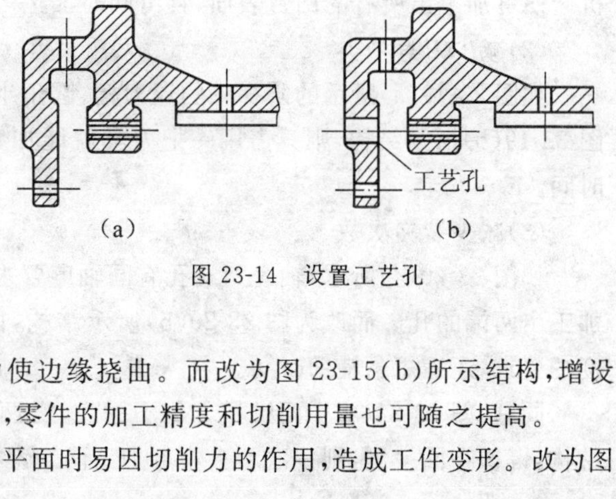

图 23-14 设置工艺孔

(7)零件要有足够的刚度

如图 23-15(a)所示结构,加工时切削力使边缘挠曲。而改为图 23-15(b)所示结构,增设加强肋,则可大大提高被加工面的结构刚性,零件的加工精度和切削用量也可随之提高。

又如图 23-16(a)所示结构单薄,刨削上平面时易因切削力的作用,造成工件变形。改为图

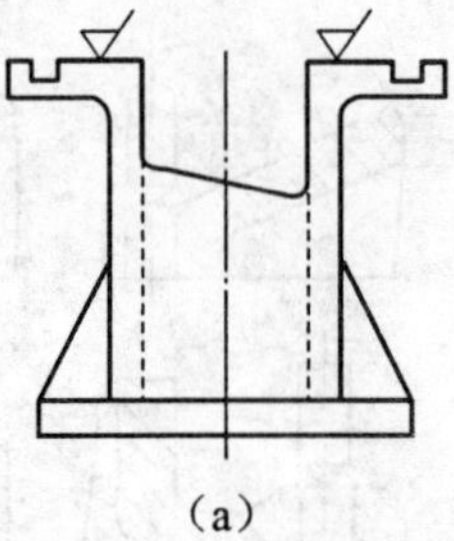

图 23-15 增设加强肋

23-16(b)后,增加了筋板,提高了刚度,可以采用较大切深和进给量加工,可提高生产效率。

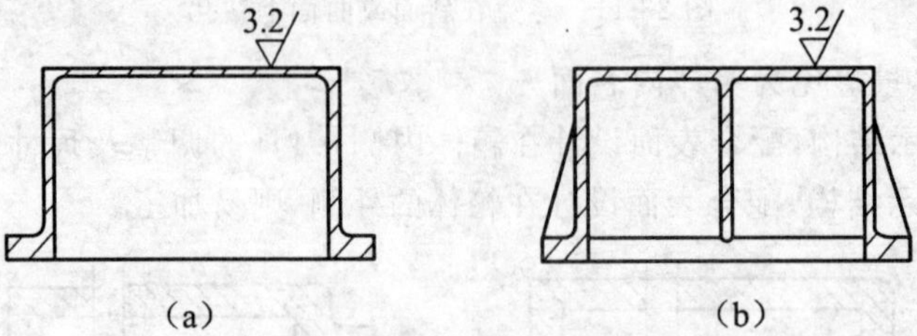

图 23-16 增设加强肋

(8)适当地采用零件的组合

如图 23-17(a)、(c)所示的零件,复杂的内孔球面及滑动轴承内的花键孔均难于加工,若改为图 23-17(b)、(d)所示结构,合理地采用零件的组合,加工就比较方便。

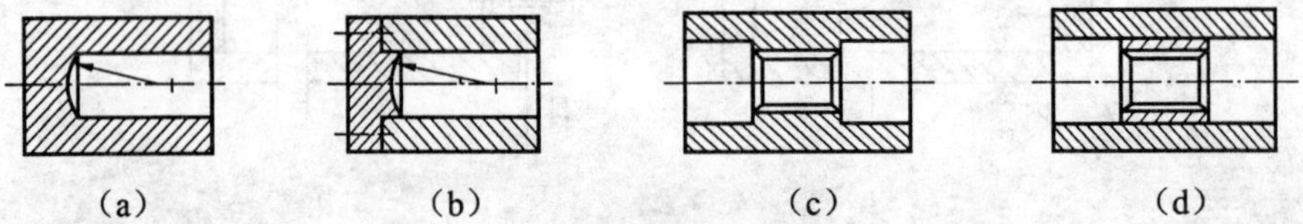

图 23-17 零件的组合

23.2.4 便于提高生产效率

(1)减少机床调整次数

如图 23-18(a)所示的零件,被加工的各凸台表面不在同一平面上,加工时需三次将工作台升高或降低,增加了调整机床的辅助时间。如果改为图 23-18(b)所示结构,则只需调整一次机床便可加工出所有的凸台表面,且可同时加工多个零件。

(2)减少刀具种类

如图 23-19(a)所示的阶梯轴的退刀槽、圆角半径尺寸不相同,需用多把刀具加工。而改成图 23-19(b)所示结构,则只需用一把刀具就能加工出来,减少了换刀时间和调整机床的辅助时间。

(3)减少装夹次数

如图 23-20(a)所示,轴套两端孔有同轴度要求,孔径大,而中间孔孔径小,需两次装夹才能加工出两端的孔。而改为图 23-20(b)所示结构,则一次装夹就能加工出来,不但保证了同轴度的要求,还缩短了辅助时间。

同理,图 23-21(a)中两键槽方位不一致,需两次装夹加工。而改成如图 23-21(b)所示的结构,键槽在同一侧,则一次装夹便可加工两个键槽。

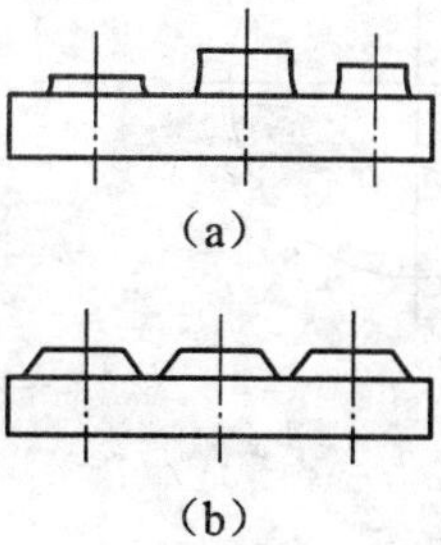

图 23-18　加工面应等高

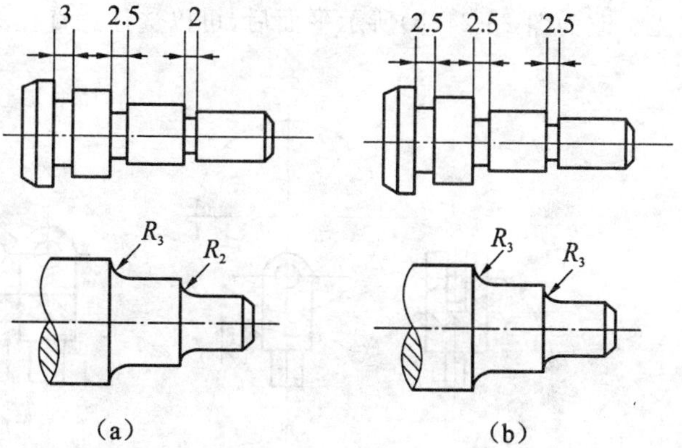

图 23-19　同类结构要素要统一

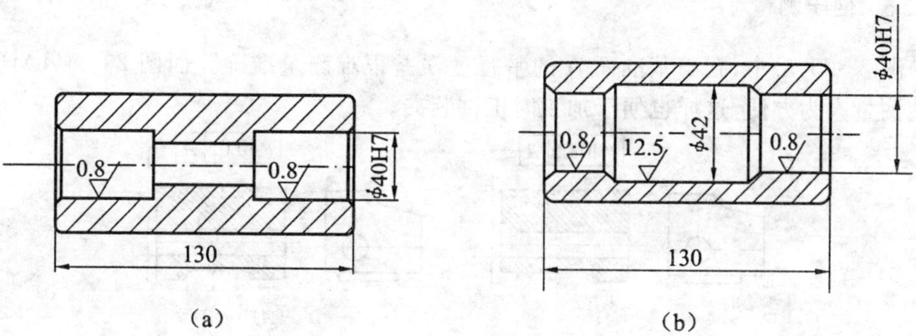

图 23-20　保证轴套两端孔的同轴度

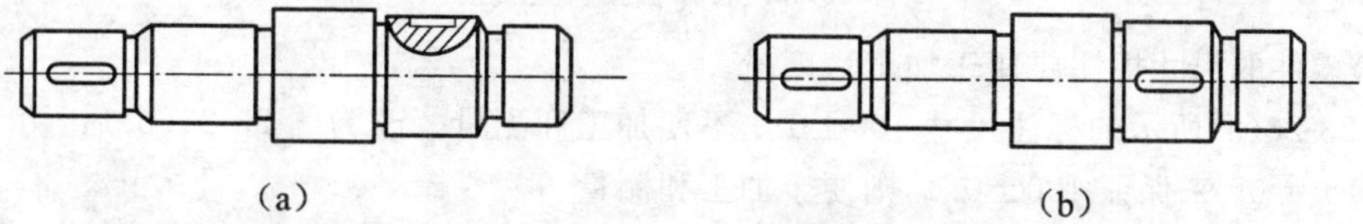

图 23-21　轴上多键槽的布局

又如图 23-22 所示箱体上同轴孔，孔径最好相同或向一个方向递减或两边向中间递减，这样便可以在一次安装中同时或逐个加工全部同轴孔，避免多次安装。

(4)减少加工面积

如图 23-23(b)支架底面为配合表面，与图 23-23(a)所示结构相比，不仅减少了加工面积，还能节省加工工时，提高支架底面与机座平面的配合精度。

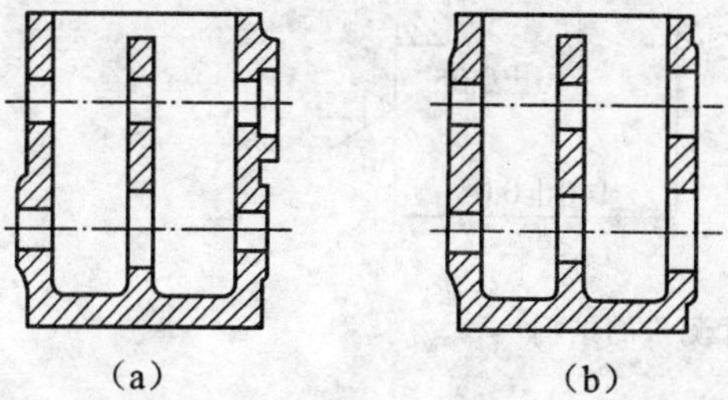

图 23-22　箱体同轴孔系的孔径尺寸

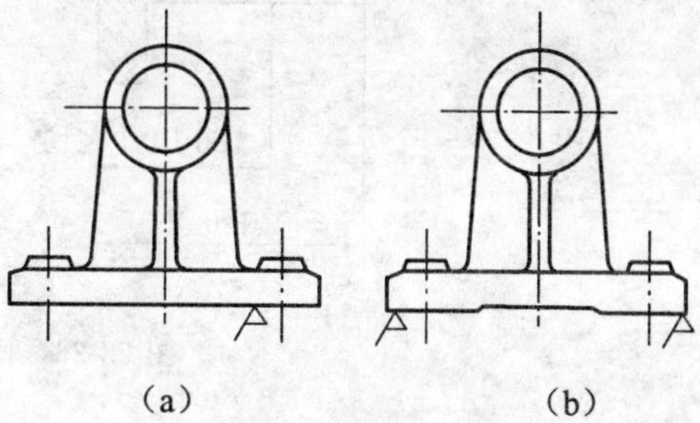

图 23-23　减少加工面积

(5)便于多个零件加工

如图 23-24(a)改进前的沟槽底部为圆弧形，只能用与圆弧直径相等的铣刀对单个零件进行加工。改为图 23-24(b)所示平面后，可以选任意直径的铣刀对多个零件顺序加工。

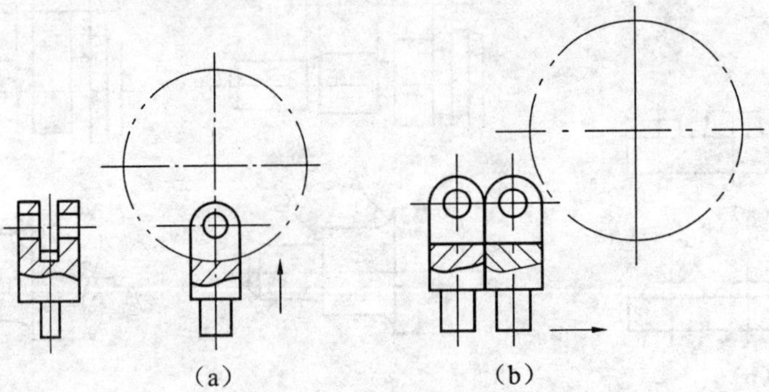

图 23-24　便于多件加工

23.2.5　便于测量

(1)图 23-25(a)中，孔与基准面 A 的平行度误差很难测量准确。而图 23-25(b)增设工艺凸台，使测量大为方便，这样也便于加工时工件装夹。

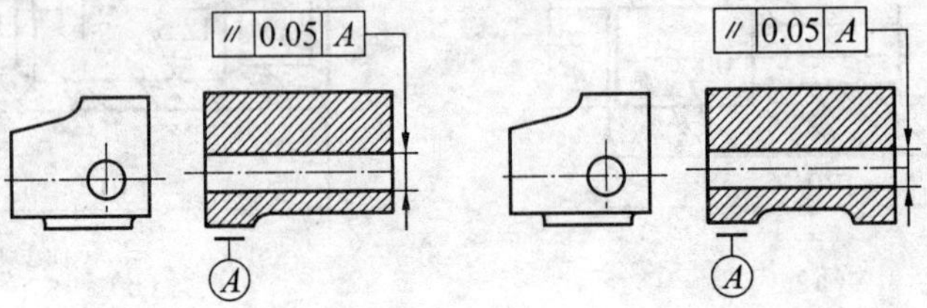

图 23-25　便于位置误差测量

(2)零件的尺寸标注要便于加工和度量。

图 23-26(a)所示的标注尺寸 100±0.1 不便加工和测量。改为图 23-26(b)后，由 140±0.05 和 40±0.05 来保证 100±0.1，则便于加工和测量。

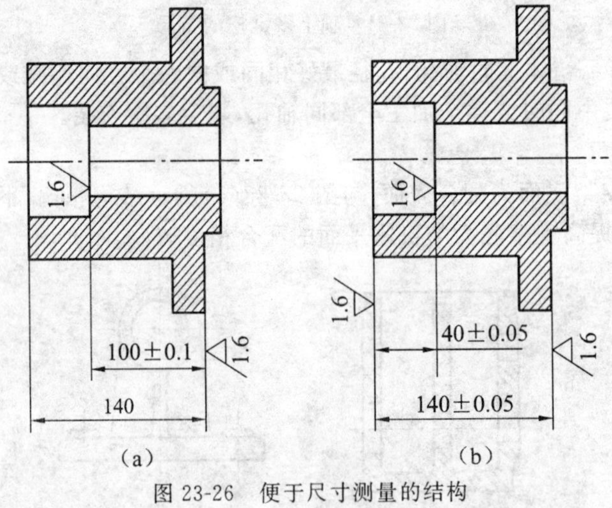

图 23-26　便于尺寸测量的结构

23.3　装配结构工艺性

零件的装配结构工艺性，是指所设计的零件在满足使用要求的前提下，装配连接的可行性和经济性，或者说机器装配的难易程度。不合理的结构给装配和维修带来很大的难度，本节列出了一些零部件装配的典型结构，对常见的装配结构工艺性问题进行分析。

23.3.1　便于装配

(1)在有配合要求零件的端部应有倒角，以便装配，且使外露部分较为美观。图 23-27(a)所示结构不合理，应改为图 23-27(b)所示结构。

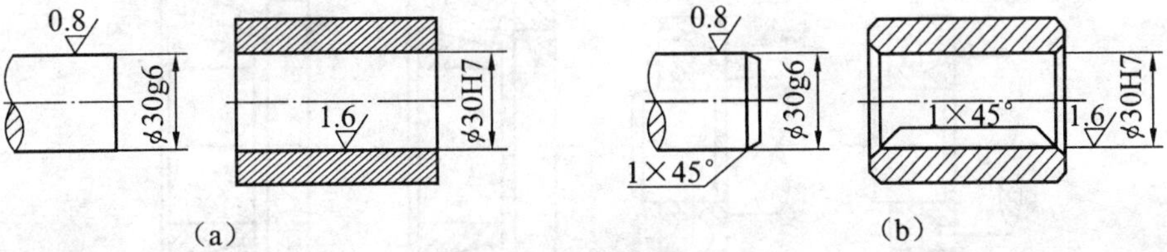

图 23-27　轴、套配合件端部结构

(2)圆柱销与盲孔配合，应该设置排气口。图 23-28(a)所示结构不合理，而图 23-28(b)在圆柱销上设置了排气孔，图 23-28(c)在壳体上设置了排气孔。

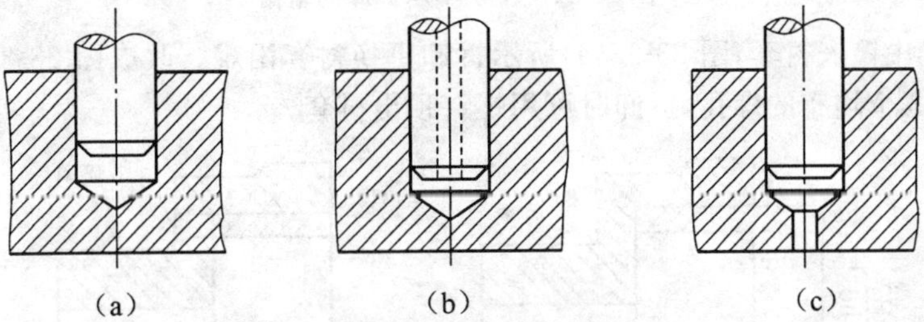

图 23-28　避免圆柱销与盲孔配合

(3)在螺钉连接处，应留出一定空间，便于扳手拧紧或松开螺钉。所以图 23-29(a)、(c)所示结构不合理，应改成图 23-29(b)、(d)所示结构。

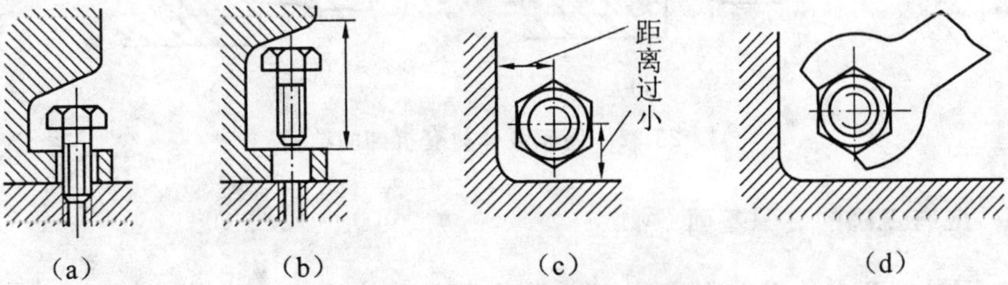

图 23-29　留出扳手活动空间

(4)同一方向应该只有一对配合表面。图 23-30(a)所示结构在同一方向有两对配合表面，相关表面的尺寸精度和位置精度要求将大大提高。在很多场合，这是没有必要的，应该改成图 23-30(b)所示结构。

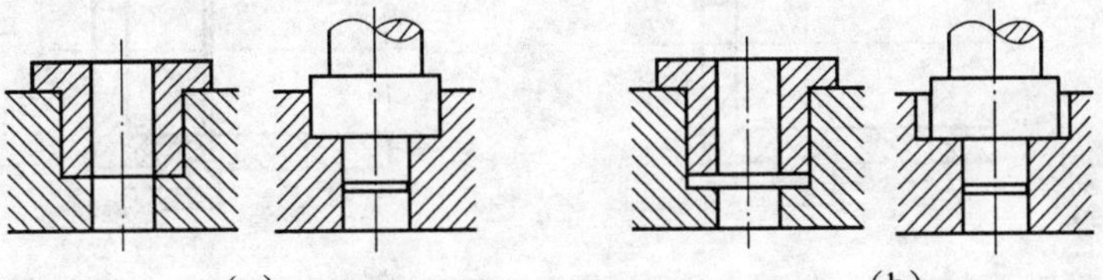

图 23-30　减少接触面

23.3.2　便于拆卸

(1)滚动轴承安装在轴上及箱体支承孔内,图 23-31(a)所示轴肩直径大于轴承内圈外径,图 23-31(c)所示内孔台肩直径小于轴承外圈内径,轴承无法拆卸,应改成图 23-31(b)、(d)所示的结构,轴承即可拆卸。

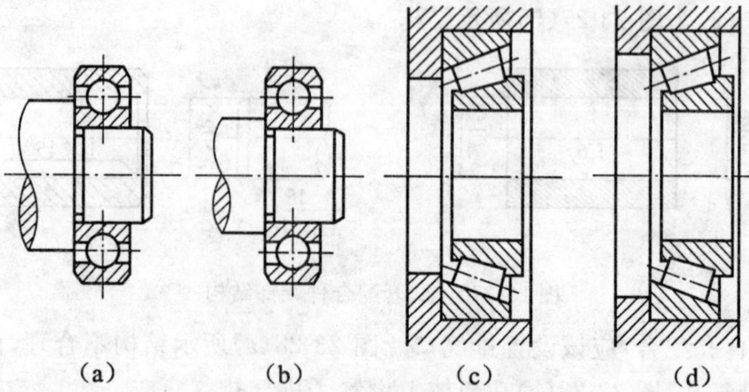

图 23-31　便于轴承拆卸的结构

(2)泵体孔中镶嵌衬套,图 23-32(a)所示拆卸更换衬套困难。改成图 23-32(b)所示结构,在泵体上设计 3 个均布的螺孔,拆卸时可用螺钉顶出衬套。

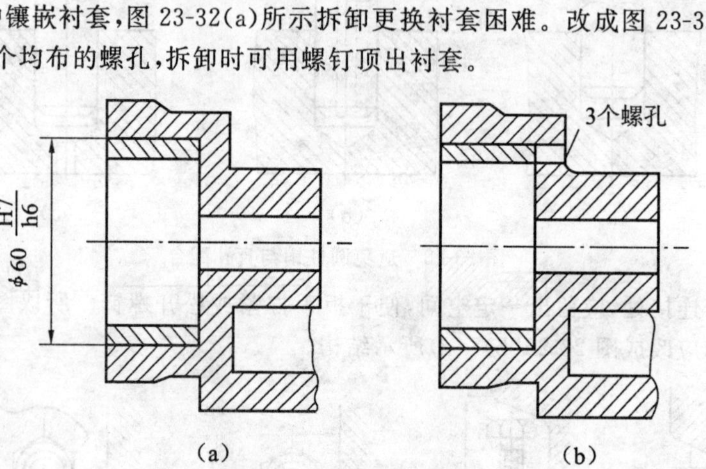

图 23-32　便于泵体衬套拆卸的结构

23.3.3　应有正确的装配基面

两个有同轴度要求的零件连接时,应该有合理的装配基面。图 23-33(a)所示结构不合理,应改为图 23-33(b)所示结构。

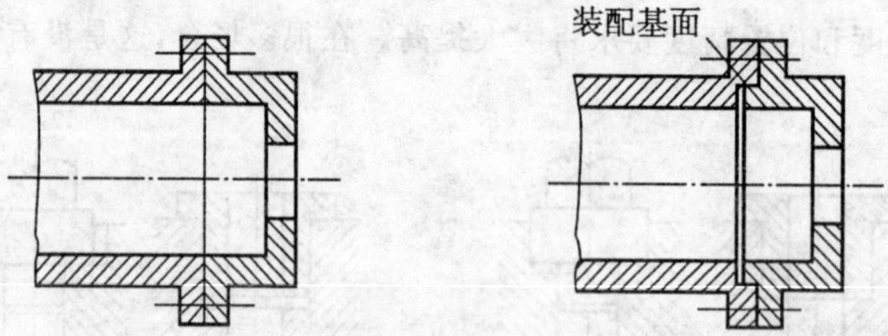

图 23-33　要有必要的装配基面

复习思考题

23.1　何谓零件结构的工艺性？它有什么实际意义？

23.2　设计零件时，考虑零件结构工艺性的一般原则有哪些？

23.3　增加工艺凸台或辅助安装面可能会增加加工的工作量，为什么还要它们？

23.4　为什么要尽量避免箱体内的加工面？

23.5　为什么要尽量减少加工时的安装次数？

23.6　为什么孔的轴线应尽量与其端面垂直？

23.7　为什么零件上同类结构要素要尽量统一？

23.8　为什么要考虑尽量能用标准刀具加工、用通用量具检验？

23.9　为什么要设计退刀槽、越程槽等结构要素？在什么情况下采用这些设计？

23.10　从装配结构工艺性等因素考虑，试改进图 23-34 所示的零件结构。

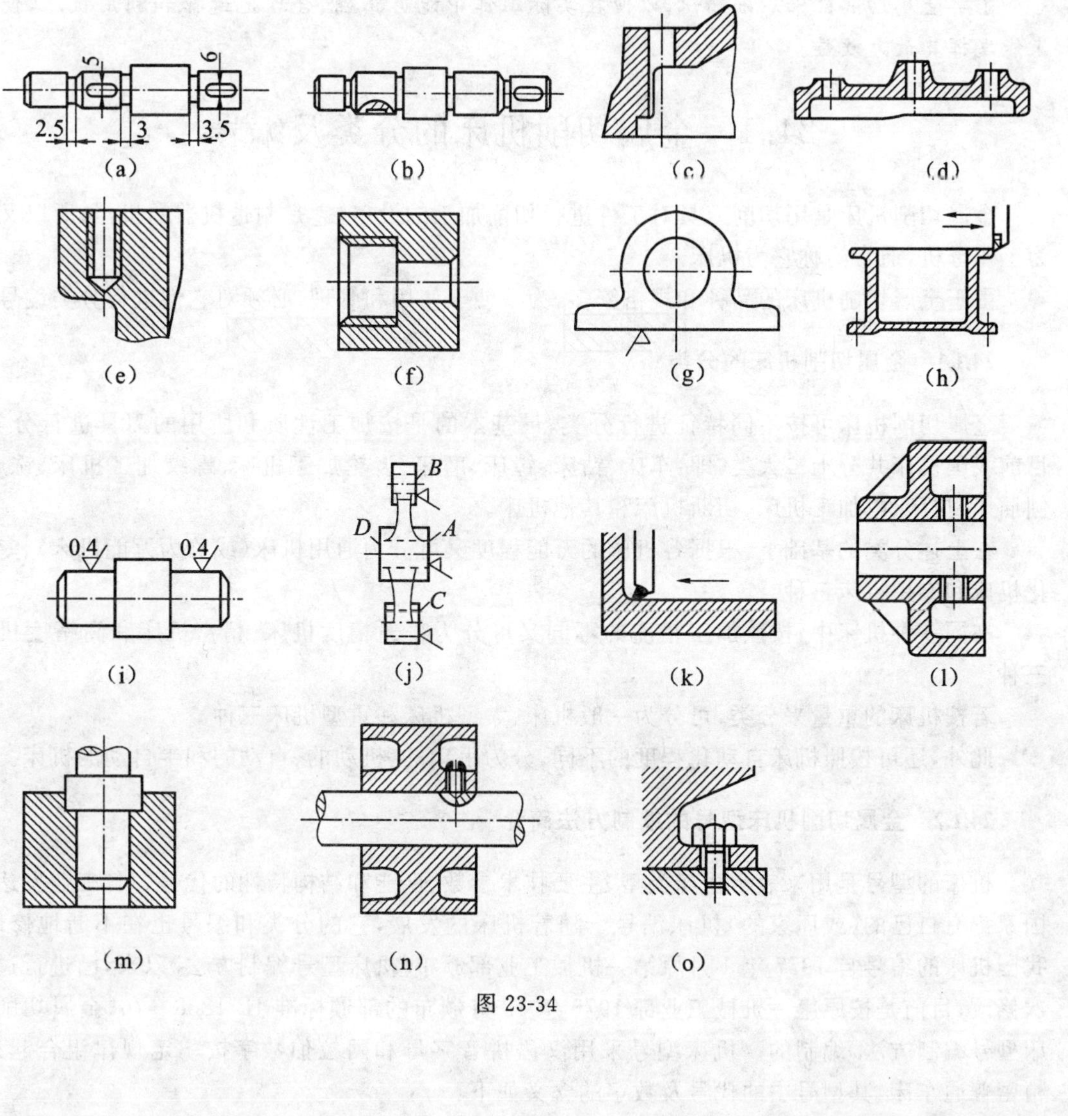

图 23-34

24 金属切削机床的基础知识

【教学提示】

机床是机械制造业的基本装备，它的品种、性能、质量和技术水平直接影响到其他机电产品的性能、质量、生产技术和企业的经济效益。机械工业为国民经济各部门提供技术装备的能力和水平，在很大程度上取决于机床的水平，所以机床的水平在某种意义上反映出国民经济的发展水平。

【教学要求】

了解金属切削机床基础知识，以便在实际工作中能够正确、合理地选择和利用机床，使机床能发挥其最大效益。

24.1 金属切削机床的分类及编号

金属切削机床是用切削刀具对工件进行切削加工的设备，它是制造机器的机器，所以又称为工作母机，通常简称它为机床。

由于金属切削机床的品种和规格繁多，为了便于使用和管理，必须对它们进行分类编号。

24.1.1 金属切削机床的分类

金属切削机床可按不同特征进行分类，最基本的是按加工性质和所用的刀具进行分类。目前我国机床共分十二大类，即：车床、钻床、镗床、磨床、齿轮加工机床、螺纹加工机床、铣床、刨插床、拉床、电加工机床、切断机床和其他机床。

在上述分类的基础上，根据各机床的万能程度又可分为通用机床（或称为万能机床）、专门化机床和专用机床三种。

在同一种机床中，按照加工精度的不同又可分为普通精度机床、精密机床和高精度机床三种。

若按机床的重量来分类，可分为一般机床、大型机床和重型机床三种。

此外，还可按照机床自动化程度的不同，分为手动的、机动的、自动的和半自动的机床。

24.1.2 金属切削机床型号的编制方法简介

机床的型号是用来表示机床类型、主要技术参数、性能和结构特性的代号。各工业发达的国家都有自己的（或厂家的）机床编号。随着机床的发展，它的分类和编号也在不断地修改。我国机床的编号自 1957 年 1 月原第一机械工业部颁布《机床型号编制方法》以来，已进行过四次修改，目前是按原第一机械工业部 1976 年 12 月颁布的部颁标准 JB 1838—76《金属切削机床型号编制方法》编制的。机床型号采用汉语拼音字母和阿拉伯数字按一定规律组合起来。精密普通车床，其型号中的代号及数字的含义如下：

C　M　6　1　32

- 32 —— 主要参数代号（最大车削直径为320mm）
- 1 —— 型号代号（普通车床组）
- 6 —— 组别代号（普通车床组）
- M —— 通用特性代号（精密机床）
- C —— 类别代号（车床类）

又如 M1432A 型万能外圆磨床，型号中的代号及数字含义为：

M　1　4　32　A

- A —— 重大改进顺序号（第一次重大改进）
- 32 —— 主要参数代号（工作台上最大磨削直径为320mm）
- 4 —— 型号代号（万能外圆磨床型）
- 1 —— 组别代号（外圆磨床组）
- M —— 类别代号（第一类磨床）

表 24-1 为 1976 年编定的金属切削机床统一名称及类、组、型划分表摘录，机床的类、组、型别代号的含义可由表中查出。

表 24-1　金属切削机床类、组、型划分表摘录

级别		1	2	3	4	5	6	7	8	9
类别	代号	名称及型号								
车床	C	单轴自动车床	多轴自动及半自动车床	转塔车床	曲轴及凸轮轴车床	立式车床 0 1 单柱立式车床 2 双柱立式车床	普通车床 0 落地车床 1 普通车床 2 马鞍车床	仿形及多刀车床	轮、轴、锭、辊及铲齿车床	其他车床
钻床	Z		深孔钻床	摇臂钻床 0 1 摇臂钻床	台式钻床 0 台式钻床	立式钻床 0 1 立式钻床 2 立式多轴钻床			中心孔钻床	
镗床	T		深孔镗床		坐标镗床 0 1 单柱坐标镗床 2 双柱坐标镗床	立式镗床	卧式镗床 0 1 卧式镗床 2 落地镗床	金刚镗床	汽车、拖拉机修理用镗床	

续表 24-1

类别	代号	1	2	3	4	5	6	7	8	9
级别		1	2	3	4	5	6	7	8	9
类别	代号	名称及型号								
磨床	M	外圆磨床 0: 无心磨床 1 2 3: 外圆磨床 4: 万能外圆磨床 5: 半自动宽砂轮外圆磨床	内圆磨床 0: 无心内圆磨床 1: 内圆磨床 2 3 4: 切入式内圆磨床	砂轮机	珩磨机及研磨机	导轨磨床	刀具磨床	平面磨床 0 1: 卧轴矩台 2: 立轴矩台 3: 卧轴圆台 4: 立轴圆台	曲轴、凸轮轴、花键轴及轧辊磨床 0 2: 曲轴磨床 3: 凸轮轴磨床 6: 花键轴磨床	工具磨床
齿轮加工机床	Y	车齿机	锥齿轮加工机床 0: 弧齿锥齿轮磨齿机 1: 弧齿锥齿轮粗切机 2: 弧齿锥齿轮铣齿机 3: 锥齿轮刨齿机 4	滚齿机 0 1: 滚齿机	剃齿机 珩齿机 0 2: 剃齿机 6: 珩齿机	插齿机 0 1: 插齿机	花键轴铣床	圆柱齿轮磨齿机	其他齿轮加工机床	倒角机及齿轮检查机
螺纹加工机床	S			套螺纹机	攻螺纹机		螺纹铣床	螺纹磨床	螺纹车床	
铣床	X	单柱铣床	龙门及双柱铣床	平面及端面铣床	仿形铣床	立式铣床	卧式铣床 0: 卧式升降台铣床 万能升降台铣床		工具铣床 0 1: 万能工具铣床	其他铣床
刨床及插床	B	单臂刨床	龙门刨床			插床 0: 插床	牛头刨床 0: 牛头刨床 1: 仿形牛头刨床		刨边机及刨模机	
拉床	L					立式拉床	卧式拉床		方头、键槽拉床	

为了全面了解机床型号的表示方法，下面再作简要说明。

24.1.2.1　机床类别的代号

按加工性质和所用刀具的不同，目前我国把机床分为十二大类，各类机床的代号见表 24-2。型号的第一个字母表示机床的类别，采用汉语拼音的第一个字母的大写。例如，“车床”的汉语拼音是“chechuang”，所以用“C”表示。

表 24-2 机床分类及其代号

机床类型	车床	钻床	镗床	磨床			齿轮加工机床	螺纹加工机床	刨插床	拉床	铣床	电加工机床	切断机床	其他机床
代号	C	Z	T	M	2M	3M	Y	S	B	L	X	D	G	Q
参考读音	车	钻	镗	磨	2磨	3磨	牙	丝	刨	拉	铣	电	割	其

24.1.2.2 机床特性的代号

机床特性的代号也是用汉语拼音字母来表示，它代表机床具有的特别性能，见表 24-3。在型号中，特性代号排在机床类别代号的后面。例如 CK6140 型程序控制普通车床中的“K”是表示程序控制。

表 24-3 机床特性及代号

通用特性	高精度	精密	自动	半自动	程序控制	轻便	万能	简式	自动换刀
代号	G	M	Z	B	K	Q	W	J	H
参考读音	高	密	自	半	控	轻	万	简	换

24.1.2.3 机床的组别和型别代号

机床的组别和型别代号是用两位数字来表示的。每类机床按机床的用途、性能、结构相近或派生关系分为若干组。例如车床分为十组，用阿拉伯数字“0～9”表示(见表 24-1，其中 0 组为仪表车床，表中未摘录)。每组中又分若干型，例如，普通车床组中又分为立式车床及普通车床等型别。在机床型号中，类别代号和特性代号之后的第一位阿拉伯数字代表组别，第二位阿拉伯数字代表型别，可对照前面所举 CM6132 和 M1432A 两例来理解。

24.1.2.4 机床主要参数的代号

机床主要参数的代号是用阿拉伯数字来表示的。在表示机床组别和型别的两个数字后面的数字，一般表示机床的主要参数或表示主要参数的 1/10、1/100 等。常见机床主要参数及折算系数见表 24-4。

表 24-4 常见机床主要参数及折算系数

机床名称	主要参数名称	主要参数折算系数
普通车床	床身上最大工作回转直径	1/10
自动车床、六角车床	最大棒料直径或最大车削直径	1/1
立式车床	最大车削直径	1/100
立式钻床、摇臂钻床	最大钻孔直径	1/1
卧式镗床	主轴直径	1/10
牛头刨床、插床	最大刨削或插削长度	1/10
龙门刨床	最大刨削宽度	1/100
卧式及立式升降台铣床	工作台工作面宽度	1/10
龙门铣床	工作台工作面宽度	1/100
外圆、内圆磨床	最大磨削外径或孔径	1/10
平面磨床	工作台工作面宽度	1/10
砂轮机	最大砂轮直径	1/10
齿轮加工机床	(大多数是)最大工件直径	1/10

24.1.2.5　机床重大改进的序号

当机床的性能及结构有重大改进时，按其设计的次序分别用汉语拼音字母“A、B、C、D…”表示，写在机床型号的末尾，以示区别，但 I 及 O 两个字母不用，以免与数字混淆。例如，M1432A 后面的字母 A 代表第一次重大改进。

以上简要地介绍了目前的机床型号编制方法，详细编制方法可查阅 JB 1838—76。

对已定型并按原机床型号编制办法确定型号的机床，其型号暂不改变，故有的机床仍用原型号。如中心高为 160mm 的普通车床，老型号为 C616，新型号为 C6132；工作台工作面宽度为 320mm 的万能卧式升降台铣床老型号为 X62W，新型号为 XW6132。因为老型号机床编号中无组与型的区别，只用一位数字表示组别。X62W 中的“2”表示 2 号工作台，其工作台工作面宽度为 320mm。

24.2　机床的基本传动方法

机床的原动力一般是来自电动机，但是机床的主运动和进给运动却要求具有不同的速度和运动形式(如旋转运动或直线运动)，为此机床上使用了各种传动元件，如带和带轮、齿轮和齿条、丝杆和螺母等。

24.2.1　机床上常用的传动副及其传动关系

在机床中，每一对传动元件称为传动副。例如一对互相啮合的齿轮。

从传动副的传动目的来看，有三类传动机构：既传递动力又能改变转速的机构；用来改变运动性质的机构(如将回转运动改变为直线运动)；可以变换转动方向的换向机构。

24.2.1.1　既传递动力又能改变转速的机构

这类机构中最常用的有三种：带传动、齿轮传动和蜗轮蜗杆传动。

(1)带传动

带传动是利用胶带与带轮之间的摩擦作用，将主动带轮的转动传到另一个被动带轮上去。目前，在机床传动中一般用三角胶带传动，如图 24-1(a)所示。

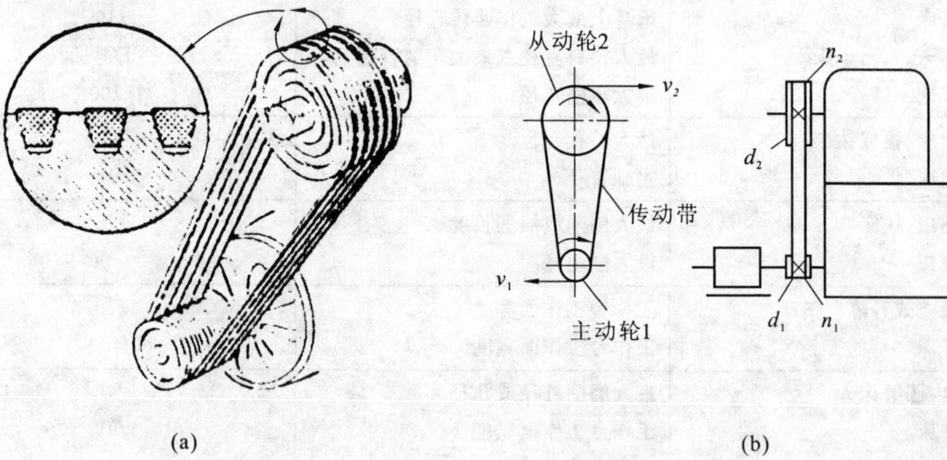

图 24-1　三角胶带传动

(a)外形图；(b)传动简图

由图 24-1(b)中可知，如果不考虑胶带与带轮之间的相对滑动对传动的影响，带轮的圆周速度 v_1、v_2 和胶带速度 $v_{带}$ 的大小是相等的。即

$$v_1 = v_2 = v_{带}$$

由于

$$v_1 = \pi d_1 n_1; v_2 = \pi d_2 n_2$$

则

$$\frac{n_2}{n_1} = \frac{d_1}{d_2} = i$$

式中：d_1、d_2——分别为主、被动带轮的直径(mm)；

n_1、n_2——分别为主、被动带轮的转速(r/min)；

i——传动比，机床上传动件的传动比是指被动轮转速与主动轮转速之比。

由上式可知，带传动的传动比等于主动带轮直径与被动带轮直径之比。而带轮转速与其直径成反比。

如果考虑胶带与带轮之间的滑动，则其传动比为

$$i = \frac{d_1}{d_2} \cdot \varepsilon$$

式中：ε——滑动系数，约为 0.98。

带传动的优点是传动平稳、振动小；两轴之间的距离较大，结构简单，制造和维修都很方便；过载时带与轮之间打滑，避免造成机器损坏。而缺点是传动中也有打滑现象，无法保证准确的传动比；由于摩擦损失较大，故传动效率较低。

(2)齿轮传动

齿轮传动是目前机床中应用最多的一种传动方式。这种传动的种类很多，如直齿、斜齿、人字齿、圆弧齿等，其中最常用的是直齿圆柱齿轮传动，如图 24-2 所示。

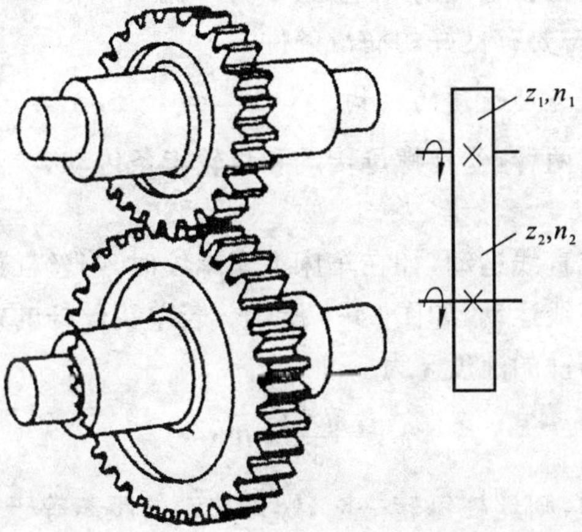

图 24-2　齿轮传动

用 z_1 和 n_1 分别代表主动齿轮的齿数和转速；用 z_2 和 n_2 分别代表被动齿轮的齿数和转速。

则

$$n_1 \cdot z_1 = n_2 \cdot z_2$$

故传动比为

$$i = \frac{n_2}{n_1} = \frac{z_1}{z_2}$$

从上式可知,齿轮传动的传动比等于主动齿轮与被动齿轮齿数之比。而齿轮转速与其齿数成反比。

齿轮传动的优点是结构紧凑,可得到准确的传动比,并可传递较大的圆周力,传动效率高。其缺点是加工比较复杂,当加工精度不高时,噪音较大,传动不平稳。

(3)蜗杆传动

如图 24-3 所示,蜗杆为主动件,其将转动传给蜗轮。这种传动方式只能是蜗杆为主动件,带动蜗轮转,反之则不可能。

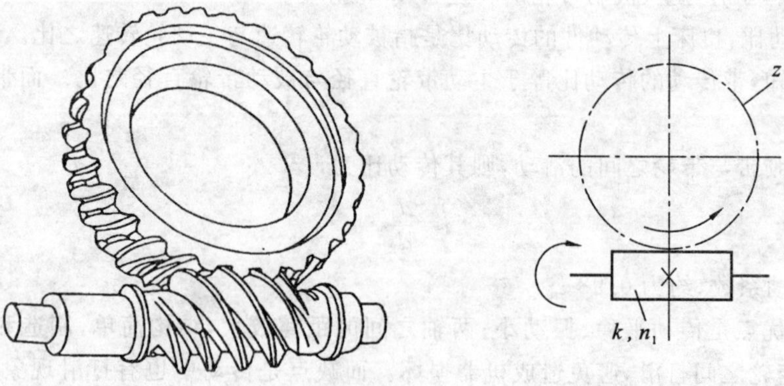

图 24-3 蜗杆传动

若蜗杆的头数为 k,转速为 n_1;蜗轮的齿数为 z,转速为 n_2,则其传动比为

$$i=\frac{n_2}{n_1}=\frac{k}{z}$$

蜗杆传动的优点是可获得较大的降速比(因为 k 比 z 小很多);而且传动平稳、无噪音,结构紧凑。但传动效率低;需要有良好的润滑条件。

24.2.1.2 用来改变运动性质的机构

这类机构最常用的有两种:丝杠螺母传动和齿轮齿条传动。

(1)丝杠螺母传动

它可将旋转运动变成直线运动,如在车床上车螺纹时,当丝杠旋转,合上对开螺母以后,刀架便由丝杆带动作纵向直线运动,如图 24-4 所示。若单头丝杆的螺距为 t,转速为 n(rpm)时,螺母(不转)沿轴线方向移动的速度 s 为

$$s=\frac{n\cdot t}{60}(\text{mm/s})$$

若用多头螺纹传动时,则丝杠每转一圈,螺母移动的距离等于导程(导程 L 等于头数 k 和螺距 t 之乘积,即 $L=k\cdot t$)。

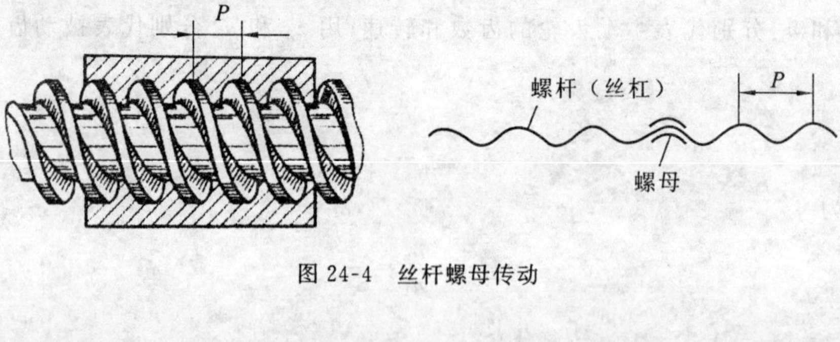

图 24-4 丝杆螺母传动

丝杠螺母传动的优点是工作平稳、无噪音，可以达到高的传动精度。其缺点是传动效率低。

(2)齿轮与齿条传动

它可以将旋转运动变成直线运动(齿轮为主动)，也可将直线运动变为旋转运动(齿条为主动)。如图 24-5 所示，若齿轮齿数为 z，齿条的齿距为 $P(P=\pi m, m$ 为齿轮模数，单位为 mm)。当齿轮依箭头方向旋转的转速为 n(r/min)时，则齿条向右作直线移动，其移动速度 s 为

$$s=\frac{P\cdot z\cdot n}{60}=\frac{\pi mzn}{60}\text{(mm/s)}$$

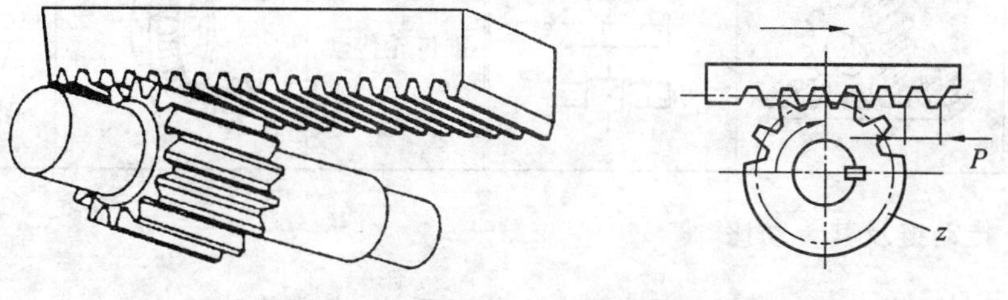

图 24-5　齿轮与齿条传动

齿轮与齿条传动的效率很高，但制造精度不高时，传动的平稳性和准确度较差。

24.2.2　各种传动件的符号

为了便于看清机床传动系统图，把各种传动件进行简化，规定一些示意性的符号来代表各种传动件。表 24-5 中给出了机床传动系统图中常用的符号。

表 24-5　常用传动体的简图符号

名称	图形	符号	名称	图形	符号
轴			滑动轴承		
滚动轴承		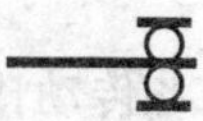	止推轴承	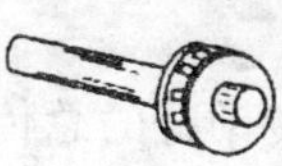	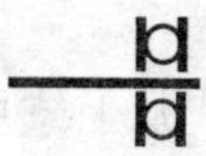
双向摩擦离合器		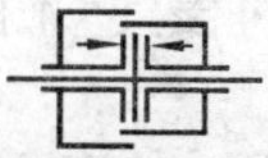	双向滑动齿轮		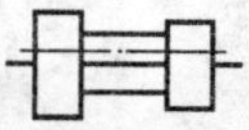
螺杆传动(整体螺母)			螺杆传动(开合螺母)	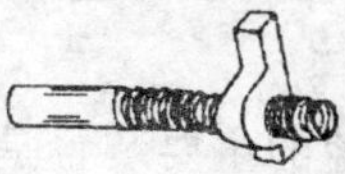	
平带传动	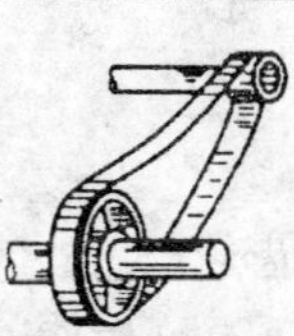	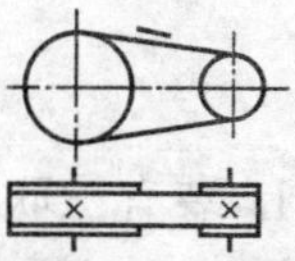	V 带传动	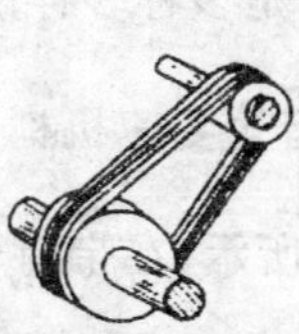	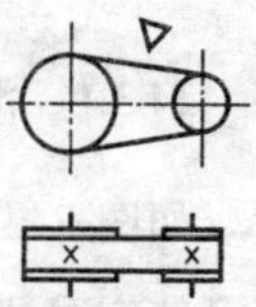

续表 24-5

名称	图形	符号	名称	图形	符号
齿轮传动	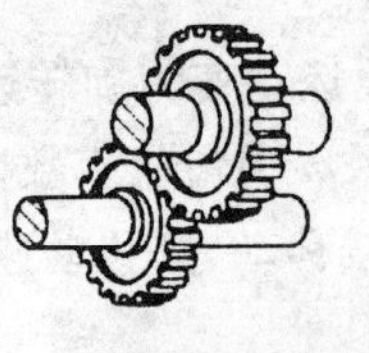	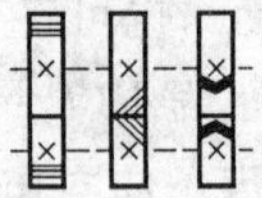	蜗杆传动	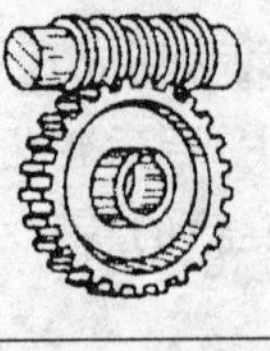	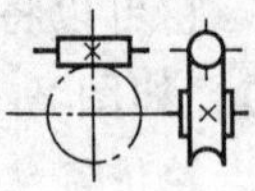
齿轮齿条传动	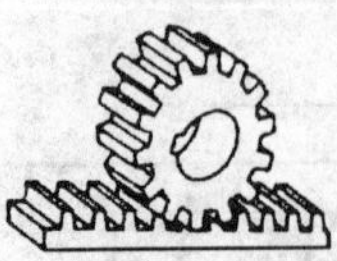	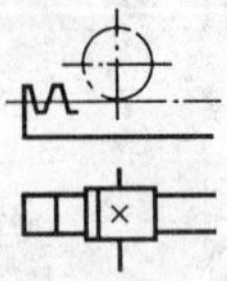	锥齿轮传动	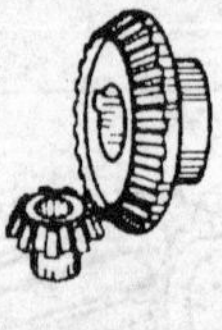	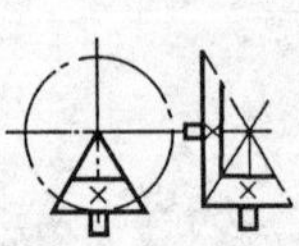

24.2.3 传动链及其传动比

将若干传动副依次组合起来,即成为一个传动系统,也称传动链。

如图 24-6 所示,运动自轴Ⅰ输入,转速为 n_1,经带轮 d_1、d_2 传到轴Ⅱ,经圆柱齿轮 1、2 传到轴Ⅲ,经圆锥齿轮 3、4 传到轴Ⅳ,再经圆柱齿轮 5、6 传到轴Ⅴ,最后经蜗杆 k 及蜗轮 7 传至轴Ⅵ,并把运动输出。

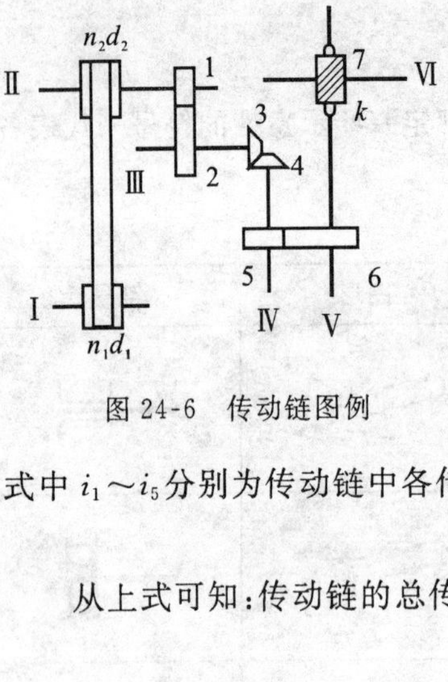

图 24-6 传动链图例

若已知主动轴Ⅰ的转速、带轮的直径和各齿轮的齿数,即可确定传动链中任何一轴的转速。如求轴Ⅵ的转速 $n_{Ⅵ}$,可按下式计算。

设各齿轮的齿数为 $z_1, z_2, z_3, \cdots, z_7$

$$n_{Ⅵ} = n_1 \cdot i_{总} = n_1 \cdot i_1 \cdot i_2 \cdot i_3 \cdot i_4 \cdot i_5$$

$$= n_1 \cdot \frac{d_1}{d_2} \cdot \varepsilon \cdot \frac{z_1}{z_2} \cdot \frac{z_3}{z_4} \cdot \frac{z_5}{z_6} \cdot \frac{k}{z_7}$$

式中 $i_1 \sim i_5$ 分别为传动链中各传动副的传动比。

$$i_{总} = n_1 \cdot i_1 \cdot i_2 \cdot i_3 \cdot i_4 \cdot i_5$$

从上式可知:传动链的总传动比等于链中所有各传动比的乘积。

24.3 机床的变速机构

为适应不同的加工要求,机床主运动和进给运动的速度需要经常变换。因此,机床传动系统中要有变速机构。变速机构有无级变速和分级变速两大类,生产中使用的机床大多采用分级变速。

变换机床转速的主要装置是机床的齿轮箱。齿轮箱中变速机构是由一些基本的机构组成的。基本变速机构是多种多样的,其中最常用的有以下两种。

24.3.1 滑动齿轮变速机构

如图 24-7(a)所示,在带有长键的从动轴Ⅱ上,装有三联滑动齿轮(z_2、z_4、和 z_6)。通过手柄可使它分别与固定在主动轴Ⅰ上的齿轮 z_1、z_3 和 z_5 相啮合。因此轴Ⅱ可得到三种转速。其

传动比为

$$i_1=\frac{z_1}{z_2};\quad i_2=\frac{z_3}{z_4};\quad i_3=\frac{z_5}{z_6}$$

这种变速机构的传动路线可用传动链的形式表示如下：

$$—\mathrm{I}—\left\{\begin{matrix}\frac{z_1}{z_2}\\ \frac{z_3}{z_4}\\ \frac{z_5}{z_6}\end{matrix}\right\}—\mathrm{II}—$$

24.3.2 离合器式齿轮变速机构

如图 24-7(b)所示，在从动轴Ⅱ两端套有齿轮 z_2 和 z_4，它们可以分别与固定在主动轴Ⅰ上的齿轮 z_1 和 z_3 相啮合。轴Ⅱ的中部带有键 3 并装有牙嵌式离合器 4。当由于柄 5 左移或右移离合器时，可使离合器的爪 1 和爪 2 与齿轮 z_2 或 z_4 相咬合，这样，轴Ⅱ可得到两种不同的转速。其传动比为

$$i_1=\frac{z_1}{z_2};\quad i_2=\frac{z_3}{z_4}$$

其传动链为

$$—\mathrm{I}—\left\{\begin{matrix}\frac{z_1}{z_2}\\ \frac{z_3}{z_4}\end{matrix}\right\}—\mathrm{II}—$$

在分级传动中，机床主轴各级转速之间的关系为等比级数。

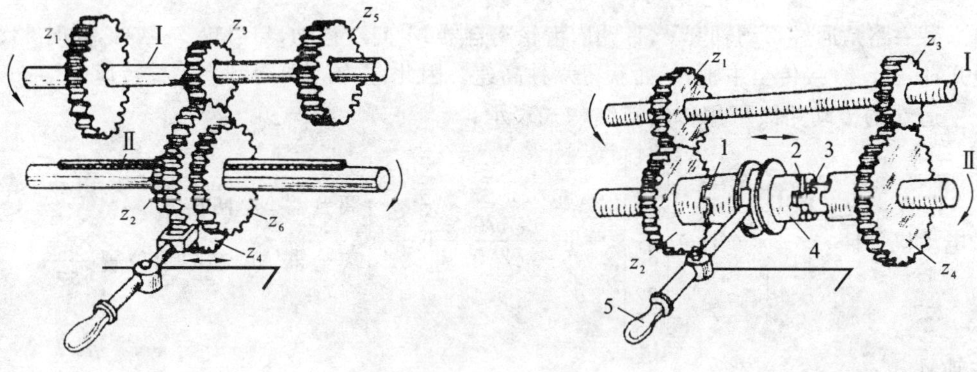

图 24-7 机床齿轮箱变速机构

(a)滑动齿轮变速机构；(b)离合器式齿轮变速机构

24.4 普通车床的传动系统分析

图 24-8 所示为 C616 车床传动系统图。现从主运动和进给运动两个方面来进行运动分析。

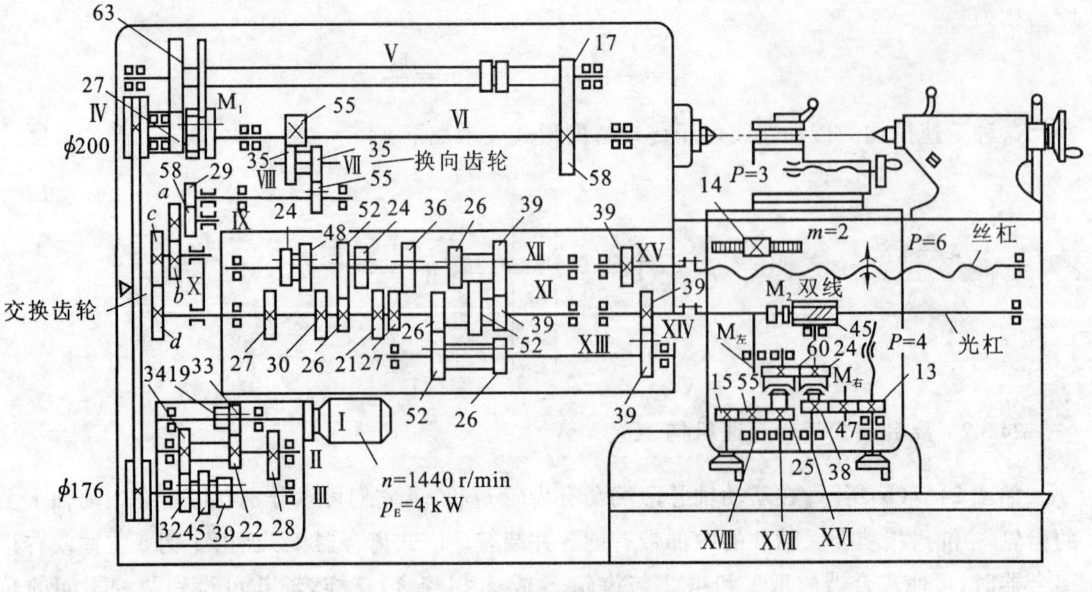

图 24-8　C616 车床传动系统图

24.4.1　主运动分析

电动机轴通过联轴器与变速箱中的轴Ⅰ相连。轴Ⅰ上齿轮的 19、33(系统图上齿轮标号均表示齿数)可分别与轴Ⅱ上的齿轮 34 和 22 啮合,使轴Ⅱ获得两种不同的转速。轴Ⅱ上的齿轮 34、22 和 28 又可分别与轴Ⅲ上的齿轮 32、45 或 39 啮合,从而使轴Ⅲ获得六种不同的转速。

运动再经传动比为$\frac{\phi 176}{\phi 200}$的带轮传至床头箱内的轴套Ⅳ,$\phi 200$ 带轮和齿轮 27 固定在轴套Ⅳ上,并空套在主轴Ⅳ上。轴套Ⅴ的两端有齿轮 63 和 17,主轴Ⅵ有固定齿轮 58。轴套Ⅳ的运动分两条路线传至主轴Ⅵ,一路是经过齿轮$\frac{27}{63}$和$\frac{17}{58}$将运动由轴套Ⅴ传给主轴Ⅵ,使主轴Ⅵ获得六种低速。另一路是通过移动轴套Ⅴ,带动内齿轮离合器 M_1 向左移动,与齿轮 27 啮合,同时 63、17 向左脱开,使运动直接传至主轴,从而获得六种高速。因此,主轴Ⅵ可得到十二种转速。

主运动的传动路线可用传动链结构式表示:

$$\text{电动机}—\text{Ⅰ}—\begin{Bmatrix}\frac{33}{22}\\ \frac{19}{34}\end{Bmatrix}—\text{Ⅱ}—\begin{Bmatrix}\frac{34}{32}\\ \frac{28}{39}\\ \frac{22}{45}\end{Bmatrix}—\text{Ⅲ}—\frac{\varphi 176}{\varphi 200}—\text{Ⅳ}—\begin{Bmatrix}\text{离合器 } M_1 \overleftarrow{\text{向左}}\\ \text{离合器 } M_1 \text{ 在图示位置}\frac{27}{63}—\text{Ⅴ}—\frac{17}{58}\end{Bmatrix}$$

—主轴Ⅵ

主轴的反转,是通过电动机的反转来实现的。车床上从电动机到主轴的结构式中,每一条路线根据传动链传动比的计算公式,都可求得一种转速。例如,主轴最高转速应取传动比最大的一条路线,计算如下:

$$n_{\max}=1440\times\frac{33}{22}\times\frac{34}{32}\times\frac{176}{200}\times 0.98=1990(\text{r/min})$$

同理主轴最低转速:

$$n_{\min}=1440\times\frac{19}{34}\times\frac{22}{45}\times\frac{176}{200}\times 0.98\times\frac{27}{36}\times\frac{17}{58}\approx 43(\text{r/min})$$

两式中 0.98 为胶带的滑动系数。

24.4.2　进给运动分析

车床的进给运动是从主轴开始，通过反向机构、挂轮、进给箱和溜板箱的传动机构，使刀架作纵向、横向或车螺纹进给。无论是一般车削，还是车螺纹，进给量都是以主轴(工件)每转一转，刀具移动的距离来计算的。

主轴经过反向机构把运动传给Ⅷ，如图 24-9 所示。在图 24-9(a)图中，当 a 与 b 和 c 与 d 啮合，速比为：

$$i=\frac{55}{35}\times\frac{35}{55}=1$$

在图 24-9(b)中，移动滑动齿轮 d，使 a 与 d 啮合，b、c 齿轮空转，速比为：

$$i=\frac{55}{55}=1$$

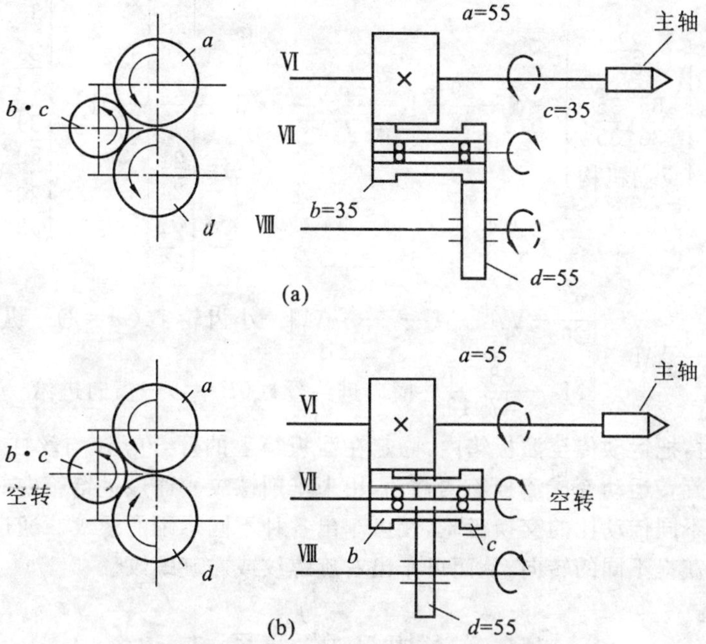

图 24-9　C616 车床反向机构示意图

从图中可以看出反向机构不论处于哪种啮合状态，速比均为 1，只是改变运动方向。轴Ⅷ的运动再经挂轮架上的齿轮$\frac{29}{58}$及交换齿轮$\frac{z_1}{z_2}\cdot\frac{z_3}{z_4}$，将运动传给进给箱中的轴Ⅺ。进给箱内的传动是由轴Ⅺ分别通过齿轮$\frac{27}{24}$、$\frac{30}{48}$、$\frac{26}{52}$、$\frac{21}{24}$、$\frac{27}{36}$中任一对传给轴Ⅻ，使轴Ⅻ获得不同的五种转速。在轴Ⅺ的右端还空套着一个三联齿轮 26、52、39，它和轴Ⅻ右端的双联齿轮 26、39 以及轴ⅩⅢ左端的双联齿轮 52、26 组成了传动比分别为$\frac{1}{4}$、$\frac{1}{2}$、1、2 的倍数传动机构(用以扩大加工螺距范围)。通过倍数机构的各啮合齿轮组$\frac{26}{52}$、$\frac{26}{52}$；$\frac{39}{39}$、$\frac{26}{52}$；$\frac{26}{52}$、$\frac{52}{26}$；$\frac{39}{39}$、$\frac{52}{26}$中任一组(见图 24-8)，可将运动传给轴ⅩⅢ，从而使轴ⅩⅢ获得不同的二十种转速。

移动ⅩⅢ轴上的滑动齿轮 39，可分别与光杠上的齿轮 39 或丝杆上的齿轮 39 啮合，见图

24-8 中 XIII 轴上的位置，将运动传给光杠 XIV 或丝杆 XV。

光杠转动时，把运动传到溜板箱后，经过双线蜗杆和齿数为 45 的蜗轮$\left(\frac{2}{45}\right)$带动轴 XIV 转动。若合上锥形离合器 $M_{左}$，运动就经过齿轮$\frac{24}{60}$传至轴 XVII，再经齿轮$\frac{25}{55}$传至轴 XVIII，轴 XVIII 的顶端有小齿轮 14，它与固定在床身导轨下面的齿条相啮合，小齿轮 14 转动时，则带动溜板箱，大溜板及刀架作纵向自动进给。若合上右边的锥形离合器 $M_{右}$时，运动经齿轮$\frac{38}{47}$、$\frac{47}{13}$传至中溜板上螺距 $P=4\text{mm}$ 的丝杆，通过固定在中溜板上的螺母，使刀架作横向自动进给运动。床头箱中的反向机构可实现刀架纵向和横向自动进给运动的反向。M_2 为超负荷自动脱开的爪形离合器。

进给运动的传动路线可用下面的传动链结构式表达：

$$\text{主轴 VI}-\left\{\begin{matrix}\frac{55}{55}\\ \frac{55}{35}、\frac{35}{55}\\ \text{反向机构}\end{matrix}\right\}-\text{VIII}-\frac{29}{58}-\text{IX}-\frac{z_1}{z_2}、\frac{z_3}{z_4}-\text{XI}-\left\{\begin{matrix}\frac{27}{24}\\ \frac{30}{48}\\ \frac{26}{52}\\ \frac{21}{24}\\ \frac{27}{36}\end{matrix}\right\}-\text{XII}-\left\{\begin{matrix}\frac{39}{39}、\frac{52}{26}\\ \frac{26}{52}、\frac{52}{26}\\ \frac{39}{39}、\frac{26}{52}\\ \frac{26}{52}、\frac{26}{52}\end{matrix}\right\}-\text{XIII}-\frac{39}{39}-$$

$$\text{XIV}-\text{光杠}-\frac{2}{45}-\text{XVI}-\left\{\begin{matrix}\frac{24}{26}-\text{XVII}-M_{左}-\frac{25}{55}-\text{XVIII}-\text{小齿轮 }14(m=2)-\text{纵向进给}\\ M_{右}-\frac{38}{47}、\frac{47}{13}-\text{横向进给丝杠}(P=4)-\text{横向进给}\end{matrix}\right.$$

丝杠转动时，把运动传至溜板箱内，固定在溜板箱上的开合螺母与丝杠相配合，当合上开合螺母，丝杠的旋转运动变成溜板箱的移动，用来车削螺纹。通过进给箱中的滑动齿轮和倍数机构，以及 7 组不同传动比的交换齿轮，便可车出各种不同螺距的螺纹。通过床头箱中反向机构，能够使丝杠获得不同的转向，从而可车出右旋螺纹或左旋螺纹。

24.5　机床的液压传动

24.5.1　外圆磨床液压传动简介

这里只分析控制磨床工作台往复运动的液压传动系统(图 24-10)，它主要由油箱 20、齿轮油泵 13、换向阀 6、节流阀 11、安全阀 12、油缸 19 等组成。工作时，压力油从油泵 13 经管路输送到换向阀 6，由此流到油缸 19 的右端或左端，使工作台 2 向左或向右作进给运动。此时，油缸 19 另一端的油，经换向阀 6、滑阀 10 及节流阀 11 流回油箱。节流阀 11 是用来调节工作台运动速度的。

工作台的往复换向动作，是由挡块 5 使换向阀 6 的活塞自动转换实现的。如图 24-10 所示，工作台向左移动，挡块 5 固定在工作台 2 侧面槽内，按照要求的工作台行程长度，调整两挡块之间的距离。当工作台向左行程终了时，挡块 5 先推动杠杆 8 到垂直位置，然后借助作用在杠杆 8 上的弹簧帽 15 使杠杆及活塞继续向左移动，从而完成换向动作。此时，换向阀 6 的活塞位置如图 24-11 所示，工作台开始向右移动。换向阀 6 的活塞转换快慢由油阀 16 调节，它将决定工作台换向的快慢及平稳性。

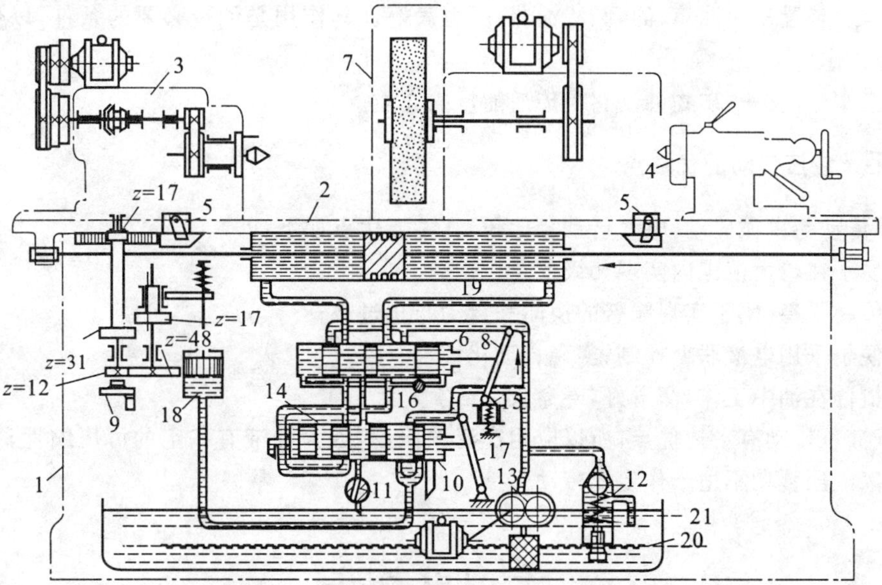

图 24-10　外圆磨床液压传动示意图

1—床身；2—工作台；3—头架；4—尾架；5—挡块；6—换向阀；7—砂轮罩；8—杠杆；9—手轮；10—滑阀；11—节流阀；12—安全阀；13—油泵；14—油腔；15—弹簧帽；16—油阀；17—杠杆；18—油筒；19—油缸；20—油箱；21—回油管

用手向右扳动操纵杠杆 17，滑阀的油腔 14 使油缸 19 的右导管和左导管接通，便停止了工作台的移动。此时，油筒 18 中的活塞在弹簧压力作用下向下移动，使油筒中的油液经油管流回油箱，$z=17$ 的齿轮与 $z=31$ 的齿轮啮合，便可利用手轮 9 移动工作台。

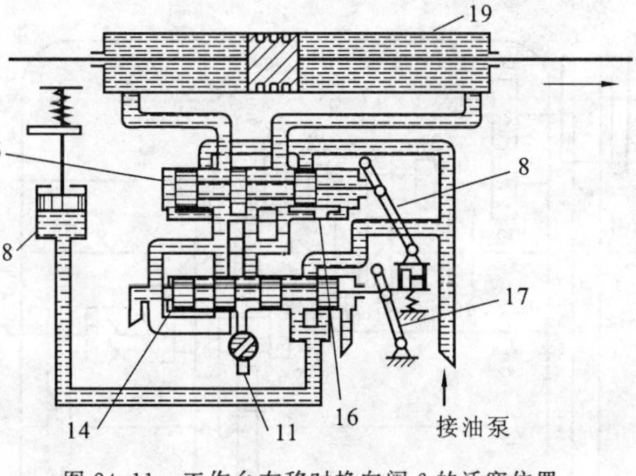

图 24-11　工作台右移时换向阀 6 的活塞位置

24.5.2　机床液压传动的组成

机床液压传动主要由以下几部分组成：

(1)动力元件——油泵。其作用是将电动机输入的机械能转换为液体的压力能，是能量转换装置(能源)。

(2)执行机构——油缸或油马达。其作用是把油泵输入的液体压力能转变为工作部件的机械能，它也是一种能量转换装置(液动机)。

(3)控制元件——各种阀。其作用是控制和调节油液的压力、流量(速度)及流动方向。如:节流阀可控制油液的流量,换向阀可控制油液的流动方向,溢流阀可控制油液压力等。

(4)辅助装置——油箱、油管、滤油器、压力表等。其作用是创造必要的条件,以保证液压系统正常工作。

(5)工作介质——矿物油。它是传递能量的介质。

24.5.3　液压传动的优缺点

液压传动与机械传动、电气传动相比较,其主要优点如下:

(1)易于在较大范围内实现无级变速;

(2)传动平稳,便于实现频繁的换向和自动防止过载;

(3)便于采用电液联合控制,实现自动化;

(4)机件在油中工作,润滑好,寿命长。

由于液压传动有上述优点,所以应用广泛。但是,因为油液有一定的可压缩性,并有泄漏现象,所以液压传动不适于作定比传动。

复习思考题

24.1　机床主要由哪几部分组成?它们各起什么作用?

24.2　机床机械传动主要由哪几部分组成?有何优点?

24.3　试计算 C616 车床主轴的最高转速和最低转速(参阅图 24-8)。

24.4　根据图 24-12 所示的传动系统图,试列出其传动链,并求:(1)主轴Ⅴ有几级转速?(2)主轴Ⅴ的最高转速和最低转速各为多少?

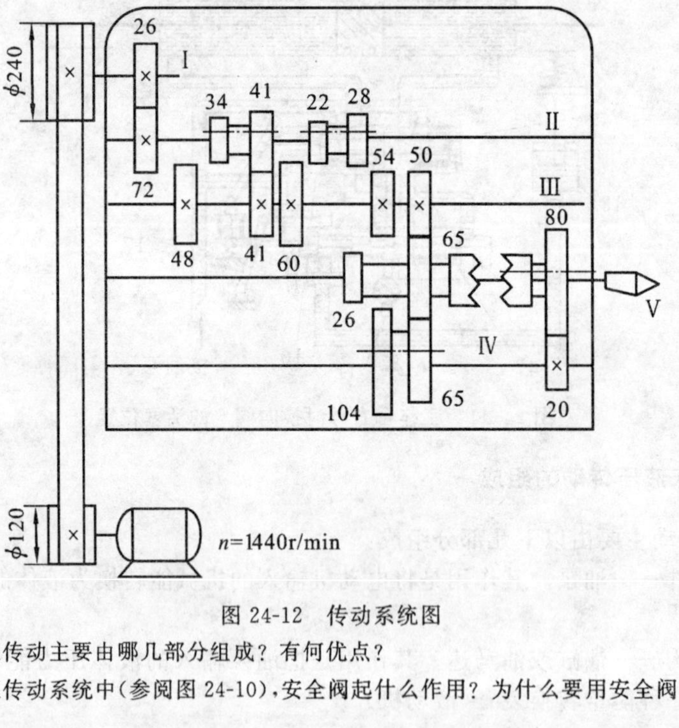

图 24-12　传动系统图

24.5　机床液压传动主要由哪几部分组成?有何优点?

24.6　磨床液压传动系统中(参阅图 24-10),安全阀起什么作用?为什么要用安全阀?

附　录

金属工艺学中英文常用词汇对照表

第1章

1 工程材料　Engineering Materials
2 强度　Intensity
3 塑性　Plasticity
4 硬度　Rigidity
5 疲劳强度　Fatigue Strength
6 物理性能　Physical Properties
7 密度　Density
8 熔点　Melting Point
9 导热性　Thermal Conductivity
10 导电性　Conductive
11 热膨胀性　Thermal Expansion
12 化学性能　Chemical Properties
13 耐腐蚀性　Corrosion Resistance
14 抗氧化性　Anti-Oxidation
15 化学稳定性　Chemical Stability
16 工艺性能　Technology Performance
17 铸造性能　Cast Performance
18 锻压性能　Forging Performance
19 焊接性能　Welding Performance
20 切削加工性能　Cutting Performance
21 热处理性能　Heat Treatment Performance

第2章

1 铁碳合金　Rail Carbon Alloy
2 晶体　Crystal
3 晶格　Lattice
4 晶胞　Cell
5 晶体结构　Crystal Structure
6 同素异构转变　Allotropic Transformation
7 重结晶　Recrystallization
8 合金　Alloy
9 相　Phase
10 组织　Organization
11 固溶体　Solid Solution
12 金属化合物　Metal Compounds
13 机械混合物　Machinery Mixture
14 铁素体　Ferrite
15 奥氏体　Austenite
16 渗碳体　Cementite
17 珠光体　Pearlite
18 莱氏体　Ledeburite
19 共晶点　Eutectic Point
20 共析点　Eutectoid Point
21 液相线　Liquidus
22 固相线　Solid lines
23 工业纯铁　Industrial Pure Iron
24 钢　Steel
25 亚共析钢　Asia Eutectoid Steel
26 共析钢　Eutectoid Steel
27 过共析钢　Hypereutectoid Steel
28 白口铸铁　White Cast Iron
29 共晶白口铸铁　Eutectic White Cast Iron
30 亚共晶白口铸铁　Asia Eutectic White Cast Iron
31 过共晶白口铸铁　Hypereutectic White Cast Iron
32 韧性　Toughness
33 低碳钢　Low Carbon Steel
34 中碳钢　Medium Carbon Steel
35 高碳钢　High Carbon Steel
36 碳素钢　Carbon Steel
37 碳素工具钢　Carbon Tool Steel
38 合金钢　Alloy Steel
39 合金结构钢　Structural Alloy Steel
40 合金工具钢　Structural Tool Steel

第3章

1 热处理　Heat Treatment
2 退火　Annealing

3 完全退火 Fully Annealed
4 球化退火 Spheroidizing
5 扩散退火 The Proliferation of Annealing
6 去应力退火 Relief Annealing
7 正火 Normalizing
8 淬火 Quenching
9 马氏体 Martensite
10 回火 Tempering
11 低温回火 Low Temperature Tempering
12 回火马氏体 Tempered Martensite
13 中温回火 Temperature Tempering
14 回火屈氏体 Tempering Troostite
15 高温回火 High Temperature Tempering
16 回火索氏体 Tempering Sorbite
17 表面淬火 Surface Hardening
18 化学热处理 Chemical Heat Treatment
19 渗碳 Carburizing
20 渗氮 Nitriding
21 碳氮共渗 Carbonitriding
22 耐磨性 Wearability
23 耐蚀性 Corrosion Resistance
24 抗氧化性 Anti-Oxidation
25 水淬 Water Quenching
26 油淬 Oil Quenching

第4章

1 金属材料 Metal Materials
2 非金属材料 Non-Metallic Materials
3 高分子材料 Polymers
4 陶瓷 Ceramics
5 复合材料 Composite Materials
6 塑料 Plastic
7 橡胶 Rubber
8 合成纤维 Synthetic Fiber
9 热塑性塑料 Thermoplastics
10 热固性塑料 Thermosetting Plastics
11 弹性材料 Elastic Material
12 工程塑料 Engineering Plastics
13 合成树脂 Synthetic Resin
14 添加剂 Additives
15 填充剂 Filler
16 固化剂 Curing Agent
17 稳定剂 Stabilizer
18 润滑剂 Lubricant
19 着色剂 Coloring Agent
20 氧化物陶瓷 Oxide Ceramics
21 压电陶瓷 Piezoelectric Ceramic
22 半导体陶瓷 Semiconductor Ceramic
22 生物陶瓷 Bioceramics
23 玻璃纤维 Glass Fiber
24 玻璃钢 Glass Fiber Reinforced Plastics
25 压电效应 Piezoelectric Effect
26 膨胀系数 Expansion Coefficient
27 塑料基复合材料 Plastic Composites
28 金属基复合材料 Metal Matrix Composites
29 玻璃纤维树脂复合材料 Glass Fiber Composite Resin Material
30 碳纤维树脂复合材料 Carbon Fiber Composite Resin Material
31 硼纤维树脂复合材料 Boron Fiber Resin Composite Material
32 陶瓷复合材料 Ceramic Composite Materials
33 功能复合材料 Functional Composite Materials
34 纳米材料 Nano-Materials

第5章

1 铸造 Casting
2 毛坯 Blank
3 铸造性能 Cast Performance
4 充型能力 Filling Capacity
5 收缩性 Systolic
6 合金流动性 Fluidity
7 化学成分 Chemical Composition
8 浇注温度 Pouring Temperature
9 黏度 Viscosity
10 充型压力 Filling Pressure
11 蓄热能力 Regenerative Capacity
12 铸型温度 Casting Temperature
13 逐层凝固 Skin-Form Solidification
14 糊状凝固 Musky Solidification
15 中间凝固 Middle Solidification
16 温度梯度 Temperature Gradient
17 液态收缩 Liquid Contraction
18 凝固收缩 Solidification Contraction
19 固态收缩 Solid Contraction
20 缩孔 Shrinkage Cavity
21 缩松 Shrinkage Porosity
22 热应力 Thermal Stress

23 机械应力　Mechanical Stress
24 气孔　Stomatal
25 侵入气孔　Invasive Stomatal
26 析出气孔　Precipitation Stomatal
27 反应气孔　Stomatal Response
28 偏析　Segregation
29 微观偏析　Micro-Segregation
30 宏观偏析　Macro-Segregation

第 6 章

1 白口铸铁　White Cast Iron
2 麻口铸铁　Mottled Cast Iron
3 灰口铸铁　Gray Cast Iron
4 可锻铸铁　Malleable Cast Iron
5 球墨铸铁　Spheroidal Graphite Cast Iron
6 蠕墨铸铁　Compacted Graphite Cast Iron
7 石墨化　Graphite
8 碳当量　Carbon Equivalent
9 白口组织　White Organization
10 灰口组织　Gray Organizations
11 孕育铸铁　Inoculated Cast iron
12 孕育剂　Inoculant
13 孕育处理　Inoculation
14 时效处理　Aging
15 自然时效　Natural Aging
16 人工时效　Artificial Aging
17 软化退火　Softening Annealing
18 表面淬火　Surface Hardening
19 黑心可锻铸铁　Black Heart Malleable Iron
20 珠光体可锻铸铁　Pearlite Malleable Iron
21 团絮状　Mission Floc
22 石墨化退火　Graphite Annealing
23 冒口　Riser
24 裂纹　Crack
25 冷铁　Cold Rail
26 暗冒口　Dark Riser
27 球化剂　Nodulizer
28 抗拉强度　Tensile Strength
29 珠光体球墨铸铁　Pearlite Modular Cast Iron
30 铁素体球墨铸铁　Ferrite Modular Cast Iron
31 合金球墨铸铁　Alloy Modular Cast Iron
32 球化处理　Spheroidization Treatment
33 高温退火　High Annealing
34 低温退火　Process Annealing
35 调质处理　Quenching and Retempering Treatment
36 索氏体　Sorbite
37 马氏体　Martensite
38 等温淬火　Isothermal Quench
39 蠕化处理　Demodex Treatment
40 合金铸铁　Cast Alloy Iron
41 耐磨合金铸铁　Antifriction Metal Cast Iron
42 耐热合金铸铁　Heat Resisting Alloy Cast Iron
43 铸钢　Cast Steel
44 碳素铸钢　Carbon Cast Steel
45 低合金铸钢　Low Alloy Cast Steel
46 高合金铸钢　High Alloy Cast Steel
47 铸造铝合金　Casting Aluminum Alloy
48 变质处理　Deterioration Processing
49 变质剂　Alterant
50 铸造铜合金　Casting Copper Alloy
51 铸造黄铜　Casting Brass
52 铸造青铜　Cast Bronze

第 7 章

1 砂型铸造　Sand Casting
2 型芯　Core
3 浇注系统　Pouring System
4 手工造型　Manual Modeling
5 机器造型　Machine Molding
6 分型面　Minute Profile
7 铸造工艺图　Foundry Technique Chart
8 夹渣　Entrapped Slag
9 夹砂　Sand Inclusion
10 活块　Sliding Rod
11 工艺参数　Technological Parameter
12 机械加工余量　Machining Allowance
13 收缩率　Shrinkage
14 拔模斜度　Stubbs-Gradient
15 生产批量　Production Lot
16 基准面　Reduced Plane
17 铸造圆角　Casting Fillet
18 浇口杯　Runner Cup
19 直浇道　Straight Running Channel
20 横浇道　Horizontal Running Channel
21 内浇道　Inner Running Channel
22 型芯撑　Core Brace
23 凸台　Lug Boss
24 肋板　Ribbed Plate

25 冷隔　Cold Shot
26 熔模铸件　Melt Mold Casting
27 蜡模　Wax Pattern
28 金属型铸件　Metal Mold Casting
29 压铸件　Die Casting

第 8 章
1 特种铸造　Special Casting
2 金属型铸造　Metal Mold Casting
3 退让性　Collapsibility
4 透气性　Permeability
5 耐火性　Fire Resistance
6 压力铸造　Pressure Casting
7 压铸机　Die Casting Machine
8 冷室式压铸机　Cold Chamber Die Casting Machine
9 热室式压铸机　Hot Cell Type Die Casting Machine
10 真空压铸　Vacuum Die Casting
11 加氧压铸　Oxygen Die Casting
12 低压铸造　Low Pressure Casting
13 坩埚　Crucible
14 密封圈　Seal Packing Collar
15 离心铸造　Centrifugal Casting
16 熔模铸造　Melt Mold Casting
17 母模　Female Mold
18 熔蜡　Melt Wax
19 陶瓷型铸造　Ceramics Casting
20 胶结　Cemented
21 消失模铸造　Evanishment Mold Casting
22 挤压铸造　Extrution Casting
23 半固态铸造　Half Solid State Casting

第 9 章
1 压力加工　Pressure Processing
2 轧制　Rolling
3 挤压　Extrusion
4 拉拔　Drawing
5 自由锻　Free Forging
6 模锻　Drop Forging
7 板料冲压　Sheet Ramming
8 锻压　Forging And Stamping
9 精密锻造　Precision Forging
10 磨削　Grinding
11 弹性变形　Elastic Deformation
12 塑性变形　Plastic Deformation
13 断面收缩率　Reduction of Area
14 延伸率　Elongation Ratio
15 晶粒　Crystal Grain
16 单晶体　Monocrystal
17 滑移　Slipping
18 孪生　Twin
19 切应力　Shear Stress
20 晶面　Crystal Face
21 晶向　Lattice Orientation
22 加工硬化　Work Hardening
23 回复　Reply
24 再结晶　Recrystallization Upsetting
25 再结晶退火　Recrystallization Annealing
26 冷变形　Cold-Work
27 热变形　Thermal Deformation
28 纤维组织　Fiber Structure
29 镦粗　Upsetting
30 拔长　Stretching
31 可锻性　Malleability

第 10 章
1 锻造　Forging
2 自由锻　Free Forging
3 电火花切割　Electric Spark Cutting
4 冲孔　Punch Holes
5 弯曲　Curving
6 扭转　Reverse
7 切割　Cutting
8 胎模锻　Molds Hammers
9 固定模锻　Fixed Drop Forging
10 锤上模锻　On Hammer Drop Forging
11 模膛　Mold Chest Cavity
12 公差　Common Difference
13 敷料　Surgical Dressing
14 模锻斜度　Draft Angle
15 飞边　Edge
16 连皮　Including Packaging
17 曲柄压力机　Crank Press
18 摩擦压力机　Friction Press
19 平锻机　Horizontal Forging Machine

第 11 章
1 板料冲压　Sheet Ramming
2 冷冲压　Cold Stamping

3 热冲压　Hot Ramming
4 冲裁　Blanking
5 落料　Falls the Material
6 凹模　Lower Die
7 凸模　Plunger
8 冲裁间隙　Blanking Clearance
9 断面质量　Cross Section Quality
10 圆角带　Fillet Belt
11 光亮带　Light Bright Band
12 断裂带　Fault Zone
13 毛刺　Burr
14 卸料力　Ex-Denning Strength
15 推件力　Ejecting Force
16 冲裁力　Blanking Force
17 尺寸精度　Size Precision
18 刃口尺寸　Cutting Edge Size
19 制造公差　Manufacture Common Difference
20 配合公差　Tolerance on Fit
21 拉深　Drawing
22 拉裂　Tension Fracture
23 折皱　Bulging
24 拉深系数　Drawing Coefficient
25 起伏　Fluctuation
26 翻边　Flange
27 翻孔　Turns The Hole
28 胀形　Bulging
29 冲模　Die
30 连续模　Continual Mold
31 复合模　Superposable Die
32 导板　Plates
33 定位销　Positioning Pin
34 卸料板　Discharge Plate

第 12 章

1 精密模锻　Precision Forging
2 高速锤锻造　High Speed Hammer Forging
3 径向锻造　Radial Forging
4 轧制　Rolling
5 辊锻　Roll Forging
6 扩孔　Reaming
7 热轧齿轮　Hot Rolling Gear
8 模数　Modulus
9 螺旋斜轧　Spiral of the Rotary
10 挤压　Extrusion
11 拉拔　Drawing
12 硬质合金　Hard Alloy
13 金刚石　Diamond
14 超塑性成形　Superplastic Forming
15 高速高能成形　High Speed High Energy Forming
16 爆炸成形　Dynaforming
17 电液成形　Battery Solution Forming
18 电磁成形　Magnetic Forming

第 13 章

1 焊接　Welding
2 熔焊　The Melt Welds
3 熔池　Molten Bath
4 压焊　Pressure Welding
5 钎焊　Braze Welding
6 钎料　Solder
7 母材　Parent Metal
8 焊接电弧　Welding Electric Arc
9 电弧焊　Arc Welding
10 阳极区　Anode Region
11 阴极区　Cathode Space
12 弧柱　Arc Stream
13 冶金反应　Metallurgy Response
14 焊缝　Welded Joint
15 氧化物　Oxide Compound
16 氮化物　Nitride
17 气孔　Blow Hole
18 熔渣　Slag
19 焊条　Welding Rod
20 焊芯　Core Wire
21 药皮　Medicine Skin
22 铁合金　Ferroalloy
23 有机物　Organic Matter
24 酸性焊条　Acid Welding Rod
25 低氢型焊条　Low Hydrogen Welding Rod
26 碱性焊条　Alkalinity Welding Rod
27 熔合区　Fusion Area
28 热影响区　Heat-affected Zone
29 过热区　Superheat Section
30 正火区　Hot Area
31 相变区　Variation Area
32 焊接应力　Welding Stress
33 压应力　Compressed Stress
34 拉应力　Tensile Stress

35 焊接变形　Welding Deformation
36 收缩变形　Shrinkage Strain
37 角变形　Angular Deformation
38 弯曲变形　Bending Strain
39 波浪变形　Wave Distortion
40 扭曲变形　Distortion Distortion
41 机械矫形　Machinery Orthopedic
42 火焰矫形　Flame Orthopedic
43 脆性材料　Brittle Material

第 14 章

1 手工电弧焊　Manual Arc Welding
2 焊件　Weldment
3 焊钳　Soldering Tweezers
4 焊缝质量　Welded Joint Quality
5 埋弧焊　Submerged Arc Welding
6 焊剂　Solder
7 氩弧焊　Argon Arc Welding
8 熔化极氩弧焊　Melting Extremely Argon Arc Welding
9 钨极氩弧焊　Tungstic Electrode Argon Arc Welding
10 CO_2 气体保护焊 CO_2 Arc Welding
11 送丝机构　Wire Feeding Agencies
12 电渣焊　Electroslag Welding
13 丝极电渣焊　Filament Electroslag Welding
14 板极电渣焊　Anode Electroslag Welding
15 熔嘴电渣焊　Melt Mouth Electroslag Welding
16 等离子弧　Plasma Arc
16 压缩效应　Compressibility Effect
17 等离子弧焊　Plasma Arc Welding
18 热收缩效应　Hot Pinch Effect
19 电磁收缩效应　Electromagnetism Pinch Effect
20 机械压缩效应　Machinery Compressibility Effect
21 微束等离子弧焊　Micro-beam Plasma Arc Welding
22 等离子弧切割　Plasma Arc Cutting
23 压力焊　Pressure Welding
24 电阻焊　Resistance Welding
25 点焊　Spot Welding
26 缝焊　Seam Welding
27 对焊　Butt Welding
28 电阻对焊　Upset Butt Welding
24 闪光对焊　Flash Welding
25 摩擦焊　Friction Welding
26 钎焊　Braze Welding
27 软钎焊　Soft Soldering
28 硬钎焊　Hard Soldering

第 15 章

1 焊接性　Weldability
2 试验法　Testing Method
3 碳当量法　Carbon Equivalent Law
4 冷裂纹敏感系数法　Cold Crack Sensitive Method of Correlates
5 补焊　Patching
6 立焊　Vertical Welds
7 平焊　Flat Welding
8 热焊法　Heat Welding Method
9 冷焊法　Cold Welding Method
10 塌陷　Collapse
11 焊接缺陷　Weld Defect
12 咬边　Undercut
13 未焊透　Not Penetration
14 着色探伤　Coloring Crack Detection
15 荧光探伤　Fluorescence Crack Detection
16 磁粉探伤　Magnetic Powder Test
17 声发射探伤　Sound Launch Crack Detection
18 超声波探伤　Ultrasonic Testing
19 激光全息探伤　Laser Total Information Crack Detection

第 16 章

1 焊接工艺　Welding Process
2 焊接接头　Weld Joint
3 对接　Docking
4 搭接　Joining
5 角接　Corner Joint

第 17 章

1 切削加工　Machining
2 刀具　Cutting Tool
3 磨具　Grinding Tool
4 磨料　Grinding Compound
5 几何参数　Geometric Parameter
6 表面质量　Surface Quality
7 机械加工　Machine Finishing
8 钳工　Fitter
9 进给运动　Feed Motion
10 车削　Turning

11 钻削　Drills Truncates
12 刨削　Shaping
13 磨削　Grinding
14 齿轮齿形加工　Gear Tooth Profile Processing
15 切削用量　Cutting Specifications
16 切削速度　Cutting Velocity
17 进给量　Feed Rate
18 背吃刀量　Back of Knife to Eat
19 切削宽度　Cutting Width
20 切削厚度　Thickness of Cutting
21 切削面积　Cutting Area
22 刀具材料　Cutting Tool Material
23 耐磨性　Wear Resistance
24 耐热性　Thermal Stability
25 化学稳定性　Chemical Stability
26 经济性　Efficiency
27 碳素工具钢　Ordinary Tool Steel
28 合金工具钢　Alloy Tool Steel
29 高速钢　High Speed Steel
30 硬质合金　Hard Alloy
31 陶瓷材料　Ceramic Material
32 前刀面　First Tool Face
33 后刀面　Latter Tool Face
34 切削刃　Cutting Edge
35 主切削刃　Main Cutting Edge
36 副切削刃　Vice Cutting Edge
37 基面　Basic Plane
38 切削平面　Cutting Plane
39 正交平面　Orthogonal Plane
40 前角　Front Rake
41 后角　Clearance Angle
42 主偏角　Main Angle of Deflection
43 副偏角　Vice Angle of Deflection
44 刃倾角　Edge Inclination Angle
45 切削力　Cutting Force
46 切削热　Cutting Heat
47 积屑瘤　Built-up Edge
48 进给力　Feed Force
49 背向力　Back Force
50 修正系数　Correction Coefficient
51 切削功率　Cutting Power
52 刀具耐用度　Cutting Tool Abrasive Resistance
53 精度　Precision
54 尺寸精度　Size Precision
55 形状精度　Shape Precision
56 位置精度　Position Precision
57 表面粗糙度　Surface Roughness
58 加工硬化　Work Hardening
59 生产率　Productivity
60 切削用量　Cutting Specifications
61 切削液　Cutting Compound
62 水基切削液　Water Base Cutting Compound
63 油基切削液　Oil Base Cutting Compound
64 相对加工性　Relative Workability

第 18 章

1 车削加工　Lathe Work
2 卧式车床　Horizontal Lathe
3 转塔车床　Turret Lathe
4 立式车床　Vertical Lathe
5 仿形车床　Copying Lathe
6 滚花　Knurling
7 钻削加工　Drilling
8 台式钻床　Bench Drilling Machine
9 立式钻床　Upright Drill Machine
10 摇臂钻床　Radial Drill Drilling Machine
11 铰孔　Reaming
12 攻丝　Tapping
13 麻花钻　Twist Drill
14 铰刀　Reamer
15 扩孔钻　Expanding Drilling
16 镗孔　Boring
17 镗刀　Boring Cutter
18 单刃镗刀　Single Edge Boring Cutter
19 多刃镗刀　Multi Edge Boring Cutter
20 卧式镗床　Horizontal Boring Machine
21 刨削　Shaping
22 刨刀　Planing Tool
23 燕尾槽　Dovetail Slot
24 牛头刨床　Shaping Machine
25 插床　Slotter
26 键槽　Key Slot
27 花键槽　Colored Key Slot
28 拉削　Broaching
29 拉刀　Broach
30 拉床　Broaching Machine

31 推削加工　Pushing Cut Processing
31 铣削加工　Milling Processing
32 铣刀　Milling Cutter
33 高速铣削　High Speed Milling
34 逆铣　Up Milling
35 顺铣　Down Milling
36 立式铣床　Vertical Milling Machine
37 卧式铣床　Horizontal Milling Machine
38 万能铣床　Universal Milling Machines
39 磨削加工　Abrasive Machining
40 外圆磨床　Cylindrical Grinder
41 内圆磨床　Internal Grinder
42 平面磨床　Surface Grinding Machine
43 工具磨床　Tool Grinder
44 砂轮　Grinding Wheel
45 磨料　Grinding Compound
46 结合剂　Cement
47 磨削　Grinding
48 纵磨法　Vertical Mill Law
49 横磨法　Cross Grinding Law
50 同轴度　Proper Alignment
51 深磨法　Deep Grinding Law
52 无心磨削　Centerless Grinding
53 高速磨削　High Speed Grinding
54 精密磨削　Microfinishing
55 超精密磨削　Ultra Microfinishing
56 镜面磨削　Mirror Grinding
57 平面磨削　Surface Grinding
58 砂带磨削　Belt Grinding

第 19 章

1 数控机床　Digital Control Machine Tools
2 伺服驱动　Servo Driving
3 变速箱　Gear Box
4 刀库　Knife Storehouse
5 机械手　Manipulator
6 插补原理　Interpolation Principle
7 圆弧插补　Circular Arc Interpolation
8 斜线插补　Oblique Line Interpolation
9 数控加工　Numerical Control Processing
10 数控程序　Numerical Control Procedure
11 数控车床　Numerical Control Lathe
12 数控铣床　Numerical Control Drilling Machine
13 数控钻床　Numerical Control Drilling Machine
14 数控磨床　Numerical Control Grinder
15 坐标镗床　Coordinate Boring Machine
16 数控冲床　Numerical Control Punch Press
17 开环控制系统　Open-loop Control System
18 闭环控制系统　Closed-loop Control System
19 夹具　Fixture
20 加工参数　Processing Parameter
21 三坐标联动加工　Three Coordinate Linkage Processing

第 20 章

1 轴类零件　Axis Class Components
2 盘类零件　Plate Class Components
3 套类零件　Set of Kind of Components
4 阶梯轴　Steps and Ladders Axis
5 曲轴　Crank
6 同轴度　Proper Alignment
7 研磨　Attrition
8 超级光磨　the Super Light Rubs
9 抛光　Polishing
10 粗车　Roughing
11 精车　Lathe Finishing
12 珩磨　Honing
13 成形刀具法　Formed Cutter Law
14 运动轨迹法　Path Law
15 复合成形法　Compound Forming
16 靠模法　Profile Law
17 程序控制法　Procedure Control Method
18 连接螺纹　Connection Thread
19 传动螺纹　Transmission Thread
20 攻丝　Tapping
21 套丝　Cutting Screw
22 滚压　Trundle
23 丝锥　Screw Tap
24 板牙　Thread Chaser
25 磨削螺纹　Grinding Thread
26 滚压螺纹　Trundle Thread
27 滚丝轮　Roller Wire Round
28 齿轮　Gear
29 直齿　Straight Tooth
30 斜齿　Skewed Tooth
31 圆柱齿轮　Cylindrical Gears